战略性新兴领域“十四五”高等教育系列教材

智能装备设计生产与运维

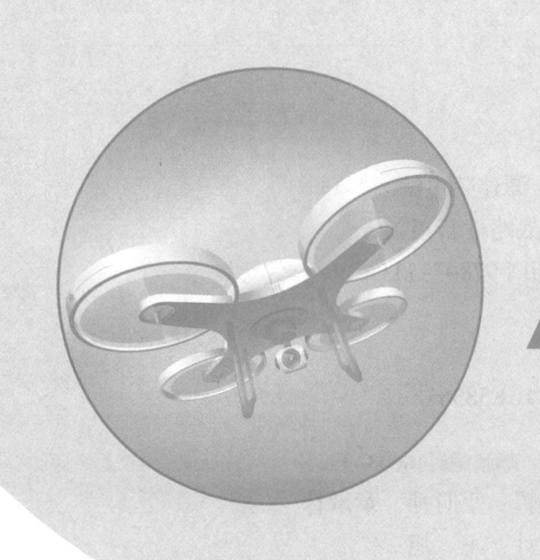

主　编　訾　斌　谭建荣
副主编　祖　磊　冯毅雄　刘征宇
参　编　田晓青　董方方　赵　萍
　　　　钱　森　李　元

全书知识图谱

机械工业出版社

本书系统地介绍了智能装备设计、制造、使用和运维等全生命周期所需的基础理论和方法，涵盖了智能装备各个方面的内容，展示了机械、信息、材料等多学科交叉融合与前沿技术创新的特点，系统地探讨了智能装备从理论到实践的整个过程。

本书本着少而精的原则，力求做到内容新颖、重点突出、以点带面。第 1 章为绪论，简要介绍了智能装备设计生产与运维的基本概念、重要性和发展趋势；第 2~4 章分别对智能装备设计理论与技术、智能装备生产技术和智能装备运维技术进行了阐述；第 5 章、第 6 章对智能机器人和高端数控装备的设计、生产和运维技术进行了介绍。本书既注重基础知识和基础理论的讲解，又理论联系实际，力求达到培养应用型人才的目的。

本书适用于已具有一定机械基础的学习者，包括在高等院校或职业学校的学生以及从业人员，可作为高等工科院校智能制造类专业的教材，用于课堂教学和学习参考，同时适合工程技术人员及相关领域的从业人员阅读参考，可帮助提升其机械知识和技能。

图书在版编目（CIP）数据

智能装备设计生产与运维 / 訾斌，谭建荣主编. 北京 : 机械工业出版社，2024. 12. -- (战略性新兴领域“十四五”高等教育系列教材). -- ISBN 978-7-111-77062-6

Ⅰ. TP23

中国国家版本馆CIP数据核字第2024UE5836号

机械工业出版社（北京市百万庄大街22号　邮政编码100037）

策划编辑：丁昕祯　　　　责任编辑：丁昕祯　章承林

责任校对：龚思文　张　征　　封面设计：王　旭

责任印制：郜　敏

三河市国英印务有限公司印刷

2024年12月第1版第1次印刷

184mm×260mm・24.5印张・607千字

标准书号：ISBN 978-7-111-77062-6

定价：78.00 元

电话服务　　　　　　　　　网络服务

客服电话：010-88361066　　机　工　官　网：www.cmpbook.com

　　　　　010-88379833　　机　工　官　博：weibo.com/cmp1952

　　　　　010-68326294　　金　　书　　网：www.golden-book.com

封底无防伪标均为盗版　　机工教育服务网：www.cmpedu.com

序

为了深入贯彻教育、科技、人才一体化推进的战略思想，加快发展新质生产力，高质量培养卓越工程师，教育部在新一代信息技术、绿色环保、新材料、国土空间规划、智能网联和新能源汽车、航空航天、高端装备制造、重型燃气轮机、新能源、生物产业、生物育种、未来产业等领域组织编写了一批战略性新兴领域“十四五”高等教育教材。本套教材属于高端装备制造领域。

高端装备技术含量高、涉及学科多、资金投入大、风险控制难、服役寿命长，其研发与制造一般需要组织跨部门、跨行业、跨地域的力量才能完成。它可分为基础装备、专用装备和成套装备，基础装备包括高端数控机床、高端成形装备和大规模集成电路制造装备等，专用装备包括航空航天装备、高速动车组、海洋工程装备和医疗健康装备等，成套装备包括大型冶金装备、石油化工装备等。复杂产品的构成、技术、开发过程、生产过程、管理过程也都十分复杂，例如人形机器人、智能网联汽车、生成式人工智能等都是复杂产品。现代高端装备和复杂产品一般都是智能互联产品，它既具有用户需求的特异性、产品技术的创新性、产品构成的集成性和开发过程的协同性等产品特征，又具有时代性和永恒性、区域性和全球性、相对性和普遍性等时空特征。高端装备和复杂产品制造业是发展新质生产力的关键和大国博弈的核心，是事关国家经济安全和国防安全的战略性产业，其发展水平是国家科技水平和综合实力的重要标志。

高端装备一般都是复杂产品，而复杂产品并不都是高端装备。高端装备和复杂产品在研发生产运维全生命周期过程中具有很多共性特征。本套教材围绕这些特征，以多类高端装备为主要案例，从培养卓越工程师的批评性思维能力、畅想未来能力和创造性工程实践能力的目标出发，重点论述高端装备智能制造的基础理论、关键技术和创新实践。在论述过程中，力图体现思想性、系统性、科学性、先进性、前瞻性、生动性相统一。通过相关课程学习，希望读者能够掌握高端装备的构造原理、数字化网络化智能化技术、系统工程方法、智能研发生产运维技术、智能工程管理技术、智能工厂设计与运行技术、智能信息平台技术和工程试验技术，更重要的是希望读者能够深刻感悟和认识高端装备智能制造的原生动因、发展规律和思想方法。

1. 高端装备智能制造的原生动因

所有的高端装备都有原始创造的过程。原始创造的动力有的是基于现实需求、有的来自潜在需求、有的是顺势而为、有的则是梦想驱动。下面以光刻机、计算机断层扫描仪（CT）、汽车、飞机为例，分别加以说明。

光刻机的原生创造是由现实需求驱动的。1952 年，美国军方指派杰伊·拉斯罗普（Jay Lathrop）和詹姆斯·纳尔（James Nall）研究减小电子电路尺寸的技术，以便为炸弹、炮弹设计小型化近炸引信电路。他们创造性地应用摄影和光敏树脂技术，在一片陶瓷基板上沉积了约为 200μm 宽的薄膜金属线条，制作出含有晶体管的平面集成电路，并率先提出了“光刻”概念和原始工艺。在原始光刻技术的基础上，又不断地吸纳更先进的光源技术、高精度自动控制技术、新材料技术、精密制造技术等，推动着光刻机快速演进发展，为实现半导体先进制程节点奠定了基础。

CT 的创造是由潜在需求驱动的。利用伦琴（Wilhelm C. Röntgen）发现的 X 射线可以获得人体内部结构的二维图像，但三维图像更令人期待。塔夫茨大学教授科马克（Allan M. Cormack）研究辐射治疗时，通过射线的出射强度求解出了组织对射线的吸收系数，解决了 CT 成像的数学问题。英国电子与音乐工业公司工程师豪斯费尔德（Godfrey N. Hounsfield）在几乎没有任何试验设备的情况下，创造条件研制出了世界上第一台 CT 原型机，并于 1971 年成功应用于疾病诊断。他们也因此获得了 1979 年诺贝尔生理学 / 医学奖。时至今日，新材料技术、图像处理技术、人工智能技术等诸多先进技术已经广泛地融入 CT 之中，显著提升了 CT 的性能，扩展了 CT 的功能，对保障人民生命健康发挥了重要作用。

汽车的发明是顺势而为的。1765 年，詹姆斯·瓦特（James Watt）改良出第一台具有实用价值的蒸汽机原型，人们自然想到如何把蒸汽机和马力车融合到一起，制造出用机械力取代畜力的交通工具。1769 年，法国工程师居纽（Nicolas-Joseph Cugnot）成功地创造出世界上第一辆由蒸汽机驱动的汽车。这一时期的汽车虽然效率低下、速度缓慢，但它展示了人类对机械动力的追求和变革传统交通方式的渴望。19 世纪末，卡尔·本茨（Karl Benz）在蒸汽汽车的基础上又发明了以内燃机为动力源的现代意义上的汽车。经过一个多世纪的技术进步和管理创新，特别是新能源技术和新一代信息技术在汽车产品中的成功应用，使汽车的安全性、可靠性、舒适性、环保性以及智能化水平都产生了质的跃升。

飞机的发明是梦想驱动的。飞行很早就是人类的梦想，然而由于未能掌握升力产生及飞行控制的机理，工业革命之前的飞行尝试都是以失败告终。1799 年，乔治·凯利（George Cayley）从空气动力学的角度分析了飞行器产生升力的规律，并提出了现代飞机“固定翼 + 机身 + 尾翼”的设计布局。1848 年，斯特林费罗（John Stringfellow）使用蒸汽动力无人飞机第一次实现了动力飞行。1903 年，莱特兄弟（Orville Wright 和 Wilbur Wright）制造出“飞行者一号”飞机，并首次实现由机械力驱动的持续且受控的载人飞行。随着航空发动机和航空产业的快速发展，飞机已经成为一类既安全又舒适的现代交通工具。

数字化网络化智能化技术的快速发展为高端装备的原始创造和智能制造的升级换代创造了历史性机遇。智能人形机器人、通用人工智能、智能卫星通信网络、各类无人驾驶的交通工具、无人值守的全自动化工厂以及取之不尽的清洁能源的生产装备等都是人类科学精神和聪明才智的迸发，它们也是由于现实需求、潜在需求、情怀梦想和集成创造的驱动而初见端倪和快速发展的。这些星星点点的新装备、新产品、新设施及其制造模式一定会深入发展和快速拓展，在不远的将来一定会融合成为一个完整的有机体，从而颠覆人类的生产方式和生活方式。

2. 高端装备智能制造的发展规律

在高端装备智能制造的发展过程中，原始科学发现和颠覆性技术创新是最具影响力的科技创新活动。原始科学发现侧重于对自然现象和基本原理的探索，它致力于揭示未知世界，拓展人类的认知边界，这些发现通常来自于基础科学领域，如物理学、化学、生物学等，它们为新技术和新装备的研发提供了理论基础和指导原则。颠覆性技术创新则侧重于将科学发现的新理论、新方法转化为现实生产力，它致力于创造新产品、新工艺、新模式，是推动高端装备领域高速发展的引擎，它能够打破现有技术路径的桎梏，创造出全新的产品和市场，引领高端装备制造业的转型升级。

高端装备智能制造的发展进化过程有很多共性规律，例如：①通过工程构想拉动新理论构建、新技术发明和集成融合创造，从而推动高端装备智能制造的转型升级，同时还会产生技术溢出效应；②通过不断地吸纳、改进、融合其他领域的新理论新技术，实现高端装备及其制造过程的升级换代，同时还会促进技术再创新；③高端装备进化过程中各供给侧和各需求侧都是互动发展的。

以医学核磁共振成像（MRI）装备为例，这项技术的诞生和发展，正是源于一系列重要的原始科学发现和重大技术创新。MRI 技术的根基在于核磁共振现象，其本质是原子核的自旋特性与外磁场之间的相互作用。1946 年，美国科学家布洛赫（Felix Bloch）和珀塞尔（Edward M. Purcell）分别独立发现了核磁共振现象，并因此获得了 1952 年的诺贝尔物理学奖。传统的 MRI 装备使用永磁体或电磁体，磁场强度有限，扫描时间较长，成像质量不高，而超导磁体的应用是 MRI 技术发展史上的一次重大突破，它能够产生强大的磁场，显著提升了 MRI 的成像分辨率和诊断精度，将 MRI 技术推向一个新的高度。快速成像技术的出现，例如回波平面成像（EPI）技术，大大缩短了 MRI 扫描时间，提高了患者的舒适度，拓展了 MRI 技术的应用场景。功能性 MRI（fMRI）的兴起打破了传统的 MRI 主要用于观察人体组织结构的功能制约，它能够检测脑部血氧水平的变化，反映大脑的活动情况，为认知神经科学研究提供了强大的工具，开辟了全新的应用领域。MRI 装备的成功，不仅说明了原始科学发现和颠覆性技术创新是高端装备和智能制造发展的巨大推动力，而且阐释了高端装备智能制造进化过程往往遵循着“实践探索、理论突破、技术创新、工程集成、代际跃升”循环演进的一般发展规律。

高端装备智能制造正处于一个机遇与挑战并存的关键时期。数字化网络化智能化是高端装备智能制造发展的时代要求，它既蕴藏着巨大的发展潜力，又充满着难以预测的安全风险。高端装备智能制造已经呈现出“数据驱动、平台赋能、智能协同和绿色化、服务化、高端化”的诸多发展规律，我们既要向强者学习，与智者并行，吸纳人类先进的科学技术成果，又要持续创新前瞻思维，积极探索前沿技术，不断提升创新能力，着力创造高端产品，走出一条具有特色的高质量发展之路。

3. 高端装备智能制造的思想方法

高端装备智能制造是一类具有高度综合性的现代高技术工程。它的鲜明特点是以高新技术为基础，以创新为动力，将各种资源、新兴技术与创意相融合，向技术密集型、知识密集型方向发展。面对系统性、复杂性不断加强的知识性、技术性造物活动，必须以辩证的思维方式审视工程活动中的问题，从而在工程理论与工程实践的循环推进中，厘清与推动工程理念与工程技术深度融合，工程体系与工程细节协调统一，工程规范与工程创新互相促进，工程队伍与工程制度共同提升，只有这样才能促进和实现工程活动与自然经济社会的和谐发展。

高端装备智能制造是一类十分复杂的系统性实践过程。在制造过程中需要协调人与资源、人与人、人与组织、组织与组织之间的关系，所以系统思维是指导高端装备智能制造发展的重要方法论。系统思维具有研究思路的整体性、研究方法的多样性、运用知识的综合性和应用领域的广泛性等特点，因此，在运用系统思维来研究与解决现实问题时，需要从整体出发，充分考虑整体与局部的关系，按照一定的系统目的进行整体设计、合理开发、科学管理与协调控制，以期达到总体效果最优或显著改善系统性能的目标。

高端装备智能制造具有巨大的包容性和与时俱进的创新性。近几年来，数字化网络化智能化的浪潮席卷全球，为高端装备智能制造的发展注入了前所未有的新动能，以人工智能为典型代表的新一代信息技术在高端装备智能制造中具有极其广阔的应用前景。它不仅可以成为高端装备智能制造的一类新技术工具，还有可能成为指导高端装备智能制造发展的一种新的思想方法。作为一种强调数据驱动和智能驱动的思想方法，它能够促进企业更好地利用机器学习、深度学习等技术来分析海量数据、揭示隐藏规律、创造新型制造范式，指导制造过程和决策过程，推动制造业从经验型向预测型转变，从被动式向主动式转变，从根本上提高制造业的效率和效益。

生成式人工智能（AIGC）已初步显现通用人工智能的“星星之火”，它正以惊人的速度发展，对高端装备智能制造的全生命周期过程以及制造供应链和企业生态系统的构建与演化都会产生极其深刻的影响，并有可能成为一种新的思想启迪和指导原则。例如：① AIGC能够赋予企业更强大的市场洞察力，通过海量数据分析，精准识别用户偏好，预测市场需求趋势，从而指导企业研发出用户未曾预料到的创新产品，提高企业的核心竞争力；② AIGC能够通过分析生产、销售、库存、物流等数据，提出制造流程和资源配置的优化方案，并通过预测市场风险，指导建设高效灵活稳健的运营体系；③ AIGC能够将企业与供应商和客户连接起来，实现信息实时共享，提升业务流程协同效率，并实时监测供应链状态，预测潜在风险，指导企业及时调整协同策略，优化合作共赢的生态系统。

高端装备智能制造的原始创造和发展进化过程都是在“科学、技术、工程、产业”四维空间中进行的，特别是近年来，从新科学发现，到新技术发明，再到新产品研发和新产业形成的循环发展速度越来越快，科学、技术、工程、产业之间的供求关系明显地表现出供应链的特征。我们称由科学 - 技术 - 工程 - 产业交互发展所构成的供应链为科技战略供应链。深入研究科技战略供应链的形成与发展过程，能够更好地指导我们发展新质生产力，能够帮助我们回答高端装备是如何从无到有的、如何发展演进的、根本动力是什么、有哪些基本规律等核心科学问题，从而促进高端装备的原始创造和创新发展。

本套教材共有12本，涵盖了高端装备的构造原理和智能制造的相关技术方法。《智能制造导论》对高端装备智能制造过程进行了简要系统的论述，是本套教材的总论。《工业大数据与人工智能》《工业互联网技术》《智能制造的系统工程技术》论述了高端装备智能制造领域的数字化网络化智能化和系统工程技术，是高端装备智能制造的技术与方法基础。《高端装备构造原理》《智能网联汽车构造原理》《智能装备设计生产与运维》《智能制造工程管理》论述了高端装备（复杂产品）的构造原理和智能制造的关键技术，是高端装备智能制造的技术本体。《离散型制造智能工厂设计与运行》《流程型制造智能工厂设计与运行：制造循环工业系统》论述了智能工厂和工业循环经济系统的主要理论和技术，是高端装备智能制造的工程载体。《智能制造信息平台技术》论述了产品、制造、工厂、供应链和企业生态的信息系统，是支撑高端装备智能制造过程的信息系统技术。《智能制造实践训练》论述了智能制造实训的基本内容，是培育创新实践能力的关键要素。

编者在教材编写过程中，坚持把培养卓越工程师的创新意识和创新能力的要求贯穿到教材内容之中，着力培养学生的辩证思维、系统思维、科技思维和工程思维。教材中选用了光刻机、航空发动机、智能网联汽车、CT、MRI、高端智能机器人等多种典型装备作为研究对象，围绕其工作原理和制造过程阐述高端装备及其制造的核心理论和关键技术，力图扩大读者的视野，使读者通过学习掌握高端装备及其智能制造的本质规律，激发读者投身高端装备智能制造的热情。在教材编写过程中，一方面紧跟国际科技和产业发展前沿，选择典型高端装备智能制造案例，论述国际智能制造的最新研究成果和最先进的应用实践，充分反映国际前沿科技的最新进展；另一方面，注重从我国高端装备智能制造的产业发展实际出发，以我国自主知识产权的可控技术、产业案例和典型解决方案为基础，重点论述我国高端装备智能制造的科技发展和创新实践，引导学生深入探索高端装备智能制造的中国道路，积极创造高端装备智能制造发展的中国特色，使读者将来能够为我国高端装备智能制造产业的高质量发展做出颠覆性、创造性贡献。

在本套教材整体方案设计、知识图谱构建和撰稿审稿直至编审出版的全过程中，有很多令人钦佩的人和事，对此表示最真诚的敬意和由衷的感谢！首先，要感谢各位主编和参编学者们，他们倾注心力、废寝忘食，用智慧和汗水挖掘思想深度、拓展知识广度，展现出严谨求实的科学精神，他们是教材的创造者！其次，要感谢审稿专家们，他们用深邃的科学眼光指出书稿中的问题，并耐心指导修改，他们认真负责的工作态度和学者风范为我们树立了榜样！再者，要感谢机械工业出版社的领导和编辑团队，他们的辛勤付出和专业指导，为教材的顺利出版提供了坚实的基础！最后，特别要感谢教育部高等教育司和各主编单位领导以及部门负责人，他们给予的指导和支持，让我们有了强大的动力和信心去完成这项艰巨的任务！

由于编者水平所限，书中难免有不妥之处，敬请读者不吝赐教！

杨善林

合肥工业大学教授

中国工程院院士

2024年5月

前言

制造业是国民经济的主体，是立国之本、兴国之器、强国之基。《中华人民共和国国民经济和社会发展第十四个五年规划和2035年远景目标纲要》中指出，推动制造业高端化、智能化、绿色化是实现新型工业化的重要途径，也是推动我国从制造大国向制造强国迈进的重要抓手。智能装备作为智能制造的核心载体，已经成为推动制造业升级、提高生产效率和产品质量的重要驱动力。新一轮科技与产业革命正推动智能装备设计、生产与运维技术迅速发展，支撑行业数字化转型与智能化升级。把握数字化、网络化、智能化发展机遇，构建智能制造体系，推动关键核心技术攻关，补齐产业短板，才能推动机械装备产业转型升级，形成新的竞争优势。本书围绕智能装备的设计理论、生产技术、运维技术、设计生产与运维一体化实例等内容，进行深入分析与阐述，旨在为培养具备智能制造装备设计、生产与运维综合素质的应用型人才提供系统化的知识体系和技术能力支撑，使其能够解决智能制造领域的实际问题，进而推动技术创新和产业进步。

随着新一代信息技术的发展，在装备的设计理论与技术方面，更多先进的设计技术已经在机械制造以及装备设计领域得到了广泛应用。这一发展得益于完善的智能设计系统，即人机高度协作、知识高度集成的系统，这些系统具有自组织能力、开放的体系结构以及大规模知识集成化处理环境，能够稳定可靠地支持设计过程。通过应用智能设计系统，能够实现高效、灵活和可持续化的装备设计过程。这些系统通过整合人工智能技术、专家系统、神经网络和机器学习技术，强化了设计过程的自动化，并与计算机集成制造相结合，实现了设计制造一体化集成，提升了设计的质量与效率，帮助企业在竞争中更好地满足市场需求并创造更大的价值。

智能装备生产技术是一种综合性制造技术，它将先进的科技手段与制造业相结合，旨在提高装备的生产效率、产品质量和生产灵活性。这类技术涵盖了从设计、加工、装配到控制、监控和维护等各个环节，以实现装备制造的智能化和自动化。智能装备生产技术的核心目标是通过集成先进技术，使制造设备和生产系统具备更高的智能化水平，以应对市场需求的变化和提高企业的竞争力。

人工智能、物联网、大数据和机器学习等技术的集成应用，为智能装备赋予了前所未有的运维能力。物联网技术能够收集大量装备运行数据，不仅能实时监测设备状态，还可通过高阶数据分析功能，识别装备性能退化趋势，预测潜在故障的发生。云计算技术的融合使得设备运维可以跨越地理界限，实现远程监控和管理。此外，通过机器学习算法的持续优化，不断提升维护的准确性和效率。这种自动化和智能化的融合不仅确保了设备的高效运行，也推动了整个行业向更高水平的技术整合和创新发展。

以智能机器人和高端数控装备的设计生产与运维过程为例，通过智能装备设计理论与技术、生产技术与运维技术在智能机器人和高端数控装备设计生产与运维过程中的应用，满足现代制造业对高效、灵活和智能化的需求，推动智能装备制造向智能化、网络化和服务化方向不断迈进。同时将智能装备的设计、制造和运维过程进行整合，展现设计制造与运维一体化技术的重要性，实现生产资源的最优配置和生产效率的最大化。

本书旨在系统性地介绍智能装备设计、生产和运维的核心理论与技术，通过分享智能装备相关理论和实际案例，培养具备实用技能的应用型人才，是在参考大量国内外相关研究和工程实践的基础上，结合作者团队多年的研究成果编写而成。全书共 6 章，本着少而精的原则，力求做到内容新颖、重点突出、以点带面。第 1 章为绪论，简要介绍了智能装备设计生产与运维的基本概念、重要性和发展趋势；第 2~4 章分别对智能装备设计理论与技术、智能装备生产技术和智能装备运维技术进行了阐述；第 5 章和第 6 章对智能机器人和高端数控装备的设计、生产和运维技术进行了介绍。最后，对智能装备设计与制造的未来发展进行了展望，提出了值得深入探讨的战略性与前沿性问题。这些问题围绕智能装备设计与制造的创新路径、技术进步对产业变革的推动作用，以及如何在全球竞争中提升我国智能装备的核心竞争力等方面展开，期望读者通过思考这些问题，深入领悟智能装备技术发展的规律，为推动智能制造理论与技术的创新奠定坚实基础。本书在注重基础知识与理论讲解的同时，强调理论与实际的紧密结合。在本书的结构设计中，每个章节不仅仅局限于阐述基本概念和原理，还涵盖了与智能装备相关的最新技术和实际应用，深入探讨其在现代制造业中的具体应用情况，揭示其在整个工业体系中的重要位置，旨在帮助读者建立系统的知识体系，同时培养其实际操作能力和创新思维，使其在未来的工作中能够灵活应对复杂的实际问题，从而更好地适应和推动现代制造业的快速发展。

本书由合肥工业大学訾斌教授和中国科学院院士、浙江大学谭建荣教授任主编，主要负责全书架构搭建。合肥工业大学祖磊、浙江大学冯毅雄编写第 1 章，合肥工业大学赵萍、钱森和李元编写第 2 章、第 3 章，合肥工业大学刘征宇编写第 4 章；合肥工业大学董方方、钱森编写第 5 章，合肥工业大学田晓青编写第 6 章。中国工程院院士、管理科学与信息系统工程专家杨善林院士对本书的知识框架和结构体系进行了指导。这是一部融媒体新形态教材，相关的核心课程建设、重点实践项目建设及数字化资源和网络互动资源分别由各章作者组织完成。

本书在整体规划、知识图谱的搭建以及从撰稿到审校直至出版的各个环节中，得到了诸多支持与帮助，谨此表达我们最诚挚的敬意与衷心的感谢！特别感谢所有参考文献的作者们，他们的研究成果对本书的编写至关重要！感谢审稿专家们，他们以卓越的学术视野精确识别了书稿中的不足，他们严谨负责的工作态度和学术风范深深感染了我们！同时，感谢机械工业出版社的领导和编辑团队，正是他们的辛勤努力和专业指导，为教材的顺利出版奠定了坚实的基础！

本书适用于已具有一定机械基础的学习者，包括在高等院校或职业学校受过相关培训的学生以及从业人员；可作为高等工科院校智能制造类专业的教材，用于课堂教学和学习参考；同时适合工程技术人员及相关领域的从业人员阅读参考，可帮助其提升机械知识和技能。

由于编者水平有限，书中难免有不足之处，恳切希望读者对书中的错误和不足之处批评指正。

编者

目录

目　录

1

第1章 绪论

章知识图谱

1.1 智能装备概述

1.1.1 智能装备的定义与特点

1. 智能装备的定义

18世纪60年代至19世纪中期，随着蒸汽机的出现，手工劳动被机器生产逐步替代，世界经历了第一次工业革命，人类发展进入“蒸汽机时代”；19世纪70年代至20世纪初期，伴随电磁学理论的发展，电力技术得到广泛应用，机器的功能变得多样化，世界经历了第二次工业革命，人类发展进入“电气化时代”；自20世纪50年代开始，随着信息技术的不断发展，社会生产不再局限于单台机器，互联网的出现使得机器间可以互联互通，计算机、机器人、航天、生物工程等高新技术得到快速发展，世界经历了第三次工业革命，人类发展进入“信息化时代”。回顾每一次工业革命，人类社会的发展都离不开科学技术的进步，而在智能制造技术不断发展的今天，世界工业正面临一场新的产业升级与变革，智能制造技术也将成为第四次工业革命的核心推动力量。

智能制造将人工智能技术、网络技术、检测传感技术和制造技术在产品生产、管理和服务过程中进行融合交叉，使制造过程具备分析、推理、感知等功能。20世纪90年代后，随着信息化技术和人工智能技术的不断发展，智能制造开始引起发达国家的关注，美国、日本等国家纷纷启动了智能制造研究专项并建立了试验基地，使智能制造的研究和实践取得了长足进步。在2008年全球金融危机发生之后，发达国家认识到“去工业化”发展的弊端，制定了“重返制造业”的发展战略，同时深度学习、大数据、云计算、物联网等前沿技术引领制造业加速向智能化转型，智能制造已经成为未来制造业的主要发展方向，各国政府均给予了有力的支持，以抢占竞争的制高点。

智能制造系统主要由智能产品、智能生产及智能服务三大功能系统以及工业互联网和智能制造云两大支撑系统集成而成，如图 1-1 所示。

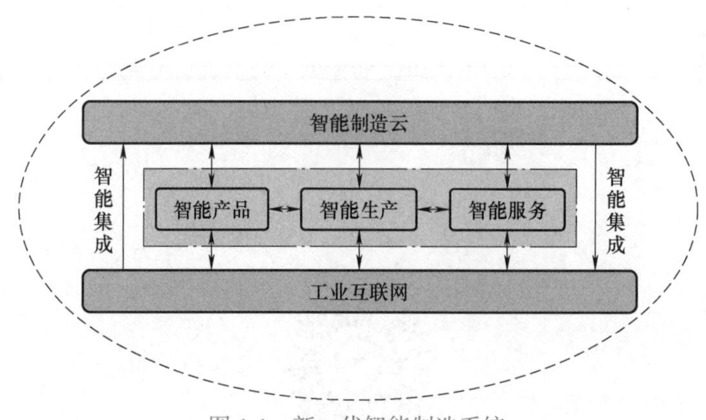

图 1-1　新一代智能制造系统

智能产品和智能装备是新一代智能制造系统的主体。智能产品是智能制造和服务的价值载体，智能装备是智能制造的技术前提和物质基础。智能装备是数字技术与产品技术在装备上的集成和融合，是指将传感器、处理器、储存器及通信模组等智能模块嵌入到装备，使装备具备感知、分析、决策、控制和执行的功能。任何一种具备处理能力、灵敏的感知功能、正确的思维与判断功能和高效的执行功能的装备都是智能装备。智能装备是物联网的“移民”。机床、工业机器人、工程机械、发电设备、汽车及飞机等原本都不是智能装备，但在万物智能互联时代，它们都要数字化、智能化，都要接入网络世界，从而蜕变为智能装备，并成为物联网的“移民”。

2. 智能装备的特点

在当今科技飞速发展的时代背景下，智能装备与传统装备之间的对比揭示了两者在核心技术特性、应用效率、操作便捷性以及维护升级策略等方面的根本差异。智能装备集成了多种先进技术，包括但不限于传感器技术、人工智能、自动化控制以及复杂的数据处理能力。智能装备的这些特性使其能够在无须人工干预的情况下，快速响应环境变化，并自主优化工作流程，极大提升了生产率和质量控制的精度。

与此对照，传统装备在很多方面显得力不从心。这类装备大多依赖于人工操作或较为基础的自动化技术，缺乏智能化的自主感知和决策能力。传统装备的操作效率和产品质量极大地依赖于操作人员的经验和技能，生产过程中的调整和优化往往需要人工介入，这不仅增加了人力成本，也限制了生产率和质量的提升。

智能装备的自我诊断和预测性维护功能，能提前识别潜在的性能下降或故障风险，从而实现了减少意外停机时间的目标。相比之下，传统装备的维护通常发生在故障已经出现之后，这种被动的维护方式不仅增加了生产过程的不确定性，也提高了生产成本。此外，智能装备可通过远程更新软件和算法来引入新功能或改进性能，而传统装备的功能更新和性能提升通常需要更换硬件或进行大规模的改造，这无疑增加了企业的运营成本。

总之，智能装备与传统装备之间的对比清晰地展示了智能化技术在提高生产率、降低成本、提升产品质量以及增强市场竞争力方面的巨大优势。随着技术的不断进步和应用领域的不断拓展，智能装备正逐步成为各行各业提升生产力和创新能力的关键。在未来，智能装备的持续发展和优化，将进一步推动制造业乃至整个社会的智能化转型，开创更加高效、灵活和可持续的生产新模式。

1.1.2　智能装备的特征与意义

智能装备的核心特征在于其集成了先进的计算技术、传感技术和网络通信技术，能实现数据的实时收集、处理和分析，从而为用户提供更加个性化、智能化的服务。

以智能机床为例，其本体为高性能的机床装备，具有重复定位精度、动 / 静刚度、主轴转动平稳性、插补精度、平均无故障时间等性能特征。在此基础上，通过智能传感技术使得机床能够自主感知加工条件的变化，如利用温度传感器感知环境温度、利用加速度传感器感知工件振动、利用视觉传感器感知是否出现断刀，以进一步对机床运行过程中的数据进行实时采集与分类处理，形成机床运行大数据知识库。通过机器学习、云计算等技术实现故障自诊断并给出智能决策，最终实现智能抑振、智能热屏蔽、智能安全、智能监控等功能，使装备具有自适应、自诊断与自决策的特征。

1. 智能装备的特征

（1）自我感知能力　自我感知能力是指智能装备通过传感器获取所需信息，并对自身状态与环境变化进行感知，而自动识别与数据通信是实现自我感知的重要基础。与传统装备相比，智能装备需获取数据量庞大的信息，且信息种类繁多，获取环境复杂，因此，研发高性能传感器成为智能装备实现自我感知的关键。目前，常见的传感器类型包括视觉传感器、位置传感器、射频识别传感器、音频传感器与力 / 触觉传感器等。

（2）自适应与优化能力　自适应与优化能力是指智能装备根据感知的信息对自身运行模式进行调节，是系统处于最优或较优状态，实现对复杂任务不同工况的智能适应。在运行过程中，智能装备不断采集过程信息，以确定加工制造对象与环境的实际状态，当加工制造对象或环境发生动态变化后，基于系统性能优化准则，产生相应的调控指令，对系统结构或参数及时进行调整，保证智能装备始终工作在最优或较优的运行状态。

（3）自我诊断与维护能力　自我诊断与维护能力是指智能装备在运行过程中，对自身故障和失效问题能够做出自我诊断，并通过优化调整保证系统可以正常运行。智能装备通常是高度集成的复杂机电一体化设备，当外部环境发生变化时，会引起系统发生故障甚至失效。

（4）自主规划与决策能力　自主规划与决策能力是指智能装备在无人干预的条件下，基于所感知的信息，进行自主的规划计算，给出合理的决策指令，并控制执行机构完成相应的动作，实现复杂的智能行为。智能装备的核心功能以具有自主规划和决策能力的人工智能技术为基础，同时结合了系统科学、管理科学和信息科学等先进技术。通过对有限资源的优化配置及对工艺过程的智能决策，智能装备可以满足各个领域的不同需求。

2. 智能装备的意义

（1）智能装备是未来装备发展的必然趋势　随着全球信息化和智能化时代的到来，智能装备以其独特的优势和功能，成为未来装备发展的必然趋势。这种趋势的形成，既是科技进步的自然结果，也是市场和社会需求日益多样化、个性化发展的必然响应。在智能化进程中，装备不仅能根据实时数据和环境变化自动调整操作策略，还能通过自我学习优化未来的工作模式，显著提高生产和管理的精确度与灵活性。

（2）智能装备是全面发展社会生产力的重要基础　智能装备在提高生产率、促进资源优化配置、推动产业结构升级等方面发挥着不可替代的作用，成为全面发展社会生产力的重要基础。通过智能化技术的应用，生产过程中的每一个环节都能实现精确控制和高度自动化，显著提升生产力。在智能物流系统中，通过自动识别和排序，可以实现货物的快速准确配送，大幅降低物流成本，提高物流效率，为生产和消费提供了强有力的支撑。

（3）智能装备是推动我国制造业转型升级的核心力量　智能装备是推动我国制造业实现高质量发展、加快从制造大国向制造强国转变的核心力量。面对全球经济一体化和产业升级的新要求，智能装备以其高效率、高精度、低能耗的特点，为我国制造业转型升级提供了技术支撑和创新动力。通过智能化改造升级，传统制造业能够突破生产率和产品质量的瓶颈，实现生产过程的智能化、灵活化和服务化，增强产业的国际竞争力。智能装备还促进了新型工业生态的形成，通过智能制造网络平台，实现了设计、生产、管理、服务等环节的深度融合，为制造业提供了全方位的智能化解决方案。同时，智能装备的广泛应用还带动了上下游产业链的协同发展，促进高技术产业和现代服务业的融合创新，推动经济结构的优化升级和产业链条的延伸。

综上所述，智能装备不仅是未来装备发展的必然趋势，更是全面提升社会生产力和推动制造业转型升级的关键。随着科技创新的不断深入，智能装备将在未来社会经济发展中发挥更加重要的作用，为实现社会的可持续发展和人类生活质量的全面提升贡献力量。

1.1.3　智能装备的分类

智能装备分为智能制造装备和其他智能装备，用于不同行业和场景。智能制造装备用于制造业，是智能制造系统的基本构成要素；其他智能装备用于其他行业，是千行万业转型升级的物质技术基础。

（1）智能制造装备　智能制造有很多构成要素，最核心的要素就是智能制造装备。机器指挥智能制造装备，是智能制造系统的突出特征，是实现智能制造的先决条件，即智能制造是工业之母。没有智能制造装备，智能制造就是无源之水、无本之木，就是“空中楼阁”，扼住智能制造装备就是从源头上卡住了现代制造业的命脉。自主可控地发展智能制造，是具备智能制造装备供给能力的前提。

智能制造装备的组成如图 1-2 所示，更加先进的感知系统使制造装备产生的数据能够被及时采集和分析；数字化的孪生系统为制造装备构建了物理模型的数字孪生；机器学习帮助人们从海量数据中学习和分析制造装备运行的状态和结果。制造装备的智能化将极大地提升制造装备的效率，使生产水平和生产率向更高层次发展。

（2）智能交通装备　智能交通装备是指应用于交通运输领域的一系列智能化设备和系统，它们通过集成先进的信息技术、通信技术、数据处理技术和自动控制技术，旨在提高交通系统的效率、安全性和可持续性。这些装备包括智能信号控制系统、自动驾驶汽车、智能导航设备、交通监控和管理系统等。通过实时收集和分析交通数据，智能交通装备能够优化交通流量分配，减少拥堵，提升道路使用效率，同时增强交通安全，降低事故发生率，为用户提供更加便捷、高效的出行体验。

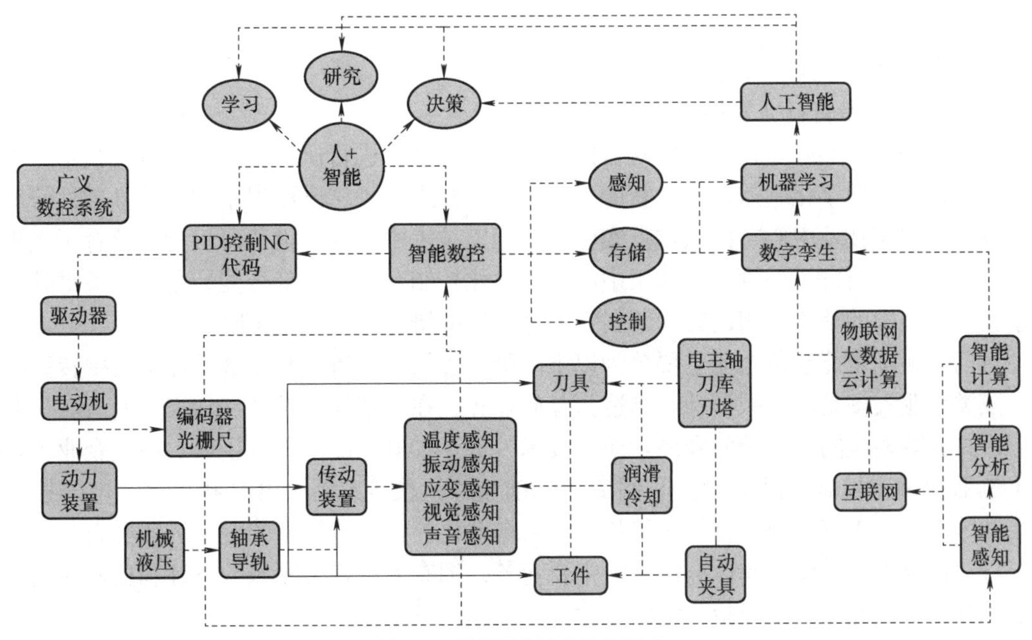

图 1-2 智能制造装备的组成

（3）智能农机装备 随着装备技术与信息技术融合创新步伐的加快，以绿色智能、节能减排、高度智能化、人机协同为核心特征的智能农机装备已逐渐成为农机装备发展的主流趋势。智能农机装备是指通过设计和智能技术创新，具有人类（部分）智能硬件设备或软硬件集成系统，可全部或部分替代人或辅助人高效、简便、安全、可靠地完成特定复杂的农机作业目标任务，实现农业生产全过程的数字化感知、智能化决策、精准化作业和智慧化管理的现代化农机装备，具有人与机、机与物之间交互的特点，是技术进步和农业生产方式转变的核心内容。

（4）智能动力装备 智能动力装备是涉及能源转换和供应领域的智能化设备，包括智能发电系统、智能变电设备、智能电网管理系统等。这类装备通过集成先进的监控、分析和控制技术，能够实现能源的高效利用和优化调配，保证能源供应的稳定性和可靠性。智能动力装备能根据实时能源消耗数据自动调整发电量和电力分配，优化能源结构，提高能源利用率，支持可再生能源的广泛应用，为实现绿色低碳发展提供技术支持。

（5）智能检测装备 智能检测设备是以多种先进传感器为基础，引入人工智能，能够自动采集、处理、特征提取和识别数据用于分析计算，尽量减少人为因素对检测结果的影响。这些装备广泛应用于工业生产、环境监测、公共安全、健康医疗等领域，如智能烟雾探测器、水质在线监测系统、工业过程控制系统等。

（6）智能电气装备 智能电气装备是指在电力系统中应用，具备智能化功能的电气设备和系统，包括智能电表、智能断路器、智能变压器等。这些装备能够实现电力系统的实时监控、故障诊断、能源管理和优化控制等功能。通过与先进的信息通信技术相结合，智能电气装备能够提高电网的运行效率和可靠性，实现电能的高效使用和智能管理，支持构建智慧能源系统，促进能源的节约和环境保护。

1.1.4 智能装备发展趋势

1. 国内智能装备行业发展概况

我国从19世纪80年代就开始对智能装备及相关技术进行研究，目前在数控技术、工业通信网络技术、数字化制造技术、智能化资讯处理技术等领域已取得了大量的基础性研究成果。设立了国家技术中心、国家重点实验室、国家技术中心等一批科研机构，培育了大批的高端技术人员，研发了一批高端加工中心和自动化控制系统等关键智能装备，但关键技术在工业生产体系中的整体应用还较为薄弱，部分领域的研究尚处于起步阶段。

目前，我国智能装备企业主要分为以下三类。①由传统机械和零部件加工业中转型的企业。该类企业大多是以机械设计、制造为基础业务，在零部件的设计和加工方面有着显著的优势，并拥有相应的生产设备和高素质的技术人员。②电气设备制造企业。该类企业主要以低压电器和过程控制产品的设计和制造为基础业务，在传感器、PLC触摸屏、电子控制自动元件等设备的生产方面具有较大优势。③由自动化装备制造转型的企业。该类企业一般以生产自动化或半自动化的非标准设备为主要业务，拥有大量相关领域的设计和技术人员，具备丰富的设备装配和调试经验，整体实力强于上述两类企业。

2. 国内智能装备行业面临的主要问题

1）国内智能装备行业起步较晚，面对以德国工业4.0和美国工业互联网为代表的先进技术与先进制造体系，国内智能装备制造企业和终端应用企业都表现出参与度不高，很难融入国际统一标准。同时，近年来，部分西方国家逆全球化思潮越演越烈，贸易保护主义再次抬头，相关产业受地缘政治问题影响加剧，在部分核心技术行业给国内企业制造技术壁垒，使国内企业融入国际市场难度加大，不确定性增大。

2）智能装备行业存在大量人才缺口。智能装备是一个多学科交叉的行业，集机械设计、机械制造、电控技术、通信技术、软件开发等专业于一体，能够驾驭诸多学科的复合型高端人才严重不足。以软件算法开发、集成电路设计等为代表的专项人才缺口也非常巨大。同时，近年来多元化的新兴岗位大量出现，年轻人对传统技能型岗位的就业兴趣明显下降，以车工、钳工、数控机床操作工、高低压电工、电气焊工为代表的技能型工种已经明显出现年龄结构偏大、新生代劳动力缺口日益增大的特征。

3）智能装备上下游核心部件、核心技术与国际先进水平差距很大，自主配套供给率较低，对外国产品的依赖度较高。智能装备的核心配件，如工业芯片、传感器、高性能伺服电动机和驱动器、可编程控制器（PLC）、机器人的精密减速器等，基本上都依赖进口。同时，被誉为工业之母的机床是智能装备制造业必不可少的设备之一，但是绝大部分高端精密机床及刀具被国外企业垄断，引进成本极高，后续使用维护费用较高。

3. 国内智能装备行业发展趋势

在当代科技快速演进的背景之下，智能装备作为科技创新的集成体现，其发展趋势显著反映了人类对于科技进步的追求与应用。智能化、网络化、集成化和绿色化构成了智能装备发展的四大基石，不仅代表了技术革命的方向，也预示着未来智能社会的形态。

（1）智能化　智能化是指通过先进的计算机技术、人工智能算法及机器学习等手段，赋予装备一定的认知能力，使其能够自主学习、推理判断和决策执行。这一过程不仅依赖于算法的优化和创新，也依赖于大数据的支撑，通过不断地学习与数据积累，装备能够提升自身的智能化水平，实现任务执行的高度自动化和智能化。

（2）网络化 网络化是指通过互联网、物联网等通信技术实现装备的相互连接和数据交换，使得智能装备能够在更广阔的网络空间中实时共享信息和资源。这一方向极大地扩展了智能装备的功能边界，使其能够跨越物理空间的限制，进行远程监控、控制和数据分析。网络化的实现，促进了信息的即时传递和高效利用，为智能决策提供了数据基础。

（3）集成化 集成化关注多技术、多功能的融合与优化，通过系统化的设计和整合，实现装备功能的多样化和服务的全面化。这一趋势要求智能装备保持高度专业化的同时，也能够与其他装备或系统协同工作，形成功能更强大、应用更广泛的智能系统。在智能家居领域，通过将照明、安防、环境控制等多个系统集成到一个统一的控制平台，用户可以实现家居环境的一键智能管理。集成化不仅提高了系统的操作效率和用户体验，也推动了跨领域技术的融合创新，为解决复杂问题提供了更加灵活和高效的途径。

（4）绿色化 绿色化强调智能装备在促进可持续发展、节能减排和环境保护方面的作用。通过精确控制和智能管理，智能装备能够在确保性能和效率的同时，最大限度地减少对环境的影响。这包括优化能源消耗、减少废物产生和排放以及提高资源利用率等方面。例如，智能建筑通过集成能源管理系统，可根据建筑物内部和外部环境的实时变化，自动调节能源使用，实现能效最大化。

智能装备的这四大发展方向，不仅展现了科技进步的动态趋势，也为未来智能化社会的构建提供了坚实的技术基础。随着相关技术的持续演进和创新，智能装备将在智能化、网络化、集成化和绿色化的道路上迈出更加坚实的步伐，为人类社会带来更加深刻的变革和广泛的福祉。

1.2 智能装备设计

智能装备设计是指利用先进的信息技术和智能化技术，对传统装备进行改造和升级，使其具有更高的智能化水平和自主性，以提高生产率、降低生产成本、提高产品质量和灵活性的设计过程。智能装备设计可追溯至工业自动化和信息化的发展。随着信息技术、传感技术、控制技术等的不断进步，人们对装备提出了更高的要求，希望装备能够更加智能化、柔性化地满足生产需求。智能装备设计的出现，是为了应对这一需求，通过引入先进技术和设计理念，提高装备的智能化水平和生产率。智能装备设计的发展也受到了工业 4.0 的影响。工业 4.0 提倡将物理系统与数字系统相结合，实现智能化生产，智能装备设计正是工业 4.0 理念的重要体现之一。在工业 4.0 的背景下，智能装备设计不仅是对传统装备的改造，更是对生产方式和生产组织的变革，是推动制造业转型升级的重要手段之一。因此，智能装备设计作为一种综合性的设计方法和理念，正成为当今制造业发展的重要趋势之一。

1.2.1 智能装备设计类型及方法

智能装备设计可分为创新设计、变型设计和模块化设计三大类型，依据不同的设计类型可采用不同的设计方法。

1. 创新设计

在当前市场竞争十分激烈的情况下，企业要求得生存，需不断推出具有竞争力的创新产品。创新设计依据市场需求发展的预测，进行产品结构的调整，用新的技术手段和技术原理，改造传统产品，开发新一代、具有高技术附加值的新产品，改善产品的功能、技术性能和质量，降低生产成本和能源消耗，采用先进生产工艺，缩小与国内外先进同类产品之间的差距，提高产品的竞争能力，进一步占领和扩大国内外市场。

创新设计通常应从市场调研和预测开始，明确产品设计任务，经过产品规划、方案设计、技术设计和施工设计四个阶段；还应通过产品试制和产品试验来验证新产品的技术可行性；通过小批试生产来验证新产品的制造工艺和工艺装备的可行性。一般需较长的设计开发周期，投入较大的研制开发工作量。

（1）产品规划阶段　市场对产品的需求是动态变化的，产品设计前必须进行产品规划，确定新产品的功能、技术性能和开发的日程表，保证符合市场需求的产品能及时或适当超前地研制出来，并投放市场，以减少产品开发的盲目性。在产品规划阶段将综合运用技术预测、市场学、信息学等理论和方法来解决设计中出现的问题。

产品规划阶段的任务是明确设计任务，通常应在市场调查与预测的基础上识别产品需求，进行可行性分析，制订设计技术任务书。

1）调查研究。调查研究包括市场调研、技术调研和社会环境调研三部分。①市场调研，一般从用户需求、产品情况、同行情况、供应情况几方面进行调研。②技术调研，一般包括产品技术的现状及发展趋势，行业技术和专业技术的发展趋势，新型元器件、新材料、新工艺的应用和发展动态，竞争产品的技术特点分析，竞争企业的新产品开发动向，环境对研制产品提出的要求等。③社会环境调研，一般包括企业目标市场所处的社会环境和有关的经济技术政策，如产业发展政策、投资动向、环境保护及安全等方面的法律、规定和标准，社会的风俗习惯，社会人员的构成状况、消费水平、消费心理和购买能力，本企业实际情况、发展动向、优势和不足、发展潜力等。

2）编制设计任务书。经过可行性分析后，接下来应确定待设计产品的设计要求和设计参数，编制设计要求表，设计要求表示例见表 1-1。在设计要求表内要列出必达要求和希望达到的要求。表中所列的各项要求应排出重要程度次序，作为对设计进行评价时确定加权系数的依据。各项要求应尽可能用数值来描述其技术指标。

表 1-1　设计要求表示例

设计要求			必须和希望达到的要求	重要程度次序
类别		项目及指标		
功能	运动参数	运动形式、方向、速度、加速度等		
	力参数	作用力大小、方向、载荷性质等		
	能量	功率、效率、压力、温度等		
	物料	产品物料特征		
	信号	控制要求、测量方式及要求等		
	其他性能	自动化程度、可靠性、寿命等		

（续）

设计要求		必须和希望达到的要求	重要程度次序
类别	项目及指标		
经济	尺寸（长、宽、高）、体积和重量的限制		
	生产率、每年生产件数和总件数		
	最高允许成本、运转费用		
制造	加工：公差、特殊加工条件等		
	检验：测量与检验的特殊要求等		
	装配：装配要求、地基及安装现场要求等		
使用	使用对象：市场和用户类型		
	人机学要求：操纵、控制、调整、修理、配换、照明、安全、舒适		
	环境要求：噪声、密封、特殊要求等		
	工业美学：外观、色彩、造型等		
期限	设计完成日期：研制开始和完成日期，试验、出厂和交货日期等		

（2）方案设计阶段　方案设计实质上是根据设计任务书的要求，进行产品功能原理的设计。这阶段完成的质量将严重影响到产品的结构、性能、工艺和成本，关系到产品的技术水平及竞争能力。方案设计阶段大致包括对设计任务的抽象、建立功能结构、寻求原理解与求解方法、形成初步设计方案和对初步设计方案的评价与筛选等步骤。

（3）技术设计阶段　技术设计阶段是将方案设计阶段拟定的初步设计方案具体化，确定结构原理方案，进行总体技术方案设计，确定主要技术参数、布局，进行结构设计，绘制装配草图，初选主要零件的材料和工艺方案，进行各种必要的性能计算。如果需要，还可通过模型试验检验和改善设计，通过技术经济分析选择较优的设计方案。

技术设计阶段将综合运用系统工程学、价值工程学、力学、摩擦学、机械制造工程学、优化理论、可靠性理论、人机工程学、工业美学、相似理论等来解决设计中出现的问题。

（4）施工设计阶段　施工设计阶段主要进行零件工作图设计，完善部件装配图和总装配图，商品化设计编制各类技术文档等。

在施工设计阶段，将广泛运用工程图学、机械制造工艺学等理论和方法来解决设计中出现的问题。

2. 变型设计

为了快速满足市场需求的变化，常采用适应型和变参数型设计方法。两种设计方法都是在原有产品的基础上，保持其基本工作原理和总体结构不变。适应型设计是通过改变或更换部分部件或结构；变参数型设计是通过改变部分尺寸与性能参数，形成所谓的变型产品，以扩大使用范围，满足更广泛的用户需求。适应型设计和变参数型设计统称变型设计。变型设计应在原有产品的基础上，按照一定的规律演变出各种不同规格参数、布局和附件的产品，扩大原有产品的性能和功能，形成一个产品系列。可将创新设计和变型设计统筹规划，创新设计是作为系列化产品中所谓的“基型产品”来精心设计，变型产品是在系列型谱的范围内有指导地进行设计。

为了缩短产品的设计、制造周期，降低成本，保证和提高产品的质量，在产品设计中应遵循系列化设计的方法，以提高系列产品中零部件的通用化和标准化程度。

系列化设计方法是在设计某一类产品时，选择功能、结构和尺寸等方面较典型产品为基型，以它为基础，运用结构典型化、零部件通用化、标准化的原则，设计出其他各种尺寸参数的产品，构成产品的基型系列。在产品基型系列的基础上，同样运用结构典型化、零部件通用化、标准化的原则，增加、减去、更换或修改少数零部件，派生出不同用途的变型产品，构成产品派生系列。编制反映基型系列和派生系列关系的产品系列型谱。在系列型谱中，各规格产品应有相同的功能结构和相似的结构形式。同一类型的零部件在规格不同的产品中具有完全相同的功能结构，不同规格的产品同一种参数按一定规律（通常按等比级数）变化。

系列化设计应遵循“产品系列化、零部件通用化、标准化”原则（简称“三化”原则）。有时将“结构的典型化”作为第四条原则，即所谓的“四化”原则。系列化设计是产品设计合理化的一条途径，是提高产品质量、降低成本、开发变型产品的重要途径之一。

3. 模块化设计

模块化设计是产品设计合理化的另一条途径，是提高产品质量、降低成本、加快设计进度、进行组合设计的重要途径。模块化设计是按合同要求，选择适当的功能模块，直接拼装成所谓的“组合产品”。进行组合产品的设计，是在对一定范围内不同性能、不同规格的产品进行功能分析的基础上，划分并设计出一系列功能模块，通过这些模块的组合，构成不同类型或相同类型不同性能的产品，以满足市场的多方面需求。模块化设计通常是制造资源规划（Manufacturing Resources Planning，MRP Ⅱ）驱动的，可由销售部门承担，或在销售部门中成立一个专门从事组合设计的设计组承担，有关设计资料可直接交付生产计划部门，对组成产品的各个模块安排投产，并将这些模块拼装成所需的产品。模块也应该用系列化设计原理进行设计，即每类模块具有多种规格，其规格参数按一定的规律变化，而功能结构则完全相同，不同模块中的零部件尽可能标准化和通用化。

划分模块的出发点是功能分析。根据产品的总功能分解为分功能、功能元，求相应的功能模块，再具体化为生产模块。功能模块是从满足技术功能的角度来确定的，因此它可以通过模块的相互组合来实现各种总的功能结构。生产模块则不是根据其功能，而是纯粹从制造的角度来确定。

总功能包括基本功能、辅助功能、特殊功能、适应功能和专门功能等几类，相应地建立基本模块、辅助模块、特殊模块、适应模块和非标模块等，如图 1-3 所示。

4. 合理化工程

合理化工程是一种管理哲理，适用于合同型企业。合同型企业的产品通常需按顾客的特殊要求进行设计制造。如果设计周期过长，导致产品交货期过长，则有可能失去顾客；如果要求在规定的时间内交货，产品设计周期过长，则产品制造周期必须进行压缩，会影响产品的制造质量。因此，对于合同型企业，压缩产品的设计周期非常重要。

合理化工程的主要目的是采用先进的信息处理技术，进行产品结构的重组、产品设计开发过程的重组和设计 / 管理系统信息的集成，尽可能减少产品零部件的类别数，从而缩短产品的开发周期，提高产品设计质量，缩短产品的生产周期，在这基础上提高产品的质量，降低产品成本，改善售后服务。产品结构的重组进行系列产品和组合产品的开发、产品编码和产品技术文件的系统化，从而减少零部件的类别数。

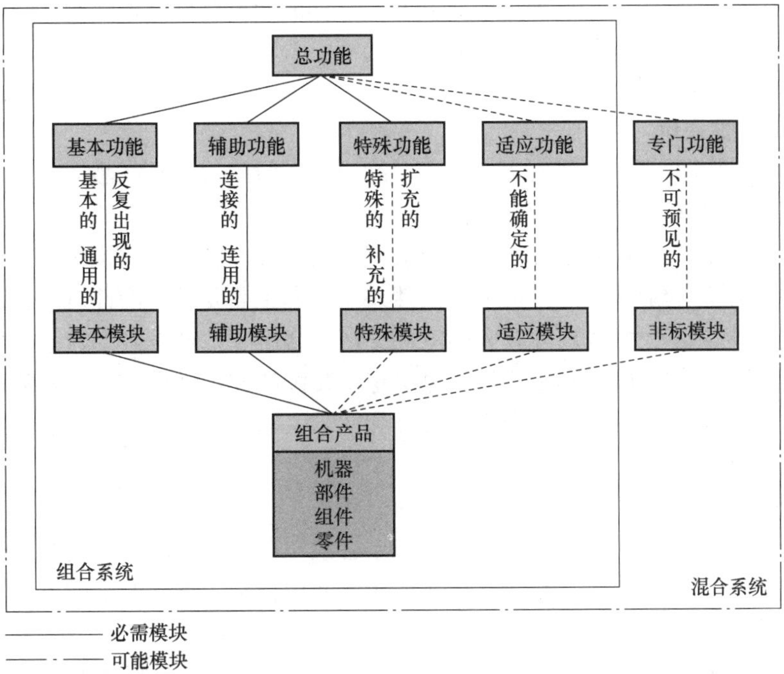

总功能
基本功能　辅助功能　特殊功能　适应功能　专门功能
基本的 通用的　反复出现的　连接的 连用的　特殊的 补充的　扩充的　不能确定的　不可预见的
基本模块　辅助模块　特殊模块　适应模块　非标模块
组合产品
机器
部件
组件
零件
组合系统
混合系统
必需模块
可能模块

图 1-3　模块分类

1.2.2　智能装备设计的评价

设计过程是通过分析、创造和综合而达到满足特定功能目标的一种活动。在这过程中需不断地对设计方案进行评价，根据评价结果进行修改，逐渐实现特定的功能目标。掌握评价的原理和方法，有助于建立正确的设计思想，在设计过程中不断地发现问题和解决问题。设计评价内容十分丰富，结合机械制造装备设计的特点，主要包括如下内容：技术经济评价、可靠性评价、人机工程学评价、结构工艺性评价、产品造型评价和标准化评价等。

1. 技术经济评价

设计的产品在技术上应具有先进性，经济上应具有合理性。技术的先进性和经济的合理性往往是相互排斥的。技术经济评价就是深入分析这两方面的问题，建立目标系统和确定评价标准对各设计方案的技术先进性和经济合理性进行评分，给出综合的技术经济评价。

通过技术经济评价，可以全面评估智能装备设计技术和经济效果，为企业决策提供科学依据，促进智能装备设计的推广应用和产业发展。

2. 可靠性评价

可靠性是指产品在规定条件下和规定时间内，完成规定任务的能力。这里所谓的“规定条件”包括使用条件、维护条件、环境条件和操作技术等；“规定时间”可以是某个预定的时间，也可以是与时间有关的其他指标，如作用或重复次数、距离等；“规定任务”是指产品应具有的技术指标。产品的可靠性主要取决于产品在研制和设计阶段形成的产品固有的可靠性。

3. 人机工程学评价

产品设计应满足其应具备的功能，也应满足人机工程学方面的要求。人机工程学是研究人机关系的一门学科，它把人和机作为一个系统，研究人机系统应具有什么样的条件，才能使人机实现高度的协调性，人只需付出适宜的代价就能使系统取得最大的功效和安全。它不仅涉及工程技术理论，还涉及生理学、人体解剖学、心理学和劳动卫生学等理论和方法，是一门综合性的边缘学科。

4. 结构工艺性评价

结构工艺性评价的目的是降低生产成本、缩短生产时间、提高产品质量。结构工艺性应从加工、装配、维修和运输等方面来评价。

一个产品由部件、组件和零件组成。组成产品的零部件越少，结构越简单，重量也可减轻，但可能导致零件的形状复杂，加工工艺性差。根据工艺要求，设计时应合理考虑产品的结构组合，把工艺性不太好或尺寸较大的零件分解成多个工艺性较好的较小零件。产品设计阶段不仅决定了零件加工的成本和质量，也决定了装配的成本和质量。装配的成本和质量取决于装配操作的种类和次数，装配操作的种类和次数又与产品结构、零件及其结合部位的结构和生产类型有关。

5. 产品造型评价

机械产品造型不同于一般的艺术品，其造型必须与功能相适应，即功能决定造型、造型表现功能。机械产品的造型也必须建立在系列化、通用化和标准化的基础上，同一系列产品应具有风格一致的造型。

机械产品造型的总原则是经济、实用、美观大方。“经济”是指造型成本低，并有助于提高产品的可靠性、寿命和人机界面；“实用”是指使用操作方便、舒适、符合人体的生理和心理特征，使人机系统的工作效能达到最高；“美观大方”是指产品的外观形象给人的心理、生理及视觉效应良好。人的审美观点尽管不全相同，但还是有相同规律可循，良好的外观造型应从产品造型设计和产品色彩两方面去评价。

6. 标准化评价

标准化的定义是：在经济、技术、科学及管理等社会实践中，对重复性事物和概念通过制定、发布和实施，来达到统一，以获得最佳秩序和社会效益。

按照标准的性质分，有技术标准、工作标准和管理标准三类；按照标准化对象的特征来分，有基础标准、产品标准、方法标准、安全卫生和环境保护标准五大类，方法标准中包括产品质量鉴定有关的方法标准、工艺操作方法标准和管理方法标准；按照标准的适用范围，标准分为六个级别，依次为国际标准、区域标准、国家标准、专业标准（包括专业协会标准、部委标准）、地方标准和企业标准。

1.3 智能装备制造

1.3.1 智能制造技术发展背景和意义

制造业是国民经济的主体，是立国之本、兴国之器、强国之基。

制造是把原材料变成有用物品的过程，它包括产品设计、材料选择、加工生产、质量保证、管理和营销等一系列有内在联系的运作和活动。制造系统是一个相对的概念，小的如柔性制造单元（Flexible Manufacturing Cell，FMC）、柔性制造系统（Flexible Manufacturing System，FMS），大至一个车间、企业乃至以某一企业为中心包括其供应链而形成的系统都可称为制造系统。从包括的要素而言，制造系统是人、设备、物料流 / 信息流 / 资金流、制造模式的一个组合体。智能制造（Intelligent Manufacturing，IM）通常泛指智能制造技术和智能制造系统，它是现代制造技术、人工智能技术和计算机科学技术三者结合的产物。

近年来，在工业领域与信息技术领域都发生了深刻的技术变革。工业领域主要包括工业机器人、智能机床、3D 打印等技术，而信息技术领域主要包括大数据、云计算、数字孪生、增强现实、工业互联网、物联网、务联网、5G 等技术。这些技术变革带来了制造业的新一轮革命，特别是作为信息化与工业化高度融合产物的智能制造得到长足发展。新一轮科技革命和产业变革与我国加快转变经济发展方式形成历史性交汇，智能制造是一个关键的交汇点。中国制造业要抓住这个历史机遇，创新引领高质量发展，实现向世界产业链中高端的跨越发展。在“中国制造 2025”中，智能制造是制造业创新驱动、转型升级的制高点、突破口和主攻方向。

1.3.2 智能装备制造特征、目标及发展趋势

1. 智能装备制造特征

智能装备制造特征在于实时智能感知、智能优化决策、智能动态执行三个方面：①智能感知，数据的实时感知，智能制造需要大量的数据支持，通过利用高效、标准的方法实时进行信息采集、自动识别，并将信息传输到分析决策系统；②智能优化决策，通过面向产品全生命周期的海量异构信息的挖掘提炼、计算分析、推理预测，形成优化制造过程的决策指令；③智能动态执行，根据决策指令，通过执行系统控制制造过程的状态，实现稳定、安全的运行和动态调整。智能性是智能制造的最基本特征，是信息驱动下的“感知→分析→决策→执行与反馈”的大闭环。在制造全球化、产品个性化、“互联网＋制造”的大背景下，智能制造体现出如下特征：

（1）大系统　制造系统（特别是车间级以上的系统）完全符合大系统的基本特征，即大型性、复杂性、动态性、不确定性、人为因素性、等级层次性等。智能制造系统是由智能产品、智能生产及智能服务等功能系统，以及智能制造云和工业互联网等支撑系统集合而成的大系统。

（2）大集成　大集成特征表现为企业内部研发、生产、销售、服务、管理过程等实现动态智能集成，即纵向集成；企业与企业之间基于工业互联网和智能云平台，实现集成、共享、协作和优化，即横向集成；制造业与金融业、上下游产业的深度融合形成服务型制造业和生产服务业共同发展的新业态；智能制造与智能城市、智能交通、智能医疗等交融集成，共同形成智能生态大系统——智能社会。

（3）系统进化和自学习　智能装备制造系统中的信息系统增加了基于新一代人工智能技术的学习认知部分，不仅具有更强大的感知、计算分析决策与控制能力，更具有了学习认知、产生知识的能力。从“授之以鱼”发展到“授之以渔”，智能制造系统通过深度融合数理建模（因果关系）和大数据智能建模（关联关系）所形成的混合建模方法，可以提高制造

系统建模能力，提高处理制造系统不确定性、复杂性问题的能力，极大地改善制造系统的建模和决策效果。对于智能机床加工系统，能在感知与机床、加工、工况、环境有关信息的基础上，通过学习认知建立整个加工系统的模型，并应用于决策与控制，实现加工过程的优质、高效和低耗运行。

（4）信息物理系统　信息物理系统（CPS）是一个包含计算、网络和物理实体的复杂系统，依靠 3C（Computing，Communication，Control）技术的有机融合与深度协作，通过人机交互接口实现其和物理进程的交互，使赛博空间以远程、可靠、实时、安全、协作和智能化的方式操控一个物理实体。CPS 应用于智能制造中，以一种新的信息物理融合生产系统（CPPS）形式，将智能机器、存储系统和生产设施融合，体现了动态感知、实时分析、自主决策、精准执行的闭环过程，使人、机、物等能够相互独立地自动交换信息、触发动作和自主控制，实现智能、高效、个性化、自组织的生产方式，构建出智能工厂以实现智能生产。

（5）人与机器的融合　智能装备制造系统通过人机混合增强系统智能，提高人机共融与群体协作技术。从本质上提高制造系统处理复杂性、不确定性问题的能力，极大优化制造系统的性能。随着人机协同机器人、可穿戴设备的发展，生命和机器的融合在制造系统中会有越来越多的应用体现。机器是人的体力、感官和脑力的延伸，但人依然是智能制造系统中的关键因素。

（6）虚拟与物理的融合　智能装备制造系统蕴含两个世界，一个是由机器实体和人构成的物理世界，另一个是由数字模型、状态信息和控制信息构成的虚拟世界。数字孪生是物理实体与虚拟融合的有效手段。产品数字孪生体是指产品物理实体的工作状态和工作进展在信息空间的全要素重建及数字化映射，是一个集成的多物理、多尺度、超写实、动态概率仿真模型，可用来模拟、监控、诊断、预测、控制产品物理实体在现实环境中的形成过程、状态和行为。利用数字孪生建模技术对物理实体对象的特征、行为、形成过程和性能等进行描述和建模。通过数字孪生技术，一方面产品的设计与工艺在实际执行之前，可以在虚拟世界中进行 100% 的验证；另一方面，生产与使用过程中，实际世界的状态可以在虚拟环境中进行实时、动态、逼真的呈现。

2. 智能装备制造目标

“中国制造 2025”中指出实施智能制造可给制造业带来“两提升、三降低”。“两提升”是指生产率的大幅度提升，资源综合利用率的大幅度提升；“三降低”是指研制周期的大幅度缩短，运营成本的大幅度下降，产品不良品率的大幅度下降。

智能装备制造的总体目标可归结为如下五个方面：

1）优质。制造的产品具有符合设计要求的优良质量，或提供优良的制造服务，或使制造产品和制造服务的质量优化。

2）高效。在保证质量的前提下，在尽可能短的时间内，以高效的工作节拍完成生产，从而制造出产品和提供制造服务，快速响应市场需求。

3）低耗。以最低的经济成本和资源消耗，制造产品或提供制造服务，其目标是综合制造成本最低或制造能效比最优。

4）绿色。在制造活动中综合考虑环境影响和资源效益，其目标是使产品在全生命周期中，对环境的影响最小，资源利用率最高，并使企业经济效益和社会效益协调优化。

5）安全。考虑制造系统和制造过程中涉及的网络安全和信息安全问题，即通过综合性的安全防护措施和技术，保障设备、网络、控制、数据和应用的安全。

3. 智能装备制造发展趋势

21世纪是智能化在制造业获得大发展和广泛应用的时代，可能引发制造业的变革。正如《经济学人》杂志刊发的《第三次工业革命》一文所言，“制造业的数字化变革将引发第三次工业革命”。当今世界制造业智能化发展呈现五大趋势。

（1）制造全系统、全过程应用数字孪生技术 数字孪生是充分利用物理模型、传感器更新、运行历史等数据，集成多学科、多物理量、多尺度、多概率的仿真过程，利用数字技术对物理实体对象的特征、行为、形成过程和性能等进行描述和建模，在虚拟空间中完成映射，从而反映相对应实体装备的全生命周期过程。作为一种充分利用模型、数据、智能并集成多学科的技术，数字孪生技术通过虚实交互反馈、数据融合分析，决策迭代优化等手段，为物理实体增加或扩展新的能力。数字孪生技术面向产品全生命周期过程，发挥连接物理世界和信息世界的桥梁和纽带作用，提供更加实时、高效、智能的服务。

（2）重视使用机器人和柔性生产线 柔性与自动生产线和机器人的使用可以积极应对劳动力短缺和用工成本上涨。同时，利用机器人高精度操作，提高产品品质和作业安全是市场竞争的取胜之道。以工业机器人为代表的自动化制造装备在生产过程中应用日趋广泛，在汽车、电子设备、奶制品和饮料等行业已大量使用基于工业机器人的自动化生产线。

（3）物联网和务联网在制造业中的作用日益突出 基于物联网和务联网构成的制造服务互联网（云），实现了制造全过程中制造工厂内外人、机、物的共享、集成、协同与优化。通过信息物理系统，整合智能机器、储存系统和生产设施。通过物联网、服务计算、云计算等信息技术与制造技术融合，构成制造务联网（Internet of services），实现软硬制造资源和能力的全系统、全生命周期、全方位透彻的感知、互联、决策、控制、执行和服务化，使得从入厂物流配送到生产、销售、出厂物流和服务，实现泛在的人、机、物、信息的集成、共享、协同与优化的云制造。同时支持了制造企业从制造产品向制造产品加制造服务综合模式的发展。

（4）普遍关注供应链动态管理、整合与优化 供应链管理是一个复杂、动态、多变的过程，供应链管理更多地应用物联网、互联网、人工智能、大数据等新一代信息技术，更倾向于使用可视化的手段来显现数据，采用移动化的手段来访问数据；供应链管理更加重视人机系统的协调性，实现人性化的技术和管理系统。企业通过供应链的全过程管理、信息集中化管理、系统动态化管理实现整个供应链的可持续发展，进而缩短了满足客户订单的时间，提高了价值链协同效率，提升了生产率，使得全球范围的供应链管理更具效率。

（5）增材制造技术与作用发展迅速 增材制造技术（3D打印技术）是综合材料、制造、信息技术的多学科技术。它以数字模型文件为基础，运用粉末状可沉积黏合材料，采用分层加工或叠加成形的方式逐层增加材料来生成各类三维实体。其最突出的优点是无需机械加工或模具，就能直接从计算机图形数据中生成任何形状的物体，从而极大地缩短产品的研制周期，提高生产率和降低生产成本。三维打印与云制造技术的融合将是实现个性化、社会化制造的有效制造模式与手段。

美国、欧洲一些国家、日本都将智能制造视为21世纪最重要的先进制造技术，认为智能制造是国际制造业科技竞争的制高点。

1.3.3 智能制造过程

1. 智能设计

智能设计是带有创新特性的个体或群体活动，在设计链的各个环节上智能技术使设计创新得到质的提升。通过智能数据分析手段获取设计需求，进而通过智能创成方法进行概念生成。通过智能仿真和优化策略实现产品的性能提升，辅之以智能并行协同策略来实现设计制造信息的有效反馈，从而大幅缩短产品研发周期，提高产品设计品质。

2. 智能加工

智能加工是借助智能制造装备、智能检测与控制装备及数字仿真等手段，实现对加工过程的建模、仿真、预测和对加工系统的监测与控制，同时集成加工知识，使加工系统能根据实时工况自动优选加工参数，调整自身状态，获得最佳的加工性能与加工质效。

智能加工中最关键的技术是智能制造装备与工艺技术。智能制造装备能够利用自主感知与连接获取机床、加工、工况、环境有关信息，通过自主学习与建模生成知识，并应用这些知识进行自主优化与决策，完成自主控制与执行。智能制造装备通过对自身运行状态和内外部环境的实时感知，将信息通过物联网、CPS 系统等新一代信息网络技术接入智能制造云平台，基于大数据深度分析与评估技术，实现制造工艺的全局优化、制造装备的智能维护、制造过程的能源节省及制造装备间的协同工作。

3. 智能装配

数字化智能装配系统具有装配单元自动化、装配过程数字化、信息传递网络化、过程控制智能化、质量监控精确化等特点，这些特点可使智能装配系统达到产品装配质量的高可靠性和全生命周期的可追溯性。

智能装配中的制造执行系统是集智能设计、智能预测、智能调度、智能诊断和智能决策于一体的智能化应用管理体系。为此，需要应用 MES（制造执行系统）对装配知识的管理技术，人工智能算法与 MES 的融合技术，MES 对生产行为的实时化、精细化管理技术，生产管控指标体系的实时重构技术等。

4. 智能生产

智能生产只针对制造工厂或车间，引入智能技术与管理手段，实现生产资源最优化配置、生产任务和物流实时优化调度、生产过程精细化管理和智慧科学管理决策。生产过程的主要智能手段及价值回报如图 1-4 所示。

在智能生产中，生产资源（生产设备、机器人、传送装置、仓储系统和生产设施等）将通过集成形成一个闭环网络，具有自主、自适应、自重构等特性，从而可以快速响应、动态调整和配置制造资源网络和生产步骤。制造车间的智能特征具体体现为三方面：一是制造车间具有自适应性和柔性，具有可重构和自组织能力，从而能高效地支持多品种、多批量、混流生产；二是产品、设备、软件之间实现相互通信，具有基于实时反馈信息的智能动态调度能力；三是建立有预测制造机制，可实现对未来的设备状态、产品质量变化、生产系统性能等的预测，从而提前主动采取应对策略。

5. 智能管理

智能制造的智能管理关键技术主要有：

（1）产品全生命周期管理（PLM）技术　实现智能制造系统智能管理和决策的最重要

环节是产品全生命周期基础数据的准确和制造系统各支撑系统和功能系统信息的无缝集成。PLM 是一个采用了 CORBA 和 WEB 等技术的应用集成平台和一套支持复杂产品异地协同制造的，具有安全、开放、实用、可靠、柔性等功能，集成化、数字化、虚拟化、网络化、智能化的支撑工具集，它拓展了 PDM（Product Date Management）的应用范围，支持产品全生命周期的产品并行设计、协同设计与制造、网络化制造乃至智能制造等先进的设计制造技术。

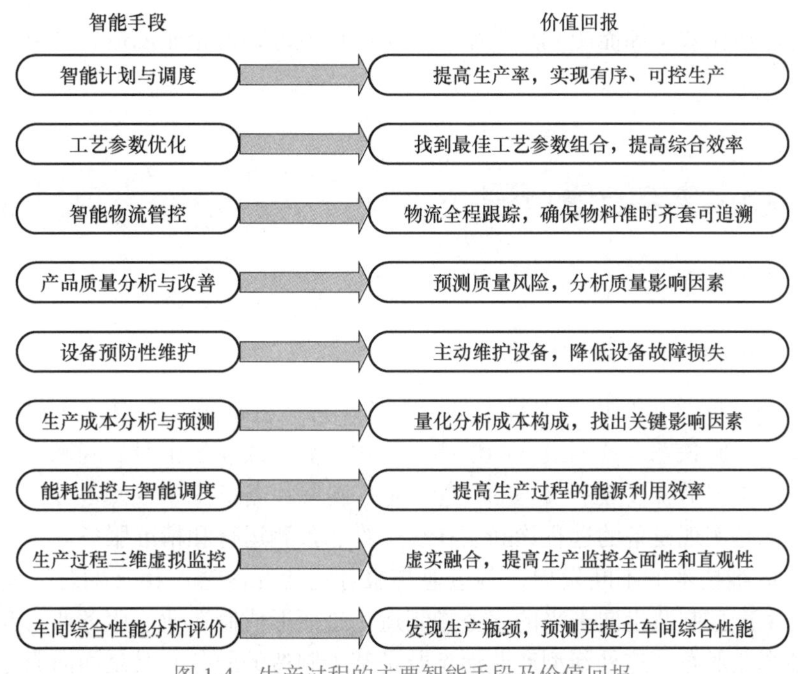

图 1-4　生产过程的主要智能手段及价值回报

（2）智能制造执行系统 IMES（Intelligent Manufacturing Execution System）技术　MES 是一套面向制造企业车间执行层的生产信息化管理系统，在工厂综合自动化系统中起中间层的作用，MES 根据底层控制系统采集的与生产有关的实时数据，对短期生产作业的计划调度、监控、资源配置和生产过程进行优化。现代企业的目标是追求精益生产，为了达到精益生产，MES 为企业提供制造数据管理、计划排程管理、生产调度管理、库存管理、质量管理、生产过程控制、底层数据集成分析、上层数据集成分析等管理模块，为企业打造一个扎实、可靠、全面、可行的制造协同管理平台。IMES 的关键技术有：实现 ERP 与生产现场各种控制装置无缝连接的工业互联网技术与智能化技术；提高数据实时获取能力的传感技术和物联网技术；提高海量数据智能分析能力的云计算、分布式数据库技术与大数据分析技术；车间智能调度的各种仿生智能算法和并行算法；车间状态的实时检测、智能分析和知识挖掘技术；车间计划层与控制层的智能互联与系统重构技术。

6. 智能制造服务

制造服务包含产品服务和生产性服务。智能制造服务通过物联网和务联网，将智能产品、智能车间和智能制造过程与智能电网、智能移动、智能物流、智能建筑等互相连接和集成，实现对供应链、制造资源、生产设施、生产系统及过程、营销及售后等的管控。通过提高服务状态/环境感知，以及服务规划、决策和控制水平，提升服务质量，扩展服务内容，促进现代制造服务业这一新的产业业态不断发展壮大。智能制造服务的服务平台包括：重大装备远程可视化智能服务平台、生产性服务智能运控平台、智能云制造服务平台、面向中小企业的公有云制造服务平台、社群化制造服务平台。这些智能制造服务平台都具有较大的市场需求。

智能服务的重要目标是通过泛在感知、系统集成、互联互通、信息融合等信息技术手段，将工业大数据分析技术应用于生产管理服务和产品售后服务环节，实现科学的管理决策，提升供应链运作效率和能源利用效率，并拓展价值链，为企业创造新价值。

1.4 智能运维与健康管理

1.4.1 智能运维与健康管理概述

智能运维与健康管理是指在对设备运行状态信息进行辨识、获取、处理和融合的基础上，评价设备的健康状态，预测设备的性能及变化趋势、故障发生时机和剩余使用寿命，并采取必要的维护维修措施以延缓设备的性能衰退、排除设备故障、预测备件需求的决策和执行过程，其目标是实现设备的远程诊断、在线运维、预测运行和精准服务。

随着智能运维技术的不断发展，制造业与服务业相互渗透、相互融合，使得制造企业逐步从原来的生产型制造走向未来的服务型制造，进而形成制造业、服务业与互联网深度融合发展的新型产业形态，这种新型产业形态既是基于制造的服务，又是面向服务的制造，或称为制造服务。制造服务的核心要义是制造企业从原来的单纯为用户提供“产品”向提供“产品+服务”转变，其主要技术基础就是智能运维技术。目前，制造服务已经成为发达国家高端装备制造企业赢得综合竞争力的法宝。例如，全球三大航空发动机制造公司通用电气（General Electric，GE）公司、普惠（Pratt&Whitney，PW）公司、罗-罗（Rolls-Royce，RR）公司都纷纷改变原有单一出售发动机的经营模式，致力于扩展发动机运行维护、发动机租赁、发动机数据管理分析以及有偿数据推送等售后服务业务，通过服务合同绑定用户，延长产业链条，扩大利润空间，进而赢得市场竞争。

1.4.2 智能运维的功能

智能装备中智能运维技术的功能如图 1-5 所示。

1. 实时监控

实时监控是通过集成先进的物联网（IoT）技术、传感器和实时数据处理工具，为企业提供一个全面、直观且互动性强的设备状态跟踪解决方案。系统通过传感器收集关键参数，如温度、压力和振动等，并将这些数据实时传输至监控平台，通过数据可视化技术以图表、曲线和数字形式展现，使监控人员能够迅速把握设备运行状况。设置的阈值在参数异常时触发自动警告，及时通知相关人员，从而快速响应潜在问题。此外，实时监控系统还能与历史数据进行对比分析，预测故障，支持维护决策，并与企业其他系统集成，实现数据共享和流程协同。安全性和隐私保护也是实时监控系统设计的重要考虑因素，确保数据安全和合规性。

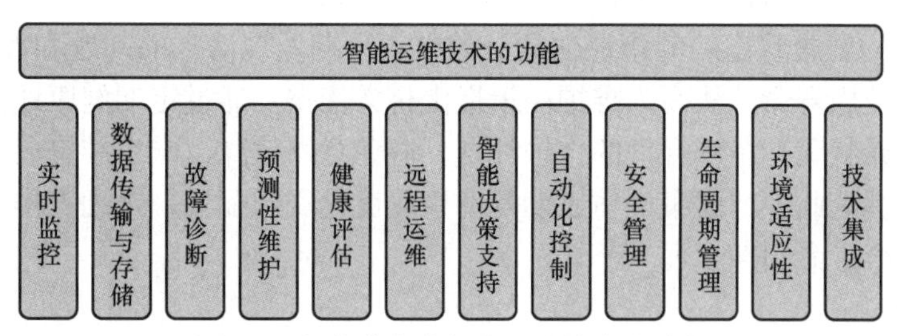

图 1-5 智能装备中智能运维技术的功能

2. 数据传输与存储

数据传输与存储是智能运维与健康管理系统中的基础环节，它们确保设备运行时产生的大量关键数据能够安全、高效地从源头传输到指定的存储系统中。在这个过程中，数据通过有线网络或无线网络从传感器和监控设备实时发送到中央服务器或云平台，利用先进的通信协议保证数据传输的稳定性和安全性。到达存储系统后，数据被系统化地组织和索引，以便于后续的访问、查询和分析。这些数据不仅包括实时监控指标，还可能涵盖设备的运行日志、历史性能记录等，为设备的预测性维护、故障诊断和性能优化提供了丰富的信息资源。通过实施数据的定期备份和灾难恢复策略，系统进一步保障了数据的持久性和可靠性，确保企业能够在面临各种挑战时快速恢复数据服务，维持业务连续性。此外，采用高效的数据压缩和加密技术，可以在减少存储空间需求的同时保护数据不被未授权访问，满足企业对数据安全性和隐私性的要求。

3. 故障诊断

故障诊断是通过综合应用数据分析、模式识别和机器学习等先进技术，对设备运行中出现的异常情况进行深入分析和快速定位。系统首先通过实时监控收集大量设备数据，然后利用统计分析和机器学习算法，对这些数据进行深入挖掘，以识别出可能指示故障的异常模式或趋势。一旦检测到异常，系统会自动触发警告，同时提供故障诊断报告，其中包含可能的故障原因、影响范围和建议的维修措施。这种智能化的故障诊断方式不仅大大提高了故障处理的效率和准确性，而且通过预测性分析，能够在故障发生前采取预防措施，从而减少意外停机时间，延长设备的使用寿命，并降低维护成本。此外，系统还具备自我学习和优化的能力，随着时间的推移，它会根据历史故障数据和维修经验，不断提高故障诊断的准确率和效率，为企业提供更加精准和高效的运维服务。

4. 预测性维护

预测性维护是一种先进的设备维护策略，它依托于物联网技术、大数据分析和机器学习算法，通过对设备运行数据的实时监控和历史趋势分析，预测潜在的故障和性能下降。这种维护方式能够识别设备可能出现问题的时间点，从而提前安排维护活动，避免意外停机和紧急维修带来的成本。在预测性维护中，系统会收集设备的传感器数据、操作日志和环境参数，利用这些数据训练机器学习模型，模型能够识别设备正常运行和异常状态的特征，随着时间的推移，系统通过持续学习不断优化预测的准确性。

5. 健康评估

健康评估涉及对设备或系统的整体性能和状态进行全面分析和评定。这一过程通过收集设备的各种运行参数再结合历史维护记录、使用频率和环境因素，运用数据分析和机器学习技术来评估设备的健康状态。健康评估的目的在于早期发现潜在的问题和性能下降的迹象，预测设备的剩余使用寿命，从而为维护决策提供科学依据。通过定期健康评估，企业能够及时了解资产的健康状况，制订合理的维护计划，避免意外故障，减少维修成本，提高设备的运行效率和可靠性。此外，健康评估还能帮助企业优化资产配置，合理安排设备的更新和报废，实现资产的全生命周期管理。

6. 远程运维

远程运维是一种基于网络技术的运维管理模式，它允许运维人员在不同地点通过安全的连接远程访问和管理分布在各地的设备和系统。这种模式利用云计算、物联网、移动设备和专用软件平台，实现对设备的实时监控、配置管理、故障排查和维护操作，不受地理位置的限制。远程运维通过集中化的监控系统，提高了运维效率，减少了现场运维的需求，同时也加快了对设备问题的响应速度。此外，远程运维还包括对网络安全的严格管理，确保远程访问过程中数据传输的安全性和完整性。

7. 智能决策支持

智能决策支持通过集成先进的数据分析技术、人工智能算法和业务规则引擎，为运维人员提供强有力的决策辅助。该系统能够处理和分析海量的设备数据，识别关键性能指标，发现潜在的故障和效率瓶颈，进而生成直观的报告和建议。智能决策支持系统利用机器学习模型，不断从历史数据中学习，优化预测准确性，实现对设备运行趋势和健康状态的深入洞察。此外，系统还能根据预设的业务逻辑和规则，自动推荐维护策略和操作步骤，甚至在某些情况下实现自动化的决策执行，从而提高运维效率，降低风险，优化资源分配。

8. 自动化控制

自动化控制是智能运维与健康管理系统中的一项关键技术，它通过预设的逻辑和规则，使系统能自动执行一系列维护任务，无需人工干预。这种控制机制利用传感器收集的实时数据，通过智能算法分析设备状态，一旦检测到异常或触发特定条件，系统便能自动调整设备参数或执行预定的维护操作，如启动冷却系统、减少负载或关闭故障部件。自动化控制还包括对设备运行环境的监控，确保所有操作在安全阈值内进行，防止潜在的危险。此外，系统能够根据设备的历史性能数据和预测模型，自动优化维护计划和资源分配，提高设备的可靠性和延长使用寿命。通过这种方式，自动化控制不仅提高了运维效率，减少了人为错误，还为企业节约了大量时间和成本，是实现智能化、高效化运维管理的重要手段。

9. 安全管理

安全管理涉及确保整个系统的安全性和数据的保密性。这包括实施严格的访问控制策略，如多因素认证和基于角色的权限管理，以确保只有授权人员才能访问敏感数据和系统功能。同时，系统采用先进的加密技术来保护数据在传输和存储过程中的安全，防止数据泄露或被未授权访问。安全管理还涵盖对网络威胁的持续监控和防御，使用入侵检测系统和防火墙来识别和阻止潜在的网络攻击。此外，定期进行安全审计和漏洞评估，确保系统能够及时响应新的安全挑战和漏洞。为了应对可能的安全事件，制订全面的应急响应计划和灾难恢复策略也是安全管理的一部分。

10. 生命周期管理

生命周期管理是智能运维与健康管理系统中一个全面的概念，它涵盖了设备从采购、投入使用、维护、升级到最终报废的整个周期。这种管理方法的目标是最大化设备的价值和效率，同时降低成本和风险。通过跟踪设备的使用情况、性能指标和维护历史，企业能够更准确地预测设备故障，规划维护活动，从而减少意外停机时间。生命周期管理还包括对设备折旧、成本效益分析和市场趋势的考量，帮助企业做出更明智的资产更新和替换决策。此外，它还涉及环境和合规性问题，确保设备在报废时符合相关法规，采用环保的方式进行处理。

11. 环境适应性

环境适应性是指设备和系统能够在不同环境条件下稳定运行的能力。这包括对温度、湿度、压力、振动等多种环境因素的监测和适应，确保设备性能不受环境变化的影响。通过实时监控环境参数并根据这些数据调整设备运行参数，系统能够实现对环境变化的快速响应，减少由于环境因素引起的故障风险。环境适应性还涉及设备设计和材料选择，以确保它们能够抵抗恶劣环境的侵蚀，如耐蚀、耐磨损等特性。此外，智能系统能够学习不同环境下设备的行为模式，预测和适应环境变化对设备性能的潜在影响，从而提高设备的可靠性和耐用性。

12. 技术集成

在智能运维与健康管理系统中，技术集成指的是将多种技术和工具整合到一个统一的平台或框架中，以实现更高效、更自动化的设备监控和管理。这包括物联网技术用于数据采集，云计算提供数据存储和处理能力，大数据分析技术用于从海量数据中提取有价值的信息，以及人工智能和机器学习算法用于预测性维护、故障诊断和优化决策。技术集成还涉及不同系统和设备之间的接口和协议的兼容性，确保数据能够无缝流动，实现跨平台的通信和操作。此外，集成的安全性也是技术集成的关键部分，需确保所有集成的组件都符合安全标准，防止数据泄露和网络攻击。通过技术集成，企业能够打破信息孤岛，实现资源的最大化利用，提高运维效率，降低成本，并提升整体的服务质量和客户满意度。

1.4.3 智能运维在智能设备中的应用

智能装备运维（Intelligent Equipment Operation and Maintenance，IEOM）的兴起与快速发展，标志着工业领域在维护管理方面迈入了一个新时代。随着技术的进步，尤其是物联网、大数据、人工智能等技术的融合应用，智能装备运维已经成为提升工业生产率、保障设备稳定运行、优化维护成本的重要手段。智能装备运维的应用范围广泛，涵盖了制造业、能源行业、交通运输、医疗设备、农业机械、建筑行业等领域，IEOM 在不同行业中的应用具有各自的特点和挑战。图 1-6 所示为智能运维技术在智能装备中的应用，图中展示了智能运维在不同行业对装备的实际应用和带来的变革。

在制造业中，智能运维体现在对工业机器人、自动化生产线、数控机床等设备的预测性维护和性能优化。如在汽车制造领域，焊接机器人这类智能设备一旦发生故障，不仅会使生产中断，也会使维修工作变得更加复杂，难以快速恢复生产，通过实时监控焊接参数，如电流、电压和速度，IEOM 能够确保焊接过程的一致性和稳定性。此外，系统利用机器视觉和先进的传感器技术来捕捉焊接过程中的每一个细节，结合深度学习模型，对焊接缺陷进行精准分析和预测，从而提前识别出可能影响焊点质量的因素。这种智能化的预测和诊断能力，不仅显著提高了焊接质量，还减少了对人工检查的依赖，有效降低了成本。同时，IEOM 系统能够根据实时反馈自动调整焊接条件，优化焊接参数，进一步提升生产率。总之，智能装备运维在汽车制造中焊接机器人上的应用，实现了生产流程的智能化和自动化，为制造业的高质量发展提供了强有力的技术支撑。

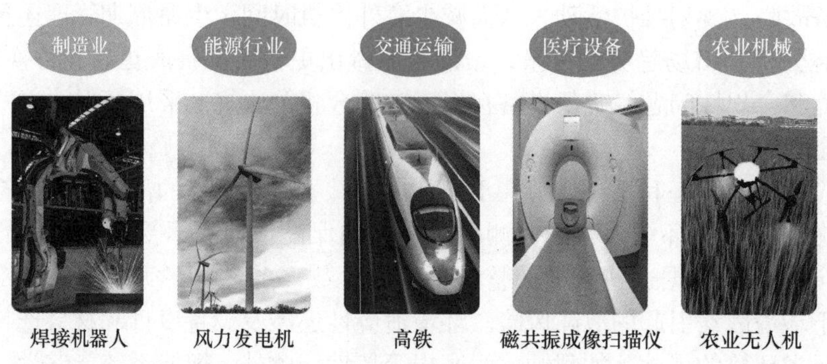

图 1-6　智能运维技术在智能装备中的应用

在能源行业中，智能运维体现在对风力发电机、太阳能光伏板、变压器等设备的远程监控和故障诊断。如风力发电机的智能维护是 IEOM 的一个重要应用案例。通过部署先进的物联网传感器和监控设备，这些系统能实时收集风力发电机的各项关键运行数据，如转速、温度、振动和风速等。这些数据被传输到中央监控平台，利用云计算和大数据分析技术进行存储和处理。在此基础上，应用预测性维护算法，对收集到的数据进行深入分析，以识别潜在的故障模式和维护需求。这种分析可以帮助预测设备故障发生的时间，从而提前安排维护工作，避免意外停机和紧急维修，减少维护成本。智能维护系统还能够根据风力发电机的实际运行情况和历史维护记录，自动调整维护计划和策略，确保设备运行在最佳状态。这样不仅可以提高风力发电机的发电效率，还能延长设备的使用寿命。

在交通运输方面，智能运维应用于高铁、地铁、飞机等交通工具的实时监控和周期性维护，尤其是高速铁路系统中，列车监控系统的智能运维扮演着至关重要的角色。该系统通过集成车载传感器和地面监控设备，实时收集列车的运行数据，包括速度、加速度、温度、压力等关键参数。这些数据通过无线通信技术传输至中央监控中心，进行存储和分析。利用数据分析和机器学习技术，系统能够识别列车运行中的异常模式，预测潜在的故障风险，并提供维护建议。例如，通过对列车制动系统的温度监测，系统可以预测过热问题，及时通知维护团队进行检查和维修，避免可能导致的紧急停车或事故。此外，智能装备运维系统还能够根据列车的使用频率、运行环境和历史维护记录，优化维护计划和资源分配。这些措施确保了列车运行的安全性，减少了意外延误，提升了乘客的出行体验和满意度，为高速铁路的高效运营提供了坚实的技术支撑。

在医疗设备方面，智能运维技术体现在对 CT 扫描仪、手术机器人等医疗设备的定期检查和故障预防。如医院中的 MRI（磁共振成像）扫描仪的智能运维应用，通过安装在 MRI 扫描仪上的高精度传感器，系统能够实时收集关于磁场强度、梯度线圈温度、冷却系统性能等关键设备性能数据。这些数据不仅反映了设备的即时运行状态，而且对于预测设备可能出现的问题至关重要。利用这些收集到的数据，智能装备运维系统运用统计模型和机器学习算法进行深入分析，从而预测设备故障和性能下降，及时发出维护和校准的预警。例如，通过对冷却系统的数据分析，系统能够预测潜在的过热问题，避免因设备过热导致的停机和患者扫描中断。此外，运维系统还能根据 MRI 扫描仪的使用频率、患者负载和历史维护记录，自动调整维护计划，优化设备的性能和寿命。这不仅确保了 MRI 扫描的图像质量和诊断的准确性，还显著减少了因设备故障导致的停机时间，提高了医疗服务的连续性和效率。

在农业机械中，智能收割机、无人机等农业设备的运行监控和维护管理体现了智能运维技术的应用。如智能农业无人机的智能运维正逐渐成为提高作物管理效率和农业可持续性的关键技术。这些无人机集成了先进的 GPS 定位系统和多种环境传感器，能够实时监控自身的飞行状态，包括速度、高度、位置和喷洒 / 播种的覆盖范围。通过应用机器学习和人工智能算法，智能农业无人机能够根据收集到的地理信息、作物生长数据和土壤条件，自动规划最优的喷洒和播种路径。这种智能化的路径规划不仅提高了作业效率，还确保了农药、肥料和种子的均匀分布，从而减少了化学品的使用量，降低了对环境的影响。此外，智能装备运维系统还能够根据无人机的性能数据和作业历史，预测维护需求和潜在故障，提前安排维护任务，减少意外停机时间，确保无人机的稳定运行。这不仅提升了农业作业的连续性和可靠性，也为农业从业者提供了数据支持的决策依据。

IEOM 作为一种高效的技术解决方案，已广泛应用于汽车制造、能源、交通运输、医疗、农业和建筑等多个行业。它通过实时监控和分析设备运行数据，实现了预测性维护，从而显著提升了运营效率、降低了维护成本、增强了作业安全性，并促进了环境的可持续性。IEOM 的实施不仅优化了资源配置，减少了意外停机时间，还通过数据驱动的决策支持，提高了服务质量和客户满意度。随着技术的不断进步，IEOM 预计将在未来的工业和商业运营中发挥更加关键的作用，推动企业向智能化、自动化转型，实现更高效、更安全、更环保的运营模式。

1.5 智能装备设计生产运维一体化

智能装备作为现代制造业的核心，其设计生产运维一体化不仅是实现高效、灵活和可持续生产的关键，更是推动工业技术进步和创新的重要驱动力。随着全球化竞争的加剧和消费者需求的多样化，制造业正面临着前所未有的挑战和机遇。在这样的背景下，智能装备的设计生产运维一体化显得尤为重要。

1.5.1 设计与生产的协同

在智能装备的设计阶段，设计师不仅要考虑产品的功能和性能，还需要深入考虑生产过程中的可行性、成本效益和制造工艺。这种设计思维的转变是实现设计与生产协同的关键。

1. 设计优化

在智能装备的设计优化阶段，首先运用计算机辅助仿真（CAE）技术进行仿真模拟，可以在设计阶段就深入模拟智能装备的运行环境和工作状态，从而预测其性能表现，并评估出潜在的风险和缺陷。此外，采用多学科优化（MDO）方法，实现机械、电子、软件等不同学科在设计阶段的协同和优化，以确保智能装备的综合性能最优化。通过设计 - 测试 - 反馈的迭代过程，不断调整和完善设计方案，利用用户反馈和生产数据来指导设计的持续改进。同时，实施可制造性设计（DFM），在设计阶段就充分考虑制造工艺的要求，以减少生产过程中的复杂性和成本，提高生产率。

2. 生产准备

在生产准备方面，根据设计方案制订详细的生产计划，这包括生产流程、时间表和资源分配，确保生产过程的有序进行。优化资源配置，合理分配生产所需的人力、物力和财力资源，以实现资源的最优利用并降低生产成本。利用 3D 打印和快速成型等快速原型技术，能够快速制造出设计原型，加速设计验证和功能测试，有效缩短产品开发周期。此外，通过构建智能装备的数字孪生模型，实现物理世界与数字世界的同步，为生产准备提供精确的数据支持。

3. 模块化与参数化设计

在设计方法上，采用模块化设计，将智能装备分解为多个功能模块，每个模块都可以独立设计、生产和测试，这样做不仅提高了设计的灵活性，也增强了生产的可扩展性。运用参数化建模技术，通过改变参数来快速调整设计方案，以适应不同的生产需求和市场变化。

4. 设计与生产的数据集成

为了实现设计与生产的数据集成，采用 PLM 系统，这不仅实现了设计数据和生产数据的集成和共享，还提高了信息传递的效率和准确性。同时建立从设计到生产的数字线程，确保设计意图在整个生产过程中得到准确传达和执行。

5. 环境与可持续性考虑

在环境与可持续性方面，首先在设计阶段就进行环境影响评估，采用环保材料和节能设计，以提高产品的绿色性能。同时考虑智能装备的长期使用和维护，设计易于回收和再利用的产品，以实现可持续发展的目标。通过这些综合性的措施，确保智能装备的设计生产运维一体化不仅高效、灵活，而且对环境友好，符合可持续发展的要求。

1.5.2 生产与运维的整合

生产与运维的整合是智能制造的关键环节，它确保了从生产到运维的无缝对接，提高了整个生产系统的效率和可靠性。在生产过程中收集的数据不仅为智能装备的运维提供了重要的信息，而且通过这些数据的深入分析和应用，可以显著提高设备的运行效率和降低维护成本。

1. 数据驱动的运维

智能装备通过在线监测技术，可全面收集智能装备运行状态数据，为状态检修提供数据基础。在工业互联网与大数据技术的发展下，数据驱动的智能运维技术在工业界备受关注。这些技术大大加快了设备的智能运维发展速度，这对数据驱动的设备智能运维来说，既是机遇，也是挑战。

数据是实现智能运维的坚实基础，然而部分运维工具检测到的数据是零散的、无关联的，并且杂乱不统一。这些冗余数据也给数据驱动的设备运维带来了挑战。数据驱动首先要保证提取的数据是可靠的，因为业务系统越来越复杂，运维工具以及智能装备都会变得越来越复杂。缺乏可靠的数据驱动，就无法达到满意的运维效果。这就需要运维人员做到以下几方面：首先，对设备的运行机理进行分析，确定在设备上所需要安装的传感器；其次，通过传感器来收集设备的运行数据，通过工业互联网将数据传输到云平台和数据库中；再次，通过机器学习的手段对监测数据进行分析和建模，实现设备运行状态的识别和诊断，并根据设备状态数据库中已经记录的数据和经验，建立起智能装备运行信息与各个状态之间的对应关系，通过各种可靠性分析和机器学习算法得出智能装备目前的健康状况；最后，根据分析得到的设备状态，向设备维护人员提供维护所需信息，如故障发生的位置、损坏程度和所需更换的零部件等。维护人员根据所提供的信息，可快速地对设备进行检修和故障排除。相比于传统的方法，运维的智能化可大大降低维护所需要的成本。

2. 预测性维护

预测性维护是确保智能装备持续稳定运行的关键策略。通过综合考虑设备的使用频率、负荷水平和历史维护记录，能够制订出符合每台设备独特需求的个性化维护计划，这样的计划既确保了维护的及时性，又优化了维护成本。实施定期的设备检查，不仅包括基础的视觉检查，来识别明显的磨损或损坏，还包括性能测试，以确保设备功能符合预期，以及安全检查，以预防潜在的安全风险。

此外，运用先进的状态监测技术，例如振动分析和油液分析，来实时监控设备的运行状况。这些技术可以深入洞察设备的健康状况，使得及时发现并解决可能出现的问题，从而避免意外停机和潜在的生产中断。根据维护计划和监测结果，执行必要的维护活动，这可能包括更换已经磨损的部件、调整设备设置，以优化性能，或者进行系统升级，以引入新技术或改进措施。通过这种综合的预防性维护策略，不仅提高了设备的可靠性和生产率，还延长了设备的使用寿命，同时降低了长期运营和维护的总体成本。

3. 维护流程的自动化

维护流程的自动化通过智能算法的应用，实现了维护任务的自动安排和维护资源的优化分配，显著减少了维护工作的等待时间。这种自动化不仅提升了运维效率，还确保了维护活动能够更加灵活地适应生产需求的变化。同时，维护执行跟踪确保了所有计划的维护任务能够按时完成，通过对维护结果的记录和分析，为持续改进维护流程和提高设备性能提供了宝贵数据。

4. 知识管理与决策支持

知识库的构建为维护团队提供了一个丰富的信息资源，其中包含了设备维护知识、历史故障案例和解决方案，极大地增强了决策支持能力。这种知识管理不仅有助于快速解决现有的问题，还促进了从经验中学习的文化，使得团队能够从每一次维护活动中汲取教训，并将这些经验反馈到设计和生产环节，推动产品和流程的持续改进。

5. 环境与可持续性

环境影响评估在维护活动中扮演着至关重要的角色，通过评估维护活动对环境的潜在影响，采取有效措施减少能源消耗和废物产生。此外，可持续的维护实践，如使用可再生能源和环保材料，不仅减少了生产和运维过程的环境足迹，也体现了对环境保护的承诺。这种对环境友好的维护方式有助于实现长期的可持续发展目标，同时为智能制造领域树立了绿色发展的典范。

通过这种整合生产与运维的方法，智能装备不仅能够在生产过程中实现高效率和高质量，还能在运维阶段实现高可靠性和低维护成本，最终实现整个生产系统的优化和可持续发展。

1.5.3 一体化实施的关键技术

实现智能装备设计生产运维一体化，关键在于一系列前沿技术的融合与应用。这些技术不仅提升了智能装备的性能，还优化了整个生产和运维流程。

1. 人工智能与机器学习

人工智能（AI）算法在智能装备的设计和生产流程中扮演着至关重要的角色。通过深度学习和神经网络等 AI 技术，可以对复杂数据进行模式识别和决策支持，从而优化产品设计和提高生产率。机器学习模型，尤其是预测性维护领域，通过分析历史数据和实时数据，能够精准预测设备故障，实现主动维护，减少停机时间，延长设备寿命。此外，机器学习还能不断自我优化，根据新的数据调整其算法，以适应不断变化的生产环境。基于人工智能的预测性维护框架如图 1-7 所示，通过对数据的预处理以及特征工程，可以搭建预测性维护模型并不断训练，以达到优化产品设计和提高生产率的目的。

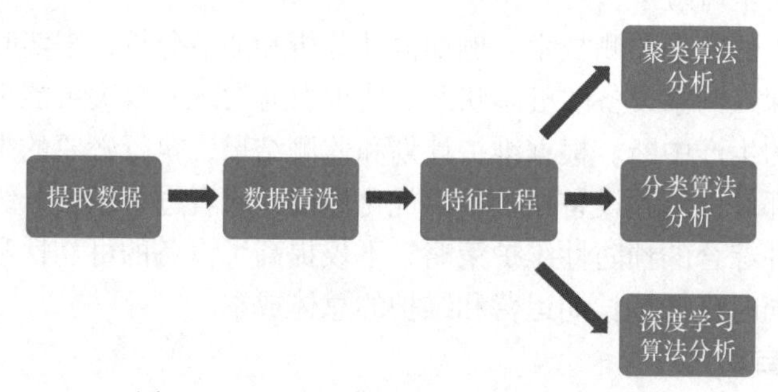

图 1-7 基于人工智能的预测性维护框架

2. 大数据与云计算

大数据技术在智能装备的运维管理中发挥着核心作用。通过收集和分析来自传感器和设备日志的海量数据，可以揭示设备的使用模式、性能瓶颈和潜在故障点。这些分析结果为设备维护提供了数据驱动的见解，帮助运维团队做出更加精准的决策。云计算平台则为大数据提供了强大的存储和计算能力，使得数据分析更加高效和可扩展。云服务的弹性和按需资源分配，也使得企业能够灵活应对数据量的波动，同时降低了 IT 基础设施的维护成本。通过云计算平台，企业能够实现数据的集中管理、高效处理和安全共享，为智能装备的设计、生产和运维提供了强大的数据支持。云平台服务模式如图 1-8 所示，云平台打通了企业内部、企业之间的信息流通渠道，形成企业内部设计、制造、运维之间的信息闭环和企业间租赁装备、智能装备的实时监测与故障诊断、设备的回收再利用的服务闭环，使得数据、信息、资源都得以更高效的使用。

3. 物联网技术

物联网技术通过将智能装备连接到互联网，实现了设备的互联互通和智能化管理。传感器和执行器收集的实时数据可以被远程监控和分析，从而实现设备的远程控制和自我调节。

物联网技术的应用，不仅提高了设备的响应速度和精确度，还为设备的预测性维护提供了实时数据支持，增强了设备的可靠性和安全性。

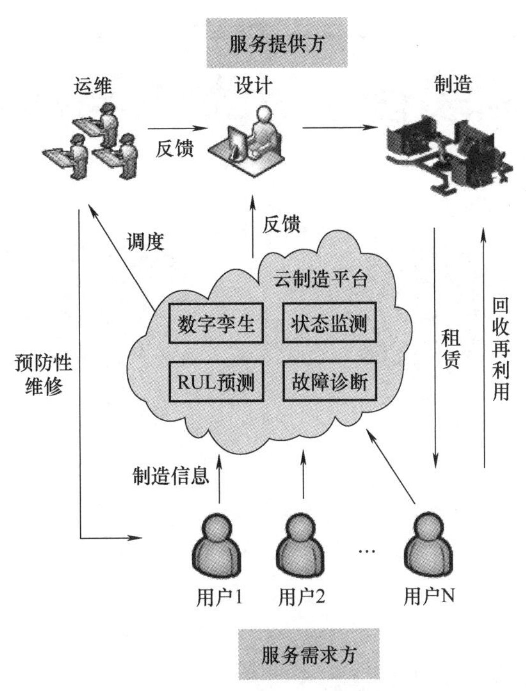

图 1-8　云平台服务模式

4. 虚拟现实（VR）与增强现实（AR）技术

VR 和 AR 技术为智能装备的设计和运维带来了全新的视角。VR 技术可以在设计阶段创建设备的虚拟模型，进行沉浸式的设计评审和模拟测试，提高设计的准确性和用户体验。AR 技术则可以在生产和运维过程中，通过叠加虚拟信息到现实世界，辅助技术人员进行设备的操作和维护，提高工作效率和准确性。

通过这些关键技术的融合应用，智能装备设计生产运维一体化得以实现，为企业带来了更高的生产率、更低的运营成本和更强的市场竞争力。

2

第2章 智能装备设计理论与技术

章知识图谱

说课视频

2.1 引言

2.1.1 智能装备设计理论与技术概述

随着计算机科学技术的发展，许多先进的设计技术在机械制造以及装备设计领域得到了广泛应用，兴起了一大批智能装备设计新方法。这一发展趋势得益于完善的智能设计系统，即人机高度协作、知识高度集成的系统。这些系统具有自组织能力、开放的体系结构以及大规模知识集成化处理环境，能稳定可靠地支持设计过程。

智能设计具有以下五个特点：

（1）以设计方法学为指导　智能设计以设计方法学为指导，深入研究设计的本质、设计过程的思维特征以及相关方法学，这是模拟人工设计的基本依据。

（2）以人工智能技术为实现手段　智能设计利用人工智能技术实现自动化设计过程，结合专家系统技术、人工神经网络和机器学习技术，从而支持设计的自动化。

（3）结合传统 CAD 技术　智能设计不仅支持设计对象的优化设计，还能进行有限元分析和图形显示等输出，充分结合传统的 CAD 技术。

（4）面向集成智能化　智能设计与计算机集成制造（CIM）相结合，提供统一的数据模型和数据交换接口，实现智能化集成。

（5）人机交互功能　智能制造装备是人工智能技术与装备先进设计制造技术的深度融合，典型的智能制造装备包括智能机床、智能数控系统、智能机器人、智能传感器、智能装配装备及智能单元与生产线等。

1. 智能机床

传统数控机床缺乏“自感知”“自适应”“自诊断”和“自决策”的特性，这导致其无法满足智能制造的发展需求，因而出现智能机床。

智能机床的主要技术特征包括：根据对自身加工状态和环境变化的感知，进行故障诊断并给出修正指令；包含各种功能模块，实现多种加工工艺，降低对资源和能源的消耗；利用历史数据估算设备及关键零部件的使用寿命，实现对加工工件质量的智能化评估。

以智能数控车床为例，通过在车床的关键位置安装力、变形、噪声、温度、位置、视觉、速度等多源传感器，采集车床的实时运行数据及相应的环境数据，形成智能化的大数据环境与大数据知识库，结合深度学习及数据可视化处理，形成智能决策。

2. 智能数控系统

智能数控系统在很大程度上决定了机床装备的智能化水平。与传统数控系统相比，智能数控系统除了完成常规的数控任务，还具备其他技术特征。

（1）开放式的系统架构　数控系统的智能化发展需大量的用户数据，以便后期系统升级、维护和应用。

（2）大数据采集与分析能力　采集内部指令信息与外部力、热、振动等传感信息，获得相应的机床运行及环境变化大数据，通过人工智能的方法对大数据进行分析，建立影响加工质量、效率及稳定性的知识库，给出优化指令，提升自适应加工能力。

（3）互联互通功能　设置开放式数字化互联协议接口，借助物联网实现多系统间的互联互通，完成数控系统与其他设计、生产、管理系统间的信息集成与共享。

例如，国内华中数控推出了 iNC-848D 智能数控系统，该系统提供了全生命周期“数字孪生”数据管理接口和大数据智能化算法库，为智能机床的研发提供了技术上的支撑；沈阳机床集团也研发了基于工业互联网环境的 i5 智能数控系统，提出“工业互联 - 云服务 - 智能终端”的新模式。

3. 智能机器人

智能机器人是一种集成计算机技术、自动控制技术、制造技术、传感技术及人工智能技术于一体的智能制造装备，主要组成部分包括机器人本体、控制系统、伺服驱动系统和检测传感装置，并且具有自控制、拟人化、可重复编程等特点。

智能机器人至少需要具备以下三个要素：

1）感觉要素，用来认识周围环境状态，可以利用传感器对环境变化进行感知。2）运动要素，能够对外界做出反应性动作，基于物联网技术，实现机器与人员之间的交互，并自主做出判断，给出决策指令。3）思考要素，根据感觉要素得到的信息，能够思考出采用什么样的动作。该要素包括能感知视觉、距离、接近等非接触型传感器和能感知力、触觉、压觉等接触型传感器。

4. 智能传感器

智能传感器是一种高性能、高可靠性和多功能的新型传感器，它能够将待感知和待控制的参数量化，并集成应用于工业网络，通常带有微处理系统，具有信息感知、信息诊断、信息交互的能力，是集成技术与微处理技术结合的产物。

智能传感器相较于一般传感器具有以下三个优点：①通过软件技术能够实现高精度的信息采集，同时成本较低；②具备一定的编程自动化能力；③功能多样化。

多个智能传感器还可组建成相应的网络拓扑，并且具备从系统到单元的反向分析与自主校准能力。在当前大数据网络化发展的趋势下，智能传感器及其网络拓扑将成为推动制造业信息化、网络化发展的重要力量。

5. 智能装配装备

随着人工智能技术的不断发展，智能装配技术及装备开始在航空航天、汽车、半导体、医疗等重点领域得到应用。例如，配备机器视觉的多功能多目标智能装配装备首先可以准确找到目标的各类特征，并自动确定目标的外形特征和准确位置，进一步利用自动执行装置完成装配，实现对产品质量的有效控制，同时增加生产装配过程的柔性、可靠性与稳定性，提升生产制造效率；数字化智能装配系统能根据产品的结构特点和加工工艺要求，结合供货周期要求，实现更高效的装配流程，进行全局装配规划，最大限度地提升各装配设备的利用率，尽可能缩短装配周期。除此之外，智能装配装备在农林、环境等领域也具有巨大的潜力。

6. 智能单元与生产线

智能单元与生产线是指针对制造加工现场特点，将一组能力相近相辅的加工模块进行一体化集成，实现各项能力的相互接通，具备适应不同品种以及不同批量产品生产能力输出的组织单元，智能单元与生产线也是数字化工厂的基本工作单元。

智能单元与生产线还具有独特的属性与结构，具体包括：结构模块化、数据输出标准化、场景异构柔性化及软硬件一体化，这样使得智能单元与生产线易于集成为数字化工厂。在建立智能单元与生产线时，需要从资源、管理和执行三个维度来实现基本工作单元的智能化、自动化、模块化、信息化功能，最终保证工作单元的高效运行。

2.1.2 智能装备设计理论与技术发展历程

在 20 世纪 50 年代，随着社会对产品需求从大批量转向多品种、小批量甚至单件产品的变化，制造企业开始应用数控技术、机器人技术、柔性制造技术、计算机集成制造技术、CAD/CAPP/CAM 技术以及现代生产管理技术等，以适应市场需求的变化。随后，信息和数据逐渐成为制造技术发展的重要驱动力之一，推动了数字制造技术的不断发展。到了 20 世纪 80 年代，随着人工智能技术的引入，制造业出现了一种新型的制造模式——智能制造（IM）。

从 20 世纪中叶到 20 世纪 90 年代中期，以计算、感知、通信和控制为主要特征的信息化催生了数字化制造。随后，从 20 世纪 90 年代中期开始，以互联网为主要特征的信息化催生了“互联网 + 制造”。如今，新一代人工智能技术与先进制造技术的深度融合，形成了新一代智能制造技术。因此，智能制造主要包含三种基本范式：数字化制造、数字化网络化制造（“互联网 + 制造”或第二代智能制造，本质上是“互联网 + 数字化制造”），以及数字化网络化智能化制造（新一代智能制造，本质上是“智能 + 互联网 + 数字化制造”）。

智能制造概念和技术的发展历程经历了兴起和缓慢推进阶段，直到 2013 年德国工业 4.0 概念的正式推出。这一发展趋势主要由以下两个原因推动：首先，近年来，世界各国将智能制造作为重振和发展制造业的重要战略，使其成为全球制造业的重要发展方向；其次，互联网、物联网和大数据等信息技术的快速发展，推动了智能制造概念的扩展，以 CPS、数字孪生和大数据分析为主要特征的智能制造成为制造企业转型升级的巨大推动力。

近年来，随着数字化、自动化、信息化、网络化和智能技术的不断发展，智能制造已成为现代先进制造业的新发展方向，其概念和内涵也在不断丰富和发展。学术界普遍认为，智能制造是现代制造技术、人工智能技术和计算机技术结合的产物。

人工智能技术自 1956 年问世以来，在理论和实践方面取得重大进展。1965 年，斯坦福大学计算机系的 Feigenbaum 提出了使人工智能走向实用化的观点，即将模仿人类思维规律的解题策略与大量专门知识相结合。随后，专家系统等人工智能技术逐渐应用于制造领域，推动了制造技术的发展。

随着专家系统、知识推理、神经网络、遗传算法等人工智能技术在制造系统中的广泛应用，制造信息和知识的获取、表示、传递、存储和推理成为可能，出现了智能制造的新型生产模式。智能制造的主要表现形式包括智能设计、智能工艺规划、智能加工、智能装配、智能测量、机器人技术、智能控制、智能调度、智能仓储、智能物流、智能服务和智能管理等。

计算机科学技术在制造业中得到了广泛的应用，包括计算机辅助设计、计算机辅助工艺设计、计算机辅助制造、管理信息系统、制造资源计划、数据库等计算机辅助软件产品，以及计算机数控机床、工业机器人、三坐标测量仪等可编程控制的高度自动化设备。这些软硬件和计算机网络技术的发展为柔性制造系统、计算机集成制造系统乃至智能制造系统等先进制造系统提供了基本的技术支撑。

传感与控制技术的发展为获取制造数据和信息提供了方便快捷的技术手段。新型传感技术、MEMS（微机电系统）技术、智能仪表 / 传感器 / 调节器 / 调节阀技术、集散控制技术等极大地提高了对制造数据和信息的获取、处理和应用能力，加强了信息在制造技术中的核心作用。

工业互联网技术、物联网技术、务联网技术以及 5G 技术的不断发展与智能制造技术的融合，催生了制造业大数据的产生，并推动了分布智能制造技术的发展，拓展了智能制造的研究领域。分布式智能控制 / 集散智能控制理论的推动促进了离散与连续制造技术的进步。网络技术的普及彻底打破了地域限制，使制造企业能够在全球市场上拥有更广阔的机会、丰富多样的客户群体，以及来自产品和过程的制造业大数据。快速组织个性化产品设计、生产、销售和服务，实现合作企业之间的共享、共创、共赢等制造业发展的新需求，既提出了更高的要求，也为分布式智能制造技术提供了更广阔的发展空间。

数学作为科学技术的基础，直接推动了制造活动从经验向技术、从技术向科学的发展。近几十年来，数理逻辑与数学机械化理论、随机过程与统计分析、运筹学与决策分析、计算几何、微分几何、非线性系统动力学等数学分支正成为推动智能制造技术发展的动力，并为数字化分析与设计、过程监测与控制、产品加工与装配、故障诊断与质量管理、制造中的几何表示与推理、机器视觉、制造业大数据挖掘和分析等问题的研究提供了基础理论和有效方法。数学不仅为智能制造技术奠定了坚实的理论基础，而且还是智能制造技术不断向前发展的理论源泉。

随着数据经济和知识经济的兴起，对生产数据和知识的竞争逐渐成为世界经济中最活跃、最重要的竞争因素。数据和知识作为可持续发展的战略资源，对企业发展至关重要。通过不断获取、传递、积累、融合、更新、发现及应用数据和知识，企业能够创造巨大的财富，增强在竞争中的优势地位，支撑企业不断发展壮大。智能制造作为以数据和知识为核心的发展方向，正成为制造技术的重要前沿。

当前，大数据的形成、理论算法的创新、计算能力的提升以及网络设施的进步等因素推动人工智能进入了新的发展阶段。新一代信息技术与先进制造技术的深度融合，使智能化成为技术和产业发展的主要方向。与此同时，复杂、危险、不确定的生产环境、熟练工人的短缺以及劳动力成本的上升等因素也促进智能制造技术的发展和应用。

2.2 机械设计理论与方法

2.2.1 机械设计基本原理

智能装备的机械本体设计主要涉及机械部分的设计工作。机械设计的核心在于根据使用需求确定产品应具备的功能，构思产品的工作原理、结构形态、运动方式，以及力和能量的传递方式，同时考虑所采用的材料等因素，并将这些想法转化为具体的描述，如图样和设计文件等，以此为制造提供依据。

1. 机械设计基本要求

机械设计是产品设计中重要的环节，基本要求是：所设计的机械产品在完成规定功能的前提下，产品具有造型美观、性能优异、生产率高、使用成本低等特点；并且要保证在规定的使用期限内，产品操作方便、安全可靠、维护简单等。在长期的工程设计与制造使用过程中，人们总结出九字评价方法：产（生产性）、靠（可靠性）、能（性能好，节能）、修（维护方便）、保（环保）、用（好用）、成（成本，包括制造成本和使用维护成本）、灵（灵活性）、美（美观）。

机械设计一般应满足以下几方面要求：

（1）使用要求　使用要求是机械产品设计的首要和基本依据。它是指机械产品必须满足用户对其功能需求的具体要求，这是机械设计的根本出发点。如果设计无法满足客户的使用要求，那么设计就失去了意义。因此，设计过程中必须始终将用户的使用需求置于首位，确保最终产品能够有效满足用户的实际需求。

（2）可靠性和安全性要求　机械产品的可靠性和安全性是指在规定的使用条件下和整个寿命周期内，机械产品应具备完成规定功能的能力。安全可靠是机械产品的基本要求，其安全运行是安全生产的前提条件。保护操作者的人身安全是以人为本的重要体现。

（3）经济性和社会性要求　经济性要求是指所设计的机械产品在设计和制造方面具有周期短、成本低的特点；在使用过程中能够提供高效率、低能耗、高生产率，并且维护与管理成本较少。另外，机械产品还应具备操作方便、安全可靠、外观舒适、色调宜人等特点。在产品的生产和使用过程中，还需符合国家环境保护和劳动法规的相关要求。综合考虑这些因素，可以有效确保机械产品在市场竞争中具有良好的竞争力，同时满足用户的需求并保障环境和人员的安全。

（4）其他要求　设计机械产品时，由于工作环境和要求的差异，可能会有一些特殊要求需要考虑。例如，设计航空飞行器时需考虑质量轻、飞行阻力小和运载能力大的特点；流动使用的机械设备（如塔式起重机、钻探机等）需便于安装、拆卸和运输；设计机床时需考虑长期保持精度的要求；而对于食品、印刷、纺织、造纸机械等，需保持清洁，以防止污染产品。因此，在设计过程中，需根据具体的应用场景和需求，考虑这些特殊要求，并在设计中予以充分的考虑和满足。

2. 设计机械产品基本原则

根据机械设计的基本要求，设计机械产品时应遵循以下基本原则：

（1）以市场需求为导向 机械设计与市场紧密联系在一起。好的设计能够迅速占领市场并获取利润。确定设计项目、使用要求、技术指标、设计与制造工期直至产品投放市场后的信息反馈，所有这些步骤都严密地围绕着市场需求展开。如何设计出具有竞争力的产品、赢得市场，是机械设计人员时刻需要思考的关键问题。

（2）创造性原则 创造就是把以前没有的事物生产出来，是典型的人类自主行为。人类独有的创造力使其能有意识地探索世界。设计只有成为一种具有创造性的活动时，才能展现出强大的生命力。墨守成规、不敢尝试创新的态度只会让人止步不前，甚至落后于时代。在当今世界科技飞速发展的背景下，机械设计的创造性原则尤为重要。

（3）“三化”原则 “三化”，即标准化、系列化和通用化，是我国目前实施的一项重要技术政策。标准化是指统一规定产品的质量、规格、性能、结构等技术指标，并将其作为执行标准。常见的标准代号包括GB（中华人民共和国国家标准）、JB（机械工业标准）和ISO（国际标准化组织标准）等。系列化是指在相同基本结构或条件下，规定一系列不同尺寸的产品。通用化则是指不同种类或不同规格的同类产品尽量采用相同的结构和尺寸的零部件。

执行“三化”政策有诸多好处：可以减轻设计工作量，提高设计质量，缩短生产周期；减少刀具和量具的规格，便于设计与制造，降低成本；有利于组织标准件的规模化、专门化生产；有利于确保产品质量，节约材料，降低成本；提高产品的互换性，便于维修；方便国家的宏观管理与调控以及内外贸易；利于评价产品质量，解决经济纠纷。

（4）整体优化原则 机械设计者要具有系统化和优化的思想，综合考虑产品。最优的机器性能并不一定来自于最优质的内部零件，也不一定带来最佳的效益。设计人员应将设计方案置于整个系统中考虑，从经济、技术、社会效益等方面进行分析、计算，权衡利弊，寻找最佳方案，以实现设计效果的最佳化，获得最佳的经济效益。

（5）联系实际原则 设计要为之所用，所有的设计都不能脱离实际。设计某一产品时，机械设计人员要综合考虑当前的物料供应情况、企业自身的生产条件、用户的使用条件和要求等，这样设计出来的产品才是符合实际需求的。

（6）人机工程原则 机器虽然是为人服务的，但在工作过程中需要人去操作和使用，因此人始终是主导因素，也是最活跃、最容易受到伤害的。优秀的产品设计必须遵循人机工程学原理。人机工程学强调的是在不同作业中人、机器及环境三者之间的协调。它涉及心理学、生理学、医学、人体测量学、美学、设计学和工程技术等多个领域的研究方法和评价手段，旨在通过多学科知识来指导工作器具、工作方式和工作环境的设计和改造，提高产品在效率、安全、健康、舒适等方面的特性。如何使机器适应人的操作需求，实现投入产出比的最大化，达到整体效果最佳化，是设计人员应该思考的问题。在设计过程中，应合理分配人机功能，尽量减少操作者干预或介入危险的机会。确定机器相关尺寸时，要考虑人体参数，使机器装备适应人体特性。此外，友好的人机界面设计和合理的作业空间布置也是必要的。

2.2.2 机械设计流程与方法

1. 机械本体设计

（1）功能原理设计　方案设计是指根据实际需求进行产品功能原理设计，这个阶段是设计过程非常重要的阶段，主要进行设计任务的抽象、功能分解、建立功能结构、寻求求解方法、形成方案以及评价等内容。

1）功能分解。机械设计过程中，设计的装备通常比较复杂，很难直接找到满足所有功能需求的最优方案。为了解决这个问题，可采用功能分析的方法进行功能分解。这种方法将总体功能分解为多个功能元素，然后抓住主要要求，同时兼顾次要要求。接下来，通过对功能元素求解和组合，可以得到多种原理方案。这种方法有助于系统地分析和解决复杂装备设计中的各种功能需求，从而为设计人员提供了更多的选择和优化空间。例如，饮料自动灌装机用来实现饮料的自动灌装。其分功能包括饮料的贮存、输送、灌装、加盖、封口、喷码、贴商标、成品输送、包装。对于某些机器，可按照原动机、工作机、传动机、控制器、支承件等进行分解。

在机械设计中，常用的功能元包括物理功能元、数学功能元和逻辑功能元。物理功能元反映了技术系统中物质、能量和信息在传递和变换中的基本物理关系，数学功能元包括加、减、乘、除、乘方、微分与积分，逻辑功能元包括与、或、非三种逻辑关系。

2）绘制功能结构。功能元的分解和组合关系称为功能结构。对任务进行分解与抽象，可明确产品的总功能。功能结构直观地反映了系统工作过程中物质、能量、信息的传递和转换过程。功能结构主要分为链式结构、并联结构和循环结构三种。

3）功能元求解。功能元求解通常使用设计目录求解法。设计目录是设计信息的组织结构，将设计过程中所需的大量信息按照一定规则分类、排序、存储，以便设计人员查找和使用。设计目录一般包括对象目录、操作目录和解法目录三大类。

4）原理方案求解。原理方案求解是指能够实现某种功能的工作原理，以及实现该工作原理所需的技术手段和结构原理。分析和求解原理方案时，通常可以借助形态学矩阵。首先，将系统的功能元和其对应的各个解分别作为坐标，列出系统的“功能求解矩阵”；然后，从每个功能元中选择一个对应的解，进行有机组合，形成一个完整的系统解。

5）初步设计方案成形。将所有的子功能原理结合，形成总功能是设计过程中的重要步骤。通过原理解的结合，可以得到多个设计方案。为了获得理想的初步设计方案，可以采用系统结合法或数学方法结合法等。一旦获得初步设计方案，接下来就可以进行方案评价、总体结构布置以及参数计算等工作。

6）总体结构布置。选定初步方案后，就可以进行方案的具体化。比如对空间布局、质量、技术参数、材料、性能、工艺、成本、维护等进行量化。

机械系统的总体布置是结构设计中至关重要的一环，其设计应符合多项要求，包括功能合理、性能优良、结构紧凑、层次清晰、比例协调以及具有可扩展性等。设计总体布置时，应遵循由简到繁、反复多次的设计顺序原则。根据执行件的布置方向，可以分为水平式、倾斜式、直立式等不同布置方式。根据执行件的运动方式，可分为回转式、直线式、振动式等不同类型。而根据原动机的相对位置，则可分为前置式、中置式、后置式等多种布置方式。

7）主要参数计算。机械系统的主要参数分为性能参数、尺寸参数、动力参数和运动参数。设计时，应根据实际要求，初选总体参数进行结构设计，校核确定总体参数，根据存在的问题调整参数和结构，直至总体技术参数满足要求。另外，做好初选总体参数需要一定的设计经验。

（2）方案评价与筛选

1）确定评价指标。产品总体方案评价是设计过程中至关重要的一步，它决定了后续详细设计的方向和重点。在评价指标体系中，既有定量指标，也有定性指标。由于定性指标的属性或信息不完整，难以量化，通常采用模糊数来表示评价值。而定量指标的评价通常采用线性变换、标准 0-1 变换、向量规范化等方法，以确保评价指标具有可比性和同一量纲。

2）确定评价模型。评价指标是设计评价的基础，其中包括技术、经济和社会等方面。技术评价指标考量产品的工作性能、可靠性和可维护性等；经济评价指标则关注成本、利润和投资回收期等；社会评价指标则考虑产品是否符合国家政策、是否利于环境改善和资源开发等。

建立评价模型时，通常采用有效值评分法、模糊评价法或层次分析法等方法。对于智能机电装备，评价内容包括技术经济、可靠性、结构工艺性、人机工程学、产品造型和标准化等方面。以结构工艺性评价为例，其目的是降低生产成本、缩短生产周期和提高产品质量。加工工艺性评价考虑产品结构的合理组合和零件加工工艺性，包括合理组合、零件形状、材料、尺寸、表面质量、公差和配合等。加工工艺性评价可根据现有生产条件和工艺习惯确定，以确保产品的加工质量和生产率。铸造类零件、锻造类零件、冷压类零件、车削加工零件、特种加工零件、铣削零件、磨削零件等，具有本身的工艺要求，具体参数可参考金属加工手册。

产品设计不仅影响零件加工的成本和质量，还直接关系到装配的效率和质量。装配的成本和质量主要取决于装配操作的种类和频次，而这些又受产品结构、零件及连接部位的设计以及生产类型的影响。

一个便于装配的产品结构应该合理地将产品分解成部件，部件再分解成组件，组件最终分解成零件，以实现平行装配，从而缩短装配周期并保证装配质量。通过将结构简单的零件合并成一个，可以减少装配工作量；在满足功能的前提下，尽量减少零件、连接部位和连接表面的数量；在装配过程中采用统一的工具、装配方向和方法。合理设计零件连接部位的结构有助于改善装配和维修工艺。

产品设计阶段就应充分考虑整个产品生命周期，特别是维护方面的需求。产品的平均修复时间应尽可能短；维修所需元器件或零部件应易于互换且易于获取；设备零部件之间应留有充足的操作空间；维修所需工具、附件和辅助设备应尽可能少；维修成本和工时应尽量降低。

其他评价这里不再赘述。若初步方案较多，可对方案进行初选，比如可以通过观察比较，先淘汰方案里面不能实现的方案，也可以给每个方案进行指标打分量化，通过得分来确定最终方案。

（3）机械结构设计的基本要求　工业文明以来，人类创造了各种各样的机械产品，并应用于生产生活中，改变了人类的生活方式。机械结构设计的内容和要求各有不同，但不同机械中存在一些共性。可以从三个不同的层面来阐述机械结构设计的要求。

1）功能原理设计。功能原理设计是对产品工作功能的抽象描述，基本功能是产品为满足用户需求而具备的效能，即产品的使用价值。产品设计旨在赋予机器或装置的使用价值，实现产品的实用性。功能原理设计需要满足主要机械功能需求、具体化技术要求，并以工程图样等形式呈现，包括工作原理实现、可靠性、工艺、材料和装配等方面。功能原理设计从调查研究开始，确定符合客户要求的功能目标，进行创新设计并验证原理，最终确定最优方案。具体步骤包括功能原理分析、功能分解、分功能求解和功能原理方案确定。

2）质量设计。质量设计是现代工程设计的核心特征之一，也是提升产品竞争力的关键因素。设计过程中，必须综合考虑各种需求和限制（如操作性、外观、成本、安全性、环保等），以提高产品的质量和性价比。在现代机械设计中，统筹考虑各种要求，以提升产品质量，是至关重要的。产品的质量问题不仅涉及工艺和材料，而应从设计阶段着手。优秀的设计能够使产品迅速占领市场，为企业赢得利润和竞争优势。

3）优化设计和创新设计。随着市场对产品性能要求的不断提高，优化设计和创新设计在现代机械设计中的作用日益凸显，已成为未来技术产品开发的核心竞争点。企业为了生存与发展，必须不断推出具有竞争力的创新产品。创新设计需根据市场需求的预测发展趋势，对产品结构进行调整，应用新的技术手段和原理，对传统产品进行改造升级，研发出新一代产品，以提升产品的附加值，改善其功能和技术性能，降低生产成本和能源消耗。同时，还需采用先进的生产工艺，缩小与国内外同类产品之间的差距，提高产品的竞争力。创新设计是解决发明问题的设计过程，其核心在于概念设计。优化设计和创新设计要求通过系统构造优化设计空间，应用创造性的设计思维方法和其他科学方法进行优选和创新。机械设计的任务在于在众多的可行性方案中寻求最优解。结构优化设计的前提是能够构造出大量可供优选的可行性方案，即构造出大量的优化求解空间，这也是结构设计最具创造性的地方。目前，结构优化设计仍局限于数理模型描述的问题上。然而，更具有发展潜力的结构优化设计应建立在由工艺、材料、连接方式、形状、顺序、方位、数量、尺寸等结构设计变量构成的结构设计解空间的基础上。

一般情况下，创新和优化设计需要从市场调研和需求预测开始。根据市场调研结果，明确装备产品的设计任务，包括产品的规划、方案设计、技术设计以及施工设计等步骤。最后，需要产品样机试制，进行产品试验，验证新产品的性能。

（4）机械结构基本设计准则　机械设计的最终成果是以特定的结构形式呈现，并按照所设计的结构进行加工、组装和调试，从而形成新的产品。结构设计必须满足产品在功能、可靠性、工艺性和经济性等多方面的要求。此外，还必须不断改进零部件的受力平衡、强度、刚度、精度和寿命等方面。因此，机械结构设计是一项综合性的技术工作。错误或不合理的结构设计会导致零部件失效，使机器无法达到设计精度要求，给装配和维修带来极大不便。在机械结构设计过程中，应考虑以下结构设计准则：

1）明确预期功能。产品设计的主要目标是实现预设的功能要求，因此，实现预期功能的设计准则是结构设计首要考虑因素。设计的原则应该是明确、简单、安全可靠的。

① 明确功能。结构设计首先需要明确产品的功能需求，确保设计方案能够清晰地体现产品的功能、工作原理以及不同工况下的应力状态。结构设计要根据零部件在机器中的功能和彼此之间的连接关系，来设计结构和尺寸参数。

② 功能合理分配。根据具体情况，需要将任务进行合理的分配，将一个功能分解为多

个分功能，并确保每个分功能都有明确的结构来承担。各部分应该具有合理、协调的联系，以实现整体功能。

③ 功能集中。为简化机械产品的结构、降低加工成本、便于安装，有时候可以让一个零件或部件承担多个功能。功能集中具有一定的优势，但应根据具体情况进行考虑，避免过度集中功能导致零件复杂化。

④ 简单可靠。确定结构方案时，应尽量减少零部件数量和加工工序，使零件的形状结构简单，减少加工面，从而减少机加工次数和热处理工序，以提高结构的可靠性和降低成本。

2）满足强度要求的设计准则，具体要求如下：

① 等强度准则。零件的截面尺寸变化应与其内部应力的变化相匹配，确保各截面的强度相等。按照等强度原理设计的结构可以更充分地利用材料，从而减轻重量、降低成本。

② 力流结构要合理。力流是指力在传递过程中的路径。机械系统中的力是通过相互连接的面传递的，即力的传递方向。在结构设计中，力流的合理性至关重要。力流不会在构件中中断，它会从一处传入，再传出。力流的另一个特点是倾向于沿最短路径传递，导致最短路径附近的力流密集，形成高应力区。为了提高构件的刚度，应尽可能按照力流最短路径设计零件形状，减少承载区域，从而减小累积变形，提高材料利用率和构件的整体刚度。

③ 减小应力集中结构。急剧的力流方向变化会导致应力集中，而应力集中在结构设计中经常出现。设计时应采取措施使力流转向更加平缓，以避免或减小应力集中。应力集中是影响零件疲劳强度的重要因素，可采取一些措施来减轻或避免，如增大过渡圆角、采用卸载结构等。

④ 使载荷平衡。机器运行时，常产生一些无用的力，如惯性力、斜齿轮轴向力等，这些力会增加零件的负载，降低精度和寿命，同时也降低机器的传动效率。载荷平衡即采取结构措施平衡部分或全部无用力，以减轻或消除其不良影响。这些措施主要包括平衡元件、对称布置等。

3）满足结构刚度。刚度是指材料或结构在受力时抵抗弹性变形的能力，它反映了材料或构件弹性变形的难易程度。构件的变形通常会影响其工作性能，例如，齿轮轴的过度变形可能会影响齿轮的啮合状况，而机床的变形过大则会降低加工精度等。影响刚度的因素主要包括材料的弹性模量和结构形式，改变结构形式对刚度具有显著影响。为了确保机械零部件在使用周期内能够正常实现其功能，必须确保其具有足够的刚度。

4）考虑加工工艺。机械零部件结构设计的主要目的是确保产品能实现所需的功能，并达到规定的性能要求。结构设计对产品零部件的加工工艺、生产成本以及最终产品的质量都具有重要影响，因此，在结构设计中应着重考虑产品具备良好的加工工艺性。

机加工工艺是指利用机械加工方法，按照图纸的图样和尺寸，对原始毛坯进行加工，使其成为符合要求的整个过程。常规加工工艺有车削、刨削、磨削、钳工、特种加工等，任何一种加工工艺都有其局限性，可能不适用某些结构的零部件加工或者零件某一工序的加工，或生产成本很高，或质量受到影响。因此，对于机械设计师来说，熟悉常规加工方法的特点、适用范围非常重要，同时要了解本单位车间的加工能力。设计结构时，尽可能地发挥优点、避免缺点，这是很重要的。实际生产中，零部件结构的工艺性受到多种因素的限制。例如，生产批量的大小会影响坯料的选择和加工方法；生产设备的条件可能限制工件的尺寸和加工方式。此外，造型、精度、热处理以及成本等方面也可能对零部件结构的工艺性产生影响。因此，在结构设计时，应充分考虑上述因素对工艺性的影响。

5）考虑装配的设计准则。产品通常由多个零件和部件组成。根据规定的技术要求和装配图样，若干个零件可以连接成部件，或者将多个零件和部件组装在一起，经过调试和检验，使其成为合格产品的过程称为装配，是产品制造中至关重要的一环。零部件的结构对装配质量和成本有着直接的影响。与装配相关的结构设计准则如下：

① 合理划分装配单元。装配的基本目标是以高效率和低成本装配出高质量的产品。装配可分为部装和总装。整机的设计应当能够分解成若干个可独立装配的单元，以实现并行和专业化的装配作业，从而缩短装配周期，便于逐级技术检验和维修，延长产品的使用寿命。

② 正确安装零部件。确保零部件的准确配合和定位，避免双重配合，防止装配错误。合理安排装配顺序和工序，尽量减少手工劳动量，满足装配周期的要求，提高装配效率。

③ 保证装配精度。装配精度不仅影响机械零部件的工作性能，还影响装备的使用寿命。装配精度包括各零部件的相互位置精度、各运动部件间的相对运动精度、配合表面间的配合精度和接触质量等，应采取适当的措施来保证装配精度。

④ 使零部件便于装配和拆卸。结构设计中，应保证有足够的装配空间，如扳手空间；避免过长配合以增加装配难度，避免配合面擦伤，如有些阶梯轴的设计；为便于拆卸零件，应给出安放拆卸工具的位置，如轴承的拆卸位置。

⑤ 尽量降低装配成本。

6）考虑维护修理的设计准则，具体要求如下：

① 配置设计综合考虑。产品配置应综合考虑故障率、维修难易程度、尺寸、质量以及安装特点等因素进行安排。需要维修的零部件、故障率高且需要频繁维修的部位以及应急开关等都应具有最佳的可达性。

② 简便的拆装设计。特别是易损件、常拆件和附加设备的拆装应该简便。拆卸和装配时，零部件的进出应该平稳，最好采用直线或平缓的曲线路线。

③ 维护点布置便利性。产品的检查点、测试点、观察孔、注油孔等维护点，都应布置在便于操作者接近的位置。

④ 留出操作空间。对于需要维修和拆装的产品，其周围应留出足够的操作空间，以便操作者进行维修和拆装作业。

⑤ 考虑维护便利性。维修时。通常需要看见内部操作，因此通道除了能容纳维修人员的手或臂，还应保留适当的间隙供观察。

7）考虑造型设计的准则。产品设计不仅需要满足功能要求，还应考虑工业设计，以提高产品造型的美学价值，从而提升市场竞争力。技术产品在社会中的地位是商品，在买方市场时代，为产品设计一个吸引顾客的外观至关重要。时尚且具有时代感的外观能迅速吸引消费者群体，及时占领市场。在造型设计中需要注意以下问题：

① 整机尺寸比例要协调。进行机械结构设计时，应充分考虑外形轮廓各部分尺寸之间的均匀协调比例关系。尽可能利用一些大众接受的审美原则，如“黄金分割法”，来确定尺寸，从而使产品造型更具美感。

② 产品外观颜色。色彩是产品造型的重要组成部分，具有引人注目的效果，能够在第一时间吸引消费者的注意力，提升产品的档次和竞争力。

③ 形状简单统一。机械产品的外形通常由长方体、圆柱体、锥体等基本几何形体组成，通过差、交、并等组合而成。结构设计时，应使这些形状配合适当，基本形状应在视觉上平衡，尽量减少形状和位置的变化，避免过于凌乱，做到简约而不简单。

8）考虑成本的设计准则。设计成本是根据一定的生产条件，依据产品的设计方案，通过技术分析和经济分析，采用一定方法确定最合理加工方法下的产品预计成本。虽然产品成本主要发生在制造阶段，但在很大程度上取决于设计阶段。设计中的成本浪费会导致成本控制“先天”不足，因此设计成本控制是成本控制的关键。控制设计成本的措施如下：

① 功能分解和简化。对产品进行功能分解，合并相同或相似功能，去除不必要的功能，尽可能地简化产品使用和维修操作。

② 简化结构和减少层次。在满足规定功能要求的前提下，尽可能简化产品的结构，减少产品层次和组成单元的数量，简化零件的形状。

③ 设计可靠的调整机构。为产品设计简便而可靠地调整机构，以排除磨损或漂移等常见故障。对易发生局部耗损的贵重件，应设计成可调整或可拆卸的组合件，以便于局部更换或修复，避免或减少互相牵连的反复调校。

④ 合理安排部件位置。合理安排各组成部分的位置，减少连接件、固定件，使检测、更换零部件方便操作，尽量减少拆卸和移动。

⑤ 优先选用标准件。设计时应优先选用标准化的设备、元器件、零部件和工具等产品，并尽量减少其品种和规格。

⑥ 提高互换性和通用化程度。

（5）机械结构设计步骤　机械的结构设计通常包括以下步骤：

1）理清主次、统筹兼顾。明确待设计结构件的主要任务和限制，实现其目的的功能分解成几个子功能。从实现机器主要功能的零部件入手，逐步连接成实现主要功能的机器，然后确定次要的、补充或支持主要部件的部件。

2）绘制草图。在机构运动方案设计的基础上，粗略估算结构件的主要尺寸，并按一定比例绘制草图，初定零部件的结构。草图应表示出零部件的基本形状、主要尺寸、运动构件的极限位置、空间限制、安装尺寸等。

3) 综合分析，确定结构方案。找出实现产品功能目的各种可供选择的结构，分析、评价、讨论、比较，最终确定结构。通过改变工作面的大小、方位、数量及结构中的构件材料、表面特性、连接方式，产生新的方案。

4）计算、改进结构设计。对承载零部件的结构进行载荷分析，计算载荷作用下结构件的强度和刚度，根据计算结果改进设计，直至符合要求，以提高承载能力及工作精度。

5）完善结构设计。考虑产品全生命周期，按技术、经济和社会指标不断完善，寻找所选方案的缺陷和薄弱环节，对照各种要求和限制，反复改进。注重零部件的通用化、标准化，减少零部件的品种，降低生产成本。

6) 外观设计。综合考虑机械外观是否匀称、美观。外观设计应由具有工业设计背景的人员完成，可以结合市场调研，了解潜在客户的心理需求和定位，指导产品设计。

2. 智能制造装备进给传动系统设计

进给传动系统是机械系统的重要组成部分，是将动力系统提供的运动和动力经过变换后传递给执行系统的子系统。进给传动系统由传动比准确的传动件组成，常用传动件有齿轮齿条、蜗轮蜗杆等。

（1）智能制造装备进给传动系统的功能要求

1）满足运动要求。进给传动系统需要实现执行件运动形式和规律变换以及对不同执行件的运动分配功能，使执行件满足不同工作环境下的工作要求。最重要的是，进给传动系统需实现执行件的变速功能，并且实现从动力源到执行件的升、降速功能。

2）满足动力要求。进给传动系统应具有较高的传动效率，实现从动力源到执行件的功率和转矩的动力转换；具有足够宽的调速范围，能够传递较大转矩，以满足不同的工况需求。

3）满足性能要求。进给传动系统中的执行件需要具有足够的强度、刚度和精度，刚度包括动刚度和静刚度，且加工和装配工艺要好。如果传动件和执行元件集中在一个箱体内，传动件的振动会直接传递到执行元件，影响其运转的平稳性。同时，传动件产生的热量也会使执行元件产生热变形，从而影响加工精度。所以，执行件应同时具有良好的抗振性和较小的热变形特性。

4）满足经济性要求。在满足工作要求的前提下，进给传动系统应尽量减少传动件的数量，使其结构紧凑，减少效率损耗并且节省材料，降低成本。

目前装备广泛采用的传动装置有滚珠丝杠螺母副、静压蜗杆副、双导程蜗杆等。以数控机床为例，与传统进给传动系统相比，每个运动都由单独的伺服电动机驱动，传动链大大缩短，提高了系统的响应速度和精度。

（2）智能制造装备进给传动系统的组成

1）变速装置。变速装置又称变速箱，是用于调整原动机输出转速和转矩以适应执行系统工作要求的常见装置。它能通过固定或分段改变输出轴和输入轴的传动比来实现此功能，由变速传动机构和操纵机构构成。常见的变速方式包括齿轮系变速、带传动变速、离合器变速和啮合器变速等。变速装置应满足变速范围和级数的需求，同时要保证高传递效率和足够的功率或转矩传递，其结构应简单轻便，并具备良好的工艺性、润滑性和密封性。

2）起停和换向装置。起停和换向是进给传动系统的基本功能之一。起停和换向装置用于控制执行件的起动、停止以及运动方向的转换。常见的起停和换向装置是根据使用频率和换向需求的不同，可分为不频繁起停且无换向（如自动机械）、不频繁换向（如起重机械）、频繁起停和换向（如通用机床）三种情况。常见的换向方式包括动力机换向、齿轮 - 离合器换向和滑移齿轮换向等。起停和换向装置应满足结构简单、操作方便、安全可靠，并能够传递足够的动力等要求。

3）进给运动装置。进给运动装置的功能是为待定运动部件提供线性或周向进给，也是进给传统系统最基本的功能之一。进给运动装置主要由滚珠丝杠螺母副、导轨等组成。一些现代智能制造装备，比如高速切削机床，广泛采用电主轴等进给传动装置。直线运动装置方面，直线电动机也获得了广泛的应用。

4）制动装置。制动装置是使执行件由运动状态迅速停止的装置，一般用于起停频繁、运动构件惯性大或运动速度高的传动系统，还可以用于装备发生安全事故或者紧急情况时的紧急停车。常用的制动方式有电动机制动和制动器制动两类。电动机制动具有结构简单、操作方便、制动迅速等优点，但传动件受到的惯性冲击大；制动器制动通常用于起动频繁、传动链较长、传动惯性和传动功率大的传动系统。制动装置应具有结构简单、操作方便、耐磨性高、易散热和制动平稳迅速等特点。

5）安全保护装置。安全保护装置是对传动系统中各传动件起安全保护作用的装置，避免因过载而损坏机件。常见的安全保护装置包括销钉式安全联轴器、钢球式安全离合器和摩擦式安全离合器等。传动件要有外壳等保护装置，不要裸露于环境，以免造成操作者人身伤害。装备应该设计有急停装置，发生意外时紧急断电。

（3）智能制造装备传动系统结构设计

1）传动路线的确定。传动系统的传动路线通常可分为四类：串联单流传动、并联分流传动、并联混流传动和混合传动。

2）传动顺序的安排。同时存在斜齿轮与直齿轮传动时，斜齿轮应放在高速级；而同时存在锥齿轮与圆柱齿轮传动时，锥齿轮应放在高速级。闭式齿轮和开式齿轮传动同时存在时，闭式齿轮传动应放在高速级。链传动通常应放在传动系统的低速级，而带传动则应放在传动系统的高速级。对于改变运动形式的传动或机构，例如齿轮传动、螺旋传动、连杆机构及凸轮机构等，一般应放置在传动链的末端，靠近执行机构。在有级变速传动与定传动比传动同时存在时，有级变速传动应放在高速级。

分配传动比时，通常不应超过各种传动的推荐传动比。同时，分配传动比时应注意使各传动件尺寸协调、结构匀称，以避免干涉发生。对于多级减速传动，可以按照“前小后大”的原则分配传动比，且相邻两级差值不宜过大。多级齿轮传动中，低速级传动比相对较小，这有利于减小外廓尺寸和总体质量。

3. 智能制造装备支承系统设计

支承系统是机械系统中用来支承和连接机件的系统，能够保持被支承的零部件之间的相对位置关系。以机床为例，支承系统通常由底座、立柱、箱体、工作台、升降台等基础部件组成。设计支承系统时，需考虑静态刚度、动态特性、热特性、内部应力等因素。

支承系统由支承件构成，常见的支承件通常分为铸造支承件和焊接支承件两大类。铸造技术可以使支承件具有复杂的形状和内部结构，具有良好的抗振性和耐磨性，但是制造工艺复杂，需进行时效处理，生产周期较长。生产小型支承件时，通常采用铸造技术进行批量生产。而利用焊接技术可以逐步装配坯料，适用于制造大型、结构复杂的支承件。焊接支承件的成形工艺相对简单，易于修改，并且通常具有较轻的重量。设计支承系统时，应在满足工作要求的前提下，考虑支承件的加工工艺和生产成本合理地配合使用两类支承件。值得指出的是，现代智能制造装备的支承系统越来越多地采用天然花岗石、人造花岗石等材料。这些材料具有更好的稳定性，特别适合做精密智能制造装备的支承材料。

（1）设计支承系统需注意的问题

1）强度和刚度。支承系统是负责支持和连接机械系统所有零部件的装置，其变形可能导致执行机构位置误差，从而影响装备的正常工作。设计支承系统时，需确保其具备足够的强度和刚度。

支承件的静态刚度包括自身刚度、局部刚度和接触刚度。正确设计支承件的截面形状对提高静态刚度至关重要。例如，空心截面的惯性矩大于实心截面，方形截面对抗弯矩更为有效，圆形截面对抗扭矩更为有效，而矩形截面则有较好的抗弯能力。此外，封闭截面的刚度通常大于非封闭截面。通过合理设置肋板和肋条，也可以提高支承件的静态刚度。

2）动态性能。支承系统的动态性能包括固有频率、振型和阻尼等方面。为了确保支承系统具有良好的抗振性能，保证执行机构的平稳工作，需要支承件具有较大的动态刚度、阻尼，并且固有频率不应与激振频率相同或相近。

3）热稳定性。热稳定性对装备精度的影响很大。装备工作时，原动机输入的能量将有一部分转化成热量，使装备零部件升温，产生不均匀的热变形，影响零部件原有的位置关系，使执行机构产生较大误差。支承系统需合理散热和隔热，或将机体内部某部分热量分散至整体，减小对某一点的影响，防止变形，还需保持均热。

4）工艺性。设计支承系统时，应考虑支承件加工和装配的方便性。许多支承件结构复杂、尺寸庞大，不方便加工装配及运输，所以在设计时需充分考虑其工艺性是否合理。对于大型的支承系统，需进行特殊的设计。

（2）支承件的设计　进行支承件设计时，首先需受力分析，作为支承件结构设计的基础和依据。根据执行机构的工作受力以及机件自身重量，分析支承件的受力状态，为确定其结构、尺寸等提供依据。根据受力确定结构和尺寸，合理选择支承件的截面形状，确定其结构和相应的尺寸。在确定结构和尺寸的基础上，进行结构静态和动态性能分析。对于已确定的支承件，可绘制三维模型，利用有限元仿真分析对支承件的静态或动态性能进行仿真分析并优化。最后进行方案的评价、修改，分析支承件应用的可行性，从而对其设计方案进行修改与完善，确定最终形式。

4. 智能制造装备执行系统设计

智能制造装备主要部件性能的好坏直接体现在装备的执行系统中，执行系统是在智能制造装备中与工作对象直接接触，相互作用，同时与传动系统、支承系统相互联系的子系统，是机械系统中直接完成预期功能的部分。

执行系统由执行构件和执行机构组成。执行构件是直接完成功能的零部件，通常直接接触或对工作对象进行执行操作。执行构件的运动和动力必须满足机械系统预期实现的功能要求，包括运动形式、范围、精度、载荷类型及大小等。执行机构是带动执行构件的机构，它将由传动系统传递过来的运动和动力转换后传递给执行构件。执行系统中有一个至多个执行机构，执行机构又可驱动多个执行构件。执行系统可将移动、转动和摆动这三种运动形式进行相互转换，甚至可将连续转动变为间歇移动。其功能主要包括夹持、搬运、输送、分度与转位、检测、实现运动形式或规律的变换，以及完成工艺性复杂的运动。

执行系统设计与传统装备设计思路相似，在此不做过多赘述。

2.2.3　机械设计中的创新与优化

1. 智能制造装备本体动态设计

自动化水平的提升显著减轻了人类的劳动强度和生产难度，也降低了人力和物力的消耗。当前工业生产对机械设备的性能、精度、自动化程度和智能化程度提出了更高要求，这对机械系统的振动问题提出了新的挑战。传统的设计模式和方法已经无法满足当前装备工业发展的需求，因此，融入动态设计理论已成为必然趋势。机械系统的动态性能已成为产品开发设计的重要考虑因素之一。

动态设计意味着在机械结构和机械系统的图样设计阶段就全面考虑了动态性能。整个设计过程实际上是通过动态分析技术、计算机辅助设计和仿真来实现的，旨在提高设计效率和设计质量。

传统的机械设计属于静态设计，对各项参数考虑不够充分，设计过程主要依赖理论与经验，缺乏针对性和适用性，难以适应市场竞争和社会发展的需要。而机械结构的动态设计则是基于动态载荷作用，全面考虑结构的各项参数，确定结构形式，设计出安全且经济的结构，以满足实际使用的需求。这种设计模式能够全面了解结构的动态特性，快速发现可能出现的问题，为结构的修改提供依据，解决结构运行中的问题，有效提升结构的稳定性、可靠性和安全性，保障机械设备的工作寿命，优化结构的性能。

智能制造装备结构的动态设计涉及计算机技术、设计技术、动态分析技术、力学建模等方面。在具体的设计中，需根据功能要求和设计标准，构建动力学模型并进行动态特性分析，确保结构在动态载荷状态下满足动态特性设计要求，从而使机械结构具备优良的动态性能。

（1）动态设计的原则　智能制造装备的设计应以方便用户操作为出发点，满足用户对不同产品功能的需求。设计者需要积极收集技术信息，了解智能制造装备的发展趋势和动向，特别关注新技术、新工艺和新材料的应用，以保持产品的先进性。在设计过程中，需要考虑机体的系统性，确保各个子系统之间相互协调。为了提高加工装配效率和操作便利性，应在满足功能要求的前提下尽量简化结构，减少零部件数量。

（2）机体动态设计的步骤　智能制造装备机体动态设计步骤主要包括整体方案设计、主要参数计算、总体结构设计、分析与评价、修改与完善、给出最终设计方案等。

1）整体方案设计。在方案设计阶段，设计者需明确机体需要实现的功能要求，并进行大量的调研分析。这包括全面考虑外部环境的限制和影响，并尽可能提出多种设计方案。通过对各种方案的优缺点进行比较和评估，最终确定一个最佳方案。

2）主要参数计算。机体的主要参数包括尺寸参数、运动参数和动力参数等，这些参数反映了机械产品的工作特性和技术性能。计算主要参数时，需要合理确定参数的大小，以避免不合理的设计。尺寸过大不仅会占用过多空间，显得笨重，还可能造成材料浪费，增加成本。尺寸过小则可能导致力学性能指标不满足要求，从而影响产品的寿命和可靠性。因此，在设计过程中，需综合考虑各项参数，并确保它们能够达到设计要求，以实现最佳的设计效果。

3）总体结构设计。确定方案并计算出主要参数后，设计者需考虑装备的整体布局和零部件的选择，确定主要机构尺寸并绘制总体结构图。为降低设计和制造成本，应尽量选择通用化、标准化和系列化的零部件。结构图中应体现主要零部件的基本构造、相对位置关系以及传动方式等。

4）分析与评价。机体总体设计完成后，还需要技术人员对其进行分析、讨论和评价。主要针对原理方案、技术设计和结构方案进行评价，指出设计中存在的缺点和改进方向。

5）修改与完善。发现设计中的问题或不足后，设计者需要对总体设计进行修改和完善。机体结构设计只是初步构想，在全生命周期中，产品需要不断修改和完善，以使其逐步成熟。

6）给出最终设计方案。经过不断地讨论和修改完善，最终可以提供详细的设计方案，其中包括装配图、零件图、设计说明书以及相应的软件等。

（3）智能制造装备本体动态性能分析　机械系统的动态特性包括固有频率、阻尼特性以及对应于各阶固有频率的振型，同时考虑机械在动态载荷下的响应。结构模态是指其固有振动特性，每个模态都具有特定的固有频率、阻尼比和振型。分析这些模态参数的过程称为模态分析，是一种研究结构动态特性的方法，也是系统辨识方法在工程振动领域中的应用。这些模态参数可以通过计算或试验获得，从而进行模态分析。模态分析可用于评估现有结构系统的动态特性、诊断和预测结构系统的故障，并在新产品设计中进行结构动态特性的预估和优化设计，识别结构系统载荷，控制结构的辐射噪声等。

设计智能制造装备的机械系统需要满足良好的动态性能，因此完成机体设计后，需要进行动态性能分析。动态性能分析的理论基础是模态分析和模态综合理论，采用的主要方法包括有限元分析法、模型试验法以及传递函数分析法等。

1）有限元分析（Finite Element Analysis，FEA）法。有限元分析法是利用数学近似的方法对真实物理系统进行模拟，通过将系统分解为相互作用的简单元素（即单元），以有限数量的未知量近似表示无限数量的真实系统。随着计算机技术和计算方法的不断发展，有限元分析法在工程设计和科研领域越来越受到重视并得到广泛应用，已经成为解决复杂工程分析计算问题的有效途径。从汽车到航天飞机几乎所有的设计制造过程都离不开有限元分析计算。在机械制造、材料加工、航空航天、汽车、土木建筑、电子电气、国防军工、船舶、铁道、石化、能源和科学研究等领域，有限元分析法得到了广泛使用，极大地促进了设计水平的提升。

2）模型试验法。模型试验法是一种通过模拟装置进行真实试验以获取实际数据的方法。它将作用在机体上的力学现象缩小，并重现到模型上，通过对模型进行激振输入，再测量与计算以获得表达机械系统动态特性的参数，最后将其换算到原型以验证机体的动态性能，以此来验证设计的合理性。试验模态分析是模态分析的一种方法，通过试验识别系统的模态参数，为结构动态设计、振动故障诊断和优化设计提供依据。

锤击法模态测试是一种常用的结构模态试验方法，它以简明直观的方式测量和处理输入力与响应数据。该方法包括两种锤击方式：固定敲击点移动响应点和固定响应点移动敲击点。激振器法模态测试则是通过控制激振器来激励被测试件，通过分析仪输出信号源来实现，可以使用不同的信号形式，如扫频正弦、随机噪声等。试验模态分析的步骤包括建立测试系统、测量响应数据、估计模态参数和验证模态模型。

激振方式有天然振源激振和人工振源激振两种。天然振源包括地震、地脉动、风振、海浪等，而人工振源则包括起振机、激振器、地震模拟台等。在工程实践中，应根据被测对象的特点选择适当的激振方式。

3）传递函数分析法。传递函数是描述线性系统响应与激励之间关系的数学工具，即输出量的拉普拉斯变换与输入量的拉普拉斯变换之比。在经典控制理论中，传递函数是主要研究方法之一，包括频率响应法和根轨迹法等都以传递函数为基础。它是分析和综合控制系统的重要工具，通过传递函数可以导出整体系统的动态特性和稳定性，设计满足要求的控制器。

机械结构动态设计是一种综合了理论和实践，涉及多学科技术的先进设计方法。许多发达国家已广泛应用了机械结构动态设计技术。通过建立精确的动力学模型，该方法保证了设计与计算的准确性，并分析了结构的动态特性。对于设计复杂的机械结构，动态设计具有明显的优势，利用建模获得的实时动态测试数据为结构修改提供了依据，具有广泛的推广和应用价值。

2. 智能制造装备本体优化设计

（1）本体设计的主要内容　对于精密、复杂和大型结构件，采用传统的力学方法已经难以满足工程的需求。结构优化设计是在给定约束条件下，按照特定目标（如最小重量、最低成本、最大刚度等）寻找最佳设计方案的过程。这种方法也称为结构最优设计或结构最佳设计，是对“结构分析”的一种综合性拓展。

优化设计主要研究结构设计的理论和方法，涉及范围广泛，包括结构尺寸优化、结构形式优化、拓扑优化、布局优化等，还可涵盖可靠性指标优化、材料性能优化、动力性能优化、控制结构优化等内容。机械结构优化设计利用计算机技术，结合有限元分析、数值优化方法和计算机图形技术，是一种综合性、跨学科的机械结构设计理论和技术。

结构形状优化设计是机械结构优化设计的一种，旨在通过调整结构的形状来改善结构的性能，包括改善应力集中、应力场和温度场的分布，提高构件的疲劳强度等。内容包括确定连续结构的边界形状和内部形状以及结构件的结构布局等。

结构优化的方法主要包括数值方法、变分方法、敏感性分析以及有限元分析等。这些方法为设计者提供了有效的工具，可以在满足特定约束条件的情况下，找到最优的设计方案。

（2）结构模块的优化设计　这种优化方式结合了产品规划的不同角度，提出了不同的优化方法。结构模块优化是从产品规划角度出发，将规划分解成单独的任务，从源头处解决优化问题，以提高工作效率为目标，在减少产品问题的基础上实现高效的工作。这种方式可在保证优化设计质量的同时提高效率。在机械机构设计中，应尊重产品的原始设计和规划，并在细节方面进行优化。

结合 Feldman 理念，优化产品结构时，需要涉及产品四个阶段的任务功能，包括功能元件阶段、功能组件阶段、功能组成阶段和产品阶段。优秀的模块结构应具备配合与连接并行的特点，具有标准化接口，能够在灵活化、通用化、经济化、层次化、系列化、集成化的过程中产生相容性、互换性和相关性。进行机械结构的设计与优化时，还应结合 CAD 制图技术与软件设计，实现优化过程中的变形设计与组合设计。根据分级原理，将机械机构模块按照大小分级，分为元件、组件、部件和产品四个等级。制订机械机构的优化设计方案时，使用功能模块区分功能区域是一种常见的方法。功能分解有助于将基础粒化，使机械机构与功能一一对应。这样，机械机构模块便能实现映射效果，为提高机械机构优化顺利进行提供了重要前提。

（3）系统模块的优化设计　系统优化是一种层次化设计方法，设计人员将机械机构视为一个整体，将优化流程看作完整结构，并将每个优化元素视为单独的部件，明确它们之间的紧密联系。这种层次化设计不仅考虑整体，还考虑局部，使得设计元素既是单独的个体，又是共同的整体，从而实现整体优化的目标。

目前，机械机构优化系统模式一般按照德国标准 VDI2221 的设计方式进行，也有一些采用我国自主研发的系统设想。设计过程是将产品视为由多个设计要素组成的系统，每个设计要素是独立的，它们之间存在层次联系。根据用户需求进行机械结构设计，首先明确机械结构的基本功能和特征，然后根据这些功能特征确定各个零部件的特征。接着，在讨论和试验的过程中明确零件的工艺特征。最后，根据工艺特征分析，确定系统优化的作业特征，并决定最终的系统优化方法。系统优化与设计建立在将产品视为整体系统的基础上，通过规划和明确不同区域和不同特征，实现产品的整体性设计，最终得出产品成品的设计结果。

代表性的设计方法包括键合图法、举证设计法、构思设计法、图形建模法、设计元素法等。每种方法都需要结合系统完成优化设计方法与方案的制订。

（4）产品特征的优化设计　当今产品特征优化方法主要包括实例法、编码法和混合法。实例法通过框架结构完成概念实体和工程实例的描述，在推理过程中获取候选资源，并将候选资源匹配进入到优化方案与匹配设计中。编码法结合运动转换，实现机构的整理与分离。通过知识库的搜集与整理方式，完成机械结构的优化设计，并确定优化设计的方案。最后是混合性表达，这种方式将网络系统、框架、过程和规则进行整合，从而实现高质量的产品特征设计。

（5）机械结构优化方法　机械结构优化主要包括设计参数和设计规则两方面，是决定设计成败的关键。

1）设计参数优化。机械结构优化涉及数千个设计变量和数百个设计函数，由于涵盖大量函数和变量，设计程序时面临着巨大挑战。针对这一问题，建立参数信息模型至关重要。这样可以在优化过程中利用参数信息，提高设计的优化效果。

2）设计规则提取。通过提取优化规则并改变模型设计参数，可以得出有效的优化实例。在计算过程中，将结果记录在数据库中，并通过管理系统对数据进行离散化处理，采集有限元数据。然后利用粗糙集理论对有限元数据进行分析，从中挖掘数据并提取优化规则。

2.3 现代设计理论与方法

2.3.1 现代设计理论概述

智能装备设计中的现代设计思维强调跨学科合作、用户中心设计和迭代过程，这些思维方式促进了创新和高效的解决方案。以下是一些关键的现代设计思维原则和方法在智能装备设计理论与技术中的应用。

1. 用户中心设计（User Centered Design，UCD）

用户中心设计是一种以用户需求和体验为核心的设计方法论，它强调在整个设计和开发过程中，从用户的角度出发，深入理解用户的需求、偏好和使用环境，以此为基础来设计产品和服务。UCD 的目的是创建出易于使用、满足用户需求的产品，提高用户满意度和产品的市场竞争力。用户中心设计的几个关键原则和实践步骤如下：

（1）关键原则

1）用户参与。在设计过程中积极地将用户纳入决策和评估的过程，通过用户研究和测试获取反馈。

2）迭代设计。设计过程是迭代的，意味着设计和开发不是线性的，而是需要反复评估和修改，直到满足用户需求。

3）多学科团队。用户中心设计通常需要跨学科团队的合作，包括设计师、工程师、市场专家、用户体验专家等，共同努力实现最佳的用户体验。

（2）实践步骤

1）了解用户和上下文。通过用户研究（如访谈、观察、问卷调查等）收集关于目标用户群体、他们的需求、行为模式和使用上下文的信息。

2）定义用户需求和设计目标。基于用户研究的结果，明确设计的主要目标和用户的需求。

3）设计解决方案。创建设计概念和原型，这些可以是纸上草图、数字原型或更高保真的模型，旨在实现定义的用户需求和设计目标。

4）用户测试和反馈。通过用户测试原型，收集用户的反馈，了解设计在实际使用中的表现，识别需改进的地方。

5）迭代和改进。基于用户测试的反馈，对设计进行迭代改进，然后再次进行测试。这个过程可能需要多次重复，直到产品或服务满足用户的需求。

6）实施和评估。最终设计实施后，继续监控和评估其性能，确保它在真实世界中满足用户的需求。

用户中心设计不仅适用于物理产品的设计，也广泛应用于软件、网站和服务的设计中。通过将用户的需求和体验置于设计过程的中心，可以创造出更加人性化、易于使用且有效的解决方案。

2. 跨学科团队合作

智能装备设计是一个典型的跨学科领域，它涉及机械工程、电子工程、计算机科学、人工智能（AI）、材料科学、人机交互（HCI）等学科。在这个领域内，跨学科团队合作不仅是常态，而且是成功设计和开发智能装备的关键因素。

（1）确立共同目标

1）明确项目目标。跨学科团队应该围绕一个共同、明确的项目目标展开合作，这有助于团队成员理解各自在项目中的角色和贡献。

2）建立共享愿景。创建一个团队共同认可的愿景，使团队成员不仅专注于各自的学科目标，而是朝着共同的项目目标努力。

（2）促进有效沟通

1）跨学科沟通。鼓励团队成员使用对所有人都清晰的语言进行沟通，避免过多使用各自领域的术语，以减少误解和沟通障碍。

2）定期会议和更新。通过定期的会议和进度更新，确保所有团队成员都了解项目的最新动态和遇到的挑战。

（3）利用多学科的优势

1）集成多学科知识。利用团队成员的多样化背景，将不同学科的理论、方法和技术整合到设计过程中，以创造出创新的解决方案。

2）角色和责任。根据团队成员的专长和兴趣分配角色和责任，这样可以确保每个人都在他们最擅长的领域内发挥作用。

（4）鼓励创新和开放思维

1）创新环境。创造一个鼓励创新和试验的环境，鼓励团队成员提出新想法，即使这些想法可能与传统方法不同。

2）接受失败。探索新技术和方法时，接受失败作为学习和进步的一部分，鼓励团队成员从失败中吸取教训，持续改进。

（5）项目管理和流程

1）灵活的工作流程。采用灵活的项目管理方法，如敏捷开发，以适应项目需求的变化和跨学科团队的工作节奏。

2）技术和工具。使用合适的技术和工具，如项目管理软件、协作平台，促进团队协作和知识共享。

智能装备设计领域的跨学科团队合作强调了不同学科知识和技能的综合利用，通过有效的沟通、共享的目标、创新的环境以及灵活的管理方法，可以克服跨学科合作中的挑战，共同推动智能装备的创新和发展。

3. 迭代设计和灵活性

智能装备设计中，迭代设计是一种核心方法，它使设计过程更具动态性和适应性，以确保最终产品能够高效地满足用户需求和技术要求。迭代设计过程通过反复的设计、原型制作、测试和评估循环来逐步完善产品设计。这种方法强调在设计早期阶段就开始用户测试和反馈的收集，从而在整个设计过程中不断改进和调整设计方案。智能装备设计中实施迭代设计的几个关键步骤如下：

（1）设定初始设计目标和需求

1）需求分析。基于用户研究和市场分析，明确产品需求和设计目标。

2）概念设计。根据需求生成初步设计概念，可能包括草图、功能描述和技术规格。

（2）快速原型制作

1）构建原型。使用快速原型制作技术（如 3D 打印、软件模拟等）快速构建可测试的产品原型。

2）初步测试。进行内部测试，评估原型的功能性、可用性和用户体验等方面。

（3）用户测试与反馈

1）用户参与。将原型展示给实际用户，收集他们的使用体验和反馈。

2）数据分析。分析用户测试的结果，识别设计中的问题和改进点。

（4）设计迭代

1）设计修改。根据用户反馈和测试结果对设计方案进行调整和优化。

2）再次原型。修改后的设计再次进行原型制作和测试，形成新的迭代循环。

（5）最终评估和优化

1）多轮迭代。重复上述步骤，直到满足所有预定目标和用户需求。

2）最终评估。进行详细的性能测试和最终用户测试，确保产品在各方面都达到预期标准。

（6）生产和市场发布

1）生产准备。完成设计细节，准备生产所需的文档和资源。

2）市场发布。满足所有设计和测试要求后，开始产品的生产和市场发布。

迭代设计的优势在于其灵活性和对用户反馈的高度重视，这使得设计团队能够及时识别并解决问题，逐步提升产品的性能和用户满意度。在智能装备设计中，由于技术的复杂性和不断变化的用户需求，迭代设计成为确保设计质量和创新的关键方法。通过不断的迭代，设计团队能够更好地适应技术进步和市场变化，创造出既符合技术前沿又深受用户喜爱的智能装备产品。

4. 系统思维（Systems Thinking）

在智能装备设计中应用系统思维是一个涵盖设计、分析和管理复杂智能系统的全面方法。系统思维不仅是一种技术或工具集，它更是一种思维模式，要求设计者从整体上理解和处理问题。在智能装备的背景下，意味着考虑到设备的所有组件、它们之间的相互作用，以及设备与操作环境之间的相互关系。接下来，将讨论如何在智能装备设计中应用系统思维的关键步骤和原则：

（1）定义系统的边界和目标　开始设计之前，明确系统边界和目标至关重要。这包括确定哪些元素属于系统内部，哪些属于外部，以及系统应该实现的主要功能和性能指标。

（2）理解系统组件和它们之间的关系　智能装备通常由多个相互依赖的组件组成，例如传感器、控制算法、执行机构和通信接口。理解这些组件如何相互作用是优化设计的关键。

（3）应用模块化和集成原则　为了提高设计的灵活性和可维护性，应用模块化原则很有帮助。这意味着将系统分解成可以独立开发和测试的小部分，然后通过定义明确接口集成的这些模块。

（4）考虑系统的可扩展性和适应性　智能装备设计应考虑将来的扩展性和对环境变化的适应性。这包括设计可升级的硬件和软件架构，以及使用机器学习和人工智能算法来提高设备的智能化水平。

（5）采用迭代和增量开发方法　系统思维鼓励采用迭代和增量的开发方法。这意味着通过连续的设计、实现、测试和评估周期，逐步增大系统的复杂性和功能。

（6）进行全面的测试和验证　为了确保智能装备按照预期工作，全面的测试和验证必不可少。这包括单元测试、集成测试和系统级测试，以及使用仿真和实际环境测试来评估设备的性能。

（7）考虑系统的生命周期　最后，系统思维要求考虑设计的全生命周期，包括生产、部署、维护和最终退役。这意味着须考虑成本、可持续性和对环境的影响。

通过将系统思维应用于智能装备设计，可以创建更有效、更可靠和可持续的解决方案。这种方法鼓励跨学科合作，强调了从整体上理解和解决问题的重要性。

5. 创新和开放思维

（1）鼓励创新　现代设计思维鼓励创新和试验，允许设计团队探索非传统的解决方案，即使这些解决方案可能与当前的趋势或标准不同。

（2）开放思维　保持开放的态度，积极寻求来自其他领域和学科的灵感和技术，可以带来创新的设计思路和解决方案。

智能装备设计中的现代设计思维不仅提高了设计效率和产品质量，也推动了技术创新和跨学科合作，为用户提供了更加智能、高效和人性化的解决方案。

总之，现代设计思维在智能装备设计中的应用，不仅有助于创造出满足当前技术和用户需求的产品，还能预见和适应未来的变化，推动持续创新和改进。这种思维方式为智能装备的设计和开发提供了一种全面、灵活和前瞻性的方法论。

2.3.2　智能装备数字化设计

在当今智能制造装备被视为高端装备，对社会生产和经济发展发挥着至关重要的推动作用。其中，数字化设计是一种通过数字化手段改进传统产品设计的方法，旨在建立一套基于计算机技术和网络信息技术的支持产品开发与生产全过程的设计方法。数字化设计的核心内容包括支持产品开发全过程、产品创新设计、相关数据管理以及开发流程的控制与优化等方面。在智能制造装备的数字化设计中，产品建模是基础，优化设计是主体，数据管理则是核心。

随着计算机技术和信息技术的不断发展，数字化设计已经广泛应用于我国工业设计、检验、生产等环节。据统计，到 2020 年，我国制造业重点领域企业数字化研发设计工具的普及率已超过 70%，关键工序的数控化率超过 50%，数字化车间 / 智能工厂的普及率超过 20%，这导致运营成本、产品研制周期和产品不良率大幅度降低。

图 2-1 所示为制造业数字化工厂架构。虽然数字化设计已经迅速发展，但距实现整个设计生产数字化还有一定的距离。对智能制造装备数字化设计的分析有助于人们理性认识目前数字化设计及智能制造装备设计生产方面的发展水平并为其发展方向提供建议。

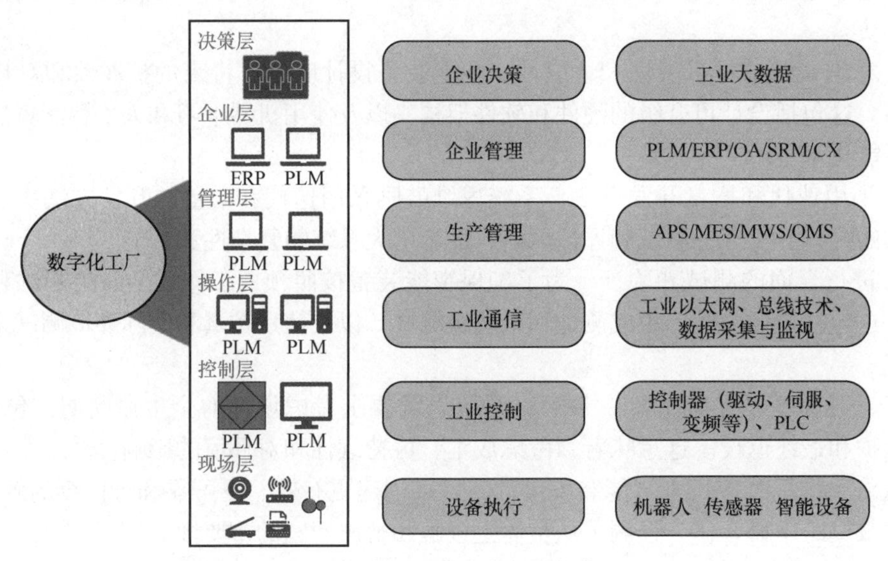

图 2-1　制造业数字化工厂架构

1. 数字化设计现状与发展

（1）数字化设计的现状　数字化设计制造工作模式主要分为串行设计和并行设计。串行设计采用递阶结构的组织模式，各阶段的活动按时间顺序进行，各阶段依次排列，并具有自己的输入和输出。而并行设计则是在产品设计的同时考虑后续阶段的相关工作，包括加工工艺、装配、检验等。并行设计产品开发过程中各阶段的工作是交叉进行的，如图 2-2 所示。

开发过程的重组和优化。通过组建由多学科人员组成的产品开发队伍，改进产品开发流程，利用各种计算机辅助工具等，可以在产品开发早期阶段就考虑产品生命周期中的各种因素，从而保证产品设计、制造一次成功。

相对于传统的设计制造过程，数字化设计制造具有过程延伸智能水平高、集成度高等特点。其性能要求主要包括稳定性、集成性、敏捷性、制造工程信息的主动共享能力、数字仿真能力、支持异构分布式环境的能力以及扩展能力七个方面。

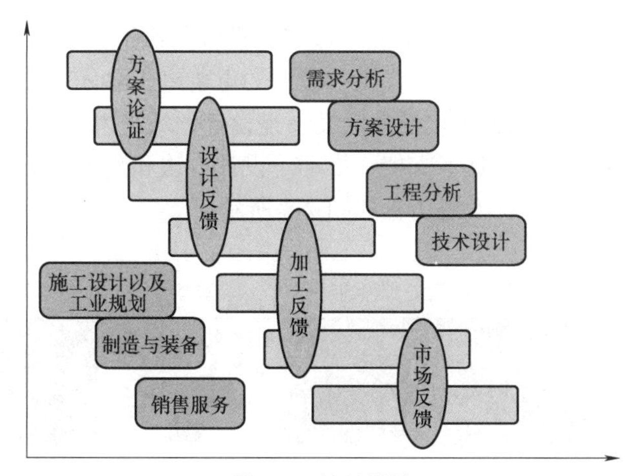

图 2-2　并行设计

数字化制造是指制造领域的数字化，它是制造技术、计算机技术、网络技术与管理科学的交叉、融合、发展与应用的结果。数字化制造利用数控机床、加工中心、测量设备、运输小车、立体仓库、多级分布式控制计算机等数字化装备，根据产品的工程技术信息和车间层加工指令，通过计算机调度与控制完成零件加工、装配、物料存储与输送、自动检测与监控等制造活动。这种方式可实现多品种、中小批量产品的柔性自动化制造，提高生产率和产品质量，缩短生产周期，降低成本，以满足市场的快速响应需求。

数字化设计是数字化制造技术的基础和主要环节，它利用数字化的手段完成产品的概念设计、工程与结构分析、结构性能优化、工艺设计与数控编程等任务。通过数字化产品建模、仿真、多学科综合优化、虚拟样机以及信息集成与过程集成等技术和方法，数字化设计可以实现机械装备的优化设计，提高开发决策能力，加速产品开发过程，缩短研制周期，降低研制成本。

数字化设计的优势在于可以减少实物样机制造的次数。传统设计过程中，需要不断制作实物样机进行试验验证，而数字化设计可以通过数字模型的仿真分析与测试来发现并优化设计不合理的部分，从而避免反复制造实物样机的过程，节省了时间和成本。此外，数字化设计还能实现设计的并行化，即多个设计团队在不同地域分头并行设计、共同装配，提高了设计效率和质量。

数字化设计的关键技术包括全生命周期数字化建模、基于知识的创新设计、多学科综合优化、并行工程、虚拟样机、异地协同设计等。这些技术的应用将有助于提高产品设计的质量和效率，推动数字化制造技术的发展。

（2）数字化设计的发展　CAD 技术的诞生标志着设计领域数字化时代的开始。20 世纪 50 年代，CAD 技术首次出现，它集成了计算机图形学、数据库、网络通信等领域的知识，为工程和产品设计提供了数字化的综合性高新技术支持。CAD 技术的出现彻底改变了传统的手工绘图方式，使设计师能使用计算机进行数字绘图，大大提高了设计效率和质量。

随着 20 世纪 70 年代飞机和汽车工业的迅速发展，对复杂曲线和曲面的处理需求日益增加，数字化设计迅速发展并逐步完善。CAD 技术不仅能够处理样条曲线和空间曲线，还可以加入诸如质量、重心、惯性矩等参数，形成了更加综合的 CAE（计算机辅助工程）和 CAM（计算机辅助制造）模型，从而实现了数字化设计与制造的有机结合。数字化设计在这一时期经历了飞速的发展，并成为现代工程设计的重要组成部分。

总之，CAD 技术的诞生和数字化设计的发展是设计领域进入数字化时代的标志性事件，为工程和产品设计提供了强大的技术支持，推动了设计方法和流程的革新，极大地提高了设计效率和产品质量。数字化设计发展历程如图 2-3 所示。

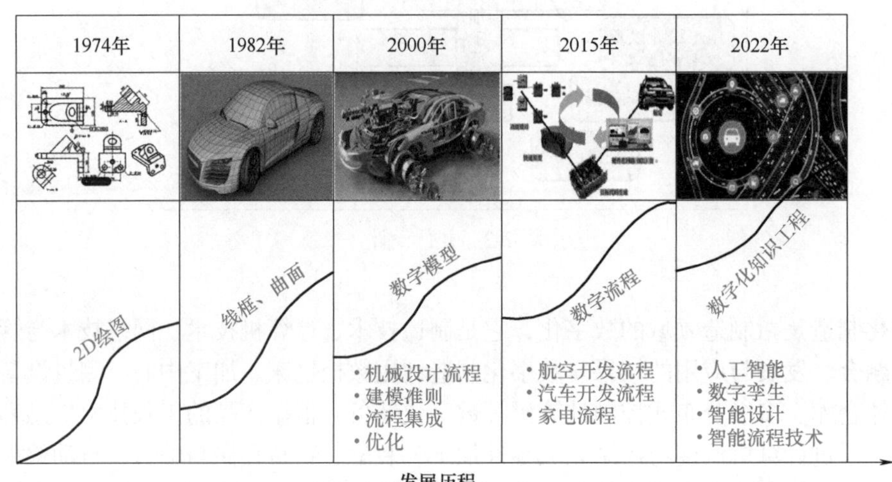

图 2-3　数字化设计发展历程

MBD 技术（Model Based Definition）是数字化设计制造领域的重要技术之一，也称为三维标注技术。它的核心思想是将三维产品制造信息（Product Manufacturing Information，PMI）与三维设计信息共同定义到产品的三维数字化模型中，摒弃传统的二维工程图样，使 CAD 和 CAM 等工具能够实现真正的高度集成，从而提高了设计生产的效率和质量。

在 MBD 技术中，产品的三维模型不仅包含了几何形状，还包含了与制造和质量控制相关的所有信息，比如尺寸、公差、表面处理、装配关系等。这些信息可以直接嵌入到三维模型中，并且在需要时可以自动提取和利用，无需依赖传统的二维图样。

MBD 技术的应用可以大大简化设计和制造过程，减少了传统工程图样的绘制和管理成本，提高了信息的准确性和可靠性。特别是在航空和汽车等领域，MBD 技术的应用已经比较成熟，一些先进的企业已经实现了 MBD 技术在产品设计、工艺设计、工装设计、零件加工、部件装配等方面的全面应用，取得了显著的效益和竞争优势。

尽管 MBD 技术在一些领域已经得到了广泛应用，但在大多数企业中，仍然存在着对传统二维图样的依赖和使用。这部分企业可能因为技术水平、成本考虑或者习惯等原因，还未能全面采用 MBD 技术。然而，随着数字化设计制造技术的不断发展和推广，相信 MBD 技术在未来会得到更广泛的应用和推广。MBD 应用如图 2-4 所示。

2. 数字化设计制造的主要方法和常用文件交换类型

（1）特征建模　特征在数字化设计中扮演着重要的角色，它是具有确定约束关系的几何实体，同时包含特定的功能语义信息。特征可以被表达为产品特征等于形状特征加上语义信息。特征建模框架结构如图 2-5 所示。

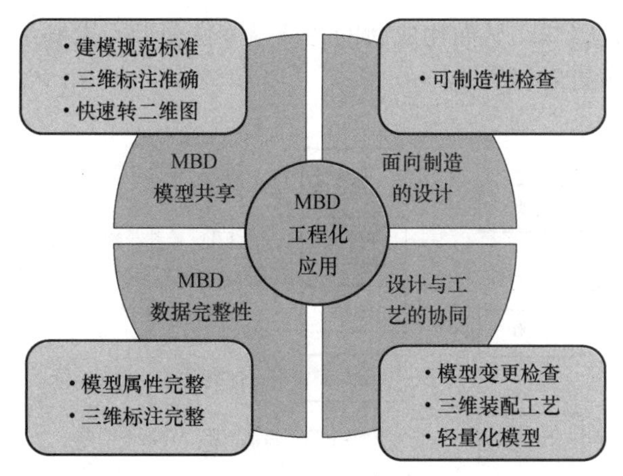

图 2-4　MBD 应用

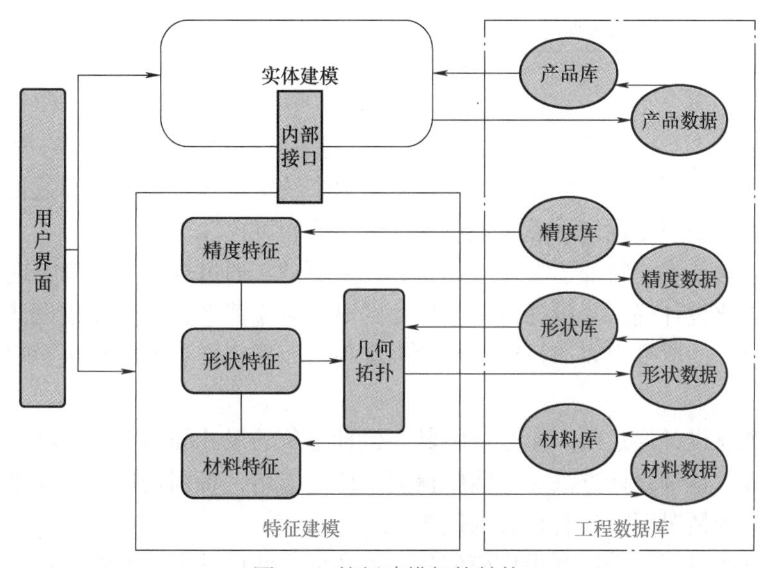

图 2-5　特征建模架构结构

产品特征是指具有一定属性的几何实体，包括特征属性数据、特征功能和特征间的关系。特征设计是在实体模型基础上，根据特征分类，对一个特征进行定义，描述操作特征的方式，并指定特征的表示方法，然后利用实体造型具体实现。它是产品各种信息的载体，包括几何信息和非几何信息。常见的产品特征包括形状特征、材料特征、精度特征和装配特征等。

通过特征技术，设计意图可以融入产品模型中，并且可随时调整。采用特征技术可以减少设计时的随意性，有助于消除设计结果与制造实现之间的冲突。特征造型的本质仍然是实体造型，但在工程语义方面进行了抽象，即语义加上形状特征。目前，形状特征设计是应用最广和最为成熟的。

特征造型系统要求所建立的产品零件模型应包括几何数据、拓扑数据、形状特征数据、精度数据和技术数据等多种数据类型。这种系统应具有灵活多变的方式，能够方便地实现特征和零件模型的建立、修改、删除和更新，并且能够单独定义和分别引用产品模型中的各个层次数据，并对其进行关联，从而构成新的特征与零件模型，以满足各种应用领域的需求。产品形状特征的分类如图 2-6 所示。

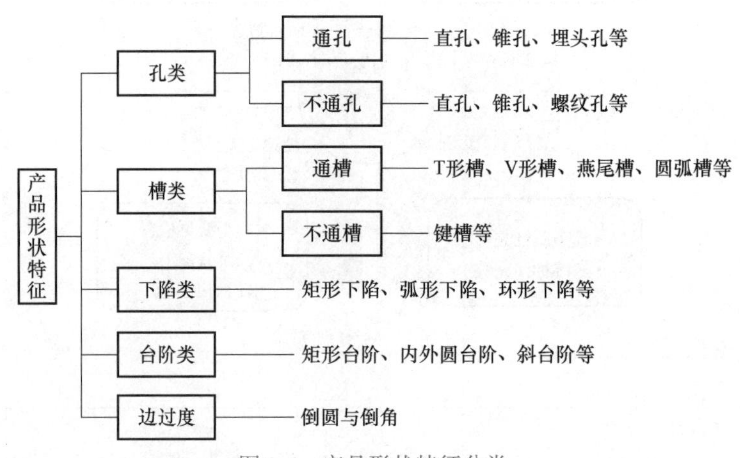

图 2-6　产品形状特征分类

（2）参数化设计与变量化设计　参数化设计是一种设计方法，其核心思想是将设计对象的结构形状保持基本不变，而通过引入一组参数来约定尺寸关系。在参数化设计中，设计变量通过参数的调整而变化，从而实现设计的灵活性和可控性。

这种设计方法依赖于特征、全尺寸约束和尺寸驱动，通过这些方式来实现设计对象的构建和修改。参数化设计确保了设计过程中尺寸的显示对应关系，并且修改设计结果时受到尺寸的驱动。即设计的改变主要通过调整参数来实现，而这些参数可以直接影响设计对象的尺寸和形状。

总之，参数化设计通过引入参数并将其与设计对象的尺寸和形状相关联，使得设计过程更加灵活和高效。这种设计方法在实践中得到了广泛应用，特别是在需要频繁修改设计、快速响应需求变化的情况下，具有显著的优势。

变量化设计提供了一个交互操作模型的三维环境，使设计人员能够直接在零部件上定义关系，而无需关心二维设计信息如何转换成三维。这简化了设计建模的过程，使设计人员能够更专注于设计的创新和实现。

在变量化设计中，设计人员可以直接对零部件上的任意特征进行图形化编辑和修改。这意味着他们可以实时捕捉设计、分析和制造的意图，而无需在不同的软件之间来回切换或进行复杂的转换操作。

通过变量化设计，设计人员可以更直观地理解设计对象的结构和特征，并且可根据需要进行即时调整和优化。这种方法使得设计过程更加高效和灵活，有助于提高设计质量和加速产品开发周期。

（3）数字化设计制造常用文件交换类型　常见的数字化设计制造常用文件交换类型有 IGES、STEP、DXF 三种。

1）IGES（Initial Graphics Exchange Specification）是一种图形数据交换的标准格式，是早期应用最广泛的文件格式之一。IGES 文件以实体为基本单位，可包含几何信息、拓扑信息和属性信息，用于在不同的 CAD 软件之间进行几何数据的交换和共享。

2）STEP（Standard for the Exchange of Product Model Data）是一种国际标准化组织（ISO）制定的产品模型数据交换标准。STEP 标准覆盖了产品的整个生命周期，其中包括几何信息、拓扑信息、属性信息等。STEP 的核心是形状特征信息模型，它允许在不同的 CAD 软件之间进行产品模型数据的交换和共享。

3）DXF（Drawing Exchange Format）是一种开放的矢量数据格式，广泛应用于 CAD 系统中。DXF 文件可以包含几何图形、文本和其他图形数据，几乎所有的 CAD 软件都支持读取和输出 DXF 文件。由于其开放的特性，DXF 文件在不同 CAD 软件之间进行数据交换和共享时具有很高的通用性和灵活性。

（4）数字化设计制造的主要过程　数字化设计制造中，产品数字化模型承载了各种重要的信息，包括产品的功能、性能、结构、零件几何特征、装配信息、工艺以及加工信息等。这些信息的集中体现就是产品数字化模型。

设计过程中，首先会确定一个或一组零件模型作为主模型，其他模型则以主模型为基础进行构建。主模型可以是整个产品的总体设计，在此基础上衍生出各个零部件的设计；也可以是一个关键的零部件，其他零部件则以该零部件为基础进行设计。这种方式有助于保持设计的一致性和连贯性，同时也方便后续的装配、工艺规划和生产制造。

产品设计阶段包括概念设计、零件几何模型、产品模型仿真、产品模型装配四个阶段。

1）概念设计阶段主要是针对产品整体方案进行构思和创新设计，设计师根据功能需求分析提出设计方案，通常以方案报告、草图等形式完成设计。在这个阶段，不需要考虑产品的精确形状和几何参数设计，而是着重于概念的表达和创新的发挥。

2）零件几何模型阶段是产品详细设计的核心，也是将概念设计细化的关键内容。在这个阶段，设计师将概念设计的方案转化为具体的几何模型，这些几何模型包含了产品的详细形状和结构信息。零件几何模型通常作为主模型，是其他各阶段设计的信息载体，它的生成通常是基于计算机辅助设计软件完成的。

几何模型可采用不同的表示方式，包括线框模型、表面模型和实体模型。线框模型描述了一个三维模型的基本结构，但缺乏面信息，不适用于工程分析和数控工具轨迹的计算。表面模型描述了几何形状的外壳，但不能进行物理特性计算。实体模型是最常用的模型表示方式，可以准确描述物体的形状和几何特性，适用于工程分析和仿真计算。

3）在产品模型仿真阶段，通常不直接使用详细设计阶段产生的零件几何模型进行仿真分析，而是需根据设计阶段的几何模型进行适当的优化和细节删减，以减少计算量。因此，需要不断地将仿真结果反馈给设计工程师，进行产品模型的调整或修改，以确保仿真结果的准确性和可靠性。产品 CAE 仿真如图 2-7 所示。

4）在产品模型装配阶段，产品装配模型扮演着重要的角色，它完整地描述了产品各零部件之间的结构关系、装配的物料清单、装配的约束关系，以及面向实际的装配顺序和路径规划等内容。具体来说：

① 装配结构树。反映了产品的总体结构，以树状结构的形式展示了各个零部件之间的装配关系，帮助设计人员清晰地理解产品的整体结构。

② 属性信息表。用来表示产品的非几何信息，例如材料、质量、供应商等信息，有助于对产品进行全面的管理和追踪。

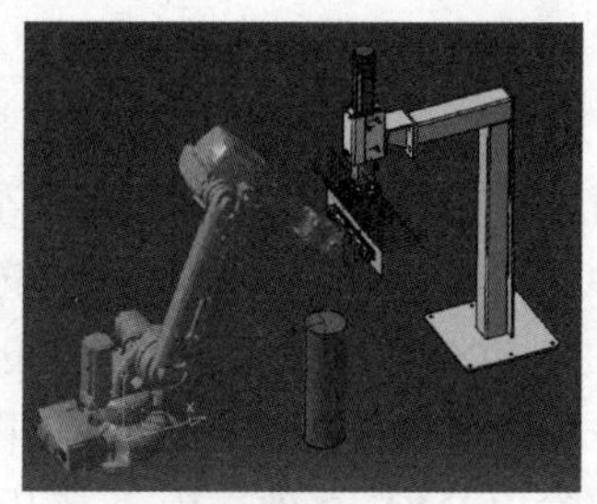

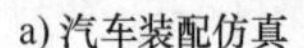

a) 汽车装配仿真　b) 汽车散热仿真　c) 机械臂仿真

图 2-7　产品 CAE 仿真

③ 装配约束模型。包括装配特征描述、装配关系描述、装配操作描述以及装配约束参数，用于规定各个零部件之间的装配方式和约束条件，确保装配的正确性和稳定性。

装配规划模型。用于装配顺序规划和路径规划，确定了装配过程中各个零部件的组装顺序和路径，以提高装配效率和准确性。

而产品制造阶段的模型则包括以下三个阶段：

1）工艺信息模型设计阶段。为计算机辅助工艺规划（CAPP）提供基本信息，根据零件加工要求和尺寸、表面粗糙度、基准、加工方法等信息，建立工艺信息模型。这个阶段的数据源自详细公差设计阶段产生的几何模型和装配模型。

2）工装模型阶段。经过不断演化产生的中间状态模型阶段，包含工装设计模型和产品过程模型。工装设计模型用于设计和优化生产过程中需要用到的各种工装设备，而产品过程模型则用于描述生产过程中的各个阶段和步骤。

3）数控加工模型阶段。数控加工设计的模型和产生相应数控（NC）程序的阶段。在这个阶段，根据产品的几何模型和工艺要求，设计生成数控加工程序，以实现对零件的自动化加工。

数字化设计制造过程（图 2-8）相较于传统的二维蓝图设计制造过程（图 2-9）的区别除了信息转换过程数字化，数字化设计制造多使用数字样机进行分析检查，而传统设计制造过程则需要物理样机进行辅助。

数字样机是以计算机为载体表达的产品模型，用以验证物理样机的功能和性能。它可以以 1∶1 的尺寸比例精确地展现真实物理产品。在 CAD 领域，虚拟样机与数字样机实质上是同一个概念。数字样机具有以下特点：

1）真实性。数字样机的目的是取代或简化物理样机，在仿真等方面等同于物理样机，保持几何外观、物理特性和行为特性上的一致性。

2）面向产品全生命周期。传统的工程仿真通常只针对产品某个方面进行分析，而数字样机则可以对产品全方位进行仿真。它是由分布的、不同工具开发的、甚至是异构子模型组成的联合体，包括 CAD 模型、外观模型、功能和性能仿真模型、各种分析模型、使用维护模型以及环境模型。

3）多学科交叉性。复杂产品设计涉及多个不同领域，例如机械、控制、电子、流体动力等。数字样机需要将这些不同领域的子系统作为一个整体进行准确的仿真分析，以满足设计者进行功能验证与性能分析的要求。

根据不同的分类标准和应用场景，数字样机可以分为以下几类：

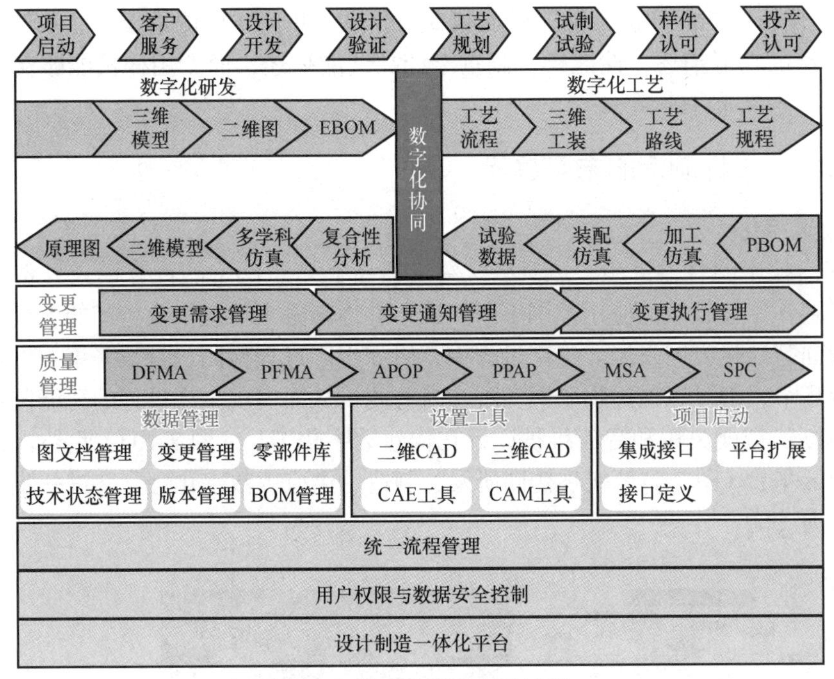

图 2-8 数字化设计制造过程

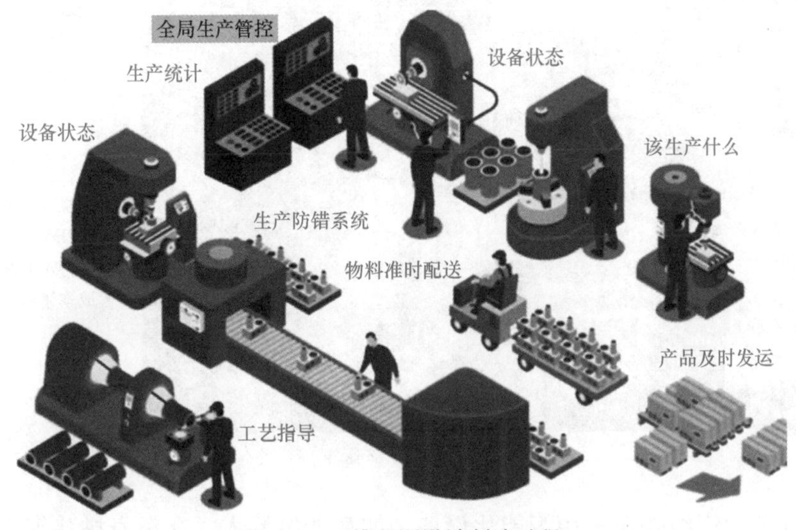

图 2-9 二维蓝图设计制造过程

1）全机样机与子系统样机。全机样机描述系统所有结构零部件、系统设备、功能组成和附件等的数字样机，而子系统样机则根据机械产品不同功能划分子系统，包含全部信息的数字化描述。

2）方案样机、详细样机和生产样机。方案样机包含产品方案设计阶段全部信息的数字化描述，详细样机包含产品详细设计阶段全部信息的数字化描述，而生产样机则包含产品制造、装配全部信息的数字化描述。

3）几何样机、功能样机、性能样机和专用样机。几何样机侧重于产品几何描述，功能样机侧重于产品功能描述，性能样机侧重于产品性能描述，而专用样机能够支持仿真、培训、市场宣传等特殊目的。

2.3.3 数字化设计制造的未来趋势

1. 工业数字化

随着网络技术的日益进步，以及各类终端设备和基于网络的计算模式具备的环境感知能力，物联网在工业领域的应用范围不断扩大。它逐渐融入传统工业生产的各个环节中，推动传统工业向智能化方向发展。生产过程中，诸如生产过程检测、参数采集、设备监控以及材料消耗等环节，都可以通过物联网实现实时监测，从而实现生产过程的智能监视、智能控制、智能诊断、智能决策和智能维护，旨在构建数字化工厂（图 2-10）。此外，企业间还可以利用工业云平台（图 2-11）实现协同研发、制造、供应等数字化融合，进一步提升生产率和企业竞争力。

- 装配线校验
- 静态干涉检查
- 动态干涉检查
- 过程仿真
- 工作指南
- 人类工程学建模

- 人机工程分析
- 虚拟现实透视
- 与PDM系统集成
- 支持Web浏览器
- 成本建模

图 2-10　数字化工厂

当前，汽车生产线普遍采用智能化设备，如智能机器人，在车身拼装等工艺过程中自动完成任务。然而，由于智能制造装备来自不同供应商，各设备的管理、监控和控制相对孤立。如果能够统一系统平台对智能制造装备的状态、故障和控制进行集中化管理，将能最大化地提高汽车生产的智能化水平和效率。

为实现这一目标，车企智能制造装备自动化控制方案采用协同中间件系统为基础。该基础系统由数据服务层、物联网感知层、平台服务层等组成。物联网感知层负责接入各种智能化设备，包括机器人、I/O 设备和传感器设备等。感知层将智能制造装备的数据通过协议转换器解析为平台数据，并传送给平台服务层。平台服务层对智能设备的数据进行处理，并将其发送到数据服务层进行大数据分析和存储。作为整个平台的“大脑”，平台服务层负责管理设备、数据、通信和权限等，同时支持以标准通信协议发布平台服务，以便第三方系统进行协同调用。物联网感知层支持所有设备的接入和控制。

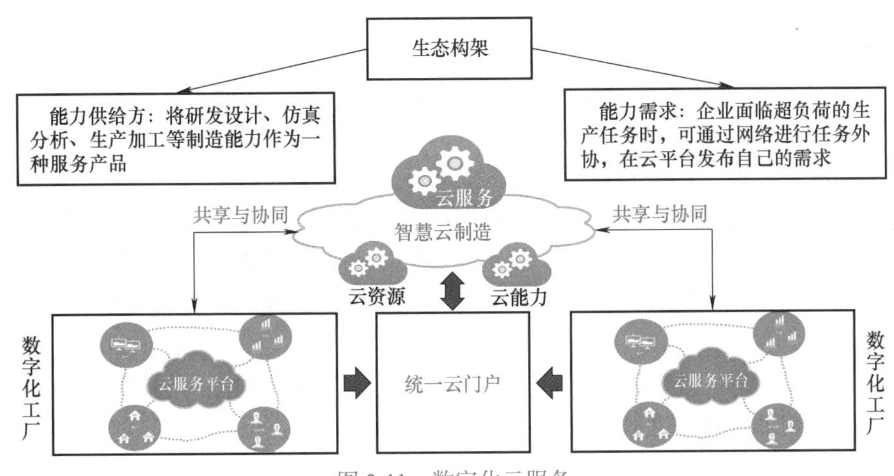

图 2-11　数字化云服务

2. 智能装备数字化设计

数字化设计是将计算机辅助设计技术应用于产品设计领域的过程。它通过基于产品描述的数字化平台，建立数字化产品模型，并在产品开发过程中广泛应用。主要目的是减少或避免传统实物模型在产品开发过程中的使用，从而实现更高效的产品开发技术。数字化设计避免了传统设计的“样机生产→样机测试→修改设计”环节，在样机诞生之前就通过计算机手段对数字模型进行仿真、测试，将不合理的设计因素消灭在萌芽状态，可减少设计过程实物模型的制造，加快开发周期，减少设计成本。图 2-12 所示为智能制造装备数字化设计。

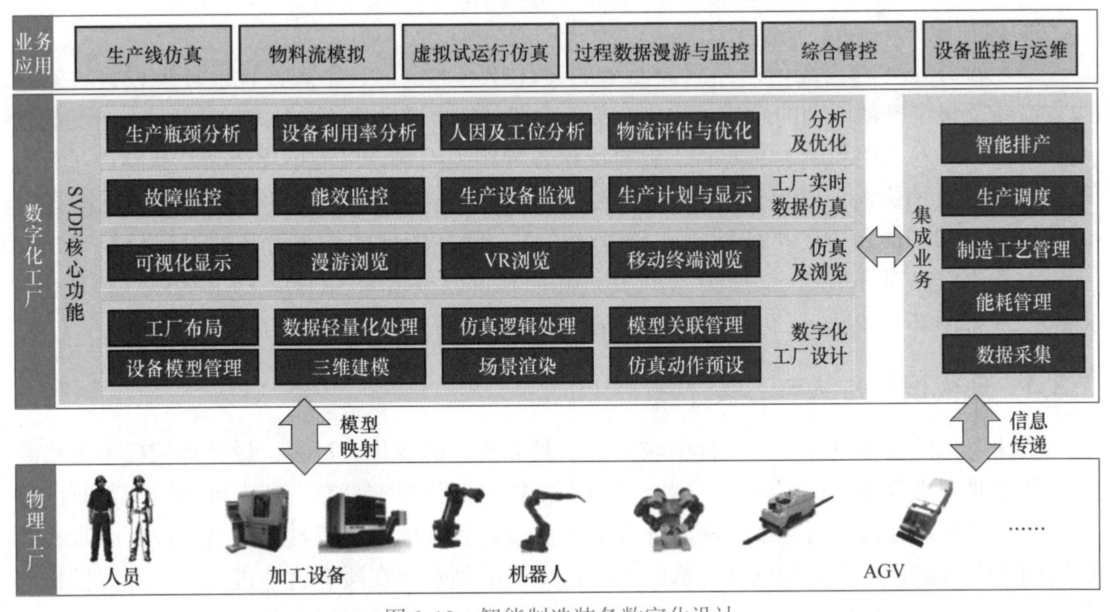

图 2-12　智能制造装备数字化设计

智能制造装备数字化设计可以采用“1+3+X”综合设计法，即采用功能优化、动态优化、智能优化和可视优化及对某种产品有特殊要求的设计等方法来完成设计工作。21 世纪是一个自动化相对成熟的工业时代，随着“工业 4.0”及“中国制造 2025”的提出，自动化已经让标准化的大规模生产达到了极高的水平，但是当生产的个性化、小批量需求越来越多时，就出现了新的挑战，从精益角度出发，质量、成本与交付都成了困难。

当前的智能制造装备交互界面通常由工程技术人员基于功能需求设计，但往往忽略了人、机、环境等因素对交互界面的影响。这导致交互界面过于侧重技术性信息，难以提供正确、高效的引导。因此，需要对智能制造装备终端的界面交互设计进行深入系统的研究。

智能制造装备的信息传达主要是通过移动终端的交互界面向用户输出或反馈，然后用户再输入指令。人机界面的友好程度、逻辑运算的准确性、数据库的合理性等性能指标直接影响着智能制造装备系统的整体使用效果和智能化程度。因此，对界面交互设计的研究至关重要。

数字化设计制造和智能制造装备的应用及普及是历史发展的必然趋势，它们为提高生产率、优化资源利用和促进工业智能化提供了重要支持。

数字化设计的成果主要体现在数字化样机和虚拟样机上，它们结合了虚拟技术和仿真方法，为产品研发提供了全新的设计途径。虚拟样机是在计算机上建立的原型系统或子系统模型，在物理样机建造之前，设计师利用计算机技术建立机械系统的数学模型，并进行仿真分析。通过以图形方式显示系统在真实工程条件下的各种特性，设计师可以修改设计并获取最佳方案。

虚拟样机设计环境包括模型、仿真和仿真者的集合。它利用虚拟环境的可视化优势和可交互性，对产品进行几何、功能、制造等方面的交互建模和分析。在一定程度上，虚拟样机具有与物理样机相当的功能真实度，并且发展迅速。再结合快速原型技术（如增材制造和 3D 打印），与传统的样机制造方法相比，数字化设计可以节约大量人力和物力，并且显著缩短产品开发周期。图 2-13 所示为智能制造装备数字化设计实例。

3. 绿色设计

绿色设计是一种由绿色产品延伸而来的设计技术，也称为生态设计或环境设计。它强调在产品及整个寿命周期的设计过程中，要充分考虑对资源和环境的影响。在考虑产品的功能、质量、开发周期和成本的同时，更要优化各种相关因素，以最小化产品及其制造过程对环境的总体负面影响。绿色设计旨在使产品各项指标符合绿色环保的要求，在设计阶段就将环境因素和预防污染的措施纳入产品设计之中，将环境性能作为产品的设计目标和出发点，力求使产品对环境的影响最小化。其核心原则可以概括为 3R1D，即 Reduce（轻量化）、Recycle（可循环）、Reuse（可重复使用）、Degradable（可降解）。

2.3.4 现代设计方法与工具介绍

快速变化的技术世界中，设计领域经历了翻天覆地的变化。过去，设计师依赖于纸质草图和物理原型来验证他们的创意。这个过程不仅耗时而且成本高昂，还有可能因为重复的修改和测试周期而导致项目延误。随着计算机辅助设计和其他数字工具的发展，设计师现在能够以前所未有的速度和精度创建、修改和测试他们的创意。在所有这些进步中，虚拟样机与数字孪生技术脱颖而出，它们正在重新定义现代设计和生产流程的未来。

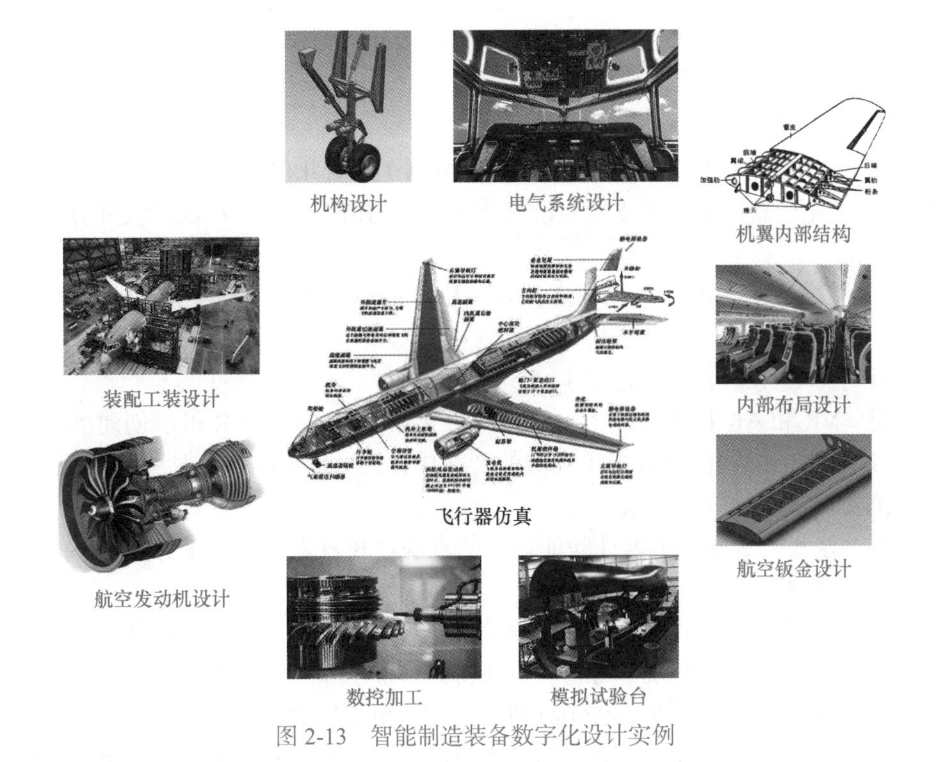

图 2-13　智能制造装备数字化设计实例

1. 虚拟样机技术

虚拟样机是一种利用计算机模拟和可视化技术，来模拟产品及制造过程的技术。与传统的实物样机不同，虚拟样机通过计算机生成的三维模型来展现产品设计的各个方面，包括结构、功能以及性能等。这种方法使得设计者可以在实际制造之前，对产品进行全面的测试和评估。它消除了物理原型的需要，从而减少了开发时间和成本。通过使用虚拟样机，设计团队可以更快地迭代设计，发现并解决潜在的设计问题，最终加快产品上市时间。

（1）关键技术组成　虚拟样机技术的关键技术组成涵盖了一系列的工具和方法，它们共同构成了能够在计算机环境中完整模拟、分析和验证产品设计的框架。虚拟样机的几个核心技术组成部分如下：

1）计算机辅助设计（CAD）。

① 功能。CAD 是用于创建精确的二维或三维图形模型的软件工具。它是虚拟样机的基础，提供了详细的产品设计图，包括几何形状、尺寸和材料属性。

② 应用。CAD 模型是后续分析和仿真的基础，支持从简单部件到复杂系统的设计。

2）计算机辅助工程（CAE）。

① 功能。CAE 包括用于执行各种仿真和分析的软件工具，如结构分析（有限元分析）、流体动力学分析（CFD）、多体动力学（MBD）等，以评估和优化产品的性能。

② 应用。通过 CAE 工具，设计师可以预测产品在真实世界条件下的表现，如承受力量、温度变化、流体流动等，从而验证设计的可行性和安全性。

3）计算机辅助制造（CAM）。

① 功能。CAM 软件将 CAD 模型转换为制造机器（如数控机床、3D 打印机等）可以理解的指令。这一过程涉及工具路径的生成、材料去除策略等。

② 应用。CAM 技术使得产品设计能直接对接制造过程，提高了制造效率和精度，减少了从设计到生产的时间。

4）数字样机（Digital Mock-Up，DMU）。

① 功能。DMU 是指构建的包含所有必要数据（包括几何形状、材料属性、装配关系等）的完整数字化产品模型。它支持在没有物理原型的情况下进行产品的装配分析、干涉检查和运动模拟。

② 应用。DMU 使得团队可以在虚拟环境中全面审查产品设计，实现跨学科的协作和决策支持。

5）虚拟现实（VR）与增强现实（AR）。

① 功能。VR 和 AR 技术提供了与虚拟样机交互的新方式。VR 可以创建沉浸式的三维环境，让设计师和工程师仿佛置身于真实的产品中；而 AR 将虚拟信息叠加到现实世界中，支持复杂装配和维护任务的可视化。

② 应用。这些技术增强了设计验证过程的直观性和效率，特别是在复杂系统的空间布局和人机交互分析方面。

这些技术组件相互作用，共同构成了虚拟样机技术的基础。它们使得从概念设计到产品验证的整个过程更加高效、精确和经济，对于加速产品上市、提升产品质量和降低开发成本具有重要意义。随着技术的进步，虚拟样机的应用将更加广泛和深入。

（2）主要特点　虚拟样机技术的主要特点体现在其对产品开发流程的全面影响，包括成本效益、设计灵活性、风险管理和性能评估等方面。

1）成本效益。虚拟样机减少了实物原型的需求，因为它允许设计师和工程师在实际生产之前可在虚拟环境中测试和验证设计。这意味着可以节省昂贵的原型制作和测试成本。

修改和迭代设计更加经济，因为在计算机模型上进行调整比在实物原型上更加简单和成本低廉。

2）快速迭代。虚拟样机技术支持快速设计迭代，使工程师能够快速探索不同的设计方案并评估其影响。这加速了创新过程，使团队能够更快地找到最佳解决方案。

设计更新可以立即在虚拟模型中反映出来，从而提高了开发过程的效率和响应速度。

3）综合性能评估。通过仿真和分析，虚拟样机技术允许对产品的多个性能指标进行综合评估，如结构强度、耐久性、热管理和流体动力学性能。

这种全面的性能评估有助于确保产品在设计阶段就能满足所有预定的性能和安全标准。

4）风险降低。通过在产品开发的早期阶段发现和解决潜在问题，虚拟样机有助于降低失败的风险。这包括设计缺陷、材料选择错误或性能不足等问题。

减少了实物测试中可能出现的意外情况，从而降低了时间延误和额外成本。

5）多学科协作。虚拟样机技术促进了跨学科团队之间的合作，因为不同领域的专家可以在同一模型上工作，共享数据和见解，从而增加了设计过程的透明度和协同效率。

这种协作方式有助于保证产品设计从多个角度来考虑，确保最终产品的高质量和综合性能。

6）环境友好。减少了物理原型的需求，不仅节约了成本，同时也减少了在原型制造和测试过程中可能产生的废物和环境影响。

支持可持续设计实践，如材料优化和能源效率评估，从而促进了更环保的产品开发过程。

综上所述，虚拟样机技术通过提供一个高效、经济并且风险较低的产品开发环境，为现代设计和工程提供了重要的支持。这些特点共同作用，推动了产品创新的加速，提高了产品竞争力，同时还有助于实现更加可持续的设计和制造实践。

（3）典型应用场景 虚拟样机技术的应用遍及多个行业，以下是一些典型的应用案例，展示了如何利用这项技术来优化设计、提高效率、降低成本和加速产品开发过程。

1）汽车行业。在汽车行业中，虚拟样机技术广泛用于车辆的设计、测试和验证阶段。汽车制造商利用这项技术模拟车辆在各种条件下的性能，包括碰撞测试、空气动力学分析、热管理、材料选择和驾驶体验仿真。例如，通过虚拟碰撞测试，工程师可以优化车辆的结构设计，以提高乘客的安全性，同时降低物理测试的次数和成本。此外，虚拟样机还用于评估新能源车辆的电池性能和续航能力，帮助制造商在实际生产之前进行优化设计。

2）航空航天。航空航天领域对产品性能和安全要求极高，虚拟样机技术在此行业的应用包括飞机和航天器的设计、结构分析、热分析、疲劳寿命预测等。例如，工程师使用虚拟样机对飞机机翼的气流进行模拟，优化其形状以减少阻力和提高燃油效率。此外，通过对航天器进行虚拟装配和分解，可以确保所有部件在极端条件下仍能正常工作，减少实际测试中的风险和成本。

3）机械制造。在机械制造领域，虚拟样机技术用于机械设备和部件的设计、分析和优化。它可以帮助工程师在设计阶段预测机械设备的性能，例如通过动力学分析和强度测试来优化机械结构，确保其在负载下的稳定性和耐用性。此技术还可用于流体机械的设计，如泵和涡轮机，通过模拟流体流动和热交换过程，优化其性能和效率。

4）电子产品。对于电子产品，虚拟样机技术主要用于电路板设计、热管理、结构完整性分析和电磁兼容性评估。例如，通过对智能手机等便携式设备进行热仿真，工程师可以在产品过热前识别并解决潜在的热问题，优化散热方案，提高产品的可靠性和用户体验。此外，对于大型服务器和数据中心，虚拟样机还可以优化空气流动和冷却系统设计，以确保系统在高负载下的稳定运行。

5）建筑与施工。虚拟样机技术也在建筑和施工领域中发挥作用，尤其在复杂结构的设计和施工规划中。通过构建建筑物的虚拟模型，工程师和建筑师可以预测结构在自然灾害（如地震和风暴）下的表现，优化建筑设计以提高其耐久性和安全性。

2. 数字孪生技术

数字孪生是一个虚拟模型，它准确反映了一个物理对象、过程或系统的当前状态和历史表现。这个技术利用物联网、人工智能、机器学习和大数据分析等技术，实现对物理实体的实时监控和分析。

数字孪生技术的核心在于虚实映射，即创建一个与现实世界中的物理实体完全对应的数字模型。构建数字孪生模型的过程涉及复杂的数据采集、处理和模拟技术，还需要收集物理实体的详细数据，包括结构、性能、工作环境等信息。虽然构建数字孪生模型本身是一个技术挑战，但它并不是最终目标。数字孪生技术的真正价值在于使用这些模型作为手段，通过对模型的分析、模拟和优化，来指导物理实体的优化和改进。

例如，达索系统协助新加坡创建了一座数字城市，构建了包含地理信息三维模型、建筑物三维模型以及地下管道三维模型的城市数字孪生模型。这个模型作为城市的数字化记录，不仅能够优化交通流程，还方便公共设施的维护工作。此外，BIODIGITAL 公司开发的在线生物数字人体模型平台，能够辅助医生和科研人员深入研究人体结构并进行模拟试验，BIODIGITAL 公司人体大脑的数字模型如图 2-14 所示。在太空探索领域，科学家们利用数字孪生模型远程监测和操控如“好奇号”火星车这样的航天器，即便它们位于遥远的太空中。这表明，物理实体结构的复杂性直接影响数字孪生模型的复杂度，从而也增大了实现数字孪生技术应用的难度。

（1）关键技术组成　数字孪生的迅速兴起源于数字化设计、虚拟仿真以及工业互联网等关键技术的蓬勃发展和交叉融合。

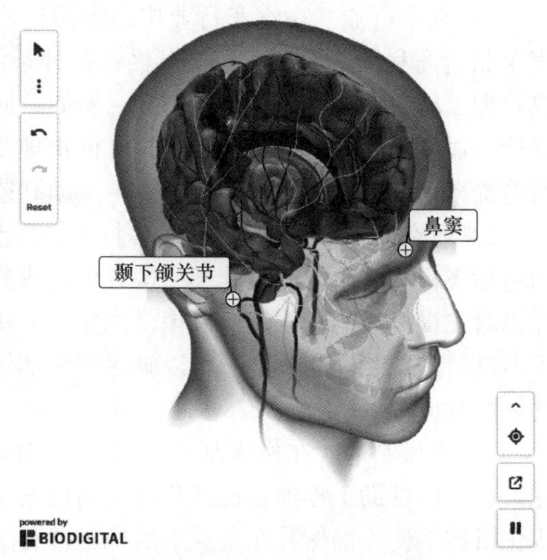

图 2-14　BIODIGITAL 公司人体大脑的数字模型
（来源：BIODIGITAL 官网）

从最初二维设计技术开始，数字化设计技术经历了显著的演变。二维设计虽然在早期提供了图样和设计的基础，但随着技术的进步，三维建模成为标准。并且随着三维建模技术的成熟，出现了直接建模、同步建模和混合建模等技术手段，每种方法都旨在提高设计流程的效率和灵活性。特别是建筑信息模型（BIM）技术的引入，为建筑和施工行业带来了革命性的改变。BIM 技术允许多个团队成员在整个项目生命周期内共享和更新建筑项目的详细数字表示，从而提高了项目管理的效率和准确性。三维建模技术的应用已经超出单纯的产品设计阶段，扩展到了三维工艺设计等领域。产品的三维模型现在不仅包含其几何形状和装配信息，还细化到产品制造信息，如尺寸、公差、位置度、表面粗糙度及材料规范等。这些信息的整合促进了 MBD 的实现，即使用三维模型而不是传统的二维图样作为产品信息的唯一来源。为了应对日益复杂的模型对计算资源的高需求，开发了从包含丰富三维工艺特征的模型中提取仅含几何信息的轻量级模型的技术。这种优化不仅加快了模型加载与浏览的速度，还使得在资源受限的设备上处理和查看这些模型成为可能。同时在三维建模和显示技术的基础上，VR 和 AR 技术迎来了快速发展。

虚拟仿真技术的进步代表了从基础的有限元分析方法的起点，向着更加复杂和全面的仿真范畴的飞跃。这种技术进展不仅限于基础的结构分析，而是拓展到流体力学、热力学、电磁学等多个复杂的物理学科领域，实现了对现实世界中多学科现象的精准模拟和预测。现代虚拟仿真技术能够模拟和分析涵盖振动、碰撞、噪声、爆炸等一系列复杂的物理现象。此外，它还能够进行复杂的产品运动仿真、探索材料力学的深层次原理、弹性力学行为以及动力学过程，为科研和工程提供了一个全面的分析和验证平台。虚拟仿真技术的应用范围非常广，不限于产品设计初期的概念验证，还包括产品使用过程中的疲劳寿命预测，各种复杂加工过程（如注塑、铸造、焊接等）的模拟和优化，以及产品装配过程的精确仿真。这些应用在优化产品设计、缩短研发周期和提高生产率方面起至关重要的作用。

伴随传感器和无线通信技术的不断进步，21 世纪初以来，物联网（IoT）技术的应用范围显著扩大，不仅涵盖了消费者领域，而且在支持高价值工业设备的运行监控以及维护保养方面，工业物联网（IIoT）得到了行业内的广泛重视。与常规 IoT 应用相比，IIoT 在数据类型和采集频率上都有更高的要求，同时所使用的数学模型和分析方法也更为复杂。

除了上述技术，工业大数据、人工智能等技术也是数字孪生的关键使能技术。

（2）主要特点　数字孪生技术融合了多种先进的技术手段，以实现对物理世界中的对象、过程或系统的虚拟映射和模拟。这种技术的主要特点不仅体现在它能创建高度精确的数字副本上，还包括对这些副本进行实时更新、分析和预测的能力。

1）高度精确的虚拟映射。数字孪生通过使用高级建模和仿真技术，能够创建物理实体高度精确的数字副本。这些副本不仅包括实体的几何形状，还包括其物理属性、行为模式以及与环境的交互方式。这种精确性确保了数字模型可以准确反映其物理对应物的实际状态和性能。

2）实时数据同步。利用 IoT 技术和传感器，数字孪生能够实时收集其物理对应物的数据，包括状态信息、性能参数和环境条件等。通过实时数据同步，数字副本能够准确反映物理实体的当前状态，使得用户可以基于最新信息进行决策和分析。

3）交互性和可视化。数字孪生技术提供了高度交互性和可视化的界面，使用户能够直观查看和分析数字副本。这包括 3D 可视化、实时数据仪表盘和模拟结果的动态展示等。这种交互性和可视化能极大地提高用户理解复杂系统的能力，便于决策支持和教育培训。

4）预测分析和优化。通过集成 AI 和机器学习（ML）算法，数字孪生不仅能够模拟当前状态，还能基于历史数据和趋势分析预测未来发展。这使得用户可以在虚拟环境中测试不同的策略和解决方案，进行风险评估和性能优化，从而在实际操作之前就可做出更加明智的决策。

5）多维度集成。数字孪生技术能够整合来自不同源的数据和系统，包括物理数据、操作数据、业务数据等。这种多维度集成提供了一个全面的视角，帮助用户理解和分析复杂系统的多方面特性和相互作用。

6）可扩展性和灵活性。数字孪生技术具有高度的可扩展性和灵活性，能适应不同规模和类型的应用需求。无论是小型设备、复杂机械系统，还是整个生产线或城市，数字孪生都能提供定制化的解决方案，满足特定的模拟和分析需求。

7）持续迭代和改进。随着技术的发展和用户反馈的积累，数字孪生模型可以不断迭代和改进。这种持续的优化过程确保数字孪生能够更准确地反映其物理对应物的最新状态和行为，提高其在决策支持、性能监控和系统优化方面的价值。

（3）典型应用场景　数字孪生技术在众多领域发挥着关键作用。在《计算机集成制造系统》2018 年第 1 期的文章《数字孪生及其应用探索》中，陶飞教授及其团队总结了 14 个应用场景。文章进一步详细讨论了数字孪生技术在航空航天、电力领域、汽车制造、油气产业、健康医疗、船舶航运、城市管理、智慧农业、建筑建设、安全急救、环境保护等行业中的 45 个具体应用案例，如图 2-15 所示。

数字孪生在制造业的一些典型应用如下：

1）产品的运行监控和智能运维。对于那些具备高度复杂的智能互联能力的高端设备，这些设备能通过互联网或其他通信手段，实现数据的实时传输和接收，进而提供更为高效和智能的服务或功能。这些高端智能设备在运行过程中，会不断收集各种传感器数据，这些数据涵盖了设备的各种运行参数和状态信息。通过将这些数据传送到对应的数字孪生模型中，通过对数字孪生模型的模拟分析，可以准确诊断设备当前的健康状况，及时发现并预警可能出现的潜在故障。这种故障预测能极大地提高设备的可靠性和安全性，降低意外故障带来的风险和成本。

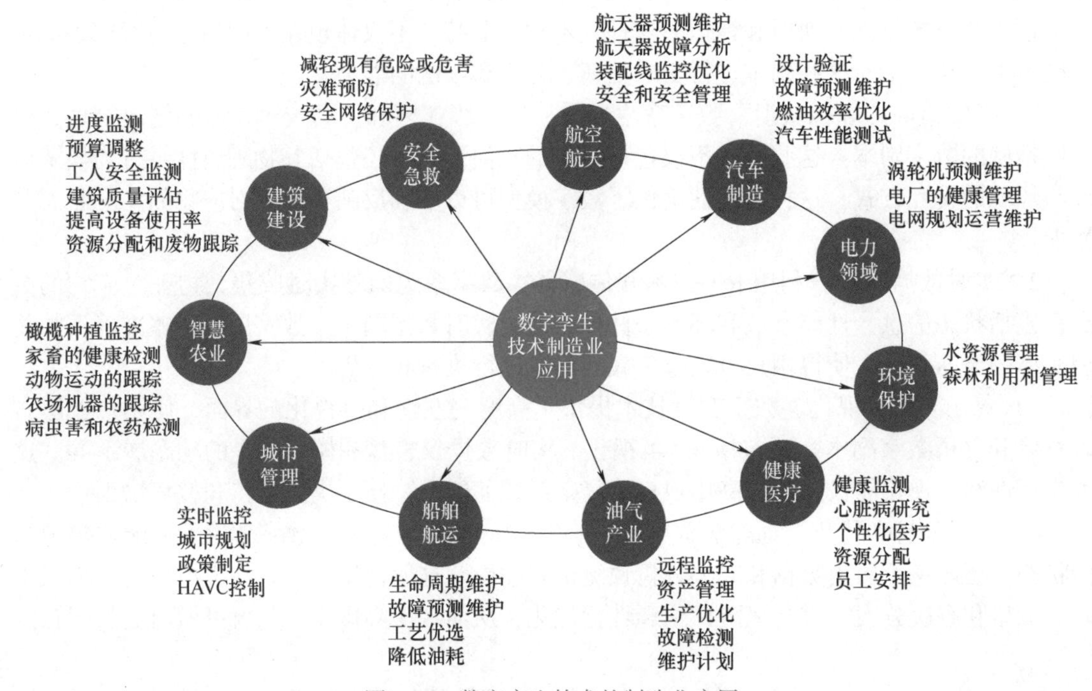

图 2-15　数字孪生技术的制造业应用

2）工厂运行状态的实时模拟和远程监控。利用数字孪生模型对运行中的工厂进行可视化管理，可以监控包括生产设备的即时状态、处理中的订单信息、设备及生产线的综合效率（OEE）、产量、质量和能源消耗等关键指标，同时能够追踪物流设备的具体位置和状态。此外，数字孪生技术还能够在设备发生故障时指出故障的具体类型。海尔和美的在数字孪生技术应用于工厂管理方面展示了其有效性和成效。

3）生产线虚拟调试。生产线虚拟调试是数字孪生技术的应用之一。具体来说，这种应用涉及在数字化环境中创建一个全面的三维布局，该布局不仅包括生产线上的工业机器人和自动化设备，还涵盖了关键的控制和监测组件，如可编程逻辑控制器（PLC）以及各种传感器。这种三维布局的创建，使得工程师能够在物理设备被安装和投入使用之前，在一个完全虚拟的环境中对生产线进行细致的机械运动模拟、工艺流程仿真以及电气系统的调试。

4）机电软一体化复杂产品研发。研发高度复杂的机电一体化产品时，企业可通过建立产品的数字孪生模型并运用工程仿真技术，来加速产品开发，实现以较低成本和更快速度将创新技术投入市场。通过构建产品的数字孪生模型，企业可以在虚拟环境中模拟产品的实际工作情况，这种模型涵盖了产品的各种物理属性和行为，如结构强度、热效应、电磁响应、流体动力学特性及其控制系统的表现。这种仿真不仅可以在设计阶段用于优化和确认产品设计，确保设计的可行性和有效性，而且在后续的开发过程中，还可以持续用于产品性能的验证和测试。这样，企业能够在实际制造和测试产品之前，就发现并解决潜在的设计问题，显著降低修正成本和时间，从而加速产品的市场推出。

5）数字营销。新产品尚未推向市场之前，通过分享产品概念阶段的数字孪生模型，企业可以让消费者挑选他们更偏好的设计方案，随后根据这些反馈进行详细的设计与制造。这种做法利于企业提高其销售业绩。此外，利用数字孪生模型创建的在线配置工具能够帮助企业提供产品的在线定制服务，从而实现大规模的个性化生产。如图 2-16 所示，在比特视界（北京）科技有限公司（BITONE）开发的汽车在线配置器中，可以查看各种配置的外观和内饰。

图 2-16　BITONE 开发的汽车在线配置器
（来源：BITONE 官网）

2.4 智能机械设计方法与技术

2.4.1 智能机械

智能机械是一种融合先进的机械设计、电子信息技术、智能控制理论与方法的高科技产品，它们能够执行复杂的任务并在一定程度上模仿人类的思维过程和行为模式。智能机械的发展标志着工业自动化和信息化的新阶段，对提高生产率、优化资源配置、降低人力成本等方面具有重要意义。

1. 智能机械的基本概念

智能机械是指能够进行自我学习、自我优化、自主决策，并与外界环境有效交互的机械系统。这些机械系统集成了传感器、执行器、控制算法和人机交互界面，能够理解复杂的指令，完成精确的操作，并在遇到未知情况时做出适应性调整。

在国内外，智能机械的基本概念有共同之处，也存在一定的差异，主要取决于应用领域和技术发展水平。

在国际上，智能机械的概念往往与工业 4.0、智能制造紧密关联。工业 4.0 是一个全球性的工业发展概念，强调的是制造业的数字化、网络化和智能化。在此背景下，智能机械通常被视为实现这些目标的关键工具，它们能够自主完成生产任务，通过互联网与其他机械系统或管理平台进行交流，实现高度自动化和智能化生产。

在中国，智能机械的发展也与国务院发布的《中国制造2025》战略规划密切相关。智能机械被看作是提升制造业竞争力、推动产业升级的重要手段。国内对智能机械的关注点不仅在于技术层面的创新，还包括如何在现有的产业基础上进行深度融合，促进传统制造业向服务型制造业的转变。

如图 2-17 所示，智能机械通常包括以下几个方面的技术特点和应用特点。

1）感知技术。感知技术是指智能机械通过各种传感器，如视觉传感器、声音传感器、触觉传感器等，来感知外部环境的方法。这些传感器能够捕获环境中的数据和信息，例如物体的位置、颜色、形状、声音等，为机器提供感知能力。

2）决策能力。基于感知到的信息，智能机械能使用内置的算法和模型对感知到的信息进行处理和分析，做出相应的决策和规划。这些决策可能涉及选择最佳行动方案、规避障碍物、调整姿势等，使机器能够自主地执行任务。

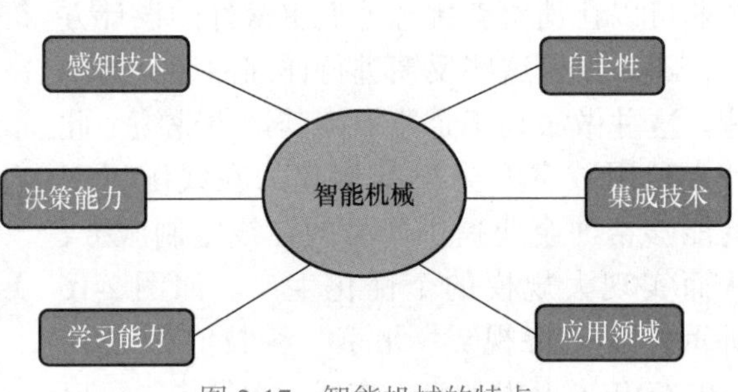

图 2-17　智能机械的特点

3）学习能力。智能机械具备学习能力，可通过机器学习算法和人工智能技术从经验中学习并改进自身性能。例如，通过不断地与环境互动和反馈，机器可以逐渐优化自己的行为和决策。

4）自主性。智能机械具有一定的自主性和智能化水平，能够根据感知到的信息和学习到的知识，自主地执行任务和调整行为，而无需人类干预。这种自主性使机器能够更加灵活地适应复杂和动态的环境。

5）集成技术。智能机械通常整合了机械结构、电子元件、传感器、执行器、控制系统和软件系统等多种技术。这些技术的协同作用使智能机械能够实现复杂的功能和任务。

6）应用领域。智能机械广泛应用于工业生产、服务领域、农业、医疗保健等领域，智能机械的发展为提高生产率、改善生活质量和解决社会问题提供了新的可能性。

总之，智能机械代表机械工程和信息技术的深度融合，它在全球范围内正推动着产业升级和经济结构的变革。随着技术的进步和应用的深入，智能机械的概念和功能也将不断演化和扩展。

2. 智能机械的分类

将智能机械进行分类是一种重要的组织和管理方法，有助于提高效率、促进创新，并确保技术的安全性和合规性。通过分类，人可以更好地理解不同类型的智能机械及其技术特点，从而有效地管理和指导它们的发展；有助于识别技术发展的趋势和潜力，从而为研究投资和政策制定提供依据；有助于制定和推广行业标准，确保不同设备和系统之间的兼容性和互操作性，这对构建高效、可靠的智能机械生态系统至关重要，标准化还能降低企业的研发成本，加速新技术的市场推广。

智能机械可根据不同的标准进行分类，这些分类依据包括机械的功能特性、应用领域、控制方式、技术构成等。下面是一些常见的智能机械分类方式：

（1）按功能特性分类

1）自主型智能机械。这类机械能够在没有人为直接控制的情况下，自主完成任务。例如，自主导航的无人车、无人飞行器等。

2）协作型智能机械。能够与人类或其他机器协同工作的机械。如协作机器人（Cobot），它们可以在保证安全的前提下与人共同完成生产任务。

3）远程控制型智能机械。通过远程操作实现控制的机械，如远程医疗手术系统等，操作者可以远距离控制机械进行精细操作。

（2）按应用领域分类

1）工业智能机械。如自动化装配线上的工业机器人、智能仓储系统中的自动搬运车等。在制造业、物流、质检等领域广泛应用。这些机械装置具备感知、决策和执行能力。例如，在汽车制造线上，工业机器人可以完成焊接、装配、涂装等任务，从而显著提高生产率和产品质量。

2）服务型智能机械。智能服务机械用于家庭、商业场所、酒店、医院等服务领域，如智能门锁、智能灯具、智能家电等，能够实现远程控制、自动化调节等功能；又如导览机器人、服务员机器人等，能够提供信息咨询、导航服务等。

3）农业智能机械。智能农业设备包括智能农机、智能灌溉系统等，能通过感知决策技术实现农田管理、作物种植等自动化操作。如在现代农业生产中，自动驾驶拖拉机可进行精确耕作，大大提高农业生产的效率和精准度。

4）医疗智能机械。医疗机器人，如手术辅助机器人、康复机器人等，以及智能诊断仪器，在提高医疗操作精度和康复效率方面起着重要作用。例如，达芬奇手术机器人可以协助医生进行精细的手术操作，从而提高手术的成功率和安全性。

（3）按控制方式分类

1）规则控制智能机械。基于预设规则和逻辑进行操作的机械。这类系统的行为完全依赖于事先编程的规则。

2）学习型智能机械。通过机器学习等技术，能够基于数据自我优化和调整策略的机械。例如，通过深度学习技术提升识别或处理能力的机器人。

（4）按技术构成分类

1）传感器技术。根据传感器类型的不同进行分类，如视觉传感器、压力传感器、声音传感器等。

2）控制系统技术。根据控制系统的不同进行分类，如PID（比例积分微分）控制、神经网络控制、模糊控制等。

3）机器学习技术。根据机器学习算法的不同进行分类，如监督学习、无监督学习、强化学习等。

（5）按结构分类

1）轮式机器人。具有轮子结构，用于平面移动。

2）腿式机器人。具有腿部结构，用于复杂地形和环境。

3）多关节机器人。具有多个关节和自由度，用于完成复杂的动作和任务。

（6）按智能程度分类

1）强人工智能机器人。具有高度的自主决策和学习能力，能完成复杂的任务。

2）弱人工智能机器人。主要依赖预先编程的规则和算法，能完成特定的任务。

总之，智能机械可根据功能特性、应用领域、技术构成、控制方式、结构和智能程度等不同标准进行分类。将智能机械进行分类不仅有助于促进技术的健康发展和创新，还能确保技术的安全使用和合理监管，同时为企业提供市场竞争优势。随着智能机械技术的不断进步和应用领域的不断扩大，有效的分类机制将变得越来越重要。

3. 智能机械发展历程

随着人工智能、物联网、大数据等技术的发展，智能机械领域取得了显著的进步。各类智能机械正在变得更加智能化、灵活化和个性化，能够更好地满足多样化和定制化的需求。

中国智能机械的发展起步较晚，开始于20世纪80—90年代，主要受制于当时的经济发展水平和科技水平。在这一阶段，中国智能机械主要依赖引进和消化吸收国外先进技术。典型的例子包括数控机床、自动化装配线等，这些设备的广泛应用大大提高了中国制造业的生产率。

随着经济的快速发展和科技水平的提升，中国加大对智能机械领域的投入，加强自主研发能力，中国由此进入自主研发阶段（21世纪初期至21世纪中期），国内企业纷纷成立研发团队，进行自主创新。例如，中国的机器人产业在这一阶段取得了长足的进步，涌现出一批具有自主知识产权的智能机器人产品，如工业机器人和服务机器人等。

进入21世纪后，政府加大了对科技创新的支持力度，提出了创新驱动发展战略，至此，中国迈入了创新驱动阶段（2010年至今）。智能机械作为重要的战略性新兴产业，受到了政府的重视和支持。中国智能机械企业在这一阶段不断加大研发投入，加强技术创新和产业升级。例如，中国的无人驾驶技术在汽车领域取得了显著进展，自主研发的自动驾驶汽车在国内外市场上获得了一定的市场份额。

当前，中国正在积极推动智能制造的发展，智能机械已经成为中国制造业升级的重要方向之一。政府提出了《中国制造2025》等相关战略，特别强调了智能制造和机器人技术的发展，推动传统制造业向智能制造的转型升级。例如，中国在工业机器人的智能化、灵活化和集成化方面取得了显著进展，中国的工业机器人不仅在数量上持续增长，在技术水平上也不断突破，开始向高端制造领域渗透，中国的智能制造水平正在逐步提升。

以上展现了中国智能机械从引进学习到自主创新，再到领跑部分领域的发展历程。中国的智能机械产业未来仍有巨大的发展潜力和空间，特别是在高端制造、服务机器人、医疗健康等领域，预计将持续引领全球智能机械的技术进步和产业升级。中国智能机械发展史节点见表2-1。

表2-1　中国智能机械发展史节点发展

时间	发展
20世纪80年代末	引进和仿制数控机床。这一时期，中国开始从国外引进数控（Numerical Control，NC）技术和数控机床，并通过仿制、吸收和再创新的方式，开启智能机械研发的初步阶段，这标志着中国智能机械技术的起点
20世纪90年代	自主研发能力逐步增强。随着对外开放政策的深入实施和国内科技力量的积累，中国开始在数控系统、机器人等领域进行自主研发，取得了初步成果，为后续技术发展奠定了基础
2006年	发布《国家中长期科学和技术发展规划纲要（2006—2020年）》，明确提出智能制造技术的发展方向。这一政策的实施，加速了智能机械和智能制造技术的研发和应用
2015年	《中国制造2025》战略的发布。该计划将智能制造作为中国制造业转型升级的核心，提出了发展智能机械和机器人技术的明确目标和措施，极大地推动了中国智能机械产业的快速发展
2018年	中国智能机械和机器人产业规模迅速增长，不仅在传统制造业领域得到广泛应用，还在医疗、服务、农业等新兴领域展现出强大的发展潜力。中国成为世界最大的工业机器人市场，并在某些智能机械技术领域达到国际先进水平
2020年至今	面对全球新冠疫情挑战，智能机械在医疗辅助、远程控制、无人机作业等方面展现出关键作用，加速了智能技术在更多领域的应用探索。同时，中国加大在人工智能、大数据、云计算等关键技术的研发投入，推动智能机械向更高水平的智能化、灵活化发展

中国在智能机械领域取得了长足的发展，涵盖了多个领域，其中包括制造业、物流、农业等。以下是中国目前顶尖的一些智能机械：

1）工业机器人。中国的工业机器人产业发展迅速，成为全球最大的工业机器人市场之一。如中国巨人工业机器人、上海凯普瑞机器人等公司在工业机器人领域处于领先地位。这些公司的工业机器人具有高精度、高速度和灵活性，能够应用于汽车制造、电子制造、物流等行业。

2）智能制造装备。中国的智能制造装备涵盖了数控机床、智能焊接设备、智能激光加工设备等。例如，中国的数控机床制造商如长沙铸业、沈阳机床等公司在数控技术和智能化方面处于领先地位，其产品具有高精度、高效率的特点，广泛应用于航空航天、汽车制造等领域。

3）智能物流设备。中国的智能物流设备包括自动化仓储系统、智能 AGV（自动导引车）等。例如，中国的 AGV 制造商如大族激光、欧普康视等公司开发了一系列智能 AGV 产品，能够实现自动化的物料搬运和仓储管理，提高了物流效率和安全性。

4）智能农业机械。中国的智能农业机械涵盖了智能播种机、智能喷药机、智能收割机等。例如，公司如沃尔沃农业、中联重科等在智能农业机械领域进行了大量的研发和应用，推出了一系列智能化的农业机械产品，能够提高农业生产率和质量。

5）智能家居设备。在智能家居领域，中国企业如海尔、小米等推出了一系列智能家居设备，包括智能空调、智能洗衣机、智能扫地机器人等。这些产品通过连接互联网和人工智能技术，实现了远程控制、智能识别等功能，为用户提供了更加便利和舒适的生活体验。

总之，中国在智能机械领域取得了令人瞩目的成就，不断推动着智能制造和智能化生活的发展。但是，尽管取得了不少进步，中国智能机械的发展仍面临一些挑战。例如，核心技术和高端零部件的依赖进口问题仍然突出，自主创新能力需进一步提升。此外，市场应用深度和广度仍有较大的提升空间，特别是在服务机器人和特种机器人等领域。面对全球竞争和技术革新的挑战，中国正加快智能机械领域的技术研发和产业布局，不仅关注市场规模的扩大，也致力于提升技术水平和产业链的整体竞争力。通过继续深化改革，加大研发投入，优化产业结构，随着技术的不断进步和创新，中国的智能机械产业将会迎来更加广阔的发展空间，有望在全球智能机械领域中占据更加重要的地位。

国外智能机械的发展历程与中国类似，经历了从简单的自动化到现代智能化的演变过程。

1）早期阶段。在工业革命时期，国外开始出现了一些基础的自动化机械设备，如蒸汽机、传送带等。这些设备主要用于提高生产率和降低劳动强度，但缺乏智能化和自主性。

2）数字化时代。20 世纪后期至 21 世纪初期，随着计算机技术的发展，国外开始出现了更加智能化的机械设备，如数控机床、自动化生产线等。这些设备能通过编程实现复杂的操作和控制，提高了生产率和产品质量。

3）人工智能时代。近年来，随着人工智能技术的快速发展，国外智能机械进入了新的发展阶段。利用机器学习、深度学习等技术，智能机械能够实现更高级的智能化和自主化操作。例如，智能机器人能通过学习和优化改进自身的操作和决策能力，实现更加灵活和高效的生产方式。

4）应用领域扩展。国外智能机械的应用领域不断扩展，涵盖了制造业、物流、医疗、农业等领域。例如，在医疗领域，国外开发了一系列智能医疗机器人，如手术机器人、护理机器人等，能够帮助医生进行精确的手术操作和患者护理。

5）跨国合作与竞争。国外智能机械产业具有较强的国际竞争力，各国企业之间展开了激烈的竞争与合作。美国、日本、德国等国家的智能机械企业在技术创新、产品质量和市场开拓等方面处于领先地位。

总之，国外智能机械的发展历程与中国类似，经历了从简单的自动化到现代智能化的演变过程。随着人工智能技术的不断进步和应用，国外智能机械也将会呈现出更加多样化和智能化的发展趋势。

4. 智能机械发展意义

智能机械的发展是当今科技进步的重要标志之一，其意义深远，不仅改变了工业生产、服务业和日常生活的方式，还为人类解决复杂问题提供了新的方法。它在提高生产率和质量、推动经济增长、促进科技创新和跨学科融合、解放人力资源、改善人类生活质量等方面均产生了重大影响。

1）提高生产率和质量。智能机械通过自动化和精准控制极大地提高了生产率，同时降低了人为错误，保证了产品质量。在制造业中，这意味着更高的产出和更低的成本，为企业带来了竞争优势。

2）推动经济增长。智能机械的广泛应用促进了新产业和市场的发展，创造了大量的就业机会。同时，它也促进了传统产业的升级改造，通过技术创新推动经济结构的优化和升级，进而促进经济持续健康发展。

3）促进科技创新和跨学科融合。智能机械的发展推动了计算机科学、机械工程、材料科学、人工智能等学科的融合与进步。这种跨学科的融合不仅加速了新技术的诞生，也拓宽了科技创新的路径。

4）改善人类生活质量。智能机械在医疗、教育、家居、交通等领域的应用极大地提升了人们的生活质量。例如，智能医疗设备可以提供更精准的诊断和治疗方案；智能家居设备使生活更加便捷舒适；自动驾驶车辆有望在未来减少交通事故，提高交通效率。

总之，智能机械经过多个阶段的发展，已经成为工业生产和生活中不可或缺的重要组成部分，它的发展不仅体现了科技进步的力量，也是人类社会进步的一个重要方面。随着技术的不断发展和完善，智能机械将会更加智能化、灵活化和高效化，将在更多领域展现其巨大的潜力和价值，为人类创造更多的价值和便利。

2.4.2 智能机械总体设计

1. 智能机械系统的基本要求

1）智能化需求。智能机械系统应具备一定的智能化水平，能够感知环境、做出相应的决策和执行动作。这通常需使用传感器、控制器和执行器等组件来实现。例如，智能机器人在工厂中执行任务时，需要通过传感器感知周围的环境，分析数据并根据情况做出相应的行动，如自主规避障碍物、拾取物体等。

2）高效能性。智能机械系统需要在执行任务时具备高效能性，包括高速度、高精度和高可靠性，以提高生产率和产品质量。例如，自动化生产线中的机械臂需要具备高速准确的动作能力，以实现对工件的精确操作和快速生产。

3）灵活性和适应性。智能机械系统应具备一定的灵活性和适应性，能够适应不同的工作环境和任务要求，甚至可进行自主学习和调整以适应环境变化。例如，智能物流车辆需要根据货物的种类和仓库布局等因素调整路径和速度，以实现高效的货物搬运。

4）安全性。安全是智能机械系统设计中至关重要的考虑因素。系统应具备安全保护机制，能够在发生意外情况时及时停止或采取应急措施，保护操作人员和设备安全。例如，工业机器人需要配备安全传感器和紧急停止按钮，以在人员接近时停止运动，避免意外伤害。

5）可维护性和可扩展性。智能机械系统应易于维护和管理，包括方便维修和更换零部件，以及灵活的系统扩展性，可以根据需求进行功能的增加或修改。例如，工业自动化生产线应设计为模块化结构，便于替换和升级关键组件，以适应生产需求的变化。

综上所述，智能机械系统在设计时需综合考虑智能化需求、高效能性、灵活性和适应性、安全性、可维护性和可扩展性等方面的要求，并根据具体应用场景进行合理的设计和优化，以实现系统高效、安全和可靠的运行。

2. 智能机械系统通常组成部分

1）传感器系统。传感器系统用于感知环境的各种参数，如温度、压力、位置、速度、光线强度等。不同类型的传感器包括光电传感器、温度传感器、压力传感器、加速度传感器等。

这些传感器通过将物理量转换为电信号来与系统连接，提供实时数据以供控制器分析和决策。

2）控制器。控制器是智能机械系统的核心部件，负责接收传感器数据，进行数据处理和决策，并控制执行器完成相应的动作。控制器通常由微处理器或单片机组成，具有各种输入输出接口用于与传感器、执行器和其他外部设备通信。控制器的算法可根据系统的需求进行编程，包括反馈控制、PID 控制、模糊逻辑控制等。

3）执行器系统。执行器系统根据控制器的指令执行相应的动作，控制机械部件的运动或执行特定的任务。常见的执行器包括电动机、液压缸、气动元件等，它们通过电、液压或气压等能量驱动，实现机械系统的运动控制。不同类型的执行器具有不同的特性，例如电动机适用于需精确控制和高速运动的场景，而液压缸则适用于需要大力输出和稳定性的场景。

4）通信模块。通信模块用于实现智能机械系统与外部设备或其他系统的数据交换和通信。这些通信模块可以是有线的，如以太网、串口通信等，也可以是无线的，如 Wi-Fi、蓝牙、LoRa 等。通过通信模块，智能机械系统可以与监控系统、上位机、云平台等进行数据交互，实现远程监控、数据传输和远程控制功能。

5）电源系统。电源系统为智能机械系统提供电能支持，确保系统正常运行。这包括电池、电源适配器、稳压电源等组件，根据系统的需求选择合适的电源供应方式。电源系统的设计需考虑到系统的功耗、电压稳定性以及电池的续航能力等因素。

6）人机交互界面。人机交互界面为操作人员提供与智能机械系统交互的方式，使操作更加简便和直观。这包括触摸屏、按钮、指示灯、声音提示等，以及可能的语音识别和人脸识别等技术。人机交互界面的设计应考虑用户的使用习惯、操作便捷性和安全性，提供友好的操作界面和清晰的信息反馈。

以上是智能机械系统中各个组成部分的详细叙述，它们共同构成了一个完整的智能化机械系统，为自动化生产和智能制造提供了关键支持。

2.4.3 智能机械设计方法

随着科技的不断进步和机械工程领域的发展，智能机械设计方法成为现代机械工程师必备的重要技能之一。本节将介绍智能机械设计的几种常见方法，包括面向对象的知识表示方法、基于规则的智能设计方法、基于案例的智能设计方法、基于原型的智能设计方法以及基于约束满足的智能设计方法。

1. 面向对象的知识表示方法

面向对象的知识表示（Object Oriented Knowledge Representation，OOKR）方法是一种混合型知识表示方法，以对象为单位来组织知识，并通过对象之间的关系来表示关系型和层次型知识。这种方法有两层含义。首先，OOKR 作为一种知识的组织策略，将知识分组和封装到对象中。具体表示形式可以是基于谓词逻辑、规则、过程等，灵活适用。通过将知识按对象组织，OOKR 减少了知识推理的求解空间，提高了知识处理系统的性能。其次，OOKR 利用对象之间的关系结构来自然表达泛化、扩充、组成、依赖、使用等层次型或关系型知识。设计智能机械系统时，这种方法提供了一种清晰、结构化的方式来表示设计知识，从而促进了设计的复用性、可维护性和扩展性。

OOKR 基于几个核心概念：对象、类、属性和方法。对象是指具有属性和行为的独立实体。在机械设计领域，一个对象可以是一个具体的部件，如齿轮、电动机或传感器。类是具有相同属性和方法的对象的集合，它定义了属于该类的所有对象共享的特征和行为。例如，所有的齿轮对象可能属于一个名为"齿轮"的类，该类定义了齿轮的通用属性和操作。

智能机械设计中，对象表示涉及关系集、属性集、方法集和规则集。关系集用于描述对象与其他对象之间的静态关系，例如连接或依赖关系。属性集则描述对象的静态数据，如尺寸、材料或形状等特征。对象的方法集包含封装在对象内的过程或功能，用于响应外部消息并执行特定的功能，如计算或移动。而规则集则存储着产生式规则，根据所处理对象的不同进行分类。这些表示方法有助于准确描述对象的特征、行为和与其他对象之间的关系，为智能机械设计提供了重要的基础。

OOKR 对智能机械设计具有多方面的优势：

1）模块化。通过类和对象的使用，设计可以被分解为独立的模块，每个模块有其特定的功能和责任。这有助于设计团队并行工作并提高生产率。

2）复用性。一旦创建，类和对象可以在多个设计项目中重用，减少了从头开始创建的需要。

3）易于维护和扩展。面向对象的设计易于更新和修改。添加新特性或调整设计只需修改相关的类或对象，而不必重写整个设计。

4）清晰的逻辑结构。面向对象方法提供了一种直观的方式来表示设计元素及其相互关系，使设计更加清晰、逻辑性更强。

OOKR 为智能机械设计提供了一种强大的工具，它支持设计的模块化、复用性、继承和多态。这种方法不仅加快了设计过程，而且提高了设计质量和可维护性。通过精心定义和管理对象、类、属性和方法，设计师可以更有效地处理复杂的设计问题，促进创新解决方案的发展。

2. 基于规则的智能设计方法

基于规则的设计（Rule-Based Design，RBD）方法是一种使用预定义规则来指导设计决策的方法。这些规则通常以“如果 - 那么”（IF-THEN）语句的形式存在，能够模拟人类专家的决策过程。此方法在智能机械设计中尤为重要，因为它可以自动化复杂设计任务的决策过程，提高设计效率和质量。

基于规则的设计核心组成：规则库、推理机和工作记忆。

（1）规则库　规则库是 RBD 系统的核心组成部分，它包含了一系列预定义的规则，用于指导设计过程中的决策。每条规则通常采用“如果 - 那么”的格式，其中“如果”部分描述了规则应用的条件，“那么”部分描述了当条件满足时应采取的行动。规则库的组成可以非常广泛，依据其应用领域的不同而变化。在机械设计领域，规则可以包括材料选择标准、设计参数限制、安全和性能标准等。

（2）推理机　推理机是 RBD 系统的执行部分，负责解释规则库中的规则，并根据当前的设计情况应用这些规则。推理机的主要任务是匹配规则的条件部分与当前设计状态，从而确定哪些规则是适用的，并执行相应的行动。

推理机通常使用两种主要的推理方法：正向推理和反向推理。

1）正向推理（Forward Chaining）是一种从已知事实出发，逐步应用规则来推导出新事实的推理方法。它在基于规则的系统中常用于从一组初始条件开始，逐步构建解决方案的过程。

工作原理为：正向推理开始于一组已知的事实，这些事实代表了当前问题的状态或初始条件。推理机检查规则库中的每一条规则，找出其“如果”部分与当前已知事实匹配的规则。对于匹配的规则，执行其“那么”部分指定的操作，从而产生新的事实。这些新事实再次作为后续推理的基础，推理机重复匹配和应用规则的过程，直至无法产生新事实或达到某个特定的目标。

2）反向推理（Backward Chaining）是一种从目标事实（即要证明或达成的假设）出发，逐步追溯到能够证明该目标事实的已知事实的推理方法。它常用于目标导向的查询系统和专家系统中。

工作原理为：反向推理开始于一个或多个目标事实，这些目标是需要被证实或实现的。推理机检查规则库，找出其“那么”部分能够产生目标事实的规则。对于这些规则，推理机进一步检查其“如果”部分指定的条件是否为已知事实或可通过进一步推理得到。如果“如果”部分的条件不是已知事实，则这些条件成为新的目标事实，推理机重复进行规则追溯和条件验证的过程，直至找到一系列能够从基础已知事实导出最初目标事实的规则链。

正向推理以已知事实为起点，向前推进直到无法再推导出新信息，适用于那些有明确起点但目标不特定的情况，常见于诊断系统、监控系统和控制系统等。反向推理从目标事实出发，逆向追溯到可以证实这些事实的已知条件，更适用于那些目标明确但路径不明的情况，常见于问题求解、规划和设计领域。

（3）工作记忆　工作记忆是 RBD 系统中用于存储当前设计任务状态的部分。它包含了所有当前已知的事实、参数和由推理机产生的中间结果，为推理机匹配和应用规则提供了必要的信息。工作记忆使得推理机能根据设计任务的实时状态，动态地选择和应用规则。它的更新反映了设计过程的进展和推理过程中新发现的信息。

RBD 优势为通过自动化决策过程，基于规则的设计方法可以快速评估大量的设计选项和条件，显著减少设计时间。该方法确保设计决策的一致性和遵循特定的标准和最佳实践，减少了人为错误。通过建立全面的规则库，机械设计领域的专家知识可以得到有效的保存和复用。

3. 基于案例的智能设计方法

基于案例的设计（Case Based Design，CBD）是一种解决新问题的方法，通过查找和利用过去类似问题的解决方案来实现。这种方法基于一个核心原则：新的问题可通过修改和适应以前解决过的类似问题的解决方案来解决。CBD 过程通常分为四个主要步骤：检索、重用、修订和保持。这些步骤共同构成了 CBD 的核心框架，使得它成为一个动态学习和适应的系统。

（1）检索　检索是 CBD 的第一步，目的是在案例库中找到与新问题最相似的现有案例。这一步是整个 CBD 过程的基础，因为选定的案例将直接影响后续步骤的效果。

实施方法：先使用各种算法（如欧氏距离、余弦相似度、加权特征比较等）来评估新问题与案例库中每个案例之间的相似度。再根据相似度评分，选择一个或多个最匹配的案例进行后续处理。

（2）重用　重用阶段涉及将检索到的案例解决方案应用于新问题中。这通常需要对案例解决方案进行一定程度的修改或适应，以满足新问题的具体要求。

实施方法：根据新问题的特点，对检索到的案例的解决方案进行修改。这可能包括更改参数、添加或删除某些部分等，并应用规则或启发式知识来指导如何修改案例解决方案，以更好地适应新问题。

（3）修订　修订是验证和改进重用阶段得到解决方案的过程，目的是确保修改后的解决方案能有效解决新问题，并满足所有相关要求。

实施方法：通过试验、模拟或专家评审等方法，测试解决方案是否能解决新问题。如果解决方案不完全适用，则诊断问题所在并进行必要的修正。

（4）保持　保持阶段涉及将新问题及其成功解决方案加入案例库，以供将来解决类似问题时使用。这一步骤使 CBD 系统能够不断地学习和增长。

实施方法：整理新问题的描述，所采用的解决方案、修订过程以及最终结果，形成一个新的案例。将新形成的案例添加到案例库中，更新案例库使其包含最新的解决方案和经验。

CBD 的优势为通过重用已有的解决方案，可以显著减少从头开始设计的时间。可针对每个新问题调整和优化旧的解决方案，提供高度定制化的解决策略。利用历史案例的经验和知识，可以提高新解决方案的成功率和质量。每个新解决的问题都成为未来解决问题的资源，随着案例库的不断增长，系统性能也会相应提高。

4. 基于原型的智能设计方法

基于原型的设计（Prototype Based Design，PBD）方法是一种采用设计原型作为设计解属性空间的结构进而求解属性空间内容的设计方法。这种方法认为，通过分析和修改已存在的设计原型，可以高效创建新的设计方案。原型不仅提供了一个具体的起点，而且还能帮助设计师在设计的早期阶段就考虑到潜在的问题和解决方案。

原型是指在特定设计领域内，代表了特定类别或设计概念的标准或典型解决方案。设计原型可以提供一个已经存在的解决方案作为起点，减少了从零开始的需要，加速设计过程。通过对原型的分析、调整和改进，鼓励创新思维和新解决方案的发展，促进创新。

设计原型存储在设计原型库中以备使用。设计过程开始时，首先从设计原型库中选择适用于特定设计问题的设计原型。接着，将所选设计原型实例化为具体的设计对象，形成设计解的结构。最后，应用各种关于解决设计原型属性的设计知识（如设计规则、以往的设计案例等），来确定满足设计要求的解的属性值，从而最终形成设计解。

5. 基于约束满足的智能设计方法

基于约束满足的设计（Constraint Satisfied Design，CSD）是将设计问题视为一个约束满足的问题（Constraint Satisfied Problem，CSP）来求解。在人工智能技术中，CSP的基本解决方法是通过搜索解空间来找到满足所有约束的解。然而，智能设计与一般的CSP存在一些差异。在复杂的设计问题中，涉及许多变量，使搜索空间非常庞大，因此通常很难通过搜索方法找到真正的设计解。因此，CSD通常借助其他智能设计方法生成一个设计方案，然后判断其是否满足设计问题中的各方面约束，而纯粹的搜索方法通常只用于解决设计问题的局部子问题。约束是对设计解决方案必须满足的条件的描述。智能设计中，约束用于表示设计参数之间的关系、设计目标以及必须遵循的规则或标准。

基于约束满足的智能设计是一种利用约束编程技术来寻找满足所有给定约束的解决方案的方法。在这种方法中，设计问题被描述为一组变量，每个变量都有可能的值范围，以及一组约束条件，这些条件限制了变量间可能的值组合。这种方法特别适用那些参数众多、约束条件复杂的设计问题，能够有效地找到满足所有条件的最优解或可行解。以下是基于约束满足的智能设计方法的基本过程：

1）定义变量和域。首先，识别出设计问题中的所有关键变量。这些变量是设计解决方案需要确定的元素，如尺寸、形状、材料类型等；其次，对每个变量定义一个可能的值域，即这个变量可以取的所有可能值的集合。

2）确定约束条件。明确所有影响设计决策的约束条件。这些条件可能来源于物理规则、技术规范、客户需求或成本限制等，它们定义了哪些变量值的组合是可以接受的，并使用数学表达式或逻辑规则来表示这些约束条件。

3）构建约束满足模型。将上述变量、值域和约束条件综合起来，构建一个CSP模型。这个模型完整地描述了设计问题和所有的限制条件。

4）应用搜索和优化算法。应用各种搜索算法来探索可能的解空间，寻找满足所有约束条件的解决方案。这些算法可能包括回溯搜索、局部搜索和启发式搜索等。如果设计问题不仅要求找到任意一个可行解，还要求找到最优解，则会应用优化算法来评估并选择最佳方案。

5）解决方案评估和迭代。对找到的解决方案进行评估，确保它们满足所有的设计目标和约束条件。根据评估结果，可能需要调整约束条件或优化搜索策略，再次进行搜索，直到找到最满意的解决方案。

基于约束满足的智能设计方法提供了一种结构化的解决设计问题的框架，明确定义和求解约束，可以高效地找到满足特定要求的设计解决方案。这种方法在处理复杂设计问题时特别有效，能够确保设计结果的可靠性和性能优化。

2.5 装备设计方法与技术

2.5.1 装备设计基本要求

1. 系统构成

在信息科学技术的推动下，制造业的资源配置已朝着信息（知识）密集型的方向发展。发展先进制造技术的目标不仅在于高效生产出满足用户需求的优质产品，还在于实现清洁、灵活的生产方式，以提升产品在动态多变市场中的适应能力和竞争力。

一个较完善的智能装备系统通常由机械系统（机构）、电子信息处理系统（计算机）、动力系统（动力源）、传感检测系统（传感器）和执行元件系统（如电动机）五个子系统组成。这些系统通常采用拟人的表达形式来描述智能装备系统。

（1）机械系统　机械系统是智能装备系统的核心组成部分，类似于系统的躯干，包括机身、框架、连接等。它承担着支承和连接其他各部件的功能，为整个系统提供了稳定的结构支承。机械系统设计必须考虑多方面的要求，包括机械结构的合理性、材料的选择、加工工艺性能以及几何尺寸的精确度，以满足智能装备产品的高效率、多功能、高可靠性和节能、小型、轻量、美观等要求。

（2）电子信息处理系统　电子信息处理系统可被视为智能装备系统的核心控制中枢。通常由计算机、可编程控制器（PLC）、数控装置以及逻辑电路、A/D 与 D/A 转换、I/O 接口和计算机外部设备等组成。主要任务是接收、处理和分析来自各传感器的检测信息以及外部输入的命令。经过集中、储存、分析和加工，系统根据信息处理结果，按照预先设定的程序和节奏发出相应的指令，以实现对整个系统有目的地控制和运行。

（3）动力系统　动力系统在智能装备系统中扮演着内在的支承角色，为系统提供所需的动力和能量，以确保系统的正常运转。它可以被视为系统的内脏，为系统的各种运动行为提供所需的能源。在智能装备系统中，驱动部分根据控制信息提供动力，推动各执行机构完成各种动作和功能。智能装备系统既要求以最小的动力输入获得最大的功能输出，又要求驱动部分具备高效率和快速响应的特性。同时，它还需要适应外部环境的变化，保证不同条件下的可靠性和稳定性。

（4）传感检测系统　传感检测系统在智能装备系统中扮演着感知的角色，类似于系统的感官。由专门设计的传感器和转换电路组成，用于检测系统运行所需的内部和外部环境的各种参数和状态。这些参数和状态会被转换成可识别的信号，并传输到信息处理单元。在信息处理单元中，这些信号会被分析、处理，最终产生相应的控制信息，用于调节系统的运行状态和行为。传感检测系统的作用是帮助系统感知周围的环境和自身状态，从而使智能装备系统能够做出适当的响应和决策。

（5）执行元件系统　执行机构在智能装备系统中扮演着肌肉的角色，其作用是根据接收到的控制信息和指令，完成系统所需的各种动作和功能。执行机构可被视为系统的运动部件，通常采用机械、电磁、电液等不同类型的机构。通过这些执行机构，智能装备系统能够有效地将控制信息转化为实际的动作，从而实现系统的各项功能和任务。

2. 技术构成

智能装备系统涵盖了产品和技术两个方面。智能装备系统产品是高科技产品，融合了机械技术、光电子技术、激光技术、信息处理技术、自动控制技术和网络通信技术等技术。这些产品具有智能化的特征，能够实现自动化、智能化的操作和控制。而智能装备系统的技术则是指支持智能化产品实现、使用和发展的技术原理，包括相关的理论、方法和工具。通过这些技术，智能装备系统能够不断地提升其性能、功能和应用范围，满足不同领域的需求。

（1）机械技术　对于绝大多数智能装备产品，机械本体在重量、体积等方面占据着很大比例。解决这些机械结构的设计和制造问题需要充分利用传统的机械技术，并且需积极发展精密加工技术、结构优化设计方法、动态设计方法、虚拟设计方法等。同时，还需要进行新型复合材料的研究开发，以减轻机械结构的重量、缩小体积，并改善在控制方面的快速响应特性。此外，研究高精度导轨、高精度滚轴丝杠以及具有高精密度的齿轮和轴承等，可以提高关键零部件的精度和可靠性。通过零部件的标准化、系列化和模块化，还可以提高设计、制造和维修的效率和水平。

（2）光电子技术　光电子技术是电子技术与光子技术的自然结合与扩展，它不仅扩展了传统电子技术的功能，还赋予其更强的适应性。目前，信息的探测、传输、存储、显示、运算和处理已经由光子和电子共同参与完成。光通信、光存储和光电显示技术的兴起和迅速发展，已经让人们认识到光电子技术的重要性及广阔的发展前景。

（3）激光技术　激光技术作为一种“受激辐射的光放大”技术，具有出色的单色性、亮度高、方向性强和相干性强等特点。它涉及光学、机械、电子、材料科学和检测技术等学科，其研究范围主要包括两个方面：一方面是激光加工系统，这包括激光器、导光系统、加工机床、控制系统以及检测系统等组成部分；另一方面是激光加工技术，这种技术能够实现对各种材料（包括金属和非金属）的非接触式、高速度、高精度地切割、打孔、焊接、表面处理、微加工等操作，并且可以作为光源识别物体等。

激光传感器则是一种利用激光技术进行测量的传感器，由激光器、激光检测器和测量电路组成。激光传感器具有许多优点，包括能够实现无接触远距离测量、速度快、精度高、量程大以及对光和电干扰的抗性强等。激光技术具有很好的空间控制性和时间控制性，因此，在加工对象的材质、形状、尺寸和加工环境方面具有很大的灵活性，特别适用于自动化加工。激光加工系统与计算机数控技术的结合为高质量、高效率和低成本的自动化加工生产开辟了广阔的前景。

（4）信息处理技术　信息处理技术指利用电子计算机及外设对信息进行处理的技术，包括输入、转换、运算、存储和输出等。为了提升设备性能和可靠性，可采取以下措施：提高设备集成度、引入自诊断和容错技术、利用人工智能技术和专家系统。

（5）自动化控制与接口技术　自动化控制技术涵盖广泛的领域，可通过控制理论进行系统设计、仿真和调试。其范围包括高精度定位、速度控制、自适应控制、自诊断校正、补偿、再现和检索等。

在智能装备系统中，计算机与外设之间的连接和信息交换环节被称为接口。接口包括硬件电路和相应的接口软件（驱动程序）。其功能包括将外设输入信息转换成计算机可接收的格式，或将计算机输出信息转换成外设可接收的格式；匹配计算机与外设之间的信息传输速度；在传输信息时进行缓冲和信号电平转换等。

（6）传感检测技术　传感检测技术在产品实现自动控制和自动调节中扮演着关键角色。现代工程要求传感器能够迅速、准确地获取信息，并能够在严苛的环境条件下可靠运行。传感技术的核心在于传感器，它能够将被测量的物理量转换为确定的电信号。智能装备系统的高水平实现离不开传感技术的支持。传感器的发展趋势主要体现在两个方面：一方面是向着高灵敏度、高精度和高可靠性方向发展；另一方面是朝着集成化、智能化和微型化的方向不断演进。

（7）伺服驱动技术　伺服驱动技术涉及与执行机构相关的多种技术问题。伺服驱动方式主要包括电动、气动和液压等类型。液压和气动系统包括泵、阀、油（气）缸、液压（气动）马达及相关附件；而电动驱动则主要涵盖交流伺服电动机、直流伺服电动机和步进电动机等。伺服系统是将电信号转换为机械动作的关键设备，对系统的动态性能、控制质量和功能具有重要影响。

（8）系统总体技术　系统总体技术是一种从整体性能和系统目标出发的方法，通过将系统分解为相互关联的功能单元，并提出能够实现这些功能的技术解决方案，然后对这些方案进行分析、评估和优化的综合应用技术。在智能装备系统中，即使是性能一般的元件，只要它们在系统整体设计中被合理组合，也可能构成性能优良的系统。相反，即使各个部分的性能和可靠性都很好，如果整个系统不能有效协调，那么它也很难保证系统正常、可靠地运行。

3. 装备系统应用技术领域

生产过程中智能装备的采用意味着整个工业体系向智能化装备系统化迈进，涵盖各个领域，如机械制造、冶金、化工、粮食加工、食品加工、纺织、排版与印刷等。根据生产过程的特点，智能装备系统可以划分为两大类：以机械制造为代表的离散制造过程的智能装备和以化工生产流程为代表的连续生产过程的智能装备。

机械制造过程的智能装备系统涵盖了产品设计、加工、装配、检验等方面的自动化，实现了生产过程的自动化，同时还包括经营管理的自动化，它所涵盖的相关技术如下：

（1）计算机辅助设计（CAD）　CAD 是指计算机辅助设计，它涵盖了产品设计的整个过程，包括资料检索、方案构思、计算分析、工程绘图和文件编制等。CAD 的目标是实现整个设计过程的自动化。同时，CAD 系统也能缩短新产品的设计周期，提高企业对市场变化的应对能力。

（2）计算机辅助工艺过程（CAPP）设计　CAPP 是计算机辅助工艺过程的英文缩写，是指在计算机系统的支持下，根据产品设计需求，完成加工方法的选择、加工顺序的确定、加工设备的分配以及加工刀具的安排等整个过程，其目标在于实现生产准备工作的自动化。由于工艺过程设计的复杂性，并且受企业和技术人员的经验影响较大，因此 CAPP 的开发难度较大。在大多情况下，CAPP 被视为计算机辅助制造的一个组成部分。

（3）计算机辅助制造（CAM）　广义上说，CAM 是指在机械制造过程中，利用计算机技术结合各种设备，如数控机器人、加工中心、数控机床、传送装置等，自动完成机械产品的加工、装配、检测和包装等制造过程。CAM 技术包括 CAPP 和数控编程。通过采用 CAM

技术，可以提高产品对多变市场的适应能力，提高加工效率和生产自动化水平，缩短加工准备时间，降低生产成本。

（4）CAD/CAM 集成系统　目前，独立存在的 CAD、CAPP、CAM 情况越来越少，它们在计算机网络和数据库环境下相互结合，形成了 CAD/CAM 集成系统或 CAD/CAPP/CAM 集成系统。利用这些集成系统进行资料查询和修改设计，可以显著提高设计周期与工效，从而大幅提高生产率。这些系统提供的优化方法能够合理地确定设计参数，使产品性能优良、用料节省，提高了产品的性价比，缩短了研制周期，节省了试制、试验费用及材料。

（5）光学模式识别系统　光学模式识别系统是利用激光和摄影折射晶片作为记录介质，用于记录和读取三维全息图。摄影折射晶片存储着从三维物体和平面波基准光束反射的干涉条纹构造的光束密度，将物体形状信息储存在其中。当需要识别的物体替换原物体时，物体上反射的光与原先记录的全息图光发生衍射。衍射光复制了在像平面上形成的图像，这个图像显示了傅立叶变换的模板物体光束与需要比较的物体之间的相关程度。

（6）基于光学数据传输的远程操作系统　数据传输在各种场景都得到了广泛的应用。例如，从传感器获取受到外部电噪声影响的数据或信号，实现大规模数据传输，以及远程执行操作等。特别是在基于互联网的监控、检测和控制领域，对系统进行远程操作已成为常见现象，在许多实际系统中得到了广泛应用。

（7）材料激光加工系统　激光加工是一种通过激光光源和伺服机构协同作用实现的加工技术。该系统能改变材料的特性或工件的切割面和热加工面。与传统的激光器相比，微型激光器由于成本低、精度高，在许多领域得到了广泛的应用。微型激光器技术被用于微型制造、药物上的钻孔和切割、晶片的清洗以及陶瓷加工等领域。

（8）柔性制造系统（FMS）　FMS 为计算机化的制造系统，由计算机、数控机床、机器人、料盘、自动搬运小车和自动化仓库等组成。它能够根据装配部门的需求，随机、实时、按需地生产各种工件，特别适用于多品种、中小批量生产以及频繁设计更改的离散零件生产。FMS 具有高度灵活性，能够根据市场需求轻松修改原有设计，将原制造系统快速转变为新的制造系统。

FMS 需要数据库的支持，一般包括两种类型的数据库。一种是零件数据库，存储工件的尺寸、工具需求、夹持点、成组代码、材料、加工计划、加工进给量和速度等数据；另一种是数据库存储管理与控制信息，包括每台设备的状态信息以及每个工件的加工完成情况等信息。

（9）柔性制造单元（FMC）　FMC 是一种灵活的加工生产设备，是 FMS 向成本更低、规模更小的方向发展的产物。FMC 可以作为独立的生产设备，也可以作为 FMS 系统的一个组成部分，特别适用于中小型企业。FMC 具有柔性制造的主要特征，通常由数控机床（或加工中心）、自动上下料装置和刀具交换装置等组成。

（10）计算机集成制造系统　CIMS（Computer Integrated Manufacturing System）是机械制造过程中智能装备系统的高级形式，核心在于集成。CIMS 建立在柔性制造技术、信息技术和系统科学的基础上，将分散在产品设计和制造过程中的各种孤立的自动化子系统有机地集成起来，形成适用于多品种、小批量生产的整体效益的集成化和智能化制造系统。集成化反映了自动化的广度，包括信息集成、过程集成和企业间集成三个阶段的集成优化，将系统范围扩展到市场预测、产品设计、加工制造、检验、销售及售后服务等全过程。智能化体现了自动化的深度，涵盖了物资流控制的传统体力劳动自动化以及信息流控制的脑力劳动自动化。

4. 系统分类及特征

智能装备系统的设计可以基于光学、机械和电子组件的多样化集成策略，进而被归类为三种主要类型。

（1）机电一体化系统　在采用机电一体化原理构建的新型智能装备产品中，光学和机械电子元件在功能上是不可分割的。若系统中的光学或机械电子元件被移除，整个系统将无法正常运作，这反映出光学元件和机械电子元件在功能和结构上具有高度的相互依赖性，它们紧密协作以实现系统的最佳性能。

（2）光学嵌入式机电系统　通常，这类系统由光学、机械和电子组件构成的机电一体化系统。为了实现系统的最佳性能，机械部分需要达到高精确度、轻便性以及高度可靠性。在这些系统中，光学组件的集成不仅推动了产品性能的提升，还可能带来新的功能性。但是，光学组件的移除会导致系统性能的降低。广泛存在于工程领域的机电一体化系统，如数控机床、自动变速箱、车辆防滑系统、洗衣机、吸尘器、生产监控系统和工业机器人等都属于此类。这些系统常采用光电式、电磁式或电动式的传感器，这些传感器能够将非电信号转换为电子信号，与电子控制器相匹配，从而提高了系统的检测精度和响应速度。

（3）机电嵌入式光学系统　这类系统主要基于光学原理构建，同时融合了机械和电子组件。为了精确操控光束的分布和极化状态，许多光学系统依赖于定位伺服机构。常见的机电融合光学系统包括但不限于相机、光学投影仪、示波器、串联和并联扫描器、光学开关以及光纤压紧式偏振控制器等。

2.5.2　装备系统主要分析方法

1. 系统的解耦与耦合

在智能装备系统产品的操作中，存在多种能量转换过程以及多重非线性耦合现象。这些产品需要其执行机构按照既定的运动规律进行精确的协调作业。但由于系统构造的复杂性及制造时的不精确性，确保高度的运动精度和系统稳定性变得相当困难。诸如机器人手臂的震颤、数控机床加工精度不足，以及高速汽轮机转子因运动模式变化而引发的设备事故等问题，都指向了智能装备产品中光机电一体化的深层次融合，而这一特性在系统设计和实际运行中尚未得到足够重视。

（1）智能装备系统产品是复杂系统　智能装备系统产品的设计和开发是一个复杂的过程，它与传统的机械产品和机电一体化产品存在显著差异。这些系统的设计方法也与传统设计方法不同，需考虑更多的因素和采用不同的技术手段。

智能装备系统产品构成了一类与常规机械产品和机电一体化产品截然不同的复杂系统。它们的设计策略同样区别于传统机械设计和机电一体化设计。在传统机械设计中，常用的方法包括静力学、运动学、动力学、机械学、摩擦学、疲劳设计和可靠性设计等，这些方法主要针对纯机械系统零件间的空间关系（如装配和运动学）、时间关系（如时序和主从运动）以及强度、刚度、振动和寿命等问题。而机电一体化产品的设计通常先从机械设计入手，随后融入控制部分的需求。相比之下，智能装备系统在设计初期就需将光电控制、传感技术、信号处理和控制系统等因素纳入考量，实现光学、电子、计算机和机械技术的融合与集成。

智能装备系统具备以下几个技术特性：

1）它们属于高阶系统，涉及多维参数的交互，这些参数共同控制着多样的物理功能。

2）它们是多回路反馈系统，能与执行机构相关的各类信息通过不同的反馈路径传输至驱动或控制单元，以实现即时的信息处理和反馈控制。

3）它们是非线性系统，主要体现在光机电组件的非线性行为和滞后效应。在很多情况下，组件的输入与输出之间并非简单的线性关系，而是呈现出复杂的非线性特性。这些特点使得智能装备系统在动力学研究和分析设计方法上与传统的纯机械系统和机电系统有所不同。智能装备系统独有的分析方法包括解耦和耦合技术等。

（2）智能装备系统中的解耦系统与耦合系统　智能装备系统的复杂性主要归因于其高阶性，这是由于系统集成的复杂功能引起的。功能的复杂度和控制参数的相互耦合程度决定了系统的阶数。这种复杂性在物理上体现为时间和空间上的冲突，以及不同功能间的相互制约，这种现象被称为工程冲突。工程冲突概念是G.S.Altshuller在其创新设计理论中提出的，它描述了在调整系统某一参数时可能引发的其他参数变化。在汽车设计中，舒适性、安全性与经济性之间的权衡就是一个典型的工程冲突实例，而解决这些冲突是推动汽车设计发展的关键。自动导引车在执行任务时，需同时处理路径跟踪、速度控制以及响应控制站指令的复杂要求，这些功能的参数和指令需要协调以解决空间和时间上的冲突。智能装备系统在机械层面的相互联系较弱，而在光学和电子层面的联系较强。这种特性提供了解决工程冲突的可能途径。通过机械层面的弱联系，可以基于系统的功能需求，将系统分解为多个独立控制的光机电单元，这个过程称为解耦。解耦旨在识别工程冲突，发现不必要的单元，并为系统耦合做好准备。解耦系统是解耦过程的结果，是一个理论模型。耦合则是将多个光机电单元整合成系统的过程，它不仅创造出新功能，还解决了工程冲突。这个过程涉及在解决冲突的基础上，建立正确的参数耦合关系。解耦与耦合是智能装备系统设计和发展中的两个互补过程，它们共同推动了系统的创新和发展。通过解耦揭示工程冲突，通过耦合解决这些冲突，是智能装备系统设计和开发的重要策略。

2. 单元化设计原理

时域参数在智能装备系统的设计中扮演着至关重要的角色，它们决定了系统的操作特性和性能标准。光机电单元作为控制时域参数的有效工具，在系统设计阶段显得尤为重要。设计智能装备系统时，系统的可靠性是一个关键考虑因素。由于时域参数的特性，它们直接影响到整个系统的可靠性。为了确保时域参数控制的安全性和可靠性，采用分散控制功能的方法是提升系统可靠性的关键策略。在早期的设计实践中，由于处理器成本较高，通常采用集中控制的方式，将所有计算和控制功能集中在一个主控计算机上，其他如驱动器、执行机构、信号采集和反馈元件等与主控计算机以星型结构连接，导致系统可靠性高度依赖于主控计算机，因此集中控制系统的可靠性相对较低。

随着计算机成本的降低和通信技术的提升，分散化系统结构逐渐成为主流，控制功能被分散到多个下层控制器中。这样，主控计算机的负担减轻，各个控制单元具有更高的独立性，相互影响减少，降低了系统各部分之间的耦合。即使某个控制单元出现故障，也不会对系统其他部分造成影响，从而显著提高了整个系统的可靠性。

在系统设计阶段，获取时域参数后，根据时域参数控制原则，需要对每个时域参数构建一个控制回路。由于时域参数之间通常是非耦合的，因此这些控制回路在逻辑上是相互独立的，每个回路都包含控制器、驱动器、传动执行机构和反馈元件，形成一个光机电单元。对于某些不能单靠一个控制回路控制的时域参数，需要进一步从功能需求分解到设计参数，直至得到单一参数并实现控制。

光机电单元是现代制造和加工技术，如微处理器、光电子和精密加工技术发展的产物。它们体现了机械、电子和光学技术结合的趋势，从系统和子系统的层面向更基础的组件层面发展。随着这一趋势的持续，未来可能会出现具有高度自主性的微型机构，其大小可能类似于细胞。

光机电单元不仅是产品组件，更是一种设计理念和产品开发方向。目前，能够集成控制器、驱动器、传动和执行器为一体的单元还不多见，它们通常以独立的形式存在。例如，许多直线运动单元尚未一体化，导轨、丝杠、驱动器和电动机等组件需单独装配和连接。幸运的是，市场上有大量技术成熟、系列化的商品部件可供选择，将这些部件组装成光机电单元相对容易。

采用光机电单元的设计思想，即分散控制功能和独立控制回路，进行系统设计，并选择合适的配套元件来实现，是快速且可靠地开发智能装备系统的有效方法。

3. 模块化设计方法

智能装备系统或设备的设计可划分为多个功能组件或子系统，而这些组件或子系统又由多个基本元素构成。这些组件或子系统展现了光机电系统的结构层次，包括光机电系统（OMES）、光机电组元（OMEC）和光机电单元（OMEE）。通过标准化和系列化这些元素，它们可以被构建为独立的功能模块。在设计过程中，这些功能模块可以作为一个整体被选用，设计者只需关注其性能指标，无需深入了解其内部构造。

在新产品的研发中，通过组合不同的功能模块，可以快速构建出所需的产品。这种模块化设计策略有助于减少设计与开发的时间，降低生产成本，并简化了生产、管理和维护的过程。以工业机器人为例，可以将驱动器、传感器、执行机构和控制单元集成至智能驱动模块中，这些模块能够适用于驱动机器人的多种关节。此外，通过开发和标准化各种功能模块，如用于机器人机身、肩部、臂部、肘部、腕部和手部的模块，可以高效组装出多样化的工业机器人，以满足不同的应用需求。

4. 柔性化设计方法

在智能装备产品或系统中，将负责特定功能的检测元件、执行机构和控制单元整合成一个智能功能模块。由于控制器具备可编程的特性，该模块展现出了良好的柔性。例如，凸轮机构虽然能实现位置控制，但这种控制模式是刚性的，一旦需要调整运动特性，就必须对凸轮的外形进行修改。相对而言，使用伺服电动机作为驱动力，不仅可以精简机械结构，还能通过电子控制单元来执行更为复杂的运动控制任务，以适应不同的运动和定位需求。

通过这种模块化和柔性化的设计，智能装备系统能够更加高效地应对多变的工业应用场景，提升了系统的通用性和可扩展性。

5. 取代设计方法

取代设计方法通过集成智能组件来替代传统机械产品中的复杂机械部件，以此简化设计并增强产品功能。智能传感器集成了敏感元件、信号处理和微处理器，正逐渐取代传统传感器，提升了系统的检测精度与可靠性。

此设计策略不仅适用于现有产品的改进，也适用于新产品设计。例如，利用微控制器、

PLC 和驱动器取代传统的机械变速机构和凸轮机构，以及替代插销板、拨码盘、步进开关和时间继电器等，可以有效减轻控制模块的重量和体积，同时增强系统的柔性。此外，PLC 可内置于机械结构中，提升整体集成度。

通过采用多机驱动的传动系统代替传统机械传动系统，可以避免使用齿轮、带轮和轴等传动元件，实现远距离动力传输，从而提升设计灵活性和传动精度。为了充分发挥这些传动系统的优势，需要开发先进的同步控制、恒速传动控制、固定传动比控制以及协调控制软件。

6. 融合设计方法

融合设计是一种针对智能装备产品设计的策略，它涉及将产品的功能部件或子系统定制化，以实现产品各组成部分和参数间的最优匹配。这种方法不仅能提升智能装备的性能，还能在经济性上实现更合理的考量，凸显智能装备的先进性。此外，融合设计通过简化接口，促进了组件间的一体化。

以激光打印机为例，将激光扫描镜的转轴与电动机轴设计为一体，不仅简化了机械结构，也使设备更为紧凑。同样，在金属切削机床中，将电动机轴与主轴部件融合，是驱动与执行机构紧密结合的一个典型案例。融合设计方法尤其适合于智能装备的新产品设计开发，它有助于打造高度集成化和性能优化的定制产品，提升产品的可靠性与操作便捷性。

2.5.3　装备系统设计

1. 智能装备系统设计流程

在智能装备产品的设计阶段，必须采用系统思维方法，融合智能与先进制造技术。设计者需要从整个系统的角度出发，深入探讨和理解系统内各个组成部分之间的有机联系，以此明确系统的功能组元和功能单元的设计路径。智能装备系统的设计是一个迭代的过程，它涉及对“目标 - 设计 - 效果”三者关系的连续分析与综合。综合是将多种要素融合为一个统一解决方案的创造性活动，而分析则是对综合结果的深入检查，它通过分解和批判性思考，对解决方案进行评估和改进。这一过程有助于筛选和优化设计方案，确保最终决策的质量和系统的性能。

（1）明确问题、搜集信息、分析设计需求　首先确定系统需要解决的具体问题，并详细描述系统应达到的功能和性能指标。其次，全面分析系统将在何种环境下工作，包括物理环境、操作条件、用户交互等。然后搜集与设计产品相关的所有信息，包括但不限于环境、政策、资源状况，以及设计需求、基础条件、技术条件。最后综合分析出产品设计需求。

一般情况下的设计需求包括：

1）工作效率。评估产品的年工作效率、小时工作效率以及动力传动系统的机械效率。

2）性能和功能。明确产品的主要性能和功能，包括总功能和各个单元功能的工作特点，以及操作人员在实现总功能中的参与程度。

3）界面设计。设计产品与工作环境的接口，包括输入 / 输出界面、工件装载方式、操作员控制器界面、辅助装置的接口，以及对环境因素（如温度、湿度、灰尘）的适应性。

4）操作者技能要求。确定操作产品所需的操作者技术水平和专业知识。

5）产品制造历史。考虑产品是否已有制造先例，若有，则应研究现有的设计与生产流程，并在此基础上进行创新设计。

（2）确定工作原理　在智能装备系统的开发中，确立创新的工作原理是实现高效总体设计的根本。设计成果的卓越程度往往取决于设计者是否能够大胆地采纳新颖的工作原理，并巧妙地结合现有的设计方法和物质资源进行创造性的设计工作，以此确保设计方案的先进性和实用性。

（3）确定规格和性能指标　设计智能装备系统时，其目的功能和性能指标的确立至关重要。系统必须能够执行预定的运动，并提供相应的动力，这决定了基本性能指标的设定，包括运动的自由度、路径、行程、精度、速度、所需的动力、系统的稳定性以及自动化水平。评价系统性能的关键参数涵盖运动参数、动力参数和品质指标，其中，运动参数确保机器的运动轨迹、行程、方向及起止位置的准确性；动力参数衡量机器的输出力量、力矩和功率；品质指标则关注运动和动力参数的精确度、可变性、稳定性和调节能力。在满足这些基本性能要求的基础上，设计还应综合考虑工艺性、人机工程学、美学和标准化等其他重要指标，以确保智能装备系统的全面性能和实用性。

（4）划分功能部件与功能要素　智能装备系统的设计要求其结构能够精准地满足预定的性能需求。系统的具体结构设计通常是基于构成要素及相互之间的接口，将系统划分为功能部件或子系统，这些可被称作功能组元或功能单元。

为了实现高效的系统设计，关键在于合理地划分功能单元，明确定义每个功能单元的边界和参数，以及清晰地理解功能单元间的连接和信息传递机制。此外，使用恰当的表达工具对设计系统进行详细描述至关重要。对于规模较大的系统，设计往往是分层次进行的，即将较大的功能组元细分为较小的功能单元，直至每个组元或单元都能对应到成熟的设计方法，方可进入具体的设计实施阶段。

复杂机械设备的运动通常是通过一系列直线或旋转运动的组合来实现的，这在控制系统中体现为多个自由度。因此，可以根据运动的自由度来划分不同的功能组元，并进一步细分为功能单元。整机的性能指标有助于确定每个功能组元或功能单元的具体规格要求。

对于特定的机器，如执行机构和机体这类功能组元或功能单元，通常需要进行定制设计。而对于一些功能组元或功能单元，如执行元件、检测传感元件和控制器，设计团队可以选择自行设计，或者选择市场上的通用产品来满足需求。

（5）设计系统简图　在智能装备系统的总体设计阶段，一旦各个功能单元被明确划分和设计完成，接下来的步骤是采用标准化的符号或方块图来表示这些功能组元或功能单元。这些单元包括但不限于控制系统、传动系统、电气系统、传感检测系统、机械执行系统以及机械主机系统等。

设计团队需根据系统设计的工作原理和工作流程，绘制这些单元的总体图。这些图表将展示功能单元是如何有机结合，形成一个完整的智能装备系统。通过这些简图，设计团队可以进行方案的论证，深入分析研究，并进行必要的修改，以确定最终的最佳设计方案。

在总体系统图的设计过程中，不同系统应采用适当的表达方式：机械执行系统应通过机构运动简图或示意图来表示其运动学特性；机械主机系统则应通过结构原理草图来展示其构造和工作原理；电路系统的设计则通常通过电路原理图来详细说明。

对于其他子系统，方框图是一种常用的简化表示方法，它能清晰展示系统组件之间的相互关系和信息流。通过这种综合的设计和表达方法，智能装备系统的设计将更加清晰、准确，并有助于后续的设计验证和制造过程。

（6）设计主体及功能单元　智能装备系统的机械结构设计多种多样，选择主要结构方案时，设计者需确保系统能够满足预定的精度要求、操作稳定性以及制造工艺的可行性。设计外形结构时，应尽可能地追求紧凑、轻便、美观和合理的设计原则。对于运动单元的设计，应遵循运动学的设计原则，避免不必要的约束，但如果存在相对运动和较大载荷的约束点，且这些点容易变形和磨损，设计者可采用误差均化原理来设计结构，以适应这些约束条件。

选择运动机构的摩擦形式时，需要认真考虑。可用的摩擦形式包括滑动、滚动、液体静压和气体静压等，每种形式都有其特点和适用场景。设计者应综合考虑系统的工作要求和各种因素，选择最适合的导轨摩擦形式。

在检测系统和控制系统的设计上，根据电路结构方案的设计方法，可分为两种主要类型：一是选择式设计，这涉及根据系统对整体功能和单元性能的需求，挑选合适的传感器、放大器、电源、驱动器、控制器、电动机、记录设备和通信设备等，进行有效的组合以满足设计要求；二是以设计为主、选择为辅的方法，设计者需依据系统设计的总体功能和性能要求，精心设计并选择性能稳定、可靠且精度高的组件，确保电路结构方案的合理性。

（7）设计接口　智能装备系统中，接口设计是实现功能组元或功能单元间有效匹配的关键环节。机械接口分为刚性连接方式，如使用联轴器、传动轴或直接连接元件（如波纹管、十字接头）、螺钉、铆钉等，以及机械传动方式，如减速器、丝杠螺母等，后者允许运动的传递和变换。此外，电子接口设计同样重要，包括控制器与执行元件的驱动接口，控制器与检测传感元件的信号转换接口，以及用于信号传输和转换的电子电路。设计时需综合考虑物理连接、运动和信号传递的需求，以确保整个系统的性能和可靠性。

（8）进行综合评价　对智能装备系统进行综合性评估时，需要从多个角度出发，包括系统的功能性、经济效益和安全性等，对设计提案的各个层面进行深入分析和评价。这包括检验和预测设计方案是否符合设计规范，评估其整体表现、可能的执行结果以及对不同应用场景的适应能力。提升产品附加值是智能化设计的主要驱动力，而评估这一价值需要依赖于一系列量化的性能和质量标准。根据不同的评价标准，可以选择合适的评价技术。在设计阶段，为了实现产品预定的功能和性能要求，设计者会制订多种可能的设计方案。因此，对这些方案及其结构进行全面的评估是必要的，这有助于识别并选择出最佳的设计方案。

（9）修正改进设计　评价和比较不同设计方案的过程能够揭示每个方案及结构的优势与局限。这一过程不仅为优化和调整原始设计提供了明确的指导，而且有助于发现潜在的改进措施，从而实现更优质的设计结果。通过综合考量各方案的长处和短处，设计团队可以做出更加明智的决策，选择或者创造一个更加高效、经济且实用的设计方案。

（10）复查可靠性　在智能装备系统的设计和开发过程中，需要特别关注其可能遇到的电子、软件及机械故障，以及外部电噪声的干扰问题。系统的可靠性是设计中的一个关键点，也是用户非常关心的性能之一。为了确保系统的可靠性，设计团队应采用先进的可靠性设计技术，并在设计中实施具体的可靠性提升策略。产品设计接近完成时，进行细致的可靠性评估和分析至关重要，这有助于识别任何可能的问题，并采取及时的改进措施，从而提高智能装备系统的整体可靠性。

（11）试制与调试　在智能装备系统的设计流程中，样机的制作和测试是一个不可或缺的步骤，它用于检验设计的可制造性和实际操作性能。通过样机的构建和调试，可以实际观察产品的表现，并对照设计要求验证其性能指标。这个阶段是发现并修正设计中存在问题的关键时期，它允许设计团队在产品大规模投入生产前，对设计进行必要的调整和优化。

2. 智能装备驱动系统设计

作为智能制造系统的核心组件，执行机构负责将直线或旋转运动的动力转化为实际动作，它通过控制信号激活并执行特定的驱动能源。智能制造装备的驱动系统主要由执行元件和控制单元构成，其中执行元件是控制链的终点，因此常被称为终端元件。在生产操作中，控制器处理后的信息以指令形式传递给执行元件，从而驱动生产活动；或者，操作员可通过操作界面向执行元件发送指令，手动控制生产流程。因此，对于执行元件的设计、定位、调试和维护，需投入极大的关注和专业管理。驱动机构的设计必须精确，不当的选择或应用可能会妨碍生产自动化的实施，降低自动控制系统的效率，引起控制故障，甚至可能触发严重的生产事故。

传统机械装备的驱动系统提供的能量传送到工作部件往往需要一系列复杂的传动结构，而这些结构会带来诸如磨损、噪声以及能量损耗等问题，降低加工精度以及驱动效率，导致生产成本增加。未来智能化装备驱动系统将会朝高速高效传动方向发展。

（1）驱动机构的分类和特性

1）按使用的能源形式分类。驱动机构的分类依据其使用的能源类型，主要分为三类：气动、电动和液压执行机构。气动执行机构是利用压缩空气作为动力源，而电动执行机构则依赖电能，液压执行机构则使用高压液体作为其能源。

电动执行机构，包括电动机和电动缸，以其紧凑的体积、快速的信号传输、高灵敏度和精确度、简便的安装和接线以及易于实现远程信号传输等特性著称。它们经常与分散控制系统（DCS）和可编程逻辑控制器（PLC）协同工作。气动执行机构则以其简单的结构、高度的安全性、强大的输出力矩、经济的成本以及固有的防爆特性受到青睐。相比于电动执行机构，气动执行机构能够提供更大的输出转矩，并且能够进行连续控制，不会因为频繁操作而损坏。

液压执行机构则以其最大的输出转矩和能够承受频繁动作而著称，它们常用于控制主要的气门和蒸汽控制门，尽管它们的结构较为复杂，体积较大，成本也相对较高。

2）按输出位移量分类。按照执行机构输出位移的特点，可以被划分为两大类：角位移执行机构和线位移执行机构。角位移执行机构进一步细分为两种类型：部分转角式执行机构和多转式执行机构。部分转角式执行机构的特点是其输出转角通常不超过 90°，而多转式执行机构则能够提供连续的 360° 或更多圈数的转动。

3）按动态特性分类。根据驱动机构动态特性的差异，可以被区分为比例式和积分式两种执行机构。积分式执行机构的特点是其输出的直线或角位移与输入信号之间存在积分关系。这类执行机构通常不配备前置放大器，而是直接通过开关控制伺服电动机，其输出转角等于转速随时间的累积效果。积分式执行机构主要用于遥控操作，属于开环控制系统，如用于远程控制截止阀或闸板阀的开启与关闭。相对应，比例式执行机构则通常包括前置放大器和阀位反馈机制，能够根据输入信号的变化按比例地调整输出。

4）按有无微处理机分类。根据执行机构是否内置微处理器，可以被划分为模拟执行机构和智能执行机构两大类。模拟执行机构的电路主要由传统的电子元件，如晶体管或运算放大器构成，而智能执行机构则内置了微处理器和其他集成电路，使其具备了更高级的功能。

智能执行机构，又称为现场总线执行机构，是随着 DCS（分布式控制系统）、现场总线技术、流量特性补偿、自我诊断以及变速控制等需求的发展而设计的。这些执行机构实现了多参数的检测与控制、机电一体化的结构设计，并且具备了完善的配置功能。它们能够将控制器、伺服放大器、电动机、减速器、位置发送器以及控制阀等多个环节集成在一起，通过现场总线技术实现对现场的直接控制。

5）按极性分类。根据执行机构对输入信号的反应方向，可将其分为正作用和反作用两种模式。在正作用执行机构中，输入信号的增强会导致调节量的提升，即操作压力的增加使得执行机构的输出杆向外延伸，而压力降低时，输出杆则会自动收入。相反地，反作用执行机构在输入信号增大时，会导致调节量减少，表现为输出杆的内收。

6）按速度分类。根据执行机构输出轴速度的可调性，可将其分为恒速执行机构和变速执行机构。传统模拟电动执行机构的输出轴速度固定不变，而配备了变频器的电动执行机构则能够调节其输出轴的速度。

（2）驱动机构的技术特性

1）电动执行机构特性。电动执行机构主要分为电磁式和电动式两大类。电磁式执行机构主要由电磁阀及其驱动的电磁铁等装置组成，而电动式执行机构则由电动机驱动，提供转角或直线位移，用于驱动阀门或其他设备。对电动执行机构的性能要求包括：

① 足够的转矩或力矩。无论是转角还是直线位移输出，执行机构都需提供足够的力矩或力来克服负载阻力。为了增大输出力矩，许多电动机配备有减速器，将电动机的高速小转矩转换为执行机构所需的低速大转矩。

② 自锁特性。执行机构应具备自锁功能，以确保在电动机停止工作时，负载的不平衡力不会引发转角或位移的变化。通常，电动执行机构会配备电磁制动器或采用具有自锁特性的蜗杆传动机构。

③ 应急手动操作。在停电或控制器故障的情况下，执行机构应允许手动操作，这通常需要离合器和手轮的配合。

④ 阀位反馈信号。执行机构应提供阀位反馈信号，以供控制器自动跟踪，满足位置反馈和阀位指示的需求。

⑤ 模块化设计。现代电动执行机构趋向于采用模块化设计，通过标准化的减速器和功能单元模块，根据不同需求组合成多种电动执行机构产品，以适应各种工业应用。

⑥ 智能化功能。电动执行机构应能接收模拟信号和数字通信信号，支持开环和闭环控制。

⑦ 阀位与力矩限制。为防止过大的操作力损坏阀门和传动机构，执行机构应配备机械限位、电气限位以及力矩或转矩限制装置，保障设备的安全运行。

2）气动执行机构特性。气动执行机构在工业自动化中扮演着重要角色，它们具有一系列独特的优点和特性：

① 工作介质。气动执行机构通常使用压缩空气作为工作介质，这种介质容易获取，对环境无害，即使发生泄漏也不会造成污染。

② 工作压力。由于使用的介质工作压力较低，因此对气动元件的材料要求不像液压元件那么高。

③ 动作速度。气动执行机构的动作速度较快，但随着负载的增加，速度可能会降低。

④ 可靠性。气动执行机构以其高可靠性而著称，能够适应频繁的操作循环，且负荷变化不会对机构造成影响。若配备保位阀，即使气源中断，阀门也能保持在当前位置。

⑤ 安全阀位。在失去动力源或控制信号的情况下，气动执行机构能够实现安全阀位动作，可以全开、全关或保持当前位置，具备正反作用功能。

⑥ 调节控制。配备智能定位器的气动执行机构能够实现高精度的闭环控制，支持输出特性曲线等高级功能，并能通过数字总线进行通信。

⑦ 环境适应性。气动执行机构通常以气缸为主体，具有防爆特性，能够适应高温、多粉尘、空气污浊等恶劣环境条件。在以压缩空气为动力源的情况下，特别适用于防爆要求高的区域，如石化、石油和油品加工行业。

尽管现代工业中电动设备的使用更为普遍，因为它们不需要大量的气源投资且布线相对简单，信号传递速度也更快，但在某些特定场合，气动设备的优势仍然明显。例如，在防爆安全性方面，由于气动设备不产生火花和热量，且空气介质有助于驱散易燃易爆及有毒有害气体，因此在安全性要求高的场合更为适用。此外，气动设备在遇到管路堵塞、气流短路或机械故障时不会产生热量损坏，在潮湿或极端环境下的适应性也优于电动执行机构。

（3）电动机驱动系统

1）伺服电动机驱动系统。伺服电动机是自动化系统中用于精确控制机械设备运动的关键组件，它能将电压信号精确转换为相应的转矩和转速。伺服电动机分为交流和直流两种类型，其中交流伺服电动机因其闭环控制特性，提供了更好的控制性能和快速的加速能力，广泛应用于需要高工艺精度和高效率的设备，如机床、印刷机械、包装机械、纺织机械、高精度加工设备、机器人和自动化生产线等。设计伺服电动机驱动系统时，首先需要明确系统的性能要求，确保所选电动机的额定转矩能满足最大负载需求，同时电动机的转子惯量要与负载惯量相匹配，这对系统的稳定性和动态响应极为重要。设计过程中还需尽量减少系统的转动惯量，以提高控制精度，并在选型后对电动机的载荷能力进行严格校核，以满足特定应用的需求。

2）变频电动机驱动系统。变频调速电动机通常称为变频电动机，能够在变频器的控制下实现多样化的转速和转矩调整，以适应不同负载的需求。这类电动机是在传统笼型电动机基础上改进的，通过增强电动机绕组的绝缘性能，并采用独立风机以提升散热效果。在性能要求较低的场合，如小功率应用或恒频工作条件下，可以考虑使用普通笼型电动机作为替代。

变频器作为一种电力转换装置，通过电力半导体器件的开关功能，将工频电源转换为不同频率的电能。主流的变频器采用交-直-交变换，包括 VVVF 变频和矢量控制变频技术。这种变频器首先将交流电源转换为直流电源，然后再转换成可调频率和电压的交流电源，以驱动电动机。变频器的电路主要由整流器、中间直流环节、逆变器和控制器四个部分组成，其中逆变器通常使用 IGBT 三相桥式逆变器，并输出 PWM（脉冲宽度调制）波形。

变频调速系统的设计涉及多种电力电子变频器，它们可用于同步电动机的速度调节。变频器可以分为交-交和交-直-交两大类，调速系统则根据频率控制方式的不同，分为他控和自控两种类型。

在设计变频电动机驱动系统时，主电路的设计至关重要，它负责将三相交流电转换为可调频率和幅值的交流电。交-直-交电路是目前应用最广的变频电路，它包括整流滤波电路和逆变器。整流滤波电路分为可控整流和不可控整流两种，前者可以调节输出直流电压的大小，但可能会对电网造成较大干扰，而后者则提供稳定的直流电压，但电压大小不可调节。

变频调速通常有两种方式：恒转矩调速和恒功率调速。恒转矩调速要求在低于电动机额定转速时保持电压与频率的比值恒定，以实现恒定的转矩输出。而恒功率调速则在电动机转速高于额定转速时，保持电压不变，通过减少磁通和转矩来保持功率恒定。

变频电动机驱动系统的控制电路设计是整个调速系统的核心。控制策略主要包括矢量控制和直接转矩控制两种方式。矢量控制又称为磁场导向控制，通过变频器控制电动机的输出频率和电压，实现对电动机磁场和转矩的独立控制，适用于交流感应电动机和直流无刷电动机。直接转矩控制则直接对电动机的转矩和磁链进行控制，简化了控制过程，提高了系统的动态响应性能，减少了对电动机参数变化的敏感性。

3）步进电动机驱动系统。步进电动机作为一种将电脉冲信号转换为机械位移的电动机，它通过接收电脉冲来控制转子的旋转角度或移动距离，因此，其在智能制造装备领域有着广泛的应用。步进电动机按照其输出力矩的大小，可以分为功率步进电动机和快速步进电动机，其中功率步进电动机因其较高的力矩输出在机电装备中更常见。步进电动机的转动或移动与输入的脉冲数量成正比，而转速则与脉冲频率成正比，这使得步进电动机在控制上极为便利，且因其体积小而被称为脉冲电动机。

步进电动机的驱动系统包括变频脉冲信号源、脉冲分配器和脉冲放大器，这些组件协同工作，向电动机绕组提供脉冲电流，从而影响电动机的性能。步进电动机的分类多样，根据励磁方式，可分为反应式、永磁式和混合式三种；按相数则可分为单相、两相、三相和多相等形式。永磁式步进电动机通常为两相，体积小，步进角较大；反应式步进电动机则通常为三相，提供大转矩，但存在噪声和振动问题；混合式步进电动机则结合了前两者的优点，步进角更小，应用更为广泛。

在中国，反应式步进电动机因其成本效益而占据市场主导地位。步进电动机的控制系统根据控制方式不同，可以分为开环、闭环和半闭环三种类型。开环控制系统结构简单，成本较低，适合精度要求不高的应用；闭环控制系统通过反馈实现更精确的控制，适用于精度要求较高的场合；半闭环系统则结合了两者的特点，提供了一定程度的反馈控制，以适应特定的应用需求。

4）伺服电动机与步进电动机的选择。在智能制造装备的伺服电动机选型过程中，需特别关注电动机是否能够适应复杂的运动要求，以及其对动力荷载的影响。伺服驱动系统作为机电系统的核心，其电动机的选择标准如下：

① 负载要求。必须选出能够满足特定负载要求的电动机。

② 技术经济指标。在满足负载要求的基础上，根据价格、重量、体积等技术经济指标选择最合适的电动机。

③ 执行电动机类型。智能机电装备的运动控制系统常采用步进电动机或全数字式交流伺服电动机作为执行电动机。两者控制方式相似，但在性能和应用场合上有差异。

④ 精度。伺服电动机通过编码器提供高精度控制，而步进电动机的步距角可通过驱动器细分得到更小的控制精度。

⑤ 低频特性。步进电动机低速时可能会有振动现象，而伺服电动机则无此问题，具有更好的低速稳定性。

⑥ 矩频特性。步进电动机的输出力矩随转速升高而下降，而伺服电动机提供恒定的额定转矩。

⑦ 过载能力。伺服电动机具有较强的过载能力，而步进电动机通常不具备。

⑧ 运行性能。步进电动机的开环控制可能在高启动频率或重负载下出现丢步，而伺服电动机的闭环控制则无此问题。

⑨ 响应性能。步进电动机加速到工作转速需要较长的时间，而伺服电动机则具有更快的加速性能。

⑩ 成本。因步进电动机的结构简单而具有更好的经济性，而伺服电动机则价格较高。

在步进电机的选择上，应考虑的因素包括：

① 输出转矩。根据电动机的最大保持转矩和转矩 - 频率特性选择输出转矩。

② 步距角。根据控制精度和运行速度要求选择，可通过变速系统或细分步距角来实现。

③ 起动频率和工作频率。根据负载工作速度要求选择。

④ 静态力矩。根据负载类型（惯性负载和摩擦负载）确定，通常选择为摩擦负载的2~3 倍。

综合考虑这些因素，设计者可以根据具体的应用需求，选择最合适的电动机类型和规格，以确保机电装备的性能和经济效益。

（4）液压驱动系统

1）液压系统概述。尽管电力传动因其多种优势而受到机电系统设计者的青睐，特别是电动机能够高效地将电能转换为机械能，但在某些应用场合，液压系统和气动系统依然具有不可替代的作用。特别是在需要减轻系统质量的场合，液压传动展现出其独特的优势。液压泵和液压马达的功率质量比远高于电动机，典型值为 168W/N，而电动机的功率质量比通常为 16.8W/N。此外，由于磁性材料的饱和现象，电动机的力或转矩输出存在一定的限制。液压系统通过提高工作压力可以方便地获得更高的力或转矩。例如，直线式电动机的力质量比为 130N/kg，而直线式液压马达的力质量比可达到 13000N/kg，提高了约 100 倍。回转式液压马达的转矩惯量比通常是同容量电动机的 10~20 倍，仅有无槽式的直流力矩电动机才能与之相匹敌。此外，开环形式的液压系统具有较大的输出刚度，相比之下电动机系统的输出刚度则较小。

液压系统使用油液作为工作介质，通过油液内部的压力传递动力。一个完整的液压系统包括动力元件、执行元件、控制元件、辅助元件和液压油五大部分。液压系统可分为液压传动系统和液压控制系统两大类。液压传动系统主要负责传递动力和运动，它通过各种元件组成具有特定功能的控制回路，将这些基本控制回路进一步综合起来，构成能够完成特定任务的复杂传动和控制系统，实现不同形式能量之间的转换和控制。

2）液压系统性能评价。液压驱动系统因其众多优势，在工程机械、机床等众多领域得到了广泛应用。这些优势包括紧凑的体积、轻盈的质量、高刚性、高精度、快速响应以及宽广的调速范围。随着液压技术的不断进步，液压传动性能不断提升，对于使用液压驱动的装备，其性能优劣直接取决于液压系统的性能表现。

一个高效的液压系统应当具备轻巧、紧凑、简便、高效和可靠的特性。在确保质量和效率的基础上，应尽可能采用尖端技术。液压系统的性能主要取决于系统中元件的质量和所选回路的适宜性。液压系统的评估可以从效率、功率利用率、调速范围和微调特性，以及振动和噪声等方面进行。

液压系统的效率是衡量能量利用程度的重要指标。在全球能源问题日益严峻的背景下，提升液压系统的效率显得尤为重要。液压系统的能量损失主要表现为油温升高，其原因包括：

① 换向阀在制动过程中的能量损失，尤其在惯性大、换向频繁的系统中，如挖掘机的回转系统，发热问题尤为严重。

② 液压元件本身的能量损失，主要来源于液压泵和液压马达，以及管路和控制元件的设计。

③ 溢流损失，当系统工作压力超过溢流阀设定值时，溢流阀会开启，使能量损失。

④ 背压损失，为保证工作机构的平稳性，设置背压阀，但过高的背压会增大能量损失。

为提升液压系统的效率，必须控制和减少能量损失，提高功率利用率。

调速范围和微调特性对于液压系统同样重要。不同的机械和工作机构对调速范围的需求各异。微调特性则反映了速度调节的灵敏度，对于精细操作的机械，如起重机，微调特性尤为关键。

振动和噪声是液压系统设计中必须考虑的因素。液压系统的振动和噪声主要来源于泵和阀的运行，对系统的正常运行和使用寿命构成影响。控制振动和噪声的关键在于减少系统中元件的振动源，降低液压泵的流量和压力波动，以及减少油液在管路中的冲击。

综上所述，液压系统的设计和优化是一个全面考虑效率、调速性能、微调和振动噪声等因素的复杂过程。通过精心设计和选择适宜的液压元件，可以确保液压系统高效、稳定地运行。

3）液压系统设计。液压系统设计是一个系统化的过程，通常包括以下五个关键步骤：

① 明确设计要求与工况分析。确定液压系统的运动方式、行程、速度范围、负载条件等；考虑运动平稳性、精度、工作循环周期以及环境因素，如温度、湿度、粉尘等；对执行元件进行工况分析，明确速度和负载的变化规律，并绘制相应的曲线图。

② 拟定液压系统原理图。液压系统原理图是展示系统组成和工作原理的重要文件，对设计方案的合理性和经济性有决定性影响；确定油路类型，选择液压回路，并根据主机的工作特点和性能要求，确定主要回路和辅助回路；将选定的回路进行合并、优化，形成结构简单、安全可靠、动作平稳、效率高的液压系统。

③ 计算和选择液压元件。工作压力是确定执行元件结构参数的主要依据，影响元件尺寸、成本和系统性能；确定执行元件的主要结构参数，如液压缸的内径和活塞杆直径，并进行必要的验算；确定执行元件的工况图，为选择元件和回路提供依据；选择液压泵，确定泵的类型和规格以及驱动泵的电动机；选择阀类元件和液压辅助元件，确保其规格与系统要求相匹配。

④ 发热及系统压力损失的验算。初步设计完成后，对系统的主要性能进行验算，评估设计质量；计算管路的沿程压力损失和局部压力损失，控制温升在许可范围内。

⑤ 绘制工程图，编写技术文件。包括液压系统原理图、装配图、非标准元件装配图及零件图；液压系统原理图中应包含液压元件明细表，标明型号规格和参数值；技术文件应包

括设计计算说明书、使用维护技术说明书、零配件目录等。

完成上述步骤后，液压系统的设计过程基本结束，随后进入施工设计阶段。这一过程要求设计者具备深厚的专业知识和实践经验，以确保液压系统能够满足特定的应用需求，并具有良好的性能和可靠性。

（5）气压驱动系统　气压传动技术利用压缩空气作为其核心动力，以此来操纵多种机械装置，进而推进生产流程的机械化与自动化。该技术在工业自动化的演进中变得日益普及，广泛应用于多个领域，成为实施各类生产管理和自动化控制的关键技术，在自动化生产线中占据着举足轻重的位置。在设计气压传动系统与液压传动系统时，两者的性能特点需被充分考量，以确保根据实际应用需求选择最合适的驱动方式，发挥各自的优势，避免劣势。

3. 智能装备感知系统设计

（1）传感器概论　传感器技术、通信技术和计算机技术是构成信息技术的三大基石，传感器技术相当于系统的“感官”，负责收集信息。在移动互联网、物联网、云计算、大数据和人工智能等技术的推动下，人们正快速向一个全面互联和智能化的时代过渡。在这个背景下，感知信息技术变得尤为关键，它依托传感器并融合了射频技术、微处理器和微能源技术，成为实现全面互联的核心基础技术之一。

智能制造设备的智能化不仅需要先进的控制系统，更需强大的感知系统来执行其自主操作。传感器作为智能设备的关键“感官”，充当自主输入设备，为设备提供必要的信息，使其能够根据外部环境的变化自动调整，以实现生产过程的自动化和智能化。

物联网的架构分为感知层、网络层和应用层三个层次。感知层技术是物联网的根基，它与现有的网络基础设施结合，能够提供全面的感知服务，实现对物理世界的全面监控和连接。物联网的连接对象包括智能设备和传感器所感知的物理世界。感知技术包括监测技术、网络技术、信息服务技术、检测技术和网络安全等关键领域。

感知技术对物联网系统至关重要，它是构建物联网的基础，并且与网络基础设施的结合能够促进社会的信息共享和智能化服务。这些技术使物联网能够对物理世界进行有效监控和管理，为智能制造、智慧城市和智能交通等领域提供技术支持，推动社会向高效、便捷和智能化的方向发展。

1）传感器的概念和组成。现代智能制造装备的监测需求涵盖了电参量如电压、电流、电阻和功率，以及非电参量，包括机械量（如位移、速度、加速度、力和应变）、化学量（如浓度、pH值）和生物量（如霉菌、细菌等）。传感器作为关键技术元件，能够检测规定的物理量、化学量或生物量，并将其转换为可用的信号，通常由敏感元件和转换元件构成。传感器技术是一门综合了传感原理、设计和应用开发的技术，它使得传感器能够将特定的被测量信息按照一定规律转换为便于处理和传输的信号，即将外界的非电信号转换为电信号或光信号输出，赋予物体以触觉、味觉和嗅觉等感官功能，成为获取信息的主要手段。

传感器的工作原理是基于物理、化学和生物效应，遵循相应的定律和法则。一个典型的传感器由以下三个主要部分组成：

① 敏感元件。负责将被测量的非电量转换为易于转换为电量的非电量。

② 转换元件。核心部件，负责将非电信息转换为电信号。

③ 测量电路。采用特定的电路，如电桥电路、高阻抗输入电路、脉冲调宽电路或振荡

电路，将转换元件输出的电量转换为便于后续处理的电信号。

传感器材料是传感技术发展的物质基础，而加工工艺和手段也是传感技术的重要组成部分。现代传感器的加工技术包括微细加工技术和光刻技术等。传感器的设计和应用开发是智能制造和自动化领域不可或缺的技术环节，它们对于提高生产率、质量和智能化水平起着至关重要的作用。

2）智能传感器的特点和作用。智能传感器的核心特性在于它们的自处理能力，这得益于内置的微处理单元，使得它们能够独立完成数据的收集、处理和分析任务。这些传感器是现代科技的集大成者，融合了微电子、信息、材料和制造技术，广泛应用于智能制造领域。与传统传感器相比，智能传感器展现出以下显著优势：

① 精准度提升。通过内置软件，智能传感器能够校正系统误差，补偿随机误差，有效降低背景噪声，实现更精准的测量。

② 测量一致性。智能传感器在连续测量中提供高度一致的结果，确保了测量的重复性和可靠性。

③ 增强的稳定性与可靠性。智能传感器的设计减少了潜在的故障点，提升了系统的抗扰动能力。它们还具备自诊断、校准和数据记录功能，进一步增强了稳定性。

④ 经济效益。智能传感器在实现多功能的同时，提供了比传统传感器更高的成本效益比，尤其是采用经济型微控制器时更为显著。

⑤ 灵活性和扩展性。智能传感器支持多种测量参数的集成监测，能通过软件编程来适应不同的测量需求和环境变化。

⑥ 通信接口。具备先进的数字通信接口，允许智能传感器直接与远程计算机系统连接，支持多种数据输出格式，以满足多样化的系统需求。

智能传感器的这些特点不仅提升了传感器本身的性能，也为智能制造系统的设计和运行提供了更大的灵活性和更高的自动化水平。

3）传感器的分类。传感器的分类可以根据多个不同的标准进行，以下是按不同标准的传感器分类方式：

① 按用途分类。传感器可被设计来测量多种物理量，如距离、烟雾、气体、触摸、运动、光线、加速度、角速度、电磁场、声音等。根据测量目的，传感器被划分为位置传感器、液位传感器、能耗传感器、速度传感器、加速度传感器、辐射传感器、温度传感器、湿度传感器、压力传感器、流量传感器、力传感器、转矩传感器等。

② 按传感原理分类。根据工作原理的不同，传感器可分为振动传感器、湿度传感器、磁敏传感器、气敏传感器、真空度传感器、生物传感器等。

③ 按输出信号分类。根据输出信号类型不同，传感器可分为模拟传感器、数字传感器、脉冲数字传感器和开关传感器。模拟传感器产生模拟电信号，而数字传感器提供数字输出信号；脉冲数字传感器将测量信号转换为频率或周期性信号；开关传感器在测量值达到特定阈值时输出预设的电平信号。

④ 按制造工艺分类。传感器的制造工艺也是分类的依据之一，包括集成传感器、薄膜传感器、厚膜传感器和陶瓷传感器。集成传感器使用硅基半导体集成电路的生产技术，可能在同一芯片上集成信号预处理电路。薄膜传感器通过在基板上沉积敏感材料的薄膜制成；厚膜传感器通过在陶瓷基片上涂覆材料浆料并热处理成形；陶瓷传感器采用陶瓷工艺生产，经

高温烧结成形。

⑤ 按测量目的分类。根据测量目的，传感器可分为物理型、化学型和生物型传感器。物理型传感器基于物质的物理性质变化；化学型传感器将化学物质的成分或浓度转换为电信号；生物型传感器利用生物或生物物质的特性来检测和识别生物体内的化学成分。

智能传感器作为传感器的一种，具备数据处理能力，能够执行复杂的测量和分析任务，是现代智能制造和自动化系统中不可或缺的组成部分。

（2）智能装备传感器

1）智能装备传感器的概述。智能传感器在智能制造装备中扮演着至关重要的角色，它们是集成了信息处理能力的高级传感器，具备数据采集、处理和交换的功能。这些传感器是传感器技术与微处理机技术融合的产物，对于智能制造装备，它们相当于其感觉器官，负责捕捉外界环境的信息。与传统传感器相比，智能传感器具有多种功能，能够通过软件技术实现高精度数据采集，并具备一定的自动化编程能力，同时成本效益高。

智能传感器作为智能制造装备的自主输入装置，能够执行多种感觉功能，包括视觉、位置感、速度感、力感和触觉等。它们不仅能够存储和处理检测到的物理量，还能在传感器之间进行信息交流，自主传递有效数据并完成数据分析处理。一个高性能的智能传感器系统通常包括由微处理器驱动的传感器和仪表，具备通信和板载诊断功能，能够为监控系统或操作员提供必要的信息，从而提升工作效率并降低维护成本。智能传感器集成了传感器和智能仪表的全部功能，部分还包含控制功能，具有高线性度和低温度漂移特性，简化了系统结构。

智能传感器的关键特性包括：

① 自补偿和计算功能。智能传感器能够通过软件计算对温度漂移和非线性进行补偿，解决了硬件难以实现的精确测量问题。

② 自检、自校准、自诊断功能。智能传感器能够在启动时进行自检，并根据自检结果判断组件是否有故障，还能根据使用时间进行在线校正。

③ 传感复合化。智能传感器能够同时测量多种物理量和化学量，提供全面的物质运动信息，减少了对多个传感器的需求。

④ 集成化。随着集成电路技术的发展，智能传感器能够将传感器与相关电路集成在单一芯片，提升了信噪比并改善了频响特性。

智能传感器的这些特性使其在智能制造、自动化控制、环境监测等领域中都有着广泛的应用前景，为实现更高级别的自动化和智能化提供了强有力的技术支持。

2）智能装备传感器的作用。传感器在智能制造装备中扮演着至关重要的角色，它们是设备自主获取信息、进行决策和执行动作的基础。智能制造系统的这一自主性是通过其输入系统、计算系统和输出系统的协同工作得以实现。智能制造装备的输入信息既包括操作者手动输入的设置参数，也包括通过装备自身的传感器从外部环境中获取的数据。手动输入参数反映了操作者的意图和期望，而传感器提供的数据则有助于设备根据实时环境信息进行优化运行。

作为智能制造装备的自主信息输入手段，传感器相当于其感觉器官，使装备能够感知视觉、位置、速度、力和触觉等多种感觉。视觉感知包括直观视觉和环境模型式视觉，直观视觉产生的数据是像素图片，而环境模型式视觉则产生点云数据。位置觉使装备能够通过激光测距仪、2D 激光雷达等传感器感知自身与周围物体的距离。速度觉涉及对速度、加速度和角速度的掌握，相关传感器包括速度编码器、加速度感应器和陀螺仪。力觉传感器用于感知外部物体或内部机械结构的力，而触觉传感器则进一步细分为接触觉、压觉和滑觉，用于实现机器人的抓握等功能。

除了这些基本感觉，还有一些传感器能够提供超出人体感官范围的检测能力。例如，生物传感器可以测量血压和体温，环境传感器可以检测温湿度、空气中的粉尘颗粒物含量和紫外线光照强度等。这些高级传感器的应用，特别是在可穿戴设备中，极大地扩展了人类感官的边界，为智能制造和健康监测等领域带来了新可能。

3）智能装备传感器的分类。在智能制造装备中，传感器根据不同的功能可以分为运动传感器、生物传感器和环境传感器等几类。

① 运动传感器。用于探测运动、导航、娱乐和人机交互等应用。它包括加速度传感器、陀螺仪、地磁传感器（电子罗盘）、大气压传感器等。电子罗盘传感器用于测量方向，辅助导航；运动传感器能够监测和记录人体活动，如步数、游泳圈数、骑行距离、能量消耗和睡眠模式，对健康管理具有重要价值。现代穿戴设备和智能手机广泛集成了运动传感器，用于追踪用户的身体活动，并通过数据分析提供健康建议。

② 生物传感器。主要用于健康监测和医疗保健以及娱乐等领域。它包括血糖传感器、血压传感器、心电传感器、肌电传感器、体温传感器、脑电波传感器等。通过可穿戴设备中集成的生物传感器，可以实现健康预警和病情监控，提升医疗诊断的准确性，并促进患者与家人的沟通。

③ 环境传感器。用于环境监测、天气预报和健康提醒等。它包括温湿度传感器、气体传感器、pH 传感器、风速风向传感器、紫外线传感器、蒸发传感器、雨量传感器、环境光传感器、颗粒物传感器（或粉尘传感器）和气压传感器等。随着环境问题重要性的日益增加，环境传感器在监测和保护环境中扮演着越来越关键的角色。

4）无线传感器网络（WSN）。WSN 是一个高度跨学科的领域，它融合了多种技术，包括但不限于传感器技术、网络通信、无线传输、分布式信息处理、微电子、微细加工、嵌入式系统和软件技术。WSN 通过将物理世界的现象转化为可处理的数据，实现了信息世界与物理世界的紧密连接。

这些网络在多个行业得到了应用，包括工业自动化、智能家居、安全监控、军事、物流、精准农业、环境监测、健康监护、智能交通系统、物流管理、管道监测、航空勘测、医疗保健和行为分析等。

WSN 通过在特定区域内分布的多个传感器节点收集信息，并将这些信息无线传输至中央处理单元，以监测和控制该区域的状态。WSN 是物联网的技术基础，能够通过各种物理信号检测目标的温度、压力、加速度等属性。

无线传感器网络的构建具有以下特点：

a. 组建自由度。WSN 的建立不受地理和环境限制，具有很高的灵活性。

b. 网络拓扑的不确定性。网络拓扑结构可以随时变化，传感器节点可以动态地加入或离开网络。

c. 分布式控制。网络中的控制是分散式的，没有集中的控制中心，每个节点独立运作，互不影响。

d. 无线通信。WSN 使用无线信号进行数据传输，这虽然增大了部署的便利性，但也带来了安全性挑战。传感器节点可能容易受到外部攻击，导致数据泄露或网络损坏。

e. 安全性问题。由于节点暴露在外，无线传感器网络的安全性是一个重要的考虑因素。需采取适当的加密和安全措施来保护数据的完整性和网络的稳定性。

WSN 的发展和应用前景广阔，但同时也面临着如能量消耗、网络覆盖、数据管理、安全性和隐私保护等挑战。随着技术的不断进步，这些问题有望得到解决，从而推动 WSN 在更多领域的广泛应用。

（3）传感器的选择与感知系统的设计

1）智能装备传感器的选择。传感器在智能制造装备系统中占据核心地位，它们的功能类似于人体感官，用于感知力、温度、距离、形变、位置和功率等物理量，并将其转换为电信号。这些信号随后通过电路进行必要的转换、放大、调制、解调、滤波和计算，以提取有用信息并反馈至控制系统或进行显示。传感器及其配套的信号检测与处理电路共同构成了机电产品中的检测系统，是智能化产品不可或缺的组成部分。

以数控机床为例，其应用的传感器类型包括旋转编码器、霍尔式传感器、旋转变压器、感应同步器、光栅和磁栅位移传感器等，这些传感器用于监测切削力和工件状态等。设计智能制造装备时，选择合适的传感器至关重要，需要考虑的因素包括测量对象与测量环境及传感器的灵敏度、频率特性、线性范围、稳定性、可靠性和精度等。

① 根据测量对象与测量环境确定传感器的类型。进行一个具体指标的测量时，要分析多方面的因素，综合考虑采用何种原理的传感器。即使是测量同一个物理量，也有多种原理的传感器可供选用。量程的大小、被测位置对传感器体积的要求、测量方式为接触式还是非接触式、信号的引出方法、有线或是非接触测量等均需考虑。考虑上述问题之后就能确定选用何种类型的传感器，然后再考虑传感器的具体性能指标。

② 根据灵敏度确定传感器的类型。选择传感器时，通常认为其在线性工作范围内，传感器的灵敏度越高越理想。高灵敏度的传感器能够检测到微小的变化，这导致对应的输出信号较强，便于后续的信号处理工作。然而，高灵敏度也可能引入一个问题，即它可能同样放大了与测量无关的外部噪声，这些噪声会被放大系统进一步增强，从而降低测量的准确性。因此，传感器应具备高信噪比，以减少外界干扰的影响。

传感器的灵敏度还具有方向依赖性。对于一维向量的测量，如果对方向性有严格要求，那么应选择在其他方向上灵敏度较低的传感器。对于多维向量的测量，则希望传感器具有尽可能小的交叉灵敏度。此外，灵敏度与传感器的测量范围密切相关，传感器的最大输入量不应推动其超出线性响应区域，避免达到饱和状态。在噪声干扰较大的环境中进行测量时，输入量包括了实际的测量值和噪声干扰，它们的总和不应超过传感器的线性响应范围。因此，传感器的高灵敏度虽然有其优点，但同时也可能限制了其可应用的测量范围。在实际应用中，需要根据具体的测量需求和环境条件，权衡灵敏度和其他性能指标，选择最合适的传感器。

③ 根据频响特性确定传感器的类型。传感器的频率响应特性是衡量其对不同频率信号处理能力的重要指标，它决定了传感器能够准确测量的信号频率范围。理想的传感器应当在其整个允许的频率范围内提供无失真的测量结果。然而，在实际应用中，传感器对信号的响应会存在一定的延迟，这种延迟时间的长短直接影响到传感器的性能，延迟时间越短，表明

传感器的性能越佳。

高频率响应的传感器能够覆盖更宽的信号频率范围，而传感器的结构特性，特别是机械惯性，会限制其对高频信号的响应能力，导致频率较低的传感器在测量高频信号时表现不佳。在动态测量环境中，传感器的响应特性对于测试结果的准确性具有直接影响。因此，在选择传感器时，必须考虑被测物理量的特性，如稳态、瞬态或随机信号等，以确保传感器的选择能够最小化测量误差。

为了适应不同的测量需求，传感器市场提供了多种类型的产品，每种产品都有其特定的频率响应特性。设计者需要根据实际测量环境和测量目标，选择具有适当频率响应的传感器。例如，在测量快速变化的动态过程时，需要使用频率响应较高的传感器；而在测量缓慢变化或静态的物理量时，频率响应要求则相对较低。通过精心选择，可以确保传感器不仅满足测量要求，而且还能提供高质量的测量数据。

④ 根据线性范围确定传感器类型。传感器的线性工作区域是确保测量精度的关键因素。在这个区域内，传感器的输出信号与输入物理量成正比，理论上灵敏度是恒定的。传感器的线性范围越宽广，其能够测量的物理量的范围就越大，同时还能保持所需的测量精度。然而，实际上传感器很难做到完全线性，通常在其近似线性的区域内性能最为稳定。

在选择传感器时，首先要确定其量程是否符合测量要求。如果测量对精度的要求不是特别高，那么即便传感器存在一定的非线性误差，也可以在接受的误差范围内将其作为线性传感器使用。这意味着在实际应用中，可以在传感器的非线性误差较小的区域内，通过适当的误差校正，实现较为准确的测量。

总的来说，传感器的线性特性对于测量的准确性至关重要。设计者需要根据具体的测量目标和环境条件，选择具有适当线性范围和量程的传感器，以确保测量结果的可靠性。同时，对于传感器的非线性误差，可以通过校准和补偿等技术手段进行减少，从而提高整个测量系统的精度。

⑤ 根据稳定性确定传感器类型。传感器的稳定性是评价其长期可靠性的一个重要指标，它描述了传感器在经过一段时间的使用后，其性能参数是否能够维持不变的能力。稳定性不仅受传感器自身结构和材料特性的影响，极大程度上还取决于其所处的使用环境。为了确保传感器具有高稳定性，它必须具备强大的环境适应性。

挑选传感器之前，必须对其将在其中运行的环境进行彻底的调查，这包括温度、湿度、电磁干扰、化学腐蚀性等可能影响传感器性能的因素。了解这些环境因素后，可以选择最适合该环境的传感器，或者采取一些措施来减少环境因素对传感器性能的负面影响，如建立保护性的结构来隔离电磁干扰。

传感器的稳定性是有时间限制的，这意味着在一定的时间周期后，为了确保其性能没有退化，需重新标定。这一标定过程有助于验证传感器是否仍能提供准确的测量结果。对于那些需要长期稳定运行，且不易于更换或重新标定的应用场景，选择一个稳定性高的传感器至关重要，这样的传感器能够承受长时间的连续工作而不损失其性能。

总之，传感器的稳定性是确保其长期提供可靠测量结果的关键因素。通过精心选择和适当的环境适应措施，可以显著提高传感器的稳定性，从而提高整个测量系统的可靠性和有效性。

⑥ 根据可靠性确定传感器类型。可靠性对于传感器及其他测量设备至关重要，它定义

了设备在既定条件下和规定时间内执行其预定功能的能力。一个可靠的传感器应当能够在其规格范围内持续提供准确的测量结果，即使在面对环境变化或长时间运行时也不会出现性能下降。

⑦ 根据精度确定传感器类型。传感器的精度是衡量其输出信号与实际被测量值相符程度的关键性能指标，对整个测量系统的准确性起决定性作用。选择传感器时，其精度水平直接关系到测量结果的可信度和测试系统的整体性能。

传感器的精度通常与其成本成正比，因此在选型时需根据实际测量需求和预算考虑性价比。不必追求过高的精度，只要确保所选传感器能满足系统精度要求。在满足测量目的的前提下，应选择成本效益最高的传感器，即满足性能需求的同时，尽可能选择价格合理、操作简单的传感器。

针对不同的应用目的，传感器的精度选择也有所不同：①对于定性分析，主要关注传感器的重复精度，即传感器在相同条件下多次测量结果的一致性，而不必过分追求绝对测量精度。②对于定量分析，需要获取非常精确的测量值，因此必须选择精度等级能够满足定量要求的传感器。

在一些特殊应用场合，如果市面上的传感器无法满足特定要求，可能需要自行设计和制造传感器。在这种情况下，自制传感器的性能必须符合应用需求，以确保测量结果的准确性和可靠性。

总之，传感器的精度选择应基于实际测量目标和系统要求，既要满足精度标准，又要考虑成本效益，以达到最佳的测量效果。

2）感知系统的设计。

① 感知系统的设计要求。感知系统的设计与智能仪器的研制过程相似，都需要遵循一定的设计原则和步骤来确保系统功能的实现。以下是对感知系统设计要求的概述：

a. 功能及技术指标。感知系统应具备的功能包括信息输出、通信方式、人机交互等。技术指标涵盖精度、测量范围、工作条件和稳定性等。设计目标是实现小型化、轻量化，同时保证高精度、高灵敏度、快速响应、良好的稳定性和高信噪比。

b. 可靠性。作为智能制造装备的关键部分，感知系统需要长时间稳定运行。提高可靠性的措施包括合理选择元器件、设计时留有技术参数余量、进行老化检查和筛选，以及在极限条件下进行测试，如低温、高温、冲击、振动和干扰等，以验证其环境适应性。软件方面，采用模块化设计，全面测试以消除缺陷，降低故障率。

c. 操作与维护。设计时应考虑操作的简便性和维护的便捷性，非专业人员也能快速掌握。系统结构应规范化、模块化，配备现场故障诊断程序，便于故障定位和设备模块更换。

d. 工艺结构。工艺结构对系统的可靠性有重要影响。根据工作环境条件，确定所需的工艺特性，如防水、防尘、密封、抗冲击、抗振动和耐腐蚀等，考虑系统的总体结构和模块间的连接方式。

e. 环境适应性。感知系统应具备强大的环境适应能力。设计时需充分考虑现场环境条件，选择合适的传感器类型，以确保传感器不易受到被测对象的影响，同时不影响外部环境，从而提高系统的可靠性和延长机电装备的使用寿命。

设计感知系统时，这些要求共同指导着系统从概念到实现的每一个步骤，确保最终产品能够满足智能制造装备的需求。

② 感知系统的设计方法。进行系统设计时，可以采取两种主要的设计方法：

a. 自上而下设计。这种方法从系统的整体需求出发，设计人员首先需确定系统的总体功能和设计目标，然后绘制硬件和软件的总体框图。接下来，将复杂的系统设计任务分解为若干个较小、更易于管理和实现的子任务。每个子任务都尽可能简单，以便于单独设计和调试，同时可以利用现有的通用模块来实现。这种模块化的设计方法不仅简化了设计流程，缩短了设计时间，而且使系统结构更加灵活，便于维护和升级，提高了系统的可靠性和适应性。

b. 开放性设计。开放性设计允许系统设计时预留出未来可能的更新和扩充空间，这样可以方便用户根据需要进行功能扩展或二次开发。这种设计考虑了系统的可扩展性，允许系统随着技术进步和用户需求的变化而成长和演化。设计时，需综合考虑成本、性能、可靠性、用户体验等多种因素，以选择最合适的设计方案。

通过采用这两种设计方法，可以确保系统设计既满足当前的需求，又具备未来发展潜力，从而为用户提供一个可靠、灵活且具有长期价值的解决方案。

③ 感知系统的设计步骤。系统设计是根据系统分析的结果，运用系统科学的思想和方法，设计出能最大限度满足目标要求的系统的过程。

a. 确定设计任务。明确设计对象的工作原理开始于项目需求分析，结束于总体技术方案确定。全面了解设计内容，搞清楚要解决的问题，主要进行硬件设计需求分解，包括硬件功能需求、性能指标、可靠性指标、可制造性需求、可服务性需求及可测试性等需求；对硬件需求进行量化，并对其可行性、合理性、可靠性等进行评估，硬件设计需求是硬件工程师总体技术方案设计的基础和依据。根据系统最终要实现的设计目标，做出详细的设计任务说明书，明确感知系统的功能和应达到的技术指标。

b. 拟定总体设计方案。根据设计任务说明书制订设计方案，包括理论分析、计算及必要的模拟试验，验证方案是否可达到设计要求，然后对方案进行可行性论证，最后从总体的先进性、可靠性、成本、制作周期、可维护性等方面进行比较、择优，综合制订设计方案，直到完成硬件概要设计。主要对硬件单元电路、局部电路或有新技术、新器件应用的电路的设计与验证及关键工艺、结构装配等不确定技术的验证及调测，为概要设计提供设计依据和设计支持。

第一步，根据系统的总体方案，确定系统的核心部件。具有感知的部件对系统整体性能、价格等起很大的作用，会影响硬件、软件的设计。系统中的智能控制部件通常可选MCU（单片机）或MPU（微处理器）等。

MCU是在一块芯片上集成了CPU、RAM、ROM、时钟、定时/计数器、串并行I/O接口等众多功能部件，有些型号的MCU包括A/D转换器、D/A转换器、模拟比较器、脉宽调制器、USB接口等，具有功能强、体积小、价格低、支持软件多、便于开发等特点。所以，感知系统的前端节点模块多选用MCU作为智能控制部件。选择具体型号时，应考虑字长、指令功能、寻址范围、寻址方式、内部存储器容量、位处理能力、中断处理能力、配套硬件、芯片价格及开发平台等。目前常用的MCU有ATMEL公司的AT89系列、AVR系列，TI公司MSP430系列，Motorola公司的68HCXX等系列及与之兼容的多种改进升级型芯片，非常适合于集成度高、成本低的应用场合。

第二步，选择传感器。首先根据使用要求不同在众多传感器中选择自己需要的。有些传

感器的输入 / 输出特性，理论分析较复杂，但实际应用时很简单，用户只需根据使用要求按其主要性能参数，如测量范围、精度、分辨率、灵敏度等选用即可。传感器性能参数指标包含的面很宽，对于具体的某种传感器，应根据实际需要和可能性，在确保其主要性能指标的情况下，适当放宽对次要性能指标的要求，切忌盲目追求各种特性参数均为高指标，以获得较高的性价比。其次要注意不同系列产品的应用环境、使用条件和维护要求。环境变化（如温度、振动、噪声等）将改变传感器的某些特性（如灵敏度、线性度等），且能造成与被测参数无关的输出，如零点漂移。因此，应根据环境要求合理选用传感器。

第三步，设计和调试。首先对硬件模块和软件编程的设计和调试。一般情况下，硬件模块和软件编程的设计分开进行。但是由于智能制造装备感知、识别与检测系统或部件模块的软、硬件密切相关，也可以交叉进行。

硬件部分的设计过程是根据硬件框图按模块分别对各单元电路进行设计，然后进行硬件合成，构成一个完整的硬件电路图。完成设计之后，绘制并印制电路板（PCB），然后进行装配与调试。

软件设计可先设计总体结构图，再将总体结构按自上向下的原则划分为多个子模块，采用结构化程序设计方法，画出每个子模块的详细流程图，选择合适的语言编写程序并调试。从系统或模块的功能、成本、研制周期和费用等方面综合考虑，合理分配软、硬件的比例，使系统达到较高的性价比。

第四步，硬件和软件联合调试。软、硬件分别调试合格后，需进行软、硬件联合调试。调试中出现的问题若属于硬件故障，可修改硬件电路；若属于软件问题，则修改程序；若属于系统问题，则对软、硬件同时修改。调试完成后，还需要对软、硬件进行测试，主要包括功能测试、压力测试、性能测试和其他专业测试，如抗干扰测试、产品寿命测试、防潮湿测试、高温和低温测试。

在感知系统调试过程中，有一项重要的工作是传感器标定和校准，且根据使用情况，交付现场后，传感器仍需定期校准标定。标定就是利用标准设备产生已知的非电量，将其作为基准量来确定传感器的输出电量与输入非电量之间关系的过程。值得指出的是，传感器在出厂时均要进行标定，厂家产品列表中所列的主要性能参数（或指标）就是通过标定得到的。传感器的标定应在与其使用条件相似的环境状态下和规定的安装条件下进行。传感器在使用前或在使用过程中或搁置一段时间后再使用时，必须对其性能参数进行复测或进行必要的调整与修正，以保证其测量精度，这个复测过程就是“校准”。

④ 接口和嵌入式通信。无线传感网络（WSN）近年来经历了显著的发展，伴随着这一发展趋势，出现了多种无线网络数据传输标准。这些标准针对不同的应用领域，以满足特定的通信需求。在传感器系统的子系统之间以及外部接口之间，存在多种通信方式。为了实现标准化，提高互操作性，IEEE 推出了 1451 标准，该标准旨在为传感器和变送器与设备之间的连接提供接口标准。它定义了传感器的电子信息表格式，包括了不同制造商生产的传感器的关键信息，从而促进了不同设备之间的兼容性。

传感器的数字接口通常采用串行接口，这是因为串行接口在电路设计上更为简单，且能够支持更远的数据传输距离，因此在许多应用中得到广泛应用。串行接口类型包括：

RS232：一种传统的串行通信方式，曾广泛用于个人计算机与外设之间的通信，但随着技术的发展，逐渐被 USB 等更先进的接口所取代。

RS485：支持网络配置和多点通信，适用于自动化工厂等场景，尽管在某些应用中正逐渐被控制器局域网（CAN）所替代，但依然在多个领域保持其重要性。

SPI：一种同步串行通信接口，常用于微控制器和其他数字集成电路之间的短距离通信。

在许多应用中尽管USB等新技术已经取代了传统的串行接口，但在传感器领域，串行接口仍然因其简单性和适用性被广泛采用。特别是在工业自动化和过程控制领域，RS485和CAN等协议因其特有的优势（如支持多点通信和网络配置）仍然发挥着重要作用。

无线传感网络的发展推动了多样化的通信标准和接口技术的出现，以适应不同应用场景的需求。IEEE 1451标准等努力在促进不同设备和制造商之间的互操作性方面发挥了关键作用。

3）工业机器人感觉系统。随着劳动力短缺现象的日益严重，"机器换人"已成为工业自动化的一大趋势。在工业领域中应用广泛的多关节机械手或多自由度机械装置，其组成包括：机械结构系统、驱动系统、感知系统、机器人与环境交互系统、人机交互系统、控制系统。

工业机器人具备一定的自动性，能够利用自身的动力和控制能力完成多样化的工业加工和制造任务。它们在汽车、家电、电子、物流、化工等工业领域都有广泛的应用。由于工业机器人在定位精度、运动自由度、工作频率和作业时间等方面有较高的要求，因此，可靠的传感器对于其正常运作至关重要。

工业机器人上的传感器可分为两大类：

① 内部传感器。其安装在机器人的操作机构上，主要包括位移、速度和加速度传感器。这些传感器主要用于监测机器人内部状态，并提供伺服控制系统所需的反馈信号。

② 外部传感器。用于检测作业对象和环境，与机器人进行交互，包括视觉、触觉、力觉和距离传感器等。这些传感器在机器人的控制中扮演着至关重要的角色，使机器人能够模拟人类的感知功能和反应能力。

对于工业机器人的传感器，一般有以下要求：

① 精度高，确保机器人的精确操作。

② 重复性好，保证机器人在连续作业中的稳定性。

③ 稳定性和可靠性高，适应长时间的工作需求。

④ 抗干扰能力强，保证在复杂环境中的可靠运行。

⑤ 质量小、体积小，便于安装和集成。

⑥ 安装方便。易于机器人的设计和维护。

传感器性能直接影响工业机器人的工作效率和作业质量，因此，在设计和选择传感器时，必须综合考虑上述因素，以满足工业机器人在各种应用场景中的性能要求。

（4）智能装备传感器发展趋势　传感器技术是现代科学技术进步的重要标志，其在物联网的快速发展中扮演着至关重要的角色，展现出巨大的发展潜力。

1）新型传感器研发。新原理、新材料的发现推动了新型传感器的诞生，如利用量子效应的高灵敏度传感器和基于核磁共振的磁敏传感器。

2）微型化。微电子技术和MEMS（微机电系统）技术的发展使传感器尺寸不断缩小，微传感器在医疗和军事等领域的应用前景广阔。

3）集成化和多功能化。半导体集成电路技术的应用使得传感器能够在同一芯片上集成多个功能，如霍尼韦尔公司的ST-3000型智能传感器。

4）智能化。智能传感器结合了传感器与微型计算机，具备数据处理、自主决策以及自诊断和自适应功能，支持无线通信。

5）生物传感器和仿生传感器。化学传感器和生物传感器的开发，以及模拟自然界生物感觉器官的传感器，如力觉、触觉和味觉传感器。

6）图像化。传感器技术的发展不仅限于单点测量，还包括对一维、二维乃至三维空间的测量，如二维图像传感器。

7）无线化和网络化。无线传感网络技术在多个领域有广泛应用，随着技术进步，无线传感器和网络的灵活性和动态性将进一步增强。

8）低功耗。低功耗传感器对于物联网应用至关重要，尤其在环境监测等需要长期部署的场景中，降低功耗具有重要意义。

传感器技术的这些发展趋势不仅体现了科技进步的方向，也为未来的创新产品和服务提供了新的可能性。随着全球对传感器技术重要性认识的加深，以及各国政策的支持和研发投入，传感器技术正朝着更加智能化、微型化、多功能化和网络化的方向发展。

4. 智能装备控制系统设计

智能装备的智能控制是控制系统的发展趋势。随着网络技术的不断发展，具有环境感知能力的各类终端、基于网络技术的计算模式等优势促使物联网在工业领域应用越来越广，不断融入工业生产的各个环节，将传统工业提升到智能工业的新阶段。其中，最主要的应用就是生产过程检测、实时参数采集、生产设备监控、材料消耗监测，从而实现生产过程的智能控制。控制系统能否达到预定的要求关系到系统的成败。不同用途的控制系统要求是不同的，一般可归纳为系统的稳定性、精确性和快速反应。

（1）智能控制概述　智能控制代表了控制理论发展的一个高级阶段，它具备智能信息处理、反馈和决策能力，特别适用于解决那些传统方法难以应对的复杂系统控制问题。智能控制的研究对象通常包括不确定性的数学模型、高度非线性和复杂的任务要求。这一领域的发展基于控制理论、计算机科学、人工智能、运筹学等学科，扩展了相关的理论和技术，如模糊逻辑、神经网络、专家系统、遗传算法，以及自适应控制、自组织控制和自学习控制等。

在机械制造行业，智能控制的应用尤其广泛，它能处理基于不完全或不精确数据的预测难题，为现代先进制造系统提供解决方案。例如，在汽车制造企业的智能制造装备自动化控制建设中，智能控制的应用包括：

1）数据服务层。负责大数据分析和数据存储。

2）物联网感知层。接入并控制机器人、I/O设备、传感器等智能化设备，将数据解析并发送至平台服务层。

3）平台服务层。处理设备数据，进行设备管理、数据管理、通信管理和权限管理，支持第三方系统的协同调用。

智能控制的目的是实现系统功能和整体优化，通过自适应、自组织、自学习和自协调能力，实现总体自寻优。它采用开闭环控制、定性与定量决策相结合的多模态控制方式，有效控制复杂系统，并具备广义问题求解能力和容错性。

与传统控制相比，智能控制不依赖于被控对象的精确模型，能够处理非模型化系统的控制问题。智能控制技术的主要方法包括模糊控制、专家控制、神经网络控制和集成智能控制等，而常用的优化算法有遗传算法、蚁群算法和免疫算法等。这些技术和算法使智能控制系统能够应用控制策略、被控对象和环境的知识，具备补偿、自修复和决策能力。

智能控制技术是现代控制理论的一个重要分支，它利用模糊逻辑、专家系统、神经网络等人工智能技术来解决传统控制方法难以应对的复杂系统问题。

1）模糊控制。基于模糊集合论、模糊语言变量和模糊逻辑推理的计算机数字控制技术。由 E.H.Mamdani 于 1974 年首次提出，并成功应用于锅炉和蒸汽机的控制。模糊控制是一种非线性控制，具有系统化理论和广泛的实际应用背景，适用于家用电器、工业控制、专用系统等。

2）专家控制。利用专家知识对专业或复杂问题进行描述的控制系统。结合人工智能技术和计算机技术，模拟人类专家的决策过程。专家系统由知识库和推理机构组成，能够灵活选择控制率，适应性强，鲁棒性好。广泛应用于故障诊断、工业设计、过程控制等领域。

3）神经网络控制。模拟人脑神经元活动的信息处理技术，具有并行分布式信息处理功能。通过自我学习修正连接权值，适合处理不精确和模糊的信息处理问题。具有自适应、容错特性，适用于控制系统中的非线性和复杂性问题。

4）学习控制。通过控制系统的自我学习功能来改善控制性能，包括遗传算法学习控制和迭代学习控制。遗传算法模拟自然选择和遗传机制，适用于组合优化、机器学习等领域。迭代学习控制通过重复控制尝试，从经验中学习，适应性强，不依赖于精确数学模型。

智能控制技术的发展为解决工业自动化中的复杂问题提供了新的途径，特别是在非线性、不确定性和复杂多变的控制环境中展现出其独特的优势。随着技术的不断进步，智能控制技术将在智能制造、自动化控制等领域发挥越来越重要的作用。

（2）智能装备控制系统分类　智能控制系统是自动化控制技术的高级形式，它能够在无人直接干预的情况下，利用智能算法和计算机技术实现对智能机器的控制，以达到预定的控制目标。智能控制系统通常包括以下几种类型：

1）分级递阶控制系统。由组织级、协调级和执行级三个控制级组成，遵循“智能越高，控制精度越低”的原则。组织级负责最高决策和任务组织，协调级作为中间接口，执行级负责具体的控制执行。

2）模糊控制系统。适用于难以建立精确数学模型的复杂系统，基于模糊集合理论和模糊逻辑推理。模糊控制通过模糊变量和语言规则描述系统，简化了设计复杂性，适用于非线性和时变系统。

3）神经网络控制系统。模拟人脑神经元网络，具有自适应和自学习能力，适用于不确定性和非线性控制对象。神经网络由相互连接的处理单元组成，通过加权求和和传递函数进行信息处理。

4）专家控制系统。基于专家知识，模拟人类专家的控制决策过程，解决需要专家处理的复杂问题。专家系统包含大量专业知识和经验，具有启发性、透明性和灵活性。

5）学习控制系统。通过控制系统的自我学习功能来改善控制性能，包括遗传算法和迭代学习控制。学习控制能够适应系统特性和环境变化，处理高精度轨迹控制问题。

智能控制系统的设计可以单独使用上述系统中的一种，也可以将多种系统综合应用于一个实际的智能控制系统，建立混合或集成的智能控制系统。这些系统在自动控制领域的应用广泛，包括系统建模、参数整定、优化设计、预测控制、模式识别、图像处理、机器人控制等。

智能控制技术的发展，特别是机器人领域，已经成为控制领域研究的前沿课题，取得了丰富的成果。通过模拟人的控制行为和直觉推理，智能控制系统在处理缺乏精确模型的对象控制中显示出强大的生命力和应用潜力。

（3）智能装备控制系统的硬件平台设计　智能装备控制系统的设计涉及硬件和软件的紧密结合，以实现系统的高效运行。智能控制系统的架构通常由以下六个核心组成部分构成：执行器、传感器、信息处理单元、规划与控制单元、认知单元和通信接口。

执行器是系统的执行单元，负责执行控制命令，对外部环境进行操作，如电动机、定位器、阀门等。传感器则是系统的感知单元，用于监测系统状态和外部环境，提供输入信息，包括位置、力、视觉、距离和触觉传感器等。

在小型智能控制系统中，硬件主要由传感器、控制器和执行器组成。传感器收集信息，控制器处理信息并生成控制信号，执行器执行动作。控制器通常基于如单片机或 FPGA（现场可编程门阵列）的微型控制单元构建。执行器可以是声光元件、电动机和舵机等。

对于规模较大的控制系统，如工业控制系统，硬件组件需满足更为复杂的工业环境要求。在这些系统中，信息采集通常依赖于大型检测仪表，用于收集温度、压力、流量等信息。

控制系统的核心硬件是主控板或控制器，由处理芯片和外围设备构成。处理芯片如 MPU、MCU、DSP 等负责数据处理，而外围设备则包括存储单元、接口、晶振、开关元件等。嵌入式处理器如 ARM、MIPS、PowerPC 和 Intel Atom 等因其特性而被广泛应用。

传感器和检测仪表对于控制系统至关重要，用于采集环境和系统状态信息。检测技术包括热电偶、热电阻、集成传感器等，用于温度、压力、流量、物位和成分的检测。执行器在不同类型的控制系统中有所不同，嵌入式系统中可能包括声光装置、小型电动机和舵机，而工业系统中则可能包括控制阀和大型电动机等。

（4）智能装备控制系统的软件设计　智能装备控制系统的软件设计是确保系统能够按照预定目标有效运行的关键环节。控制系统的核心任务是对被控物理量进行精确控制，这些物理量可能需要在生产过程中保持恒定，如温度、压力、液位、电压等，或者按既定规律变化，如飞行轨迹、记录曲线等。

控制装置是施加控制作用的机构，它可以根据反馈控制原理对被控对象进行实时控制。控制系统通常由给定环节、测量环节、比较环节、运算及放大环节和执行环节组成：

1）给定环节。提供输入信号，设定被控对象的目标值。

2）测量环节。测量被控对象的状态，并将状态转换为便于处理的物理量。

3）比较环节。比较输入信号与反馈量，产生偏差信号。

4）运算及放大环节。对偏差信号进行校正和放大，以驱动执行环节。

5）执行环节。接收控制信号，执行控制命令，驱动被控对象。

控制系统的软件设计需实现实时监控、数值计算、数据处理和控制算法等功能。软件应具备实时性、并发处理能力和良好的人机界面，能快速响应输入并处理偶发事件。

软件设计方法通常包括结构化程序设计、自顶向下的程序设计和模块化程序设计：

1）结构化程序设计。使用逻辑结构来表示程序文本与对应过程的关系，使程序设计和编码更加清晰。

2）自顶向下的程序设计。从整体目标出发，逐步细化问题，直至分解为易于解决的子问题。

3）模块化程序设计。将软件分解为独立模块，每个模块具有明确的功能，降低程序复杂度，便于设计、调试和维护。

3

第3章 智能装备生产技术

章知识图谱

说课视频

3.1 引言

3.1.1 智能装备生产技术概述

智能装备生产技术是一种综合性的制造技术，它将先进的科技手段与制造业相结合，旨在提高生产率、产品质量和生产灵活性。这项技术涵盖了从设计、制造、装配到控制、监控和维护等环节，以实现制造业的智能化和自动化。智能装备生产技术的核心目标是通过集成先进技术，使制造设备和生产系统具备更高的智能化水平，以应对市场需求的变化和提高企业的竞争力。智能装备制造技术的一些关键方面如下：

1. 机械设计与制造

1）CAD/CAM技术。使用CAD和CAM技术，实现智能装备的三维建模、工艺规划和数控加工。

2）机械结构优化。运用结构优化理论和方法，设计轻量化、刚性好的机械结构，提高装备的运动精度和耐久性。

3）3D打印技术。应用增材制造技术，实现复杂零部件的快速原型制造和定制化生产。

2. 电子工程与电气控制

1）嵌入式系统。开发嵌入式控制系统，实现智能装备的实时数据采集、处理和控制。

2）传感器技术。采用先进传感器，实现对环境和装备状态的实时监测，包括温度、湿度、压力、位置等。

3）电气驱动与伺服控制。使用先进的电动机和伺服系统，实现高效、精密的装备运动控制。

3. 计算机科学与信息技术

1）人机界面设计。设计直观、易用的人机界面，方便操作人员进行交互式控制。

2）实时数据处理。利用高性能计算机进行实时数据处理，支持智能算法和决策。

3）云计算。应用云计算技术，实现对生产数据的集中存储、分析和管理。

4. 自动化控制技术

1）PLC 控制。使用 PLC 实现生产线的自动化控制。

2）SCADA（数据采集与监控）系统。配置监控与数据采集系统，实现对整个生产过程的远程监控和实时数据分析。

3）工业机器人。集成工业机器人，实现自动化的装配、搬运和加工任务。

5. 智能算法与人工智能

1）机器学习。利用机器学习算法对生产数据进行分析，实现智能装备的自适应优化。

2）深度学习。应用深度学习技术，实现对大规模数据的复杂模式识别和决策。

3）专家系统。开发专家系统，将专业知识融入智能装备的控制和优化中。

6. 网络通信技术

1）工业互联网。采用工业互联网技术，实现设备之间的实时通信和数据共享。

2）5G 技术。应用 5G 技术，提供高速、低延迟的通信网络，支持智能装备的快速响应和协同工作。

这些技术共同构成了智能装备制造的核心，使得装备在生产、操作和维护方面都能实现更高水平的智能化和自动化。不同行业和应用领域的智能装备可能会有不同的技术要求和重点，因此在具体的制造过程中需根据实际情况进行技术选择和定制。

3.1.2　智能装备生产技术发展历程

智能装备制造技术的发展历程是制造业长期发展和技术进步的产物。从工业革命以来，随着科学技术的迅速发展和人类对生产率、质量和智能化需求的不断增加，智能装备制造技术也在不断演进和完善，经历了多个阶段和重要转折。

1. 传统机械制造阶段

19 世纪末至 20 世纪初，工业革命的兴起推动了机械制造技术的发展。这一阶段促使人们意识到了生产率和质量的重要性，推动了技术创新的发展。人们开始尝试各种改进和创新，如发明新的机械设备、改进生产工艺等，以提高生产率和质量。但机械制造的起步阶段因技术水平有限，使得生产力水平相对低下，质量难以保障，制约了工业化进程的发展。

2. 数控技术的出现

1952 年，美国 Parson 公司与麻省理工学院合作研制出世界第一台数控机床。数控技术的引入使得生产过程实现了数字化控制，大大提高了生产率和加工精度。由于广泛采用数控机床，整个制造业产品质量显著提升，新产品开发周期明显缩短，满足了消费者对新颖和个性化的需求，从而促进制造业与市场的相互发展。数控机床的基本结构如图 3-1 所示，数控机床与传统机械制造阶段的普通机床相比，多了数控系统、伺服系统与位置检测装置以及辅助控制单元。

经过数十年的发展，数控机床的控制部分已经从以硬件为主的数控装置转变为硬件与软件相结合的计算机数控（CNC）系统。同时，数控机床的发展还带动了精密测量技术和精密机械结构设计制造技术的发展。目前数控机床已经遍布军工、航空航天、汽车、造船、机车车辆、机床、建筑、通用机械、纺织、轻工、电子等几乎所有制造行业。

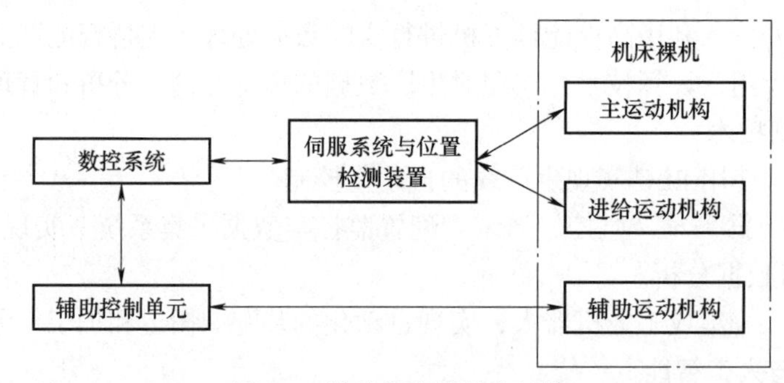

图 3-1 数控机床的基本结构

（来源：刘强 . 数控机床发展历程及未来趋势［J］）

我国数控机床最早的研制工作几乎是与世界同步的，虽然起步较早，但初期数控机床技术研究和产业发展基本处于一种封闭状态。从 1958 年到 1978 年改革开放前，数控机床关键技术研究开发及产业发展缓慢。相对于 19 世纪 70 年代末和 19 世纪 80 年代初已经实现机床产品数控化升级换代的美国、日本和欧洲先进工业国家，我国在 70 年代末才开始机床数控化进程。然而，这一升级换代历经多次曲折和困难，直到 30 多年后，我国机床工业的产品数控化升级才得以全面实现。

在“十五”期间（2001—2005 年），随着中国于 2002 年正式加入 WTO，我国数控机床迎来高速发展时期。国产数控机床产量逐年增长超过 30%，同时国产 5 轴联动加工中心和 5 面体龙门式加工中心为新能源、汽车、航空航天等国家重点建设工程提供了重要装备。

3. 计算机集成制造技术

计算机集成制造系统（CIMS）通过整合和协调企业内部的各个环节和业务流程，包括设计、工艺规划、生产控制、质量管理、供应链管理等，以实现全面自动化和信息化的制造过程。其核心是一个公用的数据库，对信息资源进行存储与管理，并与各个计算机系统进行通信。在此基础上，需要有三个计算机系统：①进行产品设计与工艺设计的计算机辅助设计与计算机辅助制造系统，即 CAD/CAM；②计算机辅助生产计划与计算机生产控制系统，即 CAP/CAC，此系统对加工过程进行计划、调度与控制，FMS 是这个系统的主体；③计算机工厂自动系统，它可以实现产品的自动装配与测试，材料的自动运输与处理等。

在上述三个计算机系统外围，还需利用计算机进行市场预测、编制产品发展规划、分析财政状况并进行生产管理与人员管理。

1973 年，美国首次提出了计算机集成制造（CIM）的概念，随后经过进一步发展，CIM 被定义为一种组织、管理和实施企业生产的理念。借助计算机网络，CIM 综合运用现代管理、制造信息、自动化和系统工程等技术，以优化整个生产过程中的人员、技术、经营管理、信息流和物流，从而实现产品高质量、低成本、快速上市，以在市场竞争中取得优势。CIM 理念的优化运行企业制造系统被称为计算机集成制造系统（CIMS）。

CIM 和 CIMS 的应用受到各国政府和工业界的广泛关注。美国政府于 1981 年在国家标准局内成立了自动化制造试验基地（AMRF），旨在研究 CIM 体系结构方案，并提供可靠的系统集成技术。在欧洲，德国、英国、法国等国也制订了自己的发展计划，并积极参与了欧洲信息技术研究发展战略计划（ESPRIT），CIM 是该计划的重要研究内容之一。

为了应对未来全球技术和经济竞争，中国于 1986 年启动了国家高科技研究发展计划

“863 计划”，旨在利用高新技术改造、武装和振兴国内制造业，并加快经济改革步伐。在该计划中，CIMS 被确定为自动化领域的主要研究项目之一。随后，中国于 1992 年建立了全国范围的 CIMS 信息网，致力于传播国际上关于 CIMS 的最新知识和信息，及时推广国内 CIMS 的最新研究成果，为中国 CIMS 高技术研究和产业服务发展提供支持。

4. 智能化制造技术的兴起

制造业亟须进行革命性的产业升级，以满足转型升级的紧迫需求，同时也处于新一轮科技革命和产业变革的历史性机遇期。21 世纪以来，超级计算、大数据、云计算、物联网等新一代信息技术迅速发展，形成了群体性跨越。这些技术进步集中在新一代人工智能技术的突破，最本质的特征是具备了认知和学习的能力，实现了质的飞跃。新一代人工智能技术将继续向强人工智能发展，应用范围将更加广泛，成为推动经济社会发展的核心引擎。

智能制造是基于新一代信息通信技术与先进制造技术的深度融合，贯穿于设计、生产、管理、服务等制造活动的各个环节，具有自感知、自学习、自决策、自执行、自适应等功能的新型生产方式。

智能化制造技术的兴起标志着制造业进入了一个全新的发展阶段，其核心理念是通过引入智能算法、传感器、云计算等先进技术，实现生产过程的智能化、自动化和网络化。这一技术革新涵盖生产的各个方面，从生产计划和设计到加工制造、质量控制和供应链管理，都受益于智能化制造技术的应用。如图 3-2 所示，它是智能制造系统的基本机制，与先前数控技术和计算机集成制造技术最大的区别在于信息系统中增加了认知和学习功能。网络系统不仅拥有强大的感知、计算分析和控制能力，而且还具有提高学习和生成知识的能力。

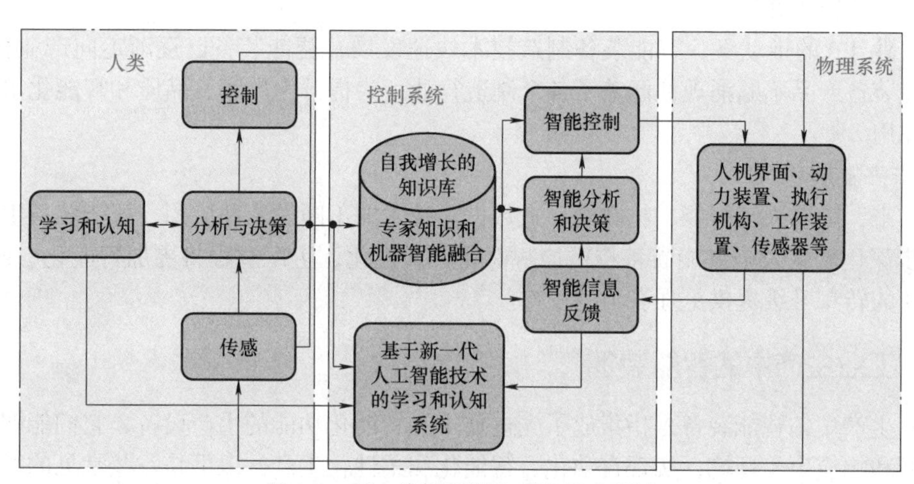

图 3-2　新一代智能制造系统基本机制

（来源：Zhou J，Li P，Zhou Y，et al.Toward new-generation intelligent manufacturing［J］）

智能化制造技术的兴起带来了制造业生产方式的变革，具有以下几个显著特点：

1）灵活性和定制化。智能化制造技术使得生产系统更灵活，能够快速调整生产流程和生产线，实现定制化生产，满足消费者个性化需求。

2）高效率和节能环保。智能化制造技术能够实现生产过程的智能化监控和优化，提高生产率，减少资源浪费和能源消耗，实现绿色制造。

3）质量控制和预测维护。通过智能化制造技术，生产过程中的质量控制得到了加强，能够及时发现和修复生产中的问题，实现零缺陷生产。同时，智能化技术还能实现设备的预测性维护，减少设备故障和停机时间，提高设备利用率。

4）数字化管理和供应链优化。智能化制造技术实现了生产过程的数字化管理和信息化采集，使得企业能够更好地把握生产过程的实时情况，并能优化供应链管理，实现供需匹配，降低库存成本和缩短交货周期。

综上所述，智能化制造技术的兴起为制造业带来了巨大的发展机遇，实现了生产过程的智能化和自动化。

5. 工业 4.0 时代的到来

工业 4.0 主要涵盖了以智能制造为核心的第四次工业革命，或者说是革命性的生产方式。它代表了从集中式控制向分散式增强型控制的基本模式转变，旨在建立一个高度灵活、网络化、智能化、柔性化和数字化的产品与服务生产模式。在这个新模式中，传统的行业边界将逐渐消失，各种新的活动领域和合作形式将涌现。价值创造的过程正在发生变革，产业链的分工也将被重新组织。该战略旨在通过充分利用信息通信技术和物理系统相结合的手段，将制造业推向智能化转型的道路。

《中国制造 2025》是中国实施制造强国战略的首个十年行动纲要，旨在为制造业未来的发展指明方向。该规划提出了 9 项战略任务和重点，要求大力推动重点领域的发展突破，包括新一代信息技术产业、高档数控机床和机器人、航空航天装备等十大重点领域。规划还提出了加强制造业创新中心、智能制造、工业基础设施建设、绿色制造和高端装备创新等工程建设，要求不断提升技术创新能力，积极推动工业和信息化的深度融合，促进高端信息化和智能化技术的应用和推广。

在工业 4.0 的推动下，智能装备制造技术快速发展，智能装备已逐渐走向产业化阶段。各类智能装备产品不断涌现，涵盖了各个制造行业，为提升生产率、品质和智能化水平发挥了重要作用。

6. 未来发展趋势

在未来，随着人工智能、物联网、大数据等技术的不断发展和应用，智能装备生产技术将进一步深化和普及。智能装备将更加智能化、柔性化，生产过程将更加智能化、网络化，为制造业的转型升级提供更强有力的支撑。

3.1.3 工业生产中的智能装备

工业生产中的智能装备是指集成了先进技术和智能化功能的生产设备，它们能够自主感知、分析和响应生产环境，实现自动化、智能化和柔性化生产。以下是一些常见的智能装备在工业生产中的应用。

1. 智能机器人

工业机器人是最典型的智能装备之一，它们具备高精度、高速度、高重复性的特点，广泛应用于装配、焊接、喷涂等生产环节。随着人工智能技术的发展，智能机器人还能够实现自主学习、自适应控制，更加灵活地适应不同的生产需求。

2. 智能传感器

智能传感器能够实时感知生产环境的各种参数，如温度、湿度、压力、振动等，通过与网络连接，将数据传输至控制系统进行分析和决策。智能传感器的应用范围广，涉及生产过程中的监测、检测、控制等各个环节。

3. 智能监控系统

智能监控系统通过整合各种传感器数据、生产数据和历史数据，实时监测生产过程中的设备状态、工艺参数等，及时发现并预防潜在的故障和问题，保障生产的稳定运行。

4. 自动化生产线

自动化生产线集成了多种智能装备，如机器人、传感器、自动输送系统等，能够实现产品的自动装配、检测和包装。自动化生产线可以大幅提高生产率和产品质量，降低人工成本和生产周期。

5. 智能控制系统

智能控制系统通过集成各种控制算法、优化算法和人工智能技术，实现对生产过程的智能化控制和优化。它能根据实时的生产数据和目标要求，自动调节设备参数和工艺流程，以实现生产过程的稳定运行和最优化。

6. AR 和 VR 技术

AR 和 VR 技术能够为操作员提供虚拟的生产环境和实时的生产信息，帮助他们进行高效、准确的操作和维护。这些技术还能用于生产过程中的培训、仿真和设计，提高生产率和产品质量。

这些智能装备在工业生产中发挥着重要作用，它们不仅提高了生产率和产品质量，还降低了生产成本和人工风险，推动着工业生产向智能化、数字化和网络化方向发展。

3.2 机械制造技术基础

3.2.1 传统机械制造工艺

机械制造工艺涵盖了从原材料到成品的整个生产过程，包括生产准备、毛坯制造、零件加工、装配、试验和产品检验等阶段。

（1）生产过程　从原材料到成品的一系列相互关联的劳动过程。

（2）工艺过程　在生产中通过改变生产对象的形状、尺寸、位置和性质，将其转变为半成品或成品的过程。

（3）机械工艺过程　特指使用机械加工方法改变毛坯的形状、尺寸和表面质量，制造出零件的过程。

传统的机械加工技术包括：

1）车削加工。适用于加工回转表面，如轴和盘套类零件，具有位置精度高、生产率高等特点。

2）铣削加工。使用旋转的多切削刃刀具切削工件，具有高效率和切削厚度变化的特点。

3）刨削加工。对工件进行直线切削，适用于单件和小批量生产，但生产率相对较低。

4）磨削加工。使用磨料或磨具高精度切除材料，表面质量好，磨具具有自砺性。

5）钻削加工。用钻头加工孔，易产生引偏，排屑和散热困难。

6）镗削加工。使用镗刀进行切削，适应性强，可校正孔轴线位置误差，但效率较低。

7）拉削加工。在拉床上使用拉刀加工内外成形表面，适用于批量生产，制造成本高。

8）铰孔加工。用铰刀提高孔的加工精度，进行微量切削。

随着全球经济一体化和市场竞争的加剧，传统制造技术面临挑战。市场对机械装备的需求趋向于结构合理、自动化程度高、加工精度高、低振动和低成本的机床新产品。因此，机械制造业正朝着高精度、高效率和低成本的方向发展，以适应现代制造技术的发展要求。

3.2.2 数控加工技术

1. 智能数控车床及车削中心设计

设计智能数控车床及车削中心需考虑机械结构、数控系统、自动化功能、安全性、节能环保以及人机工程等方面。

1）机械结构。设计稳固可靠的机床结构，确保在高速、高负荷下保持稳定性。选择适当的材料和加工工艺，以确保机床的刚性和耐磨性。考虑工件的尺寸和重量设计合适的工作台和夹具。

2）数控系统。选择先进的数控系统，包括高性能的控制器、编程软件和人机界面。确保数控系统具有高精度的运动控制和实时监控功能。考虑添加智能化功能，如自动化编程、自动换刀和自动调整功能。

3）自动化功能。设计自动化的工艺流程，包括自动化换刀、自动测量和自动补偿功能。集成智能检测系统实时监测加工过程中的参数并进行自动调整。考虑添加机器视觉系统，实现自动识别和定位工件。

4）人机工程。设计人性化的操作界面和操作流程，简化编程和操作步骤。提供培训和技术支持，确保操作人员能够熟练操作设备。

综合考虑上述因素，设计出一台功能完善、性能优越的智能数控车床及车削中心，能够满足高精度、高效率的加工需求，提高生产率和产品质量。

数控车床基础结构优化设计的步骤具体如下：

（1）床身的优化设计　床身是机床的一个重要基础部件，合理选择筋板的布置形式和筋板孔的尺寸不但可以提高床身的整机性能，而且可以节约材料和降低生产成本。

首先根据实际情况建立有限元模型，对床身进行静力学分析，根据结果形成优化方案。其次是对床身内部增加加强筋板，一种是对较薄部分进行填厚，还有一种是沿着导轨方向，在导轨与床身接触部分增加加强筋。对优化后的结构再次进行静力学分析，选择综合优化方案。

（2）主轴部件的结构优化　高速数控机床的工作性能首先取决于高速主轴部件的性能。数控机床的高速主轴部件包括主轴动力源（电主轴）、主轴本体、轴承和主轴箱体等几个部分，它影响加工系统的精度、稳定性及应用范围，其动力性能及稳定性对高速加工起关键性作用。通过对主轴箱体建模，并模拟机床的工作状态，结合 SolidWorks Simulation 软件对模型进行有限元仿真和分析，对主轴箱体的优化设计，并在机床实际生产应用中取得了良好的效果。

（3）尾部部件的结构优化　高速机床经过一段时间的车削加工后，经常出现机床尾座轴线与机床主轴轴线之间高度变化的问题，这样，当机床加工类似长轴的工件时（此时工件采用卡盘夹紧、尾座顶尖顶紧的夹持方式），就会出现零件加工精度降低、机床性能不稳定等一系列问题。

为了解决此问题，经过对原结构的分析，总结其不足之处，然后对结构进行改进和优化。

（4）高速主轴单元的总体结构设计　为满足主轴高速旋转，传递大转矩及运转平稳性的要求，机床通常采用内置电动机非接触驱动的传动方式，即电主轴单元。电主轴单元是一种智能型功能部件，采用无外壳电动机，将带有冷却套的电动机定子装配在主轴单元的壳体内，转子和机床主轴的旋转部件做成一体工作时，通过改变电流频率来实现增减速度。

电主轴的优点：结构简单紧凑、质量小、惯性小、振动小、噪声低、响应快、转速高、功率大，同时具有一系列主轴温升与振动控制等。

电主轴的机械结构虽然比较简单，但制造工艺的要求却非常严格。电动机的内置也带来了一系列问题，诸如电动机的散热、高速主轴的动平衡、主轴支承及润滑方式的合理设计等，这些问题必须得到妥善的解决，才能确保电主轴稳定可靠地高速运转，实现高效精密加工。

为保证电主轴有足够的刚度来实现较高的加工精度和加工质量，选用电主轴置于前、后轴承之间，采用两支承结构，支承受力方式为外撑式。在主轴单元设计中，一般可以选用滚动轴承，用于主轴的常用滚动轴承主要有圆柱滚子轴承、双向推力角接触球轴承、角接触球轴承、圆锥滚子轴承等。

（5）电主轴单元主要技术参数的确定

1）主传动系统的功率和转矩特性。主轴输出的最大转矩：

$$M_n=9550\frac{P\eta}{n}$$

式中，M_n 为主轴输出的最大转矩（N·m）；P 为主轴电动机最大输出功率（kW）；η 为主轴的传动功率系数，对于高速数控机床，η=0.85；n 为主轴计算转速（r/min）。

2）主轴直径确定。现代数控机床越来越倾向于高速化，各个企业大都根据自己的相关经验，在刚度、速度、承载能力等方面取得平衡来确定主轴直径。数控机床因为装配的需要，主轴直径通常是自前往后逐步减小的前轴颈直径 D_1 大于后轴颈直径 D_2。对于数控车床，一般取 $D_2=D_1\times(0.7\sim0.9)$。

（6）主轴刚度的有限元分析　主轴单元的刚度是综合刚度，是主轴、轴承等刚度的综合反映，对加工精度和机床性能有直接影响。采用 SolidWorks Simulation 软件对主轴进行有限元仿真和分析来确定主轴的刚度值，具体分析步骤为：①主轴力学模型的建立；②主轴箱体有限元网格模型的建立；③载荷的施加及边界约束；④材料的定义；⑤有限元分析；⑥计算结果的分析。

（7）主轴单元的冷却系统　高速机床在高速加工时，主轴单元的发热是机床运行中的主要热源之一，其传热、温度场和热变形在影响加工精度的诸多因素中占有十分重要的地位。为此，需对主轴单元进行冷却结构设计。

（8）主轴单元润滑系统　当前主轴单元的轴承主要采用脂润滑和油润滑。各种润滑方式的比较见表 3-1。

表 3-1 各种润滑方式的比较

项目	脂润滑	油润滑		
		油气润滑	油雾润滑	喷射润滑
特点	无需润滑装置、密封简单、冷却性能差、更换麻烦	灰尘与切削液不易侵入、无污染、能达到最小油量润滑、冷却性能好、成本较高	灰尘与切削液不易侵入，但易造成污染，成本低	灰尘与切削液不易侵入、需油量大、摩擦损耗大、易漏油、成本高
用途	适用于低转速	适用于高转速	适用于高转速	立式主轴禁用，用于特殊场合
轴承温升	高	较低	较高	较低

（9）滚珠丝杠的选择　作为机床传送动力及定位的关键部件，滚珠丝杠是机床性能的重要保证。目前“旋转电动机 + 滚珠丝杠”的进给方式在数控机床进给系统中得到了广泛应用。下面以 X 向进给系统为例进行讨论。进行 X 向高速驱动进给研究前，对整机的主要功能部件进行了动态性能的优化和轻量化设计，经过以上设计首先确定了 X 向高速驱动进给系统的使用条件。

工作台质量：m=180kg；最大行程：L=165mm；快进速度：v_{max}=42m/min；摩擦系数：μ=0.003；加速时间：t=0.05s；最大切削力：F=1900N，F_x=0.5F=950N，F_z=0.4F=760N。

因本机床为 45° 斜床身结构，所以滑动阻力为 F_r=mgsin$a$+μmgsin$a$=1251N，g=9.8m/s^2。

1）初选滚珠丝杠的精度等级为 C3 级精度，确定滚珠丝杠安装部位的精度。

2）确定滚珠丝杠的轴向间隙，并对滚珠丝杠的预紧力进行计算。因为对滚珠丝杠施加预紧，螺栓部位的刚度就会增加，但是预紧负荷过大时，对寿命、发热等会产生恶劣影响。因此，根据以往的设计经验，取最大预紧力为基本额定动载荷的 8%。

3）根据数控机床一般使用情况，拟定 X 向高速驱动进给系统的运转条件和负载条件。

4）确定滚珠丝杠的导程、轴径和丝杠轴的安装方法等，最后确定初选 X 向丝杠型号。

（10）X 向联轴器的选择　大多情况下，联轴器是按照最大传递转矩选用的，选用的联轴器最大转矩应大于系统的最大转矩，联轴器所需转矩的计算为

$$T_{KN}>1.5T_{AS}$$

式中，T_{KN} 为联轴器最大转矩；T_{AS} 为系统最大转矩。

根据计算结果可在联轴器具体参数表中选择联轴器型号。

（11）高速驱动进给系统的精度分析　为了满足高速驱动进给系统的定位精度和重复定位精度，在 X 向加装了测量绝对位置的光栅尺，使高速进给驱动系统形成一个闭环系统，以保证机床的定位精度和重复定位精度以及其他工作精度。

2. 智能数控系统

（1）数控机床的机电匹配与参数优化技术　采用数控系统集成在线伺服调试、伺服软件自整定算法，开发伺服驱动器调试软件，使机床数控系统的伺服参数与机械特性达到最佳匹配，提高了数控系统伺服控制的响应速度和跟随精度，达到机床数控系统环路的最终三个控制目标，即稳（稳定性）、准（精确性）、快（快速性）。

伺服参数优化的本质是对位置环（NC参数）、速度环（驱动参数），甚至电流环（驱动参数，特殊情况才优化）的参数进行修改，以武汉华中数控系统机电匹配与参数优化技术为例进行介绍。

1）技术方案。

① 建立网络连接。华中数控伺服调整工具SSTT软件是一款国产数控机床调试和诊断的软件，SSTT软件通过以太网和数控系统建立连接，建立连接之前，需要保证PC的IP和数控系统的IP处于同一网络C段，确认网络状态连通后，在数控系统面板上，打开数控系统网络。

打开SSTT软件，在“通信设置”窗口，填入目标数控系统IP和通信端口，如果和数控系统通信成功，则会弹出“连接成功”的提示框。

② 采样设置。连接完成后，先设置采样通道。目前SSTT软件支持6种采样类型，分别是指令位置、实际位置、跟踪误差、指令速度、实际速度、力矩电流。逐步调整参数，直到机床的加速性能达到一个比较理想的状态。

2）结论。

① 通过采样，用量化的机床数据作为调试依据，能提高调试的可靠性。

② 可通过采样数据观察调节参数的效果。

③ 能够直接在便携式计算机上修改、备份数控系统和伺服驱动参数，提高调试效率。

（2）数控机床智能化编程与优化技术　当前，以传统M代码语言为基础的数控系统的输入编程制约了数控技术的进一步发展。智能化编程系统作为NC代码的产生平台，也像数控系统一样有着自己独立的发展轨迹，数控编程系统的智能化也是数控机床行业不断追求的目标之一。

采用这种编程方式可以真正实现企业制造知识和经验的再用，实现工艺和数控编程的标准化、智能化，进而提高制造质量和竞争能力，为实现加工系统的自动化提供技术基础。

（3）基于互联网的数控机床远程故障监测和诊断

1）技术方案。

① 有线方式。通过网线连接数控机床的数控系统网口进行数据采集，数控机床、路由器DNC（分布式数控）采集客户端组成车间网络，数据通过互联网存储到DNC服务器中。

② Wi-Fi方式。通过无线客户端连接数控机床数控系统的网口进行数据采集，数控机床、无线客户端、无线AP和DNC采集客户端组成车间网络，数据通过互联网存储到DNC服务器中。

③ 2G/3G/4G工业无线路由器方式。通过2G/3G/4G工业无线路由器连接到数控机床的数控系统，数控机床、2G/3G/4G工业无线路由器组成车间网络，DNC采集客户端直接设置到DNC服务器中进行数据采集，通过2G/3G/4G网络进行数据传输。

2）远程故障监测和诊断采集数据传输流程。

① 有线方式。车间数控机床→车间服务器运行“数控系统厂家采集软件”→数据存储到中心服务器数据库→终端计算机运行数控机床远程故障监测和诊断软件，实现故障监测和诊断。

② Wi-Fi方式。车间数控机床（配装Wi-Fi路由器）→车间服务器运行“数控系统厂家

采集软件”→数据存储到中心服务器数据库→终端计算机运行数控机床远程故障监测和诊断软件，实现故障监测和诊断。

③ 2G/3G/4G 工业无线路由器方式。车间数控机床（配装 2G/3G/4G 工业无线路由器）→中心服务器运行“数控系统厂家采集软件”，数据存储到服务器数据库→终端计算机运行数控机床远程故障监测和诊断软件，实现故障监测和诊断。

3）三种采集数据传输方式的优缺点。

① 有线方式。数据传输速度快、可靠性高，但需要在用户车间设置网线和车间服务器、交换机，用户生产现场组网难度较大、成本较高，用户接受程度和方案实施可操作性较差。

② Wi-Fi 方式。数据传输速度较快、可靠性较高，但需要在用户车间设置无线设备和车间服务器、交换机，用户生产现场组网难度较大、成本较高，用户接受程度和方案实施可操作性较差。

③ 2G/3G/4G 工业无线路由器方式。只需在用户车间数控机床上设置工业无线路由器，用户生产现场组网难度较小、成本较低，用户接受程度和方案实施可操作性较高，但数据传输速度和可靠性在一定程度上受工业无线路由器接入互联网时信号强弱的影响。

3.2.3 智能车削生产线

1. 智能车削生产线总体布局

车削生产线由生产线总控系统、在线检测单元、工业机器人单元、加工机床单元、毛坯仓储单元、成品仓储单元和 RGV（轨道导向车辆）小车物流单元组成。以 CK 系列智能机床为例，从总控系统与检测单元、工业机器人与车削机床单元以及物流与成品仓储单元三部分对智能车削生产线的组成和设计进行介绍。

（1）总控系统与检测单元　典型总控系统，由室内和现场终端两部分组成。室内终端配备多台显示器及数据库，负责接收整个生产车间传输过来的制造生产大数据，显示器用于用户车间现场各项状态的显示，包括设备运行状态、零件加工状态、物流情况、人员状况以及用户车间现场温度、湿度等环境信息。在用户生产车间中，配备现场终端，通过显示器可以清晰方便地查看用户车间中的各项状态，包括设备监控生产统计、故障统计、设备分布、报警分析和工艺知识库等，同时现场终端可以与室内终端进行数据交互。

典型的在线检测单元，由工业机器人、末端执行器和多源传感器等组成。物流系统将成品运输到指定位置之后，工业机器人将整个检测单元移动到指定工位上，通过视觉相机进行待检测零件的拍照识别和定位，工业机器人再次调整自身位置，使整个检测单元对准待检测部位。

识别与定位完成之后，由末端执行器负责待检测零件的抓取，通过工业机器人将零件转移到检测台上的指定位置，由检测台上预先配备的多源传感器对待检测零件的孔径、窝深、曲率、表面粗糙度、齐平度等精度指标进行在线检测，也可通过智能算法对零件进行自动测量和自动分类，将不同类型的零部件转移到不同的物流线上，完成零件的自动分类操作。通过互联网检测单元可以将检测结果返回给总控系统，操作人员通过室内总控系统或者现场总控系统的终端计算机和显示器，可直接观看到零件的检测结果。符合检测要求的，直接进行下一工位操作；不符合要求的，在显示器上显示不合格提醒，由操作人员根据零件的不合格程度进行判定与决策。检测完成后，末端执行器抓取已检测零件，工业机器人将已检测零件转移到物流系统上，由物流系统运送到下一工位进行处理。

（2）工业机器人和车削机床单元　加工模块由工业机器人和车削机床两部分组成。工业机器人负责待加工零件的移动和抓取，车削机床为智能机床。

一个工业机器人负责为一台或者两台车削机床进行零件的取放和装夹。物流配送系统将毛坯零件或者半成品零件运输到指定工位之后，由工业机器人抓取毛坯零件或半成品零件，将其放入智能车削机床中，辅助机床完成待加工零件的装夹。

车削机床配备智能健康保障功能、热温度补偿功能、智能断刀检测功能、智能工艺参数优化功能、专家诊断功能、主轴动平衡分析和智能健康管理功能、主轴振动主动避让功能和智能云管家功能。智能机床可以根据自身需要增加或减少相应的智能化功能，以组成最适合企业生产需求的车削生产线。

（3）物流与成品仓储单元　典型物流单元由工业机器人、末端执行器、RGV 小车、零件托运工装和行走轨道组成，主要实现机床加工零件的转移运输工作。

根据生产任务的需求，智能生产线可以选择配备单条或者多条物流生产线。机床较少或加工任务较为简单的智能车削生产线，可以采用单物流线模式，机床任务较多或者加工任务较为复杂的情况，可配备两条或者多条物流线。

根据加工场景的复杂程度配备移动机器人，各工位之间的零件转移由自动编程的 RGV 小车完成，RGV 小车上配备不同零件托运工装，完成相应的上料、转运和下料工作。

典型成品仓储单元由仓储柜、工业机器人、末端执行器、行走轨道组成。仓储柜由大小相同的独立小柜构成，各小柜之间可以快速拼接和拆分。根据工业机器人的选择调整大小。根据仓储柜的个数，行走轨道可以根据需求，设置为直线形或者环形，提高工作效率。

2. 生产线系统集成

集成控制系统技术的迅速发展正推动自动化生产线向更高水平的自动化和集成化迈进。生产线集成控制的核心在于通过特定的网络技术将多个设备连接起来，形成一个统一的系统，实现内部信息的集成与交互，以达到更高效控制的目的。集成控制主要分为设备集成和信息集成两大类。

1）设备集成。通过网络技术，将各种具备独立控制功能的设备整合成一个协调一致的系统。这个系统不仅具有独立性，还能做到相互关联，并且可以根据生产需求进行灵活的配置和调整。

2）信息集成。采用模块化设计思想，规划并配置资源，实现动态分配、设备监控、数据采集处理和质量控制等功能。通过构建包含独立控制功能的基本功能模块，确保这些模块能够按照规范进行互联，使用特定的控制模式和调度策略，实现预定目标，从而完成集成控制。

生产线集成控制结合了通信、计算机和自动化技术，形成了一个高效的工作整体。为了确保生产线中不同设备和子系统的有效协同，系统采用 PLC 及其分布式远程 I/O 模块，实现生产单元的集中管理与分散控制。PLC 同时响应来自上层 MES（制造执行系统）的管理指令，涉及操作人员验证、产品控制和物料管理等信息。

此外，系统利用 PROFINET 网络与现场 I/O 设备进行通信，这些设备包括具备以太网功能的模块，如 IM151-3PN 现场模块、ET200ecoPN 输入输出模块和 RF180C 通信模块。为了实现与车间其他单元 PLC 系统的数据共享，控制系统还装备了工业级 PN/PN 耦合器。通过这个网桥，自动生产线可以与车间内的其他 PLC 系统进行信息交换。

为了保证生产的可靠性和连续性，各单元控制器之间采用光纤环网连接。这样的设计意味着即使 MES 出现故障，控制系统也能够独立于 MES 继续正常运行，从而确保生产线的稳定和高效。

3.3 高性能制造理论与技术

本节将重点介绍智能精密加工中心和柔性制造系统设计方面的关键知识点。首先，深入探讨智能精密加工中心的优化设计，包括误差智能补偿技术、伺服驱动优化和可靠性技术。随后，转向柔性制造系统设计，涵盖集成控制技术、在线监控技术、道具管理系统和性能测评技术。

3.3.1 智能精密加工中心

智能精密卧式加工中心是关键的数控机床产品，在现代装备制造业中发挥着重要作用。它具有高效率、高精度和高可靠性等特点，满足国家关键领域对加工质量不断提升的需求。其在航空航天、汽车、船舶、大型发电设备、军工等行业中的广泛应用，对提升国家装备制造业水平、保障国家安全具有重大意义。本章主要讨论智能精密卧式加工中心的产品优化设计、误差补偿、同步伺服驱动优化以及可靠性提升等方面的内容。

1. 精密加工中心优化设计

（1）精密主轴结构优化设计　主轴是精密加工中心的关键部件，对保障加工精度至关重要。采用多联高精度组合轴承和精密加工技术确保轴承的回转精度，同时采用长效油脂润滑以实现免维护。外循环强制冷却减少了主轴的热漂移，提高了回转精度。基于数字化虚拟设计的机床主轴系统误差分析和主轴实时动态检测相结合的模式，优化了零件设计参数和装配工艺方法，满足精密主轴的设计要求。

（2）精密回转工作台结构优化设计　精密回转工作台包括端齿盘分度回转工作台和连续分度回转工作台。端齿盘分度回转工作台通过高精度端齿盘实现定位精度和重复定位精度，并利用伺服电动机实现快速分度。连续分度回转工作台采用高精度圆柱滚子组合轴承支持回转轴系，并采用高精度圆光栅实现全闭环检测，确保连续分度定位精度。此外，液压刹紧机构可适应工件的强力铣削。

（3）精密加工中心整体结构设计　床身结构为 T 形整体（X 向为阶梯形），立柱采用整体框式结构，利于安装且能够保持精度稳定。立柱实现 X 向横坐标移动，工作台实现 Z 向纵坐标移动，最大程度确保主轴的刚性和对准度。采用高质量铸铁材料制造床身、立柱和滑座。

机床 X、Y、Z 轴进给机构采用伺服电动机、直线滚动导轨副和精密级滚珠丝杠副，可在 60m/min 以上条件下实现快速移动和准确定位，无爬行现象，并采用集中定时润滑，减少导轨磨损，保证机床精度稳定。滚柱导轨安装面采用精密刮研技术，提高了几何精度。滚珠丝杠副采用两端固定和预拉伸的结构形式，并配备高刚性多联丝杠轴承组，保证了进给传动刚度和精度。*Y* 轴上下运动采用液压平衡装置以消除不平衡量，保证了 *Y* 轴精度。

托盘定位采用四锥销过定位方式，配置清洁吹气装置，保证定位可靠性。托盘锁紧采用四锥销内置液压缸锁紧方式，使锁紧点与定位点重合，提升工作台刚性。

2. 精密加工中心误差智能补偿技术

机床加工过程中常见误差包括几何、控制、热、力、运动、定位等，严重影响零件质量。误差补偿是减小或消除误差的方法，通过向机床输入与误差方向相反、大小相同的误差来抵消机床产生的误差，提高工件精度。研究热误差和几何误差的补偿方法有助于提升加工中心的精度。

（1）热误差补偿技术　机床热误差通常占据机床各类误差的较大比例，为 40%~70%。这是由于机床工作过程中内部热量和工作空间温度梯度的变化导致温度场复杂多变，造成机床各部件产生不同的应力，从而引起机床结构变形。通过分析、检测和建模机床热误差的产生机理，可通过误差补偿有效控制这种误差。

1）热误差分析和检测。通过分析机床加工过程中产生的热变形误差的因素，检测和采集误差源、加工误差、加工位置及温度分布等参数，确定引起机床热变形误差的热源分布情况。

温度测量在热误差试验中起关键作用。在缺乏对试验对象结构和热特性充分了解的情况下，根据工程经验确定基本热源位置，通过布置大量测温点来研究加工中心的整体结构和热特性。温度传感器通常布置在主轴前后轴承、电动机及轴承座、左右立柱上下等重要部件，约布置 20 个温度传感器，以实时检测加工中心在不同工况下的温度分布和变化规律，如图 3-3 所示。

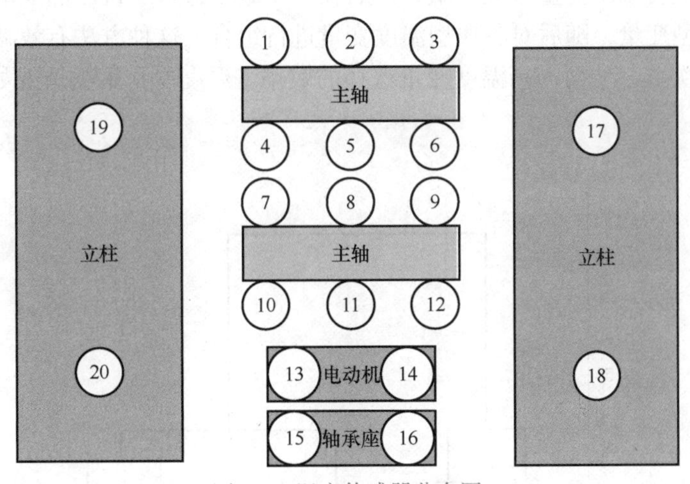

图 3-3　温度传感器分布图

同时，位移测量在这一过程中扮演着关键角色。加工中心正常运行时，由于热源分布的复杂性，各部件之间的约束方式发生了复杂变化，导致了热变形现象，这是各个部件热变形综合作用的结果。通常情况下，这种综合效应可以分解为主轴轴向热伸长、主轴在 *X* 和 *Y*

坐标方向的热偏移以及主轴绕 X 轴和 Y 轴的热倾斜等类型。采用五点式位移测量方法能够对主轴的热漂移、热伸长和热倾斜进行量化。在该方法中，通过在主轴前端夹持测试芯棒，并将其伸入套筒内，同时在芯棒上设置传感器，可以实现对热变形的精确测量，如图 3-4 所示。

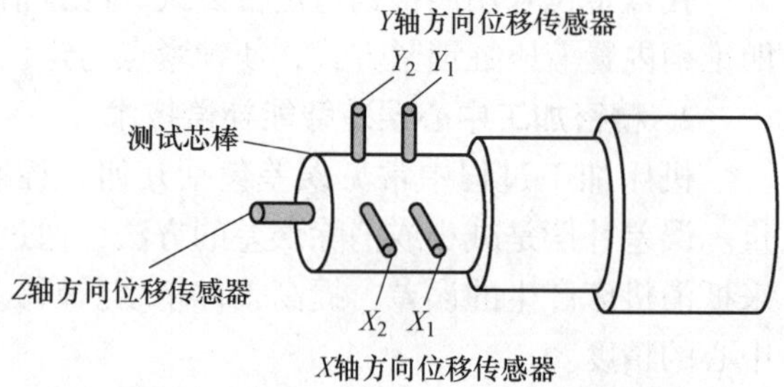

图 3-4　五点式位移传感器示意图

确定热误差补偿的关键问题之一是选择补偿自由度。考虑补偿系统的经济成本和效率，需选择在加工中心热误差显著的自由度进行补偿。通过多次试验，得出被测机床在 X 轴、Y 轴和 Z 轴三个方向上的最大位移尺寸以及 X 和 Y 方向上的最大倾斜尺寸。由于主轴热倾角较小，机床在工作状态时不会发生严重的热倾斜现象，因此主要考虑主轴在 X、Y 和 Z 三个方向上的热变形，即主轴的热偏移和轴向热伸长。因此，最终确定的热误差补偿自由度为主轴在 X 轴、Y 轴方向上的热偏移和 Z 轴方向的热伸长，简称为 X、Y、Z 三个方向上的热误差。

2）热误差补偿技术。热误差补偿技术涉及测温点优化和建立补偿模型两个方面。通过优化测温点的布局，将测温点与加工中心的热误差关系联系起来，并根据实际的补偿过程选择最佳的测温点，从而进一步建立机床的热误差补偿模型。

采用聚类分析方法进行测温点优化。聚类分析是非监督学习的一种重要方法，将数据集中的样本划分为若干不相交的子集，每个子集称为一个“簇”。层次聚类作为一种聚类算法，是通过从下往上不断合并簇，或者从上往下不断分离簇形成嵌套簇，并通过树状图来表示聚类过程。

通过层次聚类将温度变量分成多组，然后在每个组中选择与机床热变形相关系数最大的温度变量作为典型变量，随后对各典型温度变量进行组合。这种方法有效减少了所需考察的温度变量组合的次数，从而提高温度变量选择的效率。温度变量聚类情况如图 3-5 所示，聚类结果见表 3-2。

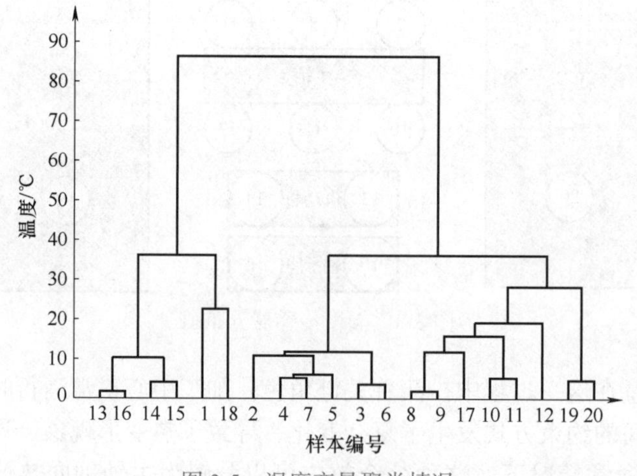

图 3-5　温度变量聚类情况

表 3-2　温度聚类结果

聚类簇	温度传感器
1	1、18
2	2、3、4、5、6、7
3	13、14、15、16
4	8、9、10、11、12、17、19、20

根据温度聚类结果，计算所有温度数据与所测热误差的相关系数。主要关注 Z 轴方向的热误差，并将 X 轴、Y 轴误差用于验证计算。通过分析表 3-3 中 20 个温度测点温数值与 Z 轴方向的热误差数值的相关系数，发现不同温度值类别与 Z 轴方向误差量存在较大的区别。在每一组中选择一个与热变形相关系数最大的测温点作为主轴最佳传感器布置点，最终选择 1、2、9 和 16 点进行测温，并利用这些变量进行误差建模。

表 3-3　温度变量与热变形相关系数

类别	1	2	3	4
测温点	1、18	2、3、4、5、6、7	13、14、15、16	8、9、10、11、12、17、19、20
相关系数	0.8227、0.6540	0.9394、0.9040、0.7363、0.6743、0.8778、0.6658	0.7556、0.7333、0.7540、0.7584	0.9610、0.9667、0.8888、0.8929、0.8485、0.9434、0.8980、0.9020

3）热误差补偿建模。热误差补偿的关键是建立能够准确反映加工中心温度场与热误差之间关系的预测模型。这种模型通常是多变量模型，其补偿效果、鲁棒性和通用性取决于加工中心温度场变量的准确分布。多元线性回归是最常用、最可靠的建模方法之一，它通过多个自变量的最佳组合来预测或估计因变量，从而实现误差补偿。本节使用多元线性回归方法建立预测模型以实现误差补偿。

为了处理连续且变化的加工中心温度场，需选择少数有效的测温点并离散化温度场。通过温度场传感器在 1、2、9、16 点测得的温度数据 T_1、T_2、T_9、T_{16} 以及 X、Y、Z 三个方向上的位移数据，进行数据处理以减少初始温度对误差数据的影响。利用多元线性回归方法建立 X、Y、Z 各方向上的热误差补偿模型，模型分别见式（3-1）~ 式（3-3），所有工况采样周期为每分钟采集一次数据。

$$\Delta X=0.1410+100.8797\Delta T_1-29.8357\Delta T_2-14.3402\Delta T_9-106.1236\Delta T_{16} \tag{3-1}$$

$$\Delta Y=-5.1640-135.6680\Delta T_1-32.4490\Delta T_2+108.7529\Delta T_9+285.0199\Delta T_{16} \tag{3-2}$$

$$\Delta Z=-0.6203-166.8862\Delta T_1+189.3137\Delta T_2+18.4984\Delta T_9+36.2675\Delta T_{16} \tag{3-3}$$

（2）几何误差补偿技术　超精密卧式加工中心的主要零件在制造和装配中存在误差，这些误差会直接导致机床几何误差产生，最终影响工件的加工精度。当加工误差较大时，会导致工件无法满足加工要求，从而降低加工效率。因此，研究几何误差的建模和补偿方法有助于减少几何误差，提高加工质量。

1）几何误差建模。机床结构通过运动副连接实现刀具和工件的相对运动。实际加工中，机床刀尖点和工件理想加工点不一定重合，其误差即为空间定位误差。由于刀具和工件各自运动，需要将它们的运动转换到同一坐标系中。以普什宁江机床公司的ZTXY型号为例，建立坐标系，并进行坐标转换，考虑空间误差。在实际应用中，误差模型需要与测量方法结合，但由于难以实现每件工件后的测量，定位精度可在计算中忽略。测量方法的不同会导致误差模型形式上的差异。实际测量时，刀具分支运动轴测量方向与机床坐标系方向一致，工件分支运动轴测量方向与机床坐标系方向相反。因此，机床结构通常分为XYZ、XZY、YXZ、YZX、ZXY、ZYX六种类型。在精密卧式数控机床中，考虑误差在10μm量级以下，通常可以忽略。

2）几何误差补偿。测量机床运动轴时，首先进行角度误差的测量和补偿，接着测量和补偿线性、直线度误差，最后进行垂直度误差的测量。不同机床结构对误差有不同的影响，需考虑各项误差的测量。补偿角度误差后，会得到线性和直线度误差，但这方法可能引入误差。为解决这个问题，提出了一种改进的测量方法和误差模型。该方法先测量角度误差，然后直接进行线性和直线度的测量，最后测量垂直度误差。空间几何误差补偿分为实时补偿和非实时补偿两种方式。实时补偿周期受限，宜在中低速度下进行。为提升实际应用水平，研究了非实时补偿技术，设计了离线误差补偿模块。虽然在线和离线补偿方式不同，但都使用同一几何误差模型进行计算。误差实时补偿主要依靠数控系统的功能，而离线补偿则根据误差模型修正加工代码，分别修正点位指令、直线指令、圆弧指令。

3. 精密加工中心伺服驱动优化

在确保系统稳定性的前提下，为了获得更高的频率响应特性，提高加工精度和速度，需对伺服驱动参数进行优化。然而，数控机床受多种因素影响，不同型号、批次的机床伺服特性存在差异，且随着使用时间的增加，伺服特性也会发生变化。因此，仅依靠参数文件复制来获取最佳参数是困难的。因此，调整优化伺服参数在制造、安装调试和用户使用环节都很重要。建议采用“两步走”优化策略：首先手工调整工艺流程进行初步优化，然后利用球杆仪在线进行伺服驱动参数的自动优化调整。

（1）离线伺服系统参数优化　本节以FANUC系统为例，其伺服调整Servo Guide软件带有自动调整“向导功能”，包括初始增益调整和滤波器调整等。然而，由于机床个体差异和机械刚性等因素，自动调整效果不一定显著，且软件覆盖的参数有限，仍需手动优化。针对此情况，本节提出了针对精密加工中心的手工方式的伺服驱动参数优化方法，其流程如图3-6所示。优化原则为先单轴后多轴、先内环后外环。

对于单轴伺服驱动优化，关键在于通过频率响应测试的Bode图结果来优化机械滤波器和速度环参数，同时利用直线运动和点位运动的速度、力矩波形进行加减速时间参数的优化。传统方法完成速度环参数优化后可进行插补轴（多轴）的参数调整，但实际测试发现，由于存在动摩擦力和垂直轴（重力轴）的动平衡误差，高精密卧式加工中心伺服驱动参数仍有提升空间。因此，建议对每个轴进行动摩擦补偿，特别是对垂直轴需要进行转矩偏置的补偿设置。

为了测量动摩擦和转矩偏置的大小，首先需要进行外部异常负载检测，并同时开启运行异常负载检测功能和伺服驱动内部的观测器。观测器的主要作用是估算推测外力干扰值的大小，即从电动机的全部转矩中扣除正常运动加减速所需的转矩，以此作为外力干扰转矩。设置观测器参数 POA1 对于计算正常运动加减速所需的转矩至关重要，但通常操作人员无法准确获取单轴运动机构等效折算后的电动机惯量，因此只能通过试凑法获取观测器参数 POA1。具体操作包括调低快速移动的速度倍率至 50%，然后在 Servo Guide 中运行单轴快速进给的程序，测量外力干扰推测值（DTRQ）和速度（SPEED）。逐步调节观测器参数，直到 DTRQ 的尖峰收敛。

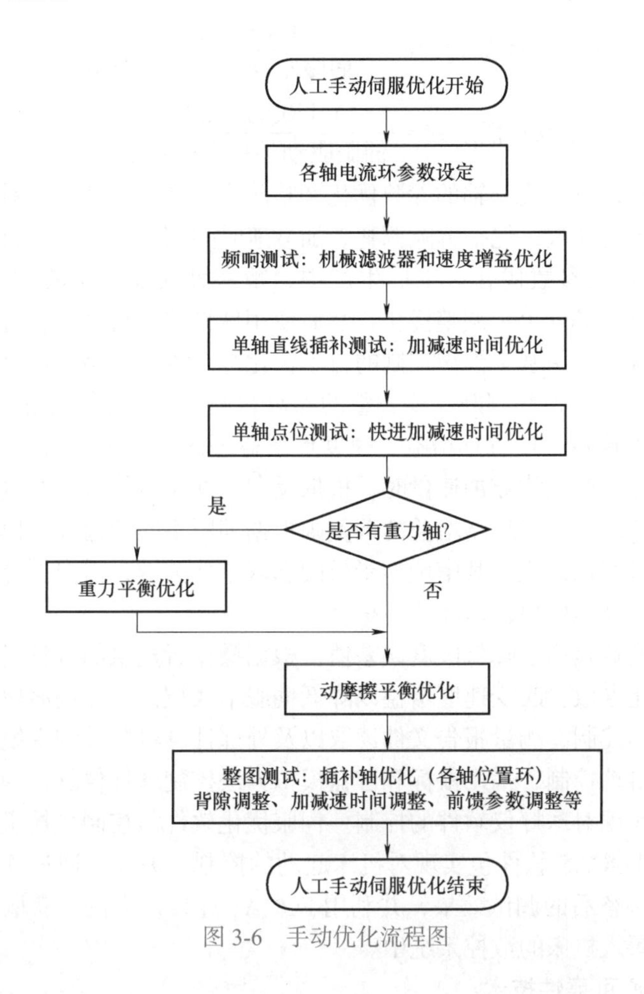

图 3-6　手动优化流程图

对于垂直轴（重力轴）Y 轴，需进行转矩偏置补偿设置，即调整转矩偏置参数 2087。尽管在设计阶段通常会对重力轴进行配重以消除负载不均匀的状态，但实际测试表明，即使完成配重工作，垂直轴仍然会受到重力影响。缺乏转矩偏置补偿会影响垂直轴参与插补的情况，从而影响加工精度。转矩偏置量的计算原理是根据测得 DTRQ 的最大值和最小值进行算术平均，然后根据伺服控制器的最大电流特性进行规格化的放大，计算公式见式（3-4）。除此之外，也可通过试凑法获取较为理想的转矩偏置量。

$$\text{转矩偏置量}=\frac{(\text{DTRQ})_{\max}+(\text{DTRQ})_{\min}}{\text{驱动器最大电流值}}\times 3641 \tag{3-4}$$

完成垂直轴（重力轴）Y 轴的转矩偏置后，可以对各轴进行动摩擦补偿。根据摩擦理论，动摩擦力与运动速度成正比，但在一定速度下会达到极限。通过检测 DTRQ，将实际测得的动摩擦力叠加到电动机输出力矩上进行补偿，可提升机床在低速下的动态特性。设置不同切削进给速度并观测 DTRQ 波形，根据式（3-4）~ 式（3-7）对测定的摩擦力补偿量进行规格化，计算得出动摩擦补偿系数和相关参数，即

$$动摩擦补偿极限值=\frac{(DTRQ_{3000r/min})_{max}}{伺服驱动的最大电流值}\times 7282 \tag{3-5}$$

$$停止时的动摩擦补偿值=\frac{(DTRQ_{10r/min})_{max}}{伺服驱动的最大电流值}\times 7282 \tag{3-6}$$

$$动摩擦补偿系数=\frac{(DTRQ_{1000r/min})_{max}}{伺服驱动的最大电流值}\times 440 \tag{3-7}$$

完成上述工作后，进入插补轴的参数优化调整阶段，选取整圆程序对两轴的插补配合进行测试，以调整相关的参数，包括背隙调整、加减速时间调整和前馈参数调整等方面。

（2）在线伺服系统参数优化　工厂生产中，精密卧式加工中心的伺服参数通常通过 FANUC 系统的 Servo Guide 手工调整优化，然后使用球杆仪进行测试，进一步完善优化。传统的伺服参数优化方法采用基于模糊控制的自动优化综合验证模型，通过球杆仪测量机床画圆误差，自动读取相关数据并判断需要调整的参数和调整量，循环优化直至满足预设目标。优化过程涉及背隙加速量、位置环增益、速度环增益等伺服参数，以及圆度、反向越冲值、伺服不匹配度等指标。调整背隙加速量时，根据反向越冲误差值进行修改，并采用人工经验建立的公式确定调整量。位置环路增益的调整则根据伺服不匹配值通过模糊控制算法进行修改，通过调整增益值实现优化，其中调整步长的选取十分关键，需根据经验和设备提供的调整经验，应用模糊控制的思想，提高调整精度。

调整速度环路增益是为了降低圆度误差值，根据操作者提供的调整经验，采用变步长试凑法调整负载惯量比参数，改变速度增益以降低伺服不匹配值。在伺服驱动优化过程中，需要考虑球杆仪的自动控制、测量报告文件读取以及外部计算机与数控系统接口与信息交互等关键问题。为实现自动控制，采用鼠标和键盘模拟方法控制球杆仪软件的操作，通过模拟鼠标单击和键盘输入实现对球杆仪软件的控制。伺服优化软件需控制数控机床起动，通过添加继电器触点信号和 FOCAS 软件包实现对机床起动的控制。另外，通过读取球杆仪的测试报告文件，确定上次调整后的调试效果，并利用 FOCAS 连接以太网，获取机床伺服优化的相关参数，将修改值写入机床的数控系统中。

4. 精密加工中心可靠性技术

（1）可靠性监控技术　精密加工中心的可靠性与设计、加工和装配过程密切相关，同时也受使用条件、工作环境和维护保养状况的影响。为了提高机床的可靠性，可以建立机床可靠性监控系统，对关键运行参数进行监控，并及时通知操作人员进行相应处理，从用户使用的角度有效提高机床的可靠性。此外，可靠性监控系统可以集成到数控系统中，以增强机床的智能化程度。图 3-7 所示为监控系统的功能树。

1）精密卧式加工中心运行状态监控。为了提高加工精度，必要时需要对机床加工系统的运行状态进行综合监测。通过实时监测机床加工过程中的设备运行状态，可以了解和掌握机床在运行过程中的状态，从而优化设备运行和加工过程。当出现异常情况时，监测系统可以提供分析数据，帮助进行问题排查和处理。

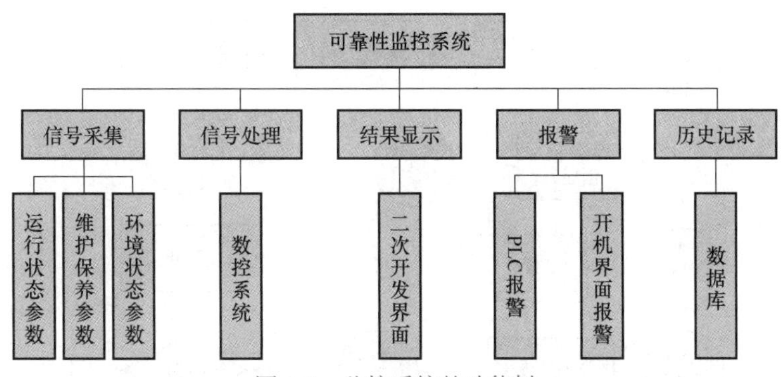

图 3-7　监控系统的功能树

① 主轴动态性能。主轴动态性能主要通过监测主轴的运行状态来评估。由于主轴振动机理复杂，开发过程难度较大，因此通常将主轴温度作为监控内容。主轴转速在数控系统内部已经有监控，因此主要关注主轴温度的监测。

② 切削液状态。对切削液状态的分析表明，实时监测切削液变质较为困难。因此，定时提醒用户进行抽样检验，例如测试切削液的 pH 值。冷却液温度可在线监测。

③ 液压油状态。为了提高液压油压力的稳定性，需要在机床上更改液压压力表的位置，包括液压油系统压力、主轴箱油液平衡压力和回油压力。此外，还需要对压油温度和清洁度进行在线监控。

④ 气源湿度。目前，虽然在机床上采取了过滤、除湿等措施以防止湿气，但缺乏气源湿度反馈信息。一旦过滤装置失效，未经干燥处理的压缩气体会直接进入机床，而用户则无法及时得知。因此，有必要实时监控气源湿度信息。

2）精密加工中心可靠性监控系统的开发。加工中心运行可靠性监控系统以 SINUMERIK 840D 数控系统为开发平台需进行以下工作。

① 维修保养开机界面设计与开发。系统启动后，用户首先进入开机界面，输入开机密码后即可进入桌面。在桌面界面，用户可进行系统的关机操作。系统会定时检测每个零部件的状态，并显示需要维修保养的项目数量。用户可以进入详细的维修保养界面，在该界面中，显示需要维修保养的项目以及其重要性，提供维修保养的建议和措施。用户完成维修保养后，需要确认并退出该界面。开机界面会实时记录显示需要维修保养的报警时间，以及维修保养的历史记录，供用户查阅。当所有需要维修保养的项目都得到处理后，激活进入机床加工界面的按钮。

② 运行条件监控系统总体设计。数控机床运行可靠性监控系统利用 PLC 前期通过传感器采集到的信号，在 HMI（人机界面）环境下开发的 OENN 应用程序界面上显示信号数据，实现对数控机床相关参数的监测。图 3-8 所示为该监控系统的功能流程图。

③ 运行条件监控系统硬件设计与开发。本监控系统所需的硬件包括传感模拟量输入模块和外接电源。在电路设计中，对传感器、模拟量输入模块和外接电源的接线进行合理分配以满足测试要求。在硬件安装设计中，对传感器的安装位置进行设计，以确保传感器能长期正常工作。根据传感器的选择原则，选择了适用于加工中心运行可靠性监控系统的传感器。

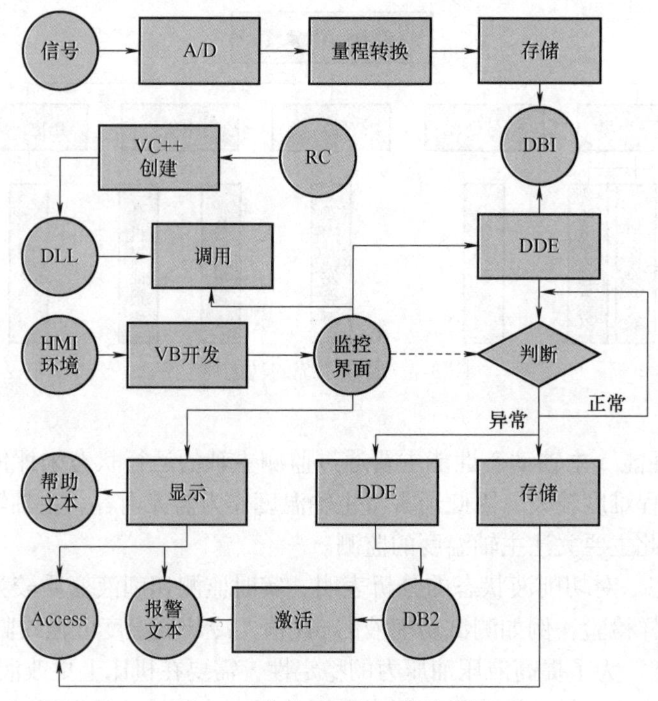

图 3-8　监控系统的功能流程图

3）可靠性驱动的装配工艺设计。可靠性驱动的装配工艺主要从功能实现的可靠性方面来考虑装配工艺的制订，在装配过程中控制可靠性，对于提高产品的可靠性具有重要意义。制订步骤如下：

① 在制订装配工艺方案前应熟悉对应部件（产品）的图样。

② 分析功能部件的基本功能及基本要求，包括自身的功能和与其他单元相连时所需要的外部功能。

③ 对某一功能所必需的相关动作进行分析，包括一级动作、二级动作甚至三级动作等。一级动作指实现基本功能的最直接动作，而二级和三级动作则指某零件或小单元的具体动作。例如，转轮的转动为一级动作，而轮轴和齿轮的转动则为二级动作。同时，分析对应动作应达到的基本要求。

④ 通过结合图样和已发生的故障，对最后一级动作进行潜在故障分析。这种分析可以揭示故障的表现以及可能的原因。例如，对于转台夹紧动作，可能出现无法夹紧的情况，而导致这种情况的原因可能是碟簧失效或油路回油不畅。

⑤ 针对这些故障原因分析相应的可靠性控制点。

⑥ 将装配过程中相同的可靠性控制点提取为装配整体可靠性要求，如密封性控制等。

⑦ 工艺方案编制中，采用逐级分析法，其中控制点可能是重复的，装配工艺编制时就不需重复描述，或者部分控制点在实际装配时是在各个动作间交叉进行的，则装配工艺编制时无需完全按照工艺方案顺序进行编制。

3.3.2　柔性制造系统设计

柔性制造系统（Flexible Manufacturing System，FMS）的设计是制造业关键的一环，旨在实现生产流程的高度灵活性和智能化。本节将深入探讨柔性制造系统设计的关键方面，包括集成控制技术、在线监控技术、刀具管理系统等。

1. 柔性制造系统集成控制技术

柔性制造系统融合了数控化、自动化、智能化和网络化。开放式数控技术是电气控制系统开发的核心技术，是对普通单机数控技术更高级、更复杂应用的体现。通过应用开放式数控系统，实现了从数控机床单机到多台数控机床、自动物流搬运系统、计算机总控系统的集成，使柔性制造系统具备了自动化、网络化、智能化和柔性化的特点。柔性制造系统的核心在于各个生产单元的高效协同工作，而集成控制技术是实现这一目标的关键。设计一个高效的系统集成架构、采用适当的通信协议与标准以及实现分布式控制系统，是确保柔性制造系统协同运行的关键步骤。

（1）基于开放式数控系统的柔性制造集成控制技术

1）系统集成架构设计方面。在设计中考虑生产单元之间的数据交换和协同工作，以确保高效的生产流程。

2）通信协议与标准方面。选择和应用适当的通信协议和标准，确保各个组件之间的信息传递顺畅和可靠。

3）分布式控制系统方面。实现分布式控制系统，提高系统的可靠性、可维护性和可扩展性。

采用国产华中 HNC8 系列数控系统和日本 FANUC 数控系统的数控机床，运用开放式技术和网络连接扩展技术，成功开发了卧式加工中心 THM636 和 THM6380 的柔性制造系统。图 3-9 所示为这些系统的集成控制技术的拓扑结构。

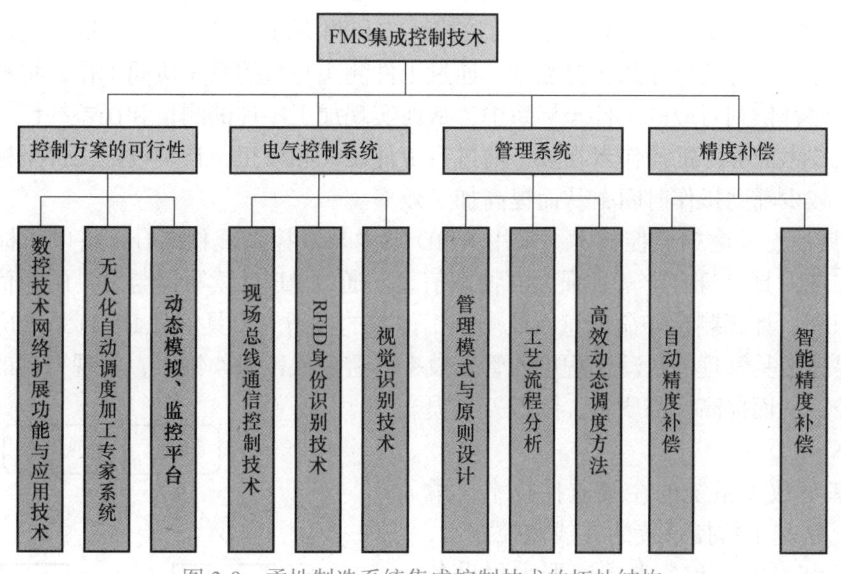

图 3-9　柔性制造系统集成控制技术的拓扑结构

（2）基于国产数控系统的柔性制造系统应用　国产数控系统在柔性制造系统中的应用聚焦于基于华中 HNC8 型数控系统的功能扩展技术和 NCUC-BUS 总线的网络融合方法。这包括数控系统的分布与协同控制、物流布局、节拍、流程、逻辑控制、托盘编码、自动识别、物流子系统安全控制等方法。同时，刀具管理方面采用了 RFID（射频识别）技术，提高了刀具管理的自动化水平和效率，实现了精确快速的刀具识别与跟踪技术，将刀具信息反馈给刀具管理系统，执行相应加工动作。此外，还涉及综合精度测量技术、网络化作业计划管理、智能调度模型和机床箱体零件在线检测测量方法，以实现生产线的监控功能。这一系列创新性技术应用旨在提高自动化程度、管理效率，并优化整体生产流程。

2. 柔性制造系统在线监控技术

本节重点讨论柔性制造系统的在线检测与监控技术，采用国产精密卧式加工中心的数控系统和测头作为核心检测设备。通过这些设备，实现对箱体类零件加工的在线检测，数字化监控包括柔性制造系统的运行数据、状态、机床工作状态、运输线工作状态、加工程序管理等。同时，采用视频监控对智能制造系统的关键部位进行监控，包括机床加工区、托盘交换、自动物流传输线以及排屑情况等。这些技术的应用有效实现了柔性制造系统运行状态的数字化和视频监控，为系统运行的实时管理提供了关键数据支持。

实时监控是柔性制造系统保持高效运行的重要手段，通过传感器和数据采集技术，系统能够快速响应生产环境的变化，提高生产率。对于传感器与数据采集方面，利用各种传感器实时监测生产过程中的关键参数，通过数据采集技术获取实时数据。监控系统设计方面，开发高效的监控系统，能够对实时数据进行处理、分析，并提供清晰的可视化界面。预测性维护方面，运用在线监控技术实现对设备状态的实时分析，以预测潜在故障并进行预防性维护。实时监控又分为基于数控系统的在线检测技术和在线监控技术。

（1）基于数控系统的在线检测技术　在线测量是利用工件测头与数控系统协同工作，实现对零件误差、夹具装夹和编程原点的检测。通过控制程序和测量宏程序，将工件测头与机床 PLC 相连，协同运动控制，实现对工件尺寸的实时测量和误差补偿，提高加工精度。

1）工件测量技术。采用数控机床的数控系统和测头进行在线自动测量，实现对工件端面、内径、外径等位置尺寸的实时测量。通过工件测头与数控系统协同工作，将相关尺寸数据通过宏程序补偿到对应的工件坐标系中，从而实现加工零件的测量和误差补偿，提高加工精度。这项技术能够协助操作者在加工前进行工件装夹和校正，自动设定工件坐标系，简化工装夹具，减少辅助操作时间，从而提高加工效率。

2）刀具信息及磨损监控技术。采用 RFID 技术与数控系统相结合，将电子标签安装在刀具中，实现刀具自身有丰富且强大的物理信息。通过 RFID 读写器与刀具的通信，实现刀具的自动识别、计算剩余寿命信息以及剩余工件数的更新。刀具管理 RFID 系统应用射频识别技术，提高刀具管理的自动化程度和管理效率，避免人工操作错误，实现刀具的自动识别和磨损监控，从而提高产品质量，降低刀具损耗或废品率。

（2）基于数控系统的在线监控技术　柔性制造系统是基于数控系统的在线监控技术，通过数控系统、PLC 和各类传感器采集设备实时信息，并写入数据库，实现系统设备的总控和调度。系统包括实时运行状态控制系统，能够监控整个制造系统的运行、机床和运输线的工作状态以及加工程序，在线监控模型如图 3-10 所示。

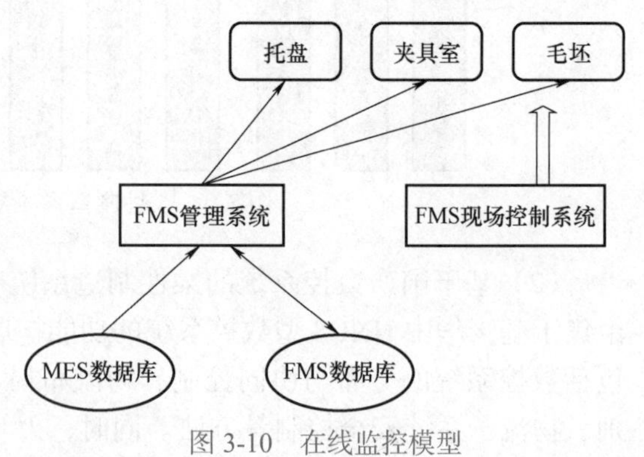

图 3-10　在线监控模型

3. 柔性制造系统刀具管理系统

在柔性制造系统中，刀具管理系统是关键模块之一，尤其对机械生产车间至关重要。科学、合理的刀具、夹具和量具的管理对系统的可靠性、灵活性和生产率至关重要。刀具管理需要与物流和信息流相结合，建立完整的实时刀具数据库，以实现无纸化管理和信息的整合。有效的刀具管理系统有助于提高生产率、降低成本，包括刀具选择与优化、刀具寿命管理以及刀具仓储与自动更换等方面。这些措施共同促进生产连续性，提高整体制造效益。

刀具信息管理包括组合刀具和散件刀具的库存、参数、装配关系以及使用记录等的管理。管理模式采用两层结构，分为库存刀具管理和刀具规格管理。散件刀具包括易损易耗件和非易损易耗件，前者无需归库管理，后者需编码归库。组合刀具管理涵盖基本信息和配刀方案，要求刀具配对接口规格。配刀方案可通过直接配刀或向导配刀实现，前者由用户选择，后者系统提供可装配的刀具。替换刀具时通过替换方式查找相符的散件。

（1）刀具多参数动态管理及刀具柔性编码

1）刀具多参数管理。面对多样的刀具类型和规格参数，提出了刀具多参数管理方法，旨在简化数据库设计和编程工作，提高数据库利用率。

引入多参数管理方法，以适应不同刀具的规格差异，避免对每种刀具逐一添加参数名称，降低系统复杂度。

2）刀具参数设置流程。添加新刀具的参数管理流程包括为刀具设置分类、选择参数信息表、设置分类参数、在刀具参数表中添加刀具参数信息，并根据参数最大值和最小值校验输入参数值的正确性。

流程确保了对新刀具的分类、参数信息设置和数值校验，以有效保存刀具信息。

3）参数继承性。引入参数继承方法，提高刀具管理系统效率。

通过将刀具子类的重复分类参数添加到父类，实现了对刀具分类参数的自动继承，新的子类在添加时会自动获得其父类的分类参数，减少了烦琐的参数添加工作。刀具参数管理流程图如图 3-11 所示。

（2）基于多参数的刀具柔性编码技术

1）传统刀具编码方法。采用树式编码表示刀具的分类信息，通常设定为两级，存在上下级归属关系。使用链式编码结构表示刀具的参数信息，具有刚性结构。编码规则以程序代码方式存放于服务器中，需要在系统使用前编写所有刀具的分类信息和代码规则。

缺点：刀具分类级别固定、链式编码刚性、缺乏可扩展性。

2）改进的刀具编码方法。使用柔性编码结构，包括刀具分类编码、姊妹码、附加序列代码、刀具分类参数编码、校验码五个部分。克服了数字编码和刚性编码的多义性和描述零件特征能力差的问题。结合刚性编码的优点，便于识别检索和记忆。

3）编码方案的继承及设计流程。采用柔性编码结构，按照刀具分类级别进行编码方案继承，提高设计效率。

设计流程包括刀具分类、分类参数、序列码、姊妹码、校验码等信息的编码设计。刀具编码流程图如图 3-12 所示。

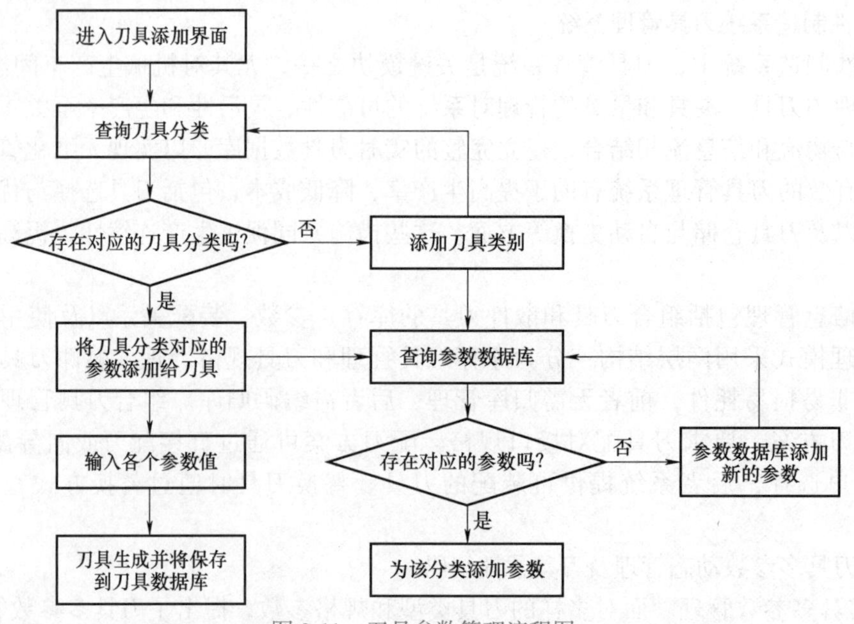

图 3-11　刀具参数管理流程图

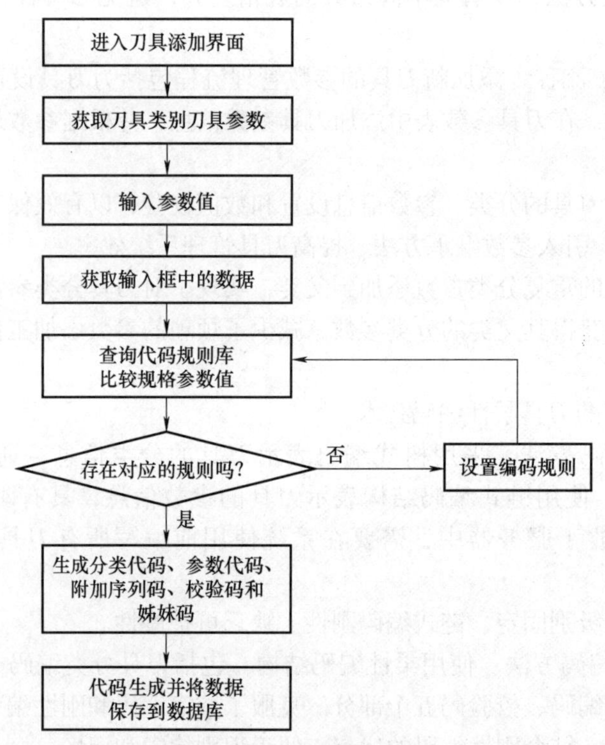

图 3-12　刀具编码流程图

（3）刀具识别　二维码作为广泛应用的信息载体，具有大储存容量、易识别、保密性强、抗损性强、低成本等优点，特别适用于智能制造系统中的生产线刀具管理系统。相比之下，尽管 RFID 技术读写效率高，但标签成本昂贵、易损且容易受到复杂金属结构的干扰，应用于柔性制造系统的刀具管理系统的推广存在一定难度。

4. 柔性制造系统性能测评技术

柔性制造系统的综合性能评估揭示了精度稳定性和加工效率方面的问题。精度检测前，必须分析数控机床的误差来源。加工误差是由于刀具与工件相对运动中出现了非期望的成分，导致机床的实际响应与预期响应之间存在差异，这种差异被称为机床误差。

切削加工的零件加工精度主要受工件和切削刃在切削过程中相对位置的影响。根据误差的产生原因和性质，可以将误差分为检测误差、机床误差和工艺系统误差。为提高柔性制造系统的综合性能和运行效率，需要进行精度测试和误差源分析。此过程包括建立精度指标集、精度测试技术和综合性能评测技术等关键技术。最终目的是改进系统以有效提高柔性和生产率。

（1）柔性制造系统设备状态监测　机床运行状态监测是基于加工过程中的状态数据，包括外部传感器和内部传感器两类。高档数控系统提供开放接口，读取内部传感器信息，与传统系统有明显不同。通信接口采用工业以太网，状态数据主要来源于内置传感器信号。

数控系统数据采集方法包括 PLC 读取 NC 变量和使用 FOCUS 二次开发包。数据分析方法包括通过主轴电流计算切削力、通过主轴输入功率预测切削功率、通过主轴功率监测刀具磨损、根据主轴温度值控制冷却系统、根据两轴位置值计算插补圆的误差和圆滞后误差，以及通过电流进行电动机故障分析。通过实时监测和分析，提高了机床的加工精度、效率和可靠性。

（2）柔性制造系统精度检测技术

1）激光干涉仪技术。使用激光干涉仪检测数控机床坐标轴误差，建立空间误差模型，预测趋势并制订特定精度检测项目。

2）球杆仪技术。利用 QC20 球杆仪测量机床几何误差，通过执行球杆仪测试获取误差数据，反映机器测试结果。

3）动态误差检测。针对四轴联动数控机床，检测 RTCP（旋转刀具中心点）精度，反映机床动态精度和四轴联动加工精度。

4）机器视觉技术。利用机器视觉检测四坐标机床旋转轴转角定位误差，通过图像分析计算转角定位误差，实现误差辨识和精确测量。

（3）柔性制造系统评价方法　要发挥柔性制造系统的潜在优势，需优化各项性能指标，包括设备利用率。尽管柔性制造系统的设备利用率较高，但在追求低成本制造的趋势下，研究系统调度问题是必要的，以提高设备利用率。为了评估设备利用率和加工效率，可以采用以下方法：

1）模糊参数随机 Petri 网的应用。引入模糊化的变迁激发率参数，扩展普通随机 Petri 网的应用范围。使系统能更好地描述制造过程中时间参数的随机性和模糊性，提高了对系统性能的准确评价能力。

2）模糊参数下的系统性能评价方法。使用模糊数表示普通随机 Petri 网中的变迁激发率，考虑系统测量数据的模糊性。能更准确地捕捉到系统运行中的不确定性，提高了评价的准确性和可靠性。

3）模糊参数评价理论的可靠性分析。使用梯形模糊数表示随机 Petri 网中的变迁激发率参数，综合考虑制造过程时间参数的随机性和模糊性。可提高数据准确性，并确保对系统性能的评价是可靠的和准确的，有助于指导系统设计和优化。

在柔性制造系统的评价中，涉及自动化及柔性、成本、运行参数、风险性及可靠性等指标。评价指标的选择应遵循完整性、可操作性、清晰性、非冗余性和可比性等原则，以全面反映系统的主要特征，易于计算和评估、具有明确含义、不冗余，便于不同厂家同类产品的比较。

3.4 关键基础智能部件的设计生产

制造业竞争的日益加剧呈现为精尖技术的角逐，而在这场竞争中，抢占关键基础零部件的技术制高点直接反映一个国家制造业整体竞争实力的高低。在智能装备制造领域，关键基础智能部件的设计与生产成为推动整个系统智能化的核心环节。这些部件的质量、性能和稳定性直接决定了整个装备的智能水平。智能制造装备的关键基础部件主要包括传感器、减速器、控制器、伺服电动机等。本节主要介绍关键基础智能部件设计与生产的关键内容。

3.4.1 智能装备核心部件的设计

智能装备核心部件的设计是整个装备系统的关键环节，它直接影响装备的性能、稳定性和智能化水平。

1. 设计原理

（1）功能要求分析　在设计阶段，对智能装备进行全面的功能要求分析是设计过程的起点。这包括：①具体功能定义，即明确每个核心部件的功能，确保其满足装备整体需求；②性能指标确定，即定义性能指标，如精度、速度、响应时间等，以量化核心部件的设计目标。

（2）集成与互联性　协同作用和系统的高效运作依赖于核心部件之间的良好集成与互联性。着重考虑各核心部件在整个系统中的作用，确保它们能够协同工作。强调集成和互联性，确保各部件之间的信息流畅，促进协同操作。

（3）高效能耗比设计　在智能装备中，高效的能源利用至关重要。采用先进的能耗降低技术，包括休眠模式、智能调度等，以延长装备使用寿命。关注提高能源利用率，确保装备在各种工作条件下都能保持稳定运行。

2. 设计方法与技术

（1）先进材料应用　采用先进材料是提高核心部件性能和寿命的关键。根据具体应用需求，选择适合的先进材料，如纳米材料、高强度合金等。注重提高材料的耐磨性和强度，以适应各种恶劣工作环境。

（2）结构优化设计　结构优化是确保部件在各种条件下都能发挥最佳性能的关键。注重结构设计的轻量化，以降低整个系统的重量。强调结构设计的刚性和稳定性，确保部件在高负荷工作时不失效。

（3）模拟与仿真技术　模拟与仿真技术是在设计阶段进行虚拟测试和问题排查的有效工具。利用模拟与仿真技术对核心部件的性能进行全面评估，确保设计的可行性。实际制造前，通过虚拟测试发现并解决潜在问题，提高设计的成功率。

3. 设计过程

（1）原型制作与测试　原型制作与测试是设计阶段的实质性工作。通过原型验证设计方案，获取实际数据，为后续设计提供可靠的依据。根据测试结果，及时对设计方案进行改进和调整，保证核心部件的优化。

（2）周期性更新与优化　随着技术的不断发展，设计需保持与时俱进。周期性的更新与优化是确保智能装备持续提升性能的关键。不断跟踪新技术的发展，及时引入新的设计理念和方法。周期性地对已设计的核心部件进行优化，以适应不断变化的应用需求。

通过遵循上述设计原理和方法，智能装备的核心部件将能够在不同工作条件下保持高性能、稳定地运行，并实现持续的技术更新和优化。

3.4.2　智能装备核心部件的生产

智能装备核心部件的生产是设计理念和方法的实际应用，这一过程涉及高精密制造技术、质量控制以及先进的生产工艺。

1. 高精密制造技术应用

在智能装备核心部件的生产中，高精密制造技术是确保部件达到设计规格的关键。利用数控机床进行精密切削、铣削和钻孔，确保部件的几何形状和尺寸符合设计要求。应用先进的增材制造技术，如 3D 打印，以实现复杂结构的生产，提高制造的灵活性和效率。

2. 智能化生产线的建设

建设智能化生产线是提高生产率和产品一致性的重要步骤。采用自动化车削工艺，通过智能控制系统实现高效的部件生产，提高加工精度。引入智能冲压技术，通过自动化冲压工艺生产部件，提高生产速度和一致性。

3. 高效的精密加工中心

设立高效的精密加工中心是确保部件质量和生产率的关键。应用最新的数控机床，实现高速、高精度加工，确保部件表面质量和几何精度。引入自动化控制系统，实现对加工过程的智能监测和调整，提高生产的稳定性。

4. 柔性制造系统的设计与应用

柔性制造系统的设计可以提高生产线的灵活性和适应性，以满足不同产品和订单的需求。设计灵活的生产单元，可根据需要自由组合，适应不同部件的制造。引入智能调度系统，实现对生产任务的智能分配和优化，提高生产线的利用率。

5. 质量控制与测试

整个生产过程中，质量控制与测试是确保部件符合设计要求的重要步骤。部署传感器和监测系统，实时监控生产过程中的关键参数，及时发现和纠正潜在问题。生产结束后，进行全面的性能测试，包括耐久性、温度适应性等，确保部件在各种条件下都能稳定运行。

6. 可持续制造与绿色生产

智能装备核心部件的生产需考虑可持续性和环保性。优化生产过程，采用节能设备和工艺，减少能源消耗和排放。引入循环利用原材料、废料回收等技术，降低生产对环境的影响。利用智能技术优化供应链，实现对原材料、生产过程和产品流向的精准监控，提高资源利用效率。

智能装备核心部件的生产不仅是技术创新的体现，也是对可持续制造和质量保障的高度要求。通过整合先进的设计和制造技术，智能装备制造业可以不断提高产品质量、降低生产成本，推动产业向智能化、绿色化方向发展。

3.4.3 智能传感器的设计与制造

智能传感器是智能装备关键的组成部分，它们通过感知功能实现对环境的实时感知。设计与制造这些核心部件时，需考虑其稳定性、精度、响应速度以及与整体系统的高效集成。

1. 智能传感器设计

智能传感器具备双向通信能力，可以发送数据和状态信息，并接收外部命令。这类传感器内部集成了信息处理装置，以实现高级的数据处理和通信功能。它们不仅仅是简单的数据采集单元，更是具备一定智能处理能力的系统级产品。智能传感器的应用领域极为广泛，涵盖了工业控制、汽车、医疗和物联网等多个行业。智能传感器的分类如图 3-13 所示。

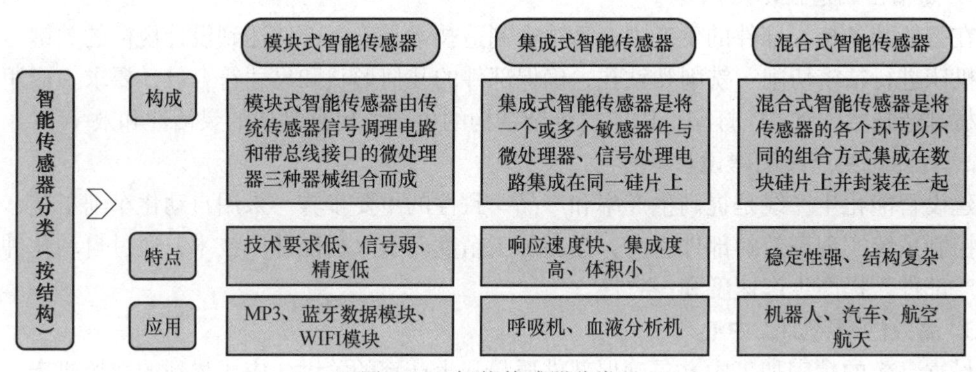

图 3-13　智能传感器分类

（1）传感器信号数字化　工程师设计传感器系统时，建立传感器和信号调理电路的数学模型来预测其响应。尽管这些模型通常比较准确，但仅能近似实际电路的响应，因为在实际应用中总会存在一些误差。

为了更贴近实际响应，如果能够以数学形式表达系统中更多的部分，模型就能更为精确。数字信号处理（DSP）的原理正是基于这一理念，并已得到广泛应用。DSP 采用数学方法而非电路来处理信号，因为数字信号不随时间变化，能够准确、高效地进行处理。通过 DSP，可以轻松实现标准变换，如滤波去除噪声或频率映射识别信号成分。此外，DSP 理论还能实现一些即使是最先进的电路也难以完成的处理任务。

为了充分发挥 DSP 的优势，现代设计通常包含一级信号调理电路，负责将模拟信号转换为数字量，即模数转换或 A/D 转换。这一步至关重要，因为一旦将传感器信号转换为数字量，就可通过运行在微处理器中的软件来完成信息处理。模数转换器是单片半导体器件，在各种环境中能精确、稳定地工作。由于环境补偿电路和滤波处理可集成到 ADC（模数转换器）器件中，信号调理电路的需求大大减少。A/D 转换的一般工作过程如图 3-14 所示。

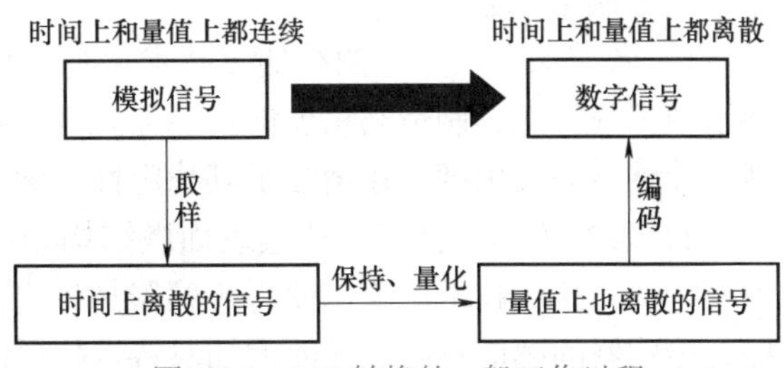

图 3-14　A/D 转换的一般工作过程

总之，采用 DSP 设计使系统器件大幅减少，几乎所有处理都通过数学运算完成，这对系统性能和商业前景都有显著的好处。

（2）增加智能　传感器信号经过数字化处理，有两种主要方法来执行算法定义的功能。首选是采用专用的数字硬件电路，通过硬件线路来执行设计的算法。另一种是使用微处理器进行计算。通常情况下，专用硬件的速度更快，但成本较高且缺乏灵活性。与之相比，微处理器系统有更好的设计灵活性，成本可能更低，特别是在不需要极高运算速度的情况下。

系统拥有智能后，能够解决多种问题，如自动标定、消除器件漂移以及环境补偿。赋予系统智能大脑，提高了设计自由度，还能使设计师的工作更轻松高效。这种智能系统的应用范围更广泛，能够适应各种需求和变化的环境。

（3）实现通信　传感器数据共享可极大地扩展系统规模，使数字信号共享更可靠。共享传感器测量值可丰富整个系统数据，类似于人类社会中共享信息导致信息量增加的情况。

为实现目标，需装备带标准通信接口的智能传感器，以与其他系统部件进行信息交换。采用标准通信确保传感器输出信号能广泛、简便、可靠地共享，最大化传感器信息的利用。这样的智能传感器设计不仅要考虑其测量性能，还需要注重通信协议的标准化，以便与其他系统元素实现协同操作。这一共享机制将有助于形成更加智能、响应迅速的系统，进一步提高整个系统的效能。

（4）连接组件　在这里，需强调大多数工程师认为的智能传感器必备的三个特征。

1）含有用于测量一个或多个物理量的敏感元件。这本质上是指传统的传感器，负责捕捉环境中的物理变化。

2）具有用于分析敏感元件所测结果的运算元件。智能传感器能够在本地对采集到的数据进行实时分析和处理，将数据转化为有用的信息。

3）与外界相连的通信接口。这一特征使传感器能够与其他系统组件进行信息交换，实现更广泛的系统协同操作。

智能传感器与常规传感器的主要区别在于，智能传感器具有将数据转化为信息的能力以及能够在本地使用信息并传输至其他系统部件，如图 3-15 所示。这使得智能传感器在信息处理和系统集成方面更加灵活和强大。

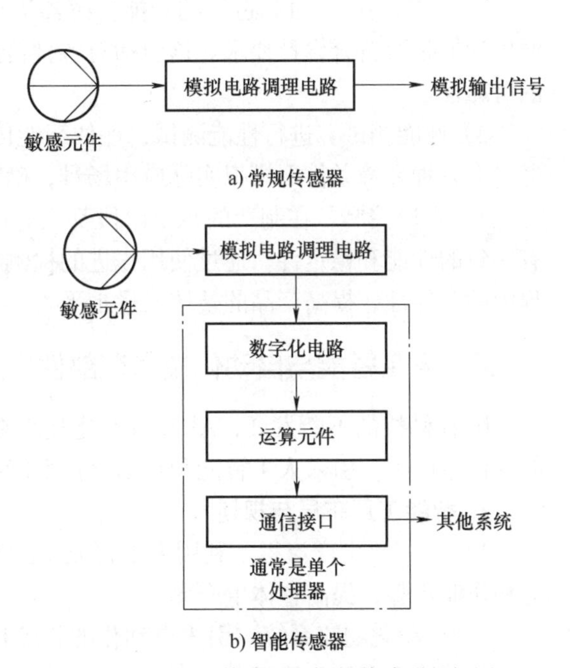

图 3-15　常规传感器和智能传感器的框图

2. 智能传感器制造

（1）制造工艺

1）微纳加工技术。微纳加工技术是智能传感器制造中至关重要的一环。通过微加工和纳米加工等技术，制造高精度的传感器元件，例如微机械结构和纳米级光学组件。这不仅提高了传感器的灵敏度，还增强了其稳定性，使其能够在复杂环境中更可靠地执行测量任务。

2）表面微结构技术。通过表面微结构处理，对传感器表面进行精密加工，从而改善其表面特性。这项技术的应用使得传感器具备更强的目标物感知能力。微结构处理不仅有助于提高传感器的感应范围，还能增加对特定物质的选择性，使传感器更适应不同的应用场景。

3）材料选择与优化。制造智能传感器时，对材料的选择至关重要。根据传感器的使用环境和特性需求，选择适当的材料，以提高传感器的耐用性和适应性。在材料的选择过程中，需要考虑材料的热学性质、化学稳定性、机械强度等因素，以确保其对传感器性能的最小影响。

（2）制造流程

1）传感器元件制造。采用微纳加工技术，制造传感器的敏感元件，其中包括微机械结构和精密的光学组件。这些元件是智能传感器的核心，直接影响测量性能。

2）集成电路制造。设计和制造智能传感器中的集成电路芯片，包括掩模制作、光刻、离子注入、薄膜沉积等工艺步骤。这确保了传感器在数字信号处理和通信方面有高度的集成性和可控性。

3）组装与封装。将制造好的传感器元件和集成电路封装在适当的材料中，通过精密的组装工艺将其连接至外部引脚。这一步骤不仅确保了传感器的稳定性和可靠性，还提高了其适应不同工作环境的能力。

（3）测试与质量控制

1）功能测试。对制造好的智能传感器进行全面的功能测试，验证其测量、信号处理和通信功能是否符合设计要求。这包括对各种传感器工作模式的测试，以确保其在不同条件下的可靠性。

2）性能测试。进行性能测试，评估智能传感器的灵敏度、精度、响应时间等性能指标。通过在各种环境条件下模拟实际应用场景，确保传感器在各种工作条件下都能稳定运行。

3）质量控制。在制造的每个阶段都实施严格的质量控制，确保制造出的智能传感器具有一致的性能和稳定性。通过使用先进的检测设备和质量管理系统，最大限度地减少制造过程中的变异性，提高产品的整体质量水平。

3.4.4 人工智能与自动化技术在部件生产中的应用

随着科技的不断发展，AI和自动化技术在制造业中的应用变得更加重要。在智能装备的部件生产中，引入人工智能和自动化技术能够显著提高生产率、精度和灵活性。

1. 智能工厂布局与规划

1）AI优化生产流程。利用人工智能算法对生产流程进行优化，实现最佳排程、物料搬运和作业步骤，提高整体生产率。

2）自动化物流系统。引入自动化的物流机器人和智能仓储系统，实现原材料和成品的自动化运输、存储和管理。

2. 智能制造工艺与质量控制

1）AI辅助设计与优化。利用人工智能技术对零部件的设计进行辅助，优化结构和性能，提高制造效率。

2）智能监控与预测性维护。部署传感器和监控系统，利用人工智能进行实时生产过程监测，通过数据分析预测设备故障，实现预测性维护。

3）自动化质量检测。引入视觉识别和机器学习技术，实现对部件的自动化质量检测，提高产品合格率。

3. 自动化制造设备与智能机器人

1）数字孪生技术。利用数字孪生技术创建设备和工艺的虚拟模型，通过人工智能模拟优化生产过程，提升设备利用率和生产率。

2）协作机器人。引入可编程和智能感知的协作机器人，与人工智能系统协同工作，完成装配、焊接等高风险和高精度的任务。智能机器人如图3-16所示。

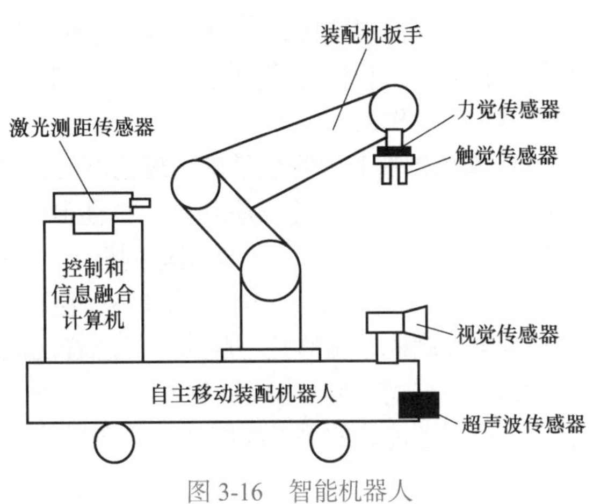

图3-16　智能机器人

4. 智能生产数据分析与决策支持

1）大数据分析。利用大数据技术对生产数据进行深度分析，提取关键性能指标，为生产决策提供数据支持。

2）实时生产监控。建立智能监控系统，通过人工智能分析实时数据，及时发现生产异常并采取措施，确保生产的稳定性。

3）智能制造执行系统（MES）。部署MES，实现生产计划的智能执行，通过实时数据反馈调整生产策略。

综合利用人工智能与自动化技术，智能装备的部件生产将更加高效、灵活和智能，为制造业的可持续发展提供了强有力的支持。

3.5 智能机械制造技术

3.5.1　智能机械制造加工基础

AI旨在通过技术手段拓展人类智力的边界，以实现对人类大脑功能的模拟、延伸和增强。AI的发展目标是使机器能够执行那些人类智力难以独立完成或具有危险性的任务，从而将人类的智能集中到更具创造性的工作上。在制造业的智能化转型中，人类智能发挥着至关重要的作用，目前人类的智力在整体智能水平上仍远远领先于人工系统。

人工智能的发展是以人类智能为蓝本，但由于人类智能是随时间不断进化的，因此只有实现人与机器的高度融合，才能真正实现制造过程的智能化。智能制造作为新一代制造技术，由于现有科技水平、人类认知和经济条件的限制，目前还未能完全实现高度智能化。

智能的核心在于决策能力，即在特定环境和目标下做出正确决策的能力。智能可以被视为获取、处理、再生和利用信息的能力，而思维能力则是智能活动中最为复杂和核心的部分，涉及信息的处理和再生。

信息处理过程包含多种类型，主要包括经验思维、逻辑思维和创造性思维。这三种思维方式在工艺设计中都扮演着重要角色，并在不同层次的决策中发挥作用。

智能制造加工技术是多学科交叉的综合技术，涉及制造技术、自动化技术、系统工程和人工智能等领域。它包括智能设计、智能加工、机器人操作、智能控制、智能工艺规划、智能调度与管理、智能装配、智能测量和诊断等方面。

智能制造系统通过“智能设备”和“自主控制”构建，具备自律、自组织、自学习、自我优化以及自修复能力，适应性强。此外，智能制造系统采用VR技术，使得人机界面更加友好，提升了用户体验。随着技术的不断进步，智能制造系统预计在未来的制造业中将发挥越来越重要的作用。

1. 智能制造系统物质基础、理论基础、特征及框架结构

（1）智能制造系统物质基础　智能制造系统的物质基础和技术支撑由多个核心部分组成，这些部分共同构成了智能制造的框架，并推动了机械制造业的技术革命。

1）数控机床和加工中心。自1952年美国成功研制第一台数控铣床，数控机床和加工中心成为柔性制造系统的核心单元，标志着机械制造业的一次重大技术突破。

2）计算机辅助设计与制造（CAD/CAM）。这些技术显著提升了产品质量并缩短了生产周期，改变了传统的手工绘图和依赖图样的生产组织方式。

3）工业控制技术与微电子技术的结合。机器人技术的发展开创了工业生产的新局面，改变了生产结构，增加了制造过程的灵活性，并扩展了人类的工作范围。

4）制造系统的智能化。开发了针对制造过程中特定环节和问题的“智能化孤岛”，例如专家系统、基于知识的系统和智能辅助系统等。

5）智能制造系统和计算机集成制造系统（CIMS）。通过计算机一体化控制生产系统，实现了从概念、设计到制造的一体化，使生产能够直接面向市场，灵活应对不同规模和多样化的生产需求。

随着制造技术的发展，出现了多种新的系统和概念，如柔性制造系统（FMS）、工厂自动化（FA）、多目标智能计算机辅助设计（MOICAD）、模块化制造与工厂（MXMF）、并行工程（CE）、智能控制系统（ICS）、智能制造（IM）、智能制造技术（IMT）、智能制造系统（IMS）。

这些系统和概念体现了先进的计算机技术、控制技术和制造技术在产品、工艺和系统设计及管理中的应用。它们为设计师和管理人员带来了新的挑战，传统的设计和管理方法已不足以解决现代制造系统面临的问题。为了应对这些挑战，需采用现代的工具和方法，例如AI，它提供了一套适合解决复杂工业问题的工具。AI在智能制造中的应用，不仅提高了生产率和产品质量，还增强了系统的自适应性和灵活性，为制造业的未来发展开辟了新的可能性。

（2）智能制造理论基础　智能制造的理论基础是建立在制造系统整体的“智能化”和“自组织能力”上的，它强调个体的“自主性”和在整个制造过程中智能活动的融合。智能制造系统被定义为一个集成了智能活动和智能机器的先进生产系统，能够以柔性的方式将订货、产品设计、生产到市场销售等各个环节集成起来，从而发挥出最大的生产力。

在智能制造加工的基础理论研究中，提出了一种新的实现模式，这种模式为制造过程及系统的描述、建模和仿真研究提供了新的思路和内容。它涵盖了制造过程和系统的计划、管理、组织及运行等环节，并强调了制造智能知识的获取和运用，以及系统的智能调度等方面。这要求对制造系统内的物质流、信息流、功能决策能力和控制能力有明确的设计和优化。

智能制造加工技术的发展得益于人工智能工具和研究成果在制造业中的广泛应用。智能调度、智能信息处理与智能机器的融合构成了智能制造加工系统中的复杂智能系统，特别是在以智能加工中心为核心的智能单元上表现得尤为明显。

智能数控系统，作为智能单元的神经中枢，需要对系统内部各种不确定因素进行智能控制，并能对制造系统的各种命令请求做出智能反应。这超出了传统数控系统体系结构的能力范围，因此，它是一个具有挑战性的新课题。智能制造领域中有待研究和解决的问题包括智能制造机理、智能制造信息、制造智能以及制造中的计算几何等。

制造技术已经从单一的技术发展成为一门综合性的工程学科，即制造科学。这门学科以系统论、信息论和控制论为核心，贯穿于整个制造过程的各个环节。制造系统集成与调度的关键在于信息的传递与交换。

智能制造系统可以被视为一个信息处理系统，它包括输入、处理、输出和反馈等部分。输入包括物质（如原料、设备、资金、人员）、能量和信息；输出包括产品与服务；处理涉及物料和信息的处理；反馈包括产品品质回馈和顾客反馈。制造过程本质上是信息资源的采集、输入、加工处理和输出的过程，而最终形成的产品则是信息的物质化表现。

（3）智能制造系统特征

1）多信息感知与融合。能够接收和整合来自多个来源的信息，包括传感器数据、生产流程信息等。

2）知识表达、获取、存储和处理。系统能够识别、设计、计算、优化、推理和决策，涉及知识库的构建和运用。

3）联想记忆与智能控制功能。具备记忆功能，能根据历史数据进行联想和预测，实现智能控制。

4）自治性。系统能够在没有外部干预的情况下执行任务和决策。

5）自相似、自学习、自适应、自组织、自维护。系统能够自我改进、学习新技能、适应变化、组织资源和自我维护。

6）机器智能的演绎与归纳。系统能够进行逻辑推理和模式识别，从具体实例中抽象出通用规律。

7）容错能力。在面对不完整信息或错误信息时，系统仍能正常运行或快速恢复。

（4）智能制造系统框架结构

1）中心层。作为系统的大脑，负责整体决策和协调。

2）管理层。负责日常管理任务，包括资源分配和任务调度。

3）计划层。负责制订生产计划和调度，确保生产流程的顺畅。

4）生产层。执行具体的生产任务，包括加工、装配和检验。

每个层级由具有自治性的多智能体组成，这些智能体可根据任务需求进行自我学习和适应。系统设计具有一定的容错能力，确保在面对不确定性和变化时的稳定性。

智能制造系统与工业以太网兼容，支持企业间的动态联盟、电子商务和虚拟制造环境的建立。

2. 数控机床加工制造

（1）数控机床基础知识　数控机床，全称为数字控制机床（Numerical Control Machine Tools，NCMT），是一种集成了数字计算技术用于机床控制的先进设备。它通过将机械加工过程中的控制信息转换为编码数字，并利用这些数字信息控制机床的动作，从而实现零件的自动加工。

1）控制原理。数控机床使用数字化的控制信息，这些信息通过载体输入到数控装置中，经过处理后，数控装置会发出控制信号，驱动机床按照预定的程序进行工作。

2）加工能力。数控机床特别适合加工形状复杂、精度要求高、批量小及品种多的零件。它能够提供高度的加工灵活性和自动化水平。

3）技术特点。数控机床代表了现代机床控制技术的发展方向，是一种机电一体化的典型产品，它通过编程来实现自动化加工，提高了生产率和加工精度。

4）适用范围。尽管数控机床具有高技术含量和高投资成本，但它并不是适用于所有加工场景。通用机床更适合结构简单、批量小的零件加工；专用机床适用于大批量生产；而数控机床则适合形状复杂、批量小的零件加工。随着技术的发展和成本的降低，数控机床的应用范围在不断扩大。

5）经济效益。数控机床在某些重复性工作量很大的场合，如印制电路板的钻孔加工，由于其生产率高，已被广泛使用。

6）发展趋势。随着数控技术的不断进步，数控机床的编程更加简便，功能更加强大，适用范围也在不断扩展，逐渐成为机械加工领域不可或缺的重要设备。

数控机床的普及和发展，不仅提高了制造业的生产率和产品质量，也为制造业的自动化、信息化和智能化发展奠定了基础。随着智能制造的推进，数控机床作为实现精密加工的关键设备，其地位和作用将越来越重要。

（2）数控机床特点

1）高精度与稳定性。数控机床能够实现极高的运动分辨率，脉冲当量可达 0.001mm，甚至更高，通过位置检测装置反馈实际位移量，进行系统补偿，从而获得超越机床本身精度的加工精度。由于加工过程不受人为操作误差影响，同一批零件的尺寸一致性和质量稳定性得到保证。

2）复杂零件加工能力。数控机床能够加工形状复杂的零件，包括曲线母线的旋转体曲面、凸轮以及各种复杂空间曲面类零件，这些往往是传统机床难以完成或无法加工的。

3）高生产率。数控机床的主轴转速和进给量范围广，结合良好的结构刚性，允许采用大的切削用量，有效节省加工时间。自动换刀装置和加工中心的多工序连续加工能力，进一步提高了生产率。

4）适应性强。数控机床对产品改型设计具有极强的适应性，只需更改加工程序和调整刀具参数，即可快速适应新零件的加工需求，大大缩短生产准备周期。

5）自动化发展方向。数控机床是实现机械加工自动化的基础，为 FMC、FMS、CIMS

等综合自动化系统的建立提供了可能。数控机床的控制系统采用数字信息输入，具备通信接口，便于实现机床间的数据通信和工业控制网络的构建。

6）监控与故障诊断。CNC系统不仅能控制机床运动，还能全面监控机床状态，提前报警潜在故障因素，并进行故障诊断，提高检修效率。

7）改善劳动条件。数控机床减轻了工人的劳动强度，改善了劳动条件，使得操作人员可以在更为舒适和安全的环境中工作。

数控机床的这些特点使其成为现代制造业不可或缺的关键设备，特别是在需要高精度、高效率和高自动化水平的生产环境中。随着技术的不断进步，数控机床的功能和性能也在不断提升，进一步推动了制造业的发展。

3. 数控加工中心制造技术

数控加工中心是一种集高效、自动化和复杂零件加工能力于一体的机械设备。它起源于数控铣床，但与数控铣床的主要区别在于加工中心具备自动换刀的功能，能根据加工需求在刀库中选择和更换刀具，实现多样化的加工功能。数控加工中心能够执行铣削、钻削、镗削以及攻螺纹等多种加工方式。

（1）加工中心分类

1）按主轴位置分类：

① 卧式加工中心。主轴轴线与工作台平行，适合加工箱体类零件，具有分度转台或数控转台，能进行多面加工和联动加工。

② 立式加工中心。主轴轴线与工作台垂直，适用于加工板类、盘类或小型壳体类零件。

③ 复合式加工中心。主轴轴线与工作台之间的角度可变，用于加工复杂的空间曲面，如叶轮转子。

2）按加工工序分类：

① 镗铣加工中心。结合钻、镗、铰、攻螺纹等多工序，适用于大型零件加工和回转加工。

② 车铣加工中心。通过铣刀和工件的合成运动实现切削加工，适用于高精度复杂零件加工。

3）按加工精度分类：

① 普通加工中心。具有较高的分辨率和进给速度，适用于一般精度要求的加工。

② 高精度加工中心。提供更高的分辨率和更快的进给速度，适用于精密加工。

（2）数控加工中心特点

1）高生产率。通过一次装夹和自动换刀，实现多个工序连续加工，显著提高生产率。

2）高精度加工。加工精度高，质量稳定，适合加工精密零件。

3）加工复杂性。能够加工形状复杂或难以控制尺寸的零件，如回转体零件、螺旋零件或淬硬工件。

数控加工中心在生产中的优势包括提高生产率、保证加工质量、减少人工干预，从而推动加工行业的技术进步。然而，由于机床设备成本较高，对维修和操作人员的技术水平提出了更高的要求。

（3）加工中心结构及功能

1）基础部件。由床身、工作台、立柱组成，承担机械静载荷和切削加工时的动载荷，通常由铸造加工而成，需具备足够的刚度。

2）主轴部件。包括主轴箱、主轴电动机、主轴和主轴轴承等，负责输出加工功率。主轴的动作（起动、停止、变速、变向）由数控系统控制，其精度直接影响加工精度。

3）数控系统。由 CNC 装置、可编程控制器、伺服驱动系统和面板操作系统组成，是控制加工过程的中心。CNC 装置根据输入信息进行数据处理和插补运算，输出理想运动轨迹信息至执行部件。

4）自动换刀系统。由刀库、机械手等组成，数控系统发出换刀指令后，机械手从刀库中取出刀具，完成换刀动作。

5）辅助装置。包括润滑、冷却、排屑、防护、液压、气动和检测系统等，虽不直接参与切削，但对加工效率、精度和可靠性起保障作用。

（4）加工对象

1）箱体类零件。具有多个孔系和型腔，如发动机缸体、变速箱体等。加工中心能一次完成大部分工序，提高精度和生产率。

2）复杂曲面。如飞机机翼、汽车外形曲面等。采用球头铣刀进行三坐标联动加工，或使用四、五坐标联动加工中心处理干涉区或盲区。

3）异形件。外形不规则，需多点、线、面混合加工，如叉架、基座等。加工中心可通过合理工艺措施，一次或两次装夹完成多道工序。

4）盘或板类零件。带有键槽、径向孔或端面分布孔系的零件。立式加工中心适用于端面有分布孔系或曲面的零件，卧式加工中心适用于有径向孔的零件。

数控加工中心通过其高精度、高效率和自动化的特点，在机械制造领域扮演着越来越重要的角色，尤其适用于形状复杂、精度要求高的零件加工。同时，由于设备成本较高，对操作和维护人员的技术水平提出了更高要求。

3.5.2 新型制造加工技术

1. 增材制造

增材制造（Additive Manufacturing，AM），通常被称为 3D 打印，是一种创新的制造技术。它结合了计算机辅助设计、材料加工与成型技术，通过数字模型文件指导，使用专用材料（包括金属、非金属和生物医用材料）逐层堆积，形成实体物品。与传统的原材料去除加工模式不同，AM 技术采用“自下而上”的方法，从无到有构建零件，使得复杂结构件的制造成为可能。

AM 技术近年来发展迅速，涵盖了快速原型制造（Rapid Prototyping）、三维打印（3D Printing）、实体自由制造（Solid Free-form Fabrication）等多种技术。这些技术通过集成先进技术，如 CAD、CAM、CNC、激光技术、精密伺服驱动和新材料，实现了零件的快速制造。

快速成型技术，也称为快速原型制造（RP&M），允许直接从 CAD 数字模型通过特定材料逐层累积制作三维物理模型。这种技术制作的原型可用于新产品的外观评估、装配检验和功能检验，甚至可直接用于小批量生产，或者作为模具制造的基础。

与传统制造方法相比，快速成型技术具有显著的优势，大大缩短了制造周期和降低了成本。此外，基于快速原型的快速模具制造技术进一步发挥了这一优势，能够快速响应市场和用户需求，降低新产品开发的成本和风险，加快产品上市速度。

快速成型技术是基于离散堆积原理，通过将三维模型转换为二维轮廓信息，然后逐层构建实体。这一过程中，不同的材料和建造技术被用于实现零件的成型，包括：

1）光固化成形法（SLA）。使用光敏树脂材料，激光逐层固化成形。

2）叠层实体制造法（LOM）。使用纸材等薄层材料，逐层粘结和激光切割成形。

3）选择性激光烧结法（SLS）。使用粉状材料，激光选择性烧结逐层固化成形。

4）熔融沉积制造法（FDM）。使用熔融材料，加热熔化后逐层喷射成形。

快速原型技术广义上分为材料累积和材料去除两类，但目前普遍讨论的快速成型制造方法主要指累积式的成型方法，这些方法根据所使用的材料和构建技术进行分类。增材制造技术的不断发展和创新，为现代制造业提供了新的可能性，尤其在个性化定制、复杂零件制造和产品快速迭代方面展现出巨大的潜力。

本书后续章节再对增材制造技术进行进一步阐述。

2. 虚拟制造

虚拟制造技术（Virtual Manufacturing Technology，VMT），又称拟实制造技术，起源于20 世纪 80 年代后期，由美国首先提出。通过信息技术、仿真技术、计算机技术的结合，对实际制造活动中的人力、物资、信息以及生产流程进行全面的虚拟仿真。其目的是在产品实际投入生产前，通过模拟来识别可能出现的问题，并采取预防措施，以期实现产品的一次性成功制造。这有助于降低成本、缩短产品开发周期，并提升企业的市场竞争力。

在虚拟制造环境中，产品的设计、生产流程建模、仿真加工、组件装配，以及整个生产周期的检验，都是在计算机上模拟和仿真完成的。这种方法避免了实际生产中对产品进行检验的需要，减少了设计阶段对后期制造带来的问题，降低了模具报废的风险，从而提高了产品开发的一次性成功率，缩短了产品开发周期，并减少了企业的制造成本。

虚拟制造技术的定义尚未统一，因为其涉及的知识领域广，不同研究者的出发点和侧重点存在差异。虚拟制造可以被理解为包括产品虚拟设计技术、产品虚拟制造技术和虚拟制造系统三方面关键技术的综合技术。

（1）产品的虚拟设计技术（VDT）　VDT 是基于数字化产品模型的原理、结构和性能，在计算机上对产品进行设计。通过仿真多种制造方案，分析产品的结构性能和可装配性，以获取产品的设计评估和性能预测结果。这样可以优化产品设计和工艺设计，减少制造过程中可能出现的问题，从而实现降低成本、缩短生产周期的目标。

（2）产品的虚拟制造技术　产品的虚拟制造技术利用计算机仿真技术，根据企业现有资源、环境和生产能力等条件，对零件的加工方法、工序顺序、工装以及工艺参数进行选择。通过在计算机上建立虚拟模型，并进行加工工艺性、装配工艺性、配合件之间的配合性、连接件之间的连接性以及运动构件之间的运动性等方面的仿真分析。能够提前发现加工中的缺陷以及装配时可能出现的问题，从而对制造工艺过程进行必要的修改，直到整个制造过程变得完全合理，从而达到优化的目标。产品的虚拟制造技术主要包括材料热加工工艺模拟、装配工艺模拟、板材成形模拟、加工过程仿真、模具制造仿真以及产品试模仿真等方面。

（3）虚拟制造系统（VMS）　VMS 将仿真技术引入数控模型，提供了模拟实际生产过程的虚拟环境。这意味着将机器控制模型用于仿真，使企业能够在考虑车间控制行为的基础上对制造过程进行优化控制。其目标是优化实际生产过程，更好地配置制造系统。随着"互联网 +"时代的到来，虚拟制造技术迅速发展，研究领域也日益广泛。除了虚拟制造领域本身的理论体系、设计信息和生产过程的三维可视化，还涉及虚拟环境下系统全局最优决策、虚拟制造系统的开放式体系结构、虚拟产品的装配仿真、虚拟环境和虚拟制造过程中的人机协同作业等内容。当前，专家们正投入大量时间和精力研究虚拟制造技术集成系统和相关软件开发。例如，美国华盛顿州立大学在 PTC 的 Pro/ENGINEER 等 CAD/CAM 系统上开发了面向设计与制造的虚拟环境 VEDAM 系统，包括加工设备建模环境、虚拟设计环境、虚拟制造环境和虚拟装配环境。新加坡国立大学的 Lee 和 Noh 等人则利用因特网、专家系统开发工具、HTML/VRML 和数据库系统开发了一个作为工程和生产活动试验台的虚拟制造原型系统。国外软件公司也相继推出了一批支持虚拟制造的软件，如 Deneb、Multigen、dVISE、World-ToolKit 和 EA1 等。虚拟制造技术是一个多学科、多技术的综合体，相关技术支持包括仿真、建模、计算机图形学、可视化、多媒体和虚拟现实等。当前研究重点在于将这些技术有效集成并应用于实践。

（4）虚拟制造系统的构成 虚拟制造系统建模分为三个层次：目标系统层、虚拟制造模型层和模型构造层。模型构造层提供基本的模型结构，包括产品 / 过程模型和活动模型。

虚拟制造的五个主要阶段包括：①概念设计阶段，主要是产品运动学分析与仿真；②详细设计阶段，主要是整个加工过程的仿真模拟；③加工制造阶段，主要是工厂设计、生产计划与作业计划调度；④测试阶段，主要是测试仿真器的真实程度；⑤培训与维护阶段，主要是操作员培训和产品维护。

虚拟制造技术可以仿真企业的全部生产活动，并能对未来企业的设备布置、物流系统进行仿真设计，从生产制造的各个层次进行工作，以达到缩短产品生命周期和提高设计、制造效率的目的。

（5）虚拟制造与虚拟现实 虚拟制造与 VR 技术紧密相关，VR 技术提供了一个具有多种感知的虚拟环境，促进了仿真技术的发展。虚拟制造中仿真技术的应用可分为一般仿真层和虚拟现实层，其中虚拟现实层在制造系统中的应用包括产品开发阶段的虚拟原型设计、工程可视化、生产加工过程可视化、虚拟装配仿真、工厂设计和规划、设备操作及维修培训等。

VR 技术是通过计算机生成一个包含视觉、听觉、触觉、嗅觉和味觉等多种感官体验的逼真虚拟环境。用户可通过各种交互设备与这个虚拟世界进行互动，实现沉浸式体验。VR 技术的发展推动了仿真技术的进步，使得建立一个集成的、多维的"人 - 机 - 环境"仿真模型和仿真环境成为可能。这导致了仿真技术的新方向，包括可视化仿真（Visual Simulation，VS）、多媒体仿真（Multimedia Simulation，MS）和虚拟现实仿真（Virtual Reality Simulation，VRS）。

1）可视化仿真。强调创建灵活、可视化的仿真分析环境。

2）多媒体仿真。除了可视化，还集成了多样化的多媒体元素，如音像效果。

3）虚拟现实仿真。注重提供沉浸感和多维交互体验。

在产品的整个生命周期中，从设计到制造，再到测试和维护，计算机仿真技术发挥着关键作用。虚拟制造中的仿真技术应用分为两个层次：

1）一般仿真层。使用可视化仿真技术对制造系统进行仿真。

2）虚拟现实层。利用 VR 技术进行更深层次的制造系统仿真。

虚拟现实层在制造系统中的应用主要包括：

1）虚拟原型设计。在 CAD 模型的基础上，使用 VR 技术进行交互式探索和分析，验证和改进设计。

2）工程可视化。利用 VR 的可视化特性，直观观察和理解复杂的工程数据。

3）生产加工过程可视化。使用 VR 技术进行工艺设计，预测加工过程中的功率和进给需求。

4）虚拟装配仿真。计算机仿真实际装配过程，评估装配的可行性。

5）工厂设计和规划。VR 技术提供现场感受，帮助优化工厂布局和人机工程。

6）设备操作及维修培训。VR 作为培训工具，降低实地培训成本，提高培训效率。

7）人机工程性设计。产品投产前，使用 VR 技术体验和评估人机工程性，优化设计。

选择虚拟制造中的仿真技术时，应根据实际需求和成本效益来决定仿真的层次。制造系统仿真软件主要分为两大类：

1）仿真语言。通过编程开发模型，如 Arena、Awesim 等，具有建模的柔性但要求使用者具备编程技能。

2）面向制造的仿真语言。提供预建的三维参数化模型，简化了编程过程，如 AutoMod 和 Quest，但建模的柔性相对较低。

这些软件正在向三维动画仿真和虚拟现实仿真方向发展，部分软件已提供与虚拟现实设备的接口，实现了更高级的仿真体验。

选择虚拟制造中的仿真技术时，应根据实际需要和成本效益来决定仿真的层次。目前，主要的制造系统仿真软件可以分为仿真语言和面向制造的仿真语言模型两大类，前者提供建模的柔性，后者减少了编程时间，但建模的柔性相对较差。

3. 未来工厂

未来工厂的概念涵盖了从产品研发到资源计划、生产装配、质量检测和产品控制的整个生产周期，其中涉及多项先进技术的应用和创新管理策略。

（1）产品研发　设计师、化学家和工程师通过假设验证试验来完善设计方案和配方。利用软件如 Kaggle、Quantopian、Numerai 和 Science Exchange 来发掘和外包全球人才。机器人、3D 打印和人工智能技术被用于减少生产不确定性和加速生产过程。3D 打印应用于概念和原型验证阶段，以及机器人在自动化生产迭代试错中，特别是在合成生物研发中。专注于材料工程在半导体制造中的重要性以及机器人在精确控制纳米尺度制造过程中的应用。

（2）资源计划与来源　去中心化制造趋势是利用分散的制造商网络来生产中小批量零件。利用区块链技术进行资源跟踪，减少 ERP 系统的复杂性。

（3）制造、生产和装配　新型制造加工技术的迅速发展主要取决于以下几个方面：①自动化技术在脏累工作领域的应用，以及在大生产中人工过程的自动化替代；②工业机器人和 3D 打印在工厂中的普及，以及消费者个性化需求的增长；③工业 4.0 的实现，机器的连接和 IoT 技术的应用；④模块化生产和机器人自动化，以及 3D 打印技术的广泛应用。

（4）质检和品控　主要表现为：①数字化工厂中质检和品控流程的嵌入。②机器学习平台在优化工厂和提高产品质量方面的应用。③计算机视觉技术在产品检测中的应用，以及区块链技术在溯源方面的应用。

未来制造业的发展趋势表明，它将变得更加高效、定制化、模块化和自动化。技术的吸收和应用，如机器人、人工智能、IoT、区块链和AR，将对工厂的竞争力产生重要影响。更多的数据将带来更智能的系统，最大化工厂效益并最小化成本和损耗。制造业的持续自我改进和变革将由市场竞争的压力驱动。

3.6 装备制造技术

3.6.1 装备制造关键技术支撑

智能制造装备是制造业与信息技术深度融合的产物，它代表了先进制造技术、信息技术和人工智能技术的高度集成。智能制造装备不仅是智能制造产业的核心载体，也是推动制造业转型升级的关键。

智能制造装备的组成：①装备本体。具备高精度、高效率和高可靠性等性能指标；②智能使能技术。赋予装备自感知、自适应、自诊断和自决策等智能特征，包括物联网、大数据、云计算、机器学习、智能传感、互联互通和远程运维等。

以智能机床为例，其本体为高性能的机床装备，具有极佳的性能，如定位 / 重复定位精度、动 / 静刚度、主轴转动平稳性、插补精度、平均无故障时间等。在此基础上，通过智能传感技术使机床能够自主感知加工条件的变化，如利用温度传感器感知环境温度，利用加速度传感器感知工件振动，利用视觉传感器感知是否出现断刀。进一步对机床运行过程中的数据进行实时采集与分类处理，形成机床运行大数据知识库，通过机器学习、云计算等技术实现故障自诊断并给出智能决策，最终实现智能抑振、智能热屏、智能安全、智能监控等功能，使装备具有自适应、自诊断与自决策的特征。

智能制造装备单体虽然具备智能特征，但其功能和效率始终有限，无法满足现代制造业规模化发展的需求，因此，需要基于智能制造装备，进一步发展和建立智能制造系统。智能制造系统的组成中，最下层为不同功能的智能制造装备，如智能机床、智能机器人以及智能测量仪；多台智能制造装备组成了数字化生产线，实现了各智能制造装备的连接；多条数字化生产线组成了数字化车间，实现了各数字化生产线的连接；最后多个数字化车间组成了智能工厂，实现了各数字化车间的连接；最上一层为应用层，由物联网、云计算、大数据、机器学习、远程运维等使能技术组成，为各级智能制造系统提供技术支撑与服务，而互联互通广泛存在于各级智能制造系统，智能传感主要存在于智能制造装备与传感器。需要说明的是，人是任何智能制造系统的最高决策者，具有最高管理权限，可以对各级智能制造系统进行监督与调整。

3.6.2 装备制造管理

1. 装备制造管理概述

智能制造与传统制造一样需要管理，并且需要新的管理理论和方法。智能制造过程涉及大数据、物联网等多种技术，其制造成果受质量、成本等多个指标影响，采用适当的方法对智能制造进行有效的管理能够充分发挥“智能”的价值，提高作业效率、优化生产成果。本节首先介绍智能制造管理的概念、发展等知识，在此基础上详细介绍智能制造管理体系的各个组成部分，然后分别介绍智能制造中的精益管理和供应链管理，最后介绍智能制造工厂的相关内容。

随着制造企业的智能化发展，传统的管理模式已经无法满足现代制造型企业发展的需求。智能制造管理对智能制造的顺利进行至关重要，制造过程的智能化同时需要管理的智能化。本节将从介绍管理的概念开始，在此基础上介绍智能制造管理的概念以及我国制造业管理现状。

（1）智能装备制造管理的概念

1）管理的概念。管理在各个层面都发挥至关重要的作用，无论是在个人事务的组织还是企业的运营中。众多学者强调管理的重要性，认为它是推动工业化和经济发展的关键因素。管理被视为与土地、劳动和资本并列的社会“四种经济资源”之一，同时也是构成组织的“五大生产要素”之一，与人力、物力、财力和信息共同支撑着组织的运作。

管理、技术和人才之间的关系常被形象地比喻为“两个轮子一个轴”，强调了这三者协同作用的重要性。没有高效的管理，即便是最先进的科学技术，也难以发挥其应有的作用，而且技术越进步，对管理水平的要求也越高。管理的高水平对于确保技术的有效应用和提升组织效率至关重要。

所谓管理，就是指在特定的环境下，通过对资源进行有效的计划、组织、领导和控制，以实现既定目标的过程，即通过与其他人共同努力，既有效率又有效果地把事情做好的过程。虽然活动类型不同，具体的管理过程不尽相同，但都具有相似性和共通性。

管理是为完成目标而进行的，智能制造作为一种集生产、供应链等多个过程为一体、应用大量智能技术的活动，也要对其实施管理才能保证制造过程顺利进行。智能制造与智能管理是一个事物的两个方面。

根据管理的定义，不难理解智能制造管理的概念。智能制造管理就是根据企业的生产模式及规律，对智能制造生产过程进行计划、组织、领导和控制，充分利用各种资源和科技手段以实现不同时期制造目标的企业活动。这个概念包括以下4个方面的含义：

① 管理对象。智能制造企业的生产活动是生产过程和流通过程的统一，因此，企业管理涉及内部活动和外部经营两方面。智能制造企业管理的对象一是人，这个“人”不仅包括员工，还应包括智能机器人；二是物，物除了传统的固定资产外，更多的是智能制造企业中大规模使用的智能设备；三是事，做事的原则是做正确的事。

② 管理主体。智能制造企业由管理者来管理的。凡是参与管理的人，包括企业的高层领导、中层领导、基层领导，都是管理主体。在智能制造企业中，管理主体更依赖于智能管理系统，对企业的管理对象进行管理。

③ 管理目的。管理是一种有意识、有组织的动态活动过程。智能制造企业管理的目的是实现组织目标，合理利用资源，尤其是科技应用与创新，在满足社会需求的同时获得更多的利润。

④ 管理依据。智能制造企业的管理确实是一种主观行为，但为了确保这种行为能够产生有效的客观结果，管理者必须确保其行为与客观规律符合。管理的依据应当是企业的独特

性质和生产经营活动中所体现的规律。因此，智能制造企业管理的成效在很大程度上取决于管理者对生产经营规律的理解和应用程度，以及他们主观能动性的发挥程度。简而言之，管理者需结合企业的实际特性和市场规律，发挥自身的主观能动性，以实现有效的管理。

2）智能装备制造管理的特点。智能装备制造管理与传统制造企业管理相比，其核心在于对“智能”元素的管理，这包括智能设备、智能技术以及使用这些设备和技术的人员。智能制造管理通过现代信息技术和人工智能技术的应用，基于现有的管理模块，采用智能计划、执行、控制和决策，以智能化的方式配置企业资源，建立和维护企业运营秩序，实现管理要素间的高效整合和人机协同。

智能制造管理的特点包括：

① 机器化。机器在管理中扮演越来越重要的角色，从执行简单任务到辅助决策，通过物联网实现物流和信息流的整合。

② 人机协同。人机协同成为关键管理能力，结合线上线下工作、直觉与分析、大数据等，以应对非程序化管理挑战。

③ 系统化。广泛应用智能系统，如 Web2.0、云计算和行业专家系统，以提升组织智能和社会智能。

④ 知识管理。重视知识资产的开发，将个人和隐性知识转化为组织和显性知识，建立知识共享平台。

⑤ 人工智能工具的应用。企业管理中越来越多地应用人工智能技术，覆盖计划控制、办公自动化、财务会计、人力资源管理等领域。

⑥ 管理环境智能化。企业积极创造智能化管理条件，包括提升信息化水平、建设物联网、统一通信标准、组织变革、流程再造、奖励制度完善、专家队伍建设和人员培训等。

智能制造管理的实践表明，它能提高企业的运营效率、响应市场变化的能力和创新能力，是制造业发展的重要趋势。

（2）智能装备制造管理的发展　智能制造管理的发展体现在几个主要的管理模式上，这些模式共同推动了制造业的现代化和智能化。

1）智能制造：构建数字工厂。传统制造业中，从订单到生产的各个环节往往依赖手工操作，导致效率低下和信息不透明。数字化设备和平台能够整合企业数据，实现信息资源的实时共享，促进产销一体化并行管理。

2）智能监控：智能监控层层追溯。生产追溯体系的完善对企业流程优化和责任追查至关重要。智能监控系统帮助企业建立可追溯的管理体系，实时监控生产进度和异常，提高响应速度和处理效率。

3）智能管理：全面转型升级。智能制造管理是企业转型升级的关键，它结合了大数据、全程追溯、可视化管理等技术，提升了企业的市场竞争力。企业需要内部改革以适应时代的挑战，通过智能制造管理，实现管理理念与先进技术的融合。

在智能制造管理的人才培养方面，产学合作是关键。国家鼓励政府、产业界、学术界等各方在智能制造管理领域进行深度合作。为了解决智能制造管理人才的培养瓶颈，需要高校师生积极参与实践，深入企业，了解实际问题，并提出解决方案。企业应主动向学术界提出问题，并为研究者提供现场解决问题的支持。

通过这种深度融合，可以培养出既懂理论又具备实践能力的智能制造管理人才，满足行业发展的需求，并推动制造业的持续进步。

2. 装备制造管理体系

智能制造管理不是对某一生产、某一产品的具体过程进行管理，也不是对单独某活动的管理，而是由成本管理、质量管理、设备管理等几个相互独立又紧密相连的管理模块组成的一个完整的管理体系。不同的模块具有不同的特点和管理方法。任何一个模块的管理都对企业运行至关重要。以下将重点介绍智能制造管理体系中的成本、质量和设备这三方面的相关内容。

（1）成本管理

1）成本管理概念及特点。成本管理是智能制造领域至关重要的一环，它包括对企业在生产和经营活动中面临的各种成本因素，如原材料消耗、人工费用等进行细致的预测、核算、控制、分析和评估。在智能制造的环境下，成本管理的核心在于通过财务视角深入到生产的每一个层面，从车间到工段，再到具体的机台和生产线，明确每个层级的成本控制职责和目标。此外，成本管理还要求将成本目标细化到具体的产品规格，并结合生产工艺制定出一套工序成本的标准化体系，确立产品的目标成本，并最终形成各个岗位的成本自我改进目标，以此推动企业在成本节约和经济效益提升方面实现突破。

在成本管理过程中，事前成本管理、事中成本管理和事后成本管理共同构成了一个完整的成本控制体系。事前成本管理作为体系中的关键环节，涉及在项目规划和设计阶段提出多种可行方案，并对成本进行预测和方案的优化选择。事中成本管理则是基于事前确定的标准成本进行实时监控，确保成本目标的达成。而事后成本管理则是在前期控制的基础上，定期回顾和总结各成本中心的控制效果，为后续的成本控制周期设定新的控制目标。

智能成本管理得益于物联网、大数据、云计算等先进技术的支持，将成本管理活动智能化，关注内外部环境变化，通过智能化的信息系统合理规划企业成本，优化成本结构，强化成本战略，提高成本执行的效率和效益，从而提升企业的市场竞争力和适应市场变化的能力。信息化技术在成本管理中起到了关键作用，它通过网络通信技术实现信息的高效集成，使得成本管理与控制活动更加精准和高效。

企业实施成本管理时，应结合自身的智能化管理需求和总体发展战略，制定并执行相应的成本管理策略。通过成本信息支持系统，企业可以全面了解和控制成本结构和行为，探索可持续发展的新路径，并在竞争中获得优势。同时，企业还应关注成本管理的战略空间、管理过程和控制绩效，加强成本管理与控制的措施，力求实现成本的最小化和效益的最大化，提高成本管理的系统性、有效性和针对性。

智能制造的成本管理展现出一系列独特的特点，这些特点体现了智能制造环境下成本控制的新趋势和新要求。

首先，智能制造的成本管理需具备一定的能力，包括适应企业成本环境变化的能力、维持或获得成本竞争优势的能力，以及时识别新领域或根据环境变化制定成本战略的能力，以及将企业成本控制嵌入更大系统并实现可持续成功所需的能力。

其次，成本管理的结构发生了变化。在传统的成本管理中，由于技术和会计制度的限制，主要关注的是企业购买或雇佣生产要素的实际支出，即显性成本。而在智能制造环境中，一些过去难以计量和控制的隐性成本，例如企业所有者提供的资本、自然资源和劳动的机会成本，现在可通过智能化的成本管理系统得到体现。同时，智能制造的实施也可能增加机器的折旧和研发费用。

再次，成本管理对象也在变化。早期的成本管理侧重于成本特性，将成本分为固定成本和变动成本。智能制造的成本管理则以企业的经营活动和价值表现为中心，通过对成本信息的深入加工和再利用，为经营活动提供预测、决策、规划和评价等管理决策的有力支持。

最后，成本管理的创新是智能制造环境下的一个重要特点。先进技术如人工智能和物联网的引入，促进了成本管理的创新，例如在产品设计优化方面的应用，这些创新有助于提高成本效率和企业竞争力。

综上所述，智能制造的成本管理通过适应能力、结构调整、管理对象的转变和创新实践，为企业带来更高效、更精细和更智能化的成本控制方式。

2）成本管理方法。成本管理方法是企业在智能制造背景下对成本进行有效控制和分析的一系列技术手段，其中两种主要的方法包括标准成本法和作业成本法。

① 标准成本法。标准成本法是一种综合管理制度，它通过制定标准成本、执行、核算、控制和差异分析等环节的有机结合，实现成本管理的全过程控制。企业根据自身的生产技术和效率，预先设定在最理想状态下单位产品生产的成本，作为标准成本。在生产过程中，企业依据标准成本进行成本控制，并在生产后分析实际成本与标准成本之间的差异，找出原因并采取解决措施。这种方法适用于产品品种较少、生产技术稳定的企业，如钢铁企业，因为这些企业的产品标准化程度较高，材料费用控制对成本影响显著。

② 作业成本法。作业成本法，也称为作业成本分析法或作业成本核算法，是一种基于活动的成本核算系统。这种方法重新调整了传统的成本管理方式，使成本消耗与工作活动之间的联系更加明确。通过作业成本法，管理者可以识别哪些成本投入有效，哪些是无效的。该方法重点关注生产运作过程，加强运作管理，关注具体活动及其成本，并强化基于活动的成本管理。

这两种方法都为企业提供了精细化的成本控制手段，帮助企业在智能制造时代更有效地管理和优化成本结构。

（2）质量管理　质量管理是确保产品满足顾客需求并达到顾客满意的一项关键活动。它涉及监控和改进措施，目的是消除产品质量的不稳定性，减少成本损失，并提升经济效益。在智能制造的背景下，质量管理呈现新的特点和趋势。

美国质量管理专家朱兰将质量定义为“免于不良”，即在首次生产中就达到顾客的期望，避免返工、故障、顾客不满和投诉等问题。这一定义强调了顾客满意度的重要性，并指出质量管理的核心目标是在生产过程中第一次就将事情做对。

在智能制造制造环境下，质量管理的特点包括：

1）管理对象的变化。质量管理的对象已经从单纯产品扩展到整个质量管理体系、产品的质量策划、流程、数据和检测设备。管理的重点也从日常的质量控制转变为质量和过程的持续改进。

2）检测手段的革新。技术进步使得质量数据的检测手段从手动和半自动化转变为数字化检测。数字工厂的推广减少了纸质记录的使用，而自动化实时监测手段正在取代传统的成品检测方法，实现了基于预报式的质量检测。

3）空间范围的扩展。经济全球化推动了质量管理的标准化和协同发展。不同国家的制造企业可通过互联网平台共享质量信息，打破了企业内部封闭的质量管理模式，缩小了客户、供应商和企业之间的信息隔阂。

随着智能制造技术的发展，质量管理正变得更加智能化和自动化，提高了质量管理的效率和效果。通过集成网络技术和智能技术，企业能够更有效地收集和分析生产过程中的信息，从而优化质量管理。这不仅提升了产品质量，也为企业带来了更强的市场竞争力。

（3）设备管理

1）智能设备管理的概念。智能设备管理是一种以设备预知维护和生产计划排程集成为核心的管理策略，它通过运用大数据分析、智能算法、运筹学、统计学和系统建模理论等技术手段，实现对设备的智能感知、实时预警、智能维护和高效集成。智能设备管理的关键对象包括智能机床和工业机器人等高科技设备，它是一项需要集团层、公司层和产线层三个层面共同参与的系统工程。

集团层在智能设备管理中扮演着“大脑”的角色，负责顶层设计，确保集团内部各子公司之间协调一致。公司层则负责策划本公司的智能设备管理蓝图，保证与集团规划的一致性。产线层作为设备管理的执行者，需要全面参与现代智能设备管理，以大数据系统为支撑，遵循全面生产维护（TPM）的原则，管理设备的全生命周期，包括设计、选型、制造、购置、安装、使用、维护、更换直至报废，以及设备的价值运动状态，如投资预算、维修与更换费用、折旧、改造资金等，以确保设备的良好状态和最大经济效益。

智能设备管理的核心在于平衡可靠性、维修性和经济性之间的关系，确保设备的高效运行和安全保障。随着科技和设备现代化水平的提升，智能设备管理已经成为一种综合性的系统工程，它要求管理者具备系统全局观念、流程观念和信息化观念。设备管理不再是一个独立的职能，而是与企业的整体运营紧密相连，要求管理者从全局角度出发，严格遵循标准流程，有效利用信息化手段进行计划和控制，以适应工业 4.0 时代设备互联带来的新挑战。

2）智能设备管理技术。智能设备管理技术是智能制造系统中的关键组成部分，它通过一系列先进的技术手段实现对设备的高效管理和维护。

① 数据采集技术。利用成熟的数据采集技术获取设备的状态信号，如压力、速度、温度、功率等，以实时监测设备的运行状况。根据不同的工业应用需求，可以选择适当的传感器和监测技术，如 RFID 无线感应技术和嵌入式智能代理技术，来收集设备参数，为后续的预知维护提供数据支持。

② 数据处理分析。通过对收集到的原始数据进行预处理和特征提取，量化分析设备的健康状况。这一步骤涉及数据特征的模型化映射和状态特征的识别，以及使用统计模型来评估设备的健康状态，为健康趋势预测提供依据。

③ 健康趋势预测。在数据分析的基础上，使用数据挖掘技术预测设备未来的劣化趋势。预测算法可能包括基于模型、基于知识或基于数据的算法，智能设备管理系统应根据企业需求选择合适的算法进行健康趋势预测。

④ 设备维护规划模型。在现有维护资源的约束下，科学规划维护作业的实施时机和资源配置，以降低故障风险、减少维护成本并提高设备的可用性。

⑤ 集成设备预知维护的生产排程。传统的设备维护和生产计划排程被视为独立的系统，但在实际生产中，两者紧密相关。设备故障可能导致生产中断，需要维护作业以保证系统的可靠性，这会影响生产计划。因此，建立一个集成设备预知维护和生产排程的系统，以科学统筹分析和优化设备资源配置，是实现设备资源利用最优化的关键。

智能设备管理技术的目标是通过智能化的方法提高设备的可靠性和生产率，减少维护成本，并最终提升企业的经济效益。通过这些技术，企业能够更好地适应市场变化，提高竞争力。

3）智能设备管理的发展。智能设备管理的发展呈现以下趋势：

① 虚拟传感。虚拟传感不是一项技术，而是一种管理创新。它利用设备上的传感器，将有用信息转换成反映设备状态的信息，帮助做出检修决策。虚拟传感可以将多个变量组合，通过数学运算生成维修需求，实现多变量状态维修。

② 区块链在设备管理中的应用。区块链概念在资产、设备管理领域逐渐得到应用。未来，区块链技术将用于资产身份识别、资产货币化、设备状态指标的不可篡改性实现等方面，提高资产管理的效率和安全性。

③ 预防维修。预防维修成为设备管理的重要概念。它包括定期预防维修、计划预防维修、状态预防维修和机会预防维修等形式，可以有效减少设备故障和连锁损坏，提高维修效率。

④ 以大数据为基础的精准维护。基于大数据的精准维护将成为主导方向。企业通过智能化降低成本，实现对设备状态的精准监测和维护，提高生产率。

⑤ 设备安全管理新方向。近年来，安全事故与设备密切相关，设备安全管理变得越来越重要。设备安全管理不仅涉及设备本身的安全，还包括人本安全和机本安全，企业逐渐形成了设备安全管理的主体框架。

⑥ 设备维护的挑战。智能制造对设备维护提出了更高的要求，企业需要改变高层观念、准备人才，并引进必要的硬件和软件，以适应智能制造的发展。

⑦ 设备全生命周期管理顶层设计。我国设备管理已经形成了自己的顶层设计框架，结合国际先进理念，形成了完备、科学和系统的管理模式。

面向智能制造的设备管理系统将适应现代企业的需求，实现设备可靠性和安全性的同时，降低维护成本，提高设备资源利用效率，从而提高企业竞争力，为我国制造企业的智能制造转型升级提供支持。

3. 装备制造管理技术——智能制造工厂

智能制造工厂是利用物联网、大数据、可视化等技术手段，对生产过程进行智能化管理和控制的工厂，旨在实现全面智能生产。智能工厂的实施能够提升生产率、降低运营成本、缩短产品开发周期、减少不良品率、提升能源效率。其技术推广将促进自动化和智能化水平的提升，对中国从制造大国向制造强国转变具有重要意义。

（1）智能工厂的概念

1）狭义层面。智能工厂是智能制造技术、产品和系统在工厂层面的具体应用，实现生产系统的智能化、网络化和柔性化。

2）广义层面。智能工厂是一个组织载体，以制造为核心，向产业链的上下游延伸，覆盖产品全生命周期的作业。

智能工厂的核心在于人机交互，通过人与机器的协调合作，优化生产流程，具体体现在：

1）制造现场。提高制造过程的透明度，快速响应异常，确保生产有序。

2）生产计划。合理规划生产流程，减少瓶颈，提升效率。

3）生产物流。优化物流流程，提高配送精确性，减少停工待料。

4）生产质量。精准预测质量趋势，有效控制缺陷。

5）制造决策。提供翔实的决策依据，使决策过程直观，结果合理。

6）协同管理。解决信息不对称，降低沟通成本，支持协同制造。

智能工厂通过 CPS 实现机器设备等实体资源的端到端集成，是智能制造服务运作的环境，也是工业 4.0 的关键组成部分。它能实现高度智能化、自动化、柔性化和定制化生产，快速响应市场需求，实现定制化集约生产。

（2）智能制造工厂的类型　智能制造工厂的类型包括流程制造的智能工厂模型和离散制造的智能工厂模型。

① 流程制造的智能工厂模型。这种模型是制造企业为工厂的总体设计、工程设计、工艺流程和布局等建立的系统模型，并进行模拟仿真，以设计相关数据进入企业核心数据库。建立这种模型需满足以下要求：首先，关键生产环节的实现必须基于先进控制和在线优化，因此工厂需要配置符合设计要求的数据采集系统和先进控制系统，以实现 90% 以上的生产工艺数据自动采集率和工厂自控投用率。其次，工厂生产实现要基于工业互联网的信息共享和优化管理，因此企业还需建立实时数据库平台，并使之与过程控制、生产管理系统实现互通集成。构成流程制造的智能工厂模型的要素包括与企业资源计划管理系统集成的制造执行系统、生产计划、调度建立模型，功能是实现生产模型化分析决策、过程的量化管理、成本和质量的动态跟踪。另外，企业资源计划管理系统的作用是实现供应链管理中原材料和产品配送的管理与优化。这种模型利用云计算、大数据等新一代信息技术，在保障信息安全的前提下，实现企业经营、管理和决策的智能优化，从而提升企业的资源配置优化、操作自动化、生产管理精细化和智能决策科学化水平。

② 离散制造的智能工厂模型。这种模型是制造企业对车间 / 工厂的总体设计、工艺流程和布局建立的数字化模型，并进行模拟仿真，实现规划、生产、运营全流程数字化管理以及将相关数据纳入企业核心数据库。建立这种模型需采用三维计算机辅助设计、计算机辅助工艺规划、设计和工艺路线仿真、可靠性评价等先进技术。离散制造的智能工厂模型的构成包括车间制造执行系统，其功能是实现计划、排产、生产、检验的全过程闭环管理，以及装备、零部件、人员等的车间级工业通信网络系统。企业资源计划管理系统的供应链管理模块能实现采购、外协、物流的管理与优化。这种模型利用云计算、大数据等新一代信息技术，在保障信息安全的前提下，实现经营、管理和决策的优化与企业智能管理与决策，全面提升企业资源配置优化、操作自动化、生产管理精细化和智能决策科学化水平。同时，通过持续改进该模型，能实现企业设计、工艺、制造、管理、监测、物流等环节的集成优化。

（3）智能制造工厂的架构　智能制造工厂的架构分为五个层次：企业层、管理层、操作层、控制层和现场层，又可以分为产品工程、生产过程和集成自动化系统三大管理集群。

① 企业层。企业层是整个智能制造工厂管理模型的最高层，也是整个工厂架构的第一大部分。它负责统一管控产品研发和制造准备，整合产品设计与试验仿真，消除产品设计过程中的盲区，确保产品研发过程顺利进行。企业层通过集成 ERP 系统和 PLM 系统实现全数字化制造，从设计研发到生产进行高度数字化管理，实现以顾客所期望产品为中心的垂直数字化管理。

② 管理层（生产过程管理）。管理层的主要任务是实现生产过程的全数字化管理。它负

责对生产过程中的生产计划进行合理安排，提高生产率，降低生产质量波动的风险。管理层通过 MES 对底层的工业控制网络进行监控管理，实时监控生产过程中的问题，并对收集到的数据进行整合分析，以便发现潜在问题并提出解决方案，预防生产过程中的问题出现。

③ 操作层、控制层、现场层（集成自动化系统）。集成自动化系统是智能制造工厂架构的底层管理系统，也是该模型的第三大部分。操作层、控制层和现场层通过物联网技术贯通，实现对现场设备、生产过程、现场物流状态等的实时监控，并将监控信息反馈给 MES。这三个层次分别包括 DCS、SCADA、PLC、人机接口、工业以太网等设备和系统，以及各种工控设备、传感器、数控机床、智能仪表、工业机器人等。集成自动化系统实时采集生产过程数据，分析关键影响因素，监控生产物流和设备状态，实现智能控制整个工厂的生产资源和生产过程，达到智能化、数字化生产的目的。

通过以上架构，智能制造工厂能实现高度的集成数字化管理，快速响应市场需求变化，提高生产率和产品质量，节约生产资源，实现高度定制化的生产。

4

第 4 章

智能装备运维技术

章知识图谱

说课视频

4.1 引言

4.1.1 智能装备运维的背景和意义

1. 传统运维模式的局限性与挑战

传统的工业装备运维模式通常依赖于定期维护和故障后修复策略，这种模式面临着多方面的局限性和挑战。首先，传统运维模式需要经验丰富的技术人员进行实地操作，在重复性的检查工作上消耗了更多的时间和人力资源。其次，传统的运维模式很难实现维保岗位优化，阻碍了生产效率的提升。大型机器设备配件储备占用企业资金大，并且往往只能在设备出现故障后，才能发现并处理，维修成本高。设备状态和维护记录多依赖纸质或简单的电子文档，设备运行数据分散，缺少系统性收集与科学分析，无法及时发现设备运行故障与设备亚健康状况。最后，定期维护策略可能导致设备即使处于良好状态也会按计划进行维护，这不仅增加了不必要的停机时间，还可能导致过早更换部件而造成成本增加。传统运维模式的局限性见表 4-1。

表 4-1 传统运维模式的局限性

序号	局限性	说明
1	人工操作依赖	需要经验丰富的技术人员进行实地操作，消耗大量时间和人力资源
2	岗位优化困难	传统方式难以实现岗位优化，提升生产率
3	配件储备成本高	大型机器设备配件储备占用企业资金大
4	维修成本高	只能在设备出现故障后发现并处理，导致维修成本高
5	数据管理不足	设备状态和维护记录多依赖纸质或简单电子文档，缺少系统性收集
6	缺少科学分析	设备运行数据分散，难以及时发现故障或亚健康状态

（续）

序号	局限性	说明
7	定期维护可能导致资源浪费	即使设备状态良好也会按计划维护，增加不必要的停机时间和成本
8	缺乏实时监控和预测维护能力	无法有效监控设备健康状况，应对市场需求和生产环境变化
9	效率问题凸显	工业规模扩大和设备复杂性增加，传统运维模式效率问题更加明显

随着工业规模的扩大和设备复杂性的增加，传统运维模式的效率问题更加凸显。这种模式往往缺乏对设备健康状况的实时监控和预测维护能力，无法有效应对快速变化的市场需求和生产环境。因此，企业面临着提升设备可靠性、减少停机时间和降低维护成本的多重压力。这些挑战促使工业界寻求更为智能化和自动化的装备运维技术，以提高响应速度和运维效率，同时优化生产过程和资源利用。

2. 技术进步推动智能装备运维发展

随着技术的快速发展，智能装备运维领域正经历着一场深刻的变革。人工智能、物联网、大数据和机器学习等技术的集成应用，为智能装备提供了前所未有的运维能力。物联网技术能够收集大量装备运行数据，不仅能实时监测设备状态，还可以通过高阶数据分析功能，识别装备性能退化趋势，预测潜在故障的发生。云计算技术的融合使得设备运维可以跨越地理界限，实现远程监控和管理。运维团队可以通过云平台实时接入设备状态，进行数据分析和策略制定，无需到场即可执行维护操作。远程运维方式不仅大幅提升了运维的效率和响应速度，还显著降低了人力和运营成本。云平台还支持运维数据的集中管理和分析，有助于形成优化策略，提高整个生产系统的可靠性和效率。随着自动化技术的进步，智能装备运维正越来越多地采用机器人和自动化工具进行精准和及时的维护。这些自动化工具能够执行复杂的维护任务，如更换部件、精确调校等，减少了对专业技术人员的依赖。此外，通过机器学习算法的持续优化，这些自动化系统能够从每次操作中学习，不断提升维护的准确性和效率。自动化和智能化的融合不仅确保了设备的高效运行，也推动了整个行业向更高水平的技术整合和创新发展。

3. 智能装备运维的意义

传统的运维模式受限于人工巡检的频次和范围，很难实现对装备状态的实时监控和快速响应。智能化运维技术通过部署大量传感器和物联网设备，能够实时收集装备的运行数据，并通过大数据技术对这些数据进行处理和分析。这使得运维人员可以远程掌握装备的运行状态，及时发现异常情况，并采取相应的措施进行处理。从而有效提高了运维效率和服务质量，降低了运维成本，增强了设备可靠性。在当今及未来高速发展的工业时代，智能运维已成为高端装备制造和运营不可或缺的一部分。

4.1.2 智能装备运维关键技术

1. 物联网与状态智能感知

物联网是一种通过互联网将各种物理设备、传感器和系统连接起来的技术，实现数据的采集、传输和处理。通过将设备联网，物联网可以实时监测和控制各种设备的运行状态，提高生产率和管理水平。在智能装备运维中，物联网技术可以提供设备运行的实时数据，使运维人员能够远程监控设备状态，及时发现和处理潜在故障。

状态智能感知是指利用各种传感器、数据采集终端和先进的算法，对设备的运行状态进行实时监测和分析。这些传感器可以收集温度、压力、振动、声音等多种数据，通过对这些数据的分析，可以准确判断设备的健康状态和运行性能。状态智能感知技术可以为设备的维护和保养提供科学依据，从而延长设备的使用寿命，降低运维成本。

将物联网与状态智能感知技术结合，可以构建一个智能化的装备运维系统。这种系统不仅能够实现设备的远程监控和实时状态分析，还可以通过大数据和机器学习技术，对设备的运行数据进行深入挖掘，优化设备的维护策略。通过这种智能化的运维方式，企业可以大幅提升设备管理的效率和精度，减少设备故障率和维护成本。物联网架构如图 4-1 所示。

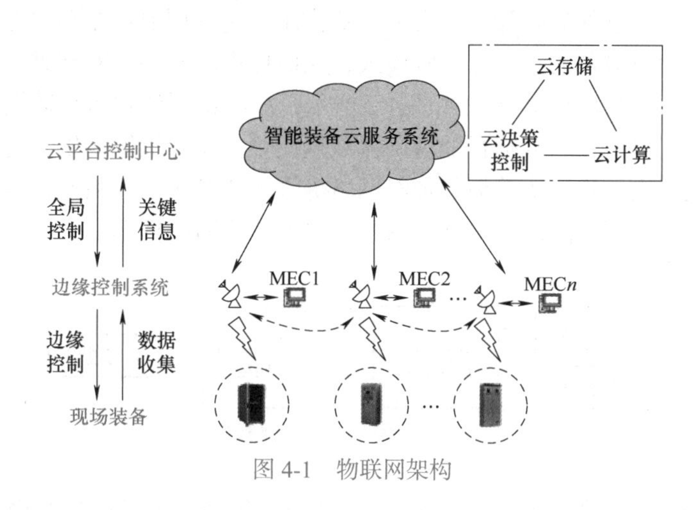

图 4-1　物联网架构

2. 云计算与装备远程运维

云计算通过互联网提供灵活的计算资源，允许企业按需获取存储和处理能力，而无需大规模投资本地硬件。这改变了传统的计算模式，使企业能够高效处理和分析来自智能装备运维的大量数据，快速掌握设备状态，提高管理效率。运维人员可以随时随地访问云端存储和处理的数据，实时监控设备状态，及时发现并解决问题。云计算的高可用性和扩展性确保了远程运维系统在处理大量数据时的高效稳定运行。

基于云计算的远程运维系统由装备端和云平台组成。装备端负责设备管理和数据采集，传输数据至云平台，功能包括监测、控制、维护和保养。数据采集需根据装备特点设计，包括数据类型、频率和通信协议，并采用加密、压缩技术保障传输安全。云平台负责数据存储、分析和远程操作，包括原始数据和处理后的数据，以及利用大数据能力进行数据挖掘和分析。远程操作包括远程诊断、故障排除和设备调整，同时采用高级加密和安全认证技术确保操作指令传输的完整性和安全性。

3. 智能监控与可预测性维护

智能监控系统的核心优势在于其强大的数据采集和分析能力。现代传感器技术的发展使得系统能够精确捕捉设备运行中的微小变化，并将这些数据实时传输至中央处理系统。利用大数据和人工智能算法，系统对设备的历史和实时数据进行深入分析，识别异常和故障趋势。例如，通过频谱分析振动数据，可以提前预测机械部件的磨损，从而指导运维人员及时进行维护，避免设备重大故障的发生。

可预测性维护作为智能监控的一个重要应用，通过分析设备运行数据来预测潜在故障和最佳维护时机。与传统的定期维护和被动维修相比，这种维护方式能够在故障发生前进行干预，显著降低停机时间和维护成本。系统利用模式识别和人工智能技术，基于设备的历史运行数据建立故障预测模型，这些模型能够根据实时数据估计设备的健康状态和剩余使用寿命，为科学维护提供依据。智能监控与可预测性维护的结合，不仅提升了设备的管理效率和生产效益，还代表了装备运维的发展方向，是实现装备智能化的重要技术支撑。

4. 机器学习与故障诊断

机器学习在智能装备的故障诊断中发挥关键作用。它利用数据驱动的方法，训练算法模型以从历史数据中学习设备的正常与异常模式，从而提供准确的诊断和维护建议，提高管理效率。基于机器学习的故障诊断流程如图 4-2 所示，故障诊断流程包括数据预处理、特征提取和模型训练三个主要步骤。数据预处理确保数据质量，特征提取识别关键健康指标，而模型训练则采用如支持向量机、决策树、神经网络等算法，基于标注数据构建诊断模型。这一流程的自动化提升了故障检测的准确性，减少了对人工经验的依赖。

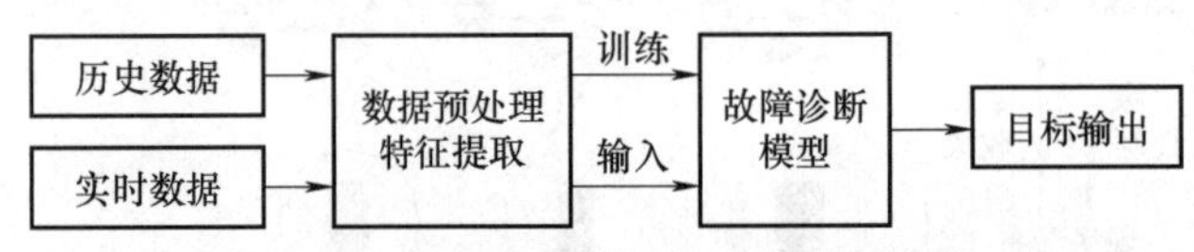

图 4-2　基于机器学习的故障诊断流程

在故障诊断过程中，机器学习算法能够实时处理和分析设备的运行数据，检测异常情况并进行故障分类。例如，振动监测是设备故障诊断中常用的方法之一，通过安装在设备上的振动传感器，持续采集设备的振动信号。机器学习模型能够实时分析这些信号，识别出不同类型的故障，如轴承故障、齿轮磨损和不平衡等。通过对故障类型和严重程度的判断，运维人员可以及时采取相应的维修措施，避免设备发生更严重的损坏和停机，从而保障生产的连续性和安全性。机器学习与故障诊断的结合，为智能装备运维提供了强大的技术支持。它提高了故障检测和诊断的自动化水平，减少了对人工经验的依赖，提升了诊断的效率和准确性。机器学习算法能够从海量数据中挖掘出复杂的故障模式和关联关系，提供深度的故障分析和预测能力。机器学习模型具有自适应和自学习能力，能够随着设备运行环境和工况的变化不断优化和提升诊断效果。

5. 智能装备全生命周期管理系统

智能装备全生命周期管理系统是一种创新的管理框架，覆盖设备从设计、制造、使用到退役的各个阶段，如图 4-3 所示。该系统通过整合物联网、大数据、人工智能和云计算等先进技术，确保设备在其整个生命周期内都能得到最优化的管理和维护。在设计和制造阶段，智能装备全生命周期管理系统利用数字孪生技术，创建设备的虚拟模型。这些模型能够模拟设备的真实运行环境和条件，帮助工程师优化设计，降低生产中的试错成本。数字孪生技术不仅可以进行虚拟测试，还能在制造过程中实时监控和调整生产参数，确保产品质量的一致性和生产率的最大化。通过对设计和制造数据的实时采集和分析，系统能够预见潜在的问题并及时进行调整，从而提高设备设计的合理性和制造的精确性。

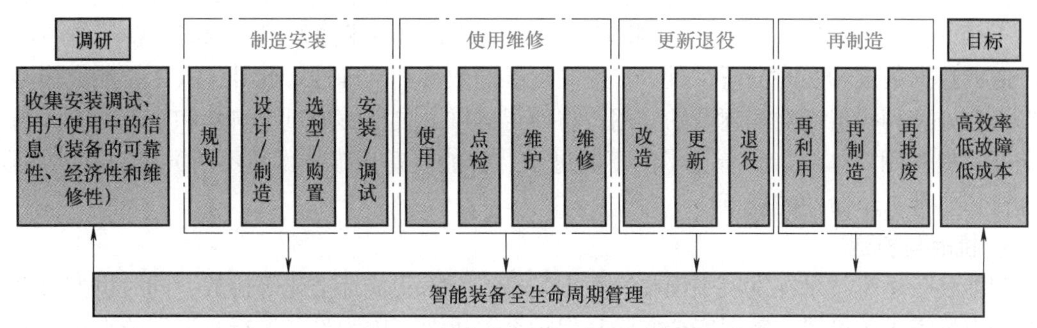

图 4-3　智能装备全生命周期管理

在设备的使用阶段，智能装备全生命周期管理系统通过多种管理手段，确保设备在最佳状态下运行。系统能够提供详细的设备运行记录和维护历史，帮助运维人员进行全面的设备健康评估和诊断。利用这些数据，运维团队可以了解设备的运行状况和维护需求，制订科学合理的维护计划。通过对设备使用情况的全面管理和分析，可以优化资源配置，提高设备利用率和生产率。系统可以根据设备的使用情况，动态调整维护策略，提升整体运维效率。

在设备退役和再利用阶段，智能装备全生命周期管理系统能够对设备的历史数据进行全面分析，评估设备的剩余价值和再利用潜力。通过对设备进行详细的健康评估，系统可以制订合理的退役计划和再利用策略，最大化设备的剩余价值。例如，对于仍有使用价值的设备，可以进行翻新和再次利用；对于不再适用的设备，可以进行拆解和回收处理，减少资源浪费和环境污染。这种系统化的管理方法，不仅延长了设备的使用寿命，还促进了资源的循环利用，实现了可持续发展目标。

4.1.3　智能装备运维技术的发展现状与趋势

1. 发展现状

智能装备运维正迅速发展成为现代工业装备的核心技术之一。得益于人工智能、大数据、云计算等技术的进步，运维已从人工操作转变为智能化和自动化，显著提升了效率并降低了成本。企业能实时监控设备，进行预测性维护和快速故障响应。物联网和 5G 技术则提升了系统处理大数据的能力，增强了实时性、准确性和安全性，使系统能更敏感地感知设备状态，快速响应故障。《工业设备智能运维产业蓝皮书（2024）》和国家标准 GB/T 43555—2023《智能服务 预测性维护 算法测评方法》等政策和标准的制定为智能装备运维技术的发展提供了规范和指导。

2. 发展趋势

智能装备运维技术正迅速融入人工智能大模型的浪潮，预示着一个更加高效、精准和自动化的未来。由于人工智能大模型在数据处理和模式识别方面的强大能力，它们已成为智能运维不可或缺的一部分。这些模型能够通过分析历史运维数据，学习设备的正常运行模式和潜在的故障特征，从而实现故障预测和预防性维护。此外，人工智能大模型的自学习能力使得它们能够不断优化自身的算法，以适应不断变化的运维环境和需求。

未来，智能装备运维技术将更加依赖于人工智能大模型的深度学习能力，以实现更高层次的自动化和智能化。运维系统将能够自主地进行故障诊断、决策支持和资源优化，减少对人工干预的依赖。同时，随着5G、物联网和边缘计算等技术的发展，智能装备运维将实现更广泛的数据集成和实时分析，进一步提高运维的效率和准确性。此外，人工智能大模型在自然语言处理和机器视觉等领域的应用，将使得运维人员能够通过更自然和直观的方式与系统交互，提升用户体验。随着技术的不断进步，智能装备运维技术将不断突破现有的界限，为各行各业带来革命性的变革。

3. 挑战与机遇

智能装备运维技术在发展中面临着数据安全、技术集成标准化等挑战，同时也拥有政策支持和市场需求的机遇。数据安全和隐私保护至关重要，因为设备运行数据可能涉及企业机密，需要通过网络安全防护体系和数据加密来保护。技术集成和标准化是实现跨平台无缝集成和数据互通的关键，标准化的缺失限制了技术的应用和增加了成本。

4.2 物联网与状态智能感知

4.2.1 物联网基本概述

1. 物联网的定义

物联网（Internet of Things，IoT）是一种通过互联网连接和交互的技术，使得各种设备能够实现数据的采集、传输和共享。物联网的发展已经深刻影响了人们的社会和生活，为各个领域带来了新的机遇和挑战。物联网概念图如图4-4所示。

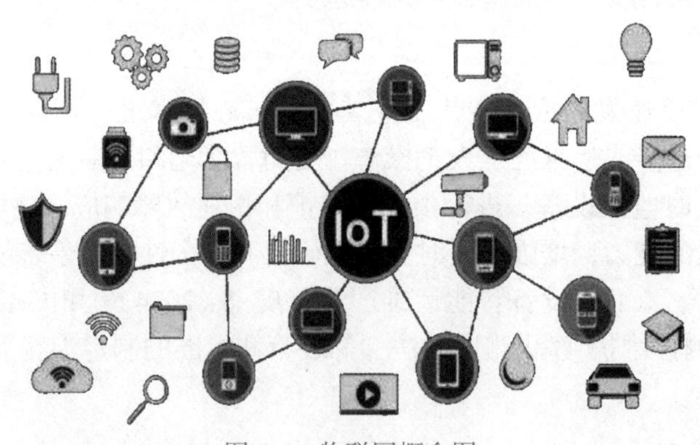

图4-4 物联网概念图

2. 物联网的起源与发展历程

物联网的起源和发展历程可以追溯到20世纪末和21世纪初。

1）起源（1990年）：RFID技术是物联网发展的前身之一。它最早应用于物流和供应链管理，用于跟踪物品的运动和位置。硬件技术的进步促使传感器的发展，使物体能够感知和收集环境数据。自动化系统的引入也为物体之间的交互提供了基础。

2）发展初期（2000 年）：互联网的普及和发展，尤其是宽带互联网的应用，为设备之间的连接提供了更广泛的可能性。IPv6 的推广解决了地址瓶颈问题，为大规模设备连接提供了更多的 IP 地址。

3）智能物联网时代（2010 年）：智能手机、智能家居设备和可穿戴技术等的普及，为物联网的发展提供了更多的终端设备。云计算的兴起为物联网提供了强大的计算和存储能力，大数据分析技术使得从庞大的物联网数据中提取有用信息成为可能。物联网开始在各个行业得到广泛应用，包括工业互联网、智慧城市、健康医疗等领域。

4）未来发展趋势（2020 年及以后）：5G 的推广将进一步提升物联网的通信速度、带宽和连接密度，支持更广泛的应用场景。物联网与人工智能的融合将使得设备能够更智能地感知、分析和响应对象与环境。同时，边缘计算技术可以减少数据传输延迟，提高响应速度。

3. 物联网的基本组成

（1）物理设备

1）传感器：传感器是物联网设备中最常见的类型之一，它们用来感知和测量环境中的各种物理量，如温度、湿度、光照、压力、磁场等。传感器将采集到的数据转换成电信号或数字信号，然后通过网络传输到数据处理中心进行分析和处理。

2）执行器：执行器是一种用于执行特定任务的设备，如电动机、阀门、开关等。执行器可以接收来自物联网平台的指令，对设备进行控制和操作，如调节温度、控制灯光亮灭等。

3）RFID 设备：RFID 设备包括标签、阅读器和天线等，通过无线射频信号识别物体并进行数据传输。RFID 技术广泛应用于物流、仓储、零售等领域，实现自动化管理和追踪。

4）通信设备：通信设备如 Wi-Fi 设备、ZigBee 设备、ModBus 设备、LoRa 设备等是物联网技术实现的核心组成部分，它们负责将各种物理设备和传感器通过互联网进行连接和交互，实现数据的传输和处理。

除此之外，物联网还涉及许多其他的物理设备，如智能穿戴设备、智能医疗设备、智能车辆等。这些设备通过物联网技术，实现了与互联网的连接和数据交互，为各个领域提供了更加智能化和便捷的服务。

（2）网络连接　物联网的网络连接是确保各个物理设备能够相互通信和传输数据的关键部分。其基本组成涉及多个关键组件和技术，共同协作以实现高效、可靠和安全的数据传输。

1）网络协议栈：物联网设备通过网络协议栈进行通信。网络协议栈包括物理层、数据链路层、网络层、传输层和应用层。每个层次都负责处理不同类型的数据和通信任务，以确保数据能够在不同设备之间完整、高效地传输。

2）通信协议：物联网设备使用各种通信协议来实现数据传输。这些协议可以是无线的（如 Wi-Fi、ZigBee、LoRa、NB-IoT 等）或有线的（如以太网）。根据应用场景和设备特性，选择适合的通信协议可以确保数据传输 QoS。

3）网关和路由器：在物联网中，网关和路由器扮演着重要的角色。网关是连接物联网设备和云平台的桥梁，负责将设备的数据传输到云平台进行处理和分析。路由器则负责在网络中转发数据，确保数据能够准确地从源设备传输到目标设备。

4）网络安全机制：由于物联网设备涉及的数据往往具有敏感性，因此网络安全机制至关重要。网络安全机制包括数据加密、身份验证、访问控制等安全措施，以防止数据泄露和非法访问。通过实施这些安全机制，可以确保物联网系统的数据传输和存储的安全性。

（3）数据处理　随着物联网技术的迅速发展和普及，数据处理成为一个至关重要的环节。物联网设备产生的大量数据需要被有效地收集、存储、分析和利用，以提取有价值的信息。在这个过程中，云计算和边缘计算两种计算模式发挥着重要的作用。

1）云计算在物联网数据处理中的应用。云计算是一种基于互联网的计算模式，它为物联网提供了强大的计算能力和理论上近乎无限的存储空间。通过云计算，物联网设备可以将数据传输至云端，利用高性能的计算资源进行大规模的数据处理和分析，实现对数据的快速处理、存储和共享，为各种应用提供强大支持。

此外，云计算还允许用户通过互联网访问和使用数据，促进了数据的共享和利用。这种灵活性使得物联网应用可以在不同的设备、平台和地点上进行访问和使用，提高了数据的利用效率和价值。

2）边缘计算在物联网数据处理中的应用。与云计算不同，边缘计算将计算任务和数据处理交给设备侧或网关端执行。这种计算模式可以减少数据传输的延迟和带宽消耗，提高系统响应速度和可靠性。在物联网中，边缘计算通常在设备端进行数据的预处理和分析。设备通过传感器等采集物理世界的数据，然后在本地进行初步的处理和分析。只有重要的数据或结果才会被传输到云端进行进一步的处理和存储。这种方式可以大大减少数据传输量，降低网络带宽需求，并提高系统实时性。边缘计算特别适用于需要快速响应和低延迟的应用场景，如智能交通、工业自动化、智能家居等。在这些场景中，边缘计算能够确保系统及时做出决策并采取行动，从而提高效率和安全性。

3）云计算与边缘计算的结合。云计算和边缘计算各有优势。它们相互结合，为物联网数据处理提供最佳解决方案。通过将一些计算任务放在云端进行，物联网可以利用云计算的强大计算能力和无限存储空间来处理和分析海量的数据。同时，通过边缘计算，可以在设备侧进行数据的预处理和分析，减少数据传输的延迟和带宽消耗，提高系统响应速度和可靠性。这种结合的方式可以充分发挥云计算和边缘计算的优势，为物联网数据处理提供高效、可靠和实时的解决方案。无论是对于大规模数据处理还是对于实时性要求较高的应用，这种结合都可以提供最佳的性能和效果。

4. 物联网的关键特征

（1）实时性　实时性是物联网的一个关键特征，它指的是物联网系统能够即时地收集、传输和处理数据。这种实时性确保了物联网设备能够迅速响应环境变化、用户需求或其他条件，从而提供及时的信息和决策支持。实时性的实现依赖于物联网设备中的传感器、处理器和通信设备。传感器能够实时监测和采集环境参数，如温度、湿度、光照等，然后将这些参量转换为数字信号。处理器则负责对这些数字信号进行处理和分析，提取出有用的信息。同时，通信设备使得这些信息能够在设备之间、设备与云平台之间进行实时传输，确保数据的及时性和准确性。物联网的诸多应用场景中利用了实时性这一特性。例如，在智能交通系统中，车辆传感器可以实时监测道路状况、车辆流量等信息，并将这些数据实时传输给交通管理中心，以便及时调整交通信号和控制车辆流动。在工业自动化领域，实时性可以确保生产线的稳定运行和高效生产。

（2）互联性　互联性是物联网的另一个关键特征，它指的是物联网设备能够通过网络连接实现互通和交互。这种互联性使得设备之间可以相互通信、共享数据和协同工作，从而形成一个庞大的物联网网络。物联网的互联性依赖于各种通信技术，包括无线通信技术（如 Wi-Fi、蓝牙、ZigBee 等）和有线通信技术（如以太网等）。这些技术使得设备可以通过各种接入方式连接到网络，实现数据的传输和共享。物联网的互联性为各种应用提供了可能。例如，在智能家居系统中，各种智能设备（如智能灯泡、智能插座、智能摄像头等）可以通过网络连接相互通信和协作，实现家居环境的智能化控制和管理。在物流领域，物联网的互联性可以实现货物的实时追踪和监控，提高物流效率和可靠性。

（3）智能化　智能化指的是物联网设备能够通过内置的智能算法和数据处理技术实现自主决策和优化控制。它使得物联网设备能够根据环境和用户需求进行自适应调整和优化操作，提高系统的效率和性能。智能化的实现依赖于各种技术，如机器学习、深度学习、数据挖掘等。这些技术使得物联网设备可以通过学习和分析大量数据来提取有用的信息，并根据这些信息进行决策和控制。智能化的应用非常广泛，几乎涉及物联网的各个领域。例如，在智能健康领域，物联网设备可以通过内置的传感器和智能算法实时监测用户的健康状况，并根据用户的身体状况推送个性化的健康建议。在农业领域，物联网的智能化可以实现精准农业管理，根据土壤、气候等条件进行智能栽培环境和水肥调控控制，从而提高农作物的产量和质量。

4.2.2　物联网架构与技术

1. 物联网的架构

物联网是一个多层次、复杂且协同工作的系统，每一层都扮演着关键的角色，共同确保物联网设备和服务的高效运行。其架构设计如图 4-5 所示。

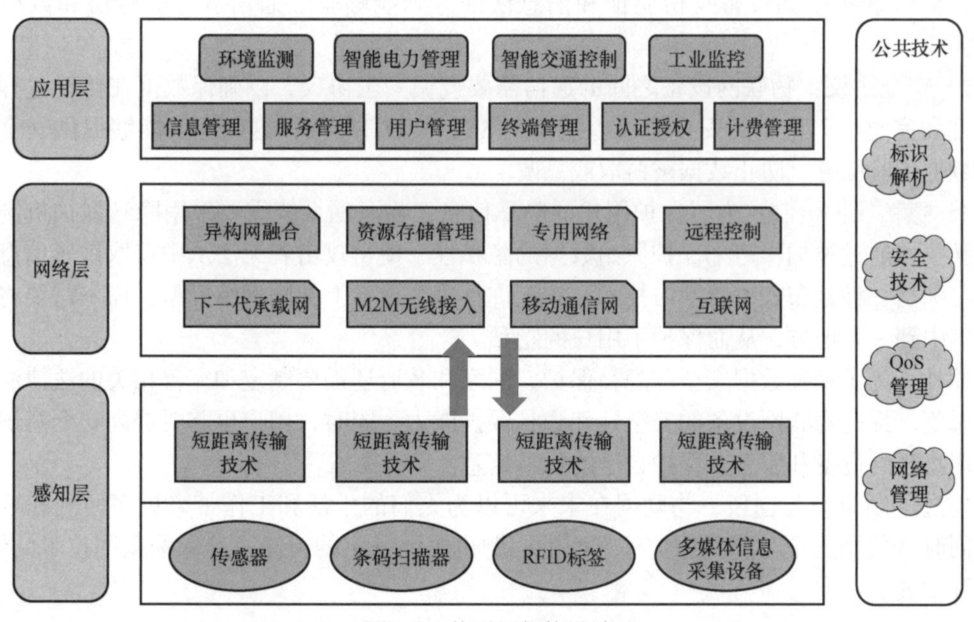

图 4-5　物联网架构设计

感知层是物联网架构的基础，它由各种传感器、条码扫描器、RFID 标签和多媒体信息采集设备组成。这一层的主要任务是实时收集物理世界中的数据，包括温度、湿度、声音、图像等。通过自组织组网技术和传感网中间技术，这些设备能够形成一个分布式网络，实现数据的本地处理和底层融合。感知层的协同信息处理技术和短距离传输技术确保了数据的准确性和及时性，为上层网络层提供了可靠的输入。

网络层作为连接感知层和应用层的桥梁，承担着数据传输和初步处理的任务。它利用移动通信网、互联网、专用网络等多种通信技术，实现数据的高效、安全传输。网络层还包括下一代承载网和 M2M 无线接入技术，这些技术提高了数据传输的速率和可靠性。异构网融合技术允许不同类型的网络协同工作，而 QoS 管理确保了数据传输的服务质量。此外，网络层还负责资源存储管理，以及应用层与感知层之间的互通，确保数据能够无缝地在不同层级之间流动。

应用层是物联网架构的顶层，它直接面向最终用户，提供各种智能化服务和应用。应用层利用网络层传输来的数据，通过物联网业务中间件进行进一步的分析和处理，从而实现环境监测、智能电力管理、智能交通控制、工业监控等多种应用。这些应用通过信息管理、服务管理、用户管理、终端管理、认证授权和计费管理等中间件的支持，为用户提供个性化、智能化的服务体验。应用层的设计和实现直接影响到物联网系统的数据和业务价值。

通过这三个层次的紧密协作，物联网架构能够实现对物理世界的全面感知、智能处理和应用服务，推动社会向更加智能化、自动化的方向发展。

2. 数据安全与隐私保护

随着物联网设备的普及和应用场景的拓展，数据安全与隐私保护越来越需要得到重视。

1）加密与认证：为了确保物联网设备之间的数据传输不被窃取或篡改，加密和认证机制被广泛应用于物联网通信中。加密技术如 AES 和 RSA 等能够确保数据的机密性和完整性；而认证机制如设备身份验证和消息认证等则能够验证通信双方的身份和数据的有效性。

2）安全协议：物联网设备之间的通信需要遵循安全协议，以确保数据在传输过程中的安全性和完整性。常见的安全协议包括 TLS/SSL 和 DTLS 等，这些协议能够提供安全的连接和数据传输服务，防止数据被窃取或篡改。

3）隐私保护机制：为了保护用户的隐私信息，物联网系统需要采用隐私保护机制。差分隐私技术通过添加噪声来保护原始数据的隐私性，使得攻击者无法从中获取敏感信息；联邦学习则是一种分布式机器学习技术，它允许在多个设备上共同训练模型，而不需要将原始数据集中到一个地方，从而保护了用户的隐私。

此外，为了加强数据安全与隐私保护，国家和政府还需要制定和完善相关的法律法规及标准规范，提高物联网设备的安全性和隐私保护能力。同时，用户也需要提高安全意识，合理使用物联网设备和服务，保护自己的隐私信息。

通过不断研究与创新，物联网在未来可以为人们的生活和工作带来更多便利和智能体验。同时，数据安全与隐私保护等方面的问题也需要一定的关注，确保物联网技术的健康、可持续发展。

4.2.3　基于物联网的装备状态智能感知

1. 状态智能感知的定义

状态智能感知是一种前沿的技术，它巧妙地结合了先进的传感器技术、高效的数据分析方法和机器学习算法，以实现对设备、系统或环境状态的实时、精准监测和预测。这一技术的核心在于其强大的数据采集和处理能力。通过部署在各种关键位置的传感器，状态智能感知系统能够实时收集包括温度、湿度、压力、振动、图集等多种类型的数据。这些数据不仅反映了目标对象的基本物理状态，还能够揭示其运行模式和潜在问题。

此外，状态智能感知系统还具备强大的视频图像识别能力和语义分析能力。通过集成高清摄像头和先进的图像识别算法，系统可以实现对目标对象的实时监控，并通过语义分析技术提取视频中的关键信息，进一步丰富数据集并提高感知精度。

当收集到大量的数据后，状态智能感知系统通过高性能的计算机和先进的分析算法对数据进行处理和分析。这些算法不仅能够提取数据中的关键特征，还能够发现数据之间的关联和规律，从而实现对目标对象状态的全面感知。

2. 状态智能感知的特点和关键技术

（1）状态智能感知的特点

1）更加准确地获得被测对象或环境的信息，具有更高的精度与准确性。

2）能通过各个传感器性能的互补，获得单一传感器所不能获得的独立的特征信息。

3）和传统的单一的传感器系统相比，能够以更少的时间、更小的代价获得同样信息。

4）能根据系统先验知识，通过对多传感器信息的融合处理，完成分类、决策等任务。

（2）状态智能感知关键技术

1）传感器。传感器是智能感知技术的核心之一，根据所完成任务的不同，一般可分为内部传感器和外部传感器。它们具有如下重要属性：

① 测量范围。传感器的测量范围是指传感器能够准确测量输入信号的最大和最小值之间的区间。了解传感器的测量范围对于选择合适的传感器以满足特定应用需求至关重要。超出测量范围可能会导致传感器损坏或读数不准确。

② 灵敏度。灵敏度是输入和输出之间的关系，它表示输出相对于非测量参数输入（如环境参数的变化）所发生的变化。当环境参数变化时，理想的情况是传感器的灵敏度变化为零或者很小，这样环境变化就很容易忽略。如果环境参数的影响比较大，是不能忽略不计的，需进一步采用补偿的方法改进。

③ 精确度。用来衡量传感器的实际输出与理想输出的接近程度。精确度可以用绝对值表示或者用输出满量程的百分比表示。

④ 稳定性。通常情况下，传感器往往寿命较长。因此，传感器要有足够的稳定性。即传感器能在一定时间内，在相同的输入时能够有稳定的输出。对于稳定性而言，常用术语“漂移”来描述输出随着时间的变化，它可用输出满量程的百分比来表示。

⑤ 重复性。重复性对于任何传感器都非常重要，特别是用于关键应用场合的传感器。

它是指传感器在重复应用中有相同量输入的情况下，有着相同数量的输出。

⑥ 静态和动态特性。选择传感器时，传感器的静态和动态特性都要考虑到，如上升时间、时间参数和响应建立时间。例如，在利用传感器测量动态气流速度变化的风洞应用中，传感器的信号输出必须随着风速变化，此时就需要快速的响应时间，否则达不到监测要求。但是，响应时间也不是越快越好，过快的传感器响应会引入未过滤和不需要的系统噪声或者湍流压力波动等，造成对系统监测的干扰。

⑦ 能量收集。传感器已广泛用于 WSN 中。为保证网络传感器能量持续供应，可采用能量收集技术实现网络传感器部件长效供电。能量收集是利用环境中的能量进行收集并实现应用。目前，可利用机械振动、光能、温度变化、电磁场、风能、热能、化学能等。其中，以机械振动和光能的应用最为广泛。

⑧ 温度变化以及其他环境参数变化的补偿。由于环境温度、湿度和其他环境参数的变化，传感器的响应也会受到影响。为了减少外部因素而造成的影响，传感器必须要有合适的补偿机制。

2）多传感器数据融合。数据融合是 20 世纪 80 年代诞生的信息处理技术，主要解决多传感器信息处理问题，多传感器数据融合研究如何充分发挥各个传感器的特点，把分布在不同位置的多个同类或不同类型传感器所提供的局部、不完整的观察信息加以综合，利用其互补性，克服单个传感器的不确定性和局限性，提高整个传感器系统的有效性能，以形成对系统和环境相对完整一致的感知描述，提高测量信息的精度和可靠性，从而提高智能识别系统识别、判断、决策、规划、反应的快速性和准确性，同时也降低其决策风险。多传感器数据融合包括数据层融合，即在最低层次上直接合并原始数据；特征层融合，即在中间层次上合并从数据中提取的特征；决策层融合，即在最高层次上基于不同传感器的决策结果进行综合判断。用于实现数据融合的数学方法和逻辑包括卡尔曼滤波、贝叶斯网络、神经网络等。

3. 应用场景与典型案例

在智能制造装备领域，状态智能感知技术已经逐渐成为提高生产率、确保产品质量和降低维护成本的关键技术。通过集成先进的传感器和数据分析系统，状态智能感知技术能够实现对设备状态的实时、精准感知，为智能制造装备的运行提供强大的支持。

（1）高端数控机床的实时监测与预警　在高端数控机床生产过程中，设备状态的稳定性对于保证产品质量和生产率至关重要。状态智能感知技术通过安装温度、振动、负载等多种传感器，能够实时监测机床的各项运行状态参数。当机床出现异常情况，如温度过高、振动异常或负载过大时，系统会立即启动预警机制，通过声光报警等方式将预警信息发送至管理人员的移动设备或控制中心。管理人员接收到预警信息后，可以迅速定位问题所在，并采取相应的措施进行维护或调整。通过提前发现潜在问题并进行干预，可以避免设备故障导致的生产中断和产品质量问题，提高生产线的稳定性和可靠性。

（2）自动化生产线的智能调度与优化　在自动化生产线上，各种智能装备需要协同工作以完成生产任务。状态智能感知技术通过实时监测各个装备的运行状态等信息，为生产线的智能调度和优化提供了重要依据。

中央控制系统可以根据实时数据对生产线进行智能调度，确保各个装备之间的协同。当某个装备出现故障或生产进度滞后时，系统可以自动调整其他装备的生产任务，以平衡生产线的整体负载。同时，系统还可以根据生产进度和库存情况预测未来的生产需求，并提前进行物料和设备的准备，确保生产线的连续稳定运行。

此外，状态智能感知技术还可以对生产线上的数据进行深入挖掘和分析，发现生产过程中的瓶颈和潜在问题，并为管理人员提供改进建议。通过不断优化生产线的运行策略，可以提高生产率、降低生产成本并提升产品质量。

4.3 云计算与装备远程运维

4.3.1 云计算基础

1. 云计算概述

云计算（Cloud Computing）指通过计算机网络形成的计算能力极强的系统，可存储、集合相关资源并可按需配置，向用户提供个性化服务。它允许用户通过网络访问并使用共享的计算资源（如服务器、存储、应用程序和服务），而无需了解或管理这些底层技术的具体细节。云计算的核心思想是将计算能力和数据存储从传统的本地环境转移到由云服务提供商维护的大型数据中心。云计算的示意图如图 4-6 所示。

图 4-6　云计算的示意图

狭义上讲，云计算就是一种提供资源的网络，使用者可以随时获取“云”上的资源，按需求量使用，并且可以看成是无限扩展的，只要按使用量付费就可以。“云”就像自来水厂一样，可以随时接水，并且不限量，按照自己家的用水量，付费给自来水厂就可以。

广义上讲，云计算是与信息技术、软件、互联网相关的一种服务，这种计算资源共享池称为“云”，云计算把许多计算资源集合起来，通过软件实现自动化管理，只需要很少的人参与，就能让资源被快速提供。也就是说，计算能力作为一种商品，可以在互联网上流通，就像水、电、煤气一样，可以方便地取用，且价格相对自建系统更加低廉。

2. 云计算特点

云计算与传统的网络应用模式相比具有多个显著的特点，这些特点使得云计算成为当今信息技术领域的重要发展方向。

1）弹性和可扩展性：云计算具有极高的弹性和可扩展性，用户可以根据需求快速增加或减少计算资源。无论是处理大规模数据、运行复杂应用，还是应对突发流量，云计算都能够迅速调整资源分配，满足用户的需求。这种弹性和可扩展性使得云计算成为一种高度灵活的计算模式，能够适应各种不断变化的工作负载。

2）按需付费模式：云计算采用按需付费的计费模式，用户只需为他们实际使用的资源付费。这种计费模式使得用户能够根据实际需求和资源使用量来灵活调整费用，避免了传统计算模式中资源浪费和高昂的初期投资。按需付费模式也促进了云计算的普及和应用，使得更多企业和个人能够享受到云计算带来的便利。

3）位置无关性：云计算具有位置无关的特点，用户可以从任何有互联网连接的地方访问云计算服务。这意味着用户无需受限于特定的地理位置或物理设备，可以在任何时间、任何地点使用云计算服务。这种位置无关性为用户提供了极大的便利性和灵活性，使得他们可以在任何环境下保持高效的工作和协作。

4）资源共享性：云计算通过虚拟化技术实现了资源的共享，多个用户或应用可以共享同一物理资源。这种资源共享性提高了资源的利用率，避免了资源的浪费。同时，通过合理的资源调度和管理，云计算可以确保用户获得稳定、高效的计算服务。

3. 云服务模型

云服务模型描述了云计算服务如何被组织、提供和消费的。这些模型不仅为用户提供了可供使用的云计算资源框架，也为云服务提供商定义了提供服务的方式。云服务模型如图 4-7 所示。

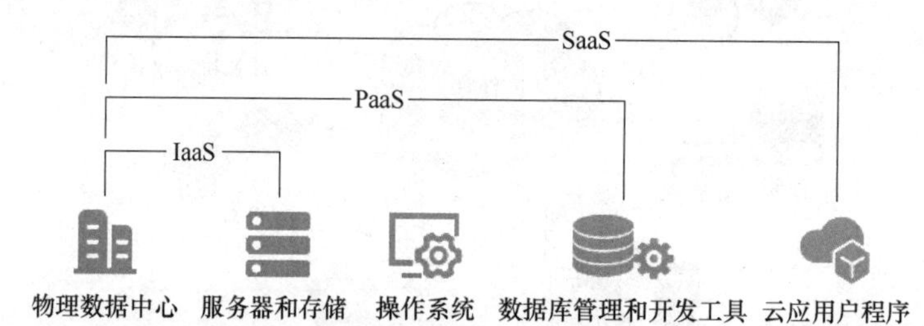

图 4-7　云服务模型

以下是几种主要的云服务模型：

（1）基础设施即服务（IaaS） IaaS 提供的是最基础的计算、存储和网络资源，通常以虚拟化的形式存在。用户可以在这些资源上部署和运行自己的应用程序。IaaS 的特点是用户可以按需获取和释放虚拟机、存储和网络资源；用户具有高度的控制权，可以自由地安装和配置操作系统、应用程序等；提供商通常不负责运行用户的应用程序，只提供基础设施支持。

（2）平台即服务（PaaS） PaaS 提供了一个开发和运行应用程序的平台，包括开发工具、数据库、服务器等。用户无需关心底层的硬件和操作系统，只需编写和部署应用程序。

PaaS 的特点是用户可以在提供商提供的平台上快速开发和部署应用程序；提供商通常提供了一系列的服务和工具，如数据库管理、应用部署、用户管理等；用户无需管理底层基础设施，但可以控制应用程序的部署和运行。

（3）软件即服务（SaaS）　SaaS 提供的是基于互联网的软件应用。SaaS 的特点是用户无需购买、安装和维护软件，只需通过网络访问并使用；提供商负责软件的部署、更新和维护，用户只需关注软件的使用；用户通常只能通过提供商提供的用户界面使用软件，对底层数据和架构的控制有限。

云服务模型应用示例见表 4-2。

表 4-2　云服务模型应用示例

特征	示例
基础设施即服务	阿里云、华为云、腾讯云、Amazon Web Services（AWS）的 EC2、Google Cloud Platform（GCP）的 Compute Engine、Microsoft Azure 的 Virtual Machines
平台即服务	AWS 的 Beanstalk、GCP 的 App Engine、Azure 的 App Service、阿里的 ACE、腾讯开放平台
软件即服务	Salesforce 的 CRM（客户关系管理）系统、Zoom 的视频会议软件、阿里的钉钉 Ding Talk、帆软软件的简道云

4. 云部署模型

云部署模型是定义数据的存储位置以及客户与之交互方式的一种模型，它主要关注用户如何访问数据以及应用程序在何处运行。

（1）公有云　在这种部署模型下，应用程序、资源、存储和其他服务，都由云服务供应商来提供给用户。这种部署模型只能使用物联网来访问和使用，同时，它在私人信息和数据保护方面也比较有保证。

（2）私有云　这种部署模型的云计算基础设施专门为某个企业服务，可以自己管理或第三方管理，能为企业带来很显著的帮助。但这种部署模型要面临的纠正、检查等安全问题，需企业自己负责。从该部署模型的名称也可看出，它可以为所有者提供具备充分优势和功能的专属化服务。

（3）社区云　这种部署模型是建立在一个特定的小组里且多个目标相似的公司之间的。它们共享一套基础设施，所产生的成本，由多个企业共同承担。因此，能够实现成本节约的效果，社区云的成员，都可以登入云中获取信息和使用应用程序。

（4）混合云　混合云是两种或两种以上的云计算部署模型的混合体，如公有云和私有云混合。它们相互独立，但在云的内部又相互结合，可以发挥出所混合的多种云计算部署模型各自的优势。

4.3.2　装备远程运维技术

1. 装备远程运维技术概述

装备远程运维技术是指通过网络远程连接和管理 IT 环境中的各种设备（如服务器、路由器、交换机等），进行监控、维护、故障处理和性能优化等管理工作的技术和方法。这种技术允许运维人员在不同地点、不同时间对IT系统进行日常维护、故障排除、升级等操作，从而提高运维效率，降低运维成本，确保IT系统的稳定运行。

2. 远程运维技术优势

远程运维技术与传统运维技术相比具有实时性好、节省成本、高效性、扩展性和智能化等优点。

1）实时性。远程运维可以实时监控和管理设备、系统或网络，及时发现和解决问题，无需等待维护人员到达现场。这种实时性可以确保问题得到迅速解决，减少停机时间和业务损失。

2）节省成本。远程运维可以大大减少现场维护的需求，从而节省差旅费、人力成本等费用。此外，通过集中管理和自动化工具，远程运维还可以进一步降低运维成本。

3）高效性。远程运维通过远程访问和控制技术，可以快速响应和处理故障，减少了故障排除的时间和成本。同时，运维人员可以同时管理和监控多个设备或系统，提高了工作效率。

4）扩展性。远程运维可以轻松地扩展管理范围，同时监控和管理多个设备、系统或网络。这种扩展性使得装备远程运维能够适应不断变化的业务需求，满足企业规模扩张和设备增长的需求。

5）智能化。远程运维可以结合人工智能和大数据分析等技术，实现自动化监控、预测性维护等智能化功能。这些智能化功能可以进一步提高运维效率和准确性，减少人工干预和错误。

3. 远程运维技术方案

装备远程运维技术方案的核心目标是利用先进的信息技术手段，对装备进行远程监控、故障诊断与维修，实现对装备的远程智能化管理，提高装备的运行效率和可靠性，降低维护成本，延长装备的使用寿命等。

（1）远程监控与数据采集　在装备远程运维技术方案中，远程监控与数据采集是至关重要的环节。通过在装备中安装各类传感器，如温度传感器、压力传感器、振动传感器等，可以实时采集装备运行过程中的各项关键数据。这些数据被传输至数据中心，经过数据处理和分析，形成完整的运行状态信息。运维人员可以通过远程监控系统实时观察装备的运行状态，监测各项数据的变化趋势，并及时发现可能存在的异常情况。此外，在数据采集方面，还需要考虑数据的传输效率和安全性，以确保数据的及时性和可靠性。因此，需要建立高效稳定的数据传输网络，采用加密技术保障数据传输的安全性，同时建立完善的数据存储与管理系统，对数据存储进行集中管理和统一调度。

（2）远程故障诊断与维修　远程故障诊断与维修是装备远程运维技术方案的核心内容之一。运用故障诊断算法对远程监控系统实时获取的装备运行数据进行分析，可以快速准确地识别装备可能存在的故障问题，并定位到具体故障点。一旦发现装备出现故障，远程维修团队可以通过远程维修策略，采取远程重启、参数调整等操作，尝试解决问题。同时，为了提高故障诊断和维修的效率，可以结合虚拟现实技术，通过远程虚拟仿真，帮助维修人员快速定位问题和操作设备。

（3）数据分析与预测维护　通过对装备运行数据进行存储、分析和挖掘，可以发现潜在的问题并提前预警。建设数据分析平台，利用数据挖掘和机器学习技术，分析历史数据，建立装备运行模型，预测未来可能发生的故障和维护需求。基于数据分析的预测维护模型，制订合理的维护计划，提高运维效率，降低维护成本。此外，为了进一步提高数据分析的效率和准确性，还可以引入大数据和人工智能技术，构建智能化的数据分析与预测系统，实现数据的自动化处理和分析，以及预测维护模型自身的迭代与优化。

（4）安全保障与权限控制　建立严密的安全防护体系，包括数据加密、防火墙等安全措施，确保远程监控系统的安全稳定运行。同时，建立完善的权限管理机制，分级授权，严格控制访问权限，只有授权人员才能访问和操作远程运维系统。为了应对潜在的安全威胁和攻击，还需要建立应急响应机制，及时发现并应对安全事件，保障系统的安全性和稳定性。

（5）持续优化与改进　装备远程运维技术方案的持续优化与改进是保持技术领先地位的关键。通过定期对装备运维数据进行分析，发现运行瓶颈和改进空间，持续优化远程运维方案。同时，跟踪新技术发展，引入先进技术手段，不断提升装备远程运维的水平和效率，满足不断变化的运维需求。为了促进技术创新和经验分享，还可以建立行业联盟和合作伙伴关系，共同推动装备远程运维技术的发展和应用。

4.3.3　云计算与装备远程运维的融合

装备远程运维是工业互联网的重要组成部分，装备远程运维平台依托物联网实现数据接入，云计算实现存储、大数据实现分析，人工智能实现状态检修与预警预报。

1. 基于云计算的装备远程运维平台整体架构

装备远程运维架构分为物联网数据接入（边缘层）、云资源（IaaS 层）、主数据及大数据引擎（PaaS 层）、智能化应用（SaaS 层）、协同入口层。图 4-8 所示为一个涵盖边缘层到云计算服务模型的完整系统结构的装备远程运维架构。

（1）边缘层　边缘层主要进行设备数据接入服务，通过工业物联网网关设备对现场的设备传感器、仪器仪表数据进行采集、存储运算，并上传至平台云端，可以通过互联网传输，也可通过 4G/5G/NB 传输。

（2）IaaS 层　采用云网络资源技术，能够有效应对设备物联网产生的大量数据接收与存储需求。云资源层能够保障平台安全，完成数据存储，具备无限弹性扩展的能力，这是传统服务器所无法比拟的。

（3）PaaS 层　PaaS 层是整个平台的核心层，是应用服务的基础数据层或业务运维数字平台，主要功能有：

1）实时更新数据库和历史数据库；接收电气设备传过来的实时数据，采用实时数据库引擎，保障数据低延时，保障数据应用实时性；与云资源衔接处理物联网大数据，并存入历史数据库。

2）建立资源数据库及知识库，存储产品分类资源库、客户信息库，会员数据库、电气设备智能检修的知识库、故障库数据，满足会员服务和设备智能化应用的基础数据。

3）作为人工智能引擎，建立预警和维修机器学习模型。

4）作为大数据处理引擎、消息引擎，数据分析和智能预警、协同服务的基础数据源。

5）提供运维运营服务，包括数据维护管理、设备接入管理、数据备份管理、会员管理、营销管理等。

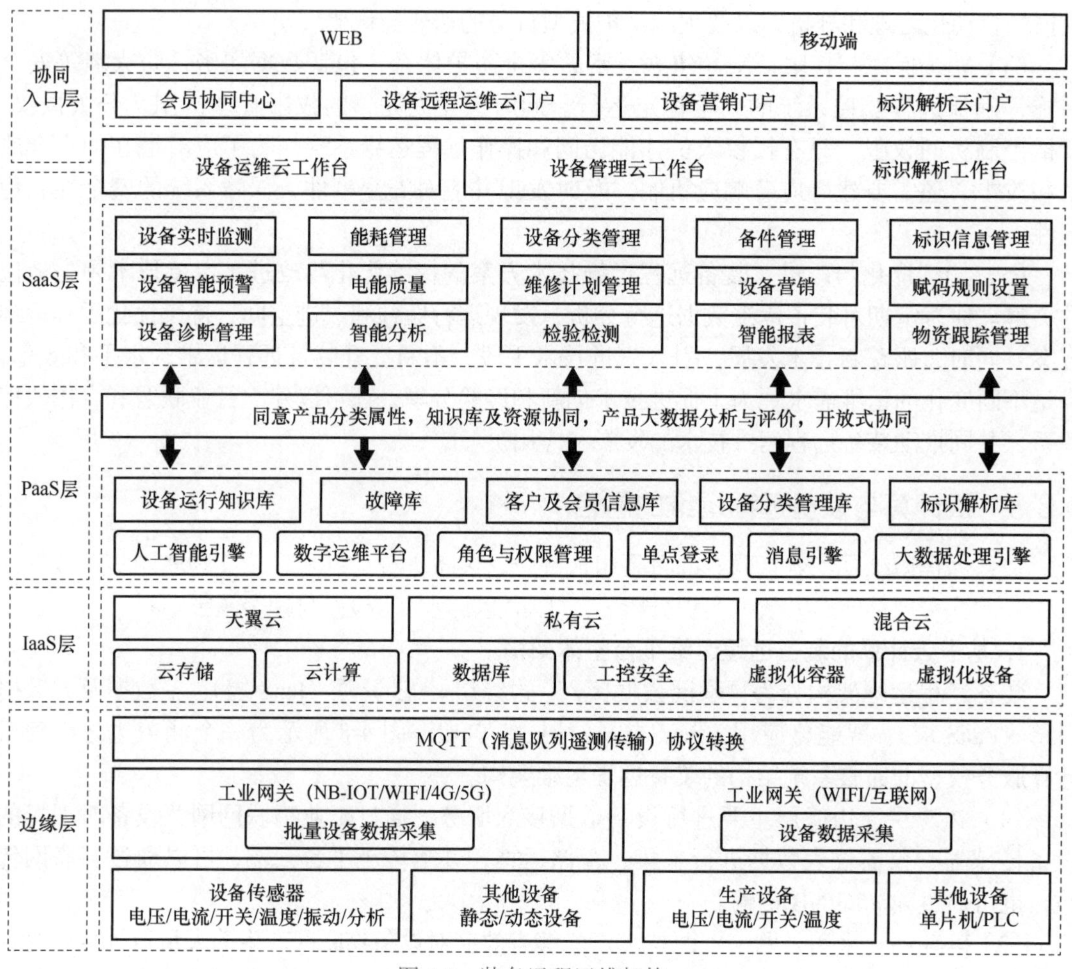

图 4-8　装备远程运维架构

（4）SaaS 层　数字化、智能应用服务根据企业需求不断扩展应用功能，包括设备实时监测、设备智能预警、设备诊断管理、能耗管理、设备分类管理、维修计划管理、设备营销、智能报表、智能分析等。

（5）协同入口层　协同入口层包括移动端、WEB 访问协同模式。其中又包括会员协同中心，客户及会员注册、信息管理、服务申请、业务管理等；设备远程运维云门户，实现产品使用客户的入口；设备营销门户；标识解析云门户。

2. 云服务模型应用于装备远程运维

IaaS、PaaS 和 SaaS 在装备远程运维中各有优势，IaaS 注重基础设施的提供和自动化管理，PaaS 关注应用程序的开发和部署平台，而 SaaS 则强调软件应用的便捷访问和灵活费用模型。根据具体需求，可以选择适合的云计算服务模型来支持装备远程运维工作，如图 4-9 所示。

SaaS
PaaS
IaaS
软件即服务
用户可以使用在云基础架构上运行的云服务提供商的应用程序进行设备远程管理。
平台即服务
用户可以使用由云服务提供商支持的编程语言、库、服务以及开发工具来创建、开发应用程序并部署在远程设备现场的基础设施上。
基础设施即服务
用户可以在云服务提供商提供的基础设施上部署和运行任何软件以支持设备远程运维，包括操作系统和应用软件。

图 4-9　云服务模型应用于装备远程运维

（1）IaaS 模型　装备远程运维 IaaS 层如图 4-10 所示，IaaS 为装备远程运维提供了虚拟化的计算、存储和网络等基础设施资源。客户可以在需要远程运维的设备现场使用与本地硬件大致相同的方式来部署、配置和使用。用户没有权限管理和访问部署于装备现场底层的基础设施，如服务器、交换机、网盘等，但是有权管理操作系统、存储内容，可以安装管理应用程序和网络组件。

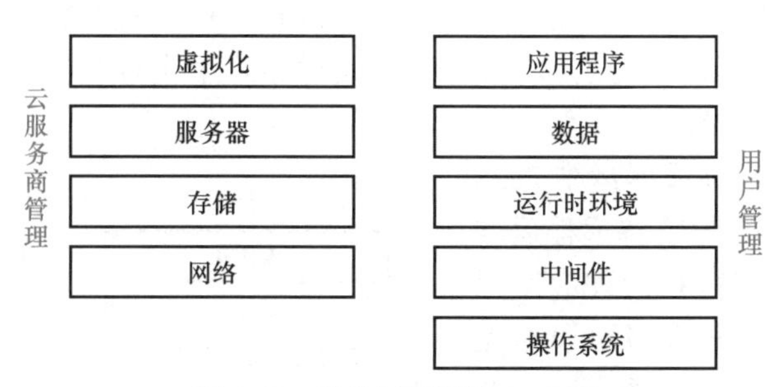

图 4-10　装备远程运维 IaaS 层

IaaS 模型对应到装备远程运维中的环节如下。

1）建立远程运维平台。装备远程运维中这一环节涵盖了 IaaS 层的核心功能，即建立稳定、安全的远程运维平台。这通常包括服务器、网络设备、安全设备等基础设施的部署和配置。IaaS 层提供了计算、存储、网络等基本的 IT 资源，这些资源是构建远程运维平台的基础。

2）自动化和配置管理。在装备远程运维的 IaaS 层，使用自动化工具和配置管理系统（如 Ansible、Chef、Puppet 等）来定义和管理现场装备的基础设施配置。创建和维护可重复部署的基础架构代码，如使用基础设施即代码（Infrastructure as Code，IaC）工具（如 Terraform 或 CloudFormation）。实施自动化脚本来进行部署、配置和更新基础设施组件，这是 IaaS 层为装备远程运维提供的重要功能之一。

3）监控和警报。在装备远程运维的 IaaS 层，部署全面的监控系统来监控远程装备运行的各个方面，包括计算资源、网络连接、存储和安全性。设置适当的警报规则，以便能够及时发现和解决潜在的问题。使用日志收集和分析工具来记录和分析系统的运行状况和性能，这也是 IaaS 层提供的重要服务之一。

4）容量规划和性能优化。在装备远程运维的 IaaS 层，监控和分析系统资源的使用情况，包括 CPU、内存、存储和网络带宽等。基于历史数据和趋势分析，进行容量规划，确保资源能够满足应用程序的需求。优化应用程序的性能，包括调整基础设施组件的配置、增加资源的容量或通过负载均衡来分散负载。

5）故障排除和故障恢复。在装备远程运维的IaaS层，建立并测试灾难恢复计划，以应对远程装备出现的系统故障或不可用性。定期进行系统和应用程序的备份和还原测试，以确保备份数据的完整性和可恢复性。建立监控和警报系统，及时发现和响应故障，并采取相应的修复措施，这些都需要IaaS层提供的监控和报警服务支持。

6）变更管理。在IaaS层，采用变更管理流程来管理装备系统的变更，包括版本控制、变更审批和发布策略等。使用测试环境进行变更的测试和验证，确保变更不会对生产环境产生负面影响。记录和跟踪所有的变更，以便进行故障排查和问题分析。

以IaaS模型为基础开展的工厂私有云和公有云建设，为工厂企业实现装备远程运维提供了基础设施，同时为企业IT建设提供了高可用、可扩展的信息基础环境。可以在不较大改变工厂企业原有IT架构的情况下，实现系统到云端的平滑过渡。

与传统IT相比，IaaS为装备远程运维提供了更大的灵活性，让客户可按需构建计算资源，在流量增加或减少时相应地进行扩展或收缩。IaaS帮助客户避免因购买和维护本地数据中心而产生的预付费用和开销。它还避免了在以下两种选择之间不断进行权衡，即是购买过多本地容量以满足需求峰值，还是承受由于没有足够容量来应对意外流量骤增或因流量增加而导致的性能不佳甚至中断。

（2）PaaS模型　装备远程运维PaaS层如图4-11所示，PaaS为装备远程运维提供了一整套开发、运行和管理应用程序所需的平台和工具。开发者可以在无需自行构建底层基础设施的情况下，专注于应用程序的开发和部署。云服务商负责托管、管理和维护平台中的所有硬件和软件，包括操作系统（OS）软件、存储、网络、数据库、中间件、运行时环境、框架、开发工具，以及安全、操作系统和软件升级、备份等相关服务。

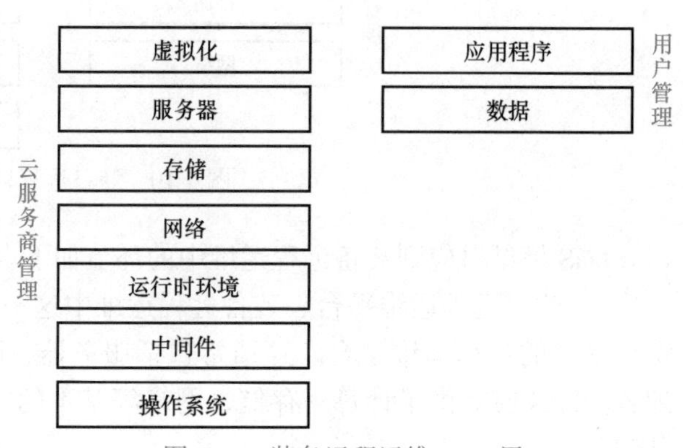

图4-11　装备远程运维PaaS层

PaaS模型对应到装备远程运维中的环节如下。

1）应用开发和部署：PaaS层为开发者提供了一个完整的开发和部署环境，开发者可以根据装备远程运维具体需求进行开发和部署，这包括使用编程语言、数据库、中间件、API（应用程序编程接口）等，以支持应用程序的开发和部署，无需关心底层硬件和操作系统的细节。

2）应用全生命周期管理：PaaS层通常提供应用的全生命周期管理服务，包括应用的创建、配置、扩展、更新和终止等，这对于装备远程运维来说至关重要，可以全生命周期监控远程装备的状态，这使得运维人员能够更方便地管理应用程序，无需手动处理底层资源的配置和管理。

3）资源管理：PaaS层负责管理底层资源，如计算、存储和网络资源，并根据应用程序的需求进行自动分配和调整。运维人员可以通过 PaaS 层监控资源的使用情况，并根据需要进行资源扩展或缩减。

4）安全性管理：PaaS 层通常提供安全性管理服务，如身份验证、访问控制、数据加密等。运维人员可以利用这些服务来保护装备运行程序和装备运行数据的安全性。

5）运维自动化：PaaS 层支持运维自动化，包括自动化部署、自动化监控、自动化故障恢复等。这可以大大提高运维效率，减少人为错误，并降低运维成本。

目前，许多工业制造企业和工业服务企业在 PaaS 层上构建装备远程运维新模式。PaaS 层不仅拥有强大的计算、存储能力，而且其完备的 REST（表述性状态传递）接口为企业提供了快速、高效构建应用能力。对于缺乏 IT 基因的工业企业来说，它提供了一种灵活开发、快速部署、简单运维的数字化开发模式。

与客户构建和管理自己的本地平台相比，PaaS 支持更快、更经济高效地构建、测试、部署运行、更新和扩展应用。

（3）SaaS 模型　装备远程运维 SaaS 层如图 4-12 所示，SaaS 为装备远程运维提供了基于云计算的软件交付模式。用户进行年度或月度付费后，可在 Web 浏览器、桌面客户端或移动 APP 中使用完整的应用。应用及用于交付应用的所有基础架构都由 SaaS 服务商进行托管和管理，包括服务器、存储、网络、中间件、应用程序和数据。

图 4-12　装备远程运维 SaaS 层

SaaS 模型对应到装备远程运维中的环节如下。

1）远程访问和管理界面：SaaS 层通常提供用户友好的远程访问界面，允许运维人员通过 Web 浏览器或其他客户端软件远程访问和管理运维装备系统。这些界面可能包括仪表板、控制面板、报告生成器等，使运维人员能够实时监控装备运行状态、执行管理任务和查看报告。

2）应用程序管理：在 SaaS 层，运维人员可以使用预配置的软件应用程序来执行特定的装备运维任务，如监控、配置管理、自动化脚本执行等。这些应用程序通常由 SaaS 服务商开发和维护，运维人员无需关心其底层的硬件和操作系统细节，只需关注应用程序的功能和使用。

3）数据分析和报告：SaaS 层可以为用户提供数据分析工具，允许运维人员对装备运行以及运维数据进行深入挖掘和分析，帮助运维人员识别潜在的问题、评估系统性能、预测未来的需求等，并生成相应的报告和可视化图表。

4）协作和通信：SaaS 层可以提供协作和通信工具，如团队聊天、任务分配、项目管理等，帮助装备运维团队更有效地协作和沟通，促进信息的共享和传递，提高运维工作的效率和质量。

5）自定义和配置：虽然 SaaS 服务通常是预配置的，但 SaaS 层通常也提供一定的自定义和配置选项。运维人员可以根据实际需求调整 SaaS 服务的设置和参数，以满足特定的装备远程运维需求。

SaaS 层通常只提供软件应用程序和相关的服务，而不涉及底层的硬件和操作系统管理。因此，在装备远程运维中，SaaS 层通常与 IaaS 层和其他服务层（如 PaaS 层）一起使用，以提供完整的远程运维解决方案。

SaaS 的主要优点在于，它将所有基础架构和应用管理任务都转移给了 SaaS 服务商。用户需要做的就是创建账户，支付费用，然后开始使用该应用。服务商负责处理其他所有事项，包括从维护服务器硬件与软件到管理用户访问与安全性、存储与管理数据以及实施升级和补丁等。

3. 云计算与远程运维的优势

（1）提高运维效率　通过云计算，运维团队可以实时获取装备的运行状态数据，实现远程监控和诊断。一旦发现问题，运维人员可以迅速进行远程操作，及时解决问题，避免了传统方式下需要现场处理的时间延误。

（2）降低成本　云计算的弹性扩展特性意味着企业可以根据实际需求动态调整资源使用，避免资源的浪费。例如，当装备负载较低时，可以减少资源分配，降低成本。通过远程运维，企业可以减少现场运维所需的人员和物资投入。

（3）增强安全性　云计算平台通常会对数据进行加密处理，确保数据在传输和存储过程中的安全性。这对于装备远程运维来说非常重要，可以避免数据泄露和非法访问的风险。通过云计算的集中管理和监控功能，企业可以实时监控装备的运行状态和安全性，及时发现和应对潜在的安全风险。这有助于提高装备的安全性和稳定性。

（4）实现智能化运维　结合云计算的大数据处理和人工智能技术，可以对装备的运行数据进行深度分析，预测可能出现的故障。同时可以根据装备的运行数据和性能指标进行自动优化，如自动调整参数、自动升级软件等，提高装备的运行效率和稳定性。

（5）促进数字化转型　通过云计算技术，企业可以构建统一的运维管理平台，实现装备远程运维的标准化和自动化。云计算平台可以收集和分析大量的装备运行数据，为企业提供数据驱动的决策支持。这有助于企业提高运维管理的效率和质量，更好地了解装备的性能和状态，制订更合理的运维策略和维护计划，推动企业数字化转型的进程。

4.3.4　云计算在装备远程运维中的应用实践

本案例介绍了基于云平台的电动机远程运维系统。电动机远程运维系统可降低设备售后成本、提高售后服务质量，进而改进设备质量。同时也可降低用户停机、维修时间，极大地提高用户生产率。

1. 系统架构设计

针对电动机制造商、电动机产线用户、系统集成商等应用需求，构建的基于云平台的电动机远程运维系统，系统的核心产品包括边缘侧设备、电动机远程运维服务平台以及手机 APP 软件。基于云平台的电动机远程运维系统架构如图 4-13 所示。系统主要分为边缘层、基础层、平台层和应用层。

（1）边缘层　边缘层主要实现边缘侧设备与云平台的数据交互。边缘侧设备主要为电动机、各种数据采集装置及云网关，数据采集装置通过传感器（如温度传感器、振动传感器等）、I/O 设备（模拟量、数字量）等采集电动机电学、振动、热学、绝缘、噪声等各类参数，云网关通过各类现场总线（Modbus、Profibus-DP 等）、工业以太网（Modbus/TCP 等）与电动机数据采集装置进行数据交互，实现各类电动机运行参数异构数据的归一化、错误数据剔除、数据缓存、数据运算等边缘计算及增值决策，通过有线以太网、NB-

IoT 带、5G 等方式接入云平台，为上层云平台提供有效数据支撑。数据流示意图如图 4-14 所示。

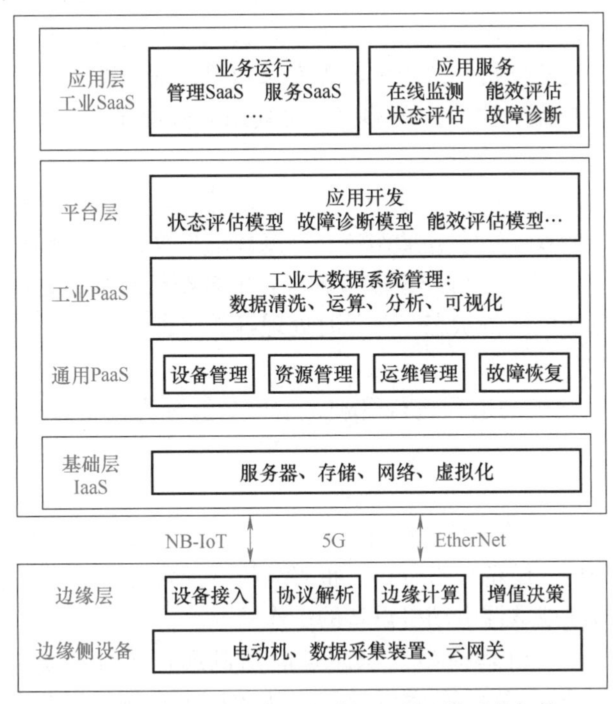

图 4-13　基于云平台的电动机远程运维系统架构

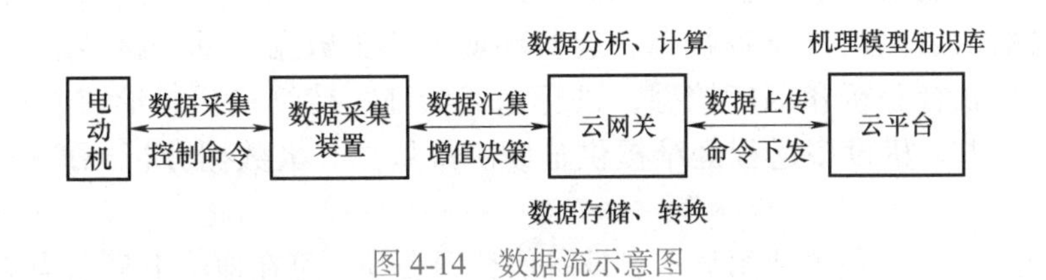

图 4-14　数据流示意图

通过云网关及数据采集装置实现对传统电动机的智能化改造，对电动机设备的运行参数进行采集、分析、计算、转换、存储和上传，通过对数据进行过滤和处理，有效应对数据爆炸，减轻网络流量压力，节约云通信、云存储成本。同时，在边缘侧设备上进行增值决策，直接控制电动机的某些操作，缩短设备的响应时间，实现实时决策。

（2）基础层　基础层 IaaS 基于虚拟化、分布式存储、并行计算、负载调度等技术，实现网络、计算、存储等计算机资源的池化管理，根据需求进行弹性分配，并确保资源使用的安全与隔离，为电动机远程运维系统提供实时、安全、可靠的云基础设施服务。

（3）平台层　平台层主要包括通用 PaaS 和工业 PaaS。

通用 PaaS 主要实现对底层不同 IaaS 资源的适配，以按需分配的方式向上提供具备资源隔离能力的运行环境，并提供 PaaS 服务组件和应用的自动化部署、弹性伸缩、服务和应用的部署编排，负责解决资源管理、容错、监控、报警，并支撑起整个 PaaS 平台的云化，为上层工业 PaaS 开发屏蔽设备连接、软件集成与部署、资源调度等基础问题。

工业 PaaS 主要基于通用 PaaS，叠加电动机远程运维大数据处理、工业数据分析等功能，构建可扩展的开放式云操作系统。通过云平台获取的大量电动机运行数据，结合行业内长期积累的状态分析、能效分析、故障诊断等专家知识，基于机器学习等大数据挖掘方法进行数据融合分析和深度挖掘，固化为可移植、可复用的机理模型，最终构建应用开发环境，为应用层 APP 的开发提供有效支撑。

（4）应用层　应用层（工业 SaaS）主要实现各类管理、服务 APP 的开发，提供电动机在线监测、状态评估、能效评估、故障诊断、预测性维护等相关业务应用，实现电动机远程运维应用的快速开发、部署、运行和集成。云平台的各类运行数据也同时发布到手机 APP，用户可随时随地查询电动机设备状态，并及时处理各类信息。

2. 系统功能介绍

系统主要实现对电动机的远程运行管理，主要功能分为设备管理、用户管理、业务管理、系统管理四部分。

（1）设备管理

1）设备状态监控功能。包含对电动机设备监测点数据采集后的各种可视化展示：设备状态展示、各种能耗分析、设备异常分析、报警分析、预警分析、工作运营统计等趋势图及各类报表，用户可随时随地掌握电动机设备的工作情况。

2）大数据分析功能。机理模型知识库是电动机远程运维系统的核心组成部分。系统基于电动机运行基本原理及生产运行经验，从数据内在规律分析的角度挖掘出电动机设备状态评估、能效评估、诊断、预测等有价值的知识，建立多源数据驱动的电动机设备状态评估模型、能效评估模型、故障诊断模型等机理模型，并通过云平台获取现实环境中工厂产线的大量电动机设备状态、运行环境等相关数据，基于机器学习等大数据挖掘方法进行数据融合分析和深度挖掘，进行迭代验证、持续优化，形成电动机设备远程诊断知识库，为电动机设备远程运维提供辅助决策依据。大数据分析原理框图如图 4-15 所示。

3）设备地图功能。包含地图显示、设备信息列表等。可在地图上显示当前用户权限能浏览的所有电动机设备的分布区域、定位信息，确定电动机设备所在地，便于快速定位电动机归属地；显示所有设备的全局统计数据，如设备在线数、离线数、故障报警数、预警数等，并可通过搜索或设备列表查看单台电动机设备的在线、离线、故障等信息，便于用户查找和监控。

4）设备台账功能。对电动机设备进行全生命。周期管理，如设备类型、设备机型、技术参数、出厂信息、维保周期、过保日期、检修记录、故障记录、维修记录等。

（2）用户管理　对登录系统的电动机设备制造商、系统集成商、产线用户等各类用户进行分类管理，可查询、新增、修改或删除用户角色，同一用户角色也可设置不同的访问权限，便于企业内部不同级别人员的访问和管理。

（3）业务管理

1）维保管理功能。当系统中电动机设备发生故障或故障预警及其他突发状况时，产线用户可在云平台上检索到相关设备创建维保单，发起维保申请，或通过手机 APP 直接扫描设备二维码快速创建维保单，指派工厂内部技术人员或电动机设备制造商、系统集成商等处理相关问题。在被指派人员对设备完成检修、排除故障、提交维保结果后，用户可对维保结果进行评价，同时系统建立设备维保记录档案，用户可随时查看当前维保信息及历史记录。

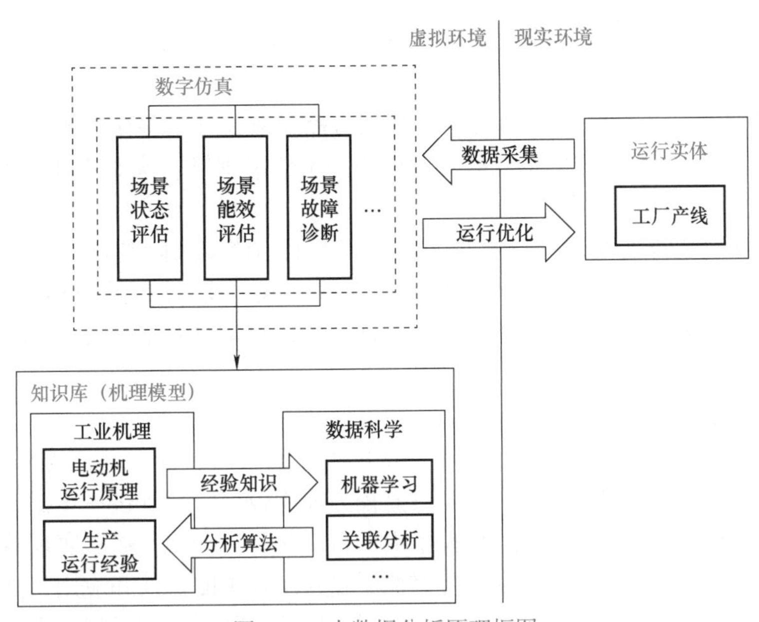

图 4-15　大数据分析原理框图

2）定检管理功能。用户若对电动机设备提前设定好保养周期，则系统在预设时间到达前通知用户进行定期检查保养，并建立设备保养记录档案，用户同样可随时查看当前保养信息及历史记录。

3）能效分析功能。通过对电动机系统各部件关联数据的实时监测处理，分析主要物理量基于历史数据的变化趋势及相互关联的程度，组合数据建立电动机系统网络拓扑耗能模型，实时评估系统能效是否合理，并针对不同负载特性和工况，以整个电动机系统综合能效最高为目标给出运行优化建议或方案，实现单个设备节能、系统节能乃至系统群组节能的协同发展。

（4）系统管理　系统管理主要实现对云网关、设备数据点等的前期配置工作。用户根据电动机设备不同应用场景、不同应用需求进行合理配置及界面组态，实现对电动机设备的数据采集及控制。同时，平台提供整个系统的日志记录，包含各类报警、预警数据日志及用户操作日志等。

4.3.5　技术挑战与前景展望

1. 当前面临的技术挑战

基于云计算的装备远程运维技术在实际应用中可能面临多方面的风险与挑战。

1）安全性问题。云计算平台本身存在安全漏洞或被黑客攻击的风险，可能导致装备运维数据被篡改、泄露或被窃取，从而严重威胁装备运行的安全性和稳定性。

2）性能稳定性问题。性能稳定性直接影响到装备远程监测与控制的实时性和可靠性。如果云计算平台性能不稳定或无法满足实时需求，将影响到装备运维的效率和质量。

3）成本管理问题。云计算服务的使用费用可能随着装备运维数据量的增加而增加，企业需要有效管理运维成本，尤其对于中小型企业而言成本管理显得尤为关键。

4）法律合规问题。云计算涉及数据存储和传输，企业需要遵守各地区的数据保护法律和隐私规定，确保装备运维数据的合法性和合规性，否则可能面临法律风险和法律诉讼。

5）兼容性问题。不同装备厂商的远程监控与控制系统可能存在技术标准不一致或兼容性问题，如何实现不同装备之间的互联互通成为一个技术挑战，需要针对性地制定技术方案和标准。

基于云计算的装备远程运维技术在实际应用中面临诸多风险与挑战，需要企业综合考虑安全性、隐私保护、性能稳定、成本管理、法律合规、技术兼容性和数据安全备份等方面的问题，采取有效的措施和策略来应对，确保装备远程运维系统的安全稳定运行和可持续发展。

2. 未来发展趋势与前景展望

基于云计算的装备远程运维技术具有广阔的发展前景。云计算平台的不断成熟和完善，使得装备远程运维技术更加稳定可靠，实时监控与控制效果将得到进一步提升。人工智能和大数据技术的发展，使得装备远程运维技术更加智能化和自动化，能够实现数据的自动分析和预测性维护，提高装备的运行效率和可靠性。物联网技术的普及和应用，推动装备远程运维技术更加广泛地应用于各个行业和领域，实现装备的互联互通和远程管理，推动装备制造业的智能化和数字化转型。5G 技术的商用化和应用，能帮助装备远程运维技术具备更高的通信速度和带宽，能够实现更加快速和稳定的数据传输和远程控制，为装备制造业的发展注入新的动力。

展望未来，基于云计算的装备远程运维技术将持续引领行业变革，不仅将实现装备管理的智能化、自动化和高效化，更将推动装备制造业进入一个全新的发展阶段。

4.4 智能监控与可预测性维护

4.4.1 装备智能监控技术

1. 装备智能监控技术的定义与发展历程

装备智能监控技术是一种集成了计算机技术、通信技术以及人工智能等多种技术手段的综合性应用技术。它通过实时监控目标对象的状态，自动分析和处理收集到的数据，以实现对监控目标的实时管理、安全防范和预测性维护。

装备智能监控技术不仅包括对目标的监视、监听与控制，还涵盖了对各种信息所反映的客观事件进行合理分析、判断并采取有目的的行动或措施去有效地处理这些事件的综合能力。它旨在使监控系统具备智能化特性，能够自动进行信息采集、处理和决策支持，从而提高监控效率和响应速度。

图 4-16 所示为变电站远程监控系统框架图。框架中环境监控主要包括三个部分，其中，通过变电站内部温度感知器观测变电站内设备运行情况，保证电力工作的稳定性。而环境入侵报警器的设计则是以物联网技术为基础，根据接收的监控数据，对变电站内部环境进行分析，查找监控覆盖区域内是否进入不明物体、机器或人。发现异常物体后，直接向后台监控人员发送警告信息，避免意外事故影响变电站运行稳定。

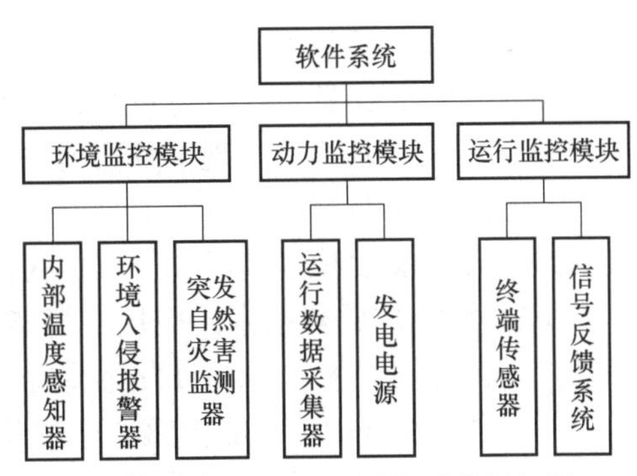

图 4-16 变电站远程监控系统框架图

在 20 世纪 60 年代以前，装备监控主要依赖于人工守卫和简单的技术设备，如“看门人”来保护设施。随着电子技术的进步，20 世纪 60 年代初引入了警报系统和视频监控技术，美国广播公司（RCA）、摩托罗拉（Motorola）和通用电气（General Electric）是率先为安全行业制造真空管电视摄像机的公司。到了 20 世纪 80 年代，固态摄像机的出现标志着技术的进一步发展，这些摄像机使用电耦合器件（CCD）图像传感器，取代了旧式的管式摄像机。20 世纪 90 年代，计算机技术与视频安全技术相结合，实现了视频监控系统的数字化。尤其是在 20 世纪 90 年代中期，硬盘录像机（DVR）的出现标志着数字视频监控时代的开始，它集合了录像机、画面分割器、云台镜头控制、报警控制和网络传输等多种功能。进入 21 世纪，随着网络带宽、计算机处理能力和存储器容量的迅速提高，以及各种实用视频信息处理技术的出现，视频监控进入了全数字化的网络时代，即第三代视频监控系统。近几年，智能视频监控技术在装备运维领域得到了广泛应用和发展，智能视频分析服务器和智能监控管理主机成为系统的主要构成，能够实现对动态场景中操作员的定位、识别和跟踪，并在此基础上分析和判断相关人员操作和检修等行为是否合规、得当。

2. 智能传感器技术的发展与应用

（1）智能传感器技术的发展　随着工业 4.0 和 IoT 的兴起，智能传感器技术在制造业中得到了显著的发展和广泛应用。智能传感器融合了传感、计算、通信和控制等多种功能，能够实时监测、分析和反馈数据，从而提高了生产过程的自动化和智能化水平。

智能传感器的发展历程可以追溯到 20 世纪 70 年代，当时随着微电子技术的发展，第一代传感器开始在工业中应用。这些早期传感器主要用于简单的数据采集和信号传输。在 20 世纪 80 年代，随着微处理器的引入，传感器开始具备一定的计算能力，能够进行初步的数据处理。这一时期，传感器在制造业中的应用主要集中在质量控制和设备监测上。进入 20 世纪 90 年代，网络技术的进步使得传感器能够通过局域网进行数据传输和共享，形成了初步的智能传感器网络。这一阶段的传感器已经能够进行复杂的信号处理和数据分析，应用范围也逐渐扩大。21 世纪初，随着无线通信和嵌入式系统的发展，智能传感器开始大规模应用于工业自动化和智能制造。特别是在 2000 年后，物联网技术的快速发展推动了智能传感器的广泛应用，使其能够实现实时监控和远程控制。近十年来，智能传感器技术进入了一个新的发展阶段。融合了人工智能和大数据技术的智能传感器，不仅能够收集和传输数据，还能够通过内置算法进行深度学习和预测分析，为工业生产提供更高效、更智能的解决方案。

现代智能传感器集成了多种功能，包括感知环境变化、数据处理和无线通信。微型化的发展使得这些传感器可以安装在机械设备的各种部位，实现对温度、压力、振动等多种参数的实时监控。传感器不仅变得更小，而且集成了更多的功能。这种多功能集成使得传感器能够在复杂的工业环境中实现多种数据的采集和处理。传感器技术的发展使得传感器在低功耗的同时仍然能够保持高精度的测量能力。这对长时间运行的工业设备尤其重要，确保了传感器能够在不频繁更换电池或进行维护的情况下长期稳定运行。

（2）智能传感器技术的应用　智能传感器在制造业的多个方面发挥着重要作用，包括预测性维护、质量控制和自动化生产等。

1）预测性维护。智能传感器通过监测设备的工作状态，可以提前预测设备故障并进行预防性维护。例如，纸浆和造纸行业的 Artesis 公司通过智能传感器收集设备数据，预测故障的发生，从而将维护成本降低了 20%，提高了生产率。

2）质量控制。在生产过程中，智能传感器可以实时监测产品的质量。例如，机器视觉技术结合光学传感器可以用于检测产品的表面质量和关键尺寸，确保出厂产品的合格率。这种技术在汽车制造行业尤为常见，能够显著提高产品的一致性和生产率。

3）自动化生产。智能传感器广泛应用于自动化生产线中，如数控机床和工业机器人。传感器监测位移、速度、压力等参数，确保加工过程的精确控制，并能实现自适应调整和错误补偿，提高生产灵活性和效率。

4）工业物联网（IIoT）。智能传感器是工业物联网的核心组成部分，企业可以通过传感器收集的数据实现对整个生产过程的远程监控和优化。例如，食品制造行业的 Frito-Lay 公司通过实时设备健康监测系统预测故障并计划维护，避免生产中断。

3. 实时数据采集与处理

在装备智能监控技术中，实时数据的采集与处理构成了其核心功能，涵盖了从传感器收集数据、分析数据到做出决策的整个流程。智能监控系统首先需利用多种类型的传感器（如温度、湿度、压力、图像、声音等）收集数据，这些传感器将监测到的物理量转换为电信号。随后，原始数据需经过信号调理，包括放大、滤波、模数转换等步骤，以提升数据的质量和可用性。调理后的信号通过有线或无线网络，尤其是现代智能监控系统越来越多采用的无线传感器网络，传输至数据处理中心。在数据处理中心，数据进一步经过处理和分析，包括数据融合、特征提取和模式识别等步骤，从原始数据中提取出有价值的信息。

智能分析利用机器学习和人工智能算法，使系统能够识别异常模式、预测未来趋势，并对潜在问题发出警报。例如，在工业自动化中，系统可以预测设备故障并提前进行维护。智能分析的结果支持决策过程，某些系统可以完全自动化，如自动调节生产流程。而其他情况下可能需要人工干预，如安全监控中的异常行为识别。

智能监控系统通常提供直观的用户界面，使操作者能够实时查看数据、接收警报、查看分析结果和历史趋势。此外，智能数据采集与处理系统往往需要与 ERP、MES 等其他系统集成，以实现更广泛的监控和控制。智能监控系统设计时考虑了可扩展性和模块化，便于根据需求添加新的传感器或升级现有系统。

在数据采集与处理的过程中，安全性是一个至关重要的方面。智能监控系统必须确保数据不被未授权访问，并保障数据在传输和存储过程中的安全。智能数据采集与处理系统的应用范围极为广泛，包括工业自动化、环境监测、医疗健康、交通管理、公共安全等多个领域。随着技术的不断进步，这些系统变得更加复杂和智能化，能够提供更深入的洞察力，并显著提高工作效率。

4. 大数据分析与挖掘

在装备智能监控技术领域，大数据分析与挖掘正发挥着不可替代的作用。它们不仅为监控系统提供了深度洞察力，还极大地增强了系统的自动化和智能化水平。大数据分析与挖掘技术在装备智能监控技术中的应用主要包括：

1）数据收集。智能监控系统通过各种传感器和设备收集海量数据，包括但不限于视频、图像、温度、湿度、压力等物理量。这些原始数据在分析前必须经过清洗、规范化和格式化处理，即数据预处理，以提高其质量和可用性。大数据技术的发展为存储这些海量数据提供了高效的解决方案，如分布式文件系统和数据库，确保数据的安全和可访问性。

2）数据融合。数据融合技术将来自不同传感器和数据源的信息整合起来，形成一致的、全面的监控视图。实时分析技术使得智能监控系统能够快速响应异常情况，如安全入侵或设备故障，为及时采取行动提供决策支持。

3）数据分析与挖掘。机器学习和数据挖掘技术的应用，让智能监控系统能够识别和学习装备状态模式，进行运行状态分析和故障预测等复杂任务。此外，通过利用历史数据和统计模型，系统还能预测未来的趋势和事件，如备品备件供应情况和设备维护需求。

4）数据展示。大数据分析的结果通过可视化工具展示，帮助决策者直观地理解复杂数据，从而做出更明智的决策，如资源分配和应急响应。安全性与隐私保护在数据分析和挖掘过程中至关重要，必须采取措施保护用户隐私和数据安全，确保遵守相关法律法规。

5）自调节模型。智能监控系统具备持续学习的能力，能够从新数据中不断学习，自动调整分析模型，以提高监控的准确性和效率。同时，大数据分析与挖掘技术通常需要与现有的监控系统、业务系统和决策支持系统进行集成，实现全面和协同的监控。

随着技术的不断进步，大数据分析与挖掘在装备智能监控技术中的应用日益广泛，它们正成为提高安全性、优化运营效率、改善决策过程和增强用户体验的强大工具。未来，随着技术的进一步发展，这些应用将变得更加智能化和自动化，为装备运维领域带来更多的便利和安全。

5. 云计算与边缘计算的融合

在装备智能监控技术的发展中，云计算和边缘计算提供了不可或缺的支持，它们共同促进了监控系统在数据处理、存储和分析方面的高效性，提升了智能化水平。

云计算以其几乎无限的存储能力和强大的计算资源，为智能监控系统提供了一个稳定而强大的数据处理和存储平台。它不仅能够处理复杂的数据分析任务，如视频内容分析和模式识别，还支持数据共享，便于多用户或多系统之间的信息交流和协作。此外，云服务的弹性扩展能力、远程访问功能、多层次安全措施、按需付费模式以及备份和灾难恢复功能，都极大地增强了智能监控系统的可靠性、灵活性和成本效益。

边缘计算则以其靠近数据源的特性，为智能监控系统提供了实时性、带宽优化、隐私保护、可靠性和分布式处理的能力。边缘设备可以进行初步数据分析，只将重要信息发送到云端，从而减少数据冗余，并在网络连接不稳定或中断的情况下也能保持监控系统的运行。此外，边缘设备之间的协作和相互支持，使得它们能够执行更复杂的监控任务，同时减少了对云端资源的依赖，降低了运营成本。

构建云计算与边缘计算相结合的云边协同智能监控系统，将充分发挥两者的优势。边缘层负责实时处理和初步分析，云端负责大规模计算和深入分析。这种层次化架构不仅使得边缘计算能够提供快速响应，而且云计算支持复杂决策，实现更高效的监控管理。同时，系统能够根据监控任务的需求，智能分配计算和存储资源，优化资源利用。边缘设备还可以通过云端进行远程升级和维护，提高了系统的可维护性。

4.4.2 基于智能监控的装备可预测性维护

1. 概念

基于智能监控的装备可预测性维护是一种集成了现代信息技术、IoT、大数据和 AI 的先进维护策略。依赖于实时数据监测和先进的数据分析技术来预测设备潜在的故障和性能退化。与传统的定期维护或故障后维修相比，装备可预测性维护能够显著提高设备的可靠性和可用性，降低维护成本，并减少意外停机时间。装备可预测性维护的核心在于通过各种传感器收集设备状态数据，利用机器学习、人工智能等技术进行分析，从而实现故障的早期预警和维护活动的优化安排。这种策略通过智能监控系统实时收集和分析装备的运行数据，预测潜在的故障和性能退化，从而实现更高效、更精确的维护活动。

可预测性维护的发展历程经历了从简单传感器监测到复杂数据分析的转变。在初始阶段，主要依赖于基础的传感器和人工检查来监控设备状态。随着技术的进步，尤其是计算机化维护管理系统（CMMS）和数据采集系统的引入，为更精细的预测性维护策略奠定了基础。传感器技术，尤其是 IoT 技术的发展，极大地提高了实时收集设备状态数据的可能性，为预测性维护提供了更广阔的数据源。

数据分析技术，尤其是机器学习和人工智能技术的进步，使得从海量数据中提取有用信息、识别模式和异常成为现实，进一步提升了预测性维护的准确性。现代预测性维护系统通常与 ERP 和 MES 等其他系统集成，以提供更全面的维护决策支持。云计算和边缘计算的结合，为数据处理和存储提供了强大能力，同时允许在数据源附近进行实时分析，极大地提高了预测性维护的性能和效率。

智能监控系统在装备可预测性维护中扮演着核心角色。它利用各种传感器实时采集装备的运行参数，如温度、压力、振动和声音等。这些数据被传输到中央处理系统，通过先进的数据分析技术进行处理和分析。智能监控系统不仅能够实时监测设备的当前状态，还能够通过学习装备的正常运行模式，识别出偏离正常模式的异常行为，从而提前预警潜在的故障。

以智能仪表预测性维护为例，其预测性维护技术框架如图 4-17 所示。用于执行信号测量功能的智能仪表可分为传递、传感和传输 3 个模块，分别采集状态数据，依据特征工程实现数据的预处理、特征提取及特征选择，进而实现故障自检、异常检测、故障诊断、寿命预测；用于执行状态监测功能的仪表除上述过程外，还需进行信号的解耦分析；用于执行反馈控制功能的智能仪表则借助传感器阵列、信息转换、系统辨识等技术实现上述功能。

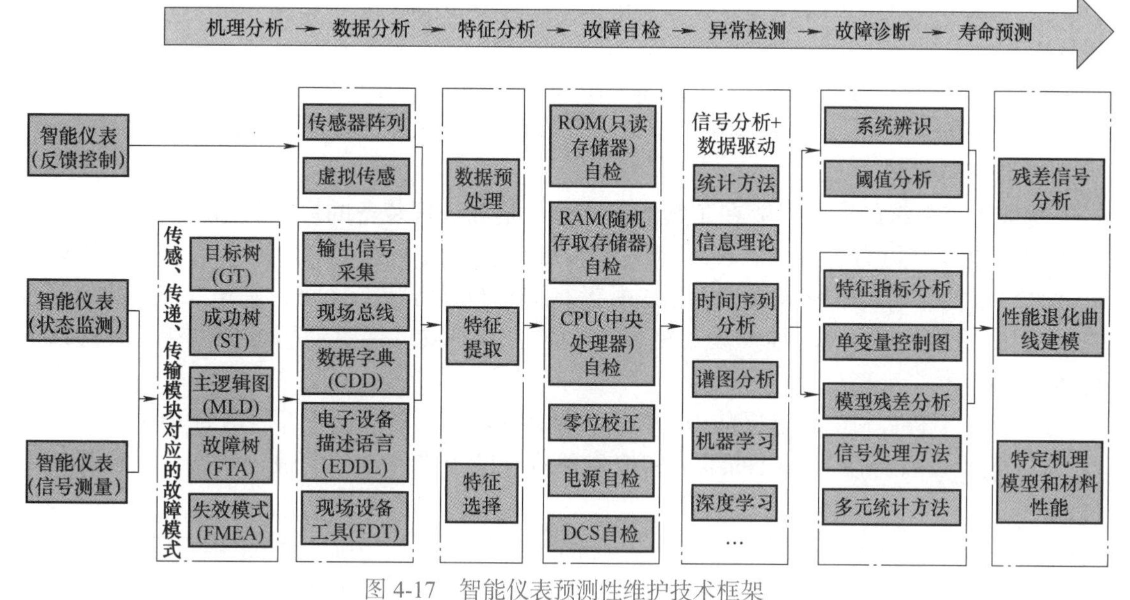

图 4-17　智能仪表预测性维护技术框架

2. 技术框架

装备可预测性维护的技术框架如图 4-18 所示，其是一个多层次结构，涉及从数据采集到决策支持的各个环节。

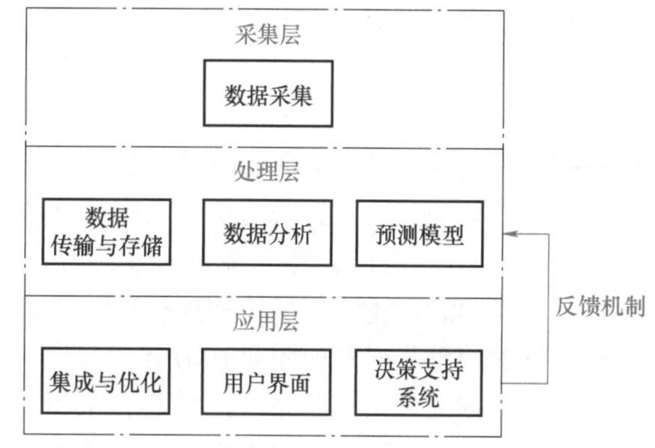

图 4-18　装备可预测性维护的技术框架

1）数据采集。使用各种传感器（如振动传感器、温度传感器、压力传感器）实时收集设备状态数据。例如，对于风力发电机组，可以安装振动传感器来监测旋转部件的异常振动。

2）数据传输与存储。采集的数据通过 IIoT 设备传输到云平台或本地服务器。例如，使用 Modbus 或 MQTT 协议将传感器数据发送到云存储解决方案，如 AWS IoT 或 Microsoft Azure。

3）数据分析。应用机器学习算法对数据进行分析，以识别模式和异常。例如，使用支持向量机（SVM）或随机森林分类器来区分正常和异常设备行为。

4）预测模型。构建预测模型来估算设备故障发生的概率和时间。例如，利用 Kaplan-Meier 估计器或 Cox 比例风险模型来预测设备剩余使用寿命（RUL）。

5）决策支持系统。开发决策支持工具，帮助维护团队根据预测结果制订维护计划。例如，实现一个维护优化算法，考虑设备故障风险和维护成本来推荐最佳的维护时间。

6）用户界面。设计直观的用户界面，使维护人员能够轻松访问和理解预测结果及维护建议。例如，开发一个仪表板，显示设备的实时状态、预测的故障时间和维护建议。

7）集成与优化。将 PDM（产品数据管理）系统与企业的其他管理系统（如 ERP、

MES）集成，实现维护流程的自动化和优化。例如，与 ERP 系统集成，自动更新库存和维护任务。

8）反馈机制。建立反馈系统以收集维护活动的结果，用于改进预测模型。例如，维护更新设备的维修历史，这些数据可以反馈到机器学习模型中以提高其准确性。

3. 作用与优势

智能监控系统的核心优势在于其能够实时收集和处理装备的运行数据。这些数据包括但不限于温度、压力、振动、声音等关键参数，它们为预测性维护提供了必要的信息基础。通过智能分析，系统能够识别出正常运行模式与异常状态之间的差异，并据此预测潜在的故障。这种主动式的维护策略相较于传统的时间或事件驱动的维护方法，具有以下优势。

1）减少意外停机。通过提前识别和解决潜在问题，显著降低意外停机的风险。

2）延长设备寿命。适时的维护和故障预防有助于维持设备的最佳状态，延长其使用寿命。

3）优化维护计划。基于实时数据的分析结果，制订更加精确和有效的维护计划。

4）降低维护成本。减少过度维护和紧急维修，从而降低维护成本。

5）提高生产率。减少设备故障对生产流程的干扰，提高整体的生产率。

4.4.3 智能装备可预测性维护应用

1. 车身焊接设备预测性维护系统

车身焊接设备预测性维护系统通过深度学习和知识图谱技术，为工业装备的运维管理提供了一种智能化解决方案。系统的设计思路是通过实时监测焊接设备的运行状态，并结合历史数据，预测设备可能出现的故障，从而实现早期预警和主动维护。

系统的架构包括数据采集层、数据处理与分析层，以及知识图谱层。数据采集层利用多种方式，如 OPC 协议、客户端录入等，实时收集设备的关键运行参数。这些数据不仅包括设备的即时状态，还涵盖了长期运行趋势，为系统的深入分析提供了丰富的原始信息。设备预测性维护的系统框架如图 4-19 所示。

数据处理与分析层是系统的核心，采用 LSTM（长短期记忆）网络对收集的时间序列数据进行学习和预测。通过训练模型，系统能够识别出设备正常与异常状态下的行为模式，并预测设备未来的状态变化，为故障预判提供科学依据。

知识图谱层则是系统的知识库，通过构建故障知识图谱，将设备故障的相关信息（如故障部位、原因、维护措施等）以图结构的形式组织起来。当系统预测到潜在故障时，能够快速从知识图谱中检索出相关的维护方案，为维护人员提供决策支持。

可预测性维护的核心在于利用监测和预测技术来优化维护计划。该系统通过分析设备的运行数据，帮助维护团队识别关键的故障特征，预测设备的退化趋势，从而制订出基于条件的维护策略。这种方法不仅提高了维护的响应速度，而且通过减少意外停机和延长设备的使用寿命，有效降低了维护成本。

车身焊接设备预测性维护系统通过其先进的监测、分析和知识管理能力，为工业装备的智能运维提供了坚实的基础，使得维护工作更加科学、精准和具有前瞻性。焊装车间部分机器人加工工位如图 4-20 所示。

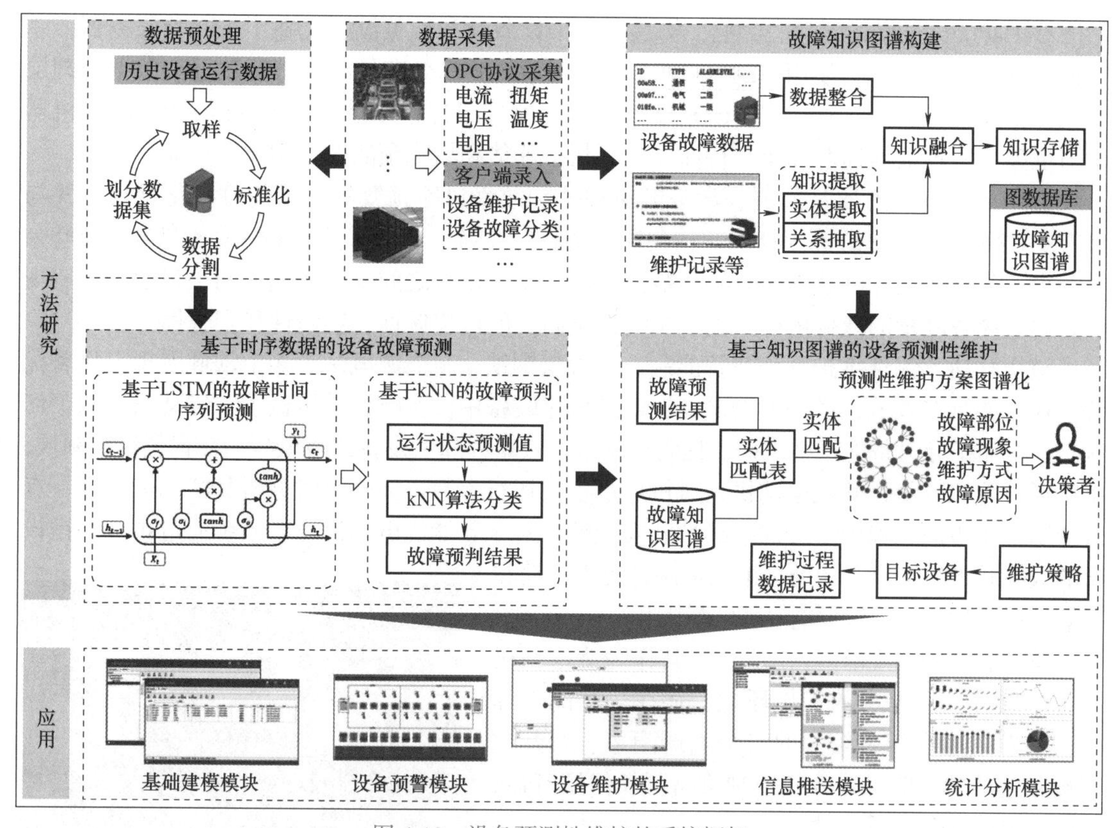

图 4-19　设备预测性维护的系统框架

图 4-20　焊装车间部分机器人加工工位

2. 液压马达预测性维护系统

液压马达预测性维护系统采用了分层模块化的网络架构设计，由数据采集层、数据存储层、数据处理层和应用层组成。数据采集层位于生产线现场，通过工业采集卡和传感器等设备收集机械操作参数、电压、电流信号、振动信号、声发射信号等运行状态数据。

在 Hadoop 分布式集群平台上，构建了一个设备运行数据湖，配备了 150 台服务器，总存储空间达到 100TB，使用 HDFS（分布式文件系统）高效存储海量工业数据。数据处理层利用 Spark Streaming、Spark SQL 等分布式数据处理组件，以及 TensorFlow、PyTorch 机器学习框架，实现数据提取转换、特征提取、状态评估和故障预测模型构建等功能。

应用层实现生产质量预测、设备健康评估和故障风险预警等结果的可视化展示，并与 MES、ERP 等信息系统深度集成，构建闭环的执行系统。系统采用分布式集群架构，200 余个节点服务器每天能够处理实时生产数据 100 亿条。模块之间采用高速内网接口通信，实现低延迟、高吞吐量的数据传输。整个系统具备高度的可扩展性、容错性和安全性。

液压马达预测性维护系统在智能制造、智慧钢铁、新能源电站等多个领域展现出显著优势。在智能制造领域，系统可以深度集成到机床装备中，实时评估机械手、传动系统的工作状态，从而指导设备的精准维护，提高设备维护效率并降低设备故障风险。在智慧钢铁领域，系统通过监测高炉、轧机电动机、风机等设备的运行参数，能够及时分析其状态健康度，有效预防停机事故，保障生产的连续性和安全性。对于新能源电站而言，系统通过预测关键设备的故障和维保窗口，帮助运维人员制订更为主动和高效的保养计划，确保发电效率的最大化。

旋挖钻机马达如图 4-21 所示，其作为旋挖钻机核心零部件，因恶劣的工作环境，存在较高的损坏率，突发故障会带来较大的安全生产隐患。对其进行预测性维护，既可以改变控制策略延长使用寿命，又可以提前准备售后配件。

液压马达预测性维护系统尤其适用于设备自动化程度高、数据量大的行业，能够显著降低意外停机的风险，提升设备的经济运行效率。目前，已有大量工业企业采用了该系统，应用场景在不断拓展。

图 4-21　旋挖钻机马达

4.4.4　挑战与展望

在智能监控与可预测性维护领域，数据质量与可靠性是系统成功的核心。高质量的数据能提高故障预测的准确性和优化维护计划。为了确保数据高质量和高可靠性，在数据收集阶段需避免人为错误和数据编码不一致的问题。不一致的数据治理实践和缺乏有效的数据管理也影响数据质量。此外，联网设备的增多对网络带宽和数据处理能力提出了更高的要求，同时保护数据安全成为一大挑战。未来，物联网、大数据和人工智能的发展将帮助提高数据处理和分析能力，强化数据治理框架，确保数据一致性和可靠性。自动化工具和智能算法将实现实时数据质量监控，提升系统的自适应性和鲁棒性。

模型的建立与维护对于设备健康管理至关重要。模型通过机器学习算法从设备传感器数据中提取知识，预测设备故障，从而优化设备性能，减少维护成本。但数据噪声、缺失值等问题会影响模型性能，选择合适算法也具挑战。模型需具备良好的泛化能力，并随设备操作条件变化持续更新和优化。未来，模型维护将更加自动化，集成学习方法将提升模型的鲁棒性和准确性，实时数据处理和数据流学习算法将使模型能即时反映设备状态变化。同时，提高模型可解释性，使维护人员能从机理层面理解预测原因从而增强信任也至关重要。

智能监控与可预测性维护的高效运作依赖于技术集成和标准化。多种技术的融合和不同厂商设备的协作需要良好互操作性，多个传感器和数据源的信息需要有效集成。标准化确保系统和组件间的兼容性和互操作性，提升系统开发和部署效率。未来，国际合作和开源技术的发展将加速标准化进程，统一的数据格式和接口标准将促进不同系统和平台的数据共享与集成，政府和行业组织将出台法规和政策支持标准化实施和技术创新。

4.5 机器学习与故障诊断

4.5.1 机器学习基础

1. 机器学习与深度学习

机器学习（Machine Learning）可以类比为人类的观察 - 学习 - 获得技能的流程，而它使用计算机模拟来实现人类学习行为，通过不断地获取新的知识和技能，重新组织已有的知识结构，从而提高自身的性能。它是人工智能领域中的一个重要分支，其研究领域包括机器学习理论、机器学习算法、机器学习平台等。机器学习的主要任务是从数据中学习有用的信息和规律，并对新数据进行预测或决策。

通俗意义上的学习是指在观察中获得技能的过程。例如，某一天一个小孩子看到大街上的白色轿车，小孩子通过观察认识到轿车的样子和颜色。另一天小孩子看到道路上另一个黑色的小货车，尽管外观和车型并不同，但是仍然能够认出是汽车。因此，以后如果再遇到不同颜色、种类的汽车依旧能够认出是汽车。

机器学习是通过数据来获取模式的过程，模式可以视为对象的组成成分或影响因素间存在的规律性关系。简单来说，模式就是事物的规律。机器学习能够自动识别数据中的模式，并使用已发现的模式去预测未来的数据，或在不确定的条件下进行某种决策。普通学习与机器学习模式如图 4-22 所示。

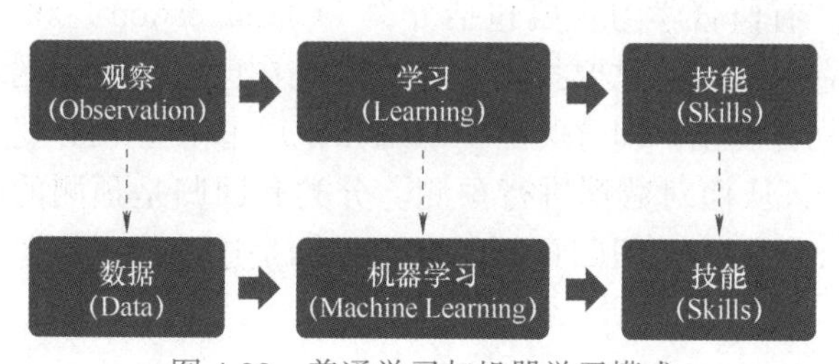

图 4-22　普通学习与机器学习模式

机器学习的基本过程可以分为三个步骤：数据收集、模型训练和模型评估。首先，从各种来源收集大量数据，并对数据进行预处理和特征提取；其次，选择合适的机器学习算法，利用收集到的数据训练模型；最后，通过模型评估来验证模型的性能，并根据评估结果对模型进行调整和优化。

来自卡内基梅隆大学的 Tom Mitchell 教授在 1997 年给出了机器学习通用定义。

（1）定义一：机器学习（非正式）　假设用 P 来评估计算机程序在某任务类 T 上的性能，若一个程序通过利用经验 E 在任务 T 上获得了性能改善，则关于 T 和 P，该程序 E 进行了学习。

将该定义表达形式化后，可得定义二。

（2）定义二：机器学习　假设有一个训练数据集 $D=\{x_{i,}\ y_i\}_{i=1}^{i=n}$，其中 x_i 是输入特征，y_i 是对应的标签，需要找到一个机器学习目标函数 $f: x\rightarrow y$，使得对于给定的输入 x_i，能够预测出尽可能接近真实值 y_i 的输出。

深度学习是机器学习领域的一个重要分支，它通过模拟人脑神经网络的工作方式，使机器具备学习和理解复杂数据的能力。深度学习模型通常包含多个层次，这些层次能够逐步提取数据的抽象特征，从而实现更高级别的任务。与传统的机器学习算法相比，深度学习能够处理更复杂的数据，并在许多领域取得了显著的性能提升。

深度学习的核心原理在于其神经网络结构以及前向传播和反向传播算法。神经网络由多个神经元和连接组成，通过层次结构对数据进行处理和变换。前向传播算法用于计算输入数据通过神经网络后的输出，而反向传播算法则用于根据预测误差更新网络中的权重，以优化模型的性能。这种迭代优化的过程使得深度学习模型能够逐渐学习到数据的内在规律和表示层次。

深度学习的定义可以归纳为：通过构建具有多个层次的网络结构，利用数学表达式描述数据在网络中的传递和处理过程，并通过优化算法最小化损失函数来训练模型参数，从而自动地从原始数据中提取出抽象的、高层次的特征表示，以支持更高级别的任务。

2. 机器学习分类

机器学习可以分为三大类。第一类机器学习为有监督学习（Supervised Learning），其目标是在给定一系列输入 x 和输出 y 的条件下，学习输入数据 x 到输出数据 y 的映射关系 f：$x\rightarrow y$；第二类机器学习为无监督学习，其目的是给定一系列仅由输入数据 x 构成的数据集，从仅有的数据中发现不同模式；第三类机器学习为强化学习，在这种学习模式下，智能体通过与环境的交互来学习，它通过尝试不同的行为并接受奖励或惩罚来学习最优的行为策略。

（1）有监督学习　有监督学习主要包括分类（Classification）和回归（Regression）两种形式，是数据挖掘应用领域的重要技术。分类就是在已有的数据的基础上学习出一个分类函数或构造出一个分类模型，即分类器（Classifier）。该模型可以把数据集中的样本 x 映射到某个给定的类别 y，从而对数据进行预测。分类和回归是预测的两种不同形式，分类预测的输出目标值是离散的，而回归预测的输出目标是连续值。有监督学习过程如图 4-23 所示。

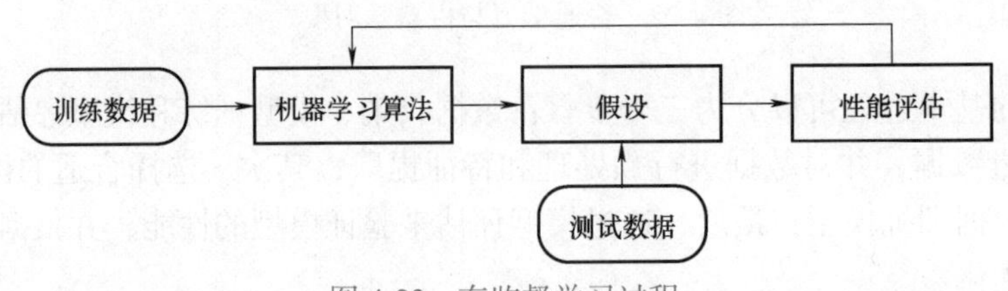

图 4-23　有监督学习过程

在分类之前，需要将数据集划分成训练集和测试集。分类分为两个步骤：第一步，分析训练集的特点并构建分类模型，常用的分类模型有决策树、贝叶斯分类器、*K*- 最近邻分类等；第二步，使用构建好的分类模型对测试集进行分类，评估模型的分类准确度等指标。

（2）无监督学习　无监督学习主要分为聚类（Clustering）和关联分析（Association Analysis）。聚类就是将数据集划分为若干相似的实例组成的簇的过程，使得同一个簇中实例间的相似度最大化，不同簇中的实例相似度最小化。简单来说，就是将彼此相似的实例放在一起构成一个集合，不同簇的实例通常相似度很低。

聚类是一种在数据挖掘中至关重要的技术，它基于数据样本在特征空间中的相似性，自动地将数据集划分为若干个不同的组或簇。与分类不同，聚类中的这些簇并不是预先定义的，而是通过分析数据样本之间的相似性来动态确定的。聚类分析算法的核心输入包括一组待处理的样本数据以及一个用于度量这些样本之间相似性的标准或准则。算法的输出则是一组簇的集合，每个簇包含了相似的样本数据。

机器学习关心聚类算法的如下特性：处理不同类型属性的能力、对大型数据集的可扩展性、处理高维数据的能力、发现任意形状簇的能力、处理孤立点或“噪声”数据的能力、对数据顺序的不敏感性、对先验知识和用户自定义参数的依赖性、聚类结果的可解释性和实用性、基于约束的聚类等。

关联分析方法用于发现隐藏在大型数据集中有意义的联系，这种联系可以用关联规则（Association Rule）进行表示，本书不涉及关联分析内容。

（3）强化学习　在无法提供实际的监督数据时，强化学习使用基于环境提供的反馈来学习。在这种情况下，反馈得到的更多是定性的信息，并不能确定其误差的精确度量。在强化学习中，这种反馈通常被称为奖励（Reward），负面反馈定义为惩罚。最有用的行为顺序是必须学习的策略，以便得到最高的即时和累积奖励。这个概念的基础是理性的决策总是追求增加总奖励。判断能力是高级智能体的显著标记，而短视者往往无法正确评估其即时行动的后果，因此他们的策略总是次优的。

3. 数据预处理

机器学习依赖于从庞大的数据集中提取潜在且极具价值的模式，因此，数据的质量对于学习成果具有直接且决定性的影响。然而，在实际情况中，期待数据质量达到完美无瑕的水平是不切实际的，因为多种因素如人为错误、测量设备的局限性以及数据收集流程中的疏漏，都可能导致诸如缺失值（这些缺失可能源于机械故障或人为疏忽）和离群值（数值显著偏离其他数据点）等问题的出现。

由于数据源头的质量控制往往难以实现，机器学习领域在数据学习之前会进行一系列的数据质量问题检测与纠正，这个过程统称为数据预处理。数据预处理涵盖的策略和技术多种多样，其中两项关键技术为属性选择技术和主成分分析技术。

1）属性选择技术旨在从原始数据集中挑选出最具代表性和相关性的属性子集，同时排除冗余或不相关的属性。这一步骤旨在提高数据处理效率，并使得机器学习模型更容易理解和训练。

2）主成分分析技术则利用降维的思想，将一组原始相关属性通过线性变换转换成一组新的不相关属性。这些新的属性按照方差大小依次排列，方差最大的属性即为第一主成分。通过主成分分析，可以将多个复杂属性简化为少数几个主成分，从而简化问题，便于进一步的数据分析和处理。

数据预处理也称为特征工程（Feature Engineering）。特征工程是使用专业背景知识和技巧处理数据，使得特征能在机器学习算法上更好地发挥作用的过程。由于特征工程比较难，非常耗时且需要较强的领域知识，因此很多机器学习竞赛的优胜者并没有使用很高深的算法，许多是在特征工程环节工作出色，使用一些常见的算法就能获得优异的成绩。

4. 模型评估与优化

在机器学习项目中，模型评估与优化是确保模型性能达到最佳状态的关键环节。通过评估，可以了解模型在新数据上的表现，并通过优化来改进模型的性能。下面是对模型评估与优化中几个关键步骤的详细介绍。

（1）交叉验证　交叉验证是一种用于评估模型泛化能力的强大技术。其核心思想是将原始数据分成多个部分，通常包括训练集、验证集和测试集。每个子集在模型训练和评估过程中扮演着不同的角色。

1）训练集：用于训练模型，即让模型学习数据的特征和标签之间的关系。

2）验证集：在训练过程中用于调整模型的参数，如学习率、迭代次数等。通过验证集上的性能，可以了解模型对训练数据的拟合程度，并据此调整模型参数以避免过拟合。

3）测试集：在模型训练完成后，使用测试集来评估模型的性能。由于测试集在模型训练过程中未被使用，因此它可以对模型泛化能力提供一个较为客观的评价。

通过交叉验证，可以更准确地估计模型在新数据上的性能，并据此选择合适的模型。

（2）过拟合与欠拟合　过拟合与欠拟合是机器学习中常见的两个问题，其定义如下。

1）过拟合：当模型在训练数据上表现良好，但在新数据上表现不佳时，称为过拟合。这通常是因为模型过于复杂，以至于它记住了训练数据中的噪声和异常值，而未能学习到数据的真实规律。为了避免过拟合，可以采取一系列措施，如增加训练数据量、使用正则化技术（如 L1 正则化、L2 正则化）、简化模型结构等。

2）欠拟合：与过拟合相反，欠拟合是指模型无法很好地拟合训练数据。这通常是因为模型过于简单，无法捕捉到数据中的复杂规律。为了解决欠拟合问题，可以尝试增加模型的复杂度，如增加隐藏层的层数或神经元的数量、使用更复杂的特征工程等。

在模型训练和评估过程中，需要密切关注过拟合和欠拟合问题，并采取相应的措施来平衡模型的复杂度和泛化能力。在分类（上）和回归（下）问题中三种拟合状态如图 4-24 所示。

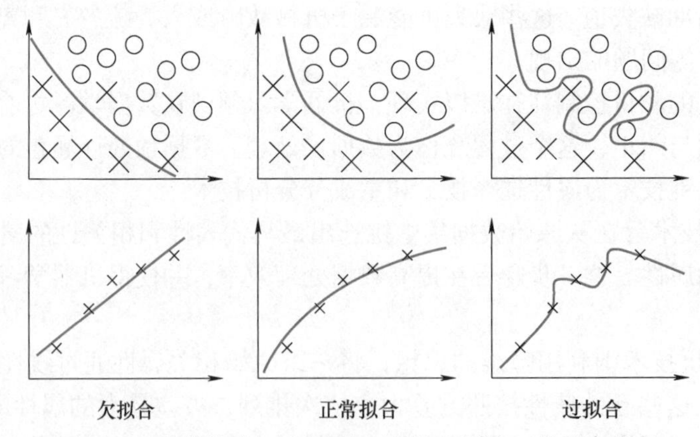

图 4-24　在分类（上）和回归（下）问题中三种拟合状态

（3）模型调优　模型调优是寻找最佳模型参数的过程。由于不同的参数设置会对模型的性能产生显著影响，因此需要通过一些技术来找到最优的参数组合。下面是一些常用的模型调优技术。

1）网格搜索。网格搜索是一种穷举搜索方法，它尝试所有可能的参数组合，并评估每个组合在验证集上的性能。虽然这种方法可以找到最优解，但当参数空间较大时，计算成本会非常高。

2）随机搜索。与网格搜索不同，随机搜索在参数空间中随机选择参数组合进行评估。这种方法可以在有限的计算资源下找到接近最优解的参数组合。

3）贝叶斯优化。贝叶斯优化是一种基于贝叶斯定理的优化算法，它根据历史评估结果来指导后续的参数搜索。贝叶斯优化可以更快地找到最优解，并且对于高维参数空间特别有效。

在模型调优过程中，可以综合使用上述技术来找到最佳的模型参数组合，从而提高模型的性能。

4.5.2　故障诊断概述

故障诊断（Fault Diagnosis）是对设备或系统出现的异常或故障进行检测、识别、定位和预测的过程。其目的是确保设备或系统的正常运行，提高设备或系统的可靠性和安全性。故障诊断技术广泛应用于各种领域，如航空航天、机械制造、电力系统、交通运输等。

在工业生产环境中，设备的正常运行对于保障生产率和产品质量至关重要。而故障诊断作为确保设备稳定、安全、高效运行的关键环节，其重要性和作用不容忽视。下面将详细介绍故障诊断的意义、传统故障诊断的方法以及基于机器学习的故障诊断方法。

1. 故障诊断的意义

故障诊断在工业生产中扮演着至关重要的角色。首先，及时的故障诊断能够减少生产中断。在设备出现故障时，如果能够迅速准确地定位并解决问题，就可以避免生产线的长时间停滞，从而确保生产计划的顺利进行。其次，准确的故障诊断有助于降低维护成本。通过精确地识别故障类型和原因，维修人员可以更有针对性地进行维修和更换，避免不必要的浪费和过度维修。最后，故障诊断还能提高产品质量。通过及时发现和修复设备故障，可以避免因设备故障导致的生产波动和产品质量问题，确保产品质量的稳定性和一致性。

在现代制造业中，随着设备复杂性的不断提高和生产环境的日益变化，故障诊断的重要性越发凸显。因此，研究和开发更加高效、准确的故障诊断方法和技术对于提高工业生产率和产品质量具有重要意义。

2. 传统故障诊断的方法

传统故障诊断的方法主要基于专家经验和物理模型。这些方法通常依赖于领域专家的专业知识和经验，结合设备的物理特性和工作原理，通过观察和测量设备的运行状态来判断是否存在故障以及故障的类型和原因。例如，基于信号分析的检测方法主要是利用现代信号处理技术对采集的信号进行处理，然后通过与故障特征频率等先验知识进行比较从而实现轴承早期故障检测。它通过测量设备的振动信号来分析设备的运行状态和故障情况。当设备出现故障时，其振动信号往往会发生异常变化，通过分析这些异常变化，可以识别出故障的类型和位置。这类检测方法的优点是不需要大量的轴承训练数据。此外，红外测温也是一种常用的传统故障诊断方法。它利用红外热像仪测量设备的温度分布，通过比较正常状态和故障状态下的温度差异来发现潜在的故障点。

然而，传统故障诊断方法通常存在以下局限性：一是受限于专家知识和物理模型的准确性，由于设备复杂性和生产环境的多样性，很难建立一个全面、准确的物理模型来描述设备的运行状态和故障情况；二是难以应对复杂多变的故障情况，在实际生产中，设备的故障往往具有复杂性和多变性，传统故障诊断方法很难完全覆盖所有可能的故障情况。

3. 基于机器学习的故障诊断方法

随着人工智能技术的不断发展，机器学习已经成为一种重要的故障诊断方法。相比传统故障诊断方法，机器学习具有更高的准确率和更强的泛化能力。它能够从大量历史故障数据中学习到故障的特征和规律，从而实现对新故障的预测和诊断。基于机器学习的故障诊断流程如图 4-25 所示。

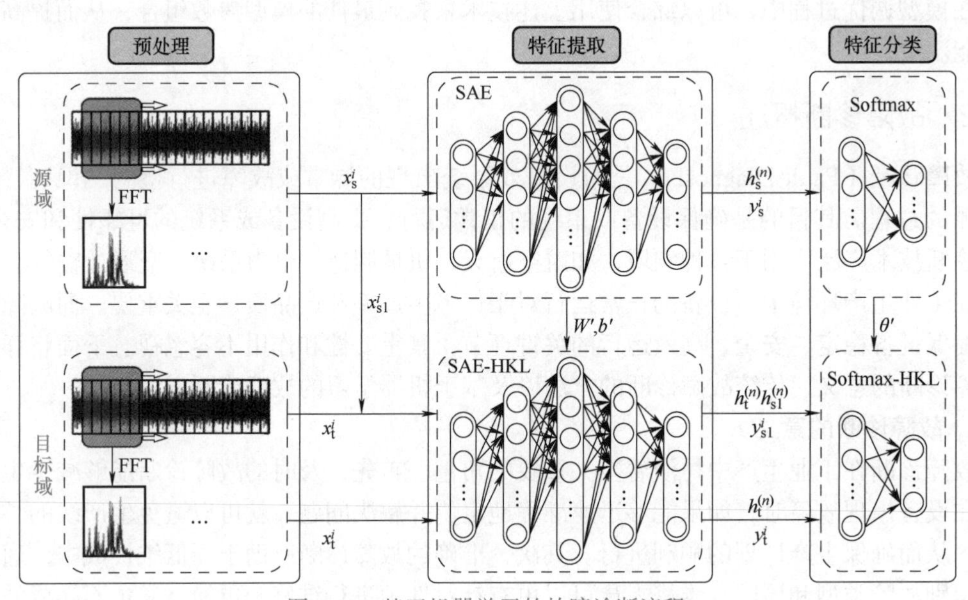

图 4-25　基于机器学习的故障诊断流程

1）机器学习可以自动提取故障特征。通过对历史故障数据的分析和处理，机器学习算法可以自动提取出与故障相关的特征信息，这些特征信息能够更准确地描述故障的本质和规律。

2）机器学习可以处理复杂的非线性关系和高维数据。在实际生产中，设备的故障往往与多个因素相关，并且这些因素之间存在复杂的非线性关系。机器学习算法可以处理这种复杂的非线性关系，并通过高维数据分析来更准确地识别故障。

3）机器学习可以实现故障预测和预警。通过对历史故障数据的分析和学习，机器学习算法可以预测设备未来可能出现的故障情况，并提前发出预警信号，以便维修人员能够及时采取措施进行修复和保养。这种预测性维护可以降低生产中断的风险并延长设备的使用寿命。

4.5.3　机器学习算法在故障诊断中的应用

故障诊断作为保障工业设备正常运行的关键环节，近年来随着机器学习技术的不断发展，越来越多的机器学习算法被应用于故障诊断领域。下面将详细介绍智能故障诊断的关键环节以及监督学习算法、无监督学习算法、强化学习算法和深度学习算法在故障诊断中的应用，并通过案例分析来展示其实际效果。

1. 智能故障诊断的关键环节

智能故障诊断的关键环节涵盖信号获取、预处理、特征提取、模型训练、故障识别和预测、预测性维护以及优化和改进，其中信号获取、特征提取以及故障识别和预测在训练模型和诊断故障中发挥着核心作用，从而实现精准、高效的设备维护与管理。

（1）信号获取　信号获取是智能故障诊断的第一步，也是最为基础的一步。它涉及从设备或系统中收集与故障相关的原始数据。这些数据可以是声音、振动、电流、电压、温度、压力等各种类型的信号。为了确保数据的准确性和完整性，信号获取通常需要使用专业的传感器和数据采集设备。这些传感器和设备能够实时监测和记录设备或系统的运行状态，为后续的故障诊断提供数据支持，因此其准确性和完整性对于诊断结果的可靠性具有决定性的影响。

信号获取的过程通常包括以下几个步骤：传感器选择与布置、数据采集、信号调理、数据存储与传输。除了使用上述方法构建独立的数据集之外，网络上也有许多公开数据集可供研究使用，以轴承故障诊断数据为例，有美国凯斯西储大学轴承数据集（CWRU Bearing Data Center）、辛辛那提轴承数据集（Cincinnati Bearing Data Center）、PHM08、PHM09 和 PHM12 数据集、意大利都灵理工大学轴承数据集（DIRG Bearing Data Center）等。

（2）特征提取　特征提取是从收集到的原始数据中提取出与故障相关的关键特征的过程。这些特征能够反映设备或系统的运行状态和潜在的故障模式。特征提取的方法包括时域分析、频域分析、时频分析等。时域分析主要关注信号在时间域上的变化，如均值、方差、峰值等统计量；频域分析则关注信号在频率域上的分布，如功率谱、频谱等；时频分析则结合了时域和频域的信息，如小波变换、经验模态分解等。通过特征提取，可以将原始的、复杂的、高维的数据转化为简洁的、易于处理的特征向量，为后续的故障识别与预测提供输入。

1）时域特征提取。时域特征提取是最直接的一种方法，它直接对轴承的振动信号进行分析。常见的时域特征包括均值、峰值、方差、均方根值、峰值因子、脉冲因子、裕度因子等。这些特征能够反映轴承振动的幅度、频率和冲击性等特性，从而帮助判断轴承的工作状态和是否存在故障。时域特征见表 4-3。

表 4-3　时域特征

特征	公式	特征	公式
最大值	$F_1=(X(i))_{\max}$	均值	$F_4=\frac{1}{N}\sum_{i-1}^{N}X(i)$
最大绝对值	$F_2=(\lvert X(i)\rvert)_{\max}$	峰值	$F_5=F_1-F_3$
最小值	$F_3=(X(i))_{\min}$	绝对平均值	$F_6=\frac{1}{N}\sum_{i-1}^{N}\lvert X(i)\rvert$

（续）

特征	公式	特征	公式
均方根值	$F_7=\sqrt{\frac{1}{N}\sum_{i=1}^{N}X(i)^2}$	裕度指标	$F_{12}=\frac{F_2}{F_8}$
方根幅值	$F_8=\left(\frac{1}{N}\sum_{i=1}^{N}\sqrt{\lvert X(i)\rvert}\right)^2$	波形指标	$F_{13}=\frac{F_7}{F_6}$
标准差	$F_9=\sqrt{\frac{\sum_{i=1}^{N}(X(i)-F_4)^2}{N-1}}$	脉冲指标	$F_{14}=\frac{F_2}{F_6}$
峭度	$F_{10}=\frac{\sum_{i=1}^{N}(X(i)-F_4)^4}{(N-1)F_9^4}$	峰值指标	$F_{15}=\frac{F_2}{F_7}$
偏度	$F_{11}=\frac{\sum_{i=1}^{N}(X(i)-F_4)^3}{(N-1)F_9^3}$		

注：$X(i)$ 表示振动信号的第 i 个采样点的值；N 表示采样点数量。

2）频域特征提取。频域特征提取是通过将时域信号转换到频域进行分析的方法。常用的频域分析方法包括傅里叶变换（FFT）、包络分析等。通过频域分析，可以得到轴承振动信号的频率分布、主频、倍频等信息。这些特征可以帮助识别轴承的故障类型、故障位置和故障程度。频域特征见表 4-4。

表 4-4　频域特征

特征	公式	特征	公式
中心频率	$F_1=\frac{\sum_{k=1}^{K}f_kS(k)}{\sum_{k=1}^{K}S(k)}$	频率均方根	$F_3=\sqrt{\frac{\sum_{k=1}^{K}f_k^2S(k)}{\sum_{k=1}^{K}S(k)}}$
平均频率	$F_2=\frac{\sum_{k=1}^{K}S(k)}{K}$	频率方差	$F_4=\frac{\sum_{k=1}^{K}(f_k-F_1)^2S(k)}{\sum_{k=1}^{K}S(k)}$

注：f_k 表示第 k 个频率分量；$S(k)$ 表示与 f_k 对应的功率谱或能量谱密度；K 是频率分量的总数。

3）时频域特征提取。时频域特征提取结合了时域和频域的信息，能够同时反映信号在时间和频率上的变化。常用的时频分析方法包括短时傅里叶变换（STFT）、Morlet 小波变换、经验模态分解（EMD）、基于滤波器的希尔伯特变换（FHT）等。时频域特征提取可以提供更为丰富和细致的信息，有助于准确判断轴承的工作状态和故障情况。

2. 监督学习算法

监督学习算法通过训练已知标签的数据集来学习模型，从而对未知数据进行预测。在故障诊断中，监督学习算法可以利用历史故障数据来训练模型，对设备的当前状态进行预测和诊断。

（1）支持向量机（SVM）　SVM 是一种基于统计学习理论的分类算法，通过寻找一个超平面来对数据进行划分。在故障诊断中，SVM 可以根据设备的特征数据（如振动、温度、压力等）将正常状态和故障状态区分开来。通过训练 SVM 模型，可以对设备的当前状态进行预测，从而及时发现潜在故障。

（2）决策树　决策树是一种基于树形结构的分类和回归算法。在故障诊断中，决策树可以根据设备的多个特征（如温度、振动频率等）进行逐步判断，最终确定设备的状态。决策树具有直观易懂、计算效率高等优点，适用于处理复杂的故障诊断问题。

（3）随机森林　随机森林是一种基于集成学习的分类算法，通过构建多个决策树并将它们的结果进行集成来提高预测准确率。在故障诊断中，随机森林可以利用多个特征对设备的状态进行预测，并通过投票或平均等方式得到最终的诊断结果。随机森林具有较好的抗噪能力和泛化能力，适用于处理大规模、高维的故障诊断问题。

3. 无监督学习算法

无监督学习算法在没有标签的情况下对数据进行学习，通常用于数据的聚类、异常检测等任务。在故障诊断中，无监督学习算法可以用于发现设备的异常行为和潜在故障。

（1）聚类分析　聚类分析是一种将数据划分为不同类别的无监督学习方法。在故障诊断中，聚类分析可以将设备的运行数据按照不同的特征进行聚类，从而发现设备的异常行为。例如，可以将设备的振动数据按照不同的频率和振幅进行聚类，从而发现振动异常的设备。

（2）异常检测　异常检测是一种用于识别数据集中与正常模式显著不同的数据点的技术。在故障诊断中，异常检测可以用于发现设备的潜在故障。通过构建正常状态下的设备数据模型，可以识别出与正常模式不符的异常数据点，从而预测设备的潜在故障。

4. 强化学习算法

强化学习算法是一种机器学习的方法，它通过智能体与环境（Environment）的交互来学习如何做出决策以最大化长期累积奖励。其核心思想是让智能体在执行动作、观察环境反馈的状态和奖励的过程中，学习到一个最优策略，从而实现长期累积奖励的最大化。

在故障诊断领域，强化学习算法的主要类型包括基于值函数的方法和基于策略梯度的方法。基于值函数的方法，如 Q-learning，通过学习一个值函数来评估每个状态下动作的好坏，从而指导智能体选择最优的诊断动作。而基于策略梯度的方法，如近端策略优化（Proximal Policy Optimization，PPO），则直接优化策略函数，通过梯度下降等方法来更新策略参数，以最大化长期累积的奖励。这些方法各有优劣，适用于不同的故障诊断场景。

5. 深度学习算法

深度学习算法是机器学习算法的重要分支，通过模拟人脑神经网络的结构和功能来处理复杂的数据和模式识别问题。在故障诊断中，深度学习算法可以从海量的数据中自动提取特征并构建出准确的预测模型。深度学习可以是有监督的也可以是无监督的。

（1）卷积神经网络（CNN）　CNN 是一种专门用于处理图像和视频数据的深度学习算法。在故障诊断中，CNN 可以用于处理设备的图像和视频数据（如红外热像图、振动波形图等），从中提取出与故障相关的特征并进行预测。CNN 具有强大的特征提取和模式识别能力，适用于处理复杂的故障诊断问题。CNN 结构示意图如图 4-26 所示。

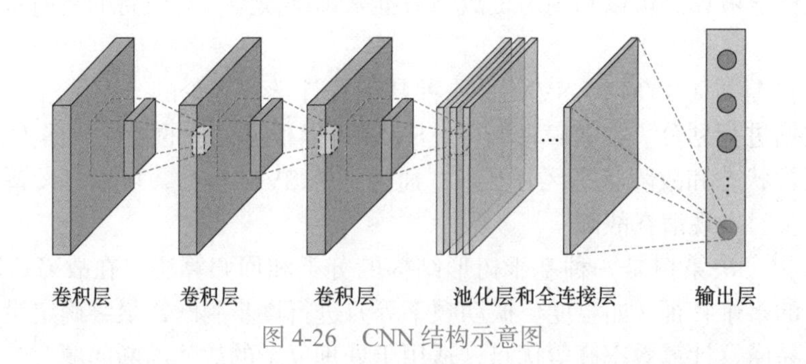

图 4-26　CNN 结构示意图

（2）循环神经网络（RNN）　RNN 是一种用于处理序列数据的深度学习算法。在故障诊断中，RNN 可以用于处理设备的时序数据（如振动数据、温度数据等），通过捕捉数据中的时间依赖关系来预测设备的状态。RNN 在处理具有时间相关性的故障诊断问题时具有独特的优势。

6. 案例分析

1）问题定义：案例针对的是跨类别（Cross-category）机械故障诊断问题，即训练数据和测试数据来自不同的机械部件（如轴承和齿轮），且故障类别不同。

2）数据集准备：使用的数据集包括实验室构建的测试平台收集的轴承数据集。数据试验台如图 4-27a 所示，三相电动机通过挠性联轴器控制轴承速度，加速度传感器用于采集振动信号作为训练数据集。试验轴承包含四种状态：滚动体故障（BF）、内圈故障（IF）、外圈故障（OF）以及该条件下的正常状态。同时需要测试的故障类型包括健康（Healthy）、缺失（Missing）、损蚀（Spall）、碎裂（Chip）和裂缝（Crack）。在试验台上模拟实际工作条件，采集了四类训练集故障轴承的振动信号。采样频率为 128kHz。

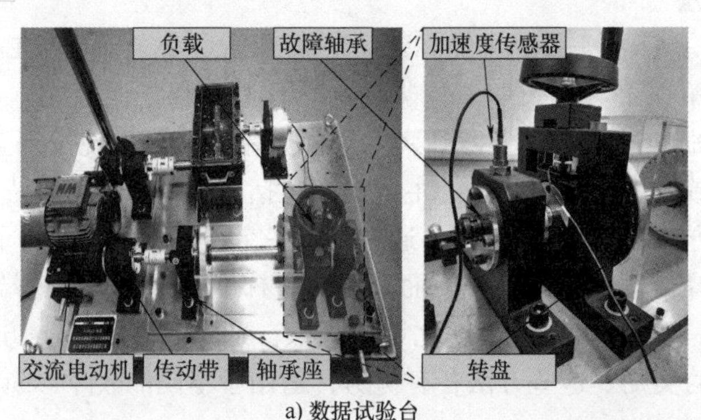

a) 数据试验台

振幅（归一化后）
1
0
−1
0
200
400
600
800
采样点

b) 采集信号

图 4-27　数据试验台及采集信号

3）模型构建：模型包括特征提取模块和距离嵌入模块。将不同的振动信号输入到特征提取模块，通过若干次卷积层（C）以及池化层（P）后，经过两层全连接层（FC）完成特征提取工作。每个输入示例都通过该网络单独处理。全连接层的输出是提取的关键故障特征，在距离嵌入模块中进行处理，以计算两个输入特征之间的距离。若该距离足够显著，则样本对属于不同类别的故障；否则，属于同一故障类别。模型整体架构如图 4-28 所示。

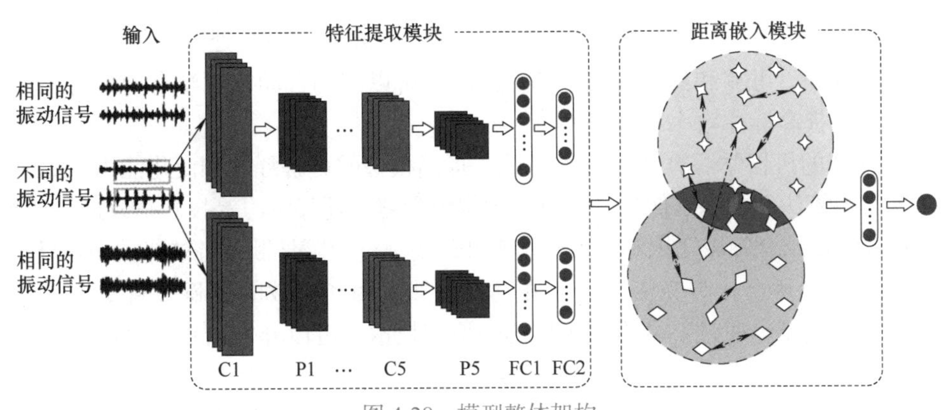

图 4-28　模型整体架构

4）训练模型：枚举样本对之间的特征距离差异，以丰富训练经验中类别的监督信息。通过计算从样本对中提取的高维特征之间的距离，模型根据特征距离学习样本对是否属于同一故障类别。最后采用自适应矩量算法 Adam 对网络参数进行优化。

5）结果输出：将经训练的模型应用于故障样本，以该模型比较测试数据与支持集中所有样本之间的高维特征距离，获得支持集中最相似的样本，则测试数据属于支持集中最相似样本的故障类别。试验结果混淆矩阵如图 4-29 所示。

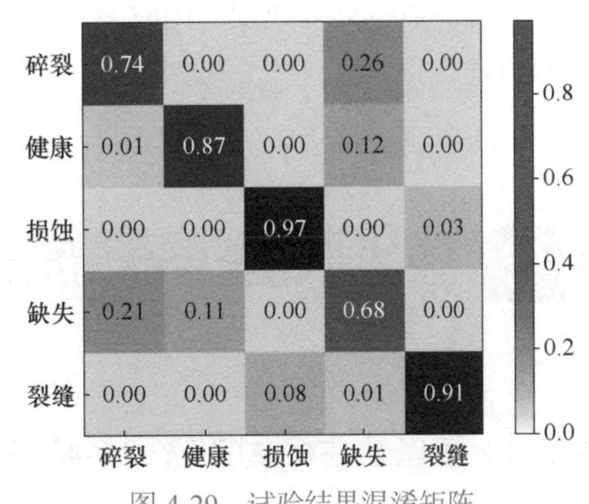

图 4-29　试验结果混淆矩阵

4.5.4　未来发展趋势及展望

1. 机器学习在故障诊断中的发展趋势

（1）远程化与智能化　远程诊断技术的发展使得制造商和维修技术人员可以通过互联网远程监测和诊断设备故障，极大地提高了故障处理的及时性和效率。智能化诊断系统能够自动学习和适应新的故障模式，提供智能化的故障诊断和解决方案。

（2）多模态学习与融合　在故障诊断中，设备的运行状态往往通过多种方式表现出来，如声音、振动、温度等。大模型支持多模态学习，能够融合来自不同传感器的数据，综合评估设备的运行状态和故障情况。这将有助于更全面地了解设备的故障特征，提高故障诊断的准确性和可靠性。

（3）大模型的应用　随着大数据时代的到来，故障诊断面临着处理海量数据、多源异构数据的挑战。大模型，特别是大规模基础模型（LSF-Models），具有强大的数据处理能力，能够有效地整合来自不同传感器、不同系统和不同时间点的数据，为故障诊断提供更全面、更准确的信息支持。

2. 展望与建议

为了应对上述趋势和问题并推动机器学习在故障诊断领域的应用和发展，提出以下展望与建议：

（1）加强数据质量与标注工作　需要建立严格的数据收集、处理和标注流程，确保所使用的数据是准确、可靠和具有代表性的。同时，可以利用自动化和半自动化的工具来辅助数据标注工作，提高标注效率和准确性。

（2）探索新的机器学习算法和技术　为了提高模型的可解释性和泛化能力，需要不断探索新的机器学习算法和技术。例如，可以利用集成学习、迁移学习等技术来改进模型的性能。此外，还可以尝试结合领域知识和专家经验来开发更适合故障诊断任务的机器学习模型。

（3）加强跨学科合作与交流　为了开发出更加实用和有效的故障诊断系统，需要加强跨学科的合作与交流。通过整合不同领域的知识和技术，可以开发出更加全面、准确和高效的故障诊断系统。

（4）关注计算资源与实时性要求　需要关注计算资源与实时性要求，并采取相应的措施来确保系统的实时性和可扩展性。例如，可以利用云计算和分布式计算等技术来扩展计算资源并提高数据处理速度；同时，还可以开发更加高效的算法和技术来降低计算复杂度并提高实时性。

4.6 智能装备全生命周期管理系统

4.6.1 装备全生命周期管理系统基础

1. 定义

智能装备全生命周期管理系统是一个集成了先进的信息技术、管理理念和工程方法的综合性系统。它通过对智能装备从设计、制造、使用、维护到报废等全生命周期的各个环节进行全面、系统、科学的管理，旨在提高装备的性能、延长使用寿命、降低运维成本，并保障装备在整个生命周期内的安全、可靠、高效运行。

该系统不仅关注装备的物理状态，还注重其信息状态和价值状态的管理。通过实时采集、传输和处理装备运行数据，结合大数据分析和人工智能技术，系统能够实现对装备健康状态的实时监测、故障预警、预测性维护等高级功能。同时，系统还能够对装备的全生命周期成本进行精确核算和优化控制，为企业生产运营决策提供有力支持。

2. 系统技术架构

如图 4-30 所示，一个完整的智能装备全生命周期管理系统的技术架构一般包含以下几部分：

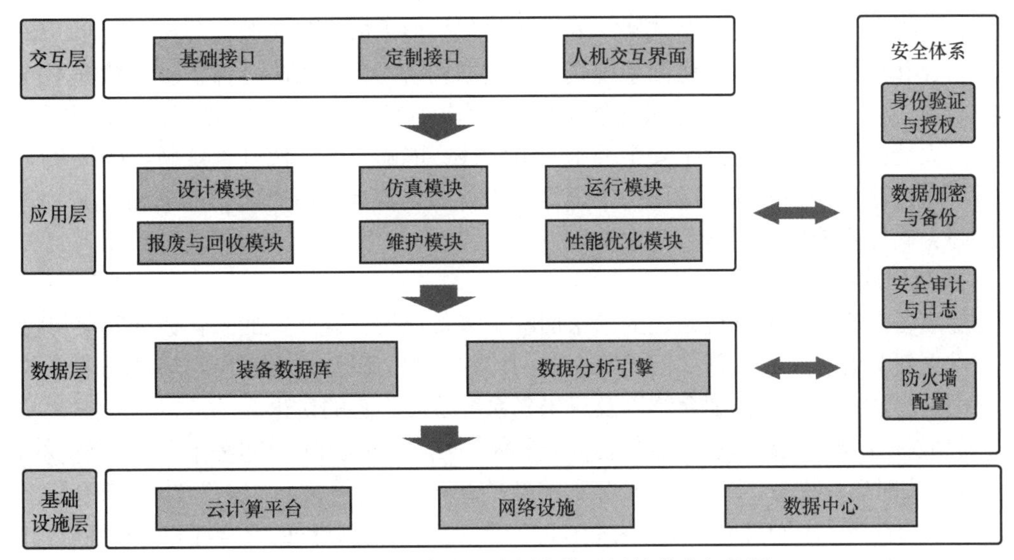

图 4-30　智能装备全生命周期管理系统技术架构图

（1）基础设施层　在智能装备全生命周期管理系统技术架构中，基础设施层是支撑整个系统稳定运行的基石。这一层包括了云计算平台，它提供了弹性的计算资源，确保系统能够灵活应对不同场景下的负载变化；网络设施，确保了系统内部各个组件之间的数据传输畅通无阻；数据中心则作为数据的集散地，提供了安全可靠的数据存储环境。此外，安全体系在基础设施层也占据了举足轻重的地位，通过身份验证、授权、数据加密与备份等措施，确保系统数据的安全性和完整性。

（2）数据层　数据层是智能装备全生命周期管理系统技术架构的核心。这一层包括装备数据库和数据分析引擎，它们共同负责处理、存储和管理系统的关键数据。装备数据库是存储智能装备全生命周期数据的仓库，包括设计、制造、使用、维护等各个环节的数据。数据分析引擎则对这些数据进行深度挖掘和分析，为上层应用提供决策支持。通过数据层，系统能够全面了解装备的状态和性能，为后续的运维和优化提供有力支撑。

（3）应用层　应用层是智能装备全生命周期管理系统技术架构中与用户直接交互的部分。在这一层，系统提供了丰富的业务应用，如仿真模块、运行模块、维护模块等，以满足用户对智能装备全生命周期管理的各种需求。仿真模块可以在设计阶段就模拟装备的运行状态，帮助用户评估和优化装备性能；运行模块则实时监控装备的运行状态，确保装备的安全稳定运行；维护模块则提供了故障诊断、维修建议等功能，帮助用户及时解决问题。此外，应用层还提供了性能优化模块和报废与回收模块等功能，确保了整个系统的高效运转。

（4）交互层　在智能装备全生命周期管理系统中，交互层负责与外部系统交互以及人机交互。基础接口确保了系统内部各个组件之间的顺畅通信和数据传输，为上层应用提供了稳定的数据交换环境。定制接口则赋予了系统极高的灵活性，允许用户根据实际需求定制功能，满足不同场景下的特定要求。人机交互界面是人与机器之间沟通的桥梁，更是提升交互效率、可靠性和服务体验的关键因素。

（5）安全体系　安全体系在智能装备全生命周期管理系统技术架构中扮演着至关重要的角色。它负责确保系统的安全性、可靠性和完整性，通过对基础设施、应用和数据层的全面保护，来抵御各种潜在的安全威胁。安全体系包括但不限于身份验证与授权机制，确保只有经过认证和授权的用户才能访问系统资源；数据加密与备份策略可保护敏感数据不被非法获取或篡改；安全审计与日志记录功能可监控系统的运行状态，及时发现并应对安全事件。此外，防火墙配置作为系统网络安全的第一道防线，能够有效隔离外部威胁，确保系统的稳定运行。通过这些措施的综合应用，安全体系为智能装备全生命周期管理系统提供了坚实的安全保障，确保系统能够安全、高效地运行。

3. 挑战与展望

智能装备全生命周期管理系统的未来面临着多重挑战，这些挑战来自数据安全与隐私保护、技术更新与升级压力、跨部门与跨企业的协作问题，以及人员素质与培训需求等多个方面。下面是对这些挑战的详细介绍以及对未来系统发展趋势的讨论。

（1）数据安全与隐私保护　智能装备全生命周期管理系统在运作过程中会涉及海量的数据，包括设备的实时运行状态、详细的生产流程记录、企业的经营信息等。这些数据对于企业来说都是极具价值的资产，但同时也可能成为潜在的安全风险。一旦数据的安全性和隐私性受到侵害，不仅可能导致企业的核心技术和商业机密泄露，还可能使企业面临法律风险和重大的经济损失。

为了应对这一挑战，未来的智能装备全生命周期管理系统需要在数据加密、访问控制、安全审计等方面进行全面的加强。利用先进的加密技术，确保数据在传输和存储过程中的安全性；通过严格的访问控制机制，防止未经授权的访问和操作；同时，建立完善的安全审计体系，对数据的使用和变动进行全程监控和记录，确保数据的完整性和可追溯性。

（2）技术更新与升级压力　科技的快速发展意味着智能装备全生命周期管理系统必须不断跟上时代的步伐，适应新的技术和标准。系统的硬件和软件都需要定期更新和升级，以确保其性能和功能始终处于行业前列。然而，频繁的技术更新和升级也给企业带来了不小的经济压力和技术挑战。

为了缓解这一压力，未来的系统需要更加注重模块化和可扩展性的设计。通过将系统划分为不同的功能模块，实现模块的独立升级和替换，可以降低整体升级的成本和复杂性。同时，系统应具备良好的可扩展性，能够轻松集成新的技术和功能，以满足企业不断增长的业务需求。

（3）跨部门与跨企业协作　智能装备全生命周期管理涉及企业的多个部门以及供应链上的多家企业。如何实现这些部门和企业之间的高效协作，打破信息孤岛，是提升整体运营效率的关键。然而，由于各部门和企业的业务流程、信息系统、利益诉求等存在差异，实现无缝协作并非易事。

为了解决这一问题，未来的系统需要提供一个统一的、开放式的协作平台。这个平台能够支持多种数据格式的交换和共享，实现信息的实时更新和同步。同时，平台还应提供灵活的工作流管理功能，支持跨部门、跨企业的业务流程定制和优化。通过这样的平台，可以促进各方之间的紧密合作，提高整体运营的效率和灵活性。

（4）人员素质与培训需求　智能装备全生命周期管理系统的有效应用需要企业拥有一支高素质的人才队伍。这些人才不仅要具备专业的技术能力，还需要对系统的管理理念有深入的理解。然而，目前市场上具备这些综合素质的人才相对匮乏，企业需要投入大量的资源进行人才的培训和引进。

为了满足这一需求，未来的系统需要更加注重用户体验和易用性。通过简洁明了的操作界面、智能化的提示和引导功能等，降低系统的使用门槛和学习成本。同时，系统还应提供丰富的在线培训资源和模拟实操环境，帮助用户快速掌握系统的使用方法和管理理念。此外，企业还可以与高校和培训机构合作，共同培养具备专业技能和管理素养的复合型人才。

在不远的将来，智能装备全生命周期管理系统将不断朝着智能化、自动化的方向发展。借助人工智能、大数据、云计算等前沿技术，系统将能够实现更加高效的数据处理和精准的决策支持。例如，通过大数据分析技术，系统可以自动识别设备的故障模式，预测维护需求，从而提前制订维护计划，避免生产中断。同时，随着物联网、虚拟现实等技术的不断发展，智能装备全生命周期管理系统也将集成这些先进技术，进一步提升用户体验和交互方式。例如，利用物联网技术，系统可以实时监控设备的运行状态和环境参数，为用户提供更加直观的设备管理界面；通过虚拟现实技术，用户可以模拟设备的操作和维护过程，增强培训效果和操作熟练度。此外，随着全球环保意识的不断提高，智能装备全生命周期管理系统还将强化资源回收和再利用的功能。系统可以记录和追踪设备的全生命周期数据，包括设备的材料组成、使用历史、维护记录等。这些信息可以为设备的回收和再利用提供有力的支持，促进循环经济的发展和可持续生产方式的实现。

4.6.2　系统功能

智能装备全生命周期管理系统是一个高度集成、复杂而精细的系统，它涵盖了多个关键功能模块，这些模块各司其职，相互协作，以确保装备在整个生命周期内能够实现高效、安全和可靠的运行。下面将详细介绍这些功能模块及其在系统中的作用。

1. 数据采集与监控

数据采集与监控功能是智能装备全生命周期管理系统的一项基础功能。在现代工业环境中，智能装备的运行状态往往与大量复杂的数据紧密相关。温度、压力、振动频率，这些看似简单的数字实则是装备健康状态的"晴雨表"。而数据采集的任务，就是实时、精确地捕获这些关键数据。为了实现这一目标，传感器和监控设备被精心布置在装备的各个关键部位。这些传感器能够感知到装备运行过程中的每一个细微变化。它们不断地将感知到的物理和化学变化转换成电信号，再通过特定的数据采集系统，将这些信号转换成可以理解和分析的数字数据。然而，仅仅采集到原始数据还远远不够。原始数据往往包含着各种噪声和干扰，如果直接用于分析，可能会导致结果的失真。因此，数据的初步处理和分析成为实现数据采集与监控功能的另一个重要环节。

在这一过程中，各种算法和技术手段被灵活运用。滤波算法如自适应滤波能够有效地去除数据中的噪声和干扰，使得数据更加平滑、真实，去噪处理则能够进一步提高数据的信噪比。而数据归一化则是为了消除不同传感器之间由于量程和单位不同所带来的差异，使得所有数据都能够在同一尺度下进行比较和分析。自适应滤波原理如图 4-31 所示。

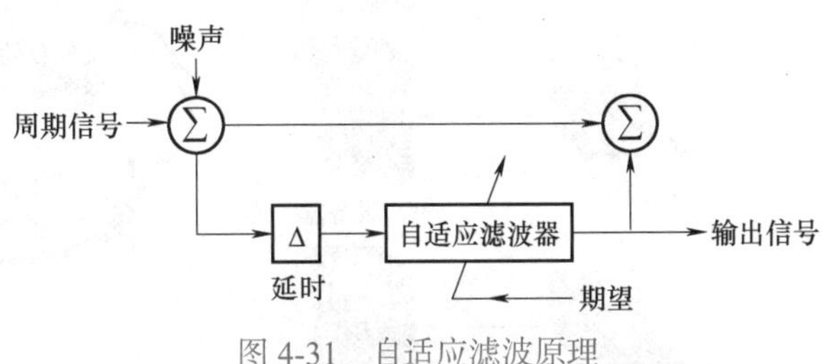

图 4-31　自适应滤波原理

除了对数据的处理和分析外，数据采集与监控功能模块还可以对装备运行状态进行实时监控和预警。通过结合预设的安全阈值和运行规则，该功能能够持续地跟踪装备的运行状态，并在发现异常情况时及时发出预警。这种预警机制的重要性不言而喻。在工业生产中，任何小的故障或异常都可能引发连锁反应，最终导致严重的后果。而数据采集与监控功能模块的预警机制就像是一道“哨兵”，能够在故障刚刚露出苗头时就及时发现并报警，从而争取到宝贵的处理时间。

当装备的运行数据出现异常或超出正常范围时，数据采集与监控功能模块会立即激活报警系统。这个报警系统不仅会在现场发出声光报警提示操作人员注意，同时还会通过短信、邮件等方式远程通知相关人员。这样，无论相关人员身处何地，都能够在第一时间得知装备的异常情况并采取相应的处理措施。

2. 数据存储与分析

数据存储与分析功能模块是智能装备全生命周期管理系统中的关键环节，它不仅承载着海量数据的接收与保存任务，更在深入分析这些数据的基础上为整个系统提供智慧决策的依据。数据存储与分析功能模块最突出的是其强大的数据存储能力。来自数据采集与监控层的无数信息汇聚于此，包括温度、压力、振动等多维度数据，每一刻都在记录着智能装备的运行状态。为了保障这些信息的安全与完整，数据存储与分析功能模块采用了业界领先的数据加密技术，确保每一条数据在传输和存储过程中都得到严格的保护。同时，考虑到数据的长期保存，该功能还实施了全面的数据备份策略，从而构建起一道坚实的数据安全防线。

在数据海中如何高效地处理和分析这些数据提取出有价值的信息也是数据存储与分析功能模块需要重点处理的问题。为了提高数据处理的速度与准确性，该模块引入了分布式存储（见图 4-32）和并行处理机制。这意味着，无论数据量多么庞大，系统都能够快速响应，并将处理结果及时反馈给决策者，为他们提供即时的数据洞察。借助先进的大数据技术和机器学习算法，系统能够对历史数据和实时数据进行全面而深入的分析。这种分析不仅局限于简单的数据统计和比对，更能够揭示出数据背后的深层次规律和趋势。例如，通过对装备运行数据的持续监测和分析，系统可以预测出装备性能的未来变化趋势，从而为企业提前制订维护计划提供有力的数据支撑。数据存储与分析功能模块还能够帮助企业及时发现潜在的故障和风险。在装备运行过程中，任何微小的异常都在数据分析的“放大镜”下无所遁形。一旦系统检测到异常数据，它会立即触发预警机制，通知相关人员及时进行干预和处理。这种前瞻性的风险识别能力，无疑为企业节省了大量的故障排查和维修成本，同时也大大提升了装备的运行效率和安全性。

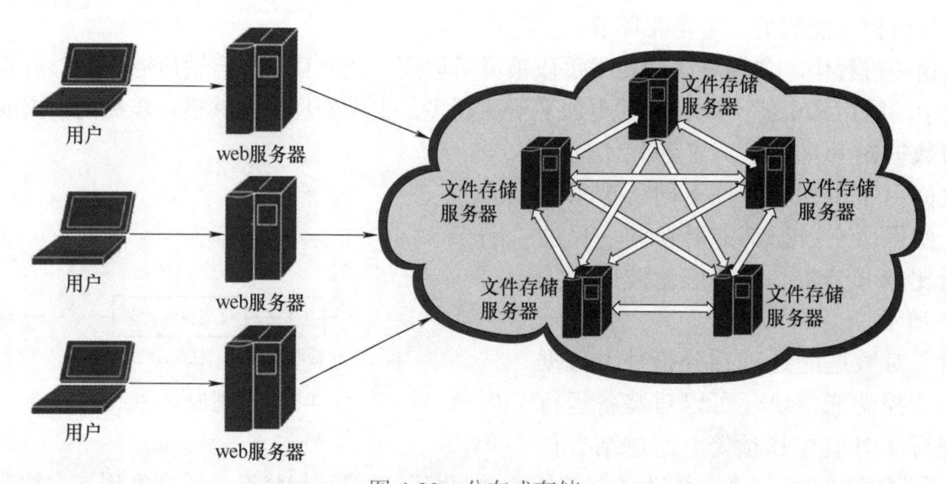

图 4-32　分布式存储

3. 管理决策

管理决策功能模块依据数据存储与分析功能模块所提供的丰富信息，为企业在装备管理、维护、升级以及报废等关键领域做出明智的决策。这些决策不仅直接影响到装备的运行效率、使用寿命和运维成本，更深远地关乎企业的整体生产率与经济效益。

当管理决策功能模块运行时，它会全面地审视装备的各项数据。装备的历史运行数据如同一本详实的日记记录了装备在不同环境、不同负载下的表现；装备的当前状态则像是一份即时的体检报告反映了装备的健康状况；而维护记录则提供了装备维护的历史脉络和效果评估。这些宝贵的信息加上企业当前和未来的业务需求，共同构成了管理决策的基础。

系统通过其强大的综合分析和优化算法，能够精确地计算出装备的最佳维护周期、预见潜在的性能瓶颈，甚至预测未来可能出现的故障。基于这些分析，系统能生成一套科学的维护计划，旨在最大化装备的运行时间并最小化故障风险。同时，当装备面临技术更新或性能提升的需求时，系统也能提供合理的升级策略，确保装备能够与时俱进，满足企业不断发展的业务需求。而在装备达到其使用寿命的终点时，系统则能给出报废建议，帮助企业及时淘汰老旧装备，引进更高效智能的装备。

4. 用户交互界面

用户交互界面是智能装备全生命周期管理系统与用户进行交互的重要窗口。它提供了一个直观、易用的操作界面，使用户能够轻松地查看装备的状态信息、历史数据和维护建议等关键内容。

用户交互界面的设计充分考虑了用户的需求和使用习惯。通过图表、曲线和报表等多种可视化方式，用户可以直观地了解装备的运行状况和维护情况。用户交互界面应提供丰富的交互功能，如数据查询、报表生成和预警设置等，以满足用户在不同场景下的需求。此外，用户交互界面还应支持多语言多平台访问，确保不同国家和地区的用户都能方便地使用系统。

5. 系统安全与保障

系统安全与保障功能模块是确保智能装备全生命周期管理系统安全稳定运行不可或缺的一部分。它负责系统的安全防护、数据备份与恢复以及故障处理等重要工作。

在安全防护方面，系统安全与保障功能模块采用了先进的防火墙技术、入侵检测系统和病毒防护软件等，以确保系统免受外部攻击和恶意软件的威胁。同时，该模块还定期对系统进行安全漏洞扫描和风险评估，及时发现并修复潜在的安全隐患。

在数据备份与恢复方面，系统安全与保障功能模块建立了完善的数据备份机制。它定期对关键数据进行备份，并存储在安全可靠的数据中心或云存储平台上。一旦发生数据丢失或损坏的情况，该模块能够迅速恢复数据，确保业务的连续性。

在故障处理方面，系统安全与保障功能模块提供了全方位的故障诊断和恢复服务。当系统出现故障时，该模块能够迅速定位问题所在，并提供有效的解决方案。同时，它还支持远程故障诊断和协作处理，以提高故障处理的效率和准确性。

6. 与其他系统交互集成

智能装备全生命周期管理系统并非孤立存在，而是需要与企业的其他信息系统进行紧密集成。交互集成功能模块就承担着这样的重要任务，实现智能装备全生命周期管理系统与 ERP、MES 等系统之间的数据交换和业务流程协同。

为了实现高效的数据交换，交互集成功能模块提供了标准化的数据接口和通信协议。这些接口和协议确保了不同系统之间的数据能够准确、实时地传输和共享，从而避免了信息孤岛和重复录入的问题。

在业务流程协同方面，交互集成功能模块支持跨系统的任务调度和流程管理。它可以根据企业的业务需求，将智能装备全生命周期管理系统中的相关任务与其他系统的业务流程进行关联和整合。这种协同工作模式提高了企业整体的工作效率和响应速度，确保了信息的准确性和一致性。

智能装备全生命周期管理系统各模块功能见表 4-5。

表 4-5 智能装备全生命周期管理系统各模块功能

模块	功能
数据采集与监控	实时、准确地收集装备运行过程中的数据，如温度、压力、振动频率等，并进行初步的数据处理和分析，为监控和预警提供基础
数据存储与分析	接收并安全存储来自数据采集与监控功能模块的数据，利用大数据技术和机器学习算法进行深入分析，预测装备性能变化趋势，提供预防性维护的数据支持
管理决策	基于数据存储与分析功能模块提供的信息，制订关于装备管理、维护、升级和报废等重大决策，以实现装备管理的最优化
用户交互界面	提供直观、易用的操作界面，使用户能够方便地查看装备状态、历史数据和维护建议，支持多语言和多平台访问
系统安全与保障	负责系统的安全防护、数据备份与恢复以及故障处理，确保系统的安全稳定运行
与其他系统交互集成	实现智能装备全生命周期管理系统与其他企业信息系统（如 ERP、MES 等）之间的数据交换和业务流程协同，提高工作效率和响应速度

4.6.3 装备全生命周期各阶段应用

智能装备全生命周期管理系统是一个集成了众多先进技术的综合性管理系统，为工业领域提供了一种全新的设备管理方式。该系统从装备的设计、制造、使用、维护到报废等全生命周期的各个环节进行全面、系统、科学的管理，旨在提高装备的性能、延长使用寿命、降低运维成本，并保障装备在整个生命周期内的安全、可靠、高效运行。装备全生命周期管理各阶段示意图如图 4-33 所示。下面将详细介绍智能装备全生命周期管理系统的几个主要应用方面。

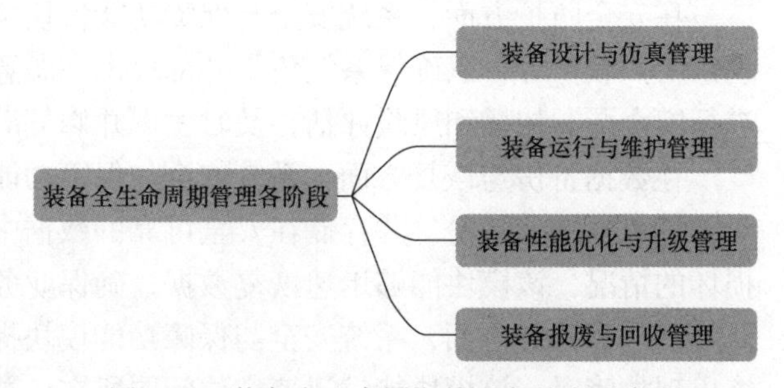

图 4-33 装备全生命周期管理各阶段示意图

1. 装备设计与仿真管理

在装备的设计与仿真管理方面，智能装备全生命周期管理系统发挥着重要的作用。在装备设计的初期阶段，工程师面临诸多挑战，包括如何平衡装备的功能需求、使用环境以及材料选择等多方面因素。智能装备全生命周期管理系统通过强大的数据集成能力，为工程师提供了一个统一、高效的设计平台。在这个平台上，工程师可以访问和共享各种设计数据，实现团队间的协同作业，从而大大提高了设计的效率和准确性。装备设计与仿真管理阶段示意图如图 4-34 所示。

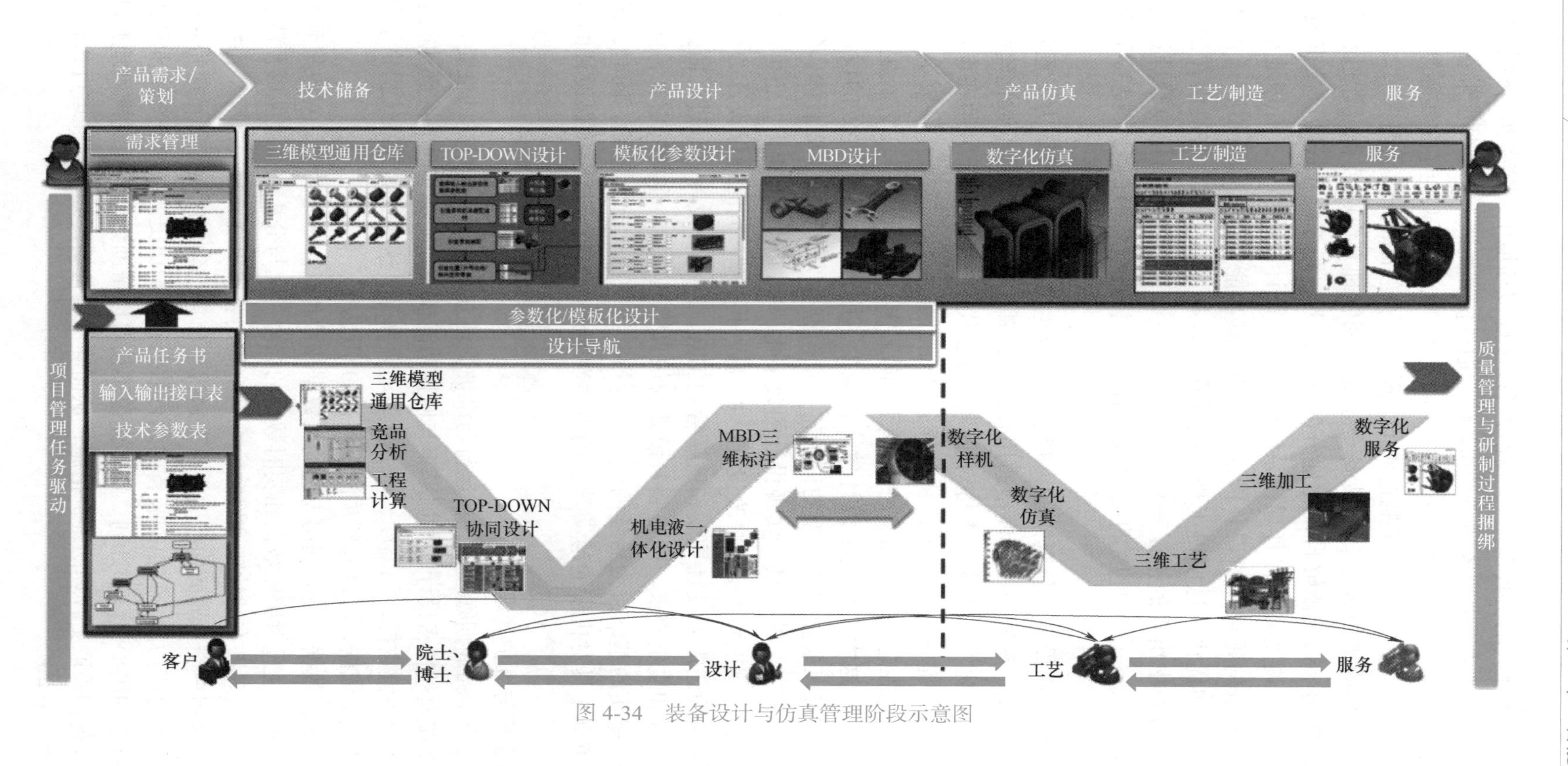

图 4-34　装备设计与仿真管理阶段示意图

该系统还具备强大的仿真功能。工程师可以在虚拟环境中对装备进行性能测试和优化，模拟装备在实际使用过程中的各种场景和条件。通过仿真测试，工程师能够在设计初期就发现并解决潜在的问题，如结构强度不足、性能不达标等，从而避免了在实际制造过程中可能出现的错误和延误。这不仅降低了制造成本，还缩短了产品的开发周期。

除了设计初期的支持外，智能装备全生命周期管理系统在装备设计过程中还发挥着自动化管理的作用。系统能够自动化地分配设计任务、跟踪设计进度以及审核设计结果。通过智能化的任务调度和流程管理，系统能够确保设计团队高效、有序地推进工作，避免因人为因素导致的延误和错误。借助系统的仿真功能，工程师可以在虚拟环境中对装备进行性能测试和优化。这使得工程师能够在设计初期就发现并解决潜在的问题，避免了在实际制造过程中出现的错误和延误。同时，系统还可以自动化地管理设计流程，包括设计任务的分配、设计进度的跟踪以及设计结果的审核等，大大提高了设计效率和质量。

以机床为例，在设计与仿真阶段，智能装备全生命周期管理系统为工程师提供了一个集成化的设计环境。系统的三维模型通用仓库可以辅助工程师进行参数化建模，快速生成机床的虚拟原型。此外，系统还支持对设计进行迭代优化，帮助工程师在设计阶段就预见到潜在的问题，并提前进行改进，从而缩短产品开发周期，降低开发成本。智能装备全生命周期管理系统在这一阶段还支持多部门协同工作，确保设计、工艺、生产等部门之间的信息畅通无阻。这大大提高了设计效率，减少了因沟通不畅而导致的设计反复。在这一过程中，系统可以通过基于模型的设计将三维模型作为设计的主要载体，集成产品的几何、公差、材料、工艺等信息，实现设计的数字化、标准化和智能化。还可以利用参数化/模板化设计方法，快速生成和修改设计，提高设计效率，同时确保设计的规范性和可重复性。在这一阶段还需要设计导航和质量管理工具，对整个设计过程进行监控和管理，确保设计符合标准和质量要求。通过装备设计与仿真管理功能，企业能够在机床装备设计之初就奠定一个坚实的基础，为后续的生产、运行和维护提供有力保障。同时，工程师可以通过先进的仿真工具对机床的运动学、动力学性能进行模拟分析，确保设计的合理性和可行性。

2. 装备运行与维护管理

智能装备全生命周期管理系统在运行与维护管理方面展现了其卓越的性能和高效的管理能力。这一系统通过精密设计的数据采集与监控功能模块，能够实时、准确地收集装备在运行过程中的各项关键数据，如温度、压力、振动频率等，这些数据为系统提供了判断装备当前运行状态的重要依据，可以起到预测性维护的作用。

系统不仅收集数据，还能利用先进的大数据技术和机器学习算法，对收集到的数据进行深度分析和处理。通过对历史数据和实时数据的综合对比与分析，系统能够预测装备的性能变化趋势，及时发现潜在的故障和风险。一旦检测到装备出现异常或故障，系统会立即启动报警机制，通过用户交互界面向相关人员发送报警信息，确保问题能够迅速得到处理。系统还具备智能维护建议功能。它根据装备的运行数据和维护历史，结合企业的业务需求，为维修人员提供科学的维护建议和计划。这些建议不仅可以帮助维修人员更准确地判断装备的状况，还能指导他们采取更合理的维护措施，从而确保装备始终处于最佳运行状态。设备运维技术方式对比见表4-6。

表 4-6　设备运维技术方式对比

类型	事后维护	周期性维护	预测性维护
含义	设备出现故障之后，再进行维修	以设备状态为依据的维修，通过对系统部件进行定期（或连续）的状态监测，判定设备所处的状态，预测设备状态未来的发展趋势	根据设备生产商提供的经验或数据，制订周期性维护计划
优点	实施简单，应用广泛，在故障之前无成本投入	预见性维护，降低维护工作量，减少停机时间，延长设备使用寿命	减少事后故障的发生
缺点	一旦故障后维护成本较高，一般是预测性维护成本的 3 倍，甚至降低设备的实际使用年限	过于频繁的维护、拆卸和停产，导致产量降低，维修费用增加	前期投入的成本较高，工作环境严苛的设备状态监测技术难度大，不同设备的预测性维护模型需要单独研发，其准确性需要逐步验证和提高

智能装备全生命周期管理系统还优化了维护流程，提高了维护效率和质量。通过自动化管理维护任务、跟踪维护进度以及记录维护结果等功能，系统大大简化了维护工作的复杂性，降低了维护成本。这种优化不仅提高了企业的运维效率，还为企业节省了宝贵的时间和资源。智能装备全生命周期管理系统在运行与维护管理方面表现出色，它通过实时采集数据、智能分析和预警、提供维护建议以及优化维护流程等方式，确保了装备的高效、安全和可靠运行，为企业带来了显著的经济效益和竞争力提升。

以机床为例，在运行与维护阶段，系统可以通过实时监测机床的运行状态，收集并分析各种传感器数据，为操作人员提供准确的机床运行信息。当机床出现故障或异常时，系统能够迅速发出警报，并指出故障位置及可能的原因，从而大大缩短了故障排查和修复的时间。同时也可以使用预测性维护模块对可能出现的问题提前进行预测。根据机床的运行数据和制造商的推荐，此模块会自动生成预测性维护计划。计划包括定期更换易损件、润滑、清洁等保养任务，以延长机床的使用寿命和保持其性能。

此外，系统还提供了智能化的维护计划。根据机床的使用情况和历史数据，系统能够预测机床的维护需求，并自动生成维护工单。这确保了机床能够得到及时的保养和维修，延长了机床的使用寿命，同时减少了意外停机时间，提高了生产率。系统的备件管理与库存管理模块可以跟踪和管理机床的备件库存，确保在需要时有足够的备件可用。还可以通过与供应商的系统集成，实现备件的自动订购和库存管理。

交互模块负责与 ERP、PLM、CRM 等系统进行数据交换，确保信息的实时性和准确性。通过标准化的数据接口或 API，实现跨系统间的数据共享，消除信息孤岛。交互模块可以从 PLM 系统获取产品设计数据和变更信息，确保生产、维护等环节能够基于最新设计进行。交互模块还可以将客户反馈、市场需求等信息传递给 CRM 系统，以支持产品研发、生产计划的调整。

3. 装备性能优化与升级管理

装备在使用过程中难免会出现性能瓶颈或需要升级以适应更高的生产需求。而智能装备全生命周期管理系统的出现为装备的性能优化和升级提供了有力的支持。在深入挖掘装备的历史数据和实时运行数据的过程中，系统会运用先进的算法和模型，对数据进行多维度、多角度的分析。例如，通过对比同一装备在不同时间段、不同工况下的性能表现，系统可以准确地识别出性能下降的趋势和原因。同时，结合企业的生产目标和实际需求，系统能够为装备的性能优化和升级提供科学的建议和方案。

当企业决定对装备进行性能优化或升级时，系统不仅能够提供优化和升级的具体方案，还能在实际操作过程中提供在线的实施指导和验证功能。这意味着在执行性能优化或升级任务时，企业可以依赖系统的实时反馈和验证，确保每一步操作都符合预期的效果。这种即时的指导和验证功能极大地提高了企业实施装备性能优化和升级的效率和准确性。

在实施装备性能优化和升级方案后，系统还会对装备进行新一轮的性能评估和对比分析。企业可以直观地通过评估数据看到装备在优化和升级前后的性能差异，从而评估出投入与产出的比例，为未来的决策提供参考。

在机床的使用过程中随着技术的不断进步和市场需求的变化，机床的性能优化和升级成为必然。在这一阶段，智能装备全生命周期管理系统为企业提供了强大的支持。系统通过对机床运行数据的深入分析，发现机床性能的瓶颈和提升空间。基于这些数据，企业可以针对性地进行技术改进和升级操作，从而提升机床的加工精度、效率和稳定性。

优化建议与决策支持模块能够基于性能数据分析的结果，智能地生成优化建议，如调整加工参数、更换刀具或升级控制系统等。同时，它还能为决策者提供数据支持，帮助企业在升级和优化装备时做出更明智的选择。系统还提供了版本管理和配置管理功能。当机床进行升级或改造时，系统能够记录每一次的变更历史，确保装备的每次改动都有据可查。这为企业后续的维护和管理提供了极大的便利。

4. 装备报废与回收管理

在装备的报废与回收管理阶段，智能装备全生命周期管理系统也提供了完善的解决方案。系统通过在线报废申请、审批流程等功能，实现了装备报废的快速和规范化处理。同时，为了确保资源的最大化利用和环境的保护，系统还提供了装备回收和再利用的功能。通过该系统，企业可以方便地管理报废装备的回收流程，并对回收的装备进行全面的评估和分析。然后，根据评估结果和实际需求，系统可以为企业提供科学的回收和再利用方案。这不仅有助于企业实现资源的节约和环境的保护，还可以为企业带来一定的经济效益。

在机床的报废与回收阶段，智能装备全生命周期管理系统同样发挥着不可或缺的作用。资产评估与报废决策模块负责对机床装备进行全面的资产评估，包括其剩余价值、维修成本、使用寿命等因素的综合考量。结合评估结果，系统能够对机床的全生命周期数据进行归档和分析，为企业的报废决策提供数据支持。当机床达到报废标准时，系统可以生成详细的报废报告，帮助企业合规地处理废旧装备。当机床确定需要报废时，报废申请与审批模块能够提供报废申请的功能，并管理报废申请的审批流程。通过系统化的审批过程，确保报废操作的合规性和透明性。

此外，系统还支持装备的回收利用管理。通过对报废机床的拆解和分类，系统能够追踪每一个零部件的流向和再利用情况。这不仅有助于企业实现资源的最大化利用，还符合当前环保和可持续发展的要求。

智能装备全生命周期管理系统在机床的装备设计与仿真管理、装备运行与维护管理、装备性能优化与升级管理和装备报废与回收管理四个不同阶段都发挥着举足轻重的作用。它帮助企业实现了从设计到报废的全流程管理，提高了生产率，降低了运营成本，同时也有助于企业实现可持续发展目标。

智能装备全生命周期管理系统在装备的设计与仿真管理、运行与维护管理、性能优化与升级管理以及报废与回收管理等方面都发挥着重要的作用。通过该系统的应用，企业可以更加全面、系统、科学地管理装备的全生命周期，提高装备的性能、延长使用寿命、降低运维成本，并确保装备在整个生命周期内的安全、可靠、高效运行。同时，该系统还有助于企业实现资源的节约和环境的保护，提高企业的经济效益和社会责任感。如果想要进一步拓展智能装备全生命周期管理系统的应用广度和深度，可以采取下面的一些建议。

1）加强数据整合与共享：智能装备全生命周期管理系统应进一步加强与其他企业信息系统的数据整合与共享，如 ERP、MES 等系统。这将有助于实现业务数据的无缝对接，提高数据的一致性和准确性，为企业决策提供更加全面的数据支持。

2）引入更先进的智能算法：随着人工智能技术的不断发展，可以引入更先进的智能算法，如深度学习、强化学习等，对装备运行数据进行更深入的分析和预测。这将有助于提高故障预警的准确性，实现更精细化的维护管理。

3）支持定制化开发：不同企业的装备管理需求可能有所不同。因此，智能装备全生命周期管理系统应支持定制化开发，以满足企业的个性化需求。这将有助于提升系统的灵活性和可扩展性，使其更好地适应企业的实际业务场景。

4）推广云计算和边缘计算技术：云计算和边缘计算技术的应用可以进一步提高智能装备全生命周期管理系统的数据处理能力和响应速度。通过将数据存储在云端，并利用边缘计算设备进行实时数据处理，可以实现对装备的远程监控和实时管理。

5）加强安全与隐私保护：随着装备数据的不断增加，安全与隐私保护问题也日益突出。智能装备全生命周期管理系统应加强数据加密、访问控制等安全措施，确保数据的安全性和隐私性。

5

第 5 章 智能机器人设计与生产

章知识图谱

说课视频

5.1 引言

近年来，随着科学技术的不断进步和发展，机器人作为一种先进的生产工具，其应用领域不断扩大，早已不局限于早期应用的汽车制造、电子电气、橡胶塑料、铸造、食品、化工、家用电器、冶金、烟草等行业代替人工从事有毒、高温、高粉尘以及有放射性的工作。工业机器人在现代工业的各个领域均有越来越广泛的应用。

机器人技术是集电气工程、计算机科学、机械工程、力学、控制工程、系统工程与数学科学于一体的一门技术，是跨越传统工程领域，对接前沿新技术，引领科技方向的一个年轻领域。机器人技术已经发展了几十年，从行为层面来说，对于完成独立的某种行动，机器人及其控制技术的发展已经有了长足的进步，对于工业机器人来说，处理精度、处理速度都远远超过了人类。

5.1.1 智能机器人的基本概念

1. 机器人的起源

机器人一词最早源于 1920 年，由捷克剧作家卡雷尔・恰佩克（Karel Capek）在戏剧《罗素姆万能机器人》（*Rossum's Universal Robots*）中提出，在该剧中他杜撰出 Robot 这一术语，在斯拉夫语中表示“奴仆”的意思。该剧不仅构造了这样一个能够代替人类劳动的自动机器，而且在这个科幻故事中还出现了自动机器不甘被奴役，最终奋起反抗，并灭绝人类的故事。随着人工智能与机器人技术的深度融合，英国物理学家史蒂芬・霍金（Stephen Hawking）表现出对人类未来的担忧。2016 年他接受采访时称，随着机器人技术的不断发展，机器人将具备自我思考和适应环境的能力，未来人类的生存前途未卜。其实，机器人的伦理性问题从机器人诞生之日起，就备受争议。人们希望机器人的行为完全听从于一个“正电子”大脑，该大脑由人类输入的程序控制，使机器人的行为能够遵从一定的伦理规则。1950 年，美国著名科学幻想小说家阿西莫夫在他的小说《我是机器人》中提出了著名的“机器人三定律”：

1）定律 1：机器人不得伤害人类，也不能坐视人类受到伤害而无所作为。

2）定律 2：机器人必须服从人类的命令，但不得违背定律 1。

3）定律 3：机器人必须保护自己，但不得违背定律 1 和定律 2。

这些定律的行为规则后来成了机器人的设计规范，并成为工程师或技术专家设计制造产品的隐形规则。

2. 机器人的定义与特点

截至目前，国际上还没有一个统一的“机器人”定义，专家们从各自角度采用不同的方法来定义这个术语，而且它的定义由于人们对机器人的想象，并受到科幻小说、电影和电视中对机器人的描绘而变得更为困难。国际上，关于机器人的定义主要有如下几种：

1）英国《简明牛津字典》对机器人的定义。机器人是“貌似人的自动机，具有智力的和顺从于人的但不具人格的机器”。

2）美国机器人协会（RIA）对机器人的定义。机器人是“一种用于移动各种材料、零件、工具或专用装置的，通过可编程序动作来执行种种任务的，并具有编程能力的多功能机械手（Manipulator）”。

3）日本工业机器人协会（JRA）对机器人的定义。工业机器人是“一种装备有记忆装置和末端执行器（End effector）的，能够转动并通过自动完成各种移动来代替人类劳动的通用机器”。

4）美国国家标准局（NBS）对机器人的定义。机器人是“一种能够进行编程并在自动控制下执行某些操作和移动作业任务的机械装置”。

5）国际标准化组织（ISO）对机器人的定义。机器人是“一种自动的、位置可控的、具有编程能力的多功能机械手，这种机械手具有几个轴，能够借助于可编程序操作来处理各种材料、零件、工具和专用装置，以执行种种任务”。

6）《中国大百科全书》对机器人的定义：机器人是“能灵活地完成特定的操作和运动任务，并可再编程序的多功能操作器”。而对机械手的定义为：一种模拟人手操作的自动机械，它可按固定程序抓取、搬运物件或操持工具完成某些特定操作。

上述各种定义有共同之处，即认为机器人：①像人或人的上肢，并能模仿人的动作；②具有智力或感觉与识别能力；③是人造的机器或机械电子装置。

由于工业机器人多使用计算机编程来实现控制，能够很方便地实现自动控制，继而完成指定动作，因此工业机器人具有很强的自适应能力，特别适用于柔性化生产、个性化定制的生产。机器人通常由三部分组成：执行系统、驱动系统、控制系统。机器人执行与驱动系统通常由一套运动装置（轮系、履带、机械腿）和一套操作装置（机械手、末端执行器、人工手）构成。执行系统提供实现移动和操作行为的能力，执行系统使机器人的机械组件具有运动能力，其构件包括伺服电动机、驱动器和传动装置。控制系统根据传感信息和任务，协调和控制整个机器人的运动和动作。系统的感知能力由传感系统实现，传感系统包括能够获取机械系统内部状态数据的传感器（本体传感器，例如位置传感器）和能获取外部环境数据的传感器（外部传感器，例如压力传感器和工业相机）。

工业机器人具有以下几个显著特点：

1）可编程。适用于柔性化生产、个性化定制的现代自动化流水生产线，即能够随工作环境变化再编程，在柔性制造过程中具有重要的作用。

2）拟人化。在机械结构设计上具有拟人化特点，能够完成类似人的行走、腰转、大臂、小臂和手腕等部分功能，在控制上采用计算机软件控制。此外，工业机器人的智能化发展，集成接触传感器、力传感器、视听觉传感器以及语言功能等“生物传感器”，能够使其具有一定的人类感知能力。

3）通用性。除了专用于特殊应用环境和用途的工业机器人，常规工业机器人在执行动作方面具有很好的通用性。例如，更换末端的执行器（手爪、焊枪等工具）便可执行不同的作业任务。

4）机电一体化。机器人学是一门多学科交汇的综合学科，归纳起来就是机电一体化技术。对于未来发展的第三代智能机器人，不但具有获取外部环境信息的各种传感器，而且还具有记忆、语言理解、图像识别、自我学习能力等人工智能，这些均是微电子技术的应用，特别是与计算机技术的应用密切相关。

5.1.2 智能机器人的分类

机器人可以按坐标结构、应用场合、控制方式、智能程度等各种方法分类。

1. 按机器人的坐标结构分类

按照坐标结构进行分类是最传统的分类方式，最常用的坐标结构机器人为笛卡儿坐标机器人、圆柱坐标机器人、球面坐标机器人、全旋转关节式机器人和选择性柔性装配机器人。

（1）笛卡儿坐标机器人（3P） 笛卡儿坐标机器人的机械臂在由 x、y、z 组成的右手直角坐标内做直线运动，分别表示机械臂的行程、高度和手臂伸出长度，该坐标为笛卡儿坐标，如图 5-1 所示，其工作空间是一个长方体。该类型的机器人结构简单，较好的刚性结构提供了末端执行器的精确位置。但需要预留大量的操作空间，因为直线运动通常是采用旋转的电动机配上螺母和滚珠丝杠来实现，堆积在螺杆中的灰尘会影响机器人的平滑运动，维护难度大。另外，为保持滚珠丝杠的高刚度，其组件必须采用刚性高的材料。

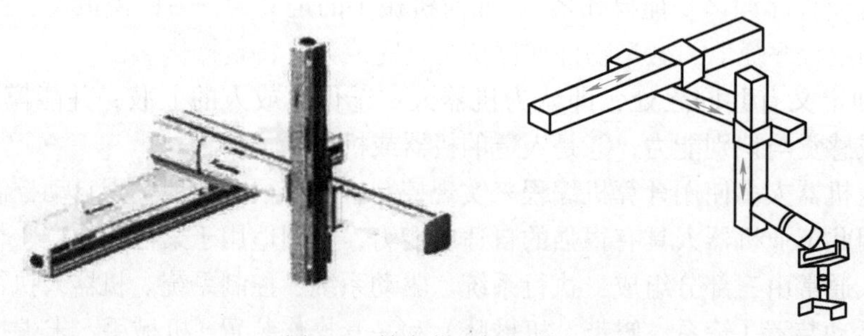

图 5-1 笛卡儿坐标机器人

（2）圆柱坐标机器人（PRP） 圆柱坐标机器人主要由安装在底座上的旋转关节和臂杆上两个平移关节组成。通常由一个竖直立柱安装在旋转底座上，水平机械手安装在立柱上，能够沿竖直立柱上下运动，这样末端执行器的运动包络就形成了一个圆柱面，因此，这种机器人称为圆柱坐标机器人，如图 5-2 所示。坐标参数主要是底座旋转角度、立柱高度和臂长半径。

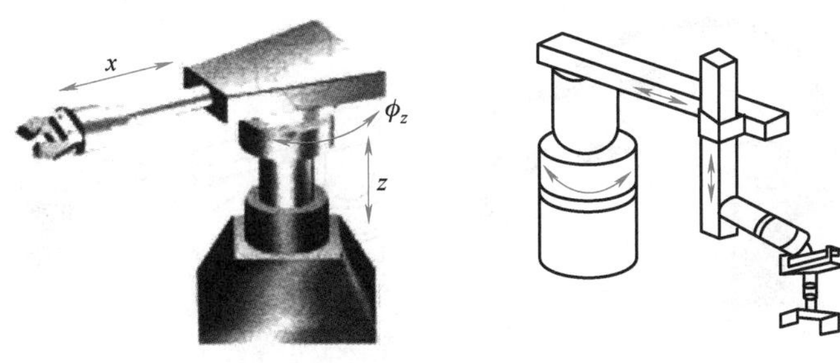

图 5-2　圆柱坐标机器人

（3）球面坐标机器人（P2R）　球面坐标机器人由两个旋转关节和一个平移关节组成。机械手能够实现伸缩平移，同时在竖直平面上能够做回转运动，在水平平面上能够绕底座旋转。该机械臂的操作空间在球坐标系的参数为底座旋转角度、俯仰角度和臂杆半径，形成的包络空间为球面的一部分，如图 5-3 所示。因此，这种机器人称为球面坐标机器人。

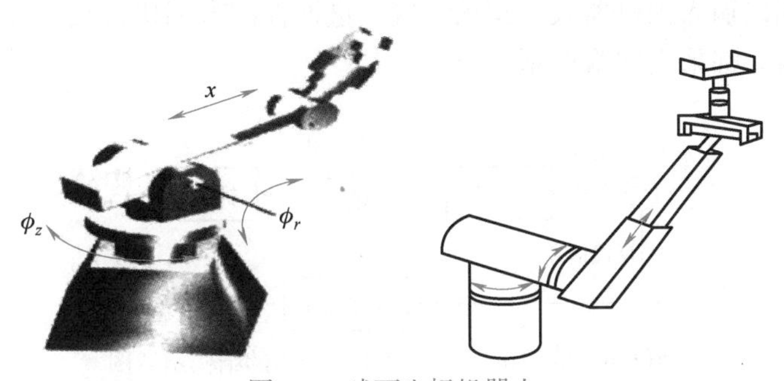

图 5-3　球面坐标机器人

（4）全旋转关节式机器人（3R）　全旋转关节式机器人的运动关节全部采用旋转关节，这种机器人主要由底座、上臂和前臂构成。上臂和前臂可在通过底座的竖直平面内运动，在前臂和上臂间的关节称为肘关节；上臂和底座间的关节为肩弯曲；底座自身可以回转，其形成的包络空间为球面的大部分，如图 5-4 所示。这种机器人称为全旋转关节式机器人。

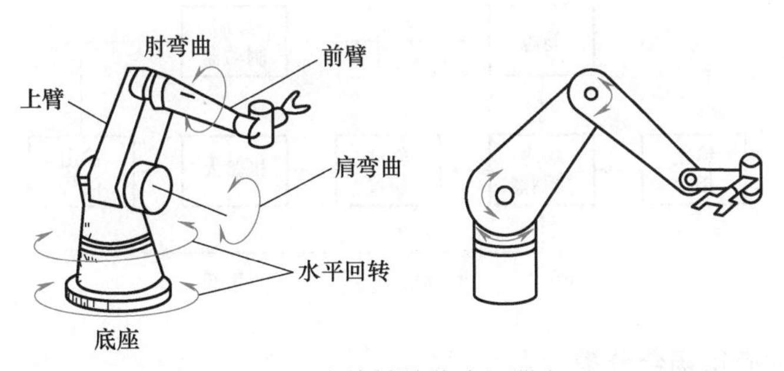

图 5-4　全旋转关节式机器人

（5）选择性柔性装配机器人（SCARA）　选择性柔性装配机器人有 3 个旋转关节和 1 个平动关节。两个旋转关节使机器人在水平面上灵活运动，具有较好的柔性。同时，其平动关节具有很强的刚性，完成垂直运动，适合在装配行业应用，如图 5-5 所示。

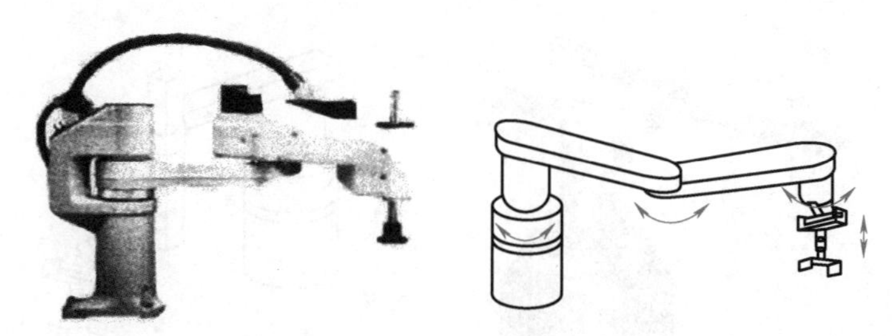

图 5-5　选择性柔性装配机器人

2. 按机器人的控制方式分类

（1）伺服控制机器人　伺服控制机器人，顾名思义，采用伺服闭环控制，因此相比非伺服机器人有更强的工作能力，精度更高，但由于结构复杂，需采用反馈元件等原因，价格较贵。图 5-6 所示为伺服机器人关节闭环控制的结构示意图。伺服系统的反馈信号可以为机器人末端或关节执行器的位置、速度、加速度或力等，通过比较器比较后获得误差信号，经过控制器计算后用以输入到机器人的驱动装置，进而控制末端执行装置按期望指令运动。当前大多数工业机器人都采用伺服控制。

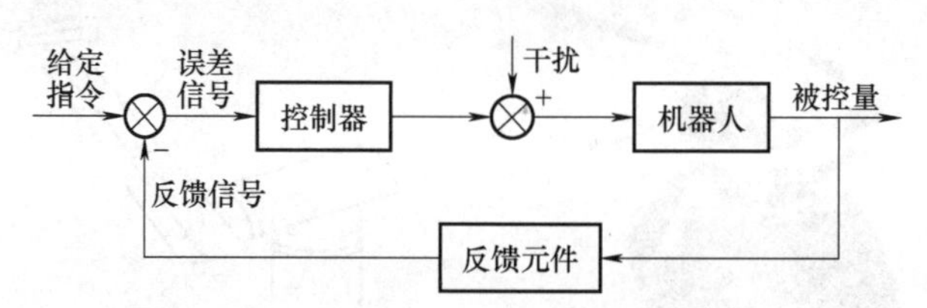

图 5-6　伺服机器人关节闭环控制的结构示意图

（2）非伺服机器人　非伺服机器人采用开环控制，应用场合有限。主要应用于定点上下料等任务工况比较简单的开关型控制。非伺服机器人控制结构简单，价格低廉。由于无闭环反馈，也无须复杂控制算法，因此控制系统比较稳定。其工作原理如图 5-7 所示。非伺服控制常应用于轻载机器人的点对点位置控制，难以适用于对速度、加速度和转矩控制的工况场合。例如，常见的气动机器人常采用非伺服控制。

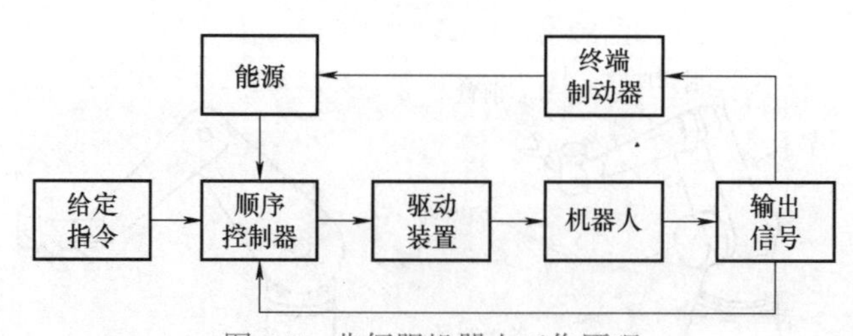

图 5-7　非伺服机器人工作原理

3. 按机器人的应用场合分类

（1）工业机器人　主要用于工农业生产中进行码垛、上下料、抛光、加工、焊接、装配、喷漆、检验、加工等。

（2）服务机器人　主要服务于人类，包括娱乐机器人、家庭机器人、医疗机器人等，属于一种半自主或全自主工作的机器人。

（3）空间机器人　主要用于太空探索、空间飞行器的建设与维护等。

（4）水下机器人　主要用于水下或者海洋探索。

（5）军事机器人　主要用于进攻性或防御性的军事目的。

（6）特种机器人　其他用于特别工况或完成特殊任务的非标机器人。

4. 按机器人的智能程度分类

1）一般机器人不具有智能性，只具有一般编程能力和操作功能。目前，大部分工业机器人即属于此类，包括第一代工业机器人。

2）智能机器人具有一定的智能性，按智能程度的不同，又分为以下两种：

① 传感型机器人。采用传感设备，包括视觉、听觉、触觉、力觉等传感设备，用于进行传感信息的处理，实现一定程度的智能操作。目前已经开始应用的第二代工业机器人即属于此类。

② 自立型机器人。无须人的干预，能够在各种环境下自主决策并自动完成各项拟定任务，具备高度智能性。正在探索的第三代工业机器人即属于此类。

5. 其他分类方式

1）按移动方式分类。分为固定式机器人和移动式机器人。

2）按能源动力分类。分为电力机器人和流体动力机器人。

3）按轨迹控制分类。分为点到点轨迹控制机器人和连续轨迹控制机器人。

4）按编程方法分类。分为在线编程机器人和离线编程机器人。

5.1.3　智能机器人的发展现状

机器人实际上是两种早期技术（遥操作设备和数控机床）结合而发展起来的产物。1946年诞生第一台计算机后，1952 年美国将计算机技术应用到传统机床，诞生了第一台数控机床，从此人类社会进入了数控时代。1954 年美国人乔治・德沃尔设计了第一台可编程的工业机器人，并申请了专利。1962 年，恩格尔伯格与乔治・德沃尔联合创立了美国万能自动化（Unimation）公司，并把遥操作设备中的机械连杆与数控机床的自主性和可编程性结合在一起，开发出世界第一台工业机器人 Unimate，在美国通用汽车公司（GM）投入使用后获得轰动效应，这标志着第一代工业机器人的诞生。

然而随着控制理论、计算机、传感器等技术的逐渐成熟，机器人技术得到了突破式发展，并且凭借其独特的优势在制造业中占据了十分重要的地位。从产品功能上来讲，可将工业机器人发展概括成三个阶段：

1）“示教再现”机器人，该类机器人会依照操作者指定的程序，重复进行某种动作，但不能从外界获取信息来调整自身的动作，所以广泛用于搬运、上下料等动作单一的场合。

2）带有简单传感器的机器人，如触觉、视觉、力反馈等传感器，能对工作空间内的环境信息进行探测并反馈，按照事先编写好的程序完成相应的动作。

3）多传感器智能化工业机器人，能够捕获外界环境信息，并对此能够准确及时处理，达到自我决策的智能化工业机器人，还在试验研究开发阶段。

下面介绍一下国外、国内的工业机器人发展现状。

1. 国外工业机器人发展现状

在机器人研究方面，日本在第二次世界大战后劳动力资源严重短缺，所以机器人技术得到了日本政府的大力支持。自川崎重工于 1967 年从美国引进机器人技术之后，经过几十年的发展，日本诞生了 YASKAWA、NACHI、FANUC、MITSUBISH、DAIHEN OTC 等一些国际知名的机器人企业。西欧是除日美国家之外另一个重要的机器人研发基地，这些国家制造业自动化程度非常高，因而机器人技术的发展更新速度也非常快，造就了众多具有国际影响力的公司，最具代表性的有：瑞典 ABB、德国 KUKA、瑞士 STAUBLI、意大利 COMAU。这些公司的机器人产品精度高、速度快、负载大、性能优越，其技术水平一直处于国际领先水平。国外工业机器人产品如图 5-8 所示。

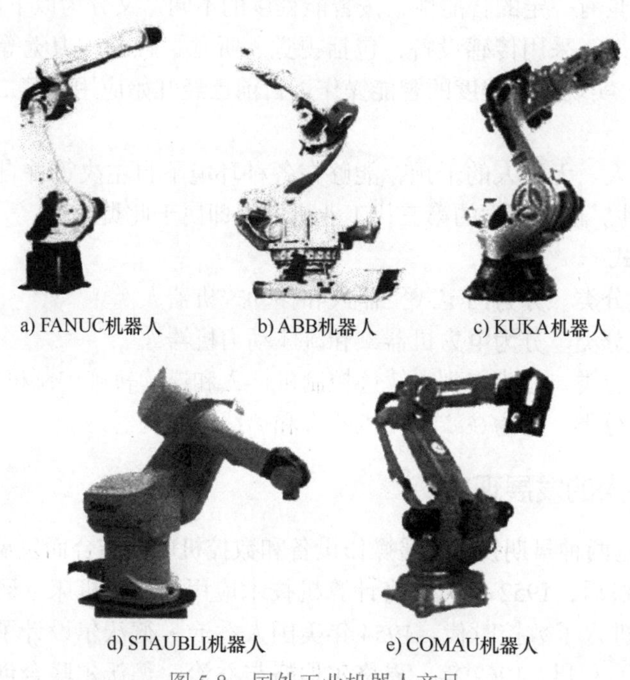

a) FANUC机器人　b) ABB机器人　c) KUKA机器人

d) STAUBLI机器人　e) COMAU机器人

图 5-8　国外工业机器人产品

2. 国内工业机器人发展现状

我国从 20 世纪 70 年代初期开始对机器人技术进行研究，起步时间相对较晚。“七五”期间，我国对工业机器人基础技术、基础元器件、几类工业机器人整机及应用工程进行了开发研究，实现了我国机器人产业从无到有的跨越。经过“八五”“九五”期间的科技攻关计划和国家高技术研究发展计划（“863”计划）对智能机器人主题的支持，20 世纪 90 年代后期，我国实现了机器人的商品化，为工业机器人向产业化发展奠定了重要基础。

进入 21 世纪后，国内越来越多的高校、科研院所开展工业机器人的研发项目，例如沈阳新松（SIASUN）、上海新时达（STEP）、芜湖埃夫特（EFORT）、南京埃斯顿（ESTUN）、广州数控（GSK）等多家国内工业机器人企业，为国内工业机器人技术的发展做出了重大贡献。随着我国科学技术的不断发展和综合国力的不断提升，我国工业机器人产业逐渐走向国际市场，工业机器人技术也逐渐达到国际先进水平。国内工业机器人产品如图 5-9 所示。随着我国制造业的快速发展，机器人已成为制造业不可或缺的自动化生产线单元，在我国拥有巨大的应用空间。

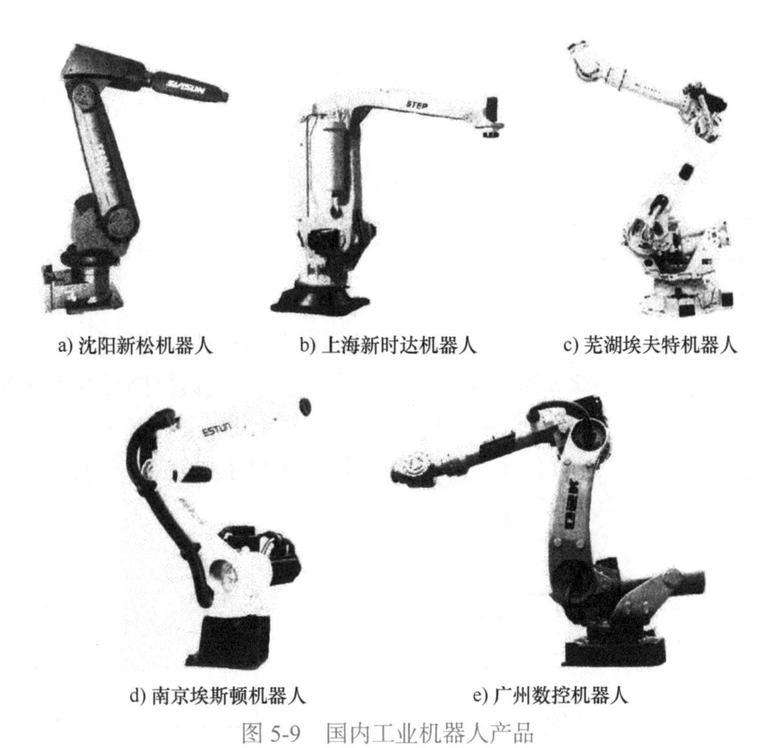

a) 沈阳新松机器人　　b) 上海新时达机器人　　c) 芜湖埃夫特机器人

d) 南京埃斯顿机器人　　e) 广州数控机器人

图 5-9　国内工业机器人产品

5.1.4　智能机器人的核心技术简介

随着社会发展的需要和机器人应用领域的扩大，人们对智能机器人的要求也越来越高。智能机器人所处的环境往往是未知、难以预测的，在研究这类机器人的过程中，主要涉及以下关键技术：

1. 智能机器人多传感器信息融合

信息融合的概念始于 20 世纪 70 年代初期，来源于军事领域中 C3I（Command，Control，Communication and Intelligence）系统的需要，当时称为多源相关、多传感器混合信息融合。多传感器信息融合已形成和发展成为一门信息综合处理的专门技术，广泛应用于工业机器人、智能检测、自动控制、交通管理和医疗诊断等领域。

多传感器信息融合技术对促进机器人向智能化、自主化发展起着极其重要的作用，是协调使用多个传感器，把分布在不同位置的多个同质或异质传感器所提供的局部不完整测量及相关联数据库中的相关信息加以综合，消除多传感器之间可能存在的冗余和矛盾，并加以互补，降低其不确定性，获得对物体或环境的一致性描述的过程，是机器人智能化的关键技术之一。数据融合在机器人领域的应用包括物体识别、环境地图创建和定位。

2. 智能机器人通信技术

通信系统是智能机器人个体以及群体机器人协调工作中的一个重要组成部分。机器人的通信从通信对象角度可分为内部通信和外部通信。内部通信是为了协调模块间的功能行为，它主要通过各部件的软、硬件接口来实现。外部通信是指机器人与控制者或者机器人之间的信息交互，它一般通过独立的通信专用模块与机器人连接整合实现。多机器人间能有效地通信，可有效共享信息，从而更好地完成任务。

3. 智能机器人自主导航与路径规划

导航，最初是指对航海的船舶抵达目的地进行的导引过程。这一术语和自主性相结合，已成为智能机器人研究的核心和热点。

Leonard 和 Durrant-Whyte 将移动机器人导航定义为三个子问题：

1）Where am I？——环境认知与机器人定位。

2）Where am I going？——目标识别。

3）How do I get there？——路径规划。

为完成导航，机器人需依靠自身传感系统对内部姿态和外部环境信息进行感知，通过对环境空间信息的存储、识别、搜索等操作寻找最优或近似最优的无碰撞路径并实现安全运动。

智能机器人的导航系统是一个自主式智能系统，主要任务是把感知、规划、决策和行动等模块有机地结合起来。图 5-10 所示为一种智能机器人自主导航系统的控制结构。

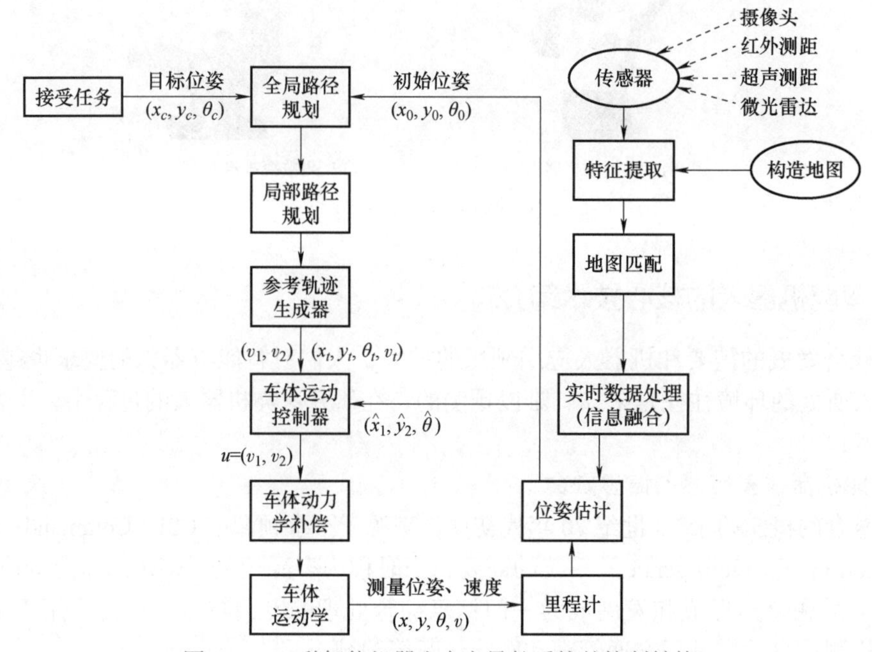

图 5-10　一种智能机器人自主导航系统的控制结构

4. 智能机器人视觉

机器人视觉技术是一种使机器人能够通过视觉传感器来感知和解析其环境的技术，包括使用摄像机、激光扫描仪等设备捕捉图像，以及使用软件和算法来处理和解释这些图像。视觉系统赋予机器人类似人眼的功能，使其能够在自动化任务中做出反应和决策。机器人视觉在制造业、医疗、农业和服务业中扮演着至关重要的角色，提高了生产率，降低了成本，并扩展了机器人的应用范围。常见的机器人视觉系统有单目视觉系统、双目视觉系统以及多目视觉系统等。

单目视觉系统利用一个摄像头捕获图像，适用于成本敏感和资源有限的应用场景，其结构简单、成本低廉，但单目视觉系统无法直接提供深度信息，通常需要通过算法处理图像特征来推断距离。它广泛应用于轻量级机器人和简单监控任务。

双目视觉系统模拟人类双眼，使用两个摄像头从不同角度捕获图像以计算深度信息。这种系统提供更准确的三维空间感知，非常适合需要精确深度判断的场景，如自动驾驶和复杂导航任务。

多目视觉系统配备三个以上摄像头，能从多个角度获取信息，增强深度感知和准确性。虽然处理数据量大、对计算资源要求高，但它能有效减少视觉盲区，适用于高精度机器人操作和复杂环境监控。

（1）机器人视觉技术的关键组件

1）视觉感应装置。机器人视觉技术的首要组成部分是视觉感应装置，通常包括各种类型的摄像头和传感器，是机器人系统感知其周围环境的眼睛，它能够捕捉图像数据用于后续处理。常见的视觉感应装置包括：

① 标准摄像头，捕捉可见光图像，用于基本图像处理任务。

② 红外摄像头，适用于低光照或夜间环境，可以捕捉热辐射图像。

③ 深度摄像头，通过发射红外光并捕捉其反射光来测量物体的距离，适合 3D 建模和复杂环境的导航。

每种摄像头的选择取决于应用需求、环境条件以及使用成本。摄像头的性能直接影响图像的质量和后续处理效果，因此选择合适的视觉感应装置至关重要。

2）图像处理硬件。图像处理硬件是处理从视觉感应装置获得数据的平台。这些硬件设备必须具备高速处理和高效运算的能力，以实时处理和分析大量的图像数据。常用的图像处理硬件包括：

① 中央处理器（CPU），虽然通用性强，但在处理大规模并行任务时可能不够高效。

② 图形处理器（GPU），专为处理复杂的图形和图像任务而设计，能够并行处理多个数据流，适合加速图像处理和深度学习计算。

③ 现场可编程门阵列（FPGA），可以被编程以执行特定的图像处理任务，提供了灵活性和高效率，适用于低延迟的应用场景。

选择合适的图像处理硬件依赖于任务的复杂度、处理速度需求以及能耗限制。

3）软件和算法。软件和算法是机器人视觉系统的大脑，负责解析处理后的图像数据，并从中提取有用的信息。这些软件工具和算法包括：①图像预处理算法，如去噪、亮度调整和颜色校正，用于优化图像质量；②特征提取算法，如边缘检测、角点检测等，用于识别图像中的关键特征；③高级视觉处理算法，如物体检测、场景理解和机器学习模型，用于更复杂的图像分析任务。

软件和算法的发展在很大程度上依赖于人工智能和机器学习领域的进步，这些领域的创新直接推动了机器人视觉技术的发展。

（2）视觉图像处理和分析技术

1）图像预处理。图像预处理是机器人视觉系统中不可或缺的初步步骤，它通过改善图像质量为深入分析打下坚实基础。主要的预处理技术包括滤波、去噪和颜色转换。

滤波处理通过应用不同类型的滤波器去除图像中的噪声或强化特征。例如，高斯滤波能有效平滑图像并减轻噪声的影响，中值滤波则擅长消除椒盐噪声，而双边滤波则能在降低噪声的同时保持边缘清晰。

去噪技术，如非局部均值去噪，通过比较图像内的局部相似区域来消除噪声，这样不仅去除了噪声，还保留了图像的重要细节和结构。

颜色转换则根据后续任务的需求，调整图像的色彩表示方式，如从 RGB（红、绿、蓝三色）转换到 HSV（色调、饱和度、亮度）色彩空间，有助于简化色彩处理流程并提高分析的准确性。

这些预处理操作确保图像数据进入更复杂的处理阶段前是干净且标准化的，从而提高整体系统的效率和效果。

2）特征提取。特征提取是图像分析中的核心步骤，其目的是从原始图像数据中识别出有用的信息，以便进一步地处理和分析。在机器人视觉系统中，有效的特征提取不仅能提高识别和分类的准确性，还能减少计算负担。

边缘检测是一种基本的特征提取技术，它识别图像中亮度变化明显的点，这些点通常代表物体的边界。常用的边缘检测算法包括 Sobel 算法、Canny 边缘检测器等，这些方法通过计算像素点周围亮度的梯度来确定边缘位置。

角点检测是另一种重要的特征提取方法，用于识别图像中的角点，这些点在两个主要方向上都有显著的亮度变化，常见的算法有 Harris 角点检测和 Shi-Tomasi 角点检测。角点作为图像中信息丰富的特征，常被用于高级视觉任务，如图像匹配和对象识别中。

纹理分析则涉及识别和描述图像中的表面结构，如表面粗糙度、方向性和规模等。纹理特征通过一系列统计方法得出，例如灰度共生矩阵（GLCM）或局部二值模式（LBP），这些特征对于分类和区分具有相似形状但不同表面特性的对象非常有效。

这些特征提取技术转换图像为一组描述性的数值，大大减少了后续处理阶段需要处理的数据量，同时保持了对图像内容的高度理解，这对于机器人执行复杂任务如导航、操控和交互具有重要意义。

3）物体识别与分类。物体识别与分类是机器人视觉系统中的高级功能，涉及将图像中的对象与已知类别相匹配。这一过程不仅依赖于有效的特征提取，还需要强大的算法来解析这些特征并做出决策。

模式识别是物体识别的基础，它通过分析提取的特征来识别图像中的对象。这通常涉及比较图像特征与训练集中的已知特征模式，以确定最佳匹配。传统的模式识别方法包括模板匹配和几何特征匹配，但这些方法通常受限于变化的视角、光照条件和环境干扰。

机器学习算法如 SVM 和决策树，被用于从大量训练数据中学习识别模型。这些算法通过构建决策边界来区分不同的类别，能有效处理高维数据和复杂的分类问题。然而，它们需要足够的训练样本来达到高准确性。

CNN 是近年来在物体识别领域取得突破的关键技术。CNN 通过自动学习图像的层次特征，避免了传统方法中人工选择特征的复杂性和局限性。通过多层处理结构这种网络能够识别从简单到复杂的图像特征，极大提高了识别的准确性和适应性。

物体识别与分类技术的有效实施极大地增强了机器人的环境适应能力和交互能力，使其能够在复杂且多变的真实世界环境中准确地执行任务。

5. 智能机器人的控制技术

常用的控制算法主要包括 PID 控制、自适应控制、变结构控制、神经网络控制、模糊控制等。

（1）PID 控制　如图 5-11 所示，PID 控制结构简单、易于实现，并具有较强的鲁棒性，广泛应用于机器人控制及其他各种工业过程控制中。当被控对象的结构和参数不能完全掌握，或得不到精确的数学模型时，应用 PID 控制技术最为方便，系统控制器的结构和参数可依靠经验和现场调试来确定。PID 控制器参数整定是否合适，是其能否在实用中得到好控制效果的前提。

PID 控制算法参数的整定就是选择 PID 算法中的 k_P、k_I、k_D 几个参数，使相应的计算机控制系统输出的动态响应满足某种性能要求。

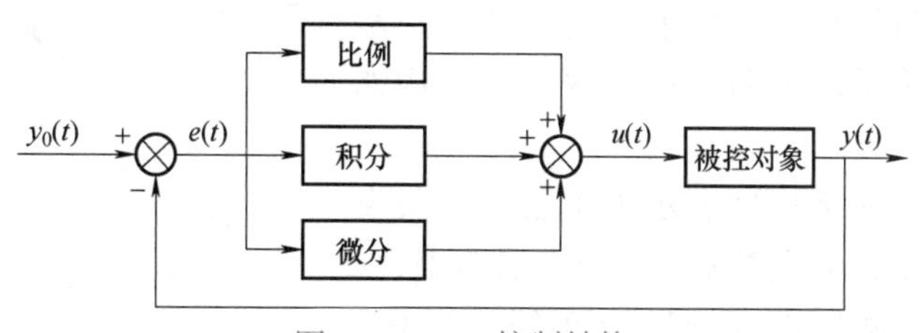

图 5-11　PID 控制结构

参数的整定有两种可用的方法，理论设计法和试验确定法。用理论设计法确定 PID 控制参数的前提是要有被控对象准确的数学模型，这在一般工业上很难做到。因此，用试验确定法来选择 PID 控制参数的方法便成为经常采用而行之有效的方法。它通过仿真和实际运行，观察系统对典型输入作用的响应曲线，根据各控制参数对系统的影响，反复调节试验，直到满意为止，从而确定 PID 参数。

（2）自适应控制　自适应控制从应用角度大体上可以归纳成两类，即模型参考自适应控制和自校正控制。如图 5-12 所示，模型参考自适应控制的基本思想是在控制器与控制对象组成的闭环回路外，再建立一个由参考模型和自适应机构组成的附加调节回路。参考模型的输出（状态）就是系统的理想输出（状态）。

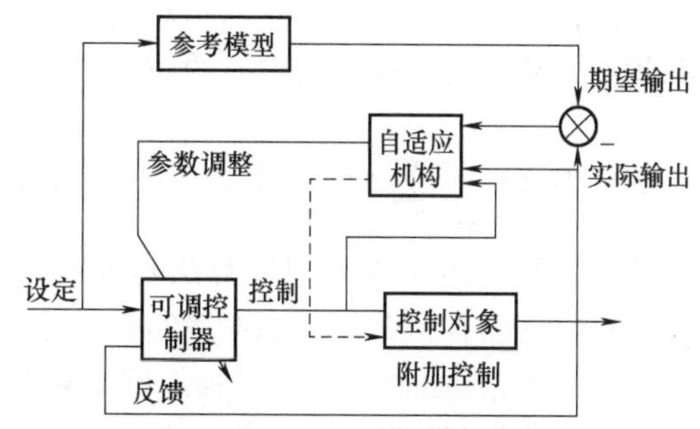

图 5-12　模型参考自适应控制结构

当运行过程中对象的参数或特性发生变化时，误差进入自适应机构，经过由自适应规律所决定的运算，产生适当的调整作用，改变控制器的参数，或者产生等效的附加控制作用，力图使实际输出与参考模型输出一致。

（3）变结构控制　变结构控制本质上是一类特殊的非线性控制，其非线性表现为控制的不连续性，如图 5-13 所示。这种控制策略与其他控制的不同之处在于系统的“结构”并不固定，而是可以在动态过程中，根据系统当时的状态（如偏差及各阶导数等），以跃变的方式，有目的地不断变化，使系统按预定的“滑动模态”的状态轨迹运动。它在非线性控制和数控机床、机器人等伺服系统以及电动机转速控制等领域中获得了许多成功的应用。

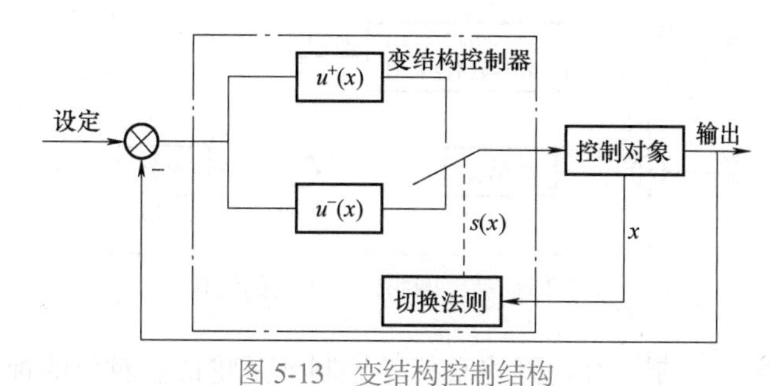

图 5-13　变结构控制结构

（4）神经网络控制　人工神经网络由于其固有的任意非线性函数逼近优势，广泛应用于各种非线性工程领域。神经网络控制就是其中一个重要方面，这是由于其非线性映射能力、实时处理能力和容错能力。神经网络控制应用领域，目前用得较多的神经网络结构为多层前向网络和径向基函数网络。BP（误差反向传播）神经网络的结构如图 5-14 所示。

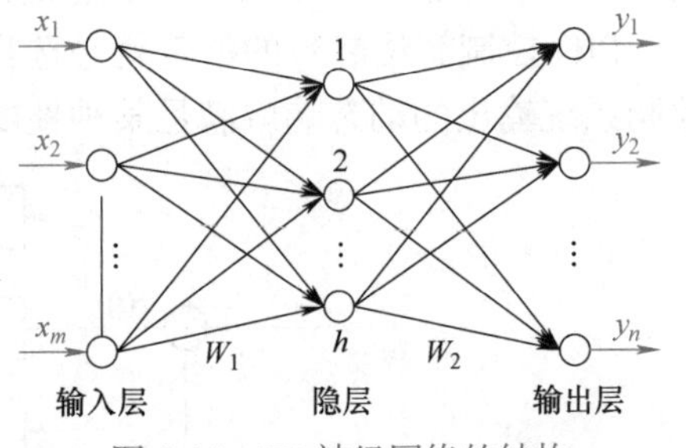

图 5-14　BP 神经网络的结构

为简单起见，该网络模型表示为单隐层。假设多层神经网络由 m 个输入层节点、h 个隐层节点、n 个输出层节点组成。输入层与隐层的权值矩阵为 $\boldsymbol{W}_1$，隐层和输出层的权值矩阵为 $\boldsymbol{W}_2$，隐层与输出层的阈值水平分别是 B_1 和 B_2。神经网络输出与输入的向量映射关系可表示为

$$Y=F_2[\boldsymbol{W}_2F_1(\boldsymbol{W}_1X+B_1)+B_2]$$

式中，F_1 表示隐层非线性转移函数；F_2 表示输出层非线性转移函数；X 表示输入层；Y 表示输出层。显然，神经网络所隐含的知识分布于网络的权重 $\boldsymbol{W}_1$ 与 $\boldsymbol{W}_2$ 中。神经网络为完成某项工作，必须经过训练。它利用对象的输入输出数据对，经过误差校正反馈，调整网络权值和阈值，从而得到输出与输入的对应关系。误差校正反馈的目标函数通常是基于最小均方误差的，即 $E=\dfrac{1}{2}\sum_{p=1}^{N}(D_p-Y_p)^2$，其中，$D_p$ 是第 p 个样本的真实值，Y_p 是网络对第 p 个样本的预测值，N 是样本总数。BP 算法是按照误差函数的负梯度方向来修改 $\boldsymbol{W}_1$ 与 $\boldsymbol{W}_2$。

神经网络控制常用的基本策略有：

1）神经网络监督控制。神经网络对其他控制器进行学习，然后逐渐取代原有控制器的方法，称为神经网络监督控制。神经元网络学习一组表明系统操作策略的训练样本，掌握从传感器输入到执行器控制行为间的映射关系。

神经网络监督控制的结构如图 5-15 所示。神经网络控制器建立的是被控对象的逆模型，实际上是一个前馈控制器。神经网络控制器通过对原有控制器的输出进行学习，在线调整网络的权值，使反馈控制输入 $u_p(t)$ 趋近于零，从而使神经网络控制器逐渐在控制作用中占据主导地位，最终取消反馈控制器的作用。一旦系统出现干扰，反馈控制器重新起作用。因此，这种前馈加反馈的监督控制方法，不仅可以确保控制系统的稳定性和鲁棒性，而且可有效提高系统的精度和自适应能力。

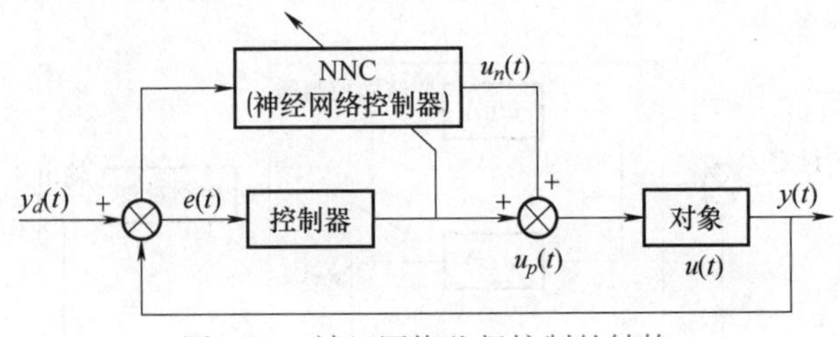

图 5-15　神经网络监督控制的结构

2）神经网络直接逆控制。神经网络直接逆控制就是将被控对象的神经网络逆模型，直

接与被控对象串联，以便使期望输出（即网络输入）与对象实际输出之间的传递函数等于1，从而在将此网络作为前馈控制器后，使被控对象的输出为期望输出。

该法的可用性在相当程度上取决于逆模型的准确程度。由于缺乏反馈，简单连接的直接逆控制将缺乏鲁棒性。因此，一般应使其具有在线学习能力，即逆模型的连接权必须能够在线修正。

图 5-16 所示为神经网络直接逆控制的两种结构方案。图 5-16a 中，NN1 和 NN2 具有完全相同的网络结构（逆模型），并且采用相同的学习算法，分别实现对象的逆控制。图 5-16b 中，神经网络 NN 通过评价函数进行学习，实现对象的逆控制。

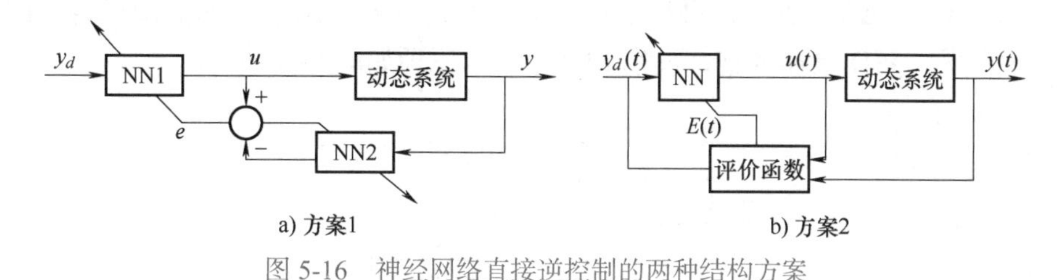

a) 方案1　　b) 方案2

图 5-16　神经网络直接逆控制的两种结构方案

3）神经网络自适应控制。神经网络自适应控制主要是利用神经网络作为自适应控制中的参考模型。从应用角度，自适应控制大体上可以归纳为两类，即模型参考自适应控制和自校正控制。

（5）模糊控制

1）基本模糊控制。模糊控制的核心部分是模糊控制器，其基本结构如图 5-17 所示，它主要包括输入量的模糊化处理、模糊推理和逆模糊化（或称模糊判决）三部分。

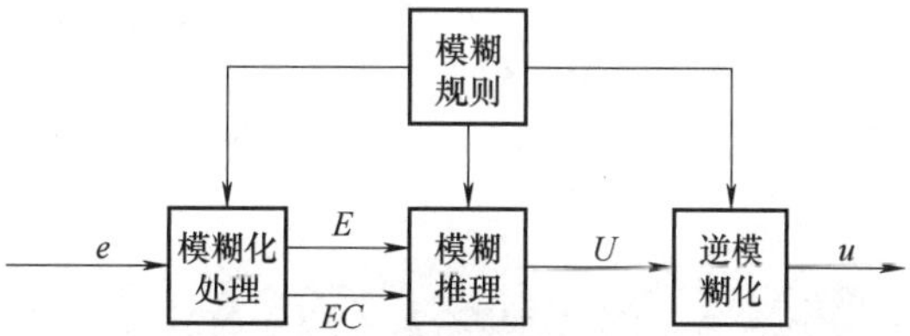

图 5-17　模糊控制器的基本结构

模糊控制器可由模糊控制通用芯片实现或由计算机（或微处理机）的程序来实现，用计算机实现的具体过程如下：

① 求系统给定值与反馈值的误差 $\dot{e}$。微型计算机通过采样获得系统被控量的精确值，然后将其与给定值比较，得到系统的误差。

② 计算误差变化率 $\dot{e}$（即 de/dt）。这里，对误差求微分，指的是在一个 A/D 采样周期内求误差的变化。

③ 输入量的模糊化处理。由前边得到的误差及误差变化率都是精确值，那么，必须将其模糊化变成模糊量 E、EC。同时，把语言变量 E、EC 的语言值化为某适当论域上模糊子集（如“大”“小”“快”“慢”等）。

④ 模糊规则。它是模糊控制器的核心，是专家知识或现场操作人员经验的一种体现，即控制中所需要的策略。模糊规则的条数可能有很多条，那么需求出总的模糊规则 R，作为模糊推理的依据。

⑤ 模糊推理。输入量模糊化后的语言变量 E、EC（具有一定的语言值）作为模糊推理部分的输入，再由 E、EC 和总的模糊规则 R，根据推理合成规则进行模糊推理得到模糊控制量 U 为

$$U=(E \cdot EC)^{T_1}R$$

⑥ 逆模糊化。为了对被控对象施加精确的控制，必须将模糊控制量转化为精确量 u，即逆模糊化。

⑦ 计算机执行完步骤①~⑥后，即完成了对被控对象的一步控制，然后等到下一次 A/D 采样，再进行第二步控制，这样循环下去，就完成了对被控对象的控制。

2）模糊 PID 控制。根据模糊数学的理论和方法，将操作人员的调整经验和技术知识总结作为 IF（条件）、THEN（结果）形式的模糊规则，并把这些模糊规则及相关信息（如初始的 PID 参数）存入计算机中。在 PID 参数预整定的基础上，根据检测回路的响应情况，计算出采样时刻的误差 e 及误差的变化率 $\dot{e}$，输入控制器，运用模糊推理，得出 PID 控制器的三个修正参数 Δk_P、Δk_I、Δk_D，再加上预整定的参数 Δk_P、Δk_{yo}、Δk_{ao} 即可得到该时刻的 k_P、k_I、k_D，实现对 PID 最佳调整，模糊 PID 的结构原理如图 5-18 所示。

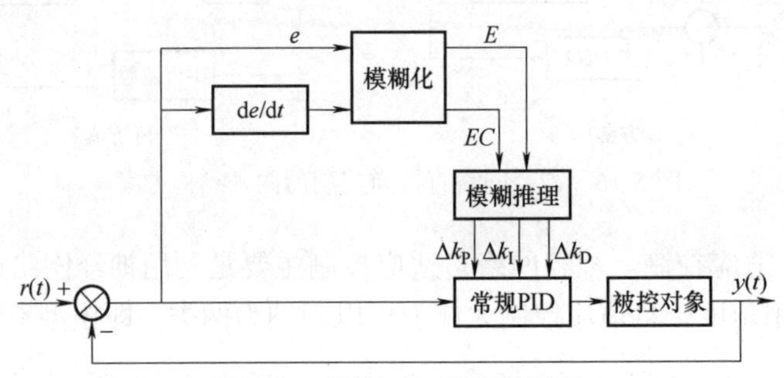

图 5-18 模糊 PID 的结构原理

5.2 智能机器人总体设计

5.2.1 总体设计原则

1. 设计原则

设计智能机器人时，通常需遵循一些总体设计原则，以确保机器人具有良好的性能、功能和可靠性。机器人设计原则是指在设计和制造机器人时应遵循的准则和指导原则。以下是一些常见的机器人设计原则：

1）安全性。机器人必须确保安全，不会对人类或环境造成伤害。这包括在机器人操作过程中预防事故、设计可靠的紧急停止系统以及保持与人类的适当距离等。

2）适应性和灵活性。机器人应具备一定的适应性和灵活性，能够适应不同工作环境和任务需求。例如，机器人可通过传感器和算法实现自适应功能，以应对不同的工作场景和变化的工作要求。

3）用户友好性。机器人应该易于使用和操作，用户可以轻松地掌控机器人，并能够理解并与其进行交互。用户界面设计应简单直观，符合人类习惯，以提高用户的满意度和工作效率。

4）可编程性。机器人应该具备一定的灵活性和可编程性，以便根据不同的任务需求进行编程和控制。这样，机器人可以被重新配置和适应新的工作场景或任务要求。

5）高效性和精确性。机器人应该尽可能高效和精确地完成任务，以提高生产力和工作效率。这包括优化机器人的运动控制、传感器数据处理和任务执行等方面。

6）可维护性和可升级性。机器人应具备一定的可维护性和可升级性，以便进行日常维护和故障排除。此外，机器人的硬件和软件设计应具备一定的扩展性，方便进行功能的升级和改进。

7）环保和可持续发展。机器人设计应注重环境保护和可持续发展原则。减少能耗、优化材料使用和回收利用是机器人设计中需要考虑的重要因素。

总之，机器人设计原则是为了确保机器人的安全、适应性、用户友好性以及高效性，同时具备可维护性、可升级性和环保性，以满足不断变化的需求，提高机器人的性能和可靠性。

2. 智能机器人结构形式

智能机器人的结构形式可根据其应用场景、功能需求和技术特点而有所不同。其主要包含人型机器人、车型机器人、飞行器机器人、多关节机器人、软体机器人、混合结构机器人等。其中，最常用的是多关节机器人，特别是串联机器人的六轴工业机器人，该机器人被广泛应用于焊接、喷涂、打磨等领域，而未来的一个发展趋势是人型机器人，人型机器人模仿人类的外形和行为，具有更强的人机交互性和适应性，被广泛应用于服务业、医疗业、教育业等。

3. 设计标准与法则

机器人设计标准和法则是为了确保机器人在设计、制造和使用过程中能够满足安全、可靠和合规的要求。在国际上有一些通用的机器人标准，被行业普遍接受。

1）ISO 10218 系列标准。ISO 10218 系列标准是 ISO 发布的关于工业机器人安全和性能的标准。这些标准包括 ISO 10218—1《机器人系统的安全要求》和 ISO 10218—2《机器人系统的性能要求》等，涵盖了机器人的安全设计、操作和维护等方面。

2）ISO 13482 标准。ISO 13482 标准是关于个人护理机器人安全的国际标准，旨在确保个人护理机器人在设计和使用过程中符合人体安全和功能安全的要求。

3）国家机器人安全标准。不同国家和地区通常会制定自己的机器人安全标准，以适应本地的法律法规和行业标准。例如，美国机器人协会（RIA）发布了 ANSI/RIA R15.06 标准，欧洲联盟发布了 EN ISO 10218 标准等。

4）机器人行业协会指南。机器人行业协会和组织通常会发布指南和最佳实践，以帮助设计者和制造商遵循安全和性能要求。这些指南可提供机器人设计、操作、维护和培训等方面的建议。

5）机器人伦理原则。除了安全标准，还需考虑机器人的伦理和社会责任。一些组织和机构发布了关于机器人伦理的原则和指南，以指导机器人设计和使用过程中的道德和社会考虑。

6）人机交互标准。对于涉及人机交互的机器人，还需考虑人机交互标准，以确保机器人与用户之间的交互安全和舒适性。这包括人机界面设计、声学安全、机器人姿态和运动规划等方面的标准和指南。

4. 功能设计与分解

机器人功能设计与分解是将机器人的整体功能分解成多个独立的模块或子系统，并为每个模块或子系统确定相应的功能和任务。这有助于更好地理解机器人的工作原理，并为设计和开发提供指导。模块化设计使得机器人更易于维护、升级和扩展，同时也利于分工合作和并行开发。

5. 性能设计与分解

机器人性能设计与分解是将机器人的整体性能目标分解为多个可量化的指标，并为每个指标确定相应的设计要求和实现方法。这有助于确保机器人在设计和开发过程中能够达到所需的性能水平。以下是进行机器人性能设计与分解时的一般步骤：

1）确定性能指标。首先，明确机器人的性能目标和指标，包括运动速度、精度、力量、承载能力、耐久性、电池续航时间等指标。

2）分解性能。将机器人的整体性能分解成多个可量化的子指标。例如，可以将机器人的性能分解为力学性能、电气性能、软件性能等子指标。

3）确定设计要求。为每个性能子指标确定相应的设计要求和目标值。这可能涉及技术规范、行业标准、用户需求等方面的要求。

4）分配任务。根据性能子指标的重要性和优先级，为每个指标分配相应的设计任务和责任。可根据项目团队的专业领域和能力来确定。

5）设计实现方案。根据性能要求设计相应的硬件和软件实现方案。这可能涉及选择合适的传感器、执行器、控制器、算法等方面的工作。

6）模拟和仿真。使用模拟和仿真工具评估设计方案的性能。这可以帮助发现潜在的问题和优化设计方案。

7）试验验证。使用试验验证设计方案的性能。这包括在实际环境中进行性能测试、功能测试、可靠性测试等方面的验证。

8）优化和改进。根据试验结果对设计方案进行优化和改进。这可能涉及调整参数、改进算法、升级硬件等方面的工作。

通过性能设计与分解，可以确保机器人在设计和开发过程中能够达到所需的性能水平，满足用户和应用的需求。同时，也有助于提高机器人的可靠性、稳定性和适应性。

5.2.2 智能机器人机械结构

机器人的机械结构是机器人的支承基础和执行机构，主要包括末端操作器（手部）、腕部、臂部、腰部和机座等，如图 5-19 所示。其机械结构是机器人设计的重要内容之一。使用要求是机器人机械结构设计的出发点，优质、高效和低成本是其设计追求的目标。

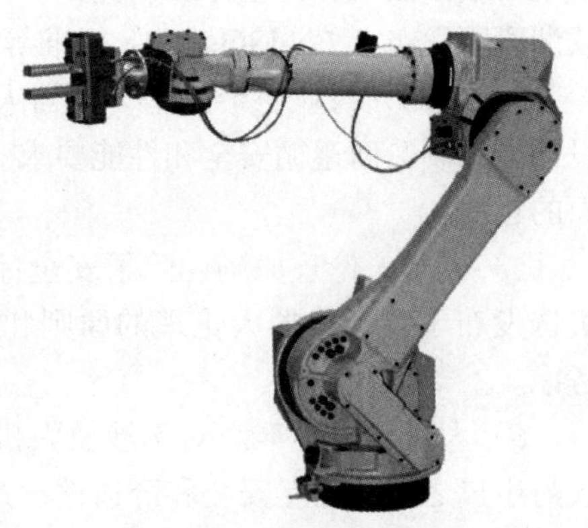

图 5-19 智能机器人结构

本章主要介绍机器人的机座、末端操作器（手部）、腕部、臂部、驱动和传动机构等的工作原理、结构特点和设计要求。通过本章的学习，读者能够了解和掌握机器人的机械系统一般结构、工作原理和设计要点。

1. 执行机构

（1）机座　机器人的机座，分为固定式和行走式两种。一般的机器人机座大多是固定式的，有一部分是移动式的。随着科学技术发展的需要，具有一定智能的行走式机器人将是今后机器人发展的方向之一，并将得到广泛应用。

如图 5-20 所示，根据机器人的行走环境，可将机器人所具备的移动机能分为以下几类：①地面移动机能；②水中移动机能；③空中移动机能；④地中移动机能等。本节主要介绍具有地面行走机能的行走机构。根据地面行走机构的特点可以将其分为车轮式、履带式和步行式三种行走机构，它们在行走过程中，前两者与地面连续接触，且形态为运行车式，后者为间断接触，形态为类人或动物的腿脚式，如图 5-21~ 图 5-24 所示。

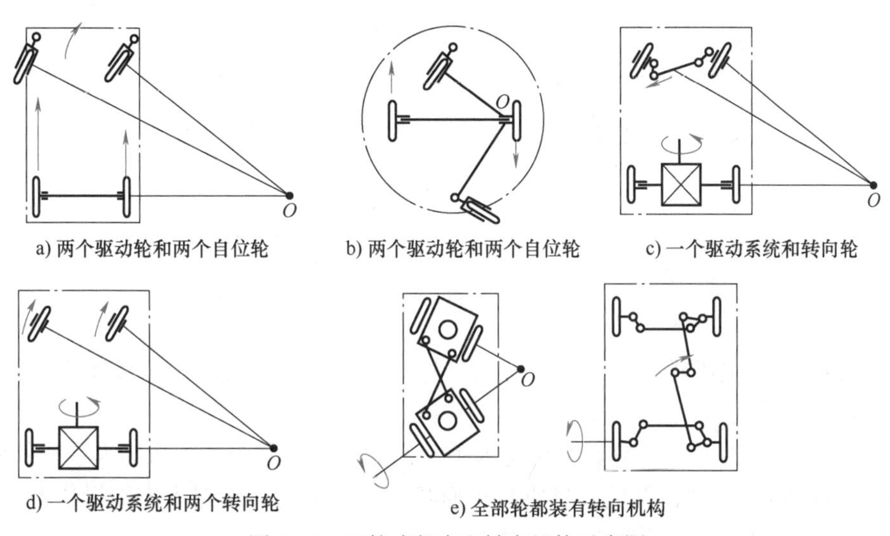

图 5-20　四轮式行走和转弯机构示意图

图 5-21　履带式行走机器人

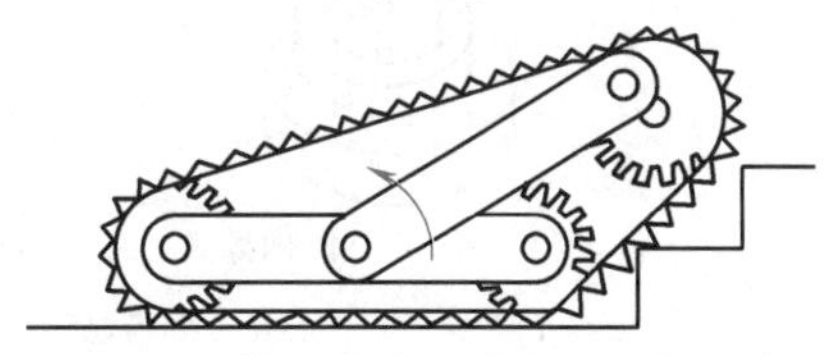

图 5-22　形状可变式履带行走机构示意图

四轮式行走机构中，自位轮沿回转轴线回转，直到转到转弯方向，这期间驱动轮产生滑动，因而很难求出正确的移动量。另外，使用转向机构改变运动方向时，缺点是在静止状态下会产生较大的阻力。

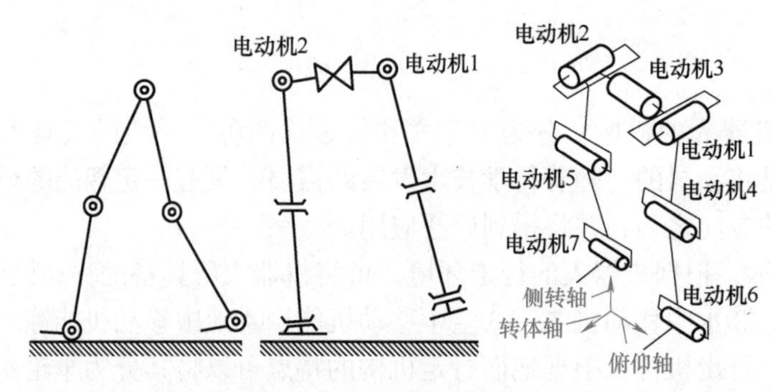

图 5-23　两足步行机器人行走机构示意图

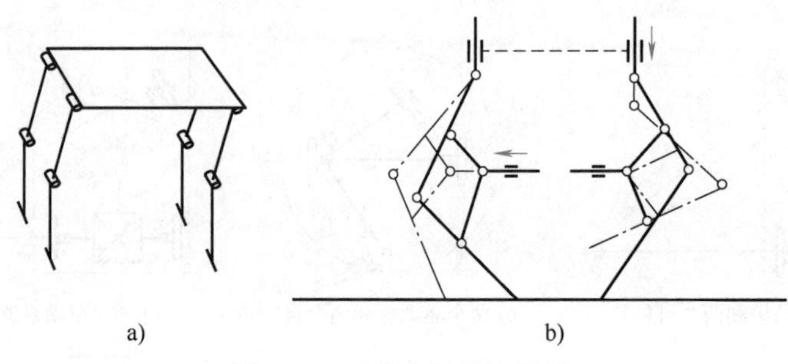

图 5-24　四足步行机构举例

（2）机器人末端操作器　机器人的手，一般称之为末端操作器（又称为夹持器），如图 5-25 所示。它是机器人直接用于抓取和握紧（吸附）专用工具（如喷枪、扳手、焊炬和喷头等）并进行操作的部件。它具有模仿人手动作的功能，并安装于机器人手臂的前端。由于被握工件的形状、尺寸、重量、材质及表面状态等的不同，机器人末端操作器多种多样，并大致可分为：①夹钳式取料手；②吸附式取料手；③专用操作器及转换器；④仿生多指灵巧手；⑤其他手。

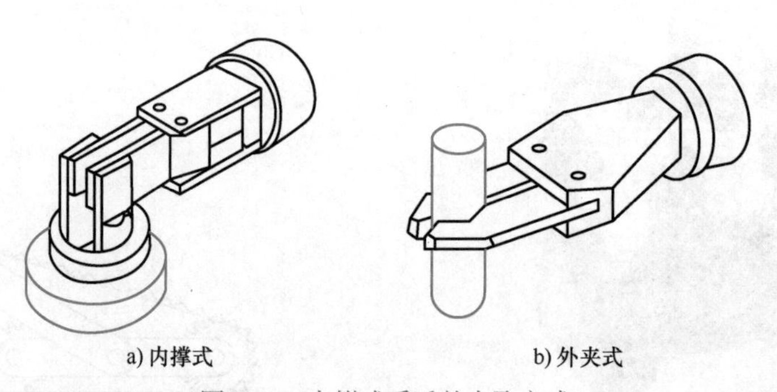

图 5-25　夹钳式手爪的夹取方式

手指传动机构是向手指传递运动和动力，从而实现夹紧和松开动作的机构。根据手指开合的动作特点分为回转型和平移型两种。其中回转型又分为一支点回转和多支点回转；根据手爪夹紧是摆动还是平动，回转型又可分为摆动回转型和平动回转型。

1）回转型传动机构。夹钳式手部使用较多的是回转型手部，其手指就是一对杠杆，一般同斜楔、滑槽、连杆、齿轮、蜗杆或螺杆等机构组成复合式杠杆传动机构，用以改变传动比和运动方向等，如图 5-26 所示。

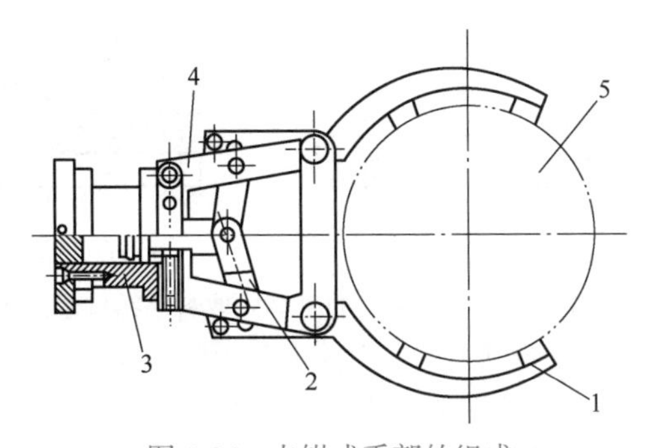

图 5-26 夹钳式手部的组成

1—手指 2—传动机构 3—驱动机构 4—支架 5—工件

2）平面平行移动机构。图 5-27 所示为四连杆平移型夹钳式手部结构简图。它们的共同点是都采用平行四边形的铰链机构——双曲柄铰链四连杆机构，以实现手指平移。其差别在于分别采用齿轮、蜗杆和连杆斜滑槽的传动方式。

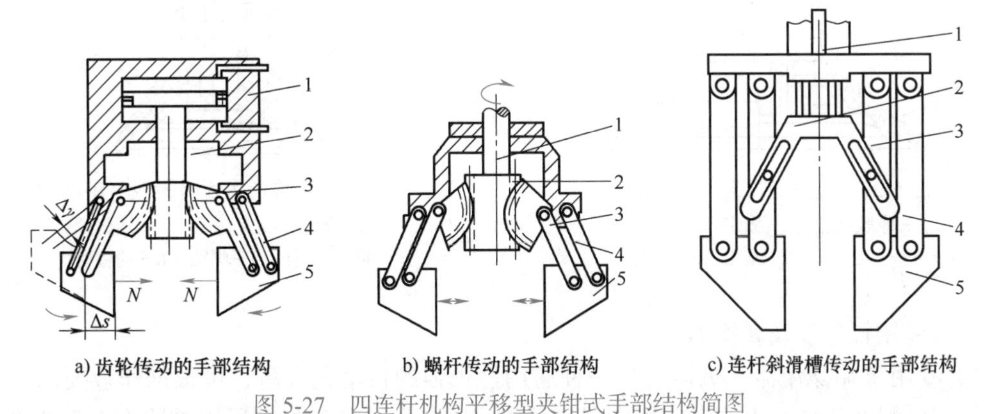

图 5-27 四连杆机构平移型夹钳式手部结构简图

1—驱动器 2—驱动元件 3—驱动摇杆 4—从动摇杆 5—手指

（3）吸附式取料手 根据吸附力的种类不同，吸附式取料手可分为磁吸式和气吸式两种。

1）磁吸式取料手。磁吸式取料手是利用永久磁铁或电磁铁通电后产生磁力来吸取铁磁性材料工件的装置。采用电磁吸盘的磁吸式取料手结构如图 5-28 所示。线圈通电瞬时，由于空气隙的存在，磁阻很大，线圈的电感和起动电流很大，这时产生的磁性吸力可将工件吸住；一旦断电，磁吸力消失，即将工件松开。若采用永久磁铁作为吸盘，则需强迫将工件取下。

2）气吸式取料手。气吸式取料手是利用橡胶皮碗或软塑料碗所形成的负压把工件吸住的装置。适用于薄铁片、板材、纸张、薄而易脆的玻璃器皿和弧形壳体零件等的抓取。按形成负压的方法，可将气吸式手部分为真空式、气流负压式和挤气负压式三种吸盘，前两者如图 5-29 和图 5-30 所示。

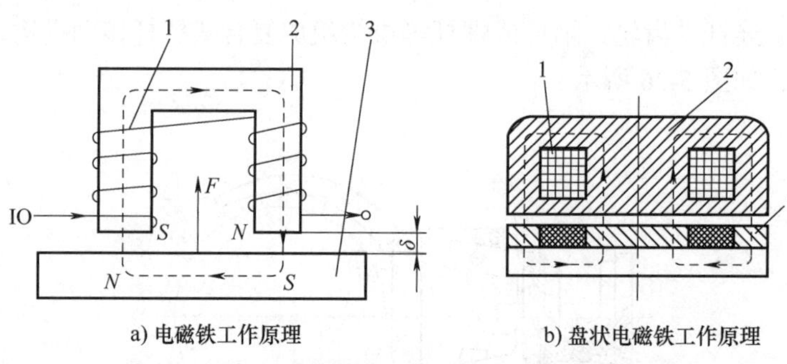

图 5-28　采用电磁吸盘的磁吸式取料手结构示意图

1—线圈　2—铁心　3—衔铁

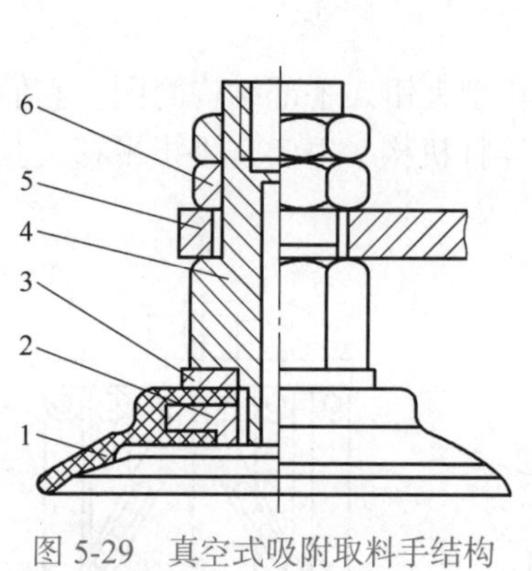

图 5-29　真空式吸附取料手结构

1—橡胶吸盘　2—固定环　3—垫片　4—支承杆　5—基板　6—螺母

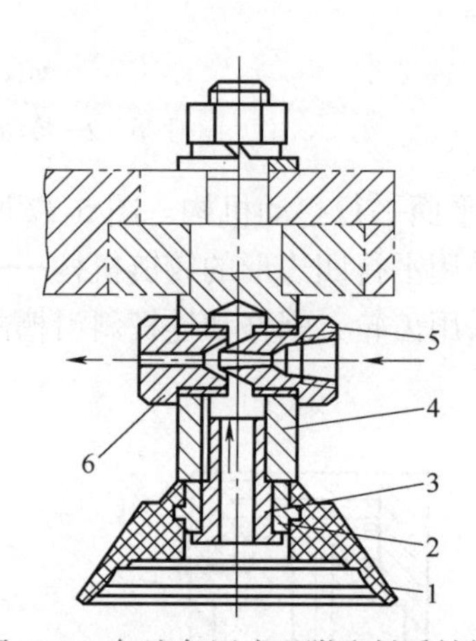

图 5-30　气流负压式吸附取料手结构

1—橡胶吸盘　2—心套　3—透气螺钉　4—支承杆　5—喷嘴　6—喷嘴套

（4）专用操作器及转换器

1）专用末端操作器。机器人是一种通用性很强的自动化设备，可根据作业要求完成各种动作，再配上各种专用的末端操作器，就能完成各种动作。如在通用机器人上安装焊枪就成为一台焊接机器人，安装拧螺母机则成为一台装配机器人。

2）换接器。对于通用机器人，要在作业时能自动更换不同的末端操作器，就需配置具有快速装卸功能的换接器。换接器通常由两部分组成：换接器插座和换接器插头，分别装在机器人腕部和末端操作器上，能够实现机器人对末端操作器的快速自动更换。图 5-31 所示为各种专用末端操作器和电磁吸盘式换接器。

对换接器的要求主要有：同时具备气源、电源及信号的快速连接与切换；能承受末端操作器的工作载荷；在失电、失气的情况下，机器人停止工作时不会自行脱离；具有一定的换接精度等。

多工位换接装置示意图如图 5-32 所示，和数控加工中心的刀库一样，有棱锥型和棱柱型两种形式。棱锥型换接装置可保证手爪轴线和手腕轴线一致，受力较合理，但其传动机构较为复杂；棱柱型换接器传动机构较为简单，但其手爪轴线和手腕轴线不能保持一致，受力不均。

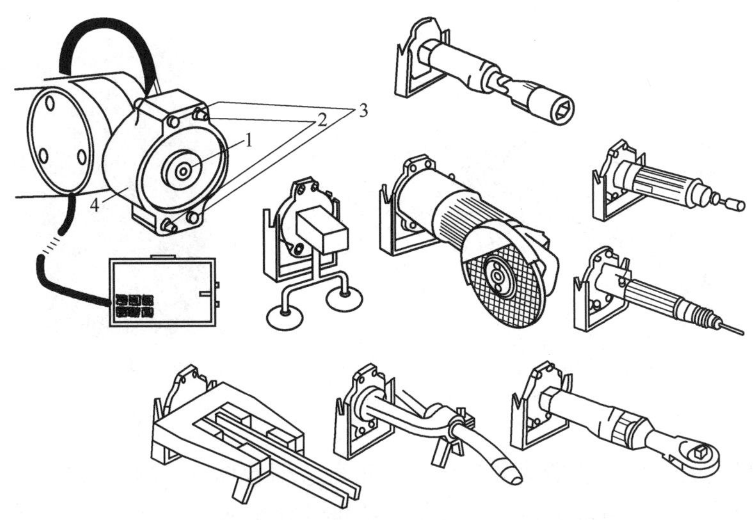

图 5-31　各种专用末端操作器和电磁吸盘式换接器

1—气路接口　2—定位销　3—电接头　4—电磁吸盘

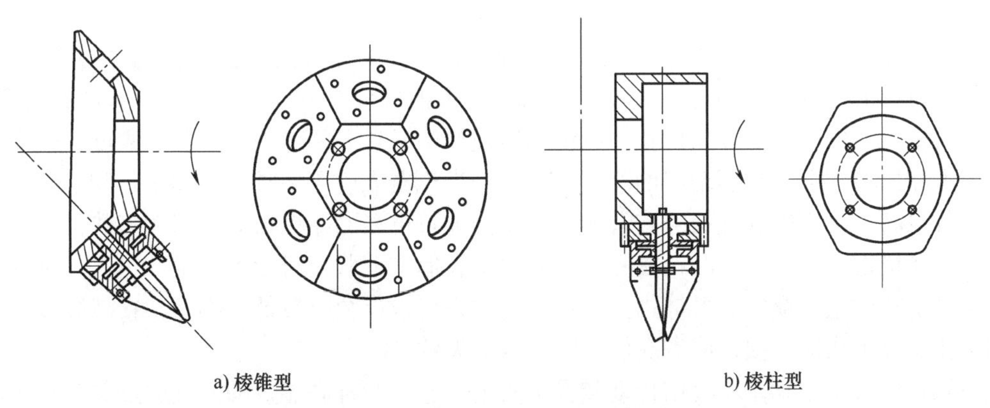

a) 棱锥型　　b) 棱柱型

图 5-32　多工位换接装置示意图

（5）仿生多指灵巧手　夹钳式取料手不能适应物体外形变化，不能使物体表面承受比较均匀的夹持力，因此无法对复杂形状、不同材质的物体实施夹持和操作。为了提高机器人手爪和手腕的操作能力、灵活性和快速反应能力，使机器人能像人手那样进行各种复杂的作业，如装配作业、维修作业和设备操作等，就必须有一个运动灵活、动作多样的灵巧手。

1）柔性手。为了能对不同外形的物体实施抓取，并使物体表面受力比较均匀，因此研制出了柔性手。图 5-33 所示为多关节柔性手，每个手指由多个关节串联而成。手指传动部分由牵引钢丝绳及摩擦滚轮组成，每个手指由两根钢丝绳牵引，一侧为握紧，另一侧为放松。驱动源可采用电动机驱动或液压、气动元件驱动。柔性手可抓取凹凸不平的物体，并使物体受力较为均匀。

2）多指灵巧手。多指灵巧手是指具有 3 个及其以上数目的机械手，它较完美的形式是模仿人类的 5 指手。多指灵巧手作为人类活动肢体的有效延伸，能够完成灵活、精细的抓取操作，如图 5-34 所示。

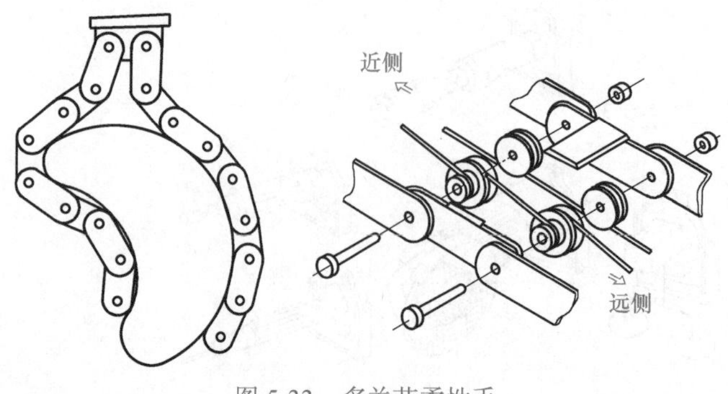

图 5-33　多关节柔性手

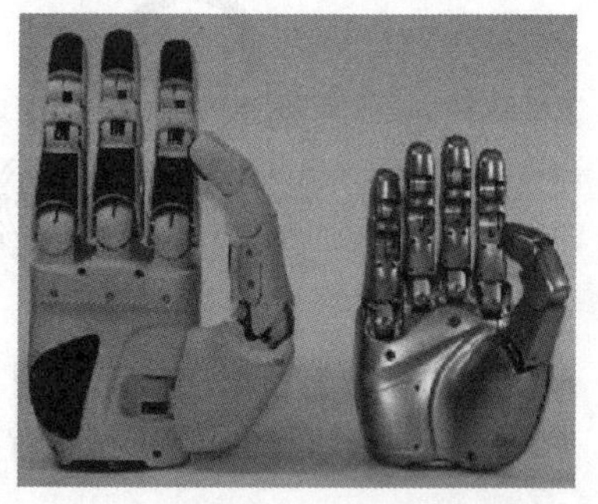

图 5-34　哈尔滨工业大学研制的多指灵巧手

随着世界科技的发展，机器人多指灵巧手正日益朝着具有柔顺灵巧的操作功能，具有力觉、触觉、视觉等智能化方向发展。多指灵巧手的应用前景将更加广泛，不仅可在核工业领域和宇宙空间作业，而且可以在高温、高压、高真空等各种极限环境下完成人类无法实现的操作。

2. 传动机构

（1）智能机器人的传动机构　传动器或传动系统的目的是将机械动力从来源转移到受载荷处。设计和选择一个机器人传动机构时，需考虑机械装置的运动、负载和电源的要求，以及相对于关节的驱动器放置位置。在传动器设计中，首先要考虑传动器的刚度、效率和成本。齿隙和扭转都会影响驱动器的刚度，尤其是当机器人应用在具有连续扭转和载荷剧烈变化的场合。高传动刚度和低齿隙或者无齿隙均会导致更多的摩擦损失。当大多数机器人传动系统工作在接近其额定功率时，具有良好的效率，但在低载荷时便不一定。过大的传动系统会增加系统的质量、惯性和摩擦损失。不良传动系统设计会有较低的刚度，在持续或是高负荷的工作循环下快速磨损，或者在偶然的过载下失效。

机器人的关节驱动基本上由传动装置来实现，它以一种高能效的方式通过关节将驱动器和机器人连杆结合起来。各种各样的传动系统形式都被实际机器人所应用。传动机构的传动比决定了驱动器到连杆的转矩、速度和惯性之间的关系。传动系统合理的布置、尺寸以及机构设计决定了机器人的刚度、质量和整体操作性能。大多数现代机器人都应用了高效、抗过载破坏、可反向的传动装置。

（2）机器人直线传动机构　机器人的机械传动是指利用机械方式传递动力和运动，即将动力和运动从一个位置传递到另一个位置的过程。机器人的传动方式主要有三种：直线传动、旋转传动和混合传动。

机器人采用的直线传动包括直角坐标结构的 X、Y、Z 向运动，圆柱坐标结构的径向运动和竖直升降运动，以及极坐标结构的径向伸缩运动。直线运动可以直接由气缸或液压缸的活塞产生，也可以采用齿轮、丝杠和螺母等传动机构及元件把旋转运动转换为直线运动。

1）齿轮齿条机构。通常，齿条是固定不动的，当齿轮转动时，齿轮轴连同拖板沿齿条方向做直线运动。这样，齿轮的旋转运动就转换为拖板的直线运动。

2）丝杠螺母机构。普通丝杠驱动是由一个旋转的精密丝杠驱动一个螺母沿丝杠轴向移动。由于普通丝杠的摩擦力较大、效率低、惯性大，低速时易产生爬行现象，而且精度低，回程误差大，因此在机器人上很少采用。

3）滚珠丝杠机构。机器人传动中经常采用滚珠丝杠传动，这是因为滚珠丝杠的摩擦力很小且运动响应速度快。由于滚珠丝杠在丝杠螺母的螺旋槽中放置了许多滚珠，传动过程中所受的摩擦是滚动摩擦，可极大地减小摩擦力，因此传动效率较高，消除了低速运动时的爬行现象。在装配时施加一定的预紧力，可消除回程误差。

（3）机器人旋转传动机构　多数普通电动机和伺服电动机都能直接产生旋转运动，但其输出转矩比所需要的转矩小，转速比所需要的转速高。因此，需采用各种齿轮链、带传动装置或其他运动传动机构，把较高的转速转换成较低的转速，并获得较大的转矩。有时也采用直线液压缸或直线气缸作为动力源，这就需要把直线运动转换成旋转运动。这种运动的传递和转换必须高效率地完成，并且不能有损于机器人系统所需要的特性，特别是定位精度、重复精度和可靠性。运动的传递和转换可以选择齿轮链、同步带和谐波齿轮传动等方式。

1）齿轮链机构。齿轮链是由两个或两个以上的齿轮组成的传动机构。它不但可以传递运动角位移和角速度，还可以传递力和转矩。

使用齿轮链机构应注意两个问题：一是齿轮链的引入会改变系统的等效转动惯量，从而使驱动电动机的响应时间缩短，这样伺服系统就更容易控制。输出轴转动惯量转换到驱动电动机，等效转动惯量的下降与输入 / 输出齿轮齿数的平方成正比；二是引入齿轮链的同时，由于齿轮间隙误差，会导致机器人手臂的定位误差增加，而且，假如不采取一些补救措施，齿隙误差还会引起伺服系统的不稳定性。

2）同步带机构。同步带类似于工厂的风扇传动带和其他传动带，不同的是这种同步带上具有许多型齿，它们和同样具有型齿的同步带轮齿啮合。工作时，它们相当于柔软的齿轮，具有柔性好、价格便宜等优点。另外，同步带还用于输入轴和输出轴方向不一致的情况。这时，只要同步带足够长，且同步带的扭角不太大，则同步带仍能够正常工作。在伺服系统中，如果输出轴的位置采用码盘测量，则输入传动的同步带可放在伺服环外面，这对系统的定位精度和重复精度不会有影响，重复精度可以达到 1mm 以内。此外，同步带比齿轮链价格低得多，加工也容易得多。有时，齿轮链和同步带结合使用更为方便。

3）谐波齿轮传动机构。目前，机器人的旋转关节大多采用谐波齿轮传动。谐波齿轮传动机构主要由刚轮、柔轮和谐波发生器等零件组成。工作时，刚轮固定安装，各齿均布于圆周，具有外齿形的柔轮沿刚轮的内齿转动。当柔轮比刚轮少两个齿时，柔轮沿刚轮每转一圈就相当于反方向转过两个齿的相应转角。谐波发生器具有椭圆形轮廓，装在谐波发生器上的滚珠用于支承柔轮，谐波发生器驱动柔轮旋转并使之发生变形。转动时，柔轮的椭圆形端部只有少数齿与刚轮啮合，只有这样，柔轮才能相对于刚轮自由地转过一定的角度。

假设刚轮有 100 个齿，柔轮比它少 2 个齿，则当谐波发生器转 50 圈时，柔轮转 1 圈，这样只占用很小的空间就可得到 1 : 50 的减速比。同时由于啮合的齿数较多，因此谐波发生器的转矩传递能力很强。在刚轮、柔轮和谐波发生器中，尽管任何两个都可以选为输入元件和输出元件，但通常总是把谐波发生器装在输入轴上，把柔轮装在输出轴上，以获得较大的齿轮减速比。由于自然形成的预加载谐波发生器啮合齿数较多，以及齿的啮合比较平稳，谐波齿轮传动的齿隙几乎为零，因此谐波齿轮传动精度高，回程误差小。但是，柔轮的刚性较差，承载后会出现较大的扭转变形，引起一定的误差，对于多数应用场合，这种变形不会引起太大的问题，不影响工程应用。

3. 手臂设计

（1）概述　机器人手臂是支承手部和腕部并改变手部空间位置的机构，是机器人的主要部件之一。一般有2~3个自由度，即伸缩、回转、俯仰或升降。臂部的重量较重，受力一般也比较复杂。运动时，直接承受腕部、手部和工件（或工具）的静、动载荷。尤其在高速时，将产生较大的惯性力或惯性力矩，引起冲击，影响定位的准确性。臂部运动部分零件的重量直接影响臂部结构的刚度和强度。臂部一般与控制系统和驱动系统一起安装在机身（即机座）上。

（2）手臂设计要点　手臂的结构形式必须根据机器人的运动形式、抓取重量、动作自由度和运动精度等因素来确定。在设计时，必须考虑手臂受力情况、导向装置的布置、内部管路与手腕的连接形式等情况。为此，设计手臂时应注意以下几个问题。

1）手臂应具有足够的承载能力和刚度。由于机器人手部在工作中相当于一个悬臂梁，如果刚度差，会引起手臂在竖直面内的弯曲变形和侧向扭转变形，从而导致臂部颤动，以致无法工作。手臂的刚度直接影响到手臂在工作中允许承受的载荷、运动的平稳性、运动速度和定位精度。因此，必要时手臂要进行刚度校核。为了防止臂部在运动过程中产生过大的变形，手臂截面形状的选择要合理。工字形截面的弯曲刚度比圆截面要大，空心管的弯曲刚度和扭转刚度比实心轴要大得多，所以常选用钢管做臂的运动部分（臂杆）和导向杆，用工字钢和槽钢做支承板。

2）导向性好。为了在直线移动过程中，手部不发生相对转动，以保证手部的正确方向，应设置导向装置，或设计成方形、花键等形式的臂杆。导向装置的具体结构形式，一般应根据负载大小、手臂长度、行程以及手臂的安装形式等情况来决定。导轨的长度不宜小于其间距的两倍，以保证导向，而不致歪斜。

3）运动要平稳、定位精度要高，注意减轻重量和运动惯量。要使运动平稳、定位精度高，应注意减小偏重力矩。所谓偏重力矩，就是指臂部（包括手部和被夹物体）的重量对机身立柱（即对其支承回转轴）所产生的静力矩。偏重力矩过大，易使臂部升降时发生卡死或爬行，因此应注意减轻偏重力矩，尽量减轻臂部运动部分的重量，使臂部重心与立柱中心尽量靠近，此外还可以采取“配重”的方法来减轻和消除偏重力矩。

（3）手臂的典型结构形式　一般机器人手臂有三个自由度，即手臂的伸缩、左右回转和升降（或俯仰）运动。手臂回转和升降运动是通过机座的立柱实现的，立柱的横向移动即为手臂的横移。手臂的各种运动通常由驱动机构和传动机构来实现，因此它不仅承受被抓取工件的重量，而且承受末端操作器、手腕和手臂自身的重量。手臂的结构、工作范围、灵活性、抓重大小（即臂力）和定位精度都直接影响机器人的工作性能。

1）手臂直线运动机构。机器人手臂的伸缩、升降及横向（或纵向）移动均为直线运动，而实现手臂直线往复运动的机构形式较多，常用的有活塞液压（气）缸、齿轮齿条机构、丝杠螺母机构等。直线往复运动可采用液压或气压驱动的活塞缸。由于活塞液压（气）缸的体积小、重量轻，因而在机器人手臂结构中应用较多。图5-35所示为双导向杆手臂伸缩结构示意图，手臂和手腕是通过连接板安装在升降液压缸的上端，当双作用液压缸1的两腔分别通入液压油时，则推动活塞杆2（即手臂）做直线往复移动。导向杆3在导向套4内移动，防止手臂伸缩时的转动（并兼作手腕回转缸6及手部的夹紧液压缸7的输油管道）。由于手臂的伸缩液压缸安装在两根导向杆之间，由导向杆承受弯曲作用，活塞杆只受拉压作用，故受力简单，传动平稳，外形整齐美观，结构紧凑。

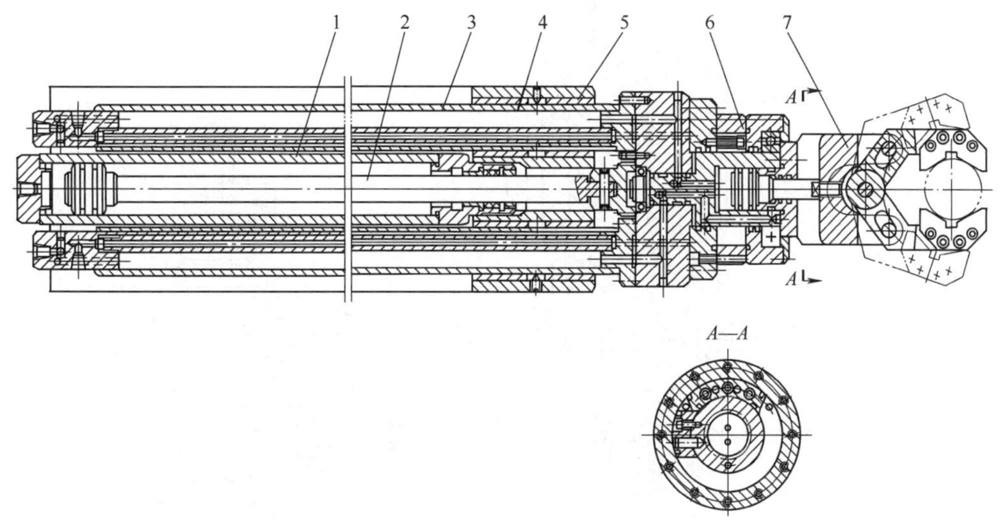

图 5-35　双导向杆手臂伸缩结构示意图

1—双作用液压缸　2—活塞杆　3—导向杆　4—导向套　5—支承座　6—手腕回转缸　7—手部的夹紧液压缸

2）手臂回转运动机构。实现机器人手臂回转运动的机构形式多种多样，常用的有叶片式回转缸、齿轮传动机构、链轮传动机构和连杆机构。下面以齿轮传动机构中活塞缸和齿轮齿条机构为例说明手臂的回转。

齿轮齿条机构是通过齿条的往复移动，带动与手臂连接的齿轮做往复回转，即可实现手臂的回转运动。带动齿条往复移动的活塞缸可以由液压油或压缩气体驱动。图 5-36 所示为手臂做升降和回转运动的结构示意图。活塞液压缸两腔分别进液压油推动齿条活塞 7 做往复移动，与齿条活塞 7 啮合的齿轮 4 即做往复回转。由于齿轮 4、升降缸体 2、连接板 8 均用螺钉连接成一体，连接板又与手臂固连，从而实现手臂的回转运动。升降缸体的活塞杆通过连接盖 5 与机座 6 连接而固定不动，升降缸体 2 沿导向套 3 做上下移动，因升降缸体外部装有导向套，故刚性好，传动平稳。

图 5-37 所示为采用活塞缸和连杆机构的一种双臂机器人手臂结构示意图，手臂的上下摆动由铰接活塞液压缸和连杆机构实现。当铰接活塞液压缸 1 的两腔通液压油时，通过连杆 2 带动曲杆 3（即手臂）绕轴心做 90° 的上下摆动。手臂下摆到水平位置时，其水平和侧向的定位由支承架 4 上的定位螺钉 5 和 6 来调节。此手臂结构具有传动结构简单、紧凑和轻巧等特点。

3）手臂俯仰运动机构。机器人手臂的俯仰运动一般采用活塞液压（气）缸与连杆机构联用来实现。手臂的俯仰运动使用的活塞缸位于手臂下方，其活塞杆和手臂用铰链连接，缸体采用尾部耳环或中部销轴等方式与立柱连接，如图 5-38 所示。

4. 手腕设计

机器人手腕是连接末端操作器和手臂的部件。它的作用是调节或改变工件的方位，因而它具有独立的自由度，使机器人末端操作器适应复杂的动作要求。

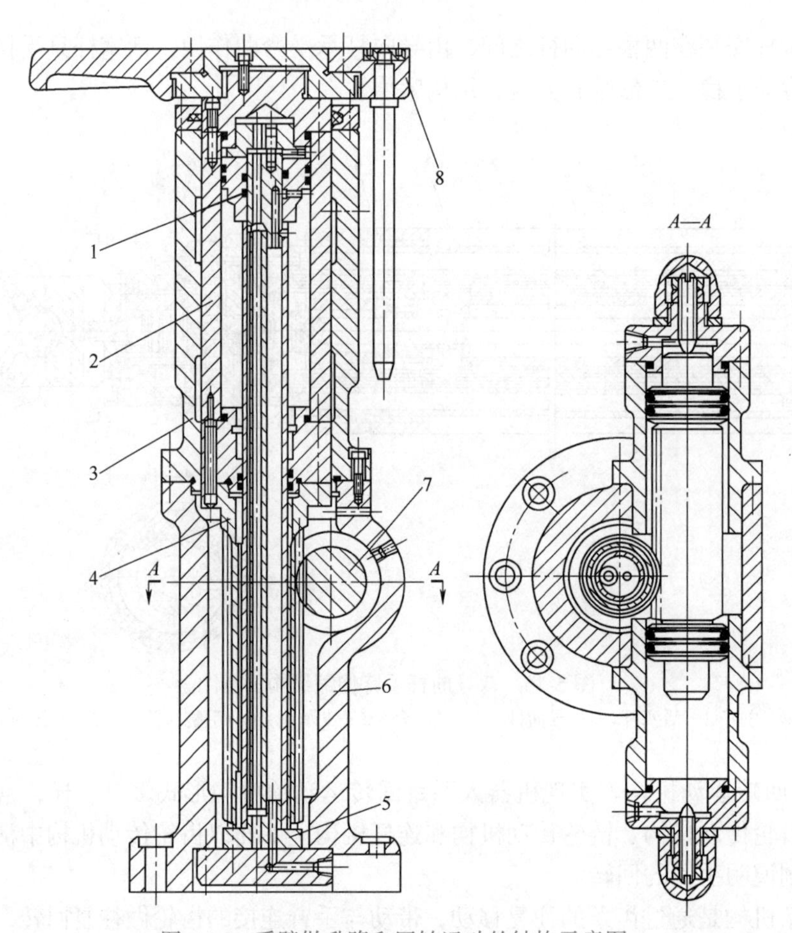

图 5-36　手臂做升降和回转运动的结构示意图

1—活塞杆　2—升降缸体　3—导向套　4—齿轮　5—连接盖　6—机座　7—齿条活塞　8—连接板

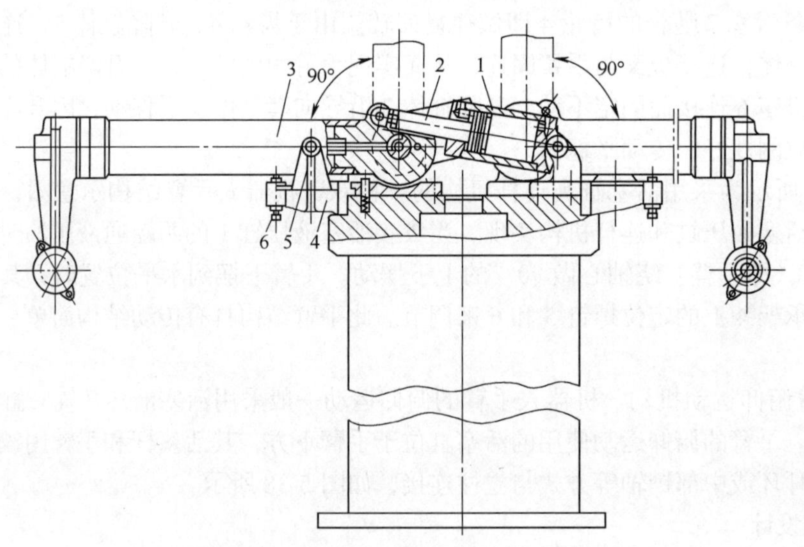

图 5-37　一种双臂机器人手臂结构示意图

1—铰接活塞液压缸　2—连杆（即活塞杆）　3—曲杆（即手臂）　4—支承架　5、6—定位螺钉

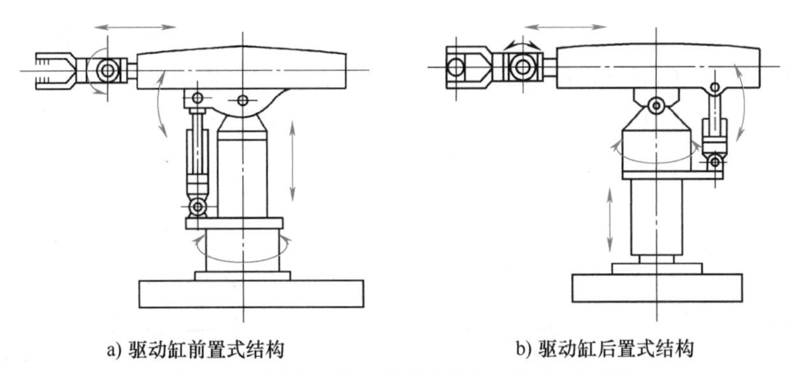

a) 驱动缸前置式结构
b) 驱动缸后置式结构

图 5-38　驱动缸带动手臂俯仰运动结构示意图

机器人一般需要 6 个自由度才能使手部达到目标位置并处于期望的姿态。为了使手部能处于空间任意方向，要求腕部能实现对空间 3 个坐标轴 x、y、z 的转动，即具有翻转、俯仰和偏转 3 个自由度，如图 5-39 所示。通常也把手腕的翻转称为 Roll，用 R 表示；把手腕的俯仰称为 Pitch，用 P 表示；把手腕的偏转称为 Yaw，用 Y 表示。

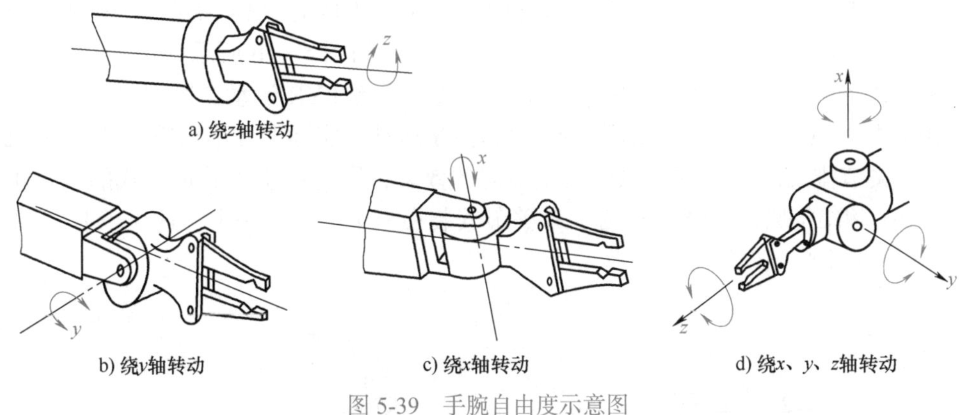

图 5-39　手腕自由度示意图

（1）手腕的分类

1）按自由度数目分。手腕按自由度数目，可分为单自由度手腕、双自由度手腕和三自由度手腕。

① 单自由度手腕。单自由度手腕如图 5-40 所示。单自由度手腕关节可分为翻转关节（R）、折曲关节（B）、移动关节（T）。图 5-40a 所示为一种翻转关节，它把手臂纵轴线和手腕关节轴线构成共轴形式。这种 R 关节旋转角度大，可达到一圈以上。图 5-40b、c 所示为一种折曲关节，关节轴线与前后两个连接件的轴线相垂直。这种 B 关节因为受到结构的干涉，旋转角度小，大大限制了方向角。图 5-40d 所示为移动关节。

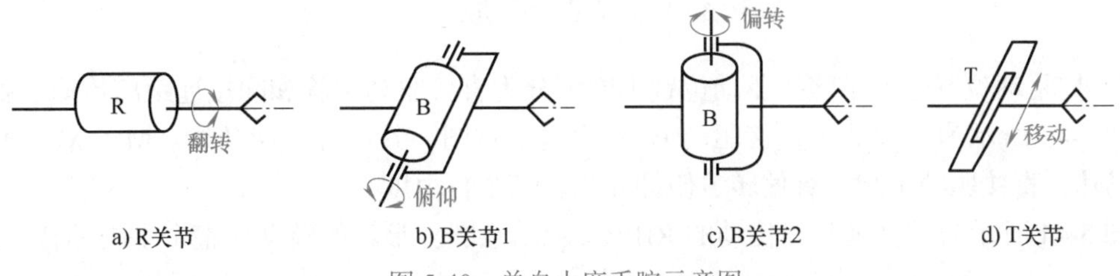

图 5-40　单自由度手腕示意图

② 双自由度手腕。双自由度手腕如图 5-41 所示。双自由度手腕可以由一个 B 关节和一个 R 关节组成 BR 手腕（图 5-41a）；也可以由两个 B 关节组成 BB 手腕（图 5-41b）。但是，不能由两个 R 关节组成 RR 手腕，因为两个 R 关节共轴线，会退化了一个自由度，实际只构成了单自由度手腕（图 5-41c）。

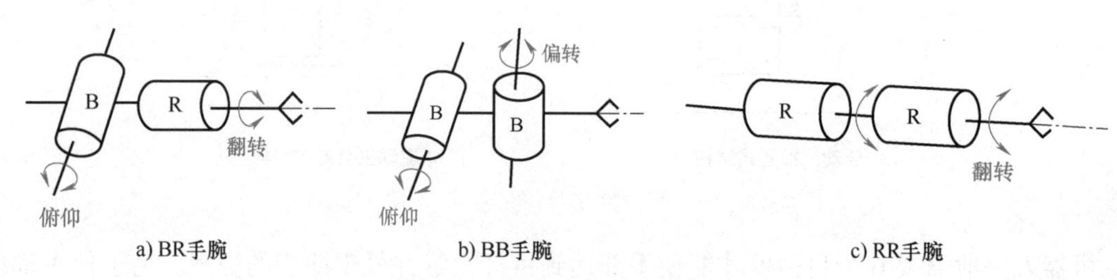

图 5-41　双自由度手腕示意图

③ 三自由度手腕。三自由度手腕如图 5-42 所示。三自由度手腕可以由 B 关节和 R 关节组成多种形式。图 5-42a 所示为常见的 BBR 手腕，手部具有俯仰、偏转和翻转运动，即 PYR 运动。图 5-42b 所示为由一个 B 关节和两个 R 关节组成的 BRR 手腕，为了不使自由度退化，使手部产生 PYR 运动，第一个 R 关节必须进行如图 5-42b 所示的偏置。图 5-42c 所示是由 3 个 R 关节组成的 RRR 手腕，它也可以实现手部 PYR 运动。图 5-42d 所示为 BBB 手腕，很明显，它已退化为双自由度手腕，只有 PY 运动，实际上并不采用这种手腕。此外，B 关节和 R 关节排列次序不同，也会产生不同的效果，同时产生了其他形式的三自由度手腕。为了使手腕结构紧凑，通常把两个 B 关节安装在一个十字接头上，这对于 BBR 手腕来说，大大减小了手腕纵向尺寸。

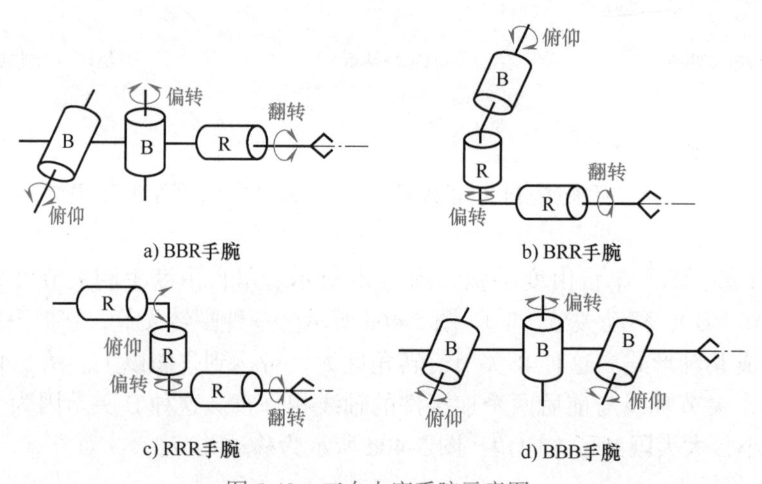

图 5-42　三自由度手腕示意图

2）按驱动位置分。手腕按驱动位置不同可分为直接驱动手腕和间接远距离传动手腕。

图 5-43 所示为一种液压直接驱动 BBR 手腕示意图，其设计紧凑巧妙。M_1、M_2、M_3 是液压马达，直接驱动手腕具有偏转、俯仰和翻转三个自由度。

图 5-44 所示为一种远距离传动的 RBR 手腕示意图。Ⅲ轴的转动使整个手腕翻转，即第

一个 R 关节运动；Ⅱ轴的转动使手腕获得俯仰运动，即第二个 B 关节运动；Ⅰ轴的转动即第三个 R 关节运动。当 c 轴离开纸平面后，RBR 手腕便在三个自由度轴上输出 RPY 运动。这种远距离传动的好处是可以把尺寸、重量都较重的驱动源放在远离手腕处，有时放在手臂的后端做平衡重量用，这样不仅减轻了手腕的整体重量还减小了转动惯量，而且改善了机器人整体结构的平衡性。

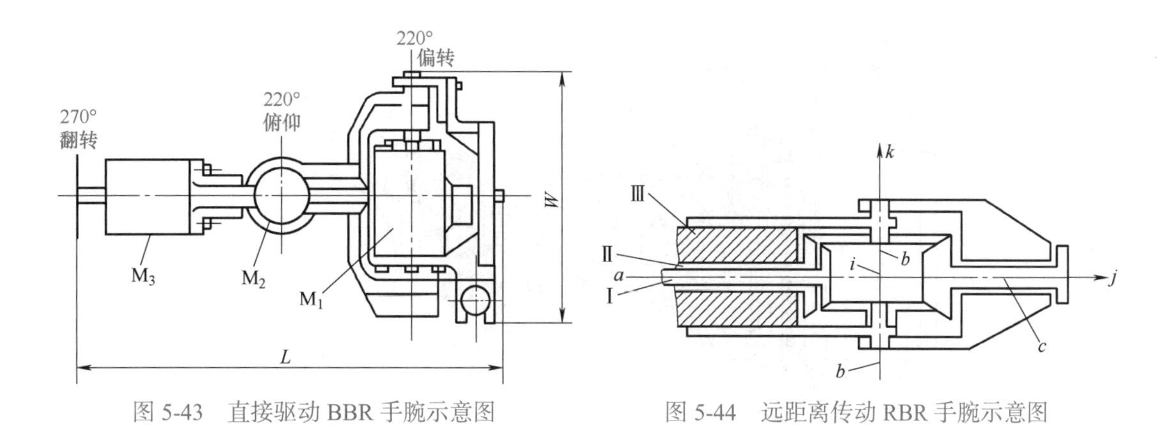

图 5-43　直接驱动 BBR 手腕示意图　　图 5-44　远距离传动 RBR 手腕示意图

（2）腕部的设计要点　腕部设计时一般要注意下列几个要点：

1）结构应尽量紧凑、重量应尽量轻。因为手腕处于手臂的端部，并连接手部，所以机器人手臂在携带工具或抓取工件并进行作业或搬运过程中，所受动、静载荷，以及被夹持物体及手部、腕部等机构的重量，均作用在手臂上。显然，它们直接影响着臂部的结构尺寸和性能，所以在设计手腕时，尽可能使结构紧凑及重量轻，不要盲目追求手腕具有较多的自由度。对于自由度数目较多以及驱动力要求较大的腕部，结构设计矛盾较为突出，因为对于腕部每一个自由度都要相应配有一套驱动系统。要使腕部在较小的空间内同时容纳几套动力元件，困难较大。从现有的结构来看，用液压缸或气缸直接驱动的腕部，一般具有两个自由度，用机械传动的腕部可具有三个自由度。

总之，合理决定自由度数目和驱动方式，使腕部结构尽可能紧凑轻巧，对提高手腕的动作精度和整个机械手的运动精度和刚度是极其重要的。

2）要适应工作环境的要求。当机械手用于高温作业，或在腐蚀性介质中工作，以及多尘、多杂物黏附等环境中时，机械手的腕部与手部等的机构经常处于恶劣的工作条件下，在设计时必须充分考虑它们对手腕的不良影响（如热膨胀，对驱动的液压油的黏度以及其他物理化学性能的影响；对机械构件之间配合、材料性能的影响；对电测电控元件的耐热、耐蚀性的影响；对活动部分摩擦状态的影响等），并预先采取相应的措施，以保证手腕有良好的工作性能和较长的使用寿命。

3）要综合考虑各方面要求，合理布局。手腕除了应保证动力和运动性能的要求，具有足够的刚度和强度，动作灵活准确以及较好地适应工作条件等的影响外，结构设计中还应全面考虑所采用的各元器件和机构的特点、作业和控制要求，进行合理布局，处理具体结构。例如，注意解决好腕部与手部、臂部的连接，以及各个自由度的位置检测、管线布置，尤其是通向手部的管线布置，另外还要考虑润滑、维修、调整等问题。

（3）典型腕部结构介绍

1）液压驱动的回转或摆动的机器人手腕。图 5-45 所示为双手悬挂式机器人实现手腕回转和左右摆动的结构示意图。其中，*A—A* 剖面表示液压缸外壳转动而中心轴不动，以实现手腕的左右摆动；*B—B* 剖面表示液压缸外壳不动而中心轴回转，以实现手腕的回转运动。

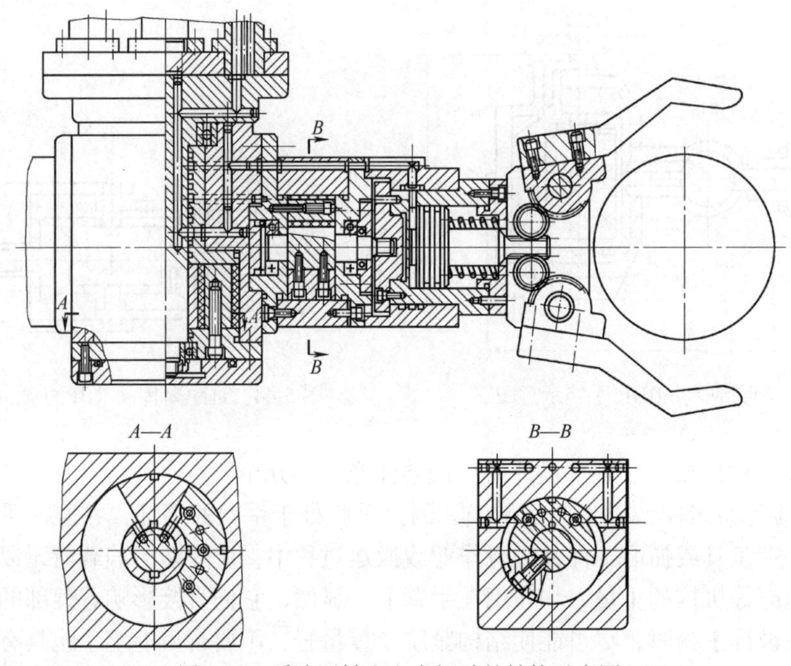

图 5-45　手腕回转和左右摆动的结构示意图

2）电动机驱动的机器人手腕。图 5-46 所示为手腕传动原理。这是一个具有三个自由度的手腕结构，关节配置形式为臂转、腕摆、手转结构。其传动链分为两部分：一部分在机器人小臂壳内，3 个电动机的输出通过带传动分别传递到同轴传动的心轴、中间套、外套筒上；另一部分传动链安排在手腕部。

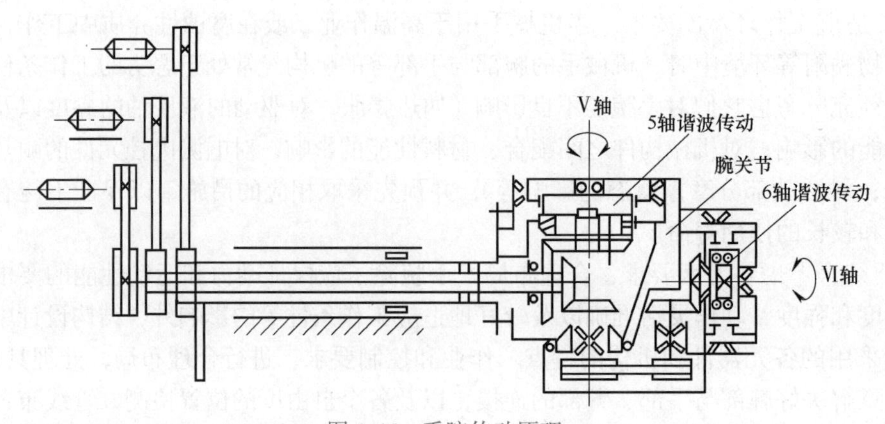

图 5-46　手腕传动原理

3）机器人柔顺手腕。机器人进行精密装配作业，当被装配零件之间的配合精度较高时，由于被装配零件的不一致性，工件的定位夹具、机器人手爪的定位精度无法满足装配要求，会导致装配困难，因而就提出了装配动作的柔顺性要求。

柔顺性装配技术有两种。一种是从检测、控制的角度出发，采取各种不同的搜索方法，实现边校正、边装配。有的手爪还配有检测元件，如视觉传感器、力传感器等，这就是所谓的主动柔顺装配。另一种是从结构的角度出发，在手腕部配置一个柔顺环节，以满足柔顺装配的需要，这种柔顺装配技术称为被动柔顺装配。

图 5-47 所示为具有移动和摆动浮动机构的柔顺手腕。水平浮动机构由平面、钢球和弹簧构成，实现两个方向上的浮动；摆动浮动机构由上、下球面和弹簧构成，实现两个方向的摆动。在装配作业中，如遇夹具定位不准或机器人手爪定位不准时，可自行校正。其动作过程如图 5-48 所示，在插入装配中工件局部被卡住时，将会受到阻力，促使柔顺手腕起作用，使手爪有一个微小的修正量，工件便能顺利插入。

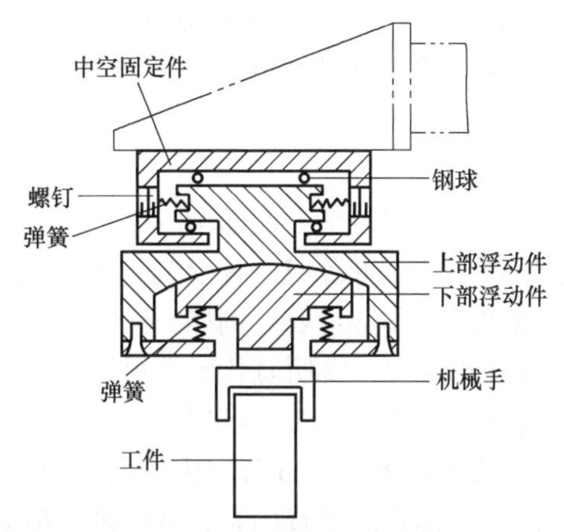

图 5-47　具有移动和摆动浮动机构的柔顺手腕

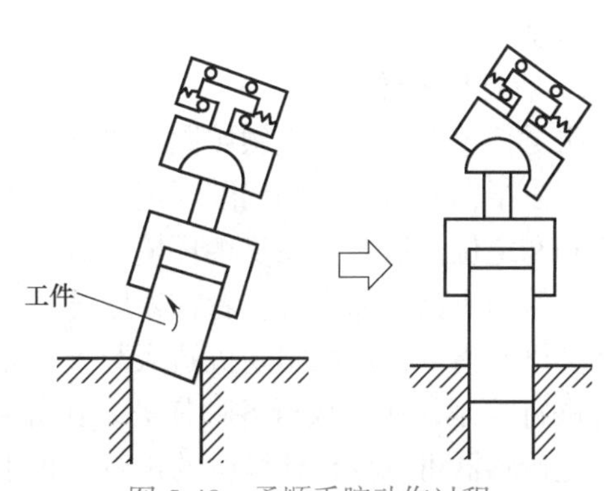

图 5-48　柔顺手腕动作过程

5.2.3　智能机器人传感器

在机器人中，传感器既用于内部反馈控制，也用于感知与外部环境的相互作用、动物和人类都只有类似的但性能各异的传感器。例如，一觉醒来，即使未睁开眼睛，人们就能感觉和知道四肢的位置。这是因为人的四肢随肌肉的收缩伸展或放松而活动时，肌肉神经中的信号也随之发生变化，该神经信号传给大脑，大脑即可判断出每块肌肉的状态。类似地，在机器人中，当连杆和关节运动时，传感器例如电位器编码器、旋转变生器等将信号传送给控制器，由其判定各关节的位置，此外，同人类和动物拥有嗅觉、触觉、味觉、听觉、视觉以及与外界交流的语言一样，机器人也可以有与环境进行交流的类似的传感器。在某些情况下，这些传感器在功能上与人类相似，例如视觉、触觉以及嗅觉等。在其他特殊情形下，传感器还会具备人类所不具备的功能，例如放射性探测传感器。下面主要介绍一些与机器人应用相关的传感器。

1. 视觉传感器

视觉传感器在机器人领域应用广泛，主要有下面几点：①视觉传感器能够捕捉周围环境的图像信息，通过处理这些信息，机器人可以实现对环境的感知和理解，包括障碍物检测、地图构建、位置定位等，从而实现自主导航和路径规划；②通过分析图像数据，机器人可以检测和识别出环境中的各种物体，这对于执行特定任务至关重要，如工业机器人的零件检测、智能家居中的物品识别等；③视觉传感器可以帮助机器人跟踪特定目标的位置和运动轨迹，这在很多应用中都是必要的，比如无人机追踪目标、机器人足球比赛中的足球追踪等；④视觉传感器提供的信息可以实时控制机器人的动作，例如，通过监视某一工作过程中的视觉反馈来调整机器人的位置和姿态，从而实现更精确的操作。

机器人视觉传感器的种类多种多样，常见的包括：

1）摄像头 / 相机。用于捕捉图像或视频数据，可分为 RGB 摄像头、红外摄像头、深度摄像头等。

2）红外传感器。用于检测物体的距离或温度，常用于避障和环境感知。

3）激光雷达。通过发射激光束并测量其返回时间来获取环境的深度信息，适用于建立高精度的环境地图和定位。

4）热成像传感器。用于检测物体的热量分布，常用于监测、识别和搜索任务。

这些传感器可根据不同场景和任务与机器人结合在一起，以提供更全面的环境感知和机器人控制。

2. 听觉传感器

听觉传感器在机器人领域同样扮演着重要的角色，其作用包括下面四个方面。①听觉传感器可以帮助机器人感知周围环境中的声音，识别出特定的声音源或声音模式，从而实现环境感知和定位。这对于在复杂环境中进行导航、避障和定位非常重要，例如，在嘈杂的工厂环境中检测机器故障声音或者在家庭环境中检测火灾警报声等。②听觉传感器可以捕捉和识别人类语音指令，从而实现机器人与人类之间的语音交互。这使得人们可通过语音指令对机器人进行控制，从而执行各种任务，比如智能家居中的语音控制、办公室中的语音助手等。③听觉传感器可以分析环境中的声音，识别出特定的声音模式或语音内容，从而进行情境分析和理解。这有助于机器人更好地理解当前的环境和情境，做出适当的反应和决策，比如在家庭环境中识别婴儿的哭声或者识别交通信号的声音等。④听觉传感器可监测环境中的异常声音或警报声音，及时发出警报并采取相应的措施，保障人员和设备的安全。

机器人听觉传感器的种类多种多样，常见的包括：

1）麦克风。麦克风是最常见的听觉传感器之一，用于捕捉环境中的声音信号。根据应用需求，可以使用不同类型的麦克风，如单向麦克风、立体声麦克风、阵列麦克风等。

2）声呐传感器。声呐传感器利用声波的反射来测量物体的距离和方向，可用于距离测量、障碍物检测和环境感知等。

3）激光雷达。虽然通常用于视觉传感，但激光雷达也可以用于声学定位和声呐应用，通过测量声波的返回时间来获取距离信息。

4）压电传感器。压电传感器可转换声波的振动能量为电信号，用于检测声音的强度、频率等特征。

5）声学传感器阵列。由多个麦克风组成的传感器阵列，用于定位声源、消除噪声和实现声音方向识别。

6）MEMS 麦克风。MEMS 技术制造的微型麦克风，具有小巧、低功耗和高灵敏度的特点，适用于嵌入式系统和便携式设备。

3. 触觉传感器

触觉传感器是一类能够感知物体表面接触、压力、形状或纹理等信息的传感器。它们能够转换物理接触的力、压力或形状变化为电信号，从而实现对接触状态的监测和控制。触觉传感器在机器人中有以下几方面的作用：

1）感知操作手爪与对象之间的作用力，使手爪动作适当。

2）识别操作物的大小、形状、质量及硬度等。

3）躲避危险，以防碰撞障碍物引起事故。

机器人中的触觉传感器一般包括压觉、滑觉、接触觉及力觉等。最早的触觉传感器为开关式传感器，只有 0 和 1 两个信号，相当于接通与关闭两个状态，用于表示手爪与对象的接触与不接触。

如果要检测对象的形状，就需要在接触面上安装许多敏感元件。此时，如果仍使用开关型传感器，由于传感器具有一定的体积，布置的传感器数目不会很多，对形状的识别很粗糙。一般用导电合成橡胶作为触觉传感器的敏感元件。这种橡胶在压变时其电阻的变化很小，但接触面积和反向接触电阻随外部压力的变化很大。这种敏感元件可以做得很小，一般 $1cm^2$ 的面积内可有 256 个触觉敏感元件，敏感范围达 1~100g。敏感元件在接触表面以一定形式排列成阵列传感器，排列的传感器越多，检测越精确。目前出现了一种新型的触觉传感器——人工皮肤，它实际上就是一种超高密度排列的阵列传感器，主要用于表面形状和表面特性的检测。

压电材料是另一种有潜力的触觉敏感材料，其原理是利用晶体的压电效应，在晶体上施压时，一定范围内施加的压力与晶体的电阻成比例关系。但是一般晶体的脆性比较大，作为敏感材料时很难制作。目前已有一种聚合物材料具有良好的压电性，且柔性好，易制作，可望成为新的触觉敏感材料。

其他常用敏感材料有半导体应变计，其原理与应变片一样，即应变变形原理。

4. 力或力矩传感器

工业机器人在装配、搬运、研磨等作业时需要对工作力或力矩进行控制。例如，装配时需将轴类零件插入孔中，调准零件的位置，拧动螺钉等一系列步骤，在拧动螺钉过程中需要有确定的拧紧力；搬运时机器人手爪对工件需有合理的握力，握力太小不足以搬动工件，太大则会损坏工件；研磨时需要有合适的砂轮进给力以保证研磨质量。另外，机器人在自我保护时也需要检测关节和连杆之间的内力，防止机器人手臂因承载过大或与周围障碍物碰撞而引起损坏。所以，力和力矩传感器在机器人中的应用较广。

力和力矩传感器种类很多，常用的有电阻应变片式、压电式、电容式、电感式以及各种外力传感器。力或力矩传感器都是通过弹性敏感元件将被测力或力矩转换成某种位移量或变形量，然后通过各自的敏感介质把位移量或变形量转换成能够输出的电量。

5. 距离传感器

距离传感器在机器人领域有着广泛的应用，其作用主要包括以下几个方面。①在导航和定位方面，距离传感器可以帮助机器人感知周围环境中障碍物的位置和距离，从而进行自主导航和定位。通过实时测量周围环境中的距离，机器人可以构建地图、规划路径，并准确地确定自己的位置。②在避障和碰撞检测方面，距离传感器可以帮助机器人及时发现和避免与障碍物的碰撞。当机器人接近障碍物时，距离传感器可以发出警告信号或者自动调整机器人的轨迹，以确保机器人安全地行进。③在物体检测和识别方面，距离传感器可以帮助机器人检测和识别环境中的物体。通过测量物体与传感器之间的距离，机器人可以确定物体的位置、大小和形状，从而进行目标检测、跟踪和抓取等任务。④在人机交互方面，距离传感器可以帮助机器人感知人类与机器人之间的距离和位置关系，从而实现更自然和智能的人机交互。例如，在智能家居中，距离传感器可以检测人体的位置，以触发相应的控制或反馈。以下是一些常用的距离传感器。

1）超声波传感器。超声波传感器利用超声波的反射来测量物体与传感器之间的距离，常用于测距、避障和定位等应用。它们通常具有简单、成本低廉、测距范围广等优点。

2）红外传感器。红外传感器利用红外光的反射或吸收来测量物体与传感器之间的距离。这种传感器通常用于近距离测量，例如地面检测和物体计数等。

3）激光雷达。激光雷达通过发射激光束并测量其返回时间来获取物体的距离信息。它们通常具有高精度、长距离测量能力，适用于建立精确的环境地图和定位。

4）光学测距传感器。光学测距传感器是利用光学原理来测量物体的距离，包括三角测距传感器、相位测距传感器等。它们通常具有较高的测量精度和分辨率。

5）毫米波雷达。毫米波雷达利用毫米波的特性来测量物体与传感器之间的距离，具有一定的穿透性和适应性，适用于复杂环境下的距离测量。

6）压电传感器。压电传感器可以将物体与传感器之间的压力转换为电信号，间接实现距离的测量，常用于触摸屏和压力传感应用。

距离传感器在机器人领域中扮演着重要的角色，它们为机器人提供了重要的环境感知能力，并且可以帮助机器人完成各种复杂的任务和应用场景。

6. 加速度传感器

加速度计是常用的测量加速度的传感器。但是工业机器人通常并不使用加速度计，因为在这些机器人中通常不测量加速度。然而，近几年来加速度计已开始用于线性执行机构的高精度控制和机器人的关节反馈控制。其中包括以下作用：

1）在姿态感知和控制方面，加速度传感器可以检测机器人在三个轴向（x、y、z）上的加速度，从而确定机器人的姿态和运动状态。通过实时监测加速度变化，可以实现机器人的姿态控制和稳定性维持，比如保持机器人直立、调整机器人的倾斜角度等。

2）在步态识别和步态控制方面，在人形机器人或仿生机器人中，加速度传感器可以用于识别人体的步态模式和步态周期，从而实现步态控制和人体运动仿真。

3）在冲击和振动检测方面，加速度传感器可以检测环境中的冲击和振动，从而判断是否发生碰撞或其他突发事件。这对于机器人的安全控制和环境感知至关重要。

4）手势识别和交互方面，在人机交互领域，加速度传感器可以用于检测用户的手势动作，从而实现手势识别和自然的交互方式。例如，在智能手机或智能手表中，加速度传感器常用于检测用户的摇晃动作或手势输入。

5）在振动补偿和抑制方面，在机器人的机械结构中，加速度传感器可用于检测机器人运动时的振动和振动，从而实现主动的振动补偿和抑制，提高机器人的运动稳定性和操作精度。

综上所述，加速度传感器在机器人领域具有广泛的应用，它们为机器人提供了重要的运动感知和控制能力，并且可帮助机器人实现各种复杂的任务和应用场景。

5.2.4 智能机器人控制系统

1. 运动学与动力学

发展至今，机器人种类已经很多，其最常见的两种连接拓扑为串联链式机器人和全并联机器人，而在本书中，除非特别说明，皆以最典型的串联链式机器人（六轴机器人）为模型去对运动学与动力学进行研究。并且对其描述都进行了一系列的理想化假设。构成机构的连杆，假设是严格的刚体，其表面无论是位置还是形状在几何上都是理想的。相应地，这些刚体由关节连接在一起，关节也具有理想化的表面，其接触无间隙。这些接触面的相应几何形状决定了两个连杆间的运动自由度或关节运动学。

机器人运动学与动力学是机器人领域中的重要理论基础，是后续一切研究的基础，对于机器人的设计、控制和应用具有重要的意义，它们为机器人技术的发展和应用提供了理论基础和技术支持，推动了机器人在各个领域的广泛应用和不断进步。运动学主要研究机器人运动本身，而不考虑引起运动的力 / 力矩，即机器人运动学描述的是机器人位姿、速度、加速度、位置变量以及位置变量对于时间或其他变量的高阶微分。动力学为了使机器人以预计的速度和加速度运动，关节驱动器需提供足够的力或力矩。和机器人运动学不同的是，机器人动力学不仅与其速度、加速度等运动学量有关，还与其质量、惯量、外部载荷等有关。机器人动力学主要研究两类问题：正动力学和逆动力学。

（1）运动学

1）矩阵表示。矩阵可用来表示点、向量、坐标系、平移、旋转及变换，还可以表示坐标系中的物体和其他运动部分。在机器人运动学中，矩阵是描述机器人的各关节及其末端执行器在空间中位置和方向的一种方法。主要工具是齐次变换矩阵，它结合了旋转和平移，能够描述从一个坐标系到另一个坐标系的变换。旋转和平移的结合即为位姿。

2）平移向量。平移向量可以简单地表示从一个位置到另一个位置的直线移动。特殊情况下，如果一个向量起始于原点，常用向量来表示，而在运动学中为了简便运算，常采用矩阵形式。

3）旋转矩阵。旋转矩阵是描述空间中的物体相对于原始坐标系的旋转的。具有如下特性：

① 正交性。旋转矩阵的逆矩阵等于其转置矩阵。

② 行列式。所有旋转矩阵的行列式都是 1，表示这是一个保体积的变换。

上述特性表明其是一个保长度和角度的变换。

主要有如下三种绕单一轴旋转的矩阵表示：坐标系绕 z 轴旋转角度形成的矩阵、坐标系绕 y 轴旋转角度形成的矩阵、坐标系绕 x 轴旋转角度形成的矩阵。但是，在实际的运动过程中，往往不可能是绕单一的轴进行旋转运动的，而是多个旋转串联使用。这种情况下，其旋转矩阵可通过矩阵乘法来进行组合。

因为矩阵乘法不满足交换律，矩阵的乘法顺序非常重要。旋转顺序会直接影响最终的结果。通过这些基础的旋转矩阵，可以组合出任意空间中的旋转状态，这对于精确控制机器人或其他三维系统中的物体非常关键。

4）齐次变换矩阵。前面所述是将向量表示和旋转表示独立开进行研究，但是实际工程中，机器人的运动往往是复杂多变的，是旋转和平移的综合运动。根据线性代数知识，可知这种情况下会给计算带来很多的不便。

① 矩阵求逆困难。无论是运动学还是动力学都涉及大量矩阵求逆的过程，而方阵求逆比长方形矩阵求逆简单得多。

②矩阵相乘不便。为了使两个矩阵相乘，其维数必须匹配，即矩阵的列数必须与另外一个矩阵的行数相同。

利用齐次变换，位置矢量和旋转矩阵可以用更加简洁的方式结合在一起。实际应用中，尤其是在机器人的正运动学中，每个关节的运动可通过相应的齐次变换矩阵来表示，然后通过矩阵乘法将这些变换串联起来，形成从机器人基座到末端执行器的完整变换。

5）正逆运动学。正运动学是指从机器人的关节空间描述计算笛卡儿空间描述的机器人末端执行器的位置和姿态，该问题通常是一个几何问题，给定一组关节角度，计算末端坐标系相对于基坐标系的位置和姿态。通常，在六轴机器人中，固定于机器人底座的坐标系称为基坐标系，固定于末端的坐标系称为工具坐标系。其研究的就是给定机器人末端指向位姿求解从基坐标系到工具坐标系的齐次变换矩阵。

逆运动学是指从笛卡儿空间描述下的机器人末端执行器位置和姿态反算出机器人关节空间应该达到的关节角度组合，是实现机器人控制的一个基本问题。逆运动学是一个非线性的求解问题，相对于正运动学较为复杂，主要是因为解的存在性、多重解以及多重解的选择等问题。

① 解的存在性问题。解的存在性取决于该机器人的工作空间，通俗地说，就是机器人基座固定的情况下末端执行器所能运动到的空间范围。但是，对于逆运动学，不仅要求位置矢量在工作空间内，姿态也达到要求才能算作逆运动学的解。

② 多重解问题。如果逆运动学只对位置有要求或者对欧拉角只有部分要求时，容易出现多个解的情况。这时，首先需要将所有这些解都得到。

③ 多重解的选择问题。还需根据一定的原则来选择其中的解，常用的选择原则有“最短路程”“最小能量”等。“最短行程”下的解即为在关节的运动范围内选择一组使各个关节角的变化量最小的解。根据“最短行程”的原则来选择运动学逆解时也存在多种选择方式，例如对各关节的变化量进行不同的加权，使得选择的解尽量移动靠近末端执行器的连杆。“最小能量”即选择一组使关节角变化所需能量最小的解。常见的求解方式有：迭代法、数值法。本书只对运动学作基础知识的讲解，具体求解方法可查阅其他书籍。

（2）动力学　机械臂由关节和连杆组成，关节能够对它所连接的连杆在特定方向施力，连杆则是有质量、有大小（所以惯性张量不可忽略）的刚体。由此可见，机械臂动力学的实质就是刚体动力学。

1）动力学方程。机器人动力学的两种典型方法：拉格朗日方程和牛顿 - 欧拉方程。

拉格朗日运动学中，机器人系统的拉格朗日函数是系统的动能和势能的差。动能描述了机器人系统的运动状态，势能描述了系统的位置状态。

拉格朗日方程的本质：基于系统的总能量去计算驱动力。

牛顿 - 欧拉方程的本质：基于运动和力的关系去计算驱动力，牛顿方面运用的是牛顿方程（即牛顿第二定律，描述平移运动）；欧拉方面运用的是欧拉方程（描述转动运动）。

2）正逆动力学。正动力学描述了机器人系统在给定关节状态和外部施加力矩的情况下，系统的运动行为。换句话说，正动力学解决的是“已知机器人各个关节的状态和外部力，求解末端执行器的加速度和运动轨迹”的问题。正动力学通常涉及微分方程或差分方程，以推导机器人系统在给定条件下的运动行为。逆动力学描述了机器人系统在给定末端执行器的运动轨迹和期望力矩的情况下，各个关节需要施加的力和力矩。换句话说，逆动力学解决的是“已知机器人末端执行器的运动轨迹和期望的力，求解各个关节需要施加的力和力矩”的问题。逆动力学通常涉及解决关节状态的非线性方程或使用优化算法求解。

2. 机器人驱动器分类

机器人驱动器是机器人系统中的动力系统，为机器人提供必要的动力，使其能够执行各种任务。不同类型的驱动器可以满足不同机器人系统的动力需求，包括提供旋转运动、直线运动、复杂轨迹运动等。并且通过控制输入的电信号、液压或气压信号等，使机器人的关节或执行器实现精确的运动控制。驱动器的精确控制可以帮助机器人实现精确的定位和定向，完成需要精确位置控制的任务，如装配、定位、搬运等。

早期的工业机器人大多采用液压、气动方式来进行伺服驱动。随着大功率交流伺服驱动技术的发展，目前大部分被电气驱动所代替，只有在少数要求超大的输出功率、防爆、低运动精度的场合才考虑液压和气压驱动。电气驱动无环境污染、响应快、精度高、成本低、控制方便。

电气驱动按照驱动执行元件的不同分为步进电动机驱动、直流伺服电动机驱动和交流伺服电动机驱动三种形式；按照伺服控制方式可分为开环、闭环和半闭环伺服控制系统。

当涉及机器人系统中的电气驱动时，常见的包括步进电动机驱动、直流伺服驱动和交流电动机驱动。下面将对它们进行详细讲解。

（1）步进电动机驱动　步进电动机是一种将电脉冲信号转换成相应角位移或线位移的电动机。对于步进电动机，每输入一个脉冲信号，转子就转动一个角度或前进一步。其输出的角位移或线位移与输入的脉冲数成正比，转速与脉冲频率成正比。因此，步进电动机又称脉冲电动机。实际工作中，电动机旋转的步距角会有微小的差别，主要是由电动机结构上的固定有误差产生的，而且这种误差不会积累。步进电动机在使用时不需要额外的反馈，这是因为除非失步，否则步进电动机每次转动时的角度是已知的，由于它的角度位置已知，就能精确控制电动机运动的位置。步进电动机内部实际上产生了一个可以旋转的磁场，当旋转磁场依次切换时，转子就会随之转动相应的角度。当磁场旋转过快或转子上所带负载的转动惯量太大时，转子无法跟上步伐，就会造成失步。

1）精确控制。步进电动机能够实现高精度的位置控制，适用于需精确定位的应用。

2）无需反馈系统。步进电动机在开环控制下即可实现较高的位置精度，无需使用反馈系统。

3）低成本。步进电动机结构简单，制造成本相对较低。

步进电动机驱动一般用于开环伺服系统中，这种系统没有位置反馈装置，控制精度相对较差，适用于位置精度要求不高的机器人。

（2）伺服电动机驱动　伺服电动机，按控制命令的要求、对功率进行放大、变换与调控等处理，使驱动装置输出的力矩、速度和位置控制非常灵活方便。由于它的“伺服”性能，因此它就被命名为伺服电动机。其功能是将输入的电压控制信号转为轴上输出的角位移和角速度驱动控制对象。伺服电动机一般分为两大类：直流伺服电动机、交流伺服电动机。

1）交流伺服电动机。交流伺服电动机内部转子是永磁铁，驱动器控制的 U/V/W 三相电形成电磁场，转子在此磁场的作用下转动，同时电动机自带的编码器反馈信号给驱动器，驱动器根据反馈值与目标值进行比较，调整转子转动的角度。

交流伺服电动机在没有控制电压时，定子内只有励磁绕组产生的脉动磁场，转子静止不动。当有控制电压时，定子内便产生一个旋转磁场，转子沿旋转磁场的方向旋转，负载恒定的情况下，电动机的转速随控制电压的大小而变化，当控制电压的相位相反时，伺服电动机将反转。

2）直流伺服电动机。直流伺服电动机的工作原理与普通直流电动机工作原理基本相同。依靠电枢气流与气隙磁通的作用产生电磁转矩，使伺服电动机转动。通常采用电枢控制方式，在保持励磁电压不变的条件下，通过改变电压来改变转速。电压越小转速越低，电压为零时，停止转动。因为电压为零时，电流也为零，所以电动机不会产生电磁转矩，即不会出现自转现象。

直流伺服电动机在数控系统中应用很多，但是直流伺服电动机也有一定的缺点：它的电刷和换向器易磨损；电动机最高转速的限制，应用环境的限制；结构复杂，制造困难，成本高。

交、直流伺服电动机用于闭环和半闭环伺服系统中，这类系统可以精确测量机器人关节和末端执行器的实际位置信息，并与理论值进行比较，把比较后的差值反馈输入，修改指令进给值，所以这类系统具有很高的控制精度。

3. 机器人控制算法

随着机器人技术的发展，对控制算法的研究越来越深入，许多控制算法被不断提出和改进。机器人控制算法可以帮助机器人实现各种任务目标，包括运动控制、定位导航、物体抓取、环境感知等。通过合适的控制算法，机器人可以高效、精确地完成指定的任务，提高工作效率和生产力。

目前，控制算法大致可分为传统控制算法、现代控制算法、智能控制算法三个领域。传统控制算法是指基于经典控制理论的算法，主要包括 PID 控制、位置控制和力控制等。这些算法基于线性系统理论，通过对系统的数学建模和线性控制理论进行分析，设计控制器以实现对机器人系统稳定性、性能和鲁棒性的控制。

1）传统控制算法简单易懂，容易实现和调试，广泛应用于工业机器人、自动化生产线等领域。其中，PID 控制是最常用的一种机器人控制算法，它可以很好地控制机器人的位置、速度和力等。PID 控制算法将误差（期望值与实际值之差）通过比例、积分、微分三个部分加权处理，从而得到控制量。位置控制是一种基本的机器人控制算法，通过控制机器人的关节角度来实现机器人的位置控制。力控制是一种重要的机器人控制算法，它可以控制机器人的力量和力矩。力控制算法可实现机器人的力量感知和力量控制，从而可以完成一些需要精确力控制的任务。

2）现代控制算法是指基于现代控制理论的算法，主要包括状态空间方法、最优控制、自适应控制、鲁棒性控制、模糊控制、神经网络控制等。这些算法通常涉及非线性系统、时变系统、多变量系统等复杂系统的控制问题，通过状态空间表达系统的动态行为，利用现代数学工具和优化方法设计控制器，实现对系统的精确控制和性能优化。

① 自适应控制是一种可以自动调整控制参数的控制算法。自适应控制算法可根据机器人的变化自动调整控制参数，从而提高机器人的控制精度和稳定性。

② 模糊控制是一种基于模糊数学理论的控制算法，它可以很好地处理机器人控制中的不确定性和模糊性。模糊控制算法可以实现机器人位置、速度和力量等的多种控制。

③ 神经网络控制是一种基于神经网络的控制算法，它可以自动学习机器人的控制规律并进行控制。神经网络控制算法具有较强的自适应能力和学习能力，可以适应不同的机器人控制任务。

3）智能控制算法是一种融合机器学习、人工智能等技术的控制算法，可以实现机器人的自主控制和智能决策。智能控制算法主要包括遗传算法、粒子群算法、人工免疫算法等。

① 遗传算法是一种基于生物进化过程的优化算法，可以自动搜索最优解并进行控制。遗传算法可以很好地应用于机器人路径规划、动力学控制等方面。

② 粒子群算法是一种基于群体智能的优化算法，它可以模拟群体行为进行控制。粒子群算法可以很好地应用于机器人路径规划、运动控制等方面。

③ 人工免疫算法是一种模拟生物免疫系统的优化算法，它可以自适应地搜索最优解并进行控制。人工免疫算法可以很好地应用于机器人路径规划、动力学控制等方面。

合理选择控制算法可以提高机器人系统的控制精度和性能。例如，现代控制算法可以实现对复杂系统的精确控制，智能控制算法可以根据环境变化和任务需求自适应调节控制策略，从而提高机器人的工作稳定性和准确性。智能控制算法能够赋予机器人更强的自主性和智能化，使其能够在未知环境下自主探索和决策。通过学习和优化，机器人可以逐步改进其控制策略，适应不同的工作环境和任务需求，实现更加灵活和智能的工作方式。

4. 网络技术

在工业现场，一般来说，需要不同自动化设备之间协调工作，以完成具体的工艺要求。比如 PLC 与机器人、机器人与机器人、机器人与上位机等。在工业现场应用最多，也是最典型的就是机器人与各种自动化设备之间的通信。通信配置的目的是让机器人与外部设备之间建立好“沟通”的桥梁，这样才能相互配合，完成复杂的工作过程。上述功能的实现需依赖机器人通信技术，机器人通信技术是实现机器人与其他系统或设备之间进行信息交换和协作的关键技术，主要包含两大块：网络与通信。

网络可以是集中在某一片物理区域内的，或者是分布在长距离范围上的。连接控制是网络设计的基础问题。在大量方法中，以太网协议是使用最为广泛的。以太网提供了一个具有广播能力的多连接局域网。它采用载波监听多路访问策略来解决连接问题。在 IEEE 802.x 标准中，允许每个主机在任意时间通过链接发送信息。因此，两个或更多被激活的传输请求之间可能发生冲突。冲突可通过直接感知有线网络电缆中的电压变化来检测，这种方式被称为冲突检测，或者可通过检查无线网络中一个预期声明的超时，这种方式被称为冲突回避（CSMA/CA）。如果检测到冲突，所有的发送者在重新发送前随机等待一小段时间。CSMA 有一些重要的属性：①它是一种完全的非集中式的方法；②它不要求整个网络的时钟同步；③它非常易于实现。但是，CSMA 也有缺点：①网络传输的效率不高；②传输延迟可能发生激烈的变化。

各个局域网通过路由器 / 交换机连接在一起。信息通过包的格式传递，一个包是一个若干比特的字符串，通常包含源地址、终点地址、数据包长度和校验。路由器 / 交换机根据它们的路由表分发这些包。路由器 / 交换机没有记忆这些包，这是整个网络可观测性的保证。与具体应用独立，包通常由先进先出原则进行路由。包的格式和地址与主机技术独立，这保证了可拓展性。这个路由机制给出了网络中包交换的准则。它与传统的电话网络非常不同，后者是一种回路交换。电话网络的设计是为了保证在打电话时，发送者和接受者之间建立起专用的回路。这种专用回路保证了通信的质量，但是，它要求大量的回路来保证服务质量，导致整个网络利用率不高。包交换网络不保证一对数据传输者之间的专用带宽，但它改善了总的资源利用率。Internet 作为使用最为广泛的通信媒介和网络遥操作机器人的基础设备，是一种包交换网络。

有线传输链接和无线传输链接是网络常见的两种连接方式，有线通信是指通过电缆、光缆等有线传输介质进行数据传输和通信的方法。相对于无线通信，有线通信的通信质量更稳定、更安全，信号传输的可靠性较高，传输速度也通常较快。常见的有线通信包括以太网、USB、RS-232C 等协议。针对信号需要传播多远、覆盖多广、室内部署与室外部署的区别，这些问题最简单的方法就是通过用法来对技术进行分类。

5. 通信技术

机器人通信可通过多种方法来实现，主要取决于通信的目的、环境条件和要求。以下是机器人通信常见的方法：

（1）有线通信

1）以太网（Ethernet）。通过以太网技术连接机器人和网络，实现高速、稳定的数据传输。常用于工业机器人、自动化生产线等场景。

2）串口通信。使用串口（如 RS-232、RS-485 等）进行数据传输，适用于连接传感器、执行器等外部设备。

3）CAN（Controller Area Network）总线。用于连接机器人内部的传感器和执行器，实现实时数据交换和控制。

（2）无线通信

1）Wi-Fi。通过 Wi-Fi 技术实现机器人与局域网或互联网的无线连接，适用于远程监控、控制和数据传输。

2）蓝牙（Bluetooth）。用于机器人与智能手机、平板计算机等设备之间的短距离无线连接，适用于人机交互、远程控制等场景。

3）Zigbee。用于构建低功耗、短距离的无线传感器网络，适用于机器人团队协作和环境监测等应用。

（3）传感器网络通信

1）Modbus。一种通信协议，常用于连接传感器和控制器之间的数据交换和控制。

2）OPC UA（开放平台通信统一架构）。用于工业自动化领域的通信协议，支持不同厂商、设备之间的数据交换和通信。

（4）其他通信

1）机器人操作系统（Robot Operating System，ROS）。一种用于机器人软件开发的开源机器人操作系统，提供了丰富的通信工具和协议，支持机器人之间的信息交换和协作。

2）云服务（Cloud Services）。如 AWS（亚马逊网络服务）、Azure、Google Cloud 等，通过云平台实现机器人与云端的数据交换和存储，支持远程监控、诊断和调度等功能。

这些通信方法各有特点，根据具体应用场景和需求选择合适的通信方法，可实现机器人系统的高效运行和应用。

5.2.5　智能机器人协作系统

1. 协作控制技术概述

机器人技术出现不久，科学家就开始了对机器人协作系统的探索。该研究可追溯至 20 世纪 70 年代和 20 世纪 80 年代，主要是源于单臂机器人作业中的典型受限问题。事实证明，单臂机器人难以完成的任务可由两个或两个以上的机器人合作完成。由此，发展机器人协作系统解决方案最常见的动机有：

1）任务复杂度太高以至于单个机器人完成不了。

2）任务具有内在的分布式属性。

3）建造几个资源受限型机器人比单个功能强大的机器人要容易得多。

4）利用平行算法，多机器人能够更快解决问题。

5）引入多机器人系统通过冗余度增加鲁棒性。

总的来说，假定单个机器人拥有最低限度的功能，因此凭自身完成有意义的实际任务的能力很低。但是，与其他类似的机器人组合到一起后，它们能够协作完成团队层次的任务。理想情况下，整个团队能比机器人单独工作取得更多成效（即超加性，意味着总体大于单个部分的简单相加）。

协作机器人的出现和研究旨在解决现存问题并开展其在柔性制造系统及不良结构环境中的应用。随着计算机技术、人工智能、机器人技术以及网络通信的快速发展，这一领域得到了显著的进步。

协作控制是指多个机器人或智能体在执行任务时相互协作、协调以实现共同目标的技术。这种技术在各种领域都有广泛应用，包括工业生产、无人机编队飞行、医疗手术、物流系统等。其核心在于实现多个智能体之间的通信、信息共享和任务分配。下面是对协作控制相关技术的简述。

1）通信与信息共享。多个智能体之间需建立通信渠道，以便实时传递信息、数据和指令。通过通信，智能体可以了解其他智能体的状态、目标和行动，从而做出相应的调整和决策。

2）协调与合作。在协作控制中，智能体之间需相互协调与合作，共同完成任务。这涉及任务分配、路径规划、动作同步等方面的问题。协调与合作可通过集中式或分布式的方式来实现。

3）冲突解决。在多智能体系统中，可能会出现资源竞争、路径交叉等冲突情况。协作控制技术需设计相应的冲突解决机制，确保系统能高效、安全地运行。

4）自组织与自适应。协作控制技术还可以借鉴自组织和自适应的思想，使系统能根据环境变化和任务需求自动调整策略和行为，提高系统的灵活性和适应性。

总而言之，协作控制技术涉及通信技术、控制理论、人工智能等领域。通过合理设计和应用协作控制技术，可以提高系统的效率、安全性和鲁棒性，推动智能化系统在各个领域的应用和发展。

2. 协作机制与策略

机器人协作机制与策略是指在多机器人系统中，不同机器人之间或机器人与环境之间的协调与合作，以实现共同任务的高效执行。这种协作通常涉及多个机器人之间的通信、协调、分工和协作决策。以下是机器人协作机制与策略的一些关键要素：

1）分布式决策。每个机器人根据自身的局部信息和任务分配，自主做出决策，同时考虑整体任务的优化。这种机制使得机器人能够快速适应环境变化，提高系统的灵活性和可靠性。

2）协调控制。通过同步或异步控制，确保机器人在执行动作时保持一致或独立。在同步控制中，机器人需要保持一致的速度或相对位置，在异步控制中，机器人可以独立地执行任务。

3）任务分配与协调。采用分布式决策或层次结构，根据每个机器人的能力和任务需求，动态分配任务，避免重复劳动，同时确保任务的均衡和高效完成。

4）信息共享。机器人之间需通过无线或有线通信方式共享信息，如传感器数据、状态信息和任务指令，确保信息的可靠传输和处理。这有助于提高机器人的环境感知和协作能力。

5）冲突解决。当多个机器人试图执行同一任务或存在避障冲突时，需要有冲突解决策略，如优先级设定、避障算法或协商机制。

6）机器学习与自适应性。通过机器学习，机器人可以学习如何更好地协作和适应新任务，根据环境变化和任务需求调整策略。

除了以上要素，机器人的总体控制体系结构对机器人之间的协作也有重要影响。协作机器人体系结构的基本组成部件与单个机器人系统相同，但是协作机器人系统必须处理机器人的交互以及如何从队伍中单个机器人的控制体系结构来产生群体的行为。其体系结构有几种不同的分类标准，最常见的是集中式、分层式、分布式和混合式。

1）集中式体系结构从单个控制点协同整个队伍，这在理论上是可能的，但是，由于对单个失效点很脆弱，并且以适合实时控制的频率将整个系统的状态传回中央处理单元的难度很大，该结构在实际使用中通常并不切实际。在与此类结构有关的应用中，从中央控制器可以很方便地观察各机器人，并能够很容易地广播群组消息供所有机器人遵循。

2）分层式系统结构对某些应用是实用的。在这种控制方法中，每一个机器人监督相对较少的一组机器人的行动，而该组中的每一个机器人又依次监督另外一组机器人，以此类推，直至仅仅只执行本身任务的最底层的机器人。这种结构比集中式方法能更好地缩放，类似于军事上的命令与控制。分层式控制体系结构的一个局限是当控制树中处于高层的机器人失效时，复原很困难。

3）分布式控制体系结构是多机器人队伍最常用的方法，通常只需机器人基于对本地情况的了解来采取行动。这种控制方法对失效有高度的鲁棒性，因为机器人不需要负责控制另外的机器人。但是，要在这些系统中获得全局一致性很困难，因为高层的目标必须整合到每一个机器人的本地控制，如果目标改变则很难修改单个机器人的行为。

4）混合式控制体系结构结合本地控制与高层次控制方法来获得鲁棒性和通过全局目标、计划或控制来影响整个团队行为的能力。许多机器人控制方法应用了混合式系统结构。

总而言之，机器人的协作机制和策略包括很多方面，涉及机器人协作系统的算法、体系结构、控制方法、学习等方面的内容，这些协作策略的设计和实施需综合考虑机器人的硬件能力、软件算法、通信技术以及任务需求的复杂性。通过优化这些机制，协作机器人系统能执行更复杂的任务，如搜索与救援、制造业装配线、物流分拣等，提高整体效率和性能。随着技术的进步，未来的机器人协作将更加智能、灵活和高效。

3. 协作通信方式

单个机器人通常除周围信息外并不能意识到系统中其他机器人的行动，而智能机器人在协作过程中需要进行有效的通信，以便共享信息、协调行动、避免冲突等。

在多机器人系统研究中有一个基本假设，即使机器人缺乏完整的全局信息，通过机器人之间的交互也可以获得全局连续的有效解。但是，要获得这些全局连续解需要机器人获取有关同伴的状态或者行动信息。该信息可通过很多方法获得，三种最常见的方法如下：

1）利用环境中的内在通信（称为间接通信），机器人通过对环境的作用来感知同伴的行动效果。

2）被动行为识别，机器人利用传感器直接观测同伴的行动。

3）显式通信，机器人通过某些主动方式，例如无线电，有目的地直接交流相关信息。

上述每一种在机器人之间交换信息的机制各有利弊。间接通信方法的吸引力在于它很简洁，不依赖固定的信道和协议。但是，它受限制于机器人的环境感知反映任务显著状态的程度，该任务是机器人队伍必须要完成的。被动式行为识别的吸引力在于它不依赖于有限的带宽和容易出错的通信机制。内在协同方面，它受限于机器人成功理解传感器信息的程度，以及分析机器人同伴行为的难度。最后，显示通信方法的吸引力在于机器人能够直接和容易地意识到同伴的行为和/或目标。显式通信在多机器人中主要用来对通信进行协同，交换信息，以及机器人之间的协商。显式通信可处理隐藏状态问题，有限的传感器不能区分环境的不同状态，而这些状态对于任务性能极为重要。但是，显式通信的故障包容度和可靠性有限，因为它通常依赖于一个嘈杂且带宽有限的信道，而不能持续地连接机器人队伍中的所有成员。因此，使用显式通信的方法必须提供处理通信失效与消息丢失的机制。

设计阶段在协作机器人队伍中选择合适的通信，取决于协作机器人所要完成的任务。需仔细考虑替代通信方案的成本和好处，来决定能够可靠获得所需系统性能的方法。通过以上不同的协作通信方式，智能机器人可以实现高效的协作、信息共享和任务执行，从而更好地适应各种复杂环境和任务需求。

4. 感知与环境识别

（1）感知　感知过程的输入通常有两种：①来源于各种传感器/转换器的数字信号；②不完整的环境模型（世界模型），包含机器人和外部世界中其他相关实体的状态信息。传感器数据本身可以是多种不同的格式。许多情况下，系统必须融合来自多个传感器的数据，例如，估计移动机器人的位置需融合来自于转轴编码器、视觉系统、全球定位系统（GPS）和惯性传感器的数据。

为进一步组织讨论，采用感知过程通用模型。该模型包括了适用于利用世界模型融合传感器数据的最常用操作。针对所讨论的任务，某些模块可能缺席，而另外一些模块自身可能包含复杂的结构。但是，所提供的模型足以解释传感与预测中的许多问题。

传感器处理的初始问题是数据预处理和特征提取。预处理的目的是降低转换器的噪声，移除任何系统化误差，优化数据的相关属性。在某些情况下，传感器信息需要在时域或空域进行校准以进行下一步的融合。有很多种方式可预处理数据，以优化或者提取特征用于数据融合。常用的一种方法是模型匹配。一旦传感器信息可用，通常需要将数据与已有的模型进行匹配。该模型可能基于一个预知的结构，或者由之前获取的数据所建立。数据关联方法通常用于估计传感器数据与环境模型之间的关系。在移动机器人定位范例中，所提取的直线特征与一个多边形世界模型相匹配。该匹配过程可由几种不同方式进行，但是总体上，它是一个以最大化特征与模型之间的校准为目标的优化问题。

传感器数据与世界模型匹配之后，可利用传感器数据所包含的信息来更新模型。最后，设计一个动态系统模型来模拟待估计的相关状态是有可能的。通过这样的系统模型，在获取新的传感器数据之前预测环境随时间的变化是可能的。该方法可用于前馈型预测过程，并可以反过来简化新的传感器读数的数据关联。

（2）识别　无论机器人执行什么任务，它必须知道物体在环境中的位置并且识别相关的物体、空间结构与发生的事件。视觉提供了很多关于周围环境的信息，所以基于视觉的识别对机器人来说是一种基本能力。一般意义的视觉识别是一件很难的事情。在没有其他约定条件下，单是定义物体的构成就很复杂。如果再加上物体的分类，这个问题将更加复杂。目标识别是计算机视觉中一个重要的问题，为了解决识别问题，研究者提出了很多方法，但是还有很多的问题亟待解决。

幸运的是，在许多情况下，机器人不需要解决很复杂的目标识别与分类问题。确切地说，机器人的任务通常是寻找已知或者已见到过的物体，比如在目标跟踪、导航与操纵中的应用，还有一些情况会涉及地标的识别、道路等特殊结构的识别。这些任务都包含目标识别，但主要工作是计算不同图像间或图像与已知模型间的相关性。还有一些任务是判断物体的类别和属性，道路识别就属于这个范畴。物体的分类是一个更加困难的问题。通常意义的分类问题当然还包括对各个类别的定义，但是这不在本书讨论的范围之内。

关于基于计算机视觉的目标识别与分类的文献有很多，自从计算机视觉诞生那天起就提出了大量的方法。随着时间的流逝，有些方法被完善，有些方法被遗忘。比如，基于纯统计的模式识别方法在早期很受欢迎，在 20 世纪 70 年代，由于三维重建与物理几何模型的备受关注，统计的方法被忽视，但是随着计算机技术的强大和其在机器学习中的优势，该方法又被重新重视起来。

定位是移动机器人的根本问题，它包括持续的位姿估计与全局定位两方面，有时也被称为“机器人绑架”问题。视觉是基础的技术形式，而它们的适用方式在很大程度上取决于其他可用信息的类型。无论何种情况，应用视觉可以解决地标的检测和识别，还有全局定位问题，而且包括物体识别和图像检索的很多方面。因此，前面章节介绍的一些技术也可以应用到这些情况中。

SIFT（尺度不变特征变换）的关键点和特征已经被 Kosecka 应用，他们通过识别地点完成了室内的全局定位，并且用 HMM（隐马可夫模型）方法从地图中的邻近关系寻找信息。Wolf 等人在其发表的文献中提出了相似的方法。其他人也已经用直方图描述场景，如 Ulrich 和 Nourbakhsh 计算全方位摄影图像的彩色直方图，并且与存储的图像匹配，得到一个拓扑地图的预测。这样，通过一个简单投票过程可以得到接近实时的性能。这个方法被成功地应用于室内外环境中。Davidson 和 Murray 遵循 Bajcsy 的主动知觉模式主动地利用可控摄像机寻找室内目标。

学习是地点识别的中心问题。在大多数情况下需要一些训练图像使机器识别更加鲁棒。此外，在识别过程中，也可以利用地图信息或近似的位置信息。Ramos 提出一种贝叶斯方法来解决这些问题。他们的方法需要训练的图像很少，一般是 3~10 个，并且不依靠地图。图像被分为很多小块，世界环境被认为是一个很多地点的集合，每个地点都有一个概率性的描述，在接近实时的时间里进行匹配。他们首先在场景中的一个小块描述上进行降维处理，然后通过期望最大化算法，在一系列线性混合模型的结果中提取出一个生成性的概率模型。

5. 运动规划与避障

运动规划是一个寻找从开始状态到目标状态的机器人运动的问题，要避免触碰到环境中的障碍物，同时需满足其他约束条件，如关节极限或扭矩极限。运动规划是机器人学中最活跃的研究领域之一。

运动规划提出了两个问题：一是无碰撞容许路径（决策问题）的存在，二是这样的路径的计算（完成问题）。

运动路径规划方法的目的是要计算在满足车辆限制规定的前提下达到目标构型的无碰撞轨迹。首先已经建立了一个机器人和场景的完美模型。这些方法的优点是提供了全局路径规划的解决方案。然而，当周围环境是未知和不可预测时，这些方法就会失效。

解决路径规划的补充方法是避障。避障的目标是在运动中，避开传感器检测到的障碍从而无碰撞地移动到目的地。反应式避障的优点是引入控制回路内的传感器信息来计算路径，采取与最初规划不符的应急措施来避开障碍物。

在现实世界中主要考虑局部情况。在这种情况下，如果全局的推理是必需的，情况可能会非常复杂。尽管如此，用避障技术来处理未知和不断变化的环境非常必要。

如果能简单地把操作臂的期望目标点告诉机器人系统，让系统自行决定所需中间点的数量和位置，以使操作臂到达目标而不碰到任何障碍，这将是一件非常好的事情。为此须要有操作臂的模型、工作区域以及区域内所有潜在的障碍。如果该区域还有一个工作臂在工作，那么每个机械臂都应该把对方视作障碍。

无碰撞路径规划系统尚未在工业上获得商业应用。此领域的研究形成了两个主要的相互竞争的技术以及两者的若干变形和综合技术。第一种解决问题的方法是做出一个用于描述无碰撞空间的连接图，然后在该图中搜索无碰撞路径。然而，这些技术的复杂性随着操作臂的关节数量增加而按指数幅度增加。第二种方法是在障碍周围设置人工势场，以使操作臂被拉向在目标点处设置的人工吸引极点的同时避免碰上障碍。然而，这些方法通常只考虑了局部空间，因而会在人工势场区域的某个局部极小区被“卡”住。

接下来介绍一下避障技术的分类以及具有代表性的避障方式，首先有两大类：一类是运动计算在一步中，另一类是运动计算在多步中。一步方式直接降低了传感器信息对运动的控制。下面为其两种类型：

1）启发式方法。这是第一个应用于依靠传感器控制运动的方式，主要起源于经典规划方式，这里不再讨论。

2）物理类比方式。这是把避障类比为物理问题，其他的为某种不确定模型的变异或其他类比方式。

多步模式计算一些中间信息，这些中间信息已经处理得几乎能得到运动结果了。

1）子集控制模式。计算一系列中间运动控制，进而选择其中之一作为控制结果。可分两种类型：①计算运动方向子集模式；②速度控制子集计算模式。

2）最后，还有一些模式是通过计算高标准的信息得到中间信息，再把这种中间信息转换成运动控制。

所有这些列出的模式都存在利弊，这取决于导航环境，如不确定的障碍情景、高速运动、在限定或混乱的空间中运动等，不幸的是没有行之有效的衡量某一模式质量的标准。

5.3 智能机器人的设计与生产

5.3.1 机器人减速器

1. RV（旋转矢量）减速器

RV 减速器由一个行星齿轮减速器的前级和一个摆线针轮减速器的后级组成。RV 齿轮通过滚动接触减少磨损，延长使用寿命；摆线设计的 RV 齿轮和针齿轮结构进一步减少了齿隙，可以获得比传统减速器更高的耐冲击能力。此外，RV 减速器具有结构紧凑、扭矩大、定位精度高、振动小、减速比大、噪声低、能耗低等优点，广泛应用于工业机器人。

（1）RV 减速器结构形式 RV 减速器主要由直齿轮、行星轮、曲柄轴、转臂轴承、RV 齿轮、针轮、刚性盘及输出盘等零部件组成。

1）齿轮轴。齿轮轴用于传递输入功率，且与行星轮互相啮合。

2）行星轮。它与转臂（曲柄轴）固联，均匀地分布在一个圆周上，起功率分流的作用，即将输入功率传递给摆线针轮行星机构。

3）曲柄轴。曲柄轴是 RV 齿轮的旋转轴。它的一端连接行星轮，另一端连接支承法兰，采用滚动轴带动 RV 齿轮产生公转，又支承 RV 齿轮产生自转。滚动接触机构起动效率优异、磨耗小、寿命长、齿隙小。

4）RV 齿轮（摆线轮）。RV 齿轮的目的是实现径向力的平衡并提供连续的齿轮啮合。在该传动机构中，一般应采用两个完全相同的 RV 齿轮，分别安装在曲柄轴上，且两 RV 齿轮的偏心位置相互成 180°。

5）针轮。针轮与机架固连在一起成为针轮壳体，在针轮上安装针齿，其间隙小，耐冲击力强。所有针齿以等分分布在相应的沟槽里，并且针齿的数量比 RV 轮齿的数量多一个。

6）刚性盘与输出盘。输出盘是 RV 型传动机构与外界从动工作机相连接的构件，输出盘与刚性盘相互连接成为一个双柱支承机构整体，输出运动或动力。在刚性盘上均匀分布转臂的轴承孔，而转臂的输出端借助轴承安装在刚性盘上。

（2）RV 减速器工作原理 RV 减速器由两级减速组成。

1）第一级减速。伺服电动机的旋转经由输入花键的齿轮传动到行星齿轮，从而使速度减慢。如果输入花键的齿轮沿顺时针方向旋转，那么行星齿轮公转的同时还沿逆时针方向自转，而直接与行星齿轮相连接的曲柄轴也以相同速度旋转，作为摆线针轮传动部分的输入。所以，伺服电动机的旋转运动由输入花键的齿轮传递给行星轮，进行第一级减速。

2）第二级减速。由于两个 RV 齿轮被固定在曲柄轴的偏心部位，所以当曲柄轴旋转时，带动两个相距 180° 的 RV 齿轮做偏心运动。

RV 齿轮绕其轴线公转的同时，由于 RV 齿轮在公转过程中会受到固定于针齿壳上的针齿的作用力而形成与 RV 齿轮公转方向相反的力矩，于是形成反向自转，即顺时针转动。此时，RV 齿轮的轮齿会与所有的针齿进行啮合。曲柄轴完整地旋转一周，可使 RV 齿轮旋转一个针齿的间距。利用两个曲柄轴可使 RV 齿轮与刚性盘构成平行四边形的等角速度输出机构，将摆线轮的转动等速传递给刚性盘及输出盘，完成第二级减速。总减速比等于第一级减速比乘以第二级减速比。

（3）摆线针轮修形原理　RV 减速器中的摆线针轮修形原理涉及使用摆线曲线设计行星轮的齿形，以优化齿轮的啮合性能和提高整个减速器的效率及寿命。摆线曲线是通过一个圆（滚子）在另一个固定圆（基圆）内部或外部滚动而生成的轨迹。因为它能提供非常平滑的齿轮接触和持续的力传递，故该曲线常用于高负载和高精度的传动系统。

RV 减速器中，行星轮通常设计成摆线形状的齿轮。这样的设计可以显著减少齿轮啮合时的冲击力和振动，因为摆线形状允许齿轮在接触点逐渐接触和分开，与常规的直齿或斜齿轮相比，摆线齿轮的接触是连续而不是点对点的。这种连续接触有助于分散啮合过程中产生的应力，从而降低了齿轮磨损和延长了减速器的使用寿命。

此外，摆线针轮的形状能够在齿轮整个宽度上均匀分布载荷。这种均匀的载荷分布可以提高齿轮的承载能力，减少因应力集中而导致的疲劳损伤。对于 RV 减速器，这意味着能够实现更高的减速比，同时保持低背隙和高精度，这对于精密控制的应用场合如机器人和精密机械装备尤为重要。

制造过程中，行星轮的齿形通过高精度的加工技术进行修形，确保摆线曲线的精确形状和功能实现。再使用高精度数控机床或特殊的磨齿机进行齿轮的修形，以达到所需的精确度和齿轮性能。

（4）减速器材料与加工　RV 减速器作为广泛应用于需要高精度和高扭矩输出领域的精密机械装置。为了满足这些装置的严格要求，RV 减速器的材料选择和加工工艺必须保证高标准的质量和性能。

在材料选择方面，RV 减速器的关键部件通常选用高强度合金钢，如 SCM420、SCM435 等，这些材料具有出色的力学性能和耐磨性，它们提供了必要的硬度和耐久性，使得齿轮能够承受连续的高负载操作而不损坏。除了合金钢，部分高性能的 RV 减速器可能使用高碳钢或特殊的镍基合金来进一步提高耐磨性和耐蚀性。外壳材料通常选择铝合金或铸铁，铝合金因其轻质和足够的机械强度而适用于动态负载较大的应用，而铸铁则提供额外的刚性和减振性，适合承受较大载荷的情况。

在加工技术方面，RV 减速器的制造涉及多种精密加工步骤。齿轮的制造尤其关键，为确保齿形的精确和一致性，通常需经过高精度的数控机床加工。这些齿轮在加工后还需经过严格的热处理过程，如渗碳、淬火和回火，这些热处理步骤可以显著提高齿轮的表面硬度，同时保持内部材料的韧性，以应对高速运转和变负载的要求。此外，齿轮和其他关键部件在热处理后还需进行精密的磨削和表面精加工，这不仅可以消除热处理可能引入的微小变形，也有助于提高部件的整体尺寸精度和表面粗糙度。

（5）减速器检测与装配　RV 减速器的检测与装配是确保其高性能和可靠性的关键过程，涉及一系列精密和系统的步骤。装配开始之前，所有的零部件都需经过严格的质量检验，包括尺寸精度、材料特性以及表面处理质量的检查。这些检查确保了所有组件都符合设计规格，任何不合格的部件都将被剔除，以避免后续装配过程中引入潜在的故障。

RV 减速器的装配过程中，每一步都必须在精确控制的环境中进行，以防其他因素影响减速器的性能，通常是在温度和湿度都受控的无尘室内。装配时首先是主轴的安装，然后是齿轮的啮合调整，最终是外壳的封装。这一过程中，要使用专门的工具和仪器来确保所有部件的正确位置和预加载力的精确设置，预加载力的准确性对于保证减速器长期运行的可靠性和效率至关重要。

完成装配后，RV 减速器进入检测阶段，包括运行测试和性能评估。运行测试确保减速器在实际运行条件下的表现符合预期，通常为在设定好负载和速度条件下的连续运行，以检测其动态特性如噪声水平、振动和温升。性能评估则更加关注减速器的输出精度和反应时间，以确保它们达到了设计标准。此外，还会进行额外的检测，如密封性测试和耐久性测试，以验证减速器在长期使用中的可靠性和耐用性。

2. 谐波减速器

谐波减速器是一种依靠弹性变形运动来实现传动的新型机构，它突破了机械传动采用刚性构件机构的模式，使用一个柔性构件来实现机械传动。它传动比大，结构紧凑，常用于中小型机器人。

（1）谐波减速器结构形式　谐波减速器主要由刚轮（Circular Spline）、柔轮（Flex Spline）、谐波发生器（Wave Generator）三个基本部件构成。刚轮、柔轮、谐波发生器三个基本部件，可任意固定其中的一个，其余两个部件中的一个连接输入轴（主动输入），另一个即可作为输出（从动），实现减速或增速。

1）刚轮。刚轮是一个圆周上加工有连接孔的刚性内齿圈，其齿数比柔轮略多（一般多 2 个或 4 个）。当刚轮固定、柔轮旋转时，刚轮的连接孔用于连接壳体；当柔轮固定、刚轮旋转时，连接孔可用于连接输出轴。

为了减小体积，在薄形、超薄形或微型谐波减速器上，刚轮有时和减速器的 CRB（交叉滚子轴承）设计成一体，构成谐波减速器单元。

2）柔轮。柔轮是一个可产生较大变形的薄壁金属弹性体，它既可以被制成水杯形，也可被制成礼帽形、薄饼形等其他形状。弹性体与刚轮啮合的部位为薄壁外齿圈；水杯形柔轮的底部是加工有连接孔的圆盘；外齿圈和底部间利用弹性膜片连接。当刚轮固定、柔轮旋转时，底部安装孔可用于连接输出轴；当柔轮固定、刚轮旋转时，底部安装孔可用于固定柔轮。

3）谐波发生器。谐波发生器一般由凸轮和滚珠轴承构成。谐波发生器的内侧是一个椭圆形的凸轮，凸轮的外圆上套有一个能产生弹性变形的薄壁滚珠轴承，轴承内圈固定在凸轮上，外圈与柔轮内侧接触。凸轮装入轴承内圈后，轴承将产生弹性变形，而成为椭圆形。谐波发生器装入柔轮后，它又可迫使柔轮的外齿圈部位变成椭圆形；使椭圆长轴附近的柔轮齿与刚轮齿完全啮合，短轴附近的柔轮齿与刚轮齿完全脱开。当凸轮连接输入轴旋转时，柔轮齿与刚轮齿的啮合位置可不断变化。

（2）谐波减速器工作原理　假设旋转开始时刻，谐波发生器椭圆长轴位于 0° 位置，这时，柔轮基准齿和刚轮 0° 位置的齿完全啮合。当谐波发生器在输入轴的驱动下顺时针旋转时，椭圆长轴也将顺时针回转，使柔轮和刚轮啮合的齿也顺时针转移。

假设谐波减速器的刚轮固定、柔轮可旋转，由于柔轮的齿形和刚轮完全相同，但齿数少于刚轮（如相差 2 个齿），当椭圆长轴的啮合位置到达刚轮 –90° 位置时，由于柔轮、刚轮所转过的齿数必须相同，故柔轮转过的角度将大于刚轮；如刚轮和柔轮的齿差为 2 个齿，柔轮上的基准齿将逆时针偏离刚轮 0° 基准位置 0.5 个齿。进而，当椭圆长轴的啮合位置到达刚轮 –180° 位置时，柔轮上的基准齿将逆时针偏离刚轮 0° 基准位置 1 个齿；而当椭圆长轴绕柔轮回转一周后，柔轮的基准齿将逆时针偏离刚轮 0° 位置一个齿差（2 个齿）。

这就是说，当刚轮固定、谐波发生器连接输入轴、柔轮连接输出轴时，如谐波发生器绕柔轮顺时针旋转 1 转（ –360° ），柔轮将相对于固定的刚轮逆时针转过一个齿差（2 个齿）。因此，假设谐波减速器的柔轮齿数为 Z_f、刚轮齿数为 Z_c，柔轮输出和谐波发生器输入间的传动比为

$$i_1=\frac{Z_c-Z_f}{Z_f}$$

同样，如谐波减速器的柔轮固定、刚轮可旋转，当谐波发生器绕柔轮顺时针旋转 1 圈（ –360° ）时，由于柔轮与刚轮所啮合的齿数必须相同，而柔轮又被固定，因此，将使刚轮的基准齿顺时针偏离柔轮一个齿差，偏移角度为

$$\theta=\frac{Z_c-Z_f}{Z_c}\times 360^\circ$$

因此，当柔轮固定、谐波发生器连接输入轴、刚轮作为输出轴时，其传动比为

$$i_2=\frac{Z_c-Z_f}{Z_c}$$

即谐波减速器的减速原理。

相反，如果谐波减速器的刚轮被固定，柔轮连接输入轴，谐波发生器作为输出轴，则柔轮旋转时，将迫使谐波发生器的椭圆长轴快速回转，起增速的作用。同样，当谐波减速器的柔轮被固定，刚轮连接输入轴，谐波发生器作为输出轴时，刚轮的回转也可迫使谐波发生器的椭圆长轴快速回转，起到增速的作用。这就是谐波减速器的增速原理。

（3）谐波减速器材料与加工　谐波减速器是一种利用弹性变形来传递扭矩和减速的精密机械装置，广泛应用于高精度领域，如机器人手臂和航空航天。谐波减速器的核心部件包括波发生器、柔轮（波动盘）、刚轮（内齿圈）等，每个部件的材料选择和加工工艺都至关重要，直接影响到谐波减速器的性能和寿命。

谐波减速器的柔轮通常使用高强度的弹性材料如特殊合金钢或钛合金制成，这些材料能够承受反复的弹性变形而不发生疲劳断裂。柔轮的制造过程需高精度的加工技术，以确保其形状精确，以保持良好的啮合效果和低噪声运行。柔轮表面经常会进行表面强化处理，如渗碳或氮化，以提高其表面硬度和耐磨性。

刚轮作为谐波减速器中的内齿圈，通常采用耐磨性更强的材料，如高碳钢或高强度钢。刚轮的加工精度对整个减速器的性能尤为关键，因为所有齿轮的啮合精度直接影响到减速器的传动效率和噪声水平。刚轮的制造通常包括精密铣削和磨削工序，确保齿形精度和表面平整度。

波发生器通常使用高弹性和高强度的材料，如由特殊合金或复合材料制成，以确保其在

运动过程中能够有效地传递动力并驱动柔轮产生预定的波动。波发生器的加工也需要高精度的技术，如高精度模具和专业的橡胶加工技术，以确保其尺寸和形状的精确，保证运行中的稳定性和效率。

（4）谐波减速器检测与装配　在谐波减速器的装配过程中，首先是波发生器的准备，波发生器通常包括一个椭圆形的金属核心和覆盖其上的高弹性橡胶层。先将椭圆形的金属核心装配到一个特制的支架或夹具上，然后套上橡胶层，确保橡胶完全贴合并均匀覆盖金属核心。然后是柔轮的装配，柔轮是由高强度的金属制成的，表面有精密加工的齿轮。装配柔轮之前，需要对其进行详细检查，确保齿轮没有缺陷，齿形精确。柔轮装配时要小心放入波发生器中，确保柔轮的齿轮与波发生器的椭圆形轮廓对齐。接着是刚轮的安装，刚轮通常固定在减速器的外壳或机架上。刚轮内侧有齿轮，这些齿必须与柔轮的齿完美啮合。安装刚轮时，要精确调整其位置，确保与柔轮的齿轮无干涉且对齐精准。最后是整体组装，在波发生器、柔轮和刚轮安装完成后，将这些组件整合到减速器的外壳中。这一步需要非常小心，防止任何部件受损。整个组装过程中，还需确保所有的密封件和轴承正确安装，以保证减速器的密封性和平滑运行。

装配完毕后，需要对谐波减速器进行适当的润滑，以减少摩擦、降低磨损和延长设备寿命。装配完成后，进行初步的手动旋转测试，检查是否有异常噪声或摩擦，确保所有部分都正确啮合。

装配后，谐波减速器将经过一系列的测试，验证其性能是否达到了设计要求。这些测试包括负载测试、速度测试、精度测试和耐久性测试。负载测试检查减速器在承受最大额定负载时的表现；速度测试则确保减速器在不同速度下都能保持稳定的性能；精度测试主要检测减速比和输出轴的精确性；而耐久性测试则模拟长期运行的磨损和老化情况，确保减速器能在长时间运行中保持性能和可靠性。

除了这些性能测试，还会进行噪声和振动的检测，这对于评估减速器的工作平滑性和适用性非常重要。

5.3.2　机器人控制器

1. 控制器硬件平台

工业级机器人控制器硬件架构一般分为基于工业 PC 平台和基于嵌入式平台两种方式，各具特点适用于不同的应用场景和需求。

（1）基于工业 PC 平台的硬件架构　基于工业 PC 平台的硬件架构采用 X86 架构的处理器，具有强大的计算能力和灵活性，常见于欧系控制器和国内新兴机器人控制器厂家。

实现方式：可分为一体化和分布式两种形式。在一体化方式中，人机交互界面、NCK（数控内核）和 PLC 模块共享一个 X86 平台；而在分布式方式中，示教器、人机交互界面独占一个 X86 处理器 / 或嵌入式平台，通过通信与 NCK、PLC 模块进行数据通信。

（2）基于嵌入式平台的硬件架构　基于嵌入式平台的硬件架构采用 ARM（先进精简指令微处理器）或 DSP（数字信号处理器）等低功耗、高性能的处理器，适用于对实时性要求较高的场景，常见于日系控制器和有数控背景的厂商。

特点：通常采用分布式结构，通过多个处理器协同工作来实现复杂的控制任务和实时性要求。

（3）控制器硬件平台的关键要求　选择控制器硬件平台时，需考虑以下关键要求：

1）可靠性。机器人硬件系统必须具有高度的可靠性，以确保机器人稳定运行，避免因硬件故障导致生产中断或安全事故。

2）实时性。对于工业生产应用，机器人的硬件系统需要具备高的实时性，以保证机器人能够快速响应并执行任务，确保生产线的高效率和稳定性。

3）扩展性。机器人的硬件系统应具有良好的扩展性，能够支持未来生产应用中可能出现的新技术和功能需求，为用户提供持续的技术升级和改进。

4）维护性。机器人的硬件系统应具有良好的维护性，能够在低成本下进行维护和保养，确保机器人能够长期稳定运行，并达到良好的成本效益。

综上所述，选择适合的控制器硬件平台需综合考虑机器人的应用场景、性能需求以及未来的技术发展方向，确保机器人系统具有高效稳定地运行性能和良好的成本效益。

2. 控制系统架构

机器人控制系统是决定机器人性能优劣的重要组成部分，其结构主要分为串行和并行两种处理方式。以下是对这两种结构的详细描述：

（1）串行处理结构　串行处理结构是指机器人的控制算法由串行处理机构来处理。根据计算机结构和控制方式的不同，串行处理结构可进一步分为以下几种类型：

1）单 CPU 结构、集中控制方式。使用一台功能较强的计算机来实现全部控制功能。在早期的机器人中普遍采用，但由于控制过程中需要大量计算（如坐标变换），速度较慢。

2）二级 CPU 结构、主从控制方式。一级 CPU 为主机，完成系统管理、机器人语言编译和人机接口功能，同时利用其运算能力完成坐标变换、轨迹插补等；二级 CPU 完成全部关节位置数字控制。这种结构下，主从 CPU 之间通过共享内存交换数据，构成松耦合的关系。

3）多 CPU 结构、分布控制方式。目前较为普遍采用的结构，采用上、下位机二级分布式结构。上位机负责系统管理、运动学计算和轨迹规划等；下位机由多个 CPU 组成，每个 CPU 控制一个关节运动。这种结构的控制器工作速度和性能明显提高，但每个处理器承担固定任务，不利于进一步分散功能。

（2）并行处理结构　并行处理结构是提高计算机速度的重要手段，能满足机器人控制的实时性要求。构造并行处理结构的机器人控制系统一般采用以下方式：

1）开发机器人控制专用 VLSI（超大规模集成电路）设计。充分利用专用 VLSI 机器人控制算法的并行性，大大提高计算速度。但由于芯片是根据具体算法设计的，不通用，不利于系统的维护与开发。

2）利用有并行处理能力的芯片式计算机构成并行处理网络。如 Transputer，可实现复杂控制策略的在线实时计算。Transputer 处理器可利用 Occam 语言进行软件设计和硬件配置，为并行系统设计提供新方法。

3）利用通用微处理器构成并行处理结构。近年来，普遍使用微型计算机构成并行处理结构，支持计算，实现复杂控制策略的在线实时计算。

并行处理结构具有处理速度快、实时性强的优点，能够满足机器人控制系统的高性能要求，特别是针对复杂控制策略和大量数据处理需求的应用场景。

综上所述，机器人控制系统的结构设计直接影响了机器人的性能和实时性，选择合适的处理方式和架构对于机器人的功能和性能发挥至关重要。

3. 动力学建模方法

动力学建模方法是描述机器人在运动过程中所受到的力和力矩之间关系的重要技术。这些方法用于建立机器人的动力学模型，以便设计有效的控制算法来实现特定的运动任务。机器人动力学研究的是各杆件的运动和作用力之间的关系。机器人动力学分析是机器人设计、运动仿真和动态实时控制的基础。机器人动力学问题有两类：

1）动力学正问题。已知关节的驱动力矩，求机器人系统相应的运动参数（包括关节位移、速度和加速度）。

2）动力学逆问题。已知运动轨迹点上的关节位移、速度和加速度，求出所需的关节驱动力矩。

以下是常见的机器人控制器中使用的动力学建模方法：

（1）拉格朗日动力学方法　拉格朗日动力学方法是一种基于拉格朗日力学原理的建模方法。它通过考虑机器人各个部件的运动学参数（位置、速度、加速度）和外部力矩，建立机器人的动力学方程。拉格朗日动力学是基于能量平衡方程，仅能量项对系统变量及时间的微分，只需求速度而无须求内力（系统各内力），因此，机器人的拉格朗日力学方程较为简洁，求解也比较容易。这种方法适用于描述复杂的多自由度机器人系统，可以有效捕捉机器人在运动过程中的非线性动力学特性。

（2）牛顿 - 欧拉动力学方法　牛顿 - 欧拉动力学方法是一种基于牛顿力学原理的建模方法。牛顿 - 欧拉方程法（也简称为 N-E 法）是用构件质心的平动和相对质心的转动表示机器人构件的运动，利用动静法建立基于牛顿 - 欧拉方程的动力学方程。研究构件质心的运动使用牛顿方程，研究相对于构件质心的转动使用欧拉方程。欧拉方程表征了力、力矩、惯性张量和加速度之间的关系。这种方法通常用于建模工业机器人和串联机器人，具有计算简单、直观的特点，适用于实时控制应用。

（3）基于仿真的动力学建模方法　基于仿真的动力学建模方法是通过在计算机中模拟机器人在外部环境中的运动，建立机器人的动力学模型。这种方法可以使用物理仿真软件，如 MATLAB/Simulink、V-REP 等，模拟机器人在不同工作状态下的运动行为。基于仿真的动力学建模方法能够快速验证和调试控制算法，是机器人系统设计和调试的重要工具。

4. 轨迹规划方法

轨迹规划方法一般是在机器人末端初始位置和目标位置之间用多项式函数来“内插”或“逼近”给定的路径，并沿时间轴产生一系列“控制设定点”，供机器人控制之用。路径端点既可以用关节坐标给定，也可以用笛卡儿坐标给定，通常是在笛卡儿坐标中给出的。因为，在笛卡儿坐标中比在关节坐标中更容易正确地观察末端执行器的形态。

（1）关节变量空间运动轨迹规划　关节变量空间运动轨迹规划需要及确定机器人关节变量随时间的函数及其前两阶时间导数，以描述机器人的预期运动。关节位置、速度和加速度则可根据手部信息导出。关节变量空间运动轨迹规划有几个优点：一是可以直接使用运动时间的受控变量规划轨迹；二是轨迹规划可以实时进行；三是关节轨迹易于规划。然而，关节变量空间规划的缺点是难以确定运动中各部件和手的位置。尽管如此，为了避开轨迹上的障碍，通常还需了解末端执行器当前的实际位置。

生成关节轨迹设定点的基本算法中：要计算的是在每个控制间隔中必须更新的轨迹函

数。因此，对规划的轨迹要提出四个要求：①应便于使用迭代方式计算轨迹设定点；②必须求出并明确给定中间位置；③应保证关节变量及其前二阶时间导数的连续性，使得规划的关节轨迹是光滑的；④应减少额外的运动。

（2）笛卡儿空间规划方法　一般来说，实现笛卡儿路径规划可采用下述两个步骤：①沿笛卡儿路径，按照某种规则以笛卡儿坐标生成或选择一组节点或插值点；②规定一种函数，按某些准则连接这些节点（或逼近分段的路径）。所选用的准则常取决于采用的控制算法，以保证跟踪给定的路径。有两种主要的控制方法，第一种是面向笛卡儿空间的方法。在此方法中，大部分计算和优化是在笛卡儿坐标系中完成的，以实现对机器人的控制。按固定的取样间隔在预定路径上选择伺服取样点，控制机器人时实时地把它们转换为与之相对应的关节变量，所得到的轨迹是分段直线。第二种是面向关节空间的方法。这种方法用关节变量空间中的低次多项式函数逼近直线路径上的两相邻节点间的一段路径，而控制是在关节这一级上进行的。所得到的笛卡儿路径是不分段的直线。可用限定关节路径偏差法和三次多项式法来逼近直线路径。面向笛卡儿空间方法的优点是概念比较直观，而且沿预定直线路径可达到相当的准确性。但是，由于目前还没有使用笛卡儿坐标测量机器人手部位置的传感器，所有可用的控制算法都是建立在关节坐标基础上的。因此，笛卡儿空间路径规划就需要在笛卡儿坐标与关节坐标之间进行实时变换，计算任务量大，控制实时性较差。

5. 控制方式方法

根据不同的分类方法，机器人控制方式可以有不同的分类。总体上，机器人的控制方式可分为动作控制方式和示教控制方式。按照被控对象来分，可分为位置控制、速度控制、加速度控制、力控制、力矩控制、力和位置混合控制等。无论是位置控制或速度控制，从伺服反馈信号的形式看，又可以分为基于关节空间的伺服控制和基于作业空间（手部坐标）的伺服控制。

机器人的控制方式主要有以下两种分类：

（1）按机器人手部在空间的运动方式

1）点位控制方式——PTP。点位控制又称为 PTP 控制，其特点是控制机器人手部在作业空间中某些规定的离散点上的位姿。这种控制方式的主要技术指标是定位精度和运动所需的时间。常被应用在上下料、搬运、点焊和在电路板上插接元器件等定位精度要求不高且只要求机器人在目标点处保持手部具有准确位姿的作业中。

2）连续轨迹控制方式——CP。连续轨迹控制又称为 CP 控制，其特点是连续地控制机器人手部在作业空间中的位姿，要求其严格地按照预定的路径和速度在一定的精度范围内运动。这种控制方式的主要技术指标是机器人手部位姿的轨迹跟踪精度及平稳性。通常弧焊、喷涂、去飞边和检测作业的机器人都采用这种控制方式。

有的机器人在设计控制系统时，上述两种控制方式都具有，如对进行装配作业的机器人的控制等。

（2）按机器人控制是否带反馈

1）非伺服型控制方式。非伺服型控制方式是指未采用反馈环节的开环控制方式。在这种控制方式下，机器人作业时严格按照在进行作业之前预先编制的控制程序来控制机器人的动作顺序，在控制过程中没有反馈信号，不能对机器人的作业进展及作业质量好坏进行监测，因此，这种控制方式只适用于作业相对固定、作业程序简单、运动精度要求不高的场合，它具有节省成本，操作、安装、维护简单的优点。

2）伺服型控制方式。伺服型控制方式是指采用了反馈环节的闭环控制方式。这种控制方式的特点是在控制过程中采用内部传感器连续测量机器人的关节位移、速度和加速度等运动参数，并反馈到驱动单元构成闭环伺服控制。如果是适应型或智能型机器人的伺服控制，则增加了机器人用外部传感器对外界环境的检测，使机器人对外界环境的变化具有适应能力，从而构成总体闭环反馈的伺服控制方式。

6. 机器人通信方式

机器人通信是指机器人与各种自动化设备之间的通信。通信配置的目的就是让机器人与外部设备之间建立“沟通”的桥梁，这样才能相互配合，完成复杂的工作过程。机器人常用的通信方式有：

（1）Profinet 通信　又称为 PN 通讯，其优点是配置简单、通信效率高。只需要准备网线、GSMDL 文件、IP 地址、站名称和交互字节就可以完成通信配置。

（2）Scoket 通信　Scoket 通信的双方，一方通常称为客户端，另一方通常称为服务器。硬件连接采用 RJ45 水晶头和网线连接。一般来说，采用 Scoket 通信，需要客户端建立连接，通信完毕之后需关闭连接。下次访问服务器的时候再重新建立连接。建立连接时需要网线和通信程序。

（3）DeviceNet 通信　这种通信是基于串口的通信协议，采用标准 COM（串行）口通信方式，最少需要两根通信线就可以进行通信。这种通信配置的参数比较多，需要配置波特率、校验方式、起始位、数据位等参数。通信线路不能过长。

（4）EtherNet/IP 通信　这种通信基于工业以太网和 TCP/IP 技术，采用网线连接。这种通信配置的参数比较多，需要设备的 EDS（电子数据文档）文件以及专用的通信指令等。

（5）ModBus_TCP 通信　这种通信基于工业以太网，TCP/IP 技术，也是采用网线连接。这种通信配置的参数不多，但是通信过程较为烦琐，需要专用的通信指令，发送数据和接收数据的参数配置有固定的格式。发送和接收的过程不能同时进行，需要轮询访问设置，对程序编程的能力要求较高。

（6）RS485/RS422 通信　这种通信常用的通信连接端口采用的是 DB9 或者 DB25 的串口。通信配置的参数比较多。

5.3.3　机器人驱动器

1. 机器人驱动方式

在机器人中，驱动器扮演的角色类似于人体的肌肉，而连杆和关节则相当于骨架。驱动器负责通过其对连杆的移动或旋转来调整机器人的形态。这些驱动器需要具备充分的动力以便对连杆进行快速的加速或减速，以及携带负载。驱动器的设计也需考虑到重量轻、成本效益、精准度、响应速度、可靠性以及维修的便利性。市面上已有许多种实用的驱动器，并且预计将来会出现更多新型的驱动器。

以下几种驱动器备受大家的关注：①电动机；②液压驱动器；③气动驱动器；④形态记忆金属驱动器；⑤磁制伸缩驱动器。

电动机，尤其是伺服电动机，是常用的机器人驱动器。曾经，液压系统在大型机器人应用中十分流行，虽然现在它们仍然在许多场合被使用，但在新型机器人设计中其应用已逐渐减少。气动调节阀经常应用于 1/2 自由度的开 - 关型关节中，以实现插入操作。新的驱动器技术如直接驱动电动机、形状记忆金属驱动器以及其他类似技术，目前依旧在研究与开发的阶段，预计在不久的将来将展现其广泛的应用潜力。

同时，在机器人的设计过程中，特定性能的重要性可能会随着应用环境的不同而变化。例如，在潮湿场所甚至水下应用中，防水能力至关重要；而在航天领域的应用中，发射质量和可靠度显得格外关键。

首先是质量、功率 - 质量比和工作压强。例如，与伺服电动机相比，步进电动机在提供相同功率下往往更重，导致其功率 - 质量比较低。一般情况下，电动机电压越高，其功率 - 质量比也相应提升。在各种系统中，气动系统的功率 - 质量比通常较低，而液压系统则拥有最高的功率 - 质量比。然而，液压系统的总质量包括了液压执行器和液压功率源。系统的功率单元包括泵、油箱、过滤器、用来驱动液压泵的电动机、冷却单元和阀等。液压泵负责产生高压力，驱动液压缸和活塞工作。驱动器仅用于驱动机器人的关节。由于功率源通常是固定的，并且可以通过连接软管将能量远程输送给机器人。所以，对于活动部分来说，液压缸的功率 - 质量比是非常高的。但如果需要将动力源移动与机器人一同移动，整体的功率 - 质量比会显著下降。液压系统由于工作压力较高（55~5000psi，1psi=0.006895MPa），其输出功率也相对较大，与之相比气动系统的压力一般为 100~120 psi。液压系统的高工作压力虽然提供较大功率，但也增大了维护难度，并且泄露时产生的危险更大。

然后就是刚度。刚度描述了一个材料或系统抵抗形变的能力，表现为受外力影响时的抗弯、抗压特性。例如，梁承受重量时的抵抗弯曲能力，或是气缸中气体承受压力时的抗压缩的阻抗，甚至包括瓶装酒受到瓶塞压力时的阻抗。刚度越高，产生形变所需的负载就越大；反之，如果系统的柔性越大，它在受到相同负载的情况下会更容易发生形变。刚度与材料的弹性系数直接相关，例如，液态物质的弹性系数可达到 1×10^6psi 左右，这表明其具有很高的刚性。因此，液压系统通常表现出很高的刚度并且几乎不柔软，而气动系统则因易于压缩而被认为更具有柔性。

刚性系统能快速并准确地响应负载或压力的变动。显然，柔软的系统在变化的负载或驱动力的作用下容易发生形变（或被压缩），导致精度下降。同理，小的驱动力施加到高刚度的液压活塞上会由于其高刚度导致反应迅速且精确，而同样的情况下，气动系统可能会展现出形变。此外，高刚度系统在承受负载时的弯曲或形变更小，因此在维持位置方面的精准度也更高。考虑使用机器人装配微型电子元件，如集成电路，若系统刚度不足，机器人在遇到阻力时可能无法完成任务。另外，如果零件和孔未对齐，刚性系统可能无法提供足够的弯曲空间来避免对机器人或元件造成损害，此时柔性系统能够通过其弯曲适应性防止损坏。因此，尽管高刚度带来快速响应和高精度的好处，非标准操作下也可能增大风险。因此，在这两种性质之间必须权衡取舍。

还有关于减速齿轮的应用。诸如液压系统之类的装置能够以很小的行程产生较大的力量。这意味着液压活塞仅需做很小的移动即能输出全部的力。因此，不需要额外的减速齿轮装置来增加扭矩或是减缓操作速度。这一特性使得液压驱动装置能直接安装于机器人的连杆，这种配置减少了部件数量，简化了结构设计，降低了系统的重量和成本，减少了关节的转动惯量和间隙，提高了系统的可靠性并减轻了噪声。另外，电动机通常高速运转（每分钟可达数千转），而机器臂并不需要如此快速运动，所以电动机需搭配减速器来放大扭矩和减小转速。使用减速器会增加成本和部件数量，同时增大了间隙和旋转部件的转动惯量。如前所述，加入齿轮会使得系统能够在更小的角度进行精确控制，从而增强了系统的分辨率。

2. 电动机选型与设计

当通电导线置于磁场中时，将会受到一个垂直于磁场和电流方向所构成平面的力。如果导线围绕某一点可以旋转，这个力将产生一个扭矩，因而导线会围绕该点旋转。通过改变磁场或电流的方向，可以实现导线的连续旋转。在实际应用中，直流电动机使用了换向器和电刷来改变电流方向，无刷直流电动机则采用电子换向，而交流电动机天然使用交流电。同样，当导体在磁场中移动并切割磁力线时，则在导体中就会产生电流，这是发电机工作的基础。本文将讨论与机器人驱动紧密相关的电动机特定问题。

机器人中使用的电动机是多种多样的，包括直流电动机、可逆交流电动机、无刷直流电动机、步进电动机。

除了步进电动机，其他类型的电动机都可以作为后面将会讨论的伺服电动机使用。在每种电动机中，电动机的输出力矩或功率都是磁场强度和线圈电流的函数。有些电动机带有永磁体，它们发热较少，原因是一直存在磁场，不需要靠电流来建立磁场。其他类型的直流电动机带有软铁心和线圈，靠电流来产生磁场，这类电动机会产生较多的热量。但它们优点是，如有必要可通过调节电流来改变磁场强度，而在永磁电动机中场强是恒定的。此外，在某些情况下，永久磁体有可能会因为损伤而失磁，这会导致电动机无法工作。例如，不能将永磁电动机拆开，否则永磁体就会变得相当弱，因为将它们分离后，磁铁周围的铁壳就不能够保持磁场的完整性。为了增加电动机中永磁体的强度，大多数制造商在电动机组装完后才对磁铁进行充磁。不采用永磁体的电动机就没有上述问题。

所有电动机的设计及运行中的一个重要问题是散热，和其他设备发热一样，电动机所产生的热量最终是其尺寸和功率的决定性因素。热量主要是由流过电流（和负载有关）的绕组电阻产生的，但还包括由铁耗、摩擦损耗、电刷损耗以及短路电流损耗（和速度有关）等所产生的热量，铁耗包括涡流损耗和磁滞损耗。电流越大，发热量就越大。导线越粗发热越少，但成本也越高，线圈也越重（惯性更大），并需要更大的安装空间。所有电动机都会发热，但重要的是电动机的散热路径，如果散热快，那么电动机就可以散去更多的热量而避免损坏。

（1）直流电动机　直流电动机在工业上使用很普遍，并且应用时间也很长，因此具有可靠、坚固、功率相对较大的特点。在直流电动机中，定子由一组产生静止磁场的固定永磁体组成，而转子中通有电流。通过电刷和换向器来连续改变电流方向，使转子持续旋转。相反，如果转子在磁场中旋转，则将产生直流电，电动机将充当发电机（输出是直流，但并不恒定）。通过使用由稀土材料和合金制成的高强永磁体，可以显著提高电动机的性能。因此，目前电动机的功率 - 质量比明显优于以前，直流电动机已取代了大多数其他类型的驱动器。

（2）交流电动机　交流电动机除了转子是永磁体、定子内有绕组以及取消了所有换向器和电刷外，其他均和直流电动机相似。能够取消换向器和电刷的原因是因为交流电流提供交变磁通，而不必通过换向器产生交变磁通。当由交流电流产生的磁通转动时，转子也随之旋转。内此，交流电动机有固定的额定转速，它是转子极数和电源频率的函数。由于交流电动机比直流电动机更容易散热，它们的功率可以很大。

（3）无刷直流电动机　无刷直流电动机是交流电动机和直流电动机的混合体，虽然结构与交流电动机不完全相同，但二者具有相似之处。无刷直流电动机工作时使用的是开关直流波形，这一点和交流电动机相似（正弦或梯形波），但不一定是 60 Hz。因此，无刷直流电动机不像交流电动机，它可以工作在任意速度，包括很低的速度。为了正确地运转，它需要一个反馈信号来决定何时改变电流方向。实际上，装在转子上的旋转变压器、光学编码器或者霍尔式效应传感器都可以向控制器输出信号，由控制器来切换转子中的电流。为了保证运行平稳、力矩恒定，转子通常有三相，通过利用相位相差的 120° 的三相电流给转子供电。无刷直流电动机通常由控制电路控制运行，若直接接在直流电源上，它们不会运转。

（4）直接驱动电动机　直接驱动电动机在结构上和无刷直流电动机或步进电动机非常相似。主要的不同点在于它们被设计成在低速时能输出很大的力矩并具有很高的分辨率。这类电动机可直接用在关节上，无需任何齿轮减速。目前，直接驱动电动机仍然很贵并且很笨重，但是性能优异。

（5）伺服电动机　在所有电动机中，一个很重要的问题是反电动势。通有电流的导线在磁场中会产生力，从而使导线运动。类似地，如果导线在磁场中做切割磁力线的运动，那么将会产生感应电流，这就是发电的基本原理。然而，这也意味着当电动机绕组中的导线在磁场中旋转时，同样也会感应产生一个与输入电流方向相反的电压，该电压称为反电动势，它将试图削弱电动机中的实际电流。电动机旋转得越快，反电动势越大。反电动势通常表示为转子转速的函数，若给电动机加载，电动机将减速，导致反电动势变小，电枢电流变大，相应产生正的净输出力矩，负荷越大，电动机的转速越低以产生更大的力矩。如果负荷越来越大，就会产生堵转，反电动势消失，电枢电流达到最大值，力矩也达到最大值。不幸的是，当反电动势较小时，尽管输出力矩较大，但由于有效电流变大，产生的热也越多。在堵转或接近堵转的条件下，产生的热可能多到足以烧坏电动机。

为了能够输出更大力矩而不降低电动机转速，必须给转子或定子增大电流，如果采用软铁心，则给两者都增大电流。在这样的情况下，虽然电动机的转速不变且反电动势也不变，但增大的电流将使有效电流增加，因而会增加力矩。通过改变电流（或相应的电压）大小，可以在期望点上维持转速 - 力矩的平衡，这个系统叫作伺服电动机系统。

伺服电动机是指带有反馈的直流电动机、交流电动机、无刷电动机或者步进电动机，它们通过控制以期望的转速（和相应地期望转矩）运动到达期望的转角。为此，反馈装置向伺服电动机控制器电路发送信号，提供电动机的角度和速度，如果负荷增大，则转速就会比期望转速低，电流就会增大直到转速和期望值相等。如果信号显示速度比期望值高，电流就会相应地减小。如果还使用了位置反馈，那么位置信号用于在转子到达期望的角位置时关掉电动机。

为实现伺服电动机的控制，可以使用多种不同类型的传感器，包括编码器、旋转变压器、电位器和转速计等。如果采用了位置传感器，如电位器和编码器，对输出信号进行微分就可以得到速度信号。

（6）步进电动机　步进电动机是通用、耐久和简单的电动机，可应用于许多场合。在大多数应用场合，使用步进电动机时不需要反馈，这是因为步进电动机每次转动时步进的角度是已知的（除非失步）。由于它的角度位置总是已知的，因此也就没有必要反馈。步进电动机有不同的形式和工作原理，每种类型都有一些独有的特征，适合于不同的应用。大多数步进电动机可通过不同的连接方式运动于不同的工作模式下。

通常步进电动机具有永磁转子，而定子上有多个绕组。由于线圈中产生的热量很容易从电动机机体散失，所以步进电动机很少受到热损坏的影响，并且因为没有电刷与换向器，所以它的寿命长。

假设步进电动机的定子上有两组线圈和一对永久磁铁作为转子，当给定子线圈加电时，永磁转子（或磁阻式步进电动机中的软铁心转子）将旋转到与定子磁场一致的方向。除非磁场旋转，否则转子就停留在该位置。切断当前线圈中的电流，对下一组线圈通电，转子将再次转至和新磁场一致的方向。每次旋转的角度都等于步距角，步距角可以从 180° 到小至不到 1° 变化。接着，切断第二组线圈时，第一组线圈再一次接通，但是极性相反，这将使转子沿同样的方向又转了一步。这个过程在断开一组线圈并接通另一组线圈时保持继续，经过四步就使转子转回到原来的初始位置。现在假设第一步结束时，不是切断第一组线圈并接通第二组线圈，而是接通两组线圈的电源。此时，转子将仅旋转 45°，和最小磁阻方向一致。此后，如果断开第一组线圈的电源，而第二组线圈的电源继续保持接通状态，转子将再次转过 45°。这叫作半步运行，其包括一个八拍运动序列。

当然，如果开 - 关次序是相反的，转子就以相反的方向旋转。整步运行时，大多数工业步进电动机的步距角为 1.8° ~7.5°。显然，为了减小步距，可以增加极数，然而，极数有物理上的限制。为了进一步增加每转的步数，在转子和定子上加工数量不同的齿就可以产生和卡尺相似的效果。例如，在转子上加工 50 个齿，在定子上加工 40 个齿，将产生 1.8° 的步距角，即每转步进 200 步。

3. 液压驱动设计

液压系统及液压驱动器的功率 - 质量比高，低速时出力大（无论直线驱动还是旋转驱动），适合微处理器及电子控制，可用于极端恶劣的外部环境。然而，由于液压系统中存在不可避免的泄露问题，以及功率单元非常笨重和昂贵，目前已不再使用。现在大部分机器人是电动的，当然仍有许多工业机器人带有液压驱动器。此外，对于一些需要大型机器人和民用服务机器人的特殊应用场合，液压驱动器仍可能是合适的选择。

液压系统通常由下面几部分组成：

1）直线或旋转液压缸和活塞，用于产生驱动关节的力和力矩，并由伺服阀或手动阀来控制。

2）高压液压泵，为系统提供高压液体。

3）电动机（或其他动力源如柴油机），用于驱动液压泵。

4）冷却系统，用于系统散热。在有些系统中，除了冷却风扇，还使用散热器和冷气。

5）储液箱，储存系统所用的液体。由于无论是否使用系统，液压泵均要不断地为系统提供压力，所有额外的高压液以及活塞的回流液都流回储液箱。

6）伺服阀，它非常灵敏，控制着流向活塞的液量和流速。伺服阀通常由伺服电动机驱动。

7）安全检验阀、恒压阀以及整个系统中的其他安全阀。

8）连接管路，用于将高压液输送至活塞或流回储液箱。

9）传感器，用于控制液压缸的运动，包括位置、速度、电磁、接触以及其他种类的传感器。

5.4 智能机器人设计制造运维一体化技术

智能机器人设计制造运维一体化技术是指利用先进的技术手段，将机器人的设计、制造和运维过程整合，实现智能化和自动化。这方面的技术涉及机器人的机械结构设计、控制系统设计、传感器与执行器集成、数据采集与分析、远程监控与维护等领域。

5.4.1 一体化技术的理论基础与关键技术

1. 设计生产运维一体化的概念与意义

（1）生产运维概念　生产运维，是指在产品生产过程中，涉及各种管理与技术活动，这些活动旨在确保生产系统的正常运行和产品质量的稳定，包括设备的维护保养、生产线的优化调整、产品质量控制等方面。在工业 4.0 和智能制造的背景下，生产运维正朝更加信息化、智能化的方向发展，这要求运维过程中不仅要涉及物理设备的管理，还要包括大数据分析、云计算、物联网技术等现代信息技术的应用。随着工业生产规模的不断扩大和生产复杂度的增加，传统的手动监控和运维方式已经无法满足需求。因此，生产运维一体化成为解决这一挑战的重要手段。生产运维一体化是指在生产运维过程中，将传统的分散式管理模式转变为集成化、协同化的模式，通过引入信息技术和自动化技术，实现生产过程的全面管理和控制。通过生产运维一体化，企业能够实时监测生产状况，迅速发现问题并采取措施解决，提高生产率和产品质量。同时，生产运维一体化还能优化生产资源的利用，减少能耗和生产成本，提升企业的竞争力。据统计数据显示，采用生产运维一体化的企业平均可实现生产率提升 15%，产品质量提升 10% 以上，并且能够节约 20% 左右的能源和材料消耗。

（2）一体化概念　一体化（integration）是指将多个独立的部分或系统组合成一个统一的整体，使它们能够协调工作并实现更高级别的功能。在智能装备制造领域，一体化技术是指将机器人设计、制造和运维过程整合在一起，形成一个统一的系统，实现智能化、自动化生产。这种一体化的设计理念可以提高生产率、降低成本、提升产品质量。

智能机器人设计制造运维一体化技术包括以下几个方面的内容：

1）设计一体化。通过智能化设计软件，实现机器人结构、控制系统、传感器、执行器等各个部分的一体化设计，确保各个部分的协调工作。

2）制造一体化。利用先进的制造工艺和设备，实现机器人的快速制造和装配，提高生产率和质量。

3）运维一体化。通过远程监控、故障诊断和预防性维护等技术手段，实现机器人的智能化运维，减少停机时间，提高设备利用率。

综合利用一体化技术，可以使智能机器人在设计、制造和运维过程中实现高度的集成和协同，提高生产率和产品质量，降低生产成本，实现智能制造。它强调的是各个系统和流程的整合。通过将不同环节的系统和流程无缝衔接，实现信息和资源的共享，一体化可以提升运营效率和产品质量。一体化的范围非常广，涵盖了从供应链管理到产品设计、生产制造再到销售与服务等各个环节。

（3）设计生产运维一体化的意义　结合生产运维和一体化的概念，生产运维一体化是指在生产运维的所有方面实现信息化和智能化技术的应用，打通生产运维的各个环节，减少信息孤岛，提升整个生产运维体系的效率和响应能力。这种一体化的意义在于，它能显著增强企业适应市场变化的能力，增加企业核心竞争力。

具体来说，通过实时数据采集与分析，企业可以更有效地预测和预防设备故障，实现预见性维护。根据相关数据统计，实施生产运维一体化的企业平均减少设备故障率 30% 以上，降低生产线停机时间 20% 以上，极大地提高了生产率和生产线的稳定性。

同时，通过一体化的数据平台，企业高层能够更清晰地了解生产和运维的综合性能，帮助决策者做出更精准的战略决策。根据调研数据，实施生产运维一体化后，企业决策者的决策准确率提升了 15%，降低了运营成本和风险，并且提升了企业在市场竞争中的优势。

另外，通过使用先进的算法对生产流程进行优化，企业可以减少能耗和资源浪费。根据实践数据，实施生产运维一体化后，企业的能源消耗平均下降了 10%，资源利用率提升了 15%，既达到了环保节能的目标，又降低了生产成本。

总的来说，生产运维一体化的意义在于，它通过信息化和智能化技术的应用，将生产运维的各个环节连接起来，提高了整个生产运维体系的效率和响应能力，使企业能够更好地适应市场变化，增加核心竞争力，并实现可持续发展。

2. 机器人学原理在一体化技术中的应用

机器人学原理在智能机器人设计制造运维一体化技术中具有重要的应用。机器人学原理是研究机器人运动、感知和控制的基本理论，是实现机器人智能化和自动化的基础。在一体化技术中，机器人学原理主要应用于以下几个方面：

（1）运动规划和控制　机器人学原理可以设计机器人的运动规划算法，包括路径规划、轨迹规划和运动控制。这些算法可以确保机器人在工作空间内以高效、安全的方式运动，实现复杂任务的自动化执行。

机器人运动控制任务如下：

1）姿态稳定控制。如图 5-49 所示，可以看到从任意初始姿态 $\zeta=(x_0, y_0, \theta_0)^{\mathrm{T}}$ 自由运动到末姿态 $\zeta_f=(x_f, y_f, \theta_f)^{\mathrm{T}}$ 是移动机器人姿态控制的主要目标，其在运动过程中没有预定轨迹限制，同时也不考虑障碍的存在。

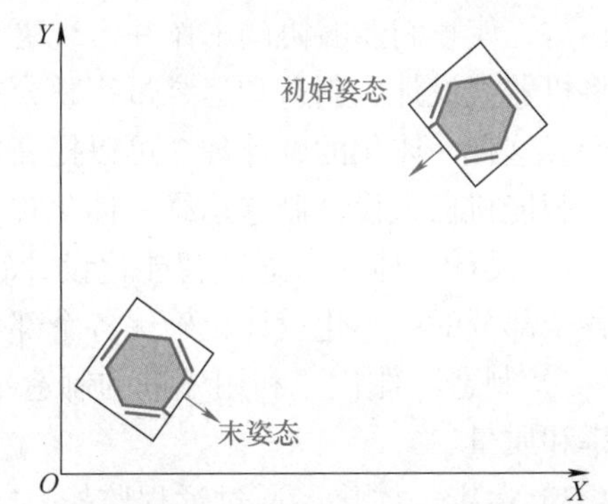

图 5-49　移动机器人姿态稳定控制示意图

2）路径跟踪控制。如图 5-50 所示，路径跟踪控制是控制机器人以恒定的前向速度跟踪给定的几何路径，并不存在时间约束条件。路径跟踪忽略了对运动时间的要求而偏重对跟踪精度的要求。通过对路径跟踪的研究可以验证部分针对机器人的运动控制算法，因而具有较好的理论研究价值。但因没有时间约束而不易预测机器人在某一时刻的位置，所以相对于轨迹跟踪控制使用较少。

3）轨迹跟踪控制。如图 5-51 所示，相对于路径跟踪控制，轨迹跟踪控制要求在跟踪给定几何路径的公式中加入了时间约束，即控制三轮全向移动机器人上的某一参考点跟踪一条连续的几何轨迹。一般，用一个以时间为变量的参数方程表示跟踪的轨迹是普遍的做法，对于三轮全向移动机器人，轨迹描述如下：

$$\zeta(t)=[x_d(t), y_d(t), \theta_d(t)], t\in[0, T]$$

对于存在运动约束的双轮差动移动机器人，其轨迹跟踪中没有 $\theta_d(t)$ 这一项。

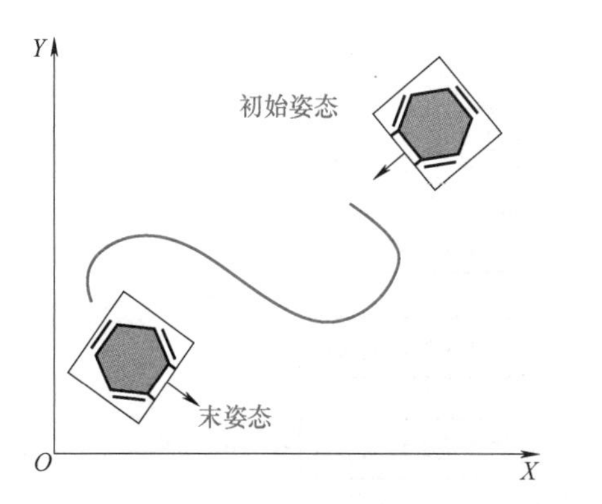

图 5-50　移动机器人路径跟踪控制示意图

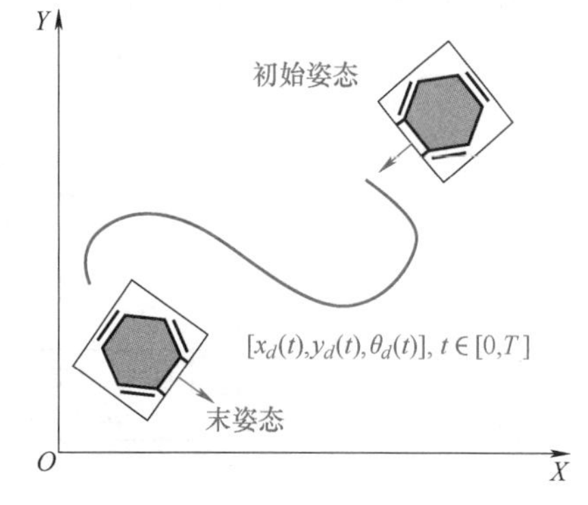

图 5-51　移动机器人轨迹跟踪控制示意图

机器人在运动时需及时躲避这些可能的障碍物。对此要求机器人可以事先规划出一条运动轨迹，从当前位置出发，让机器人跟踪这条轨迹以躲避障碍物。因此，轨迹控制对于移动机器人运动控制来说是一项重要任务。

无论移动机器人采用何种移动机构、执行何种控制任务，其底层控制通常可以分为速度控制、位置控制以及航向控制等几种基本模式，而运动控制的实现最终都将转化为电动机的控制问题。

（2）速度控制　为简化问题的复杂性，通常不对机器人直接进行转矩控制，而将机器人近似看成恒转矩负载，则机器人的速度可以转化为带负载的直流电动机转速控制。机器人的速度控制结构如图 5-52 所示。

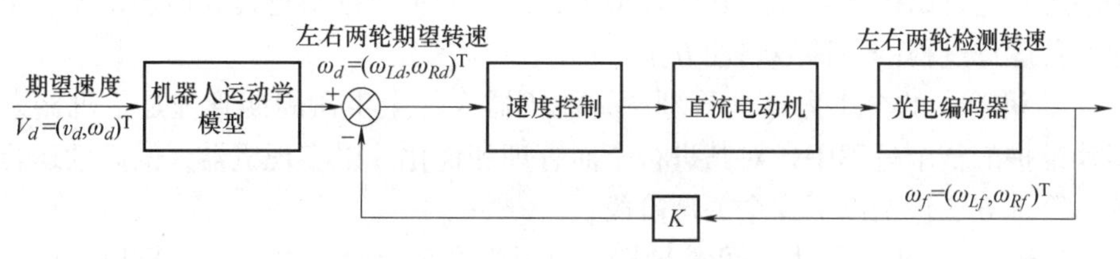

图 5-52　机器人的速度控制结构

（3）位置控制　机器人的位置控制结构如图 5-53 所示。期望位置和感知位置之间的位置偏差通过位置控制器和一个位置前馈环节转化为速度给定信号，借助于图 5-53 所示结构的速度内环将位置控制问题转化为电动机的转速控制问题，进而实现移动机器人的位置控制。

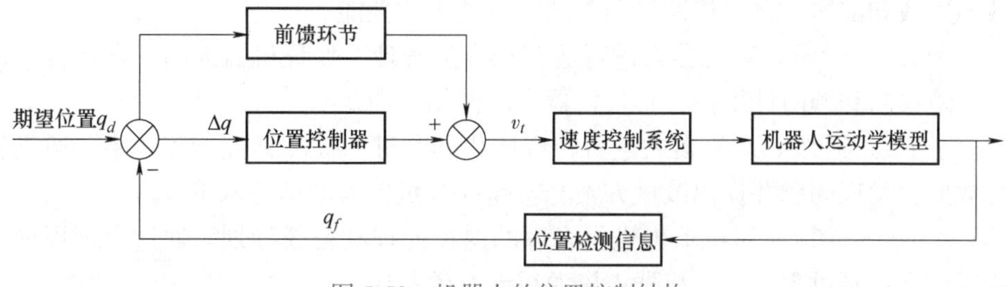

图 5-53　机器人的位置控制结构

（4）航向控制　航向控制是路径跟踪的基础，其控制结构如图 5-54 所示。移动机器人的位置偏差和航向偏差最终都将转化成转速偏差的控制。这就需要根据机器人当前状态来规划航向控制，航向控制借助于两轮之间的位移差来实现。

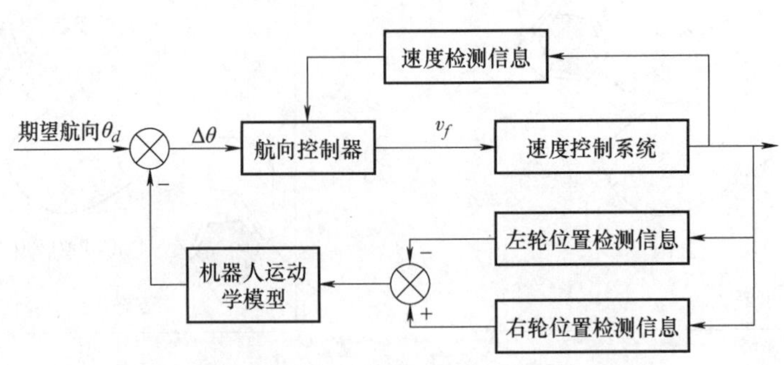

图 5-54　机器人航向控制结构

3. 全生命周期管理的理念与实践

（1）产品全生命周期管理　产品全生命周期管理（Product Lifecycle Management，PLM）是一种战略性的业务模式，它应用一系列相互一致的业务解决方案，支持产品信息在整个企业和产品全生命周期内（从概念到生命周期结束）的创建、管理、分发和使用，它集成了员工、流程和信息等要素。

PLM 是在 Web 环境下，从市场的角度，以产品全生命周期内产品数据集成为基础，研究产品在其全生命周期内从产品规划、设计、制造到销售等过程的管理与协同，旨在尽量缩短产品上市时间、降低费用，尽量满足用户的个性化需求。它为企业提供支持产品快速设计和制造优化的集成化产品协同与制造系统，是一种战略性的思想方法。PLM 是一种技术，更是一种理念。它是试图探索在互联网环境下，产品相关数据与过程如何多角度、全周期地支持企业经营运作过程的一种战略性方法。

（2）智能机器人的全生命周期管理　智能机器人的全生命周期管理是指机器人从设计制造到运营维护的整个过程中，对其进行全面管理和优化，以实现机器人的高效运行和持续改进。这一管理方法包括以下几个关键阶段：

1）设计阶段。考虑机器人的可维护性、可靠性和安全性。通过采用模块化设计、易更换零部件、智能控制系统等措施，提高机器人的维护性和可靠性。

2）制造阶段。确保机器人的质量和工艺符合设计要求。通过严格的质量控制和工艺管理，确保机器人的制造质量和可靠性。

3）部署与集成阶段。对机器人进行部署和集成，确保机器人与其他系统的协同工作。通过有效的集成和部署方案，提高机器人的工作效率和性能。

4）运营与维护阶段。对机器人进行运营和维护管理，保证机器人的正常运行。通过定期维护、故障诊断和预防性维护，延长机器人的使用寿命。

5）优化与改进阶段。对机器人进行持续优化和改进，提高其性能和效率。通过收集和分析运行数据，发现问题并提出改进方案，不断提升机器人的运行水平。

6）退役与更新阶段。对机器人进行合理的退役处理和更新计划。通过合理规划和管理机器人的退役和更新过程，确保机器人资源得到有效利用。

智能机器人的全生命周期管理是一个系统工程，需综合考虑机器人的设计、制造、部署、运营、维护、优化和更新等方面，以实现机器人的持续发展和应用。

4. 机器人设计软件与仿真技术

（1）用 SolidWorks 软件对机器人建模　SolidWorks 软件中有草图绘制、零件建模、工程图、装配体、运动仿真等基本模块。使用 SolidWorks 设计工件的步骤是：首先创建草图，然后利用草图进行零件设计，最后将设计好的零件进行装配。

利用草图绘制工具，绘制零部件二维平面图。绘制草图时要确定草图各元素间的几何关系、位置关系，即确定零件的定型和定位尺寸；并且绘制草图的时候需要注意，草图应尽量简单，以便于特征的管理和修改。图 5-55 所示为 SolidWorks 软件的草图绘制界面。

草图绘制完成后，可以通过使用特征工具在草图的基础上进行拉伸、旋转、抽壳、阵列、拉伸切除、放样等操作，完成零件的建模。SolidWorks 软件的建模界面如图 5-56 所示。

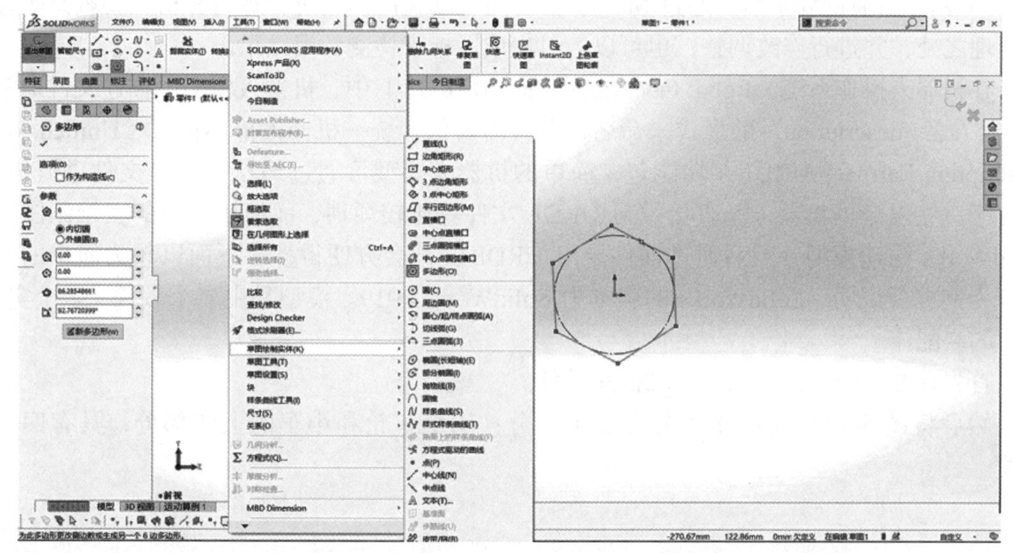

图 5-55　SolidWorks 软件的草图绘制界面

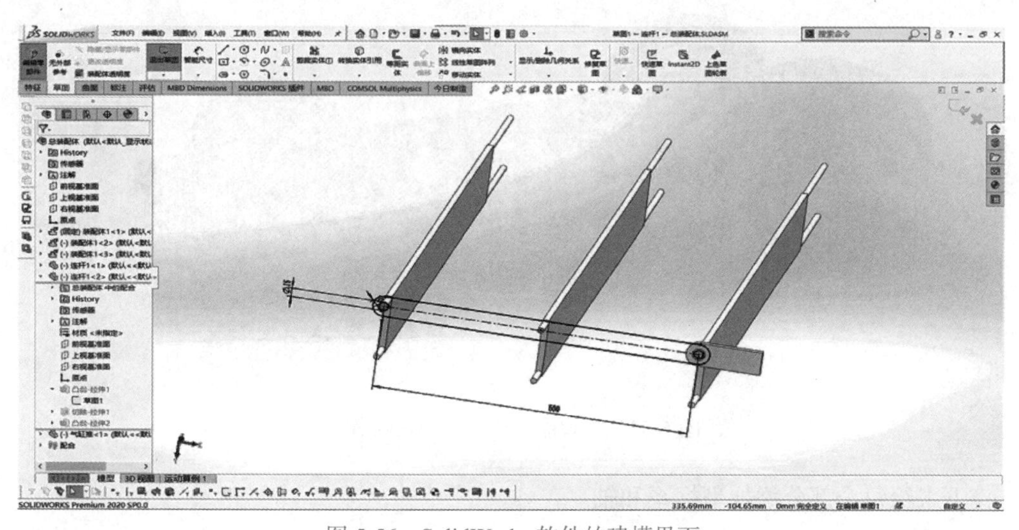

图 5-56　SolidWorks 软件的建模界面

将设计好的零件进行装配，装配时需要按照某种约束关系进行组装，形成产品的虚拟装配。

SolidWorks Motion 是 SolidWorks 中的一个高性能插件，能够帮助完成样机设计的仿真分析工具，它既可以对众多的机械结构进行运动学和动力学仿真，也可以反馈机械设备的速度、加速度、作用力等。利用 SolidWorks Motion 插件可完成样机动画制作、图标信息的反馈，制作样机前就将可能存在的错误结构反馈给设计者，为后续的改进提供借鉴与参考。

例如，完成齿轮运动的分析，大概需要如下步骤：

1）在装配体中使用链整列来完成齿轮的装配，然后启用 Motion 插件，选择运动算例。

2）在 Motion 插件中添加参数来模拟齿轮实际的运动、受力状况。添加三要素：引力、接触、电动机。

3）添加所有的要素后，通过 Motion 插件对电动机的运动过程进行分析，检查是否存在不合理之处，并进行修改调整，也可以通过生成图标来检测数据结果。

在机器人操作系统（Robot Operating System，ROS）中，机器人模型、描述文件通常以“机器人名 _description”的形式来命名，并且需要依赖统一机器人描述格式（Unified Robot Description Format，URDF）功能包，简单的机器人模型可通过编写 URDF 文件进行描述，但对于一些复杂的机器人，直接编写 URDF 文件就比较烦琐，而使用专业的三维制图软件 SolidWorks 构建模型，然后通过插件导出 URDF 文件会方便得多。下面以较为简单的四轮小车为例进行说明，SolidWorks 的版本为 SolidWorks 2019。模型是由多个零件（多个实体）组成的装配体。

首先在 SolidWorks 中安装 sw2urdf 插件。

然后将图 5-57 所示的小车分为五个部分：四个车轮和小车的上体部分，具有四个自由度。

图 5-57 某智能小车 SolidWorks 模型

接下来给每个部分添加坐标系和轴。

1）建立一个面，在面中心建立一个点，在这个点上建立坐标系，坐标系的方向需统一，例如 X 轴为转向轴，Z 轴指向下一个装配体。这里依次单击“装配体”→“参考几何体”→“点”选项，如图 5-58 所示，选择小车底盘，在底盘中间生成一个点。

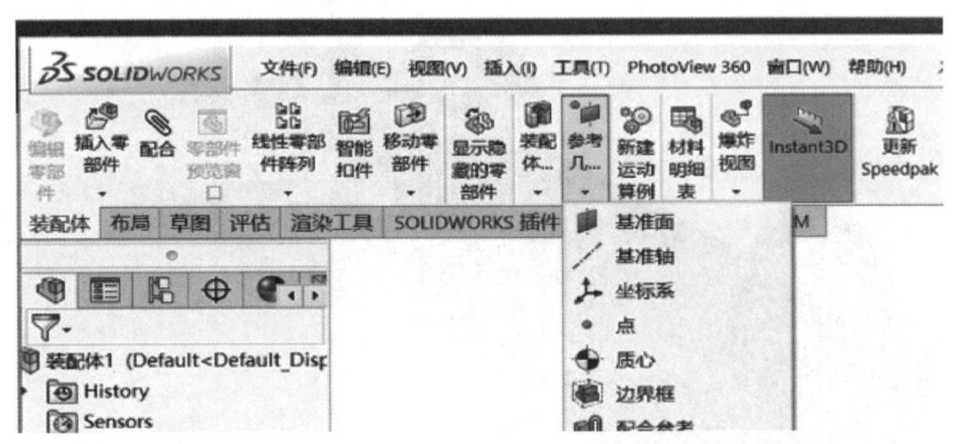

图 5-58　生成底盘的点

2）依次单击“装配体”→“参考几何体”→“坐标系”选项，在底盘中间生成一个坐标系，选择坐标系方向与 ROS 中的坐标系方向相同。如图 5-59 所示，最后以相同的方法为每个车轮创建点和坐标系，坐标系方向与 ROS 中的一致。

图 5-59　生成底盘的坐标系

3）创建 continue 类型 joint 的旋转轴，依次单击“装配体”→“参考几何体”→“基准轴”选项，为车轮创建旋转轴，左、右前轮共用一个基准轴“基准轴 1”，左、右后轮共用一个基准轴“基准轴 2”，基准轴要与车轮转轴重合，如图 5-60 所示。需要注意的是，当 child link 要围绕基准轴做旋转运动时，child link 的坐标系原点要建在基准轴上，或者坐标系的一轴要与基准轴重合，这样才能保证 child link 是围绕基准轴旋转的，而不是绕坐标系的轴运动的。

4）打开插件，进行配置。依次单击“工具”→“File”→“Export as URDF”选项，进入配置界面，如图 5-61 所示，需要注意的是，要先配置 base_link，将坐标系设置为刚才为 base_link 创建的坐标系，将 Link Components 设置为小车底盘，小车底盘变成蓝色，将 Number of child links 设置为 4，因为小车底盘连接有 4 个轮子，如图 5-62 所示。

图 5-60　基准轴的建立

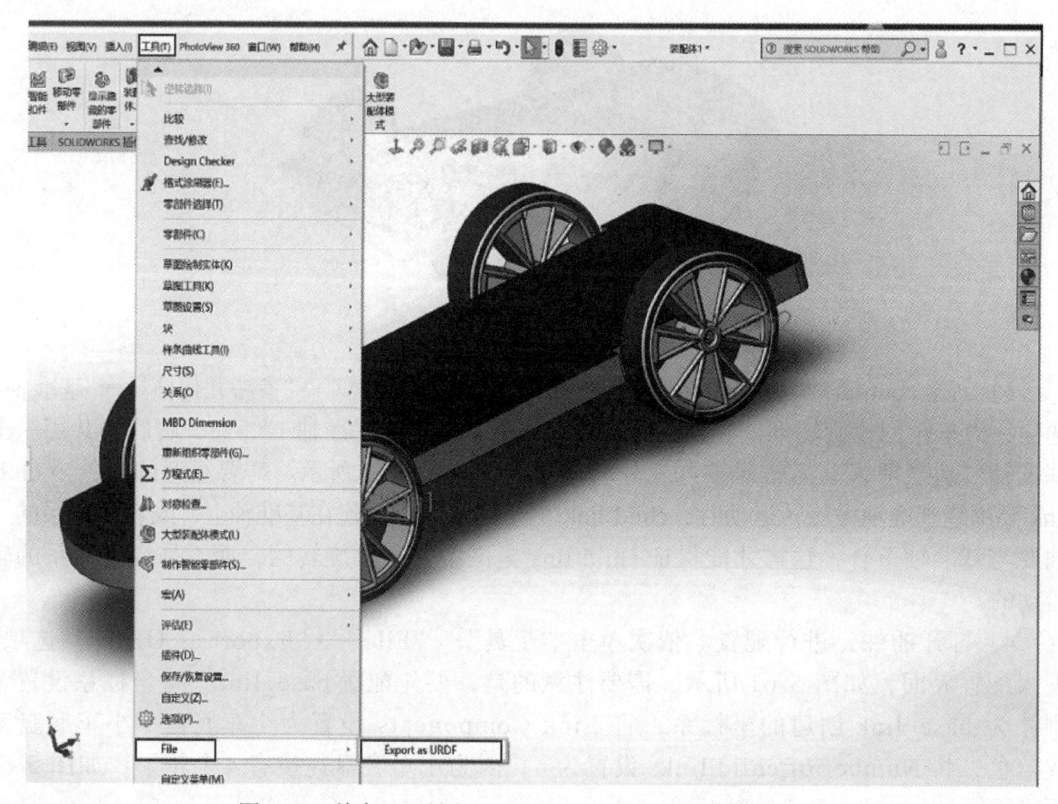

图 5-61　单击“工具”→“File”→“Export as URDF”选项

图 5-62　模型的坐标系配置

5）对车轮进行配置，将坐标系设置为刚才为左前轮创建的坐标系，将 Reference Axis 设置为“基准轴 1”，将 Joint Type 设置为 continuous，Link Components 设置为左前轮，左前轮变成蓝色。同理，对另外三个轮子进行配置，如图 5-63 所示。

图 5-63　模型的基准轴配置

检查 Link 配置参数是否有问题，若没有问题即可选择路径并导出文件进行保存。将导出的文件放到 ROS 的工作空间中进行编译，即可运行导出文件中的 launch 文件查看模型。

（2）机器人操作系统（ROS） ROS 是用于编写机器人软件程序的一种具有高度灵活性的软件平台，是一个适用于机器人的开源的元级操作系统。ROS 提供了操作系统应有的服务，包括硬件抽象、底层设备控制、常用函数实现、进程信息传递及包管理等，并提供了用于获取、编译、编写代码和跨计算机运行代码所需的工具及库函数。

ROS 系统起源于 2007 年斯坦福大学人工智能实验室的项目与机器人技术公司 Willow Garage 的个人机器人项目之间的合作，2008 年后由 Willow Garage 来推动。随着 PR2 机器人那些不可思议的表现，譬如叠衣服、插插座、做早饭，ROS 得到越来越多的关注，对于 ROS 的使用也就显得越发重要。图 5-64 所示为两种典型的基于 ROS 的机器人。

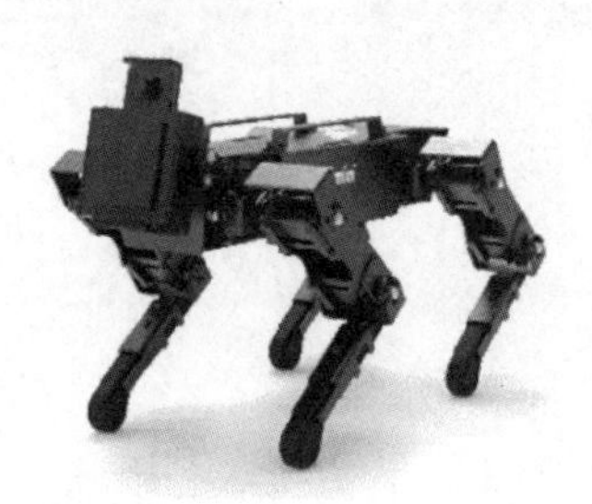

图 5-64 两种典型的基于 ROS 的机器人

ROS 主要分为三个级别：计算图级、文件系统级、社区级，如图 5-65 所示。

1）计算图级。计算图是 ROS 处理数据的一种点对点的网络形式。程序运行时，所有进程及它们所进行的数据处理，将会通过一种点对点的网络形式表现出来。这一级主要包括几个重要概念：节点（Node）、消息（Message）、主题（Topic）和服务（Service）。

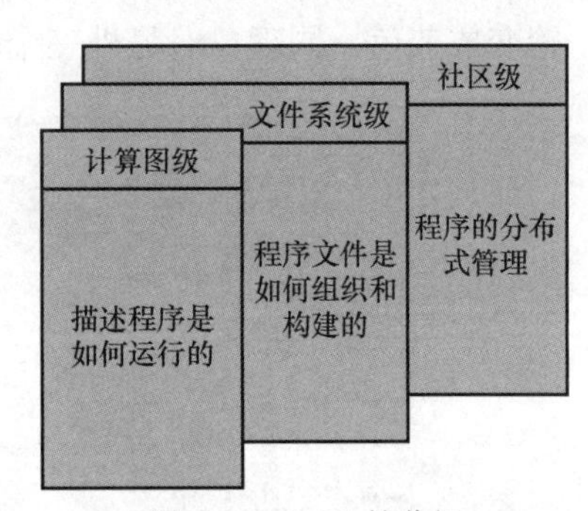

图 5-65 ROS 的分级

① 节点。节点是一些执行运算任务的进程。ROS 利用规模可增长的方式使代码模块化。一个系统由很多节点组成的。在这里，节点也可以称为软件模块。人们使用节点使得基于 ROS 的系统在运行的时候更加形象化。当许多节点同时运行时，可以很方便地将端对端的通信绘制成一个图表，在这个图表中，进程就是图中的节点，而端对端的连接关系就是图中的弧线连接。

② 消息。节点之间是通过传送消息进行通信的。每个消息都有一个严格的数据结构。系统对标准的数据类型（整型、浮点型、布尔型等）都是支持的，也支持原始数组类型。消息可以包含任意的嵌套结构和数组（类似于 C 语言的结构 struct）。

③ 主题。如图 5-66 所示，消息以一种发布 / 订阅的方式传递。一个节点可以在一个给定的主题中发布消息。一个节点可针对某个主题关注与订阅特定类型的数据。可能同时有多个节点发布或订阅同一个主题的消息。总体上，发布者和订阅者不了解彼此的存在。

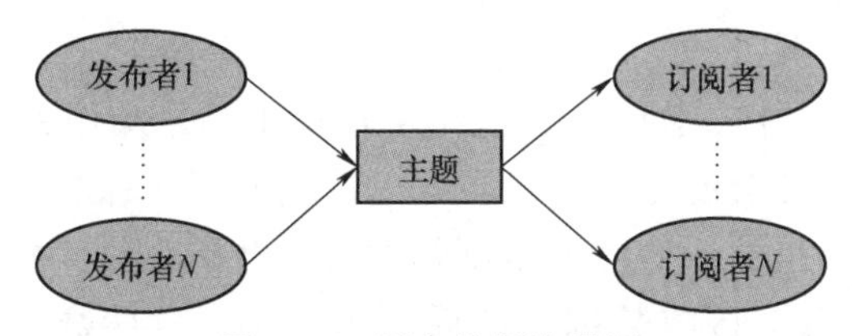

图 5-66　消息传递流程图

④ 服务。在 ROS 中，服务是一种节点之间的双向通信方式，它允许节点请求某些服务并等待响应。服务由一个请求（Request）和一个响应（Response）组成。请求包含客户端节点需要发送给服务节点的数据，响应包含服务节点返回给客户端节点的数据。

2）文件系统级。ROS 文件系统级是指在硬盘上查看的 ROS 源代码的组织形式。

ROS 中有无数的节点、消息、服务、工具和库文件，需要有效的结构去管理这些代码。在 ROS 的文件系统级，有以下两个重要概念：包（Package）、堆（Stack）。

① 包。在 ROS 中，包是一个组织代码的基本单位。它通常包含一个或多个相关的节点、库（Library）、配置文件和其他必要的资源。

ROS 的包可以让用户更加方便地管理和组织自己的代码。一个包可以包含多个节点，每个节点都可以有自己的源代码、二进制可执行文件和其他必要的资源。这些节点可通过 ROS 的通信机制进行交互，从而实现更加复杂的功能。

每个 ROS 的包都应该包含一个 manifest.xml 文件，该文件包含了包的描述信息、依赖关系和其他元数据。这个文件可以让 ROS 系统更加方便地管理包之间的依赖关系，并确保所有需要的软件包都已安装。

② 堆。在 ROS 中，堆是一种软件包的组织形式，它是一组 ROS 软件包的集合，通常是用于实现某种特定的功能或解决某个具体问题的一组软件包。堆和包的关系类似于文件夹和文件的关系，堆可以包含多个包。

③ 社区级。ROS 的社区级是在 ROS 网络上进行代码发布的一种表现形式，ROS 社区代码库如图 5-67 所示。

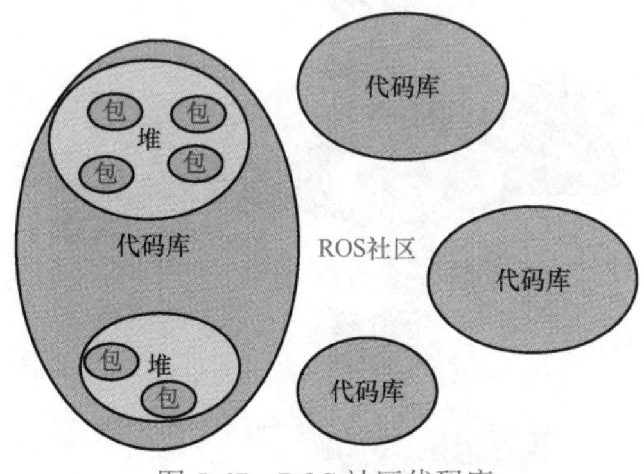

图 5-67　ROS 社区代码库

ROS 社区级的存在促进了 ROS 的发展和推广，使得 ROS 成为一个广泛使用的机器人开发平台。ROS 社区级还提供了丰富的 ROS 教程和资源，方便用户学习和使用 ROS。

ROS 中的常用功能如下：

1）Rviz。Rviz 是 ROS 中一款强大的三维可视化工具，操作者可以在里面创建机器人，并且让机器人动起来，还可以创建地图，显示三维点云等。总之，想在 ROS 中显示的东西都可以在这里显示出来。当然，这些显示都是通过消息的订阅来完成的，机器人通过 ROS 发布数据，Rviz 订阅消息、接收数据，然后显示出来。这些数据有一定的数据格式，如图 5-68 所示，这样的机器人模型在 Rviz 中是通过 URDF 文件描述的。

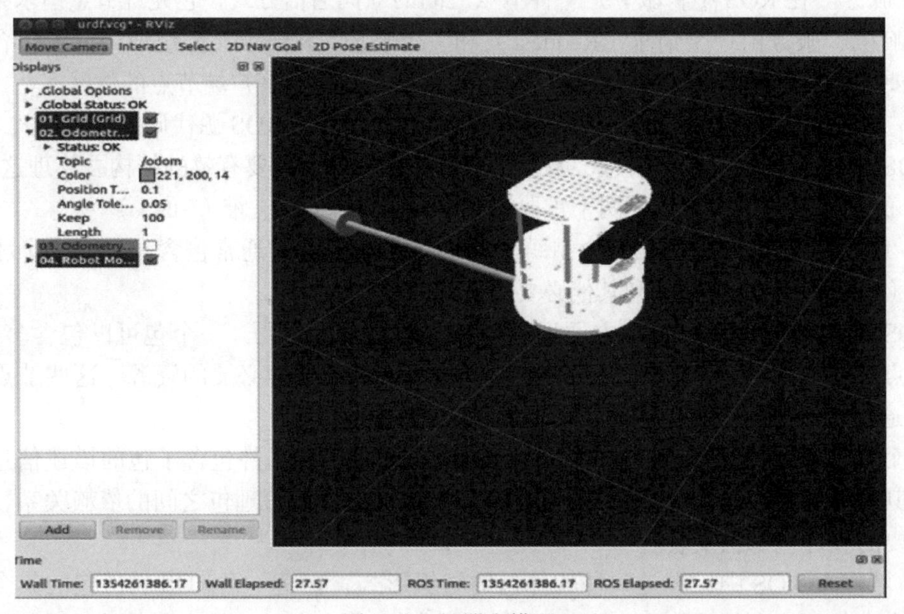

图 5-68　机器人模型

2）tf。tf 是 ROS 中的坐标变换系统，在机器人的建模仿真中经常用到，如图 5-69 所示。

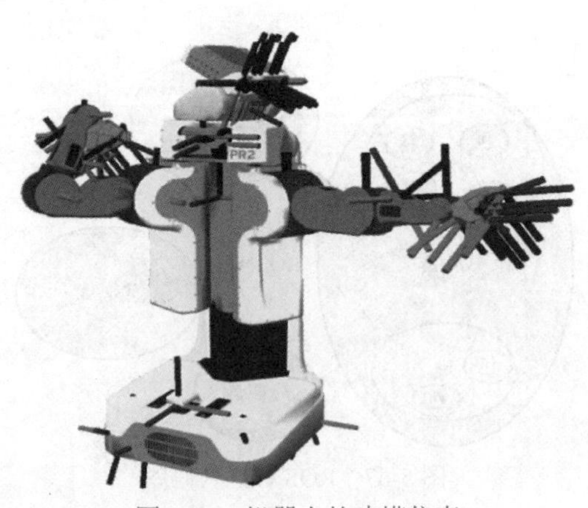

图 5-69　机器人的建模仿真

ROS 中主要有两种坐标系：

① 固定坐标系。用于表示世界的参考坐标系。

② 目标坐标系。相对于摄像机视角的参考坐标系。

3）Gazebo。这个工具是 ROS 中的物理仿真环境，Gazebo 本身就是一款机器人的仿真软件，是基于 ODE（开放式动态引擎）的物理引擎，可以模拟机器人及环境的很多物理特性。对这个软件只需稍做了解，它对后面的开发并不是必需的。

应用 ROS 的机器人如下：

1）PR2。介绍 ROS 的应用时，常提到的机器人就是 PR2，如图 5-70a 所示。这个机器人是 ROS 的主要维护者（Willow Garage）针对 ROS 量身定做的机器人，有两个运行 Ubuntu 与 ROS 的计算机和两个机器臂及很多传感器，功能非常强大。这个机器人的 ROS 包比较多，从仿真到导航，所以代码具有比较高的参考价值。

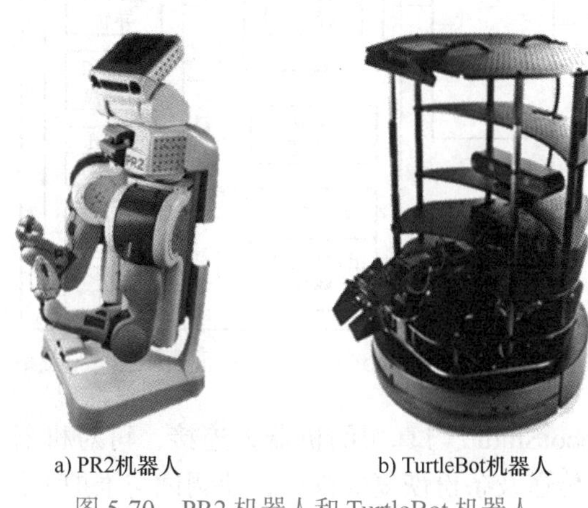

a) PR2机器人　　b) TurtleBot机器人

图 5-70　PR2 机器人和 TurtleBot 机器人

2）TurtleBot。这个机器人应该算是应用ROS的小型移动机器人的典型代表，如图 5-70b 所示，资料、文档和代码比较多，主要涉及建立模型和导航定位，代码比较容易理解。

（3）RobotStudio　RobotStudio 是一款由 ABB 集团研发生产的计算机仿真软件，用于机器人单元的建模、离线创建和仿真。

RobotStudio 允许使用离线控制器，即在个人计算机上本地运行虚拟控制器，还允许使用真实的物理控制器。当没有真实机器人时，可以完全离线开发项目，并直接下载到虚拟控制器，大大缩短了企业产品的开发时间。图 5-71 所示为 RobotStudio 软件与真实机器人之间的关系。

RobotStudio 作为一款成熟的工业机器人的计算机仿真软件，有着强大的机器人单元建模、离线编程、仿真等功能，主要体现在以下几方面：

1）CAD 格式数据导入。RobotStudio 可方便地导入各种主要的 CAD 格式数据，包括 IGES、VRML、VDAFS、ACIS 和 CATIA。通过使用此类非常精确的三维模型数据，机器人程序设计员可以编写出更为精确的机器人程序，从而提高产品质量。

2）自动路径生成。这是 RobotStudio 最节省时间的功能之一。通过使用待加工部件的 CAD 模型，可在短短几分钟内自动生成跟踪曲线；而人工执行此项任务，则可能需要数小时或数天。

3）自动分析伸展能力。此项功能可让操作者灵活移动机器人或工件，直至所有位置均可到达，可在短短几分钟内验证和优化工作单元布局。

4）碰撞检测。在 RobotStudio 中，可以对机器人在运动过程中是否与周边设备发生碰撞进行验证和确认，以确保机器人离线编程得出的程序的可用性。

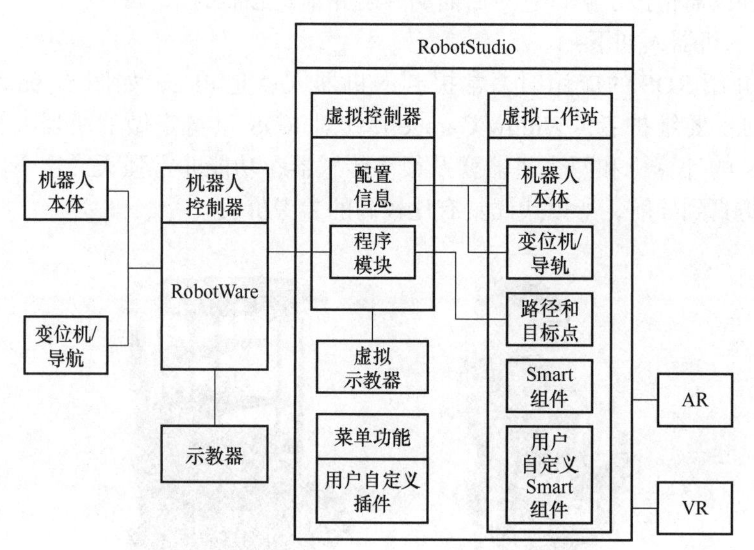

图 5-71　RobotStudio 软件与真实机器人之间的关系

5）在线作业。将 RobotStudio 与真实的机器人连接，可对机器人进行便捷的监控、程序修改、参数设定、文件传送及备份恢复等操作，使调试与维护工作更轻松。

6）模拟仿真。根据设计，在 RobotStudio 中进行工业机器人工作站的动作模拟仿真及周期节拍仿真，为工程实施提供依据。

7）应用功能包。RobotStudio 针对不同的应用推出了功能强大的工艺功能包，将机器人与工艺应用进行有效的融合。

8）二次开发。RobotStudio 提供功能强大的二次开发平台，可使机器人应用实现更多的可能，满足机器人的科研需要。

RobotStudio 软件的使用如下：

1）基本用法。RobotStudio 软件常用的快捷键见表 5-1。

表 5-1　RobotStudio 软件常用的快捷键

快捷键	功能
<F1>	打开辅助文件
<Ctrl+F5>	打开示教器
<F10>	激活菜单栏
<Ctrl+O>	打开工作站
<Ctrl+B>	屏幕截图
<Ctrl+Shift+R>	示教指令

（续）

快捷键	功能
<Ctrl+R>	示教目标点
<F4>	添加工作站系统
<Ctrl+S>	保存工作站
<Ctrl+N>	新建工作站
<Ctrl+J>	导入模块库
<Ctrl+G>	导入几何体

RobotStudio 软件常用的工作站视图组合键见表 5-2。

表 5-2　工作站视图组合键

组合键	功能
< 左键 >	选择
<Ctrl+Shift>+ 左键	旋转工作台
<Ctrl>+ 左键	平移工作站
<Ctrl>+ 右键	缩放工作站
<Shift>+ 左键	窗口选择

RobotStudio 软件常用选项卡的功能见表 5-3。

表 5-3　选项卡的功能

选项卡	功能
文件	新建工作站，关闭工作站，保存工作站和打印、共享等功能
基本	搭建工作站，创建系统，编程路径和摆放物体所需的控件
建模	工作站组件的创建和分组，创建实体，测量及使用其他 CAD 操作所需的控件
仿真	创建、控制、监控和记录仿真所需的控件
控制器	用于虚拟控制器（VC）的同步、配置和分配的控制措施，它还包含了管理真实控制器的控制措施
RAPID	集成的 RAPID 编辑器，后者用于编辑除机器人运动之外的其他所有机器人任务
加载项	包含 PowerPacs 控件

2）以“文件”选项卡为例，说明选项卡的使用方法。

① 新建。新建空工作站解决方案的方法如下：

a. 单击“文件”→“新建”选项。

b. 在“工作站”中，单击“空工作站解决方案”选项，如图 5-72 所示。

c. 先在“解决方案名称”文本框中输入解决方案的名称，然后在“位置”框中设置目标文件夹为保存地址。

d. 单击“创建”按钮，新解决方案将使用指定名称创建。RobotStudio 默认会保存此解决方案。

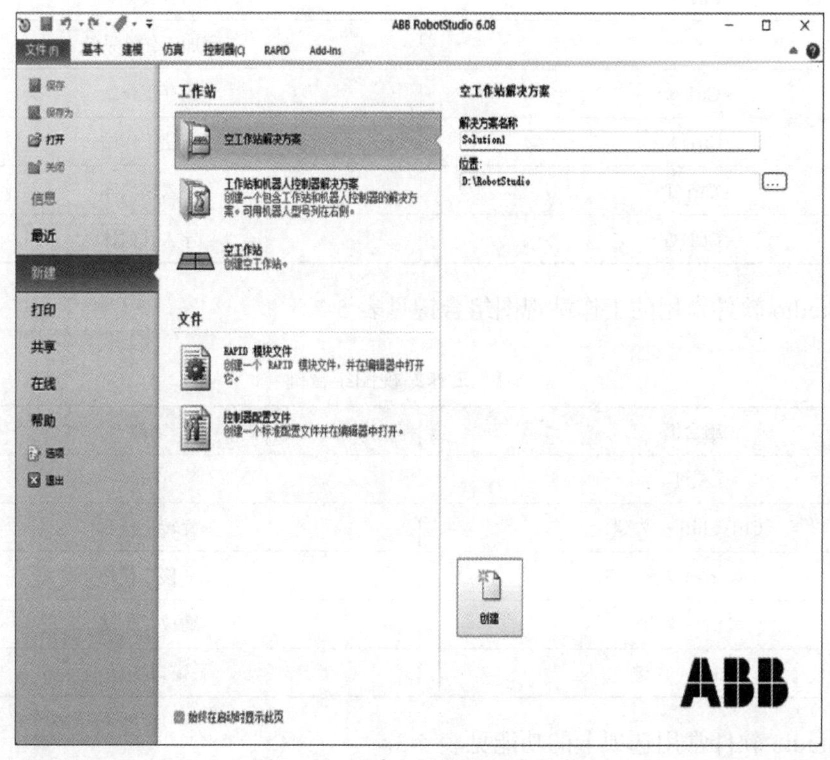

图 5-72 新建空工作站解决方案

② 共享。共享即与其他人共享数据，在“共享数据”界面中有“打包”“解包”“保存工作站画面”及“内容共享”等选项，如图 5-73 所示。

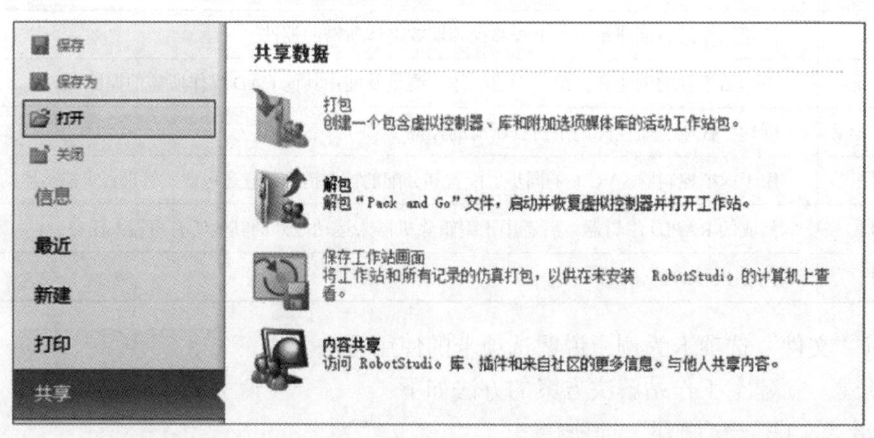

图 5-73 “共享数据”选项

打包工作站是指创建一个包含虚拟控制器、库和附加选项媒体库的活动工作包，方便文件快速恢复、再次分发，并且确保不会缺失工作站的任何组件，可以使用密码保护数据包。

解包工作站可快速恢复虚拟控制器、库和附加选项媒体库。注意：如果被解包的对象与当前选择版本不兼容，则无法解包。

③ 在线。单击“在线”选项，右侧会出现“连接到控制器”“创建并使用控制器列表”“创建并制作机器人系统”选项组，如图 5-74 所示。

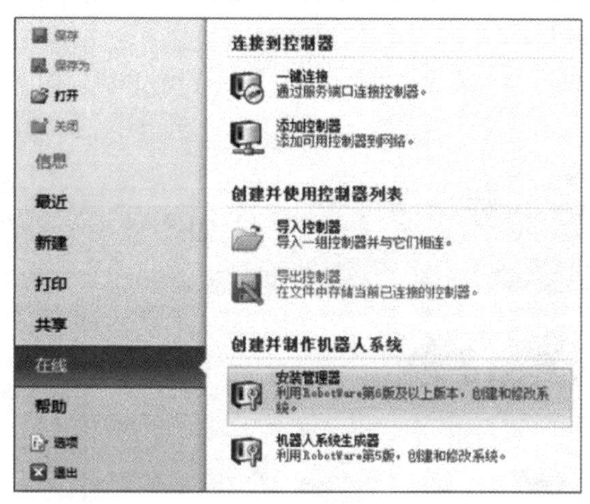

图 5-74　“在线”选项

在 RobotStudio 软件中，连接到控制器的功能可以实现连接到实际的机器人控制器，以便在仿真和实际机器人之间进行数据传输和调试。

④ 选项。单击“选项”选项，可显示有关 RobotStudio 选项的信息，如图 5-75 所示。

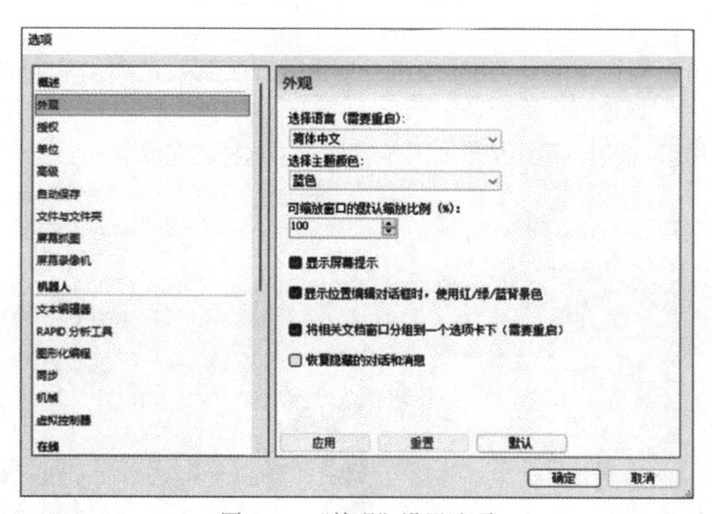

图 5-75　“外观”设置选项

下面以一个 RobotStudio 工作站的建立为例展示该软件的使用方法。

1）在“文件”选项卡中单击“新建”按钮，选择“空工作站”选项，单击“创建”按钮。

2）单击“ABB 模型库”按钮，选中某一款模型，如“IRB1200”。

3）选择需要的“容量”，单击“确定”按钮。

4）单击“机器人系统”按钮，单击“从布局”选项。

5）选择 RobotWare 版本，单击“下一个”按钮。

6）单击“选项”按钮。

7）选择 Default Language 选项，更改语言为 Chinese，单击“确定”按钮。

8）单击“完成”按钮。

9）单击“导入模型库”→“设备”选项，选择工具 myTool，如图 5-76 所示。

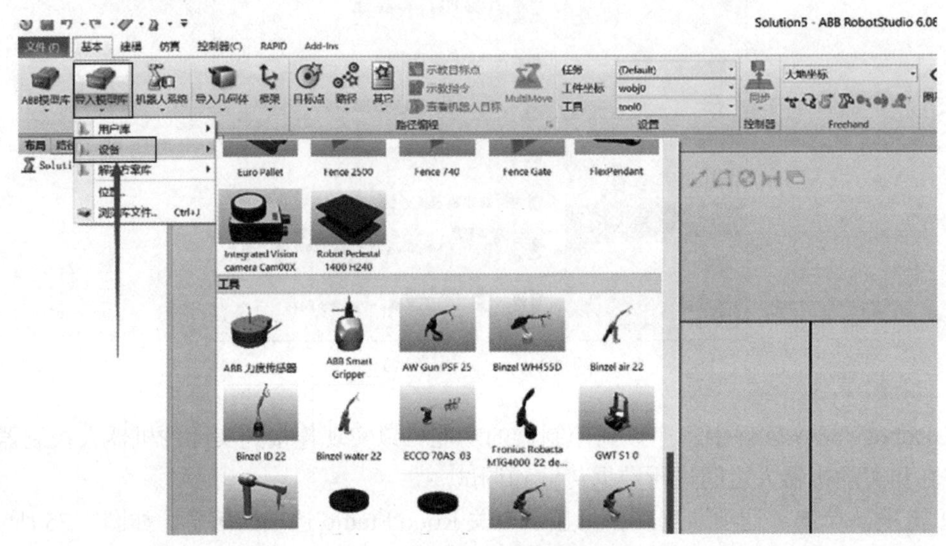

图 5-76　选择工具 myTool

10）右键单击布局栏中的 myTool 按钮，单击“安装到”选项，单击“IEB1200_5_90_STD_02（T_ROB1)”选项。

11）单击“确定”按钮，最终结果如图 5-77 所示，这样就完成了一个基本工作站的建立。

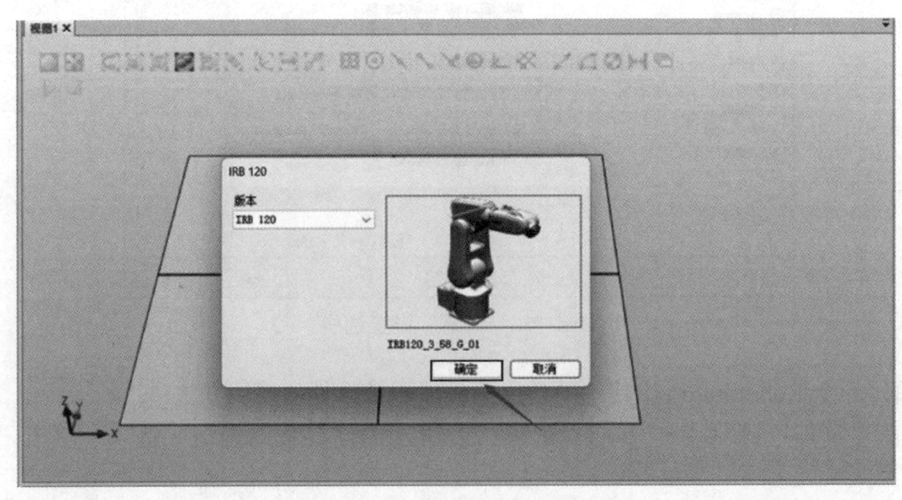

图 5-77　完成基本工作站的建立

5. 智能感知与决策技术

（1）智能机器人的感知系统　人类具有 5 种感觉，即视觉、嗅觉、味觉、听觉和触觉。机器人有类似人一样的感知系统，Asimo 机器人感知系统的组成如图 5-78 所示。机器人通过传感器得到这些信息，这些信息通过传感器采集，按照不同的处理方式，可分为视觉、力觉、触觉、接近觉等几个大类。

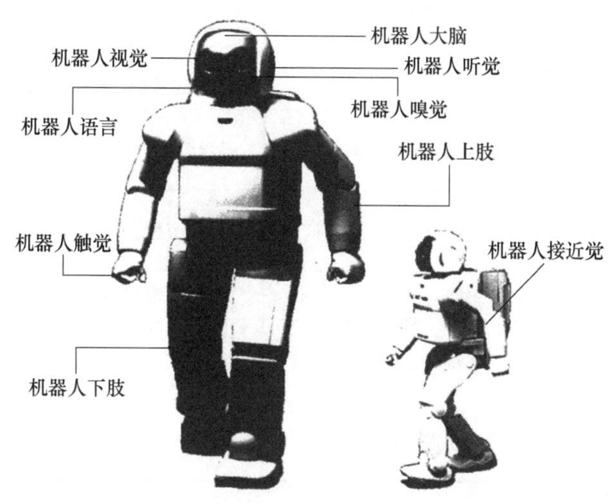

图 5-78　Asimo 机器人感知系统的组成

1）视觉。视觉是获取信息最直观的方式，人类 75% 以上的信息都来自于视觉。同样，视觉系统是机器人感知系统的重要组成部分之一。视觉一般包括三个过程：图像获取、图像处理和图像理解。

2）触觉。机器人触觉传感系统不可能实现人体全部的触觉功能。机器人触觉的研究集中在扩展机器人能力所必需的触觉功能上。一般的，把检测感知和外部直接接触而产生的接触、压力、滑觉的传感器，称为机器人触觉传感器。

3）听觉。听觉是仅次于视觉的重要感觉通道，在人的生活中起着重要的作用。机器人拥有听觉，使得机器人能够与人进行人机对话，从而使机器人能够听从人的指挥。达到这一目标的决定性技术是语音技术，它包括语音识别和合成技术两个方面。

4）嗅觉。气味是物质的外部特征之一，世界上不存在非气味物质。机器人嗅觉系统通常由交叉敏感的化学传感器阵列和适当的模式识别算法组成，可用于检测、分析和鉴别各种气味。

5）味觉传感器。海洋资源勘探机器人、食品分析机器人、烹调机器人等需要用味觉传感器进行液体成分的分析。

传感器按照功能的分类见表 5-4。

表 5-4　传感器按照功能的分类

功能	传感器	方式
接触的有无	接触传感器	单点式、分布型
力的法向分量	压觉传感器	单点型、高密度集成型、分布型

（续）

功能	传感器	方式
剪切力接触状态变化	滑觉传感器	点接触型、线接触型、面接触型
力、力矩、力和力矩	力觉传感器、力矩传感器、力和力矩传感器	模块型、单元型
近距离的接近程度	接近觉传感器	空气式、电磁场式、电气式、光学式、声波式
距离	距离传感器	光学式（反射光量、反射时间、相位信息）、声波式（反射音量、反射时间）
倾斜角、旋转角、摆动角、摆动幅度	角度传感器（平衡觉）	旋转型、振子型、振动型
方向（合成加速度、作用力的方向）	方向传感器	万向节型、球内转动球型
姿势	姿势传感器	机械陀螺仪、光学陀螺仪、气体陀螺仪
特定物体的建模，轮廓形状的识别	视觉传感器（主动视觉）	光学式（照射光的形状为点、线、螺旋形等）
作业环境识别，异常的检测	视觉传感器（被动式）	光学式、声波式

感知系统的分布如下

1）内传感器。内传感器通常用来确定机器人在其自身坐标系内的姿态位置，是完成移动机器人运动所必需的传感器。内传感器按照检测内容的分类见表 5-5。

表 5-5　内传感器按照检测内容的分类

检测内容	传感器的方式和种类
倾斜（平衡）	静电容式、导电式、铅垂振子式、浮动磁铁式、滚动球式
方位	陀螺仪式、地磁铁式、浮动磁铁式
温度	热敏电阻、热电偶、光纤式
接触或滑动	机械式、导电橡胶式、滚子式、探针式
特定的位置或角度	限位开关、微动开关、接触式开关、光电开关
任意位置或角度	板弹簧式、电位计、直线编码器、旋转编码器
速度	陀螺仪
角速度	内置微分电路的编码器
加速度	应变仪式、伺服式
角加速度	压电式、振动式、光相位差式

2）外传感器。外传感器用于机器人本身相对周围环境的定位，负责检测距离、接近程度和接触程度之类的变量，便于机器人的引导及物体的识别和处理。按照机器人作业的内

容，外传感器通常安装在机器人的头部、肩部、腕部、臀部、腿部、足部等。

（2）机器人的智能决策　机器人的智能决策是指机器人在面对不同情境和任务时，能根据事先设定的目标和条件，通过分析、推理和学习等方式，做出符合预期、高效的决策的能力。这种能力是智能机器人的核心特征之一，可以帮助机器人更好地适应不同的环境和任务需求。以下是机器人智能决策的一些关键技术和方法。

1）感知与理解。通过传感器获取周围环境的信息，并对这些信息进行理解和分析，从而形成对环境的认知。

2）规划与路径规划。根据环境信息和任务要求，制订合适的行动计划和路径规划，以实现预定的目标。

3）决策制定。基于环境信息、任务需求和机器人自身的状态，进行决策制定，确定下一步的行动方案。

4）学习与优化。通过学习算法，对不断积累的经验和数据进行分析和学习，优化决策过程，提高机器人的决策效率和准确性。

5）协作与交互。在与其他机器人或人类的协作和交互中，能够根据协作目标和规则，做出合适的决策，实现良好的协同效果。

6）逻辑推理与问题解决。利用逻辑推理和问题解决方法，对复杂情况进行分析和处理，找出最优的解决方案。

7）实时性与响应速度。在面对实时性要求较高的任务时，能够快速做出决策并执行，保证任务的及时完成。

通过以上技术和方法的应用，机器人能够具备智能决策的能力，更好地适应不同的任务和环境，提高工作效率和灵活性，实现更加智能化的机器人应用。

6. 数据驱动的优化技术

（1）监测大数据　机械监测大数据的形成原因可分为内因和外因，如图 5-79 所示。内因方面，机械装备在功能上向精密化、大型化、多功能方向发展；在性能上向高复杂度、高精度、高效率、高质量、高可靠、智能化方向发展；在层次上向系统化、综合集成化方向发展。机械装备的结构复杂性与功能耦合性决定了微小的故障可能会引起连锁反应，导致其无法安全运行，更无法满足上述功能甚至性能方面的需求，迫使机械装备进行全面实时的健康监测。外因方面，随着先进传感器技术的进步，获取机械装备实时监测数据的成本已经不再高昂，加之嵌入式系统、低耗能半导体、高性能处理器、云计算等高性能计算软硬件平台的兴起，大幅提升了数据分析计算能力。这些因素使实时监测、及时处理机械监测大数据成为可能。因此，大数据驱动的机械装备智能运维是现代工业发展的必然需求。

（2）大数据驱动与监测　数据监测和数据驱动是智能机器人中两个密切相关的概念，二者相互依存、相互促进，共同实现机器人的智能化。

1）数据监测是数据驱动的基础。数据监测是指通过传感器等设备采集机器人工作过程中产生的数据。这些数据包含了机器人所处环境的信息和机器人自身状态的数据。数据监测为数据驱动提供了基础性的数据支撑，是数据驱动的前提。

2）数据驱动通过数据分析实现智能决策。数据驱动是指通过对采集到的数据进行分析和处理，从而实现对机器人行为和决策的驱动。数据驱动通过分析数据中的模式和规律，可以帮助机器人做出更加智能和有效的决策，以提高机器人的工作效率和灵活性。

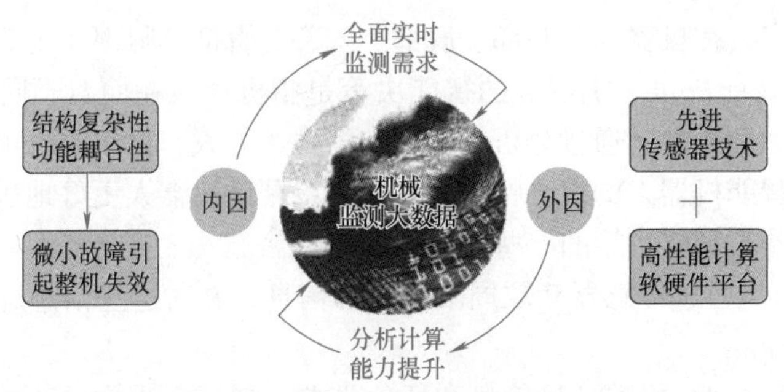

图 5-79　机械监测大数据的形成

3）数据监测与数据驱动相互促进。数据监测提供了数据驱动所需的原始数据，而数据驱动通过对这些数据的分析和应用，反过来可以指导数据监测的优化和改进。通过不断地数据监测和数据驱动，机器人可以不断地积累经验和优化能力，实现更高水平的智能化。

（3）智能机器人的数据驱动优化　智能机器人的数据驱动优化是指利用数据驱动技术，通过对机器人运行数据的分析和处理，优化机器人的工作效率和性能，提高其智能化水平。下面将详细介绍智能机器人数据驱动优化的关键步骤和技术。

1）数据采集与监测。智能机器人通过各种传感器（如视觉、声音、力量传感器等）采集工作环境和自身状态的数据。这些数据包括环境信息（如温度、湿度、光照等）、机器人自身状态（如位置、速度、姿态等）以及与外部对象交互的数据（如物体形状、颜色、声音等）。

2）数据存储与管理。采集到的数据需要进行存储和管理，以便后续的分析和应用。数据存储可以采用数据库或文件系统等方式，确保数据的安全性和可靠性。

3）数据分析与挖掘。通过数据分析和挖掘技术，对采集到的数据进行处理，发现其中的规律和信息。可以利用统计分析、机器学习等方法，从数据中提取有用的知识和模式，为优化决策提供支持。

4）数据驱动优化。基于数据分析的结果，对机器人的行为和决策进行优化。可通过优化路径规划、动作控制、资源分配等方面，提高机器人的工作效率和性能。

5）实时监测与反馈。实时监测机器人的状态和环境变化，并及时反馈到控制系统，实现对机器人行为的实时调控。可根据实时数据做出即时决策，提高机器人的应变能力。

6）智能决策与行动。通过数据驱动的优化，使机器人能够做出更加智能的决策和行动。机器人可根据环境和任务需求，自主地调整行为和策略，提高适应能力和灵活性。

5.4.2　机器人设计与运维的数据交互

1. 基于运维数据的机器人设计优化

（1）设计与运维数据关系的概述　随着信息技术和智能制造的进步，机器人系统的设计开始越来越多地基于运维阶段收集到的大量数据来进行优化。利用数据驱动的设计方法，研究人员能够识别出机器人在运行中的常见故障和性能瓶颈，并根据这些信息调整设计参数，以提高机器人的整体性能和可靠性。

例如，在一项涵盖 100 台工业机械臂的试验中，分析运维数据发现，连续工作超过 1000h 后，某一型号的机械臂出现了 15% 的故障率上升。进一步分析发现，其中 90% 的故障集中在关节组件上。这项数据揭示了关节组件设计存在的问题，为设计团队提供了有针对性的改进方向。基于这项发现，设计团队重点改进了关节组件的设计，主要针对传动装置和润滑系统进行了优化。通过更换更耐用的传动带和改良润滑系统，新型机械臂的关节组件更加可靠，故障率显著降低。经过持续工作 1000h 的验证试验，新型机械臂的故障率小于 5%，大幅提高了机器人的整体可靠性和稳定性。

此外，数据驱动的设计方法还使得机器人系统能够根据不同工作负载动态调整自身的参数，从而更好地适应各种工作环境。以机器人速度为例，分析运维数据发现，当机器人在某些工况下运行速度过快时，容易导致运动过程中的振荡甚至意外碰撞。通过数据驱动的设计优化，机器人能够根据运维数据自动调整运动速度，保证运行的平稳性和安全性。

（2）基于运维数据设计机器人的一般步骤　运维数据可以为机器人的设计提供重要的反馈，从而优化机器人的性能、可靠性和效率。以下是利用运维数据反馈影响机器人设计的一般步骤：

1）数据采集和存储。数据采集是基于运维数据反馈设计机器人的第一步。通过各种传感器和监控设备，机器人可实时采集运行过程中的各种数据，包括但不限于机器人的工作状态、能耗情况、传感器反馈等。这些数据是评估机器人性能和运行情况的重要依据。

2）数据分析和挖掘。数据分析和挖掘是基于运维数据反馈设计机器人的关键步骤。通过对采集到的数据进行分析和挖掘，可以发现其中的规律和问题，为设计优化提供重要依据。

3）问题识别和归因。问题识别和归因是基于运维数据反馈设计机器人的关键步骤之一。通过对数据分析的结果进行深入分析，可以识别机器人设计中存在的问题，并将这些问题归因于具体的设计因素或部件。

4）设计优化方案。设计优化方案是基于运维数据反馈设计机器人的关键步骤之一。通过针对性地调整机器人的设计，可以解决数据分析中发现的问题，提高机器人的性能、可靠性和工作效率。

5）仿真验证和试验验证。仿真验证和试验验证是基于运维数据反馈设计机器人的重要环节之一。通过仿真和试验，可以验证设计优化方案的效果和可行性，为设计的进一步优化提供重要参考。

6）反馈到设计阶段。将仿真验证和试验验证的结果反馈到机器人的设计阶段，对设计进行修改和优化，是基于运维数据反馈设计机器人的最后一步。这一过程是一个循环迭代的过程，不断优化设计，可提高机器人的性能和可靠性。

2. 设计变更对运维过程的潜在影响分析

设计优化可通过改进机器人的结构、算法和工作流程，提高其性能、可靠性和效率，从而对运维过程产生积极的影响。通过设计优化，可以使机器人的运维过程更加高效、安全和可靠，为智能制造的发展提供重要支持。

1）降低维护成本。设计优化可以降低机器人的故障率，减少维护和修理的频率和费用。通过改进部件的结构设计或使用更可靠的材料，可以延长机器人的使用寿命，减少维护的次数和维护所需的时间和成本。

2）提高维护效率。设计优化可以使机器人更易于维护和修理。例如，优化部件的布局和组装方式，可以使维护人员更容易访问和更换部件，提高维护的效率和准确性。

3）减少维护停机时间。设计优化可以减少机器人的故障率和维护时间，从而减少维护停机时间。通过改进部件的可靠性和可维护性，可以降低机器人的故障率，减少维护停机时间对生产的影响。

4）提高安全性。设计优化可以提高机器人的安全性能，减少意外事故的发生。通过改进机器人的控制算法和传感器系统，可以提高机器人的安全性能，减少人员和设备的损失。

5）提高生产率。设计优化可以提高机器人的工作效率和精度，从而提高生产率。通过优化机器人的控制算法和工作流程，可以使机器人在生产过程中更加稳定和高效，提高生产的质量和产量。

6）增强机器人的适应性和灵活性。设计优化可以增强机器人的适应性和灵活性，使其更适应不同的生产环境和任务需求。通过改进机器人的控制系统和工作流程，可以使机器人更灵活地应对不同的生产需求和工作条件。

3. 案例分析：设计改进在运维中的实际效果

如图 5-80 所示，在一个大型汽车制造厂，机器人是生产线上不可或缺的一部分。这些机器人负责执行各种任务，包括焊接、组装和涂装等。然而，最近这些机器人的电气系统和机械结构出现了一些问题，导致了生产率下降和维护成本增加的情况。在过去的几个月里，厂方注意到机器人在工作过程中出现了频繁的故障，导致生产线停机时间增加。经过调查发现，这些故障主要是机器人的电气系统和机械结构设计不够优化所致。电气系统的控制器和传感器反应速度慢，无法精确控制机器人的动作；机械结构的关节和传动系统不够稳定，导致机器人在工作时出现振动和噪声，影响了生产线的工作效率和稳定性。

图 5-80　设计优化与运维案例

在这个案例研究中，设计团队针对一款用于汽车制造的机器人进行了电气系统和机械结构的设计优化。改进后的机器人的电动机和控制系统使用了基于运维数据的算法进行策略调整，从而减少了由于温度波动和电磁干扰所导致的故障。使用新设计的机器人在过去一年的运行数据显示，其故障率下降了约 18%，而维修时间也减少了近 40%，显著提升了生产率和降低了运维成本。此案例体现了机器人设计优化带来的积极结果，并强调了在整个设计和制造过程中实施一体化数据的重要性。

在这个案例中，设计团队首先对现有机器人的电气系统进行了全面的分析与评估。通过对大量运维数据的收集和分析，他们发现在特定的工作条件下，机器人电动机长时间运行后会因为温度过高而出现故障。为了解决这个问题，设计团队采取了一系列改进措施。首先，他们优化了电动机的散热设计，增加了散热片的数量，并采用了高效的散热材料。其次，他们对机器人的控制系统进行了优化，使用了智能算法来实时监测电动机的温度，并根据温度变化调整电动机的运行策略。通过这些改进措施，机器人在长时间连续运行时能够有效降低温度，减少了故障的风险。

实际运行中，改进后的机器人的故障率显著下降。根据统计数据，改进前，机器人平均每运行 1000h 就会出现一次故障，而改进后，故障率下降到约 0.82 次 /1000h。这意味着改进后的机器人可以持续稳定地工作更长的时间，减少了停机和维修的频率。此外，维修时间也显著减少。改进前，每次故障维修平均需要 2h，而改进后，维修时间平均减少到 1.2h。这意味着改进后的机器人在故障发生时能够更快地恢复正常运行，进一步提升了生产率。

综上所述，通过设计的改进和运维数据的利用，机器人的设计和制造质量得到了显著提高。改进后的机器人在运维中表现出更稳定、更可靠的性能，故障率和维修时间都得到了明显的降低。这不仅提升了生产率，降低了运维成本，还为未来机器人的设计优化提供了经验和参考。

5.4.3　机器人制造与运维的数据对接

1. 制造过程中的质量保证与运维需求的匹配

制造过程中，质量保证与运维需求的匹配至关重要。制造过程中的每一个环节都应该考虑到产品的后续运维需求，以确保产品在使用过程中的可靠性和稳定性。

首先，质量保证要求在制造过程中严格控制每一个环节，确保产品质量符合标准。这包括使用优质的原材料、严格执行生产工艺流程、进行必要的质量检测和测试等。通过确保产品质量的稳定性和可靠性，降低产品在使用过程中出现故障的概率，减少运维的工作量和成本。

其次，制造过程中还应考虑产品的维护需求。例如，在产品设计阶段就应考虑产品的维护性，设计易于维护和更换的部件，以减少维护工作的难度和成本。同时，制造过程中还应该建立完善的维护记录和信息系统，为产品的后续维护工作提供支持。

最后，制造过程中还应该注重持续改进，不断优化产品的制造工艺和质量控制措施。通过定期的质量评估和运维反馈，发现问题并及时改进，提高产品的质量和可维护性。

2. 快速响应制造与即插即用的运维策略

（1）快速响应制造　快速响应制造的关键在于机器人的灵活性和适应性。

首先，机器人需要具备模块化设计，即将机器人拆解为多个独立的模块，可以快速组装和更换。这样，生产过程中可以根据需要灵活调整机器人的功能和结构，实现快速转换。例如，通过更换末端执行器或调整程序，机器人能够处理不同类型的产品或完成不同的任务。

其次，智能制造系统也是实现快速响应制造的重要手段。智能制造系统通过物联网技术和大数据分析，实现对生产过程的实时监控和调整。这样，可以根据实时数据对机器人的工作进行优化和调整，以适应生产需求的变化。例如，可根据生产任务的变化实时调整机器人的工作速度和路径，提高生产率和灵活性。

最后，快速响应制造还需建立灵活的生产线和工作流程。生产线应具有一定的可调整性，可根据生产需求的变化快速调整生产节拍和生产顺序。工作流程应具有一定的自适应性，可以根据不同的生产任务和产品要求自动调整工艺参数和生产流程。

（2）即插即用的运维策略　即插即用的运维策略要求制造环节能快速响应市场变化。

这涉及运维数据和制造数据的有效整合，以及生产线的灵活性。采用模块化设计，可以缩短生产循环，减少机器人组件的交付时间，从而提高运维效率。研究指出，引入模块化和快速响应制造后，机器人换模时间可以减少 40%，运维周期缩短了 30%。通过收集、分析和利用运维数据和制造数据，可实时监测机器人的性能、运行状态以及潜在故障，并提供快速的反馈和调整机制。这样就能避免机器人在运行过程中出现不稳定或故障，提高了运维的效率和生产线的稳定性。根据统计数据，运用数据驱动的运维策略，可以减少机器人 5% 的故障率，降低 10% 的停机时间。

此外，快速响应制造和即插即用的运维策略还可以优化库存管理和供应链的安排。通过实时数据交互，制造环节可以根据需求进行精准的生产，避免过剩的库存和资源浪费。据研究数据显示，采用快速响应制造和即插即用的运维策略后，库存周转率可以提高 15%，降低 20% 的库存成本。

综上所述，快速响应制造和即插即用的运维策略可以通过整合运维数据和制造数据，提高运维效率和生产线的灵活性，并通过数据驱动的优化，降低故障率和停机时间，优化库存管理和供应链安排。

3. 案例分析：制造过程中的运维优化措施

某汽车制造公司引进了一台用于汽车车身焊接的机器人，如图 5-81 所示，该机器人能够实现自动化的焊接工作。然而，实际运行过程中，由于不同车型的车身尺寸和结构差异较大，机器人在换模过程中遇到了困难，影响了生产率和焊接质量。

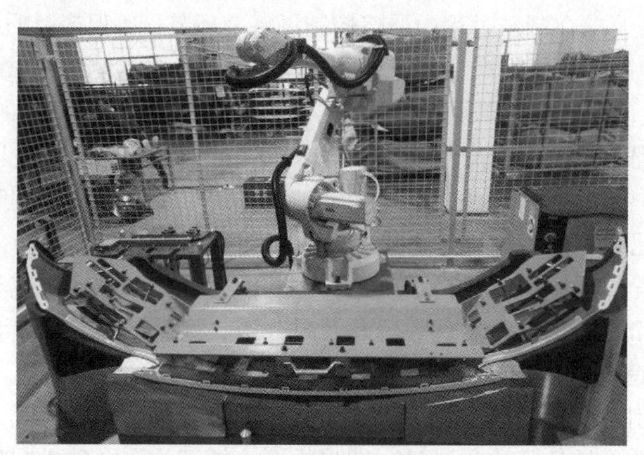

图 5-81　车身焊接机器人

最初，该公司采用手动方式进行模具更换，运维人员需要花费大量时间和精力来完成这一过程。而且，由于模具定位不准确、模具安装不稳等问题，换模时经常出现故障，严重影响了生产进度和焊接质量。

为了解决这一问题，该公司的工程师团队决定对机器人进行优化，实现自动化的电动换模。首先，升级机器人的控制系统，增加了电动换模装置，并优化了换模的程序和算法；其次，调整机器人的机械结构，使其更适合自动换模操作；最后，培训运维人员，使其能够熟练掌握新的换模操作流程。

经过一段时间的优化和调试，机器人成功实现了自动化的电动换模。现在，只需在控制台上输入相应的指令，机器人就可以自动完成换模过程，大大提高了生产率和焊接质量。同时，由于电动换模的精确性和稳定性，故障率也大幅降低，为公司生产提供了可靠保障。这个案例充分展示了如何通过运维反馈数据，及时发现问题并采取有效措施解决，实现机器人生产过程的优化和提升。同时，也说明了机器人的快速响应制造策略在实际生产中的应用和价值。

在案例企业中，引入实时数据分析系统，预测性维护成为可能，显著降低了停机时间。根据实际数据统计，年均故障处理时间降低了 25%，相较于传统运维模式，总体运维成本降低了 17%。具体而言，实时数据分析系统允许企业对机器人设备进行持续监测，并利用数据算法进行异常检测与故障预测。通过在关键部件安装传感器，系统能够实时检测设备运行状态并收集运行数据。这些数据被传送到分析系统中，通过机器学习算法进行模式识别和故障预测。一旦有异常情况出现，系统将立即发出警报并提供修复建议。这为企业提供了提前预警的机会，可及时采取维护措施，避免设备故障引起的停机时间。在实际应用中，该优化措施显著降低了机器人故障处理时间，提高了生产率。

5.4.4　机器人设计与制造的协同工作流程

1. 设计阶段对制造过程的预见性考虑

在机器人设计阶段，工程师采用先进的建模与仿真工具，预见潜在的制造挑战，并据此调整设计参数。例如，基于有限元分析（FEA）的应力测试可预测结构在制造过程中可能遇到的问题。FEA 是一种通过将结构分成有限的小单元，并对每个小单元进行应力分析的方法，它可以模拟并预测机器人在实际运行中承受的应力和负荷。通过在设计阶段执行 FEA，工程师可以准确地评估机器人结构的强度和稳定性，发现并解决潜在的弱点，从而预防制造过程中的缺陷和故障。根据统计，执行 FEA 的机器人在制造过程中的平均失效率为 5%，而未执行 FEA 的机器人的失效率高达 35%，这显示出在设计阶段对制造过程进行预见性考虑的重要性。通过采用先进的建模与仿真工具，工程师可以准确地预测机器人在制造过程中可能遇到的问题，包括结构强度、稳定性、疲劳寿命等方面的挑战。在设计阶段对制造过程进行预见性考虑，不仅可以大大降低制造缺陷的风险，还可以减少机器人在使用过程中的故障和维修成本。因此，在机器人设计过程中，工程师应充分利用数据驱动的建模与仿真工具，通过预测和优化设计参数，提高机器人的制造品质和性能。

综上所述，机器人设计阶段的预见性考虑对于优化制造过程至关重要。通过采用先进的建模与仿真工具，特别是执行 FEA 分析，工程师可以准确预测机器人在制造过程中可能出现的问题，并根据预测结果调整设计参数，从而预防性地减少制造缺陷的发生。

2. 制造过程中的设计调整与实时反馈机制

制造阶段的实时反馈机制允许设计团队根据制造过程中的数据调整设计。实时抓取生产线的数据，设计团队能够快速发现和解决装配困难的设计元素，从而提高机器人的质量和生产率。根据汽车行业公司的案例，他们实施了一个实时反馈系统，该系统能够即时收集到生产线上的各种数据，如装配过程中的时间、材料使用量、装配工具的使用情况等。通过分析这些数据，设计团队能够准确了解机器人设计中存在的问题，并迅速进行相应的设计调整。该实时反馈系统的实施使得设计调整的响应时间缩短了 40%，这对于提高制造效率起到了非常重要的作用。

具体来说，在实时反馈系统的支持下，设计团队能够快速定位并改进导致组件装配困难的设计元素。例如，根据实时抓取的数据，发现某个组件在实际装配过程中经常出现装配困难的情况。通过进一步分析数据，确定该组件的设计需要进行调整以提高其装配性能。在设计团队的努力下，重新设计组件，使之更易于装配。通过实时反馈系统的支持，设计团队能够及时获取装配过程中的问题反馈，并迅速采取措施进行设计调整。在实施了这一改进后，他们的装配困难问题得到了有效解决，装配效率大幅提高。

除了装配困难的设计元素，实时反馈系统还可揭示出其他可能存在的设计问题。例如，通过分析实时抓取的数据，设计团队发现某些组件的使用量超出了预期，这提示设计团队需要重新考虑这些组件的设计，以减少材料浪费和成本。此外，实时反馈系统还能提供装配工具的使用情况，可以帮助设计团队了解装配工具是否满足要求，是否需要进行改进。

3. 案例分析：设计与制造协同工作的实际案例

某航空发动机制造公司面临着设计制造一体化的挑战。如图 5-82 所示，在传统的生产模式串行研制下，设计和制造是分开进行的，设计部门设计发动机，然后将设计方案交给制造部门进行制造。这种分离式的生产模式导致了设计与制造之间的信息传递不畅，容易出现设计方案不符合制造要求的情况，影响了发动机的性能和质量。

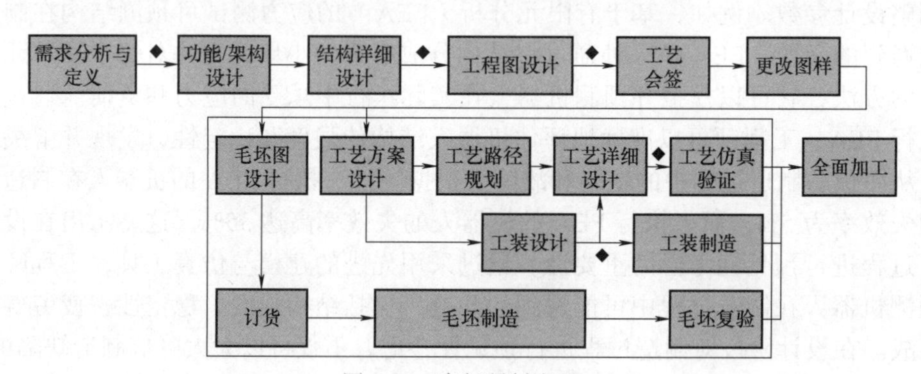

图 5-82　串行研制流程

注：◆表示评审控制点；▭表示生产准备。

为了解决这一问题，该公司决定实施设计制造协同工作的生产模式，如图 5-83 所示，之后又采用并行协同优化方案，如图 5-84 所示。并行协同优化方案的核心在于通过流程整合将设计和制造（生产准备）紧密耦合，随之而来的转变是设计和制造两大责任主体融为一体。首先，他们建立了一个集成的设计与制造团队，设计师和制造工程师共同工作，共同制订发动机的设计和制造方案。设计师在设计发动机时考虑到了制造的可行性和要求，制造工程师在制订制造工艺和工艺流程时考虑到了设计的要求和特点，实现了设计与制造之间的紧密协作和信息共享。

通过实施全面的生产过程管控和质量管理措施，建立了严格的质量控制体系和过程监控机制。通过对生产过程的监控和分析，及时发现问题并采取措施解决问题，确保产品质量和生产进度。经过一段时间的实践和调整，该公司成功优化了设计制造并行协同方案。优化后的方案提高了设计与制造之间的协同效率，缩短了产品开发周期，提高了产品质量和生产率，为公司的发展带来了巨大的竞争优势。

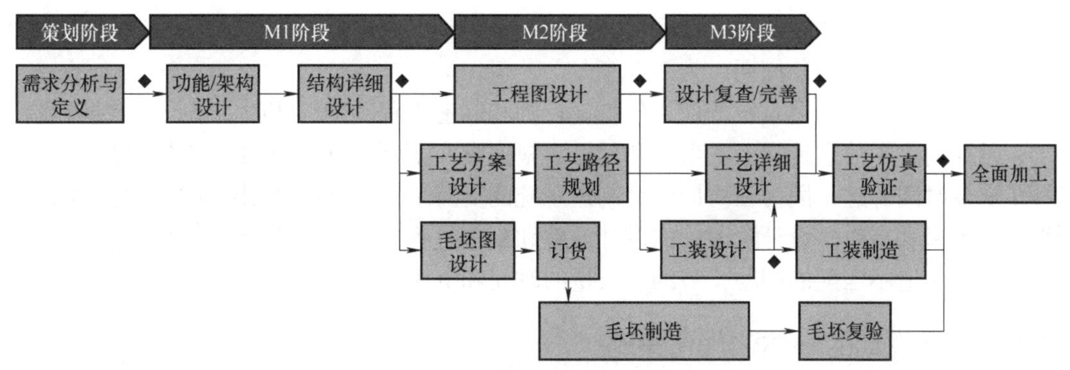

图 5-83　原有的协同研制流程

注：◆表示评审控制点。

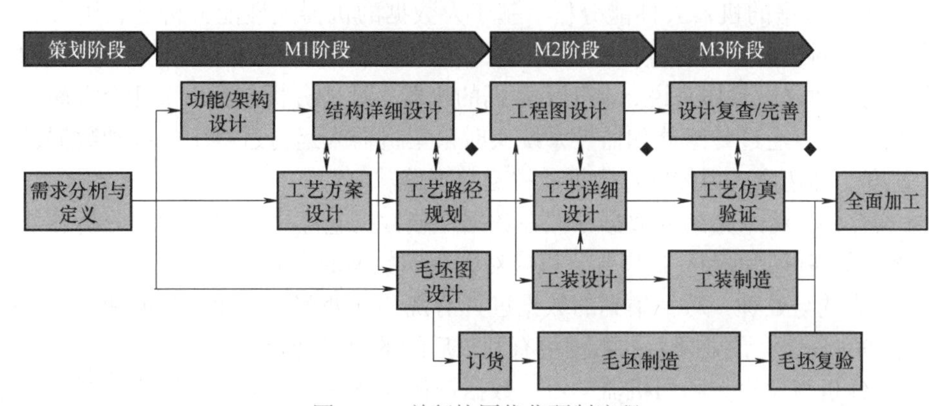

图 5-84　并行协同优化研制流程

注：◆表示评审控制点；↔表示工作间的交互。

三种研制方案比较见表 5-6。

表 5-6　三种研制方案比较

类别	串行研制方案	原有的协同研制方案	优化的并行协同方案
研制流程	串行，工艺会签及设计更改完成后，才启动生产准备	并行，分 M1、M2、M3 三个阶段协同，根据各阶段的结构模型，提前开展相应的生产准备	并行，分 M1、M2、M3 三个阶段协同，生产准备进一步提前，与各阶段相应的设计工作同时开展
数据协同	集中在工艺会签，前期沟通严重不足，后续加工过程中设计反复多	本质上仍为串行协调，即各阶段生产准备在相应的结构模型发放后才启动	并行协调，各阶段双方同步开展工作，快速进行数据迭代，共同对协同数据负责
评审控制点	设计和工艺各自控制，分开评审	设计和工艺各自控制，分开评审	面向产品对象，共同控制、同时评审
团队模式	设计和工艺分离	设计和工艺分离，但相互沟通加强	设计和工艺紧密融合，向跨厂所协同研制团队（IPT）转变

得益于协同工作方式和评审控制机制的改进，公司设计制造的交互效率进一步提升，以往因设计工艺沟通不足导致的产品设计质量和制造符合性不高的情况得到改善；同时，随着

产品设计反复的减少和资源浪费的降低，研制成本得到大大降低；优化后的并行协同方案可进一步压缩设计试制的总周期，为2~3个月。

总之，协同设计制造系统的应用使得设计师和制造工程师能够实时共享设计数据和制造要求，从而消除了信息传递上的误差和延迟。根据真实案例数据，协同工作流实施后，大大缩短了研发时间。这是因为在协同设计制造系统的支持下，设计师和制造工程师之间的协作变得更加紧密和高效。设计阶段中的设计调整和制造过程中的实时反馈可迅速进行，从而避免了设计与制造不匹配的问题，节约了大量的时间和资源。

5.4.5 数据驱动的一体化优化策略

1. 基于大数据的机器人性能分析与优化建议

（1）基于大数据的机器人性能分析　基于大数据的机器人性能分析是利用大数据技术和数据分析方法对机器人运行过程中产生的大量数据进行分析，以深入了解机器人的性能表现，并提出优化建议。具体来说，基于大数据的机器人性能分析包括以下几个方面：

1）数据采集。通过传感器和监控系统实时采集机器人运行过程中的各种数据，包括运动轨迹、速度、加速度、力传感器数据、视觉数据等。

2）数据存储。将采集到的数据存储在数据库或数据仓库中，以便后续分析和处理。数据存储应该具备高可靠性和高扩展性，以应对大规模数据的存储需求。

3）数据清洗与处理。对采集到的数据进行清洗和预处理，去除异常值和噪声，确保数据的准确性和完整性。预处理后的数据更有利于后续的分析和建模。

4）数据分析与建模。利用机器学习、数据挖掘等技术对机器人的性能数据进行分析和建模，找出数据之间的关联性和规律性。通过建立性能模型，可以预测机器人的性能表现，并提出优化方案。

5）性能评估与优化。根据数据分析和建模结果，评估机器人的性能表现，并提出针对性的优化建议。

6）实时监控与反馈。建立实时监控系统，监测机器人的运行状态和性能表现，及时发现问题并进行调整。通过大数据分析，可以实现对机器人的实时优化，提高其运行稳定性和性能表现。

（2）优化建议　基于大数据的机器人性能分析可以帮助企业深入了解机器人的工作状态和性能表现，提出针对性的优化建议，提高机器人的工作效率和性能水平，为企业的生产和运营带来更大的价值和竞争优势，以下是一些可能的实际优化建议：

1）传感器优化。安装更多或更先进的传感器，如视觉传感器、压力传感器、温度传感器等，以提高对机器人工作环境的感知能力，从而更精确地执行任务。

2）控制算法优化。通过优化控制算法，使机器人能够更快速、更精确地响应外部环境的变化，提高工作效率和质量。

3）智能路径规划。利用机器学习等技术，使机器人能根据实时环境信息自动调整工作路径，避开障碍物，减少工作时间和能耗。

4）数据分析与预测维护。建立数据分析平台，对机器人运行数据实时监测和分析，预测可能出现的故障并提前进行维护，避免停机时间和生产损失。

5）人机协作优化。设计人机协作的工作模式，使机器人能够与人类操作员更好地协同工作，提高生产率和工作安全性。

6）模块化设计。设计模块化的机器人系统，使其更易于维护和升级，降低维护成本和技术风险。

7）能源管理优化。优化机器人的能源管理系统，降低能耗，减少生产成本，提高环保性能。

这些优化建议可根据具体情况进行调整和细化，以实现最佳的机器人性能和生产率。

2. 实时数据监控与预警系统在一体化中的作用

随着科技的发展，智能制造成为当今制造业的重要趋势。智能制造借助先进的技术手段，实现生产过程的数字化、网络化和智能化，提高生产率、降低生产成本、改善产品质量。智能制造中，智能监测与预警系统被广泛应用，帮助企业实现实时监控、故障预警和远程控制，提高生产线的稳定性和可靠性。

（1）智能监测与预警系统的基本原理　智能监测与预警系统是通过传感器、数据采集器、内部通信网络和数据分析算法等组成的一个综合系统，可实时监测生产设备和生产线的运行状态，对异常情况进行预测和预警。该系统的基本原理可以简单描述如下：

1）传感器采集数据。在生产设备和生产线中安装各类传感器，如温度传感器、压力传感器、振动传感器等，用于采集相关参数的实时数据。

2）数据采集与传输。传感器采集到的数据通过数据采集器进行收集，并通过内部通信网络传输到数据分析端。

3）数据分析与处理。数据分析端利用机器学习、数据挖掘和人工智能等技术对采集到的数据进行实时分析和处理，识别设备运行状态，检测可能存在的故障。

4）异常预测和预警。基于数据分析的结果，智能监测与预警系统可以预测设备故障和异常情况，并通过提醒、报警等方式实现预警功能。

（2）设计生产运维一体化中的实时监控与预警　实时数据监控系统是一种集成的技术解决方案，通过收集、分析和解释实时数据来加强对机器人运行状态的监控和预测。着重讨论数据监控对减少停机时间、提高可靠性和维护效率方面的贡献。实时数据监控系统的集成是指将各个关键组件和传感器连接到一个统一的网络，以便实时监测机器人的运行状态。通过监测和记录机器人的工作状态、电力消耗、温度变化等关键指标，实时数据监控系统能够实时追踪机器人的运行状况，并提供及时的报警和预警信息。这些信息可以帮助维护人员及时发现潜在的故障或异常情况，并采取相应的措施来避免系统故障。实时数据监控系统在一体化中起到了关键的作用。首先，它可以实现快速响应和实时预测性维护。通过对实时数据的持续监测和分析，系统可以检测到设备出现的任何异常情况，并提前预测潜在的故障。例如，一个实时监控系统可通过研究历史数据和机器学习算法来预测大型工业机器人的可能故障，从而采取预防措施，避免机器人停机时间和维修成本的增加。其次，实时数据监控系统还能帮助提高机器人的可靠性和维护效率。通过持续监测和分析关键性能指标，可及时发现和处理机器人的性能异常和故障问题。这使得维护团队能够更加精确地定位问题和采取相应的维修措施，从而减少停机时间和提高设备的可靠性。

3. 案例分析：数据驱动的一体化优化实践与成果

图 5-85 所示为东风汽车发动机生产线数字孪生系统。发动机生产线数字孪生系统，依托数字孪生技术，对实体生产线 1∶1 还原 3D 数字化建模，结合数以千计的传感器和设备的

及时数据，实现远程生产线生产监控、低库存预警、质量溯源等功能，进而提高生产过程的透明度并优化生产过程。具体可表示为以下几方面：

图 5-85　东风汽车发动机生产线数字孪生系统

1）生产过程可视化。将参与生产的关键要素，如原材料、设备、工艺配方、工序要求以及人员，通过数字孪生技术 1:1 三维还原数字化建模，在虚拟的数字空间中实时联动实际生产活动，通过期间产生的大量孪生数据来分析和优化生产线。

2）设备资产维护。在三维数字孪生场景中，通过对接 MES/PLC 系统，获取设备生产的实时运行状态（运行、异常、停止），数字孪生体还可以模拟关键设备何时需要维护，甚至可以预判整个生产线、工厂或工厂网络的健康状况。

3）生产故障报警。当生产线在线报警时，数字孪生系统从 MES/PLC 系统中获取到对应的报警信号后，立即在系统界面上通过图标形式提示报警，并可以点击图标展开报警记录详情，进一步确定某一条报警记录，查看该报警信号的详细信息。如果该报警信号关联了三维模型，还可以查看该报警信号所关联的三维模型，直接调用监控画面迅速定位到报警点。

东风汽车通过引入数字孪生系统后，实现了数据驱动的一体化优化，取得了明显的生产效益和竞争优势，为其他行业企业提供了可借鉴的经验。

第 6 章 高端数控装备智能设计生产与运维

章知识图谱

说课视频

6.1 引言

作为战略性“工业母机”和高端装备基石，高档数控机床的性能与质量是国家工业化与综合国力的关键标志，对提升我国制造业科技自立自强和国际竞争力具有重大意义。技术上，它融合计算机控制、高性能驱动与精密加工技术，具有高速、精密、智能等特性，是高端工业产品切削加工的唯一手段。产品上，它由刀具、主轴等核心部件构成，具有高技术、高成本特征。近年来，我国高档数控机床技术发展迅速，取得多项突破，国产市场占有率显著提升，为国家安全和制造业发展提供了有力支撑。

6.1.1 高端数控装备的基本概念

1. 我国数控装备产业发展、现状与档次划分依据

（1）数控装备产业发展　中华人民共和国成立后的第一个五年计划期间，在苏联专家的建议和帮助下，国家改造和新建了一批专业化机床制造企业，其中 18 家被确定为重点骨干企业，称为“十八罗汉”机床厂。这些企业带动了我国机床制造产业体系的初步形成，支撑了国家装备制造业。然而，计划经济体制在一定程度上阻碍了机床工业的发展，使得管理僵化、设备老化，忽视核心技术研发，导致产品科技含量低。

1952 年，美国麻省理工学院研制出世界第一台数控机床，西方国家迅速实现了产品升级，引领了数控机床的发展。尽管我国在 1958 年研制出第一台数控机床，但产业化进展缓慢，机床产品仍以低端为主。改革开放后，特别是加入 WTO 后，国外先进数控机床大量进入我国，技术差距使国产机床竞争力下降，低端产品利润微薄，在高端产品研发上缺乏资金和人才投入。除个别企业，“十八罗汉”相继倒下，国产机床企业面临困境。高端机床供不应求，进口机床价格昂贵且受限于出口管制，影响了我国高端装备制造业的发展。

为提升国产数控机床水平，我国于 2009 年启动“高档数控机床与基础制造装备”国家科技重大专项，十年内取得大量成果，整体水平提高。但国外技术水平也在快速提升，国产机床与进口机床差距扩大。国外中端数控机床以低价倾销，进一步压制国产机床。企业需从低端制造模式转型为高端制造模式，当前竞争格局为“低端混战、中端争夺、高端失守”。

高端机床是制造业转型升级的关键，但西方国家对我国高端机床的出口限制严厉，形成“卡脖子”局面。尽管高端机床在制造业所占GDP份额有限，但对装备制造业至关重要。国产机床需突破技术瓶颈，实现自主发展。目前，国产高端机床技术积累不足，市场占有率低，竞争力不强。虽然部分企业已开始重视向高端产品转型，并在核心技术上有所突破，但总体技术水平与进口机床仍有较大差距。

国产高端机床的发展任重道远，需在夯实基础、自主创新上持续努力，避免浮躁情绪，逐步提升技术水平。目前，部分民营企业和国有企业在资金和技术上具备一定实力，有望在高端数控机床领域取得突破。经过40余年的追赶，我国高档数控机床形成了完整产业体系，市场竞争力显著提升，未来需继续推进创新链与产业链的融合，提升整体技术水平。我国高档数控机床技术追赶历程如图6-1所示。

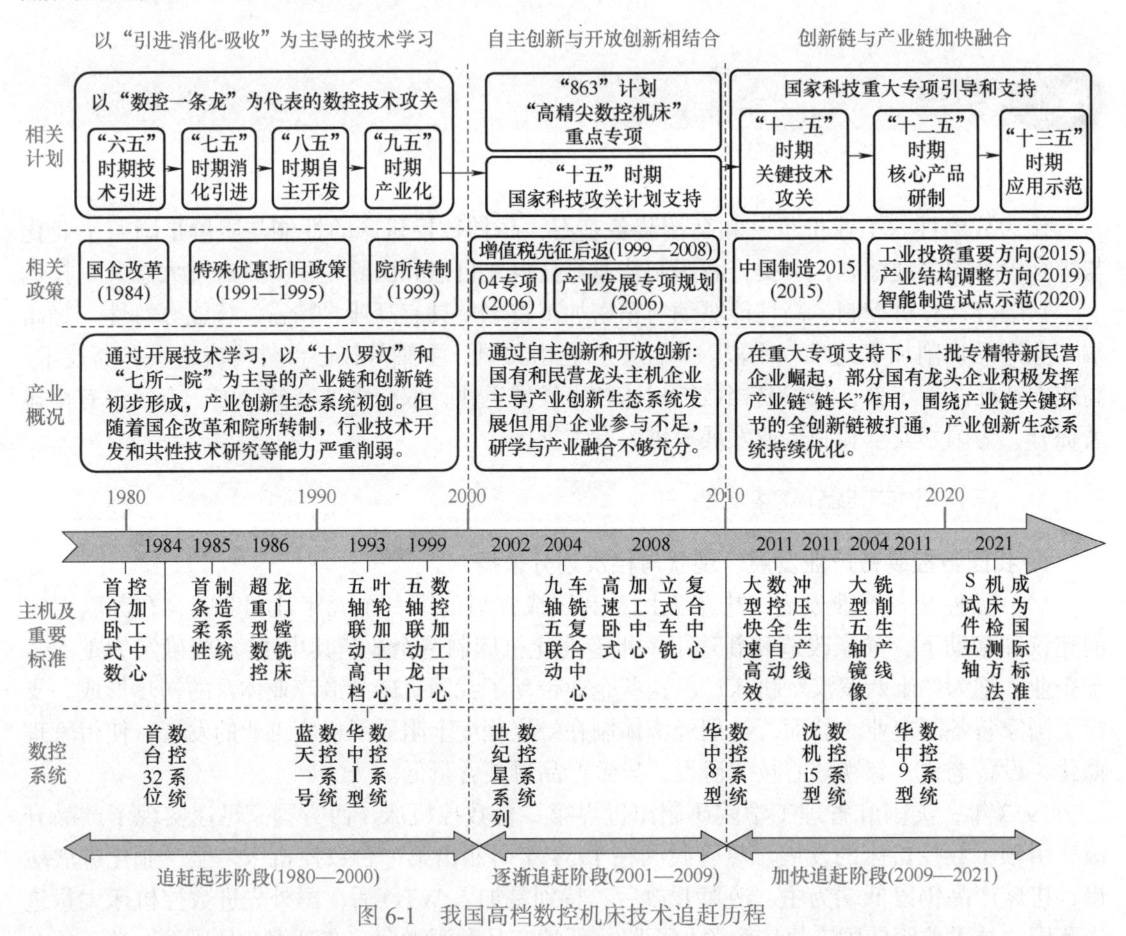

图6-1 我国高档数控机床技术追赶历程

（2）数控装备产业现状 我国机床产业目前面临“低端价格混战、中端竞争乏力、高端技术缺失”的局面，高档数控机床在产品种类、数量和技术水平上远不能满足国产高端装备制造业的需求。每年需要大量外汇进口高档数控机床，但西方国家对我国实行高新技术和产品的出口限制，即使付出高价也难以买到所需产品，形成“卡脖子”局面。为此，国家开始实施制造业提档升级战略，目标是尽快实现装备高端化，提升企业效益，支持国民经济和国防安全。

实现制造装备高端化，首先必须提升工业母机的水平。根据国务院国有资产监督管理委员会 2021 年消息，数控机床被列为装备提档升级优先发展的首位，显示了国家对机床制造业的高度重视，同时也反映了当前国产数控机床产业无法满足高端需求的窘境。为实现数控机床提档升级，首先需要准确定义数控机床的档次。

机床是一类复杂的机电一体化产品，包含上千个零部件，典型功能部件有数控系统、数控转台、数控刀架、刀库、滚珠丝杠、直线导轨、主轴、检测装置等，主要附件包括排屑装置、防护罩、油冷机、液压系统、润滑系统、冷却系统等，还涉及各种大件毛坯的制造及下游产业，形成一个复杂的数控机床产业链。

显然，数控机床产业非常适合集群式发展，在相对集中的区域集中，各个上中游产业打造完整的产业链，可以产生很大的效益：降低物流成本和断供风险，互通有无实现资源共享，互相学习实现协同发展。

2. 数控装备档次划分

数控机床的档次应该从产品固有特性方面综合定义，包括功能（Function）、加工精度（Accuracy）、质量（Quality）、加工效率（Efficiency）、信息化程度（Informationization）、寿命周期综合成本（Cost）、寿命周期环境特性（Environment），简称 FAQEICE。基于此概念，提出用综合水平数（Comprehensive Level Number，CLN）定义数控机床的档次，区别高档、中档和低档数控机床。

CLN 数在 4.6 分以上为高档数控机床（技术水平高、性能满足用户需求），2.5~4.5 分为中档数控机床（技术水平一般，用户满意度中等），低于 2.5 分为低档数控机床（技术水平低，用户满意度差）。高档数控机床需满足用户的加工功能和精度要求，且 CLN 数在 4.6 分以上。

该方法将机床档次与用户需求紧密结合，计算方法简单，结果直观，概念清晰。传统定义关注高速、精密、智能、多轴联动、网络通信等技术参数，未涵盖用户关心的稳定性、精度保持性、可靠性、外观造型、信息管理能力和智能化水平。该方法更全面地反映了用户需求。

3. 高端数控装备的定义

高档数控机床具备高速、精密、智能、复合、多轴联动、网络通信等功能，相较于中低档数控机床，高档数控机床在中央处理单位、分辨率、进给速度、多轴联动功能、显示功能和通信功能等方面具有显著优势，见表 6-1。如图 6-2 所示，高档数控机床产业链的上游主要包括核心功能部件、数控系统和基础材料等，而下游则涵盖航空航天、新能源汽车、轨道交通、核电、船舶、石油化工等我国国民经济的关键行业和战略性新兴产业。

表 6-1　数控机床的档次划分

项目	低档	中档	高档
分辨率和进给速率	10μm，8~15m/min	1μm，15~24m/min	0.1μm，15~100m/min
伺服控制类型	开环、步进电动机系统	半闭环直流或交流伺服系统	闭环直流或交流伺服系统

（续）

项目	低档	中档	高档
联动轴数	2 轴	3~5 轴	3~5 轴
主轴功能	不能自动变速	自动无级变速	自动无级变速、C 轴功能
通信能力	无	RS-232 或 DNC 接口	MAP 通信接口、联网功能
显示功能	数码管显示、CRT 字符	CRT 显示字符、图形	三维图形显示、图形编程
内装 PLC	无	有	有
主 CPU	8bit	16bit 或 32bit	64bit

<table>
<tr><td colspan="4">上游：零部件及设备</td></tr>
<tr><td>主要构成</td><td>控制系统：数控系统、伺服系统等
主体零部件：铸件、精密件等
功能部件：工作台、卡盘、转台等
电气元件：接触器、继电器等
关键零部件：刀具、主轴、丝杠、导轨
其他部件及基础材料</td><td>代表企业</td><td>数控系统：华中数控、广州数控等
主体零部件：秦川机床、日月重工等
功能部件：亚威股份、恒丰工具等</td></tr>
<tr><td colspan="4">中游：高端五轴数控机床</td></tr>
<tr><td>主要构成</td><td>立式加工中心、卧式加工中心、
龙门加工中心、车铣加工中心、
叶片加工中心、工具磨削中心、
其他主机产品</td><td>代表企业</td><td>秦川机床、通用机床、
北京精雕、科德数控、
海天精工、德普数控</td></tr>
<tr><td colspan="4">下游：应用领域</td></tr>
<tr><td>应用领域</td><td colspan="3">航空航天、船舶制造、汽车制造、
模具制造、发电设备制造、核电、
冶金工业、机械制造、通信设备、
石油化工、3C消费电子、轨道交通、
其他战略性新兴产业</td></tr>
</table>

图 6-2 数控机床产业链

4. 高端制造模式

（1）高端制造模式的定义 高端装备制造产业代表了制造业的顶尖领域，其“高端”特征主要表现在以下四个方面：

1）科技含量高。高端产品通常技术和知识密集，多学科交叉，融合高精尖技术。荷兰的 ASML 光刻机便是典型例子，其科技含量极高，模仿难度大。

2）附加值高。高端产品的价格处于价值链的高端，具有很高的附加值。例如，苹果公司的 iPhone，该公司不生产手机，但获得了产品利润的大部分。

3）核心地位。高端产品在产业链中占据核心地位，其发展水平决定了整个产业链的竞争力。奥地利的 WFL 车铣复合机床在复合加工领域独占鳌头，其技术发展带动了相关配套产业的发展。

4）需求牵引。高端产品不盲目追求技术和性能指标的先进性，而是满足用户的综合需求，超出或不满足用户需求的“高端”是无意义的。

只有实现产品的高端化，企业才能获得更高利润，增强竞争力，实现持续稳定发展。数控机床作为典型的高端制造装备，应体现上述四个特征，其制造模式也应满足这些特征。

基于此，高档数控机床的高端制造模式为：以满足用户的高端消费需求为己任，致力于开发和稳定生产高档数控机床，融合多种先进制造模式，在小批量定制生产的牵引下，对传统低端制造模式的组织架构、运行机制和技术系统进行颠覆性变革，使生产的机床产品能够综合满足用户需求，并在交货期、用户服务水平、企业经济效益等关键运营指标方面处于行业领先地位的新型制造系统。

高端制造模式属于先进制造模式的一种，融合了绿色制造、计算机集成制造系统、智能制造、精益生产、敏捷制造等多种先进制造模式的特点，主要目的是使企业具备研制和稳定生产高档数控机床的能力。尽管高端制造模式是先进制造模式的一种，但其实现了多种模式的有机融合，属于更高层次的先进制造模式，专为生产高档数控机床而提出。因此，在从低端制造模式向高端制造模式转型过程中，需充分借鉴各种先进制造模式的思想和方法。

（2）高端制造模式的特征　与传统低端制造模式相比，高端制造模式具有以下七大主要特征：

1）以生产高端产品为主要目的。高端制造模式旨在生产高档数控机床。为了实现这一目标，必须从粗放型制造转型为精细化制造，从经验型制造转向定量化制造，从凭感觉制造转向标准化制造，从批量化制造转向小批量定制，从模仿设计转向自主创新，从跟跑策略转向领跑策略。高端制造模式可以生产中低端产品，但由于附加价值不高，用高端制造模式生产中低端产品会造成浪费，因此主要生产高端产品。

2）多种先进制造模式的有机融合。高端制造模式融合了多种先进制造模式，如大规模制造、成组技术、计算机集成制造系统、虚拟制造、智能制造、精益生产、敏捷制造和绿色制造等，通过借鉴各模式的优点，实现高端产品的生产。

3）“云大物移智区元自”的综合应用。高端制造模式综合应用云计算、大数据、物联网、移动互联网、人工智能、区块链、元宇宙和自动化制造技术，构建高科技特征的制造模式。

4）顾客需求优先。高端制造模式将顾客需求放在首位，通过充分分析客户需求，进行产品的定制化开发、生产制造和客户服务，提升客户满意度和产品附加值。

5）小批量定制的特点。数控机床的用户需求多样化，产品具有多品种、多型号、多规格的特点，因此高端制造模式必须体现小批量定制的特点，通过模块化、成组化、标准化、通用化、系列化和柔性化技术，实现小批量定制生产。

6）生产过程高度稳定。高端制造模式下的企业由于产品技术水平高、竞争力强，其生产过程相对稳定，不受市场周期性波动影响，从而保障产品质量和交货期。

7）高素质人才队伍。高端制造模式需要一支高素质、高技能的人才队伍。高端制造对人才的素质和技能要求更高，人力资源管理至关重要，需要在基础研究、研发、加工和装配等环节中具备高水平人才，并确保人才队伍的稳定性，减少员工流动性，避免成为高层次人才的“培养基地”。

高档数控机床的高端制造模式全景图如图 6-3 所示，该模式由五大部分组成，体现了高端制造模式的各项特征和要求。

5. 发展高端数控装备的意义

（1）提高国产机床技术水平和性能　自从“高档数控机床与基础制造装备”国家科技重大专项实施以来，国产机床的技术水平和性能有了较大提升，但与国际先进水平相比仍有显著差距，市场竞争力不足。高端机床需要更高的科技水平和性能指标，如精度、速度、复合工艺能力、信息化和智能化程度、安全性和环保性等，以满足高端用户的需求。因此，国产机床制造业需要向高端制造模式转型，提升研发和生产能力，才能实现稳定生产高端机床的目标。

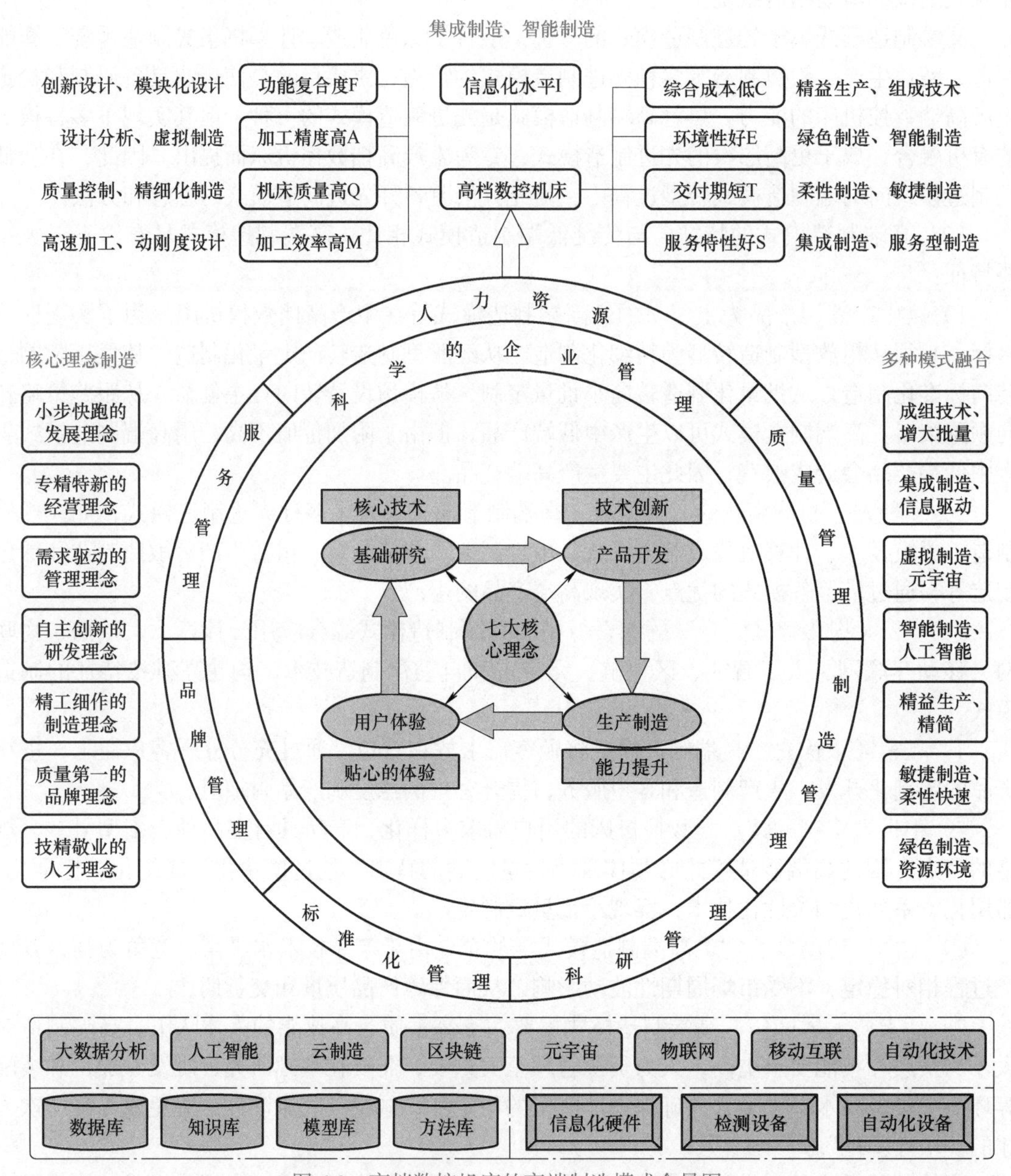

图 6-3　高档数控机床的高端制造模式全景图

（2）支持高端装备制造业　高端装备制造业的快速发展需要高性能机床的支撑，包括航空航天、军工、高性能船舶、轨道车辆、高性能机器人等领域。这些产品对加工精度和材料的要求极高，无法依赖中低端机床。为实现自主可控的高端装备制造，机床行业必须提供大量高端数控机床，推动行业转型升级，以满足高端用户的需求。

（3）优化机床行业布局　当前国产机床行业存在低端生产能力过剩、中高端生产能力不足的问题。2021 年的数据显示，国产机床主要以中低端产品为主，而高端机床的进口均价是出口均价的 191 倍，这表明国产高端机床技术水平和性能与国际先进水平差距巨大。为了改变这种局面，必须推动机床产业升级，使骨干企业逐步向高端制造模式转型，优化行业布局，实现低中高端合理配置。

（4）提高企业经济效益　机床制造行业的低毛利率和利润率导致企业在生存中挣扎，缺乏资金进行新技术和新产品研发。提高经济效益的关键在于增加产品的附加值，通过转型为高端制造模式，生产高端产品以增强竞争力和增长利润。这样不仅可以提升员工收入和福利待遇，还能持续投入技术创新，推动企业和行业的健康发展。

6.1.2　高端数控装备的分类

在现代制造业中，高端数控装备因其高精度、高效率和高灵活性而成为生产过程中不可或缺的重要组成部分。高端数控装备在传统定义各类机床的基础上，还包括增材制造装备、增减材复合制造装备。高端数控装备的分类如图 6-4 所示。

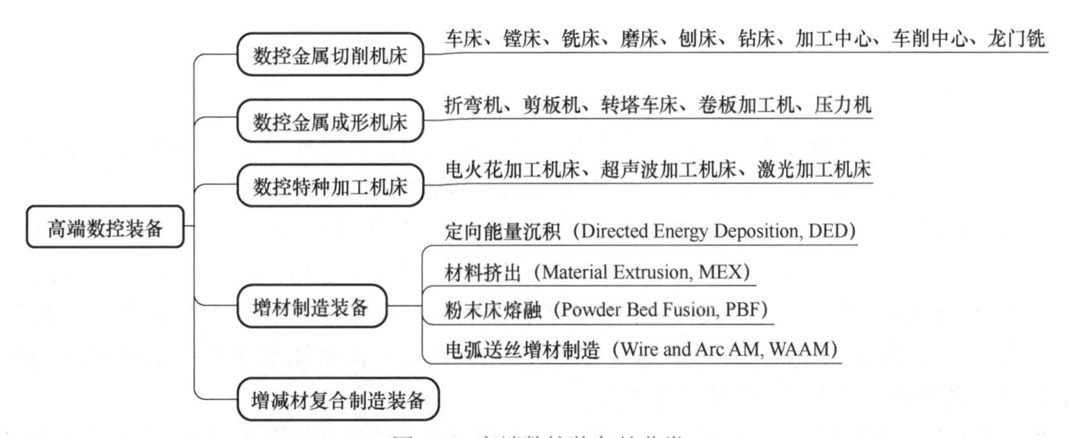

图 6-4　高端数控装备的分类

1. 数控金属切削机床

数控金属切削机床是通过 CNC 技术控制刀具相对于工件的运动，实现高精度、高效率金属切削加工机床。它们广泛应用于制造业，用于加工各种金属零件和产品。

2. 数控金属成形机床

数控金属成形机床通过机械力使金属材料成形，广泛应用于制造各种金属零件和产品。

3. 数控特种加工机床

特种加工机床利用非传统的加工方法，通过特殊工艺对材料进行高精度、高效率的加工。适用于加工难以处理的材料和复杂形状的零件，广泛应用于高精度和高要求的制造领域。

4. 增材制造装备

增材制造装备，又称为 3D 打印设备，通过逐层添加材料来构建零件和产品。该技术适用于制造复杂形状、定制化和小批量生产的零部件。原材料通常为金属粉末、丝材。能量源包括电阻热、焦耳热、激光、电子束电弧等。增材制造技术见表6-2。

表6-2 增材制造技术

增材制造技术	材料形式	能量源
定向能沉积成形	粉末	激光
材料挤出成形	丝材	电阻热
粉末床熔融成形	粉末	激光、电子束
电弧熔丝增材制造	丝材	电弧
焦耳热熔丝制造	丝材	焦耳热

5. 增减复合制造装备

增减复合制造装备结合了增材制造和减材加工的优势，能够在同一平台上进行材料的添加和去除，适用于制造复杂零件和提高生产率。通过增减复合制造，可实现高精度和高复杂度零件的一体化制造。

6.1.3 高端数控装备的发展前景与挑战

1. 全球高档数控机床装备产业发展趋势

当前，我国高档数控机床市场与技术发展特征表现为：市场规模小、产值低，国外跨国公司垄断竞争格局明显，技术发展处于“加快追赶”阶段。

中国机床工具工业协会统计数据显示，五轴联动数控机床作为代表性产品，2017年和2018年产值分别为7.5亿元人民币和10.3亿元人民币，销量为466台和594台，销售额分别为7.1亿元人民币和9.2亿元人民币，仅占数控金属切削机床总产量与总销售额的不到1%。2020年，五轴联动数控机床市场规模为68.2亿元人民币，而金属加工机床消费额达213.1亿美元，高档数控机床产品占比低于5%。

“04专项”实施以来，国家加大对高档数控机床关键技术的支持力度，国产高档数控系统和五轴联动数控机床市场占有率和竞争力显著提升。2020年，国产五轴联动数控机床市场份额达到39%；2022年，国产高档数控系统市场占有率由2009年的不足1%提升至31.9%，五轴摆角铣头等功能部件市场占有率由不足10%提升至30%以上，数字化刀具市场占有率由不足10%提升至45%。

当前，高档数控机床技术发展趋势为高速、高精度、高可靠、功能复合、极端制造、绿色制造、网络化和智能化。智能数控机床和智能制造的提升成为行业共识。美国、德国、日本等国在技术优势的基础上，致力于提升装备智能化水平，增强竞争力；瑞典、瑞士、意大利、西班牙和法国等中小机床企业则探索智能化解决方案，推动数字化转型。

工业技术创新发展主线体现为：智能机床、智能制造单元、智能生产线、智能制造车间、智能制造工厂和智能制造生态系统的形成。此外，复合加工机床（融合减材、增材和激光加工等多功能）对工作母机产业带来深刻变化，成为全球机床产业发展的重要方向。

汽车产业是机床产业的重要下游市场，尤其是中高档金属切削机床的主要消费市场。全球加速新能源汽车普及和产能布局，可能颠覆传统动力总成的制造，将直接影响机床产业发展方向。航空制造业对金属切削机床需求量大，企业通过全球转包生产解决产能问题，这也将间接影响机床产业的分布格局。

2. 全球增材制造装备产业发展趋势

随着航空航天、海洋、新能源及新能源汽车、智能产品、高端医疗器械等领域对增材制造技术与装备需求的增长，增材制造已成为工业主流制造手段，进入批量化应用阶段，推动产业快速发展。

工业强国加快布局增材制造产业。美国将其视为战略性产业，2019 年市场规模约 48.3 亿美元。德国《国家工业战略 2030》将增材制造列为重点发展的九大关键工业领域之一。全球增材制造产业基本形成了以美国和欧洲为主导，亚洲国家和地区追赶的发展态势。

中国增材制造装备产业发展迅速，产业链已初具规模，增材制造与传统制造深度结合。2019 年，中国增材制造产业规模达 157.47 亿元人民币，其中装备产业规模为 70.86 亿元人民币，占比为 45%。中国在增材制造领域的专利和论文数量领先，但在原始创新和重大技术创新方面仍显薄弱。

关键核心技术领域的“卡脖子”问题面临“脱钩断链”的风险。随着国际竞争和西方对华遏制加剧，中国高档数控机床面临技术封锁和供应链脱钩的挑战，特别是在超精密机床基础研究和关键技术、大型机床的加工精度和效率、先进增材制造工艺与复合制造工艺装备等领域，与世界先进水平仍有较大差距。全球跨国公司垄断竞争的市场格局未打破，高档数控机床技术追赶任务依然艰巨。

3. 目前的挑战

我国工作母机产业基础不牢，面临激烈的市场竞争，特别是高档数控机床在市场化机制失灵的竞争形态下处于不利地位。数控机床在正向设计、基础共性技术、产业前沿技术研究方面，与世界先进水平差距进一步扩大。为实现高质量、低成本的制造目标，数控系统及核心数控装备依赖进口，制约了国产高性能装备的设计和制造水平。整体上，我国高端数控加工装备与世界先进水平存在 10~15 年的差距。在增材制造装备方面，我国整体处于跟跑状态，虽然产业化发展势头良好，但在核心器件及专用软件上较为薄弱。

主要问题：

1）超精密机床基础研究和关键技术差距。国际先进超精密机床分辨率可达 0.1nm，定位精度可达 1nm，我国多采用 20 多年前引进的机床，加工精度仅能达到亚微米，差距明显。

2）大型机床的加工精度和效率差距。国外先进龙门铣床精度达 4μm，加工效率是传统机床的 3 倍，而国内普通机床加工利用率仅 15%~30%，加速度低于 0.8g，与国外 60%~90% 的利用率和（1~1.5）g 的加速度相比，存在较大差距。

3）国产机床整机可靠性和精度保持性差距。国产机床无故障运行时间短，几何精度、主轴回转精度和运动控制精度难以保证，影响进入高端市场，如汽车动力总成生产线。

4）先进增材制造工艺与复合制造工艺装备研发滞后。我国缺乏原始技术创新，装备发展基本跟随国际步伐，产业规模小且分散，高端大型装备依赖进口。在复合制造工艺方面，多工序和多能源驱动装备尚未普及。

5）高端工作母机智能化水平差距。国外企业新产品开发已引入智能功能，如智能加工参数设定、自适应控制等，而国内智能数控系统尚处于起步阶段，距投产应用尚远。

6）工作母机装备创新和产业生态亟待提升。高档数控机床产业价值链高端缺位，产业共性技术投入不足，产业发展陷入中低端，缺少专精特新配套企业，产业上下游合作不紧密，军民装备共享机制有待完善，智能制造装备标准体系尚未建立，高质量研发和高技能技工人才培养体系需要健全。

6.2 智能数控机床设计与生产

6.2.1 引言

数控机床是数字控制机床（Computer numerical control machine tools）的简称，是一种装有程序控制系统的自动化加工机床。作为制造业的“工作母机”，数控机床是衡量一个国家制造业水平高低的战略物资。近年来，随着大数据、云计算和新一代人工智能技术的发展，人工智能技术与先进制造技术深度融合形成新一代智能制造技术，数控机床逐渐向智能化机床方向发展。

本节主要围绕智能数控机床的总体设计原则、整体结构设计、数控系统设计以及设计与生产过程中的功能设计、核心零部件设计、系统集成与智能交互功能设计、性能测试与调试等内容展开讨论，旨在指导读者如何进行智能数控机床的设计与生产工作。

1. 智能数控机床的需求与意义

从 1952 年首台数控机床问世以来，数控机床先后经历了高速化、复合化和网络化的发展。2006 年首次出现以“智能机床”命名的机床产品，标志数控机床的发展进入到智能化时代。智能数控机床是指由现代通信与信息技术、计算机网络技术、机械加工技术、智能控制技术汇集而成的对某一零件进行加工的智能集合设备，是机床自动化发展的高级形式。智能数控机床如图 6-5 所示。

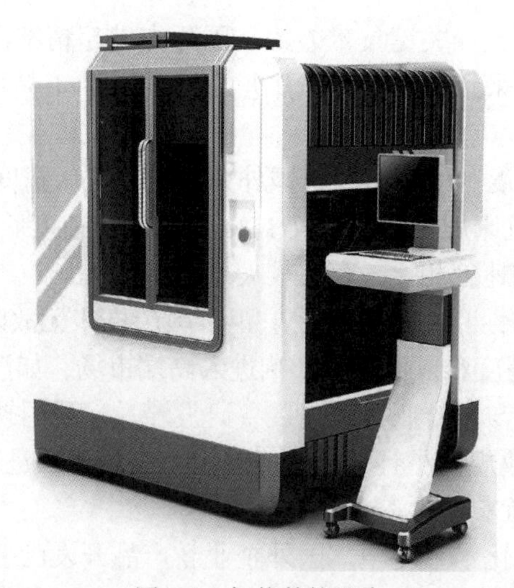

图 6-5 智能数控机床

当前，智能数控机床尚没有确切的定义。美国的智能加工平台计划（SMPI）定义智能数控机床为：知晓自身的运行情况、能够进行人机交互、可以自动监测和优化自身运行状况、自动检测产品加工质量、具备自学习与提高的能力、能够与其他机器之间使用机器通用语言进行交流的数控机床。日本马扎克（Mazak）公司提出：智能数控机床需要做到对自身运行情况的监控、对加工状态的分析并自行采取应对措施来保证最优化的加工。

中国机械工程学会提出到 2030 年智能设备实现学习、自律和推理功能。根据各国、各公司对智能数控机床提出的功能要求，可以清楚掌握智能数控机床的特点，即将智能技术和数控技术有机结合起来——以数控技术为核心，通过智能技术的基础理论实现数控机床的智能化。

智能数控机床在现代制造业中扮演着至关重要的角色，数控机床智能化是工业发展自动化的第一步，发展智能数控机床对于提高生产率、降低生产成本、提升产品质量具有重要意义，具体表现在以下几个方面：

（1）提高生产率　传统的数控机床需要人工干预和调整，生产率受操作人员技术水平和经验的限制。而智能数控机床采用了先进的自动化技术和智能控制系统，可以通过发展自动抑制振动、自动调节润滑油量、噪声消除、热变形消除等智能化功能，实现自动化生产和自动化加工，提高生产率。

（2）降低生产成本　智能数控机床具有高精度和高稳定性的特点，使用智能数控机床进行加工生产，可以减少加工误差和废品率，提高加工质量和产品合格率，降低生产成本。一方面智能数控机床可以实现多品种、小批量复杂零部件的加工需求，减少定制化模具的时间和制造成本；另一方面，智能数控机床在产品制造、使用和废弃过程中，减少了能源消耗和污染排放，提高了可回收利用率和循环利用率，实现了节能和环保生产，降低了生产成本。

（3）提升产品质量　智能数控机床可以实现高精度加工和高质量产品的生产。数控机床的智能化提高了机床处理、储存和开发信息的能力，使生产信息在进行储存的过程中能够更好地被机床分析计算，及时发现和纠正加工误差，实现对生产过程的全控制，提高生产的一致性和稳定性，保证产品质量。

（4）促进产业升级　智能数控机床是现代制造业的重要装备和关键技术，数控机床的智能化是实现智能制造和智能工厂的第一步，要发展整体制造业的智能化水平，必须首先发展单个机床的智能化水平。发展智能数控机床，可以实现数字化设计、数字化加工和数字化管理，促进产业链的整合和产业集群的发展，推动制造业的数字化转型和智能化发展。

随着现代科学技术的不断发展，数控机床已日趋完善，但也面临着许多新的挑战。一方面，传统的数控机床柔性低、稳定性差、人工依赖性高，已经不能满足未来生产模式的需求；另一方面，智能数控机床可以推动产业升级和经济转型，构建生产企业、用户和社会三方面的资源和利益共享，使制造业向着真正的智能化方向发展。

2. 智能数控机床的关键技术

智能数控机床有开放式架构和支持大数据分析的功能。当前，国内外智能数控机床研发厂家主要专注于智能化运行、智能化维护以及智能化管理的研究，以智能化运行与智能化维护的研究最为突出。在机床的智能化运行方面，主要研究包括机床热误差和几何误差的智能监测与补偿、振动检测与抑制、防碰撞以及在机质量检测等。机床的智能化维护方面，主要研究包括机床故障诊断与维护、刀具磨损与破损的自动检测方法等。与传统数控机床相比，智能数控机床的关键技术更加突出地展现了智能化的特点。

(1) 智能数控系统　智能数控系统是机床的“大脑”，是智能数控机床的关键技术之一，数控系统的智能化水平直接决定了数控机床的智能化水平。传统数控系统主要有控制功能、准备功能、插补功能、进给功能和辅助功能，智能数控系统是在传统数控系统的基础上发展而来的，集成了开放式数控系统架构，增加了大数据采集与分析等功能。

(2) 智能传感器　数控加工过程是一种动态、非线性、时变和非确定性的过程，其中伴随着大量复杂的物理现象；装配具备工况感知与识别功能的基础元器件是对数控机床进行状态监测、误差补偿和故障诊断的必要条件。传统的数控机床通过装配多种基础传感器实现信息的采集，缺少传感器之间的信息交流和信息识别与整合；智能数控机床在嵌入传统传感器的基础上，大量采用了多传感器融合和智能传感器等技术，可以做到在检测温度、振动、位移、距离等信号的同时，实现对工作状态的监控、预警以及补偿。

(3) 误差检测与补偿技术　误差检测与补偿技术是提高数控机床精度有效且经济的手段。几何误差、热误差和切削力误差占机床总误差的75%，对误差进行控制是提高机床加工精度的关键。智能数控机床可通过智能传感器有效测量各项误差，系统性地分析数据，建立误差预测与补偿模型，提高加工精度和加工质量。

(4) 刀具智能管控技术　刀具智能管控技术在提高设备利用率、提高产品质量以及延长刀具寿命等方面起到关键作用。刀具智能管控主要包含两个功能：刀具寿命管理与刀具破损管理。刀具寿命管理是指智能数控机床所建立的刀库中具有一个刀具列表，其中记录了所有刀具的参数，每一次加工结束后，刀库根据刀具内置传感器和加工信息更新刀具的剩余寿命，并在下一次加工开始前，读取数据，达到刀具寿命前报警；刀具破损管理功能是指智能数控机床可以实时检测刀具的工作状态，一旦出现刀具破损或磨损，刀具管控系统会自动将刀具退回刀库，避免出现断刀等危险情况，保证了产品的加工质量。

(5) 在机质量检测技术　传统的零件生产流程是在加工完成后，取下零件，再进行人工检测，此方法虽实用可靠，但是会带来生产率的降低及人力成本的提高。智能数控机床的在机质量检测技术能够实现零件的加工检测一体化，并通过检测数据和精密加工管控技术，实现机床内部工件位置误差检测和补偿、切削余量检测以及加工路径的智能修正，保障产品连续、稳定地精密加工。

(6) 远程诊断与维护技术　远程诊断与维护技术是数控机床智能化、自动化、信息化过程中的重要技术之一。一方面，通过智能检测和诊断系统可以定期了解机床的监控状况和诊断报告；另一方面，当机床出现故障时，用户能够立即与技术维护人员一对一连接，由技术专家对机床进行远程诊断和维护。这项技术对于及时排除机床故障和隐患，节省机床维护费用，保证机床长期稳定、可靠地运行具有重要意义。

智能化技术的发展对于提升机床性能和效率至关重要，以具有开放性架构和大数据分析功能的智能数控系统以及智能基础元器件为基础，根据实际需求开发出智能化应用程序，例如误差检测与补偿、刀具智能管控和在机质量检测技术等，将这些技术嵌入到数控系统中，使设备能够充分发挥其最佳能效。

6.2.2　智能数控机床总体设计

1. 总体设计原则

智能数控机床是一种集成了智能数控系统、智能传感器、误差检测与补偿技术、人机交互等多种技术的高精度、高效率机床。在设计智能数控机床时，需要遵循一些设计原则，以确保机床的性能、可靠性和安全性。以下是智能数控机床的总体设计原则：

（1）功能完善　智能数控机床应具备多种加工功能，以满足不同加工需求。需要在考虑机床的加工范围、加工精度、加工速度等因素的同时，配备自动换刀、自动测量、自动校正等功能，确保机床能够完成各种复杂的加工任务，保证生产率和加工精度。

（2）稳定可靠　智能数控机床在设计时应考虑到机床的稳定性和可靠性，确保长时间运行中不会出现故障或损坏。稳定性是机床正常运行的基础，而可靠性则是保证机床长期稳定运行的关键，需要通过对机床的机械结构、布局、传动系统等因素的设计，提高机床的稳定性和可靠性。

（3）安全可靠　安全可靠是所有机械设备的基本要求。智能数控机床在设计时应充分考虑机床的安全性，确保操作过程中不会对操作人员造成伤害；应具备防护装置、紧急停止按钮、安全门等安全设备，保障机床操作人员安全和机床设备的安全运行。

（4）开放智能　开放性和智能性是评判机床是否智能的重要指标，设计智能数控机床时，需要运用先进的智能化技术，提升机床的智能化水平，并增强其开放性，使机床在提高生产率和质量的同时，能够适应不同加工任务的需求。

（5）节能环保　智能数控机床在设计时应做到节能环保，采用节能材料和节能技术，减少能源消耗和环境污染；需考虑机床的能源利用率、能源回收利用等问题，配备能源监测和管理功能及废液、废气处理功能，推动绿色制造。

总体来说，智能数控机床的设计应以提高加工效率、保证加工质量和降低成本为目标，结合先进的技术和理念，不断提升机床的性能和竞争力。

2. 智能数控机床整体结构设计

（1）整体结构设计要求　对智能数控机床的结构设计要求可归纳为如下几个方面：

1）高刚度。机床的刚度是指机床在载荷作用下抵抗变形的能力。机床刚度不足，在切削力、重力等载荷的作用下，机床的各部件、构件会受力变形，引起刀具和工件相对位置的变化，从而影响加工精度。刚度是影响机床抗振性的重要因素。智能数控机床由于其高精度、高效率、高度自动化的特点，对刚度有很高的要求。智能数控机床的刚度一般比普通机床高 60% 以上。

2）高抗振性。机床抗振性是指机床工作时抵抗由交变载荷及冲击载荷所引起振动的能力，常用动刚度作为衡量抗振性的标准。机床的刚度低，则抗振性差，工作时机床容易产生振动，这不仅直接影响了加工精度和表面质量，同时还限制了生产率的提高。

3）热变形小。机床的热变形是影响加工精度的重要因素之一。由于智能数控机床的主轴转速、进给速度远高于普通机床，所以由摩擦热、切削热引起的热变形问题更为严重。虽然智能数控机床配备了热误差预测与补偿功能，但还是需要尽量减小机床的热变形。

4）高精度。在高速、满载工作时，为保证智能数控机床长期具有稳定的加工精度，要求机床具有较高的精度和精度保持性，除各有关零件应正确选择材料，防止使用中的变形和快速磨损，还要求采取一些工艺措施，如淬火和磨削导轨、粘贴抗磨塑料导轨等，以提高运动部件的耐磨性。

5）高可靠性。智能数控机床可以在全天连续运转中实现无人管理，因此机床需具备高可靠性。为此，要提高数控装置及机床结构的可靠性，如在工作中动作频繁的刀库、换刀机构、托盘、工件交换装置等部件，协同机床故障诊断系统和自适应控制系统一起保障机床的可靠性。

其中，有关刚度、抗振性、热稳定性和几何精度等方面的要求和结构措施，与普通数控机床的设计要求一致，但是要求的程度是有差异的。

（2）整体结构方案设计　由于机床的种类繁多，使用要求各异，即使是同一用途的机床，其结构形式与总体布局方案也是多种多样的，在确定智能数控机床总体布局时，需要考虑多个方面的问题。一方面需考虑部件之间的相对运动关系，同时结合工件的性质、尺寸和重量等因素，确定各主要部件之间的相对位置关系和配置；另一方面还要全面考虑机床的外部因素，例如外观形状、操作维修、生产管理和人机关系等问题。数控机床总体布局设计时需着重考虑以下四点：

1）总体布局与工件形状、尺寸和重量的关系。加工工件所需的运动仅仅是相对运动，因此，对部件的运动分配可以有多种方案。有的可以由工件完成主运动而由刀具完成进给运动；有的正好相反，由刀具完成主运动而由工件完成进给运动。

2）运动分配与部件的布局。智能数控机床的运动数目，尤其是进给运动数目的多少，与表面成形运动和加工功能直接有关，运动的分配与部件的布局是机床总体布局的中心问题。以磨齿机床为例，一般有五个直线轴：砂轮径向进给轴 X、刀架轴向进给轴 Z_1、砂轮切向进给轴 Y、喷嘴移动轴 U 和外支架移动轴 Z_2，以及四个旋转轴：砂轮主轴 B_1、工件主轴 C_1、修整轮旋转主轴 B_2 和刀架摆动轴 A，需要根据加工的需求来配置这些运动轴。磨齿机床示意图如图 6-6 所示。

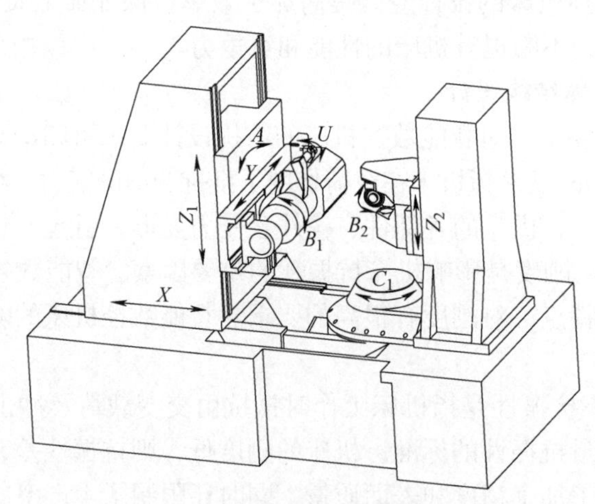

图 6-6　磨齿机床示意图

3）总体布局与机床的结构性能。总体布局应能同时保证机床具有良好的精度、刚度、抗振性和热稳定性等结构性能，以机床的刚度、抗振性和热稳定性等结构性能作为评价指标，可以判别出布局方案的优劣。

4）机床的使用要求与总体布局。智能数控机床需操作者完成观察加工情况和调整等辅助工作，还需操作者完成装卸工件和刀具、清理切屑。因此，在考虑机床总体布局时，除遵循布局的一般原则外，还应考虑在使用方面的特定要求，例如，机床各操作按钮的布置位置要便于操作、刀具和工件要易于拆装以及机床的结构布局要便于排屑等。

3. 智能数控机床数控系统设计

智能数控系统是机床的“大脑”，直接决定了数控机床的智能化水平。

（1）智能数控系统的功能　数控系统是指利用数字控制技术实现的自动控制系统。自 20 世纪 50 年代起，数控系统经历了多次变革，从最初的电子管元件数控装置，到 1969 年的计算机数控系统，再到 1990 年的基于 PC 的开放式数控系统，已经经历了六次迭代，目前已进入第七代——智能数控系统，智能数控系统的特点是多功能化、集成化、智能化和绿色化。

智能数控系统有别于传统数控系统，与智能元器件、智能化软件平台等共同使装备实现智能化，除能控制机械设备的动作，还具有四个显著的智能化功能：

1）自主感知与连接。智能数控系统能够收集由指令控制信号和反馈信号构成的原始电控数据和传感器数据，这些数据对机床的工作情况和运行状态进行实时、定量、精确的描述，实现数控机床的自主感知。

2）自主学习与建模。新一代的智能数控系统需具备自主学习和自主建模的能力。自主学习是指机床在加工过程中采集输入与响应的规律，建立模型并求解模型内参数；基于自主感知与连接得到的数据，运用集成于大数据平台中的新一代人工智能算法库，通过自主学习建立模型。

3）自主优化与决策。智能数控系统通过自主学习后建立模型，根据正在进行的加工情况，预测机床的响应。依据预测结果，进行质量提升、工艺优化、健康保障和生产管理等多目标迭代优化，形成最优加工决策。

4）自主控制与执行。将基于传统数控加工几何轨迹控制的 G 代码和包含多目标加工优化决策信息的智能控制代码有机结合、同步执行，使得智能数控机床达到优质、高效、可靠、安全和低耗数控加工。

（2）智能数控系统的组成　传统的数控系统由硬件和软件两大部分组成，其组成如图 6-7 所示，整个数控系统的活动均依靠软件来指挥。软件和硬件各有不同的特点，软件设计灵活、适应性强，但处理速度慢；硬件处理速度快，但成本高。

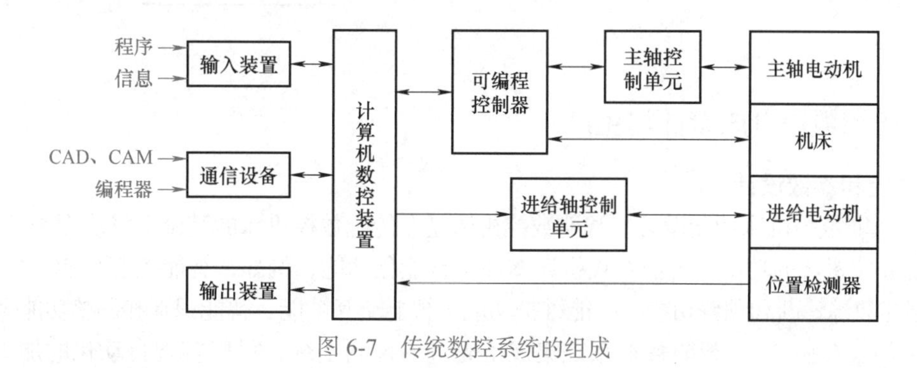

图 6-7　传统数控系统的组成

智能数控系统是在传统数控系统的基础上发展而来的，集成了开放式数控系统架构、大数据采集与分析技术、多传感器融合技术，这些技术的应用直接决定着机床装备的智能化水平。

1）开放式数控系统架构。开放式数控系统是按照公开性原则开发的数控系统，具有硬件互换性、扩展性和操作性。主要包括系统平台和应用软件两部分。系统平台是实现机床数字量控制的基础部件，包括硬件和软件平台，硬件平台包含微处理器系统、电源系统等，依赖操作系统执行任务；软件平台连接硬件平台和应用软件，是数控系统的核心。应用软件以模块结构开发，可以被编制到不同的系统中，对系统硬件进行控制。

2）大数据采集与分析。大数据采集与分析的实现分为三步：①实现机床大数据的可视化，提供制造过程数据作为分析和决策的基础；②建立数据与加工过程的映射关系，分析并优化影响加工效率和质量的程序片段；③建立数据 - 质量 - 效率关联库，预测产品质量并实时优化，实现自适应加工。

除开放式数控系统架构和大数据采集与分析，智能数控系统还集成了应用软件标准模块库、多传感器融合技术等技术，其组成如图 6-8 所示。

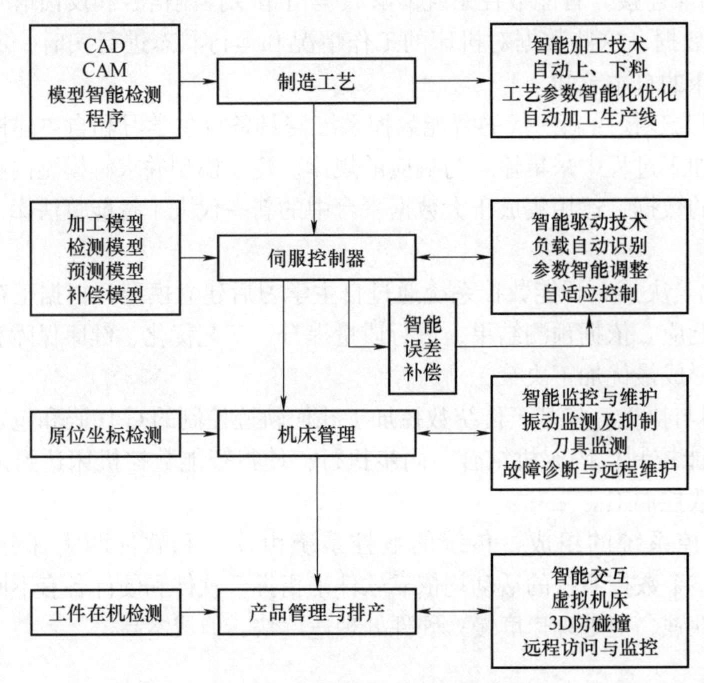

图 6-8　智能数控系统的组成

6.2.3　智能数控机床设计与生产

1. 功能和参数设计

（1）智能数控机床功能设计　智能数控机床是在传统数控机床的基础上发展而来的，因此除了传统数控机床的功能，智能数控机床增加了智能化功能，例如，智能控制功能、数据管理功能、智能故障诊断和预警功能、智能维护功能、智能交互功能、智能识别和调整功能等。

1）智能控制功能。智能数控系统集成了先进的控制系统，可以实现自动化的加工控制，包括自动调整加工参数、自动识别工件、自动优化加工路径等功能，大大提高了加工精度和效率。

2）数据管理功能。智能数控系统集成了数据采集和分析系统，可以实时监测生产数据，分析生产过程中的问题，及时采取措施进行调整，提高生产率和产品质量。

3）智能故障诊断和预警功能。智能数控机床可通过内置的智能诊断系统及时检测并预警机床的潜在故障，减少停机维修时间，提高机床的可靠性和稳定性。

4）智能维护功能。智能数控机床可以实现远程监控和维护，及时发现问题并进行处理，提高机床的使用寿命和稳定性。

5）智能交互功能。智能数控系统集成了人机交互界面，可以实现人机对话、远程监控和操作等功能，方便操作人员进行操作和管理，提高生产率和生产智能化水平。

6）智能识别和调整功能。智能数控机床可通过传感器对加工过程进行实时监测，并根据实时数据对加工参数进行智能调整，以达到更优质的加工效果。

（2）智能数控机床参数设计　智能数控机床的主要技术参数包括机床的主参数和基本参数，基本参数包括尺寸参数、运动参数及动力参数。

1）主参数和尺寸参数。机床主参数是代表机床规格大小及反映机床最大工作能力的一种参数，为了更完整地表示机床的工作能力和工作范围，有些机床还规定有第二主参数，见 GB/T 15375—2008《金属切削机床　型号编制方法》。通用机床主参数已有标准，根据用户需要选用相应数值即可，而专用机床的主参数，一般以加工零件或被加工面的尺寸参数表示。

机床的尺寸参数是指机床主要结构的尺寸参数，通常包括以下尺寸：①与被加工零件有关的尺寸，如卧式车床刀架上的最大加工直径，摇臂钻床的立柱外径与主轴之间的最大跨距等；②标准化工具或夹具的安装面尺寸，如卧式车床主轴锥孔及主轴前端尺寸。

2）运动参数。运动参数是指机床执行件（如主轴、工作台和刀架）的运动速度。

① 主轴转速。主运动的传动系统包括变速部分和传动部分，按照传动方式不同，主运动传动系统可分为机械传动、机电结合传动和零传动三种方式。机械传动形式主传动一般用于传统的普通机床，一般主轴最高转速为 2000r/min 左右。机电结合传动形式主传动在数控机床中用得较多，一般主轴最高转速可达 5000~9000r/min。零传动形式主传动多用于高速、高精密数控机床，一般主轴最高转速可达 10000~15000r/min。

② 进给运动参数。大部分机床的进给量用工件或刀具每转的位移量表示，单位为 mm/r，如车床、钻床、镗床、滚齿机等。做直线往复运动的机床，如刨床、插床，以每一往复的位移表示。对于铣床和磨床，由于使用的是多切削刃刀具，进给量常以每分钟的位移量表示，单位为 mm/min。数控机床的进给量通常采用电动机无级变速的方式实现。

3）动力参数。机床的动力参数较多，包括电动机的功率、液压缸的牵引力、液压马达或步进电动机的额定转矩等。机床各传动件的结构参数都是根据动力参数设计计算的。

① 主传动电动机功率。机床主运动电动机的功率 P_L 为

$$P_L=\frac{P_c}{\eta_c}+P_q$$

$$\eta_c=\eta_1\eta_2\cdots$$

式中，P_c 为消耗于切削的功率，又称有效功率（kW）；P_q 为空载功率（kW）；η_1、η_2 为主传动系统中各传动副的机械效率。

② 进给驱动电动机功率。对于数控机床的进给运动，一般采用伺服电动机驱动，其转矩公式为

$$M_m=\frac{9550P_f}{n_m}$$

式中，M_m 为电动机转矩（N·m）；n_m 为电动机转速（r/min）；P_f 为输出功率 (kW)。

2. 核心零部件设计与生产

（1）智能传感器　智能传感器是智能数控机床的眼睛，是智能数控机床获取信息的源泉。智能技术的发展，使传感器向着更精、更快、更准的方向发展。利用智能传感器进行信息测量是信息处理的首要环节，涉及了数据采集、数据传输与信息处理等过程，涵盖了信息采集、信息过滤、信息压缩、信息融合等环节。

传统的传感器可以分为两类：内部传感器和外部传感器，见表 6-3。

表 6-3　传感器分类

内部传感器	位置传感器、速度传感器、加速度传感器、倾角传感器、力觉传感器
	光电式位置传感器、电磁式速度传感器、弯曲型加速度传感器、加速度倾角传感器、柱筒式力传感器
	磁位置传感器、光电式速度传感器、压缩型加速度传感器、激光干涉倾角传感器、梁式力传感器
	磁致伸缩位移传感器、电涡流式速度传感器、剪切型加速度传感器、
	电容式位置传感器、光断续器式速度传感器
外部传感器	视觉传感器、触觉传感器、超声波传感器、接近度传感器
	电感耦合器件：压电式触觉传感器、压电式超声波传感器、霍尔式效应传感器
	扫描光电二极管件：压阻式触觉传感器、磁致伸缩式超声波传感器、红外式接近度传感
	电荷注入器件：电容式触觉传感器、电磁式超声波传感器、光电式接近度传感

此外，还有一些新型传感器，例如位姿传感器和柔性传感器等。智能数控机床通过使用高精度、高灵敏度的传感器实时监测工件的位置、温度、压力、速度等多种加工过程中的参数，并将这些数据传送至控制系统参与计算与控制，以便及时调整加工参数，实现数控机床自动化控制，提高加工精度和效率。

智能传感器除了能够实时采集加工过程中的位移、加速度、振动、温度、噪声、切削力、转矩等制造数据，还能实现多传感器信息融合。单一传感器获得的仅是环境特征的局部、片面的信息，信息量非常有限，且带有较大的不确定性。而融合多个传感器的信息可以在较短时间内，以较小的代价得到使用单个传感器所不可能得到的精确特征。因此，通过多传感器进行测量并进一步融合数据，对于全面了解被测对象及提高准确性而言有重要意义。

多传感器数据融合是指把分布在不同位置的多个传感器所提供的局部、不完整的观察量进行融合，然后从融合的数据中提取特征向量，并进行判断识别，判断后的数据传送到信息融合中心，进行组合和推理，最终完成融合处理。利用多传感器数据融合的互补性和冗余

性，可以克服单个传感器的不确定性和局限性，提高整个传感器系统的有效性能。多传感器数据融合示意图如图 6-9 所示。

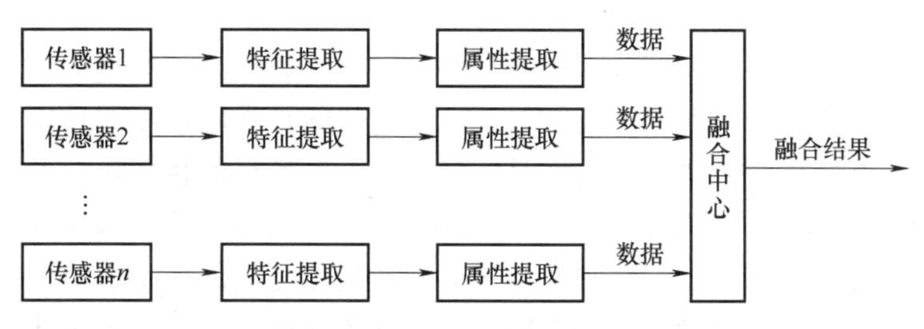

图 6-9　多传感器数据融合示意图

与传统的传感器相比，智能传感器能够更加准确地获得被测对象或环境的信息，且具有更高的精度与准确性；能通过各个传感器性能的互补，获得单一传感器所不能获得的独立的特征信息；能够以更少的时间、更小的代价获得同样的信息。

（2）智能伺服系统　伺服系统是指以机械位置或角度作为控制对象的自动控制系统。在数控机床中，伺服系统主要指各坐标轴进给驱动的位置控制系统。伺服系统接收来自 CNC 装置的进给脉冲，经过变换和放大，再驱动各加工坐标轴按指令脉冲运动，使各个轴的刀具相对工件产生各种复杂的机械运动，以加工出所要求的复杂形状。智能伺服系统是在伺服系统的基础上，结合智能控制原理，使系统在运行的过程中，能够结合环境数据、自身运行数据对伺服参数进行优化以及故障自诊断和分析。

常见伺服系统有直流伺服系统、交流伺服系统和步进伺服系统。以步进伺服系统为例，由步进电动机本体、驱动器和控制器三大部分组成。

步进电动机是一种将电脉冲信号转变为角位移或线位移的控制电动机，其特点是可以直接接收计算机输出的数字信号，无需数 / 模转换，可以实现更加复杂、精密的线性运动控制要求。

智能技术的迅速发展有力地推动了步进电动机控制技术的进步，使其向着智能控制方向发展，智能控制方式主要有神经元网络控制、模糊控制、专家系统、学习控制等。神经元网络控制方式可以完成系统辨识，并同时控制多个变频器，通常应用在比较复杂的变频器调速控制系统中；模糊控制则通过控制变频器的电压和频率，使电动机的升速时间得到控制，以避免升速过快对电动机使用寿命产生影响，以及升速过慢影响系统的工作效率。目前，智能控制方式在智能伺服系统中已经得到了成功的应用。

（3）智能主轴　主轴是数控机床的核心部件，主轴的性能直接影响整个加工系统的效率、精度和稳定性。主轴的转速、转矩和精度对加工质量起决定性作用，直接影响加工件的尺寸精度和表面质量；主轴的稳定性和可靠性是确保加工精度和生产率的重要因素之一。

智能主轴是在传统主轴中嵌入智能传感器，能够同时检测温度、振动、位移、距离等信号，实现对工作状态的监控、预警以及补偿，不但具有温度、振动、夹具寿命监控和防护等功能，而且能够对加工参数进行实时优化。以智能主轴热误差预测与补偿功能为例，主轴的热特性主要表现为电主轴的温升与热变形。生产加工过程中，主轴在内外热源的共同作用下会产生大量的热，由此引起的热变形会严重降低机床的加工精度和轴承使用寿命。通过传感器采集的实时数据和热误差预测模型实现对热误差及其导致的工件加工精度误差预测，并通过速度、角度调整等方式进行补偿，保证加工精度。此外，还有在线平衡等智能化功能。

3. 系统集成与智能交互

（1）系统集成　智能数控机床系统集成是指将数控技术与智能化技术相结合，集成到数控机床系统中，实现各个功能模块之间的协同工作和信息共享，提高机床的智能化水平和生产率。智能数控机床的系统集成包括硬件设备的整合、软件系统的优化以及数据的实时交互，旨在实现对机床的自动化控制、实时监测、智能优化和故障诊断等功能。通过系统集成可以提高生产率，降低生产成本，提高产品质量，提升生产线的智能化水平。

（2）智能交互　智能数控机床系统的智能化功能及水平高低主要由上位机软件实现，而人机交互是其重要组成部分，它负责人与智能数控机床之间的信息交换和协同合作，涉及计算机科学、心理学、认知科学、社会学以及人类学等学科，是数控机床智能化进程中的重要组成部分。

智能数控机床的用户已由传统的操纵者向观察者和决策者方向转变，用户通过智能交互获取制件工艺特征与质量要求，进行加工程序选择与加工轨迹规划，根据智能数控机床的实时数据反馈来监测加工状态以及后续加工轨迹，对各子系统进行在线协同调控。在提高操作效率的同时，降低操作难度，提升加工精度，提高设备利用率。智能交互系统示意图如图 6-10 所示。

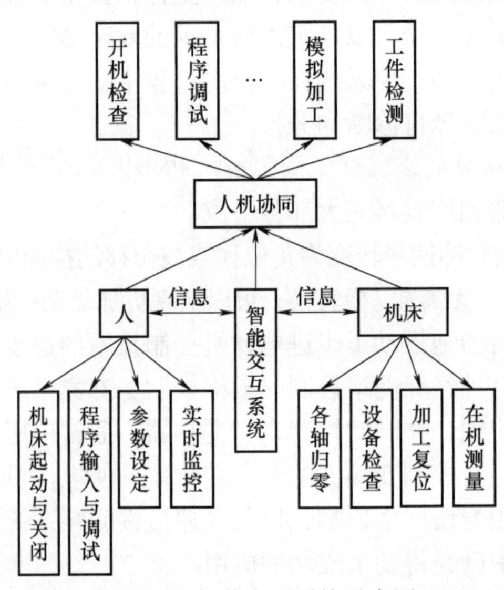

图 6-10　智能交互系统示意图

4. 性能测试与调试

智能数控机床的性能指标是衡量其工作效率和质量的重要标准，技术性能指标直接影响加工设备的精度、速度和稳定性。下面将从精度指标、运动性能指标和智能化指标方面简述智能数控机床的性能指标，为智能数控机床的设计和选择提供参考依据。

（1）精度指标

1）定位精度和重复定位精度。定位精度是指数控机床工作台等移动部件在确定的终点达到的实际位置的精度，因此移动部件实际位置与理想位置之间的误差称为定位误差。定位误差包括伺服系统、检测系统、进给系统等误差，还包括移动部件导轨的几何误差等。定位误差将直接影响零件加工的位置精度。

重复定位精度是指在同一台数控机床上，应用相同程序相同代码加工一批零件，所得到的连续结果的一致程度；重复定位精度是成正态分布的偶然性误差，影响一批零件加工的一致性。

2）分度精度。分度精度是指分度工作台在分度时，理论要求回转的角度值和实际回转的角度值的差值。分度精度既影响零件加工部位在空间的角度位置，也影响孔系加工的同轴度等。

3）分辨度与脉冲当量。分辨度是指两个相邻的分散细节之间可以分辨的最小间隔。对于测量系统，分辨度是可以测量的最小增量；对于控制系统，分辨度是可以控制的最小位移增量，即数控装置每发出一个脉冲信号，反映到机床移动部件上的移动量，一般称为脉冲当量。脉冲当量是设计数控机床的原始数据之一，其数值大小决定数控机床的加工精度和表面质量。脉冲当量越小，数控机床的加工精度和表面质量越高。

（2）运动性能指标

1）主轴转速。数控机床主轴一般均采用直流或交流调速主轴电动机驱动，选用高速精密轴承支承，保证主轴具有较宽的调速范围和足够高的回转精度、刚度及抗振性。

2）进给速度。数控机床的进给速度是影响零件加工质量、生产率以及刀具寿命的主要因素。它受数控装置的运算速度、机床动特性及工艺系统刚度等因素的限制。

3）行程。数控机床各坐标轴的行程大小，构成数控机床的空间加工范围，即加工零件的大小。行程是直接体现机床加工能力的指标参数。

4）摆角范围。具有摆角坐标的数控机床，其转角大小也直接影响加工零件空间部位的能力。但转角太大又造成机床的刚度下降，因此给机床设计带来许多困难。

5）刀库容量和换刀时间。刀库容量和换刀时间对数控机床的生产率有直接影响。刀库容量是指刀库能存放加工所需的刀具数量。换刀时间是指带有自动交换刀具系统的数控机床，将主轴上使用的刀具与装在刀库上下一工序需用的刀具进行交换所需要的时间。

（3）智能化指标

1）可控轴数与联动轴数。数控机床的可控轴数是指机床数控装置能够控制的坐标数目。数控机床可控轴数和数控装置的运算处理能力、运算速度及内存容量等有关。数控机床的联动轴数是指机床数控装置控制的坐标轴同时达到空间某一点的坐标数目，通过数控系统智能数控机床，对机床的多个运动轴进行协同控制，以实现复杂的加工工艺和高效的加工过程，可以大大提高加工精度和效率。

2）数据处理能力。数控系统的数据处理能力是指其处理指令和运算的速度和能力。数据处理能力的高低影响系统的实时性和稳定性。高性能的数控系统能够处理更复杂的加工任务和更大的数据量。

3）通信联网能力。智能数控机床的通信联网能力是指该机床能够通过网络连接到其他设备或系统，并实现数据交换、远程监控、远程诊断和远程维护等功能。机床的通信联网能力决定了它与其他设备之间的联动能力，能够实现设备之间的数据共享和实时监控，提高生产调度的灵活性。

通过对智能数控机床以上指标进行测试与调试，可以有效评价机床的性能和智能化程度。

6.3 增材制造装备设计与生产

6.3.1 增材制造技术概述

增材制造（Additive Manufacturing，AM）又称 3D 打印、快速原型、分层制造等，是一种根据 CAD 模型通过材料逐层累积直接制造实体的技术。如图 6-11 所示，增材制造工艺流程可分为设计阶段、制造阶段和后处理阶段。

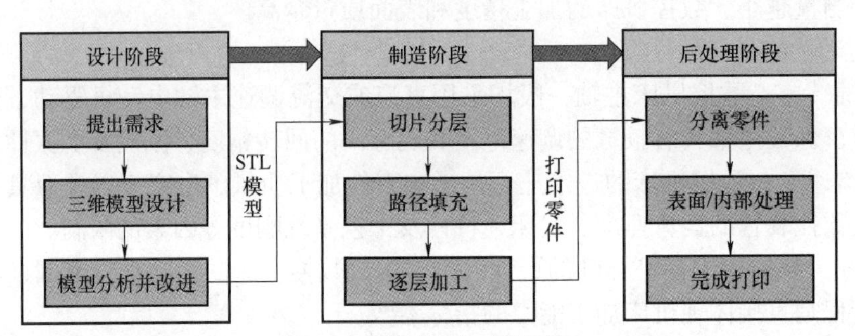

图 6-11　增材制造工艺流程

在设计阶段，设计师根据客户对零件材料、尺寸以及功能的需求进行产品设计，完成设计后通过有限元法（Finite Element Method，FEM）、拓扑优化（Topology Optimization，TO）等方式对模型进行分析及改进。在制造阶段，通过分层软件对改进后的 STL 模型进行切片分层处理，并规划每层的填充路径，控制打印装置按预设路径进行逐层加工。在后处理阶段，零件打印完成后，首先需要将零件从基板上分离出来，接下来根据使用要求，还需要通过喷砂、热等静压等方式对零件进行表面和内部处理，对于有支承材料的零件还需要去除支承，至此打印过程完成。

与减材制造技术（车、铣、刨、磨等）和等材制造技术（铸造、锻造、焊接等）相比，增材制造技术无需通过材料去除以及模具 / 夹具限制，这也使得增材制造技术具有设计自由度高、可快速制造复杂结构零件等优势。凭借这些优势，增材制造技术广泛应用于航空航天、生物医学、文创、建筑等领域，并被不断挖掘其在新领域中的应用潜力。

6.3.2 增材制造技术发展

早期增材制造技术主要用于地图制造及雕塑中，增材制造技术最早可以追溯到 1892 年 Blanther 在专利中提出的一种分层制造法制作地形图的方法，首先在蜡板上刻画地形等高线，接下来沿等高线图切割并堆叠蜡板，最终得到了一个与等高线所表示的地形相对应立体地图。1904 年，Baese 在其专利中提出了一种用于复制塑料物体的摄影工艺技术，该技术首先拍摄渐变光照射的物体，然后将光透过拍摄得到的底片照射到光敏明胶上。当用水处理时，根据曝光量的不同光敏明胶材料不成比例地膨胀，形成与想要复制的物体的三维形状相对应的物体。

随着 20 世纪以来材料、机械、计算机、控制等相关学科不断取得突破性发展，增材制造技术发展被注入了新活力。1951 年，Munz 提出了一种摄影记录专利，该专利利用光源、光敏介质来记录光现象，通过控制活塞的运动和光源的投射，可以实现在记录空间中创建三维记录的过程，该专利中提出的技术与立体光固化原理相似；1979 年，Housholder 在专利中提出一种逐层成形方式，首次使用了激光逐层选择性地烧结粉末；1984 年，Hull 发明了立体光刻技术，并于 1986 年获得了立体光刻技术专利，该专利中描述了一种紫外光下逐层硬化三维物体截面从而生成三维实体的系统；1991 年，Feygin 提出的分层实体制造技术获得专利；1992 年，Scott 申请的熔融沉积成形（Fused Deposition Modeling，FDM）方法获得专利；1993 年，麻省理工学院的 Sachs 等人发明了黏合剂喷射工艺。随着对增材制造零件性能及加工效率的要求，机器人技术、减材制造等技术也与增材制造技术结合从而不断推动新的增材制造工艺的发展。

6.3.3 增材制造产业发展

自从被 20 世纪 80 年代提出以来增材制造技术概念，以其独特的优势和潜力颠覆了传统的制造方式，推动各个行业的创新和发展，不断获得世界各个制造强国的重视。为抢占增材制造这一技术及产业发展的战略制高点，全球主要国家和地区纷纷将增材制造列为未来的优先发展方向，制定了发展规划及扶持政策，如美国《先进制造业国家战略》、德国《国家工业战略 2030》。我国高度重视增材制造产业发展，近年来，有关部门发布了一系列规划政策，如《“十四五”智能制造发展规划》《中国制造 2025》等政策，极大地推动了我国增材制造产业的创新发展。

目前，全球增材制造技术发展正处于快速商业化阶段，市场以欧美企业为主导，中国企业紧随其后。美国沃勒斯协会（Wohlers Associates）发布的“Wohlers report 2024”指出 2023 年全球增材制造行业首次突破 200 亿美元大关，销售额达到 200.35 亿美元，同比增长 11.1%。世界主要先进国家较早重视并布局增材制造技术，并持续将其作为制造业发展的重点领域，加强发展战略谋划。美国作为全球增材制造技术的起源地，引领着技术创新和产业发展；德国凭借其在传统制造业中的技术优势和经验，在金属增材制造技术创新和应用方面一直走在世界前列；英国高度重视增材制造技术发展与应用，重点布局航空航天领域；以色列已成为增材制造领域具有重要影响力的全球科技创新中心；日本在增减材复合制造领域具有优势；韩国则重点发展生物医疗领域的增材制造技术。相比于其他国家，我国增材制造产业发展较晚，但是国家及各省市区已出台多项政策对增材制造技术发展提供支持。近几年，我国增材制造产业市场规模实现了快速增长，已应用于航空航天、汽车、医药等 39 个行业大类。我国增材制造产业经历了由研发创新向产业规模化发展的蜕变，产业规模从 2012 年的 10 亿元人民币左右增长到 2022 年的 320 亿元人民币，实现了年均复合增长率超过 40%，到 2027 年有望突破千亿元大关，这也显示了我国增材制造市场发展潜力巨大。

我国增材制造产业规模初步形成，涌现出一批具备一定竞争力的骨干企业，图 6-12 所示是我国增材制造产业链，从产业链看，经过 30 多年的发展，我国已经形成了涵盖原材料、核心零部件、软件系统、装置制造、服务平台及行业应用的增材制造产业链。包含中航迈特、先临三维、铂力特等企业，它们为增材制造技术和产业的发展提供了有力的支撑。

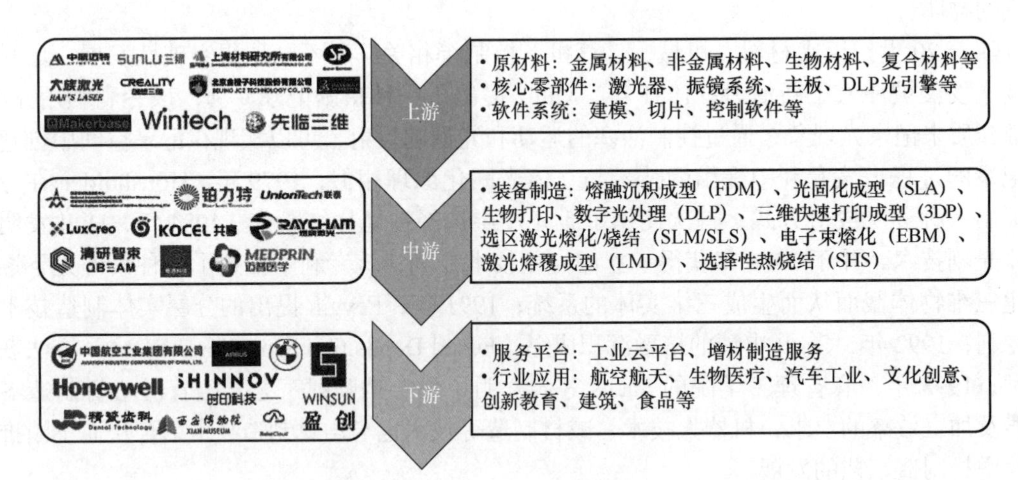

图 6-12　我国增材制造产业链

6.3.4　增材制造装备设计与生产

GB/T 35351—2017《增材制造　术语》按照工艺类型的不同将增材制造分为 7 类：黏结剂喷射、定向能量沉积、材料挤出、材料喷射、粉末床熔融、薄材叠层和立体光固化。下面分别对各类技术进行介绍。

1. 黏结剂喷射（Binder Jetting，BJ）

（1）黏结剂喷射工艺原理　黏结剂喷射工艺是基于三维实体 CAD 模型的切片数据，通过黏结剂按照预设路径逐层将粉末床的部分区域黏合，再对黏合完成的部件进行后处理最终得到打印部件。

（2）黏结剂喷射工艺流程　黏结剂喷射工艺可以分为打印、除粉、脱脂、渗透以及烧结步骤，其工艺流程如图 6-13 所示。

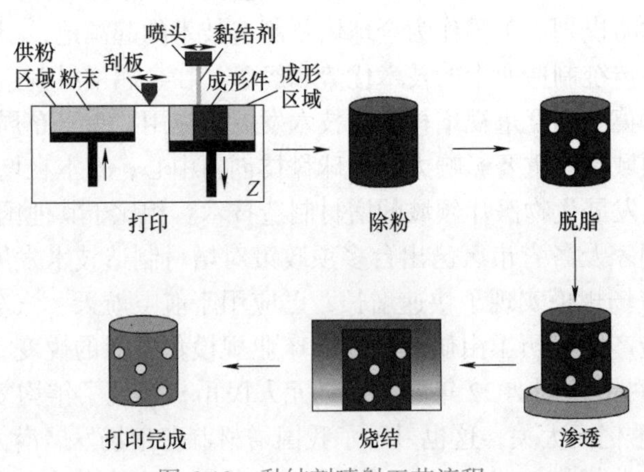

图 6-13　黏结剂喷射工艺流程

1）打印。首先成形区域所在的平台沿 Z 方向下降一个层厚的高度，供粉区域平台沿着

Z 方向上移一个层厚距离并推出若干粉末。再通过刮板将这些粉末推至成形区域，此时数控系统根据模型切片数据控制喷头在铺好的粉末层表面选择性地喷射黏结剂。重复成形平台运动、铺粉、黏结粉末步骤，完成三维模型的黏结制造。

2）除粉。打印完成后需要将未黏合的粉末和打印试样分离，一些黏合剂需要处理（如干燥、热固化等），达到足够的强度后才能完成脱粉操作。

3）脱脂。在高温烧结操作前需进行脱脂处理，该步骤的目的是去除打印样件中的黏结剂，常用的脱脂方式有热脱脂和催化脱脂等。

4）渗透。由于黏结剂去除，脱脂后的打印件内部往往会存在孔洞，此时就需要熔融一些低熔点的材料，通过毛细作用渗透进打印样件的空隙。

5）烧结。去除黏结剂后的样件需通过高温烧结处理，使打印样件中粉末熔化并调控打印样件的微观组织从而提升样件的致密度以及力学性能。

（3）黏结剂喷射工艺优点

1）黏结剂喷射几乎可加工任何粉末状原料，如金属、陶瓷、聚合物、生物材料、复合材料。

2）由于打印过程中没有对打印环境有较多的限制，因此黏结剂喷射工艺可以低成本地加工大尺寸工件。

3）打印完成后，参与成形的粉末可以重复利用。

（4）黏结剂喷射工艺缺点

1）打印完成后的零件往往需要经历多个后处理步骤后才能达到使用要求。

2）黏结剂喷射成形件的致密度低于粉末床熔融工艺成形件。

3）后处理后样件的尺寸会收缩，需要在加工前对成形件的三维模型进行调整。

2. 定向能量沉积（Discrete Energy Deposition，DED）

（1）定向能量沉积工艺原理　如图 6-14 所示，定向能量沉积以激光、电弧或电子束为热源，原材料通常为金属粉末或金属丝材，根据切片数据，在惰性气体或真空环境下逐层熔化并沉积原材料，直至三维实体打印完成。

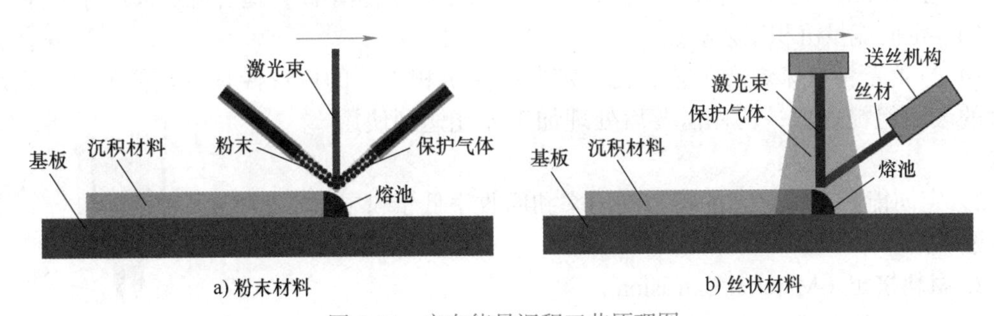

图 6-14　定向能量沉积工艺原理图

（2）定向能量沉积类型　按照热源形式和材料状态不同，可以将定向能量沉积工艺分为激光定向能量沉积（Laser Directed Energy Deposition，LDED）、电弧熔丝增材制造（Wire and Arc Additive Manufacturing，WAAM）和丝材激光增材制造（Wire and Laser Additive Manufacturing，WLAM）。按照焊接原理以及送料方式不同，可以定向将能量沉积工艺再细分为图 6-15 中的类型。

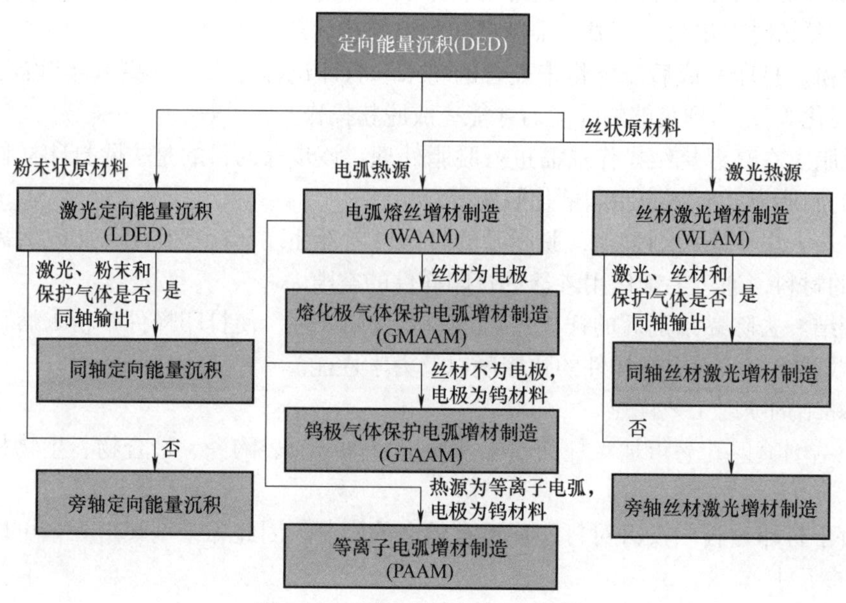

图 6-15　定向能量沉积工艺分类

（3）定向能量沉积工艺优点

1）定向能量沉积工艺可以加工各种丝状和粉状材料，如金属、陶瓷、复合材料和功能梯度材料。

2）定向能量沉积工艺可以实现三维模型的整体打印或局部区域的涂层或维修。

3）与粉末床熔融工艺相比，定向能量沉积工艺使用更大尺寸的粉末使其具有成本和安全优势。

4）通过加装机械臂，定向能量沉积工艺可以实现无支撑打印以及非水平面打印。

5）与粉末床熔融工艺相比，定向能量沉积工艺沉积速率高，适合成形大尺寸零件。

（4）定向能量沉积工艺缺点

1）与激光粉末床熔融工艺相比，定向能量沉积工艺的成形件具有较低的尺寸精度和较大的表面粗糙度值，往往需要后处理加工才能达到使用需求。

2）定向能量沉积工艺的粉末利用率和回收率低于粉末床熔融工艺。

3. 材料挤出（Material Extrusion）

（1）材料挤出成形工艺原理　如图 6-16 所示，材料挤出工艺通过喷嘴沿着计算机规划的路径移动并挤出材料，经过逐层堆叠最终成形三维实体。熔融沉积成形是一种应用广泛的材料挤出工艺，此外材料挤出工艺还包含墨水直写（Direct Ink Writing，DIW）、微纳层叠挤出（Micro-Nano Laminated，MNL）等工艺。

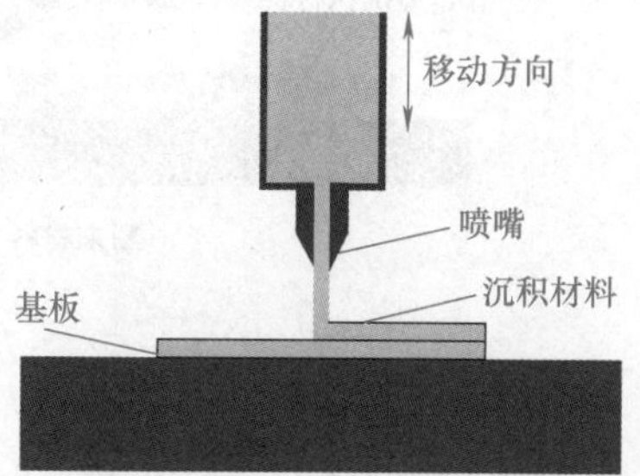

图 6-16　材料挤出工艺示意图

（2）材料挤出工艺流程　下面以图 6-17 中熔丝沉积成形技术为例介绍其具体成形流程：

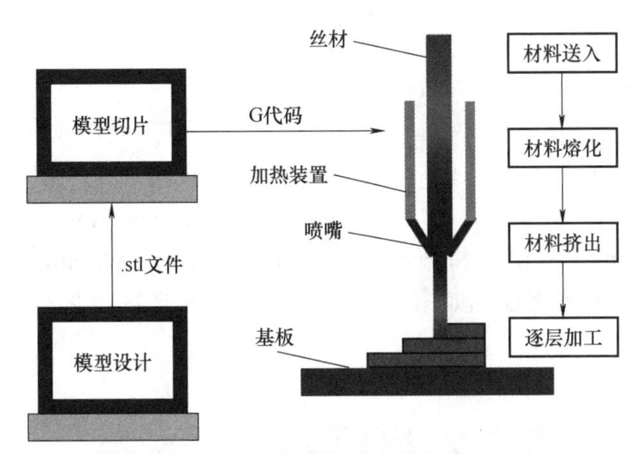

图 6-17　熔丝沉积工艺流程

1）将设计好的三维模型以 .stl 文件格式导入到切片软件。

2）根据层厚、填充路径和支撑等条件对 .stl 文件进行切片处理，将处理的结果以 G 代码的形式导入到打印设备中。

3）预热并调平基板，将丝料送入喷头加热熔化后通过喷嘴挤出。

4）通过计算机控制熔融沉积成形喷头选择性地沉积熔融材料，直至完成单层打印。

5）重复步骤 3）与步骤 4），直至完成三维实体打印。

（3）材料挤出工艺优点

1）材料挤出设备结构简单、成本低、易于维护。

2）材料利用率高。

3）可选用的材料广泛，如塑料、聚合物、混凝土、金属、硅胶等。

（4）材料挤出工艺缺点

1）成形件精度不高，表面质量较差。

2）对于熔丝沉积成形技术，熔丝材料在熔化和凝固时会出现体积变化，这会使打印件翘曲。

3）打印悬垂结构时需要设计和打印支撑结构。

4. 材料喷射（Material Jetting）

（1）材料喷射成形工艺原理

如图 6-18 所示，材料喷射工艺是通过打印头喷射光敏物质的液滴，在紫外线光照射下逐层固化，最终成形三维实体。

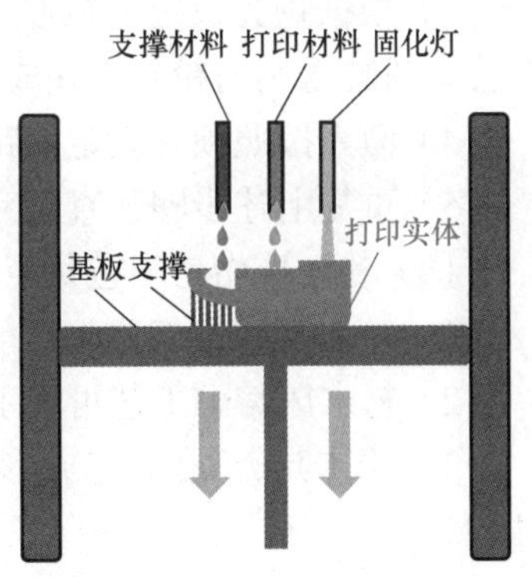

图 6-18　材料喷射工艺示意图

（2）材料喷射工艺优点

1）材料喷射成形件具有较高的尺寸精度。

2）材料喷射成形件表面粗糙度值小。

（3）材料喷射工艺缺点

1）材料喷射工艺的原材料具有光敏性，其物理性能会随时间的增加逐渐变差。

2）材料喷射工艺原材料成本较高。

5. 粉末床熔融（Powder Bed Fusion，PBF）

（1）粉末床熔融工艺原理　粉末床熔融工艺是一种以激光束或电子束作为热源，在保护气体环境下（电子束熔化成形还需要真空环境），按预设轨迹逐层熔化粉末从而制造实体的一种技术，可以分为选区激光烧结（Selective Laser Sintering，SLS）、选区激光熔化（Selective Laser Melting，SLM）和电子束熔化（Electron Beam Melting，EBM）。

（2）粉末床熔融工艺流程　如图6-19所示，以激光选区熔化技术为例具体分析成形过程：

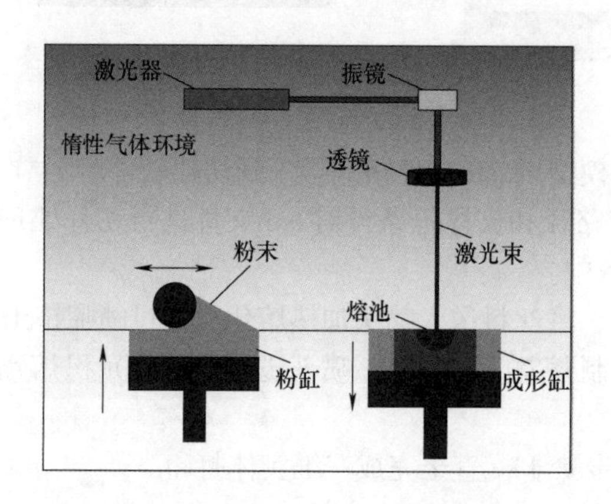

图6-19　激光选区熔化示意图

1）根据设计建立打印零件的三维模型，并进行切片处理。

2）在成形舱中先充满氮气或氩气，降低氧气对加工过程的影响。

3）根据预先设定的层厚，粉缸向上抬升一定高度，成形缸向下移动一定高度，铺粉装置推动粉缸送出的粉末铺在成形缸上形成一层粉末床。

4）激光按照预先设定的路径选择性地熔化粉末床。

5）重复上述步骤，直到完成打印。

（3）粉末床熔融工艺优点

1）粉末床熔融工艺成形精度高，可以制备结构复杂的零件。

2）粉末床熔融工艺可加工材料广泛，如金属、陶瓷、聚合物等。

3）粉末床熔融工艺成形过程中高温度梯度和高冷却速率提升了金属成形件的力学性能。

4）粉末床熔融工艺中材料回收率高于其余定向能量沉积工艺。

（4）粉末床熔融工艺缺点

1）粉末床熔融工艺成形过程中高温度梯度和高冷却速率造成翘曲、球化、裂纹、气孔等缺陷。

2）粉末床熔融工艺采用激光或电子束作为热源，使装备价格较高，限制了粉末床熔融工艺的应用。

3）粉末床熔融工艺成形完成之后的工件需进行适当的后处理来改善微观组织、力学性能和表面质量来达到使用要求。

6. 薄片叠层（Sheet Lamination）

（1）薄片叠层工艺原理　薄片叠层工艺又称分层实体制造（Laminated Object Manufacturing，LOM），薄片叠层工艺是基于三维实体模型通过计算机控制激光切割逐层堆叠黏结板材从而成形零件的一种方法。

如图 6-20 所示，薄片叠层工艺成形具体步骤如下：

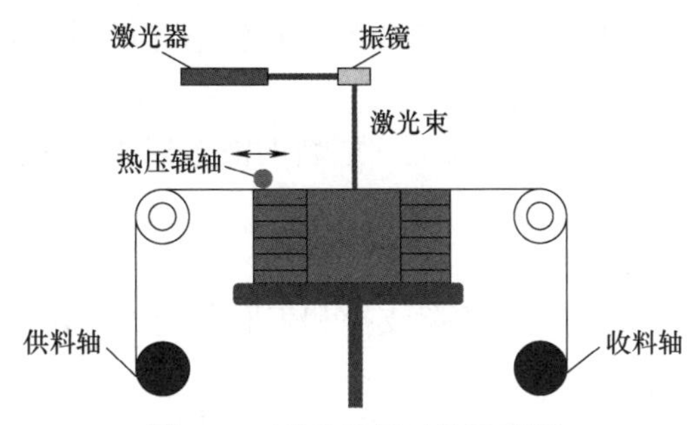

图 6-20　薄片叠层工艺示意图

1）成形平台下降一定高度，供料轴和收料轴将表面涂有黏合剂的板材送至成形平台上方。

2）用热辊将板材黏合到基板或先前黏合的层上。

3）计算机根据三维实体的切片轮廓数据控制激光束在板材上切割零件。

4）重复上述步骤直至打印完成，去除未切割的废料得到打印件。

（2）薄片叠层工艺优点

1）由于薄片叠层工艺采用纸张、塑料等相对便宜的材料，其加工成本较低。

2）薄片叠层工艺没有支撑结构的需求，从而减少了额外支撑材料的使用和后期处理工作。

3）薄片叠层工艺成形件表面质量较高，无需额外的后处理工艺。

（3）薄片叠层工艺缺点

1）可用材料有限。

2）薄片叠层工艺成形过程往往会出现大量的材料浪费。

3）板材之间通过黏结剂结合，长期使用后产品的结合强度会降低。

7. 立体光固化（Vat Photopolymerization；Stereo Lithography；SL）

（1）立体光固化工艺原理　立体光固化又称立体平版印刷工艺，是一种使用特定波长和频率的光源逐层固化液态光敏树脂从而构建三维实体的增材制造技术。按照固化光源类型，立体光固化成形工艺可以分为选择性区域透光技术（LCD），数字光处理（DLP）技术和立体光刻（SLA）技术等。

如图 6-21 所示，以立体光刻技术为例介绍其工艺过程：

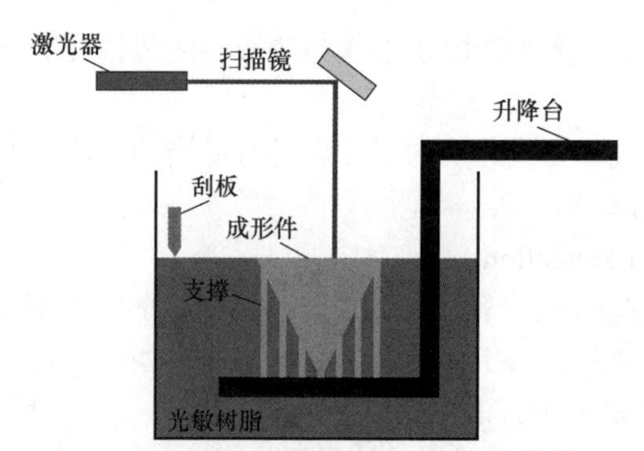

图 6-21　立体光刻技术工艺示意图

1）计算机根据三维模型切片数据控制光源扫描液态光敏树脂的表面，扫描后的光敏树脂发生光聚合反应后固化实现单层打印。

2）成形下移一个层厚的距离，覆盖上一层新的液态树脂并用刮板刮去多余的树脂，控制激光光束固化新的一层树脂。

3）重复上述步骤直至打印完成。

4）从液槽中取出成形件，清洗、去除支撑和表面抛光等后处理工艺。

（2）立体光固化工艺优点

1）立体光固化工艺成熟度高、系统工作稳定、自动化程度高、投资成本低。

2）成形精度高、表面质量好、零件表面光滑，只需少量的后处理。

3）加工速度快，材料利用率接近 100%。

（3）立体光固化工艺缺点

1）立体光固化工艺系统造价高，使用和维护成本过高。

2）立体光固化工艺系统是对液体进行操作的精密设备，对工作环境要求苛刻。

3）立体光固化工艺采用的材料多为树脂类，强度、刚度和耐热性有限，不利于长时间保存。

6.3.5　智能增材制造装备与运维

随着新一轮科技革命与产业变革的持续深化，智能制造已成为全球制造业发展的核心驱动力，它不仅代表着科技创新的制高点，更是推动全球经济发展的新引擎。对于我国制造业，智能制造是实现质量有效提升和合理增长的关键途径。增材制造技术作为这一转型过程中的新兴力量，对于推动传统制造业向智能制造迈进具有重大意义。然而，当前增材制造的设计、制造及后处理流程高度依赖于制造者的专业知识和经验，这在一定程度上制约了该技术的广泛应用。因此利用 AI、大数据（Big Data）和 IoT（Internet of Things）等新技术，将感知、分析、推理、决策和控制等多项功能集成到增材制造装备中实现智能化的设计与制造，有效降低决策成本并显著提升生产率。

1. 增材制造过程监测

通过调控设计、打印和后处理过程可以控制打印件质量，但打印过程中的缺陷会使同一批打印件的质量出现显著区别。采集打印过程中的光信号、热信号、声信号等信息是实现成形过程的稳定性和打印件质量可重复性的前提，也让增材制造装备有了感知功能。图 6-22 为增材制造过程中的监测手段和应用场景，光学监测、温度监测和声学监测作为非接触和非侵入性的监测方法，广泛应用于增材制造中。

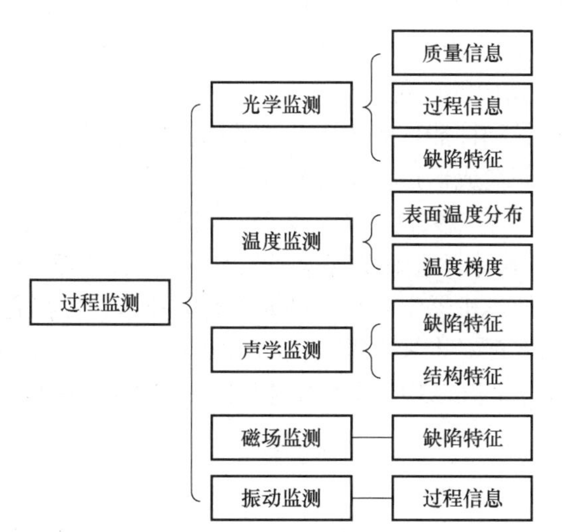

图 6-22　增材制造过程中的监测手段和应用场景

（1）光学监测　光学监测是一种非接触和非侵入性的方法，可以采集增材制造成形过程、成形件质量和缺陷等信息，光信号监测是增材制造过程监测中操作简单、应用最广的方法。目前，光信号传感器有激光轮廓传感器、工业相机、光谱仪、光电二极管和 X 射线等设备。光学监测有以下优点：

1）光学监测具有高空间分辨率和精度。

2）光学监测技术响应快、精度高，可实现制造过程的实时监测。

然而，光学监测也有一些缺陷，例如当环境光出现变化时，光学监测精度会受到影响。

（2）温度监测　对于粉末床熔融、定向能量沉积和熔融沉积成形等增材制造工艺，成形过程中材料熔融和凝固会产生大量热量，这对成形件的微观组织、形状精度和力学性能造成影响。监测成形过程中的温度变化对于分析和调控成形过程中的热行为、缺陷的形成以及微观组织的演化等现象具有重要意义。温度监测常用的热信号传感器有热成像仪、高温计和热电偶等。温度监测可以实时监测成形过程中的温度分布，但是温度监测也有一些不足之处，具体如下：

1）热传感器无法测量材料内部的温度。

2）成形过程中材料表面发射率和反射率的变化会影响测量结果。

（3）声学监测　声学监测利用声波的传播来收集零件质量的信息。声学监测常被用于检测裂纹、监测腐蚀的发生以及验证状态。声学监测通过两种方式实现监测：一种是被动接收制造过程中发出的声信号，而另一类则是主动发出声波穿透目标物体并采集缺陷带来的信号变化。增材制造过程中的不同缺陷都对应着独特的声信号，可通过麦克风采集并识别不同阶段的声信号从而获得成形件缺陷的类型和位置。

声学监测具有以下两个优点：

1）声学监测可以监测打印件的内部缺陷。

2）声学监测灵敏度较高，可以检测到在材料性能或结构完整性的细微变化。

声学监测也有一些不足之处：

1）声学监测容易受到环境噪声和背景振动的干扰，使测量结果不准确。

2）打印一些吸声结构时，声波会被吸收从而影响声信号的采集。

2. 机器学习在增材制造中的应用

增材制造成形件的质量和性能依赖于工艺参数的正确选择，因此选取最优的工艺参数窗口非常重要。然而，增材制造成形过程中参数和性能之间的关系是非线性的，并且通过试验方法和数值模拟方法实现工艺参数优化需要大量的时间成本，因此机器学习技术（Machine Learning，ML）被引入到增材制造中以实现工艺参数优化、监测缺陷和诊断缺陷，达到提高制造过程的质量和可靠性。机器学习是一种人工智能技术，旨在通过让计算机系统从数据中学习模式和规律，从而实现对未来数据的预测和决策。在增材制造中应用的机器学习方法有监督学习和无监督学习。图 6-23 所示为增材制造领域中机器学习的分类法及各自的应用场景。

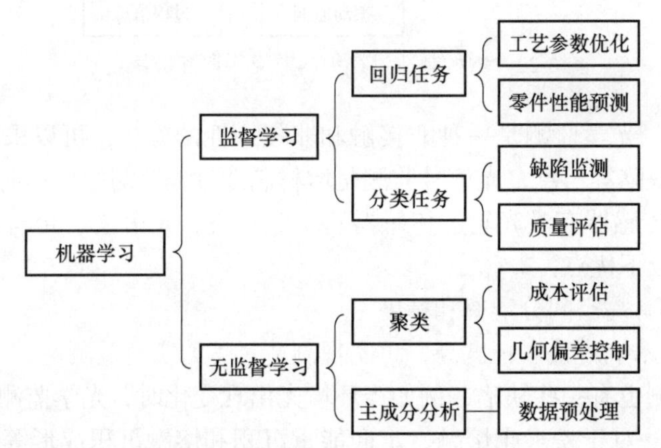

图 6-23　增材制造领域中机器学习的分类法及其各自的应用场景

监督学习从标记数据中构建模型，以便预测未知数据的结果，标记数据集由一组已被“标记”或带有正确输出的示例组成。如果模型的输出是对某种质量的评估（如产品质量），则属于分类任务；若输出是具体的目标参数（如抗拉强度），则属于回归任务。

无监督学习使用未标记的数据集进行训练，并允许在没有任何监督的情况下对该数据进行操作。与监督学习不同，无监督学习不能直接应用于回归或分类问题。无监督学习的目标是找到数据集的底层结构，根据相似性对数据进行分组，并以压缩格式表示该数据集。

增材制造工艺中有三个可以机器学习的应用场景，包括：

1）优化工艺参数。通过机器学习技术处理试验数据来确定最佳的工艺参数，从而避免成形过程中缺陷的出现。

2）缺陷和异常检测。通过机器学习技术处理增材制造成形过程中获取的传感器信号，用于检测过程中的缺陷。

3）预测和控制。基于机器学习技术实现预测性控制成形过程，从而避免缺陷出现并减少过程偏差。

增材制造领中的许多应用场景都需要基于已知的数据来预测或优化输出结果，因此大多机器学习应用都归属于监督学习范畴。

3. 增材制造装备智能运维

通过运维可以及时发现并解决装备的潜在问题，减少停机时间，提升产品质量，从而增强企业的竞争力和经济效益。

随着企业规模扩大和运营复杂度的提高，传统人工运维方式进行故障排查，不仅周期长、恢复慢，还严重影响生产率。因此，智能运维应运而生。它基于设备状态信息的辨识、获取、处理和融合，评价设备健康状态，预测性能趋势、故障时间和剩余寿命，并采取维护措施，以实现远程诊断、在线运维、预测运行和精准服务，从而优化生产率。

智能运维的主要内容包含设备状态数据感知、状态数据预处理、状态特征提取、状态评价与预测、故障诊断、运行维修决策和维修策略。

1）设备状态监测。随着增材制造技术的发展，如何准确描述增材制造装备的故障是一个亟须解决的难题。因此，需要在增材制造设备上安装传感器和数据采集模块，保证实时准确地获取增材制造装备运行状态和环境参数等关键数据。

2）状态数据预处理。由于复杂的运行环境和人为因素，增材制造装备状态监测得到的原始测试数据中不可避免的含有噪声和误差。为了提升检测数据的质量，需要在保留主要特征的前提下去除噪声和误差。

3）状态特征提取。为了提升故障诊断精度，需采集大量状态参数和故障模式进行分析和计算。然而在增材制造装备迈向智能化的背景下，越来越多的状态数据量反而影响诊断结果的准确性。因此，需提取状态数据中的关键特征，实现高效故障诊断。

4）状态评价与预测。基于增材制造装备的状态数据和评价准则，评估装备当前健康状态，并分析其变化趋势及预测未来状态，从而决定装置的维修时机。

5）故障诊断。通过人工智能等方法处理获取的特征参数以确定故障出现的部位、类型、严重程度以及出现原因。

6）维修策略。根据增材制造装备的健康状态及其变化趋势，确认装备维修时机、维修计划、维修范围。

通过以上方法，实现设备全面监控、智能分析和高效管理，实现提升增材制造装备的可靠性和生产率，降低维护成本，推动行业持续发展。

4. 智能增材制造装备与运维实例

以选区激光熔化装备为例，其由光学系统、送粉铺粉系统、循环过滤系统和运动控制系统等部分组成。设备各系统之间的可靠性、配合及性能直接影响成形件的质量和性能，从而影响产品的应用。通过智能监控技术使得选区激光熔化装备可以自主感知加工过程的变化，从而实现打印过程的稳定性和可控性，由于选区激光熔化成形过程涉及声、光、热、磁等多物理场耦合，因此可以从不同的物理场获取多种传感信息，如利用工业相机温度获取粉层图像、零件几何形状、表面粗糙度值、熔池图像等信号，利用红外相机感知打印过程温度分布和温度梯度等热信号，此外还可以通过不同的传感器获得成形过程中的声信号、磁性号和振动信号。通过机器学习技术识别所采集的信号并进行工艺调控和优化，达到调控微观组织、降低缺陷形成并提升打印件的性能和精度。此外，根据装备监测传感器采取的数据，通过 Web 和 APP 端的在线服务，可以实现为选区激光熔化装备的实时数据监测、故障预警与诊断、设备管理、数据分析、远程指导及维修等一系列服务。这些服务可显著降低运维成本，缩短设备维护周期，同时提升设备的整体运行效率。

6.4 增减材复合制造技术与装备

6.4.1 增减材复合制造技术概述

增材制造（Additive Manufacturing，AM）技术是目前小批量生产高质量、高精度、复杂金属构件的可靠方法之一。通过使用AM技术的逐层堆叠和融合材料来制造构件，克服了传统制造工艺在复杂构件制造中的一些限制。但是，AM工艺涉及传热学、材料学、热力学和流体力学等多个学科及其相互作用，造成了例如台阶效应、尺寸精度和表面粗糙度等一系列需要解决的问题。增减材复合制造（Hybrid Additive/Subtractive Manufacturing，HASM）技术应运而生。HASM将传统的数控加工技术与现代增材制造技术相结合，在制造复杂几何形状和特殊材料要求的零件方面展现出独特优势。通过将增材和减材工艺集成到三轴或多轴数控机床中，HASM更好地实现了“设计即所得”的理念。在增减材制造过程中，诸如打印方向、温度梯度、材料特性、刀具加工时机、喷嘴直径、扫描速度和激光功率等因素都会对最终产品的性能产生影响。

结合这两种技术，增减材复合制造技术有效地克服了单独应用增材制造时面临的精度和表面质量不足的问题。它充分利用了增材制造在设计自由度和材料利用上的优势，同时借助数控加工获得高精度和优良表面质量的成品，弥补了各自技术的短板。该技术的发展不仅是制造领域的一大进步，也为未来的制造技术创新和应用提供了新的可能性。由于在解决复杂零件制造中的独特价值，增减材复合制造技术已成为国内外研究者和工程师热议的焦点，预示着在高端制造领域的广泛应用前景。

目前，许多国家将增减材复合制造技术视为未来产业发展的重要方向，以满足航空航天、武器装备等高精尖领域不断增长的性能需求。相关企业和研究院所也开展了相关研究以应对高精端产品的需求，目前主要的研究方向包括装备的集成制造、增减材制备过程的闭环控制以及加工过程的热力耦合现象。本节主要对国内外增减材设备研究现状以及不同能量源在金属增减材制造技术方面的研究进行概述，并对未来发展趋势进行了探讨。

1. 增减材复合制造技术原理

增材制造技术一直以来在尺寸精度和表面粗糙度方面都存在挑战，这限制了其在更广泛的加工范围和应用领域中的应用。为了解决这一问题，增减材复合制造技术应运而生。这项技术是一种创新型方法，将产品设计、软件控制、增材制造和减材制造融合在一起，旨在综合利用计算机辅助设计、机械加工、数控技术和激光技术等多学科领域的技术，从根本上解决尺寸精度和表面粗糙度方面的不足。

增减材复合制造技术的核心理念是在现有增材制造技术的基础上引入减材技术，例如传统的车、铣、刨、磨等方法，将两种技术有机结合在同一系统中，以实现增材制造技术和减材技术的优缺点互补。换言之，它在结合增材制造技术和数控加工技术优势的基础上，实现对这两种技术的发展与再创新。

通过 CAD 生成模型，将零件的三维数据信息按照一定厚度进行分层，转换为一系列二维轮廓几何信息。利用这些几何信息以及沉积和机加工参数，生成数控代码，从而通过增材制造形成最终的三维实体零件。接下来对成形零件进行测量和特征提取，识别误差区域，再采用减材制造进行进一步加工修正，以达到高质量和复杂精密成形的要求。

20 世纪 90 年代，美国学者开始深入研究形状沉积制造方法。为了减少电弧熔材后氧化层对组织的影响，他们对表面进行了光整加工处理。该方法最早是将选择性激光熔化与精密铣削相结合，以提高零件的表面粗糙度和几何尺寸精度。

增减材复合制造的过程如图 6-24 所示。首先，将数字 CAD 模型分割成薄片，通过选择性激光熔化方法逐层构建这些薄片。这个过程中，首先夹持基材，当激光束扫过粉末床表面并使粉末熔化时，一层烧结完成，平台降低一层，并在烧结层顶部接收新的粉末层，随后不断循环。通过铣削去除残渣，最终可以加工表面精度很高的复杂异形零件。

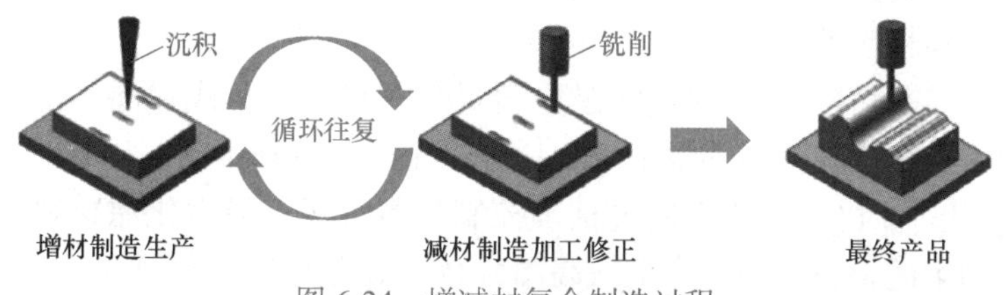

图 6-24　增减材复合制造过程

如图 6-25 所示，从该案例可以直观地理解制备过程，本案例聚焦于齿轮泵腔体，特别考虑泵体与泵盖之间的接触关系。装配过程中，维持泵体与泵盖平直度在 5 μm 以内是至关重要的。未达标的平直度不仅可能导致泵吸入空气，降低密封性，还可能在接触面引发漏油。此外，空气的混入还可会影响泵体内部的整体性能。

鉴于泵体结构之复杂，选择增减材制造技术尤为适宜。如图 6-25 所示，齿轮泵腔体增减材复合制造流程包括：首先，对零件进行测绘并创建 CAD 模型；其次，基于 CAD 模型进行三维建模；最后，利用数字化技术，模拟加工和装配过程，修正尺寸并实施增材制造。在此过程中，需警惕层切效应，尤其是泵体圆弧过渡面处。

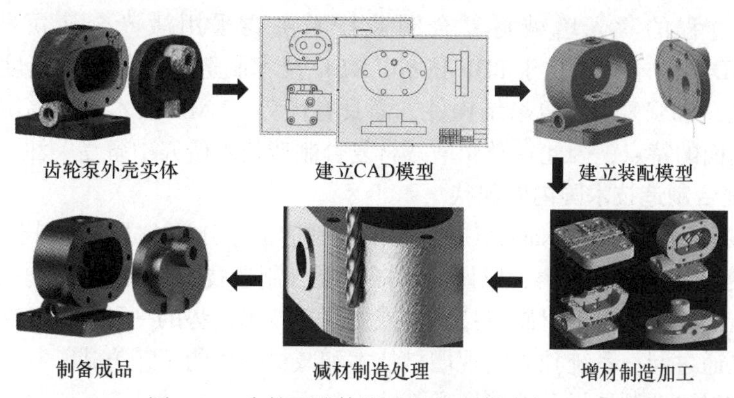

图 6-25　齿轮泵腔体增减材复合制造流程图

为确保表面平整度，特定部位将采用减材制造技术进行精密加工。对于未达到装配要求的泵体和泵盖装配面，则需通过金刚砂研磨进行进一步精修，确保平整度符合标准，从而预防空气吸入和漏油的问题，保障装配工作的高效与准确。

2. 增减材复合制造技术特点

（1）高精度和高效率　增材制造技术在提升零件组织性能的同时，与传统减材加工相比，在尺寸精度与表面粗糙度上仍有不足。激光增减材复合制造技术结合了两者的优点：增材的层叠建模的高效率与自由度和减材精细雕刻的高精度。这种技术不仅提升了成品的尺寸精度和表面质量，减小了机加工时间和误差，提高了生产率并减少了成本。

（2）零件修复的优化　对于生命周期短且维修成本高的零件，如航空发动机部件，该技术提供了一个高效的修复方案，通过自动化移除受损部分并精确沉积新材料，显著提升了修复效率和质量。

（3）复杂结构的直接制造　相较于传统制造技术，增减材复合制造技术在直接制造复杂结构时表现出较高的适应性和精度，能够直接形成如悬垂构件及内部流道等复杂结构，并在后续加工中实现高精度处理。

（4）节省工作空间和能源　通过将激光增材与减材设备集成在同一工作站，不仅显著减少了工作空间需求，也降低了能源消耗，增强了工作效率和设备利用率。

（5）材料利用的优化　该技术通过精确控制材料沉积，最大化原材料的使用效率，尤其对于昂贵或难加工的材料，如钛合金或高温合金，显得尤为重要。

（6）创新设计的实现　允许设计师突破传统制造限制，实现更复杂和精细的产品设计。这种技术不仅支持快速原型制造，还能满足严格的工业标准和性能要求，推动制造业向智能化、自动化和个性化定制发展。

3. 增减材复合制造技术分类

激光增减材复合制造技术分为两种主要类别：基于粉末熔融（Powder Bed Fusion，PBF）和基于直接能量沉积（Direct Energy Deposition，DED）的过程。DED技术以其高沉积率而闻名，适合制造大型或复杂结构的零件，广泛应用于航空航天、海洋及零件修复领域。

基于PBF过程的激光增减材复合制造技术主要包括SLS技术和SLM技术。SLM技术具有更小的聚焦光斑，加工出的零件性能更优，因此目前金属激光增材制造更多地采用SLM技术。

基于DED过程的激光增减材复合制造技术主要采用激光金属沉积（Laser Metal Deposition，LMD）技术。相比于PBF技术，DED技术制造的零件尺寸精度较低、表面质量较差，但在制造和修复大型复杂结构件方面具有优势。LMD技术具有高沉积速率、适用于大尺寸自由曲面的特点，因此在激光增减材复合制造技术研究中备受关注。

4. 增减材复合制造技术国内外现状

目前，许多国际学者按照Nassehi等人提出的制造工艺分类方式，将制造工艺分为连接、分离、减材、变形和增材等五类，以研究增减材复合制造技术的组合方式。从广义角度看，增减材复合制造是综合利用增材制造技术和减材制造技术优势的一种复合工艺方法；而从狭义角度看，则是通过同一系统独立实现增材技术和减材技术的工艺方式。

国内外增减材复合制造设备的发展及其特点如下：

（1）美国　20世纪90年代中期，美国斯坦福大学的Fessler等学者提出了形状沉积制造（Shape Deposition Manufacturing，SDM）技术，这一技术结合了 AM 和 CNC 技术。SDM 主要依赖 CNC 技术，将每一层的材料加工到所需形状，然后再进行下一层的成形，最终去除支撑材料。卡内基梅隆大学的 Merz 等学者进一步改进了 SDM 技术，使用蜡作为支撑材料，但由于成形过程中的表面粗糙，需进行额外的修整加工。

（2）德国　2001 年，德国弗劳恩霍夫研究所的 Freyer 等学者提出了控制金属堆积（Controlled Metal Build-up，CMB）技术。CMB 通过“沉积 - 铣削 - 沉积”流程结合了金属沉积与铣削技术，采用气体保护防止氧化，成形精度高。德国 DMG Mori 公司推出的 LASERTEC 65 3D 复合加工机床和 Hamuel Reichenbacher 公司的 HYBRID HSTM 1500 机床均基于这一技术，适用于多种材料复合加工和高价值部件修复。

（3）英国　英国巴斯大学的研究人员对 HASM 技术进行了深入研究。HASM 技术通过结合现有技术，解决了 AM 过程中几何和尺寸精度不高的问题，并能加工复杂内部结构的零件。

（4）日本　日本 Mazak 公司推出了 INTEGREXi-400AM 多功能机床，集成两个激光熔融头，能够实现高速和高精度熔融，并对增材制造部件进行车削和激光标刻。Sodick 公司的 OPM250L 机床通过优化 CNC 技术，提高了表面质量和零件的致密度，可制造深槽零件。

（5）印度　印度理工学院的 Akula 和 Karunakaran 等学者结合气体保护焊技术和 CNC 技术，开发出了一种三轴机床，显著提升了零件的表面质量。

（6）中国　中国在增减材复合制造技术领域的研究相对较晚。大连理工大学的学者使用 Sodick 公司的 OPM250L 设备，显著降低了马氏体时效钢制件的表面粗糙度值，并将选择性激光熔化与 CNC 技术整合。华中科技大学和武汉科技大学的学者提出了控制 AM 过程中台阶效应的有效方法，实现了等离子沉积与 CNC 技术的衔接，尺寸误差控制在 ±0.05%。北京理工大学的研究人员通过脉冲激光与 CNC 工艺复合，成功去除了 AM 零件的表面缺陷。

国内外增减材复合制造设备及其特点见表 6-4。

表 6-4　国内外增减材复合制造设备及其特点

国家	机构	工艺	主要特点
美国	卡内基梅隆大学	SDM	高精度层层加工，使用蜡作为支撑材料
德国	弗劳恩霍夫研究所	CMB	金属沉积与铣削结合，高精度模具制造
英国	巴斯大学	HASM	提高几何和尺寸精度，适用于复杂结构零件
日本	Mazak 公司	激光熔融复合 CNC	高速、高精度熔融，多功能加工
印度	印度理工学院	气体保护焊复合 CNC	结合气体保护焊和 CNC 技术，提升表面质量
中国	大连理工大学	选择性激光熔化复合 CNC	选择性激光熔化与 CNC 技术结合，优化表面质量

6.4.2　减材复合制造技术的装备与工艺

1. 增减材复合制造装备现状

根据增材制造工艺过程的不同激光增减材复合制造装备主要分为铺粉式和送粉式的复合

制造装备。国内外在增减材复合制造装备方面均取得了显著进展。国外的装备种类丰富且技术成熟，国内则主要集中在试验和技术验证阶段，商业化设备相对较少。下面介绍一些主流的增减材复合制造装备：

（1）Relativity Space-Stargate　Relativity Space 推出了其第四代 Stargate 金属 3D 打印机，这是一种结合增材制造和减材加工的新型设备，主要采用水平打印方式，能够制造长达 120ft(1ft=0.3048m)、宽 24ft 的大型部件，其打印速度比该公司之前的版本快 7 倍。该设备主要用于制造 Relativity 的 Terran R 火箭，这是一种可重复使用的火箭，能够将 20000kg 的有效载荷送入近地轨道。

（2）Optomec：LENS 860 AM　美国 Optomec 公司的 LENS 860 AM 是一款先进的金属增材制造和复合制造设备，利用激光近净成形（Laser Engineered Net Shaping，LENS）技术，适合中大型零件的制造和修复，最大工件为 860mm × 600mm × 610mm。标准配置为三轴线性运动，可升级为四轴、五轴甚至同步五轴操作，以实现更复杂的零件制造和加工。设备有多种配置，包括开放气氛和受控气氛模式，适用于加工不同类型的金属材料。

（3）DMG Mori：LASERTEC 65 DED Hybrid　德国 DMG Mori 公司推出的 LASERTEC 65 DED Hybrid 结合了五轴机床与激光熔覆技术。该设备能够在增材制造过程中进行高精度的五轴加工，成形最大尺寸为 735mm × 650mm × 560mm，适用于模具制造和高精度零部件的生产。其主要特点是可以实现复杂几何形状的高精度加工。

（4）Mazak：INTEGREX i-400 AM　日本 Mazak 公司推出的 INTEGREX i-400 AM 是一款融合了增材制造和多轴加工中心功能的复合加工设备。该设备适合难切削材料的小批量生产加工。通过增材制造功能快速生成组件，随后通过设备自带的高精度加工功能完成精加工，包括车削、铣削、钻孔和激光打标。该设备的多任务功能允许在单次设置中完成多个加工步骤，显著提高生产率和零件精度。

（5）Matsuura：LUMEX AVANCE-60　日本 Matsuura 公司的 LUMEX AVANCE-60 是轴铣削机床与激光烧结技术的结合体，最大工件为 600mm × 600mm × 500mm。该设备通过优化铣削和烧结工艺，显著提高了零件的表面质量和致密度。

（6）国家增材制造创新中心：LMDH600A

国家增材制造创新中心推出的 LMDH600A 是一种五轴联动增减材复合制造设备。能够进行高精度复杂型面及具有内孔内腔零件的一体化制造和修复再制造。采用摇篮 + 转台的五轴布局形式，实现五轴联动，能够处理复杂几何形状的零件。集成了惰性气体气氛系统和刀具气体冷却系统，适用于钛合金等易氧化材料的复合制造。

（7）大连三垒机器股份有限公司：SVW80C-3D　中国大连三垒机器股份有限公司推出的 SVW80C-3D 是一款增减材复合五轴加工中心，集成了增材制造（3D 打印）和减材制造（车 / 铣加工）功能。该设备采用高强度铸铁床身和立柱，具有优异的刚性和抗振性。适用于复杂精密零件的制造，如叶轮和内流道结构。

表 6-5 列出了国内外现有的增减材复合制造设备及其主要特点。可以看出，国内外已经开发出了多种新型机床。各个设备均采用增材和减材相结合的工艺，但具体技术和应用领域有所不同。例如，Relativity Space 的 Stargate 主要用于大型航天部件的制造，而 Mazak 和 Matsuura 的设备则更侧重于高精度复杂零件的加工。相比之下，国内的研究起步较晚，虽然已经有产业化的增减材复合制造设备但是未能形成良好的产业链条，目前的设备主流为定制

化服务，多用于代加工，而购买设备多用于试验，投入商业应用的复合设备相对较少。

表 6-5　国内外增减材复合制造设备

国家	公司	机床型号	复合方式	主要参数	机床外观
美国	Relativity Space	Stargate	机械臂增减材加工复合机械臂定向能量沉积	最大成形尺寸 4.5m × 6m × 9m	
	Optomec	LENS 860 AM	多轴铣床复合激光烧结	最大成形尺寸 860mm × 600mm × 610mm	
德国	DMG Mori	LASERTEC 65 DED Hybrid	五轴机床复合激光熔覆	最大成形尺寸 735mm × 650mm × 560mm	
日本	Mazak	INTEGREX i-400 AM	五轴加工中心复合激光熔覆	最大可加工 ϕ668mm，长度 1619mm	
	Matsuura	LUMEX AVANCE-60	轴铣削机床复合激光烧结	最大成形尺寸 600mm × 600mm × 500mm	
中国	国家增材制造创新中心	LMDH600A	五轴联动复合激光烧结	最大成形尺寸 800mm × 800mm × 550mm	
	大连三垒机器股份有限公司	SVW80C-3D	五轴加工中心复合激光烧结	最大成形尺寸 800mm × 800mm × 600mm	

2. 增减材复合制造工艺研究

（1）基于定向能沉积工艺的增减材复合制造　DED 技术作为增材制造中常用技术之一，其工艺方法日臻完善，使得不同领域制造新型金属部件变得更加容易和快捷，同时因其能够高效制造大尺寸金属部件而受到青睐，广泛应用于航空航天、汽车和医疗等领域。该技术的基本原理是通过激光、电子束或等离子弧来熔化金属粉末或金属丝，逐层构建金属零件，定向能沉积这项技术能够以良好的打印速度、质量和材料均匀性打印出不同的产品。

尽管 DED 工艺在制造多种产品方面表现强大，但其在表面纹理和力学性能上仍存在一些问题。为了获得更好的稳定性和精度，DED 工艺通常需要使用支撑结构来打印物体。这些支撑结构能够在垂直角度上增强打印层的硬度，防止材料掉落和变形，因此在这一技术中至关重要。然而，支撑结构也会带来一些缺点，特别是在使用支撑的区域，其质量往往不如其他部分。为了提高表面质量，后处理技术必不可少。后处理技术包括减材技术、热处理以及在高精度要求下的化学反应。然而，打印和后处理过程往往耗时较长，需要投入大量精力才能达到最高质量。

一种有效克服这些技术局限性的方法是将 DED 与减材工艺相结合，形成定向能沉积工艺的增减材复合制造技术。复合制造能够消除在生产金属部件时增材制造和机械加工各自存在的问题。然而，这种工艺仍处于发展初期，需要开展广泛的研究工作来改进和优化其功能。每个制造过程的稳定性至关重要，因此机器校准和适当的打印条件都非常关键。增减材复合制造在微观结构的局限性、机器结合力和精度方面存在一些挑战。然而，作为一种超越传统的先进技术，HASM 能够更快速地制造产品，并具备高灵活性、低成本、零件可靠性高和节省材料等显著优势。与单纯的 DED 工艺相比，HASM 为现代制造业提供了更全面的解决方案。

DED 复合工艺结合了 DED 和机械加工工艺，如图 6-26 所示。激光束聚焦在金属粉末上，通过逐层烧结构建结构。该过程多次重复，直到完成目标零件。在此过程中，还可以将 CNC 加工等减材技术集成到同一台机器中，以去除或修改打印产品。按照专用软件生成的 G 代码工作，从下往上逐层堆积材料。前几层沉积后，复合系统可以使用减材工艺加工那些 DED 工艺无法有效处理的区域。在这个系统中，三维打印和机械加工可以同时进行，从而确保金属产品的最高质量。

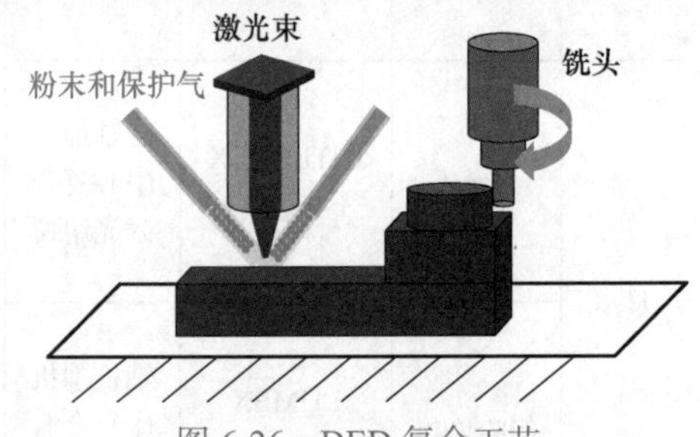

图 6-26　DED 复合工艺

例如，该系统能够在每一层沉积后对粗糙表面进行加工，使其具有均匀的纹理。联合系统还可以单独工作，完成打印程序后，机械加工部分继续去除多余材料，使表面光滑并消除误差。根据需要，工作站可进行三轴或多轴的加工。线基 DED 的精度和黏接性较差，变形问题和材料限制使得激光加工成为一种按需解决方案。

（2）基于粉末床熔融的增减材复合制造　粉末床熔融增减材复合制造技术能够实现复杂内部结构零件的精密制造。PBF 工艺通过激光或电子束将金属粉末逐层熔化堆积，形成高精度的三维结构。然而，在成形过程中 PBF 工艺受到粉末床的限制，导致某些内部区域难以直接加工。因此，结合数控铣削等减材制造工艺，可以有效提升零件的表面质量和几何精度。

粉末床熔融增减材复合制造技术首先需要对模型进行预处理。采用合适的模型自适应补偿算法，根据设计模型预留精加工余量，生成用于减材制造的补偿模型。并按先增材后减材的顺序进行增减材复合制造。通过连续的增材和减材操作，实现模型的精密加工。其制备过程主要是。模型预处理、模型分解与重构以及后处理。在模型预处理阶段，根据粉末床熔融工艺的特点和模型特性，对设计模型进行补偿，以保留精加工余量。在模型分解与重构阶段，需考虑工具的可达性和粉末床的限制，将增材制造模型分解为多个子模型。这些子模型根据内部特征进行划分，并通过合适的切割面进行规划，以便在增材和减材工艺之间实现无缝衔接。在这一过程中需综合考虑数控系统的自由度、模型的放置方向以及加工精度要求，以优化切割路径和提高再加工能力。后处理阶段主要包括支撑结构的移除、外表面的精加工以及内部未加工区域的再加工。通过去除粉末床和支撑结构，并对外表面进行铣削，最终获得表面光滑、尺寸精确的零件。对于在增减材复合制造过程中无法直接加工的内部区域，可以在后处理阶段通过重新定位和调整模型放置方向来进行再加工。

该复合制造过程利用 SLS 和 SLM 技术的结合，充分发挥增材制造和减材制造各自的优势，特别是在航空航天、医疗器械和汽车制造等领域。通过这种方法，可以显著提高零件的力学性能和表面质量，同时减少材料浪费和生产时间。

粉末床熔融增减材复合制造技术适用于高精度和复杂几何形状的零件制造，在航空航天、汽车制造和生物医学等领域应用广泛。这种制备技术可以制造具有复杂内腔结构的零件，可以制备多轴 CNC 难以加工的零部件的制造。通过试验验证表明，这种复合制造工艺不仅提高了零件的表面质量和几何精度，还显著减少了材料浪费和生产时间。

粉末床熔融增减材复合制造技术是通过将增材制造的设计自由度与减材制造的高表面精度相结合，为复杂结构零件的制造提供了创新的解决方案。在未来的发展中，进一步优化和完善复合制造设备，开发适用于不同工艺条件下的自适应规则，将有助于推动该技术在更多领域的应用。

（3）基于电弧熔丝增减材复合制造　电弧熔丝增减材复合制造是一种将电弧增材制造与减材制造相结合的先进制造工艺，其特点为增材制造热源为电弧。在电弧熔丝增减材复合制造工艺中，金属丝通过焊枪传输并在电弧的作用下熔化形成熔滴，熔滴凝固并逐层堆积构建所需形状。若干层的沉积之后，通过数控铣削等减材技术对表面进行加工，去除多余材料并修整表面粗糙度。使零件在每一层的沉积后立即得到精加工处理，从而显著提升零件的整体质量。线材电弧增减材复合工艺如图 6-27 所示。

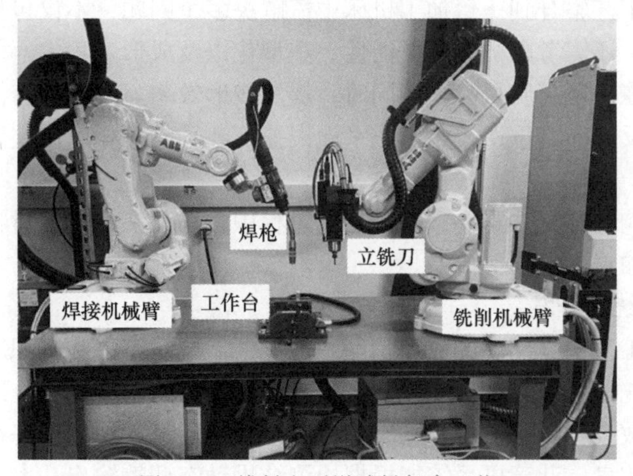

图 6-27　线材电弧增减材复合工艺

电弧熔丝增减材复合制造的优势在于其高效的材料利用率和灵活的加工能力。结合电弧熔丝增材制造的材料利用率和减材制造的精度加工能力，这种工艺不仅减少了材料浪费，还能处理复杂的几何形状，广泛应用于航空航天、汽车制造和医疗器械等领域。

电弧熔丝增减材复合制造技术仍存在一些挑战。首先是工艺集成的稳定性，需要开发可靠的工艺集成平台，确保增材和减材工艺之间的无缝衔接。其次是工艺参数的优化控制，包括焊接电压、电流、送丝速度和铣削参数等，以确保最佳的加工效果。实时控制与监测也是关键，通过力传感器和温度监测设备，实现对加工过程的实时监控和反馈调节，确保加工过程的稳定性和一致性。此外，还需解决电弧熔丝增减材复合制造过程中孔隙和缺陷的问题，通过工艺参数优化和后处理技术进行调整，以减少孔隙和缺陷的产生，提高零件的力学性能。

实际应用案例表明，电弧熔丝增减材复合制造在多个行业具有广泛的应用前景。在航空航天领域，该技术用于制造高性能部件，如涡轮叶片和结构支架，具有高强度和高耐久性。在汽车制造领域，它被用于复杂汽车零部件的生产，既能减轻重量，又能提高结构强度。在医疗器械领域，则利用该技术进行定制化医疗植入物和工具的制造，满足高精度和高质量的要求。

未来，电弧熔丝增减材复合制造技术的发展方向包括智能化和自动化水平的提升，通过结合人工智能和机器学习技术，实现自适应加工和参数优化。此外，新材料的开发和多功能复合制造技术的应用也将推动该技术在更多领域的广泛应用。随着这些技术的不断进步，电弧熔丝增减材复合制造将为现代制造业提供更加高效、精准和灵活的解决方案。

6.4.3 增减材复合制造技术的发展趋势与挑战

增减材复合制造技术可以解决增材过程中部分异形件难以成形的问题，相比于减材制造可以有效控制零件所带来的残余应力和变形控制。这项技术在航空航天、医疗和模具等高端制造领域有广阔的发展前景，但目前仍存在着诸多问题尚未解决。有关增减材复合制造待解决的关键技术难点如下：

1. 复合装备的研发

将增材和减材工艺整合到一台加工机床中需解决多个问题，不仅包括制造可行性、零件支承和材料利用率，还需考虑机床的灵活性、小型化以及成形过程中部件的均衡性。增减材复合制造设备需要在保证高质量打印的同时，提高成形效率。同时还需保证制造过程中存在各种误差因素，如反方向定位误差、工作平面误差、各轴间的相对误差以及联动插补运动的误差。

加工参数的影响同样至关重要，高速切削过程中，切削液与粉末材料的混合可能会有爆炸的风险，并影响加工参数。

2. 在线检测系统的开发

为了确保复合工艺中零部件的成形精度和性能，需要对熔池和沉积层的材料成分和形貌进行实时监测。首先需考虑温度梯度控制，实时监测基材的温度梯度，以确定最佳减材时机和铣削厚度可以有效改善制备过程。同时，可以设计制造过程中的动态补偿与修正系统，通过传感器实时反馈信息，计算机系统能根据检测结果动态调整输出功率、送粉速率、铣削深度和进给量等参数，以应对材料成分或工艺条件的变化，确保加工过程的连续性和制品的精度及质量，修正系统不仅能修正实时加工参数，还能优化工艺路径，防止累积误差的产生，从而提升最终零部件的性能和一致性。

3. 支承结构与路径规划

针对复杂零件的支承结构和加工路径规划，需要的因素有：

1）支承结构设计。支承结构的垂直角度是否与混合工序相匹配，设备刚度对零部件的影响，打印结构的强度以及喷嘴的运动轨迹。

2）路径优化。减材加工的实时温度检测、刀具路径的规划、机器手臂的延展性等。针对复杂零件的典型特征结构，软件应规划出最合理的成形路径。

4. 工艺优化与软件开发

金属增减材复合制造是一种高效、柔性、低成本和高精度的制造技术。为实现这一目标，需开发先进的工艺优化算法和专用软件。这些软件应能实现智能化特征分层，通过自动识别并优化复杂零件的特征结构，平衡效率与表面质量。

多工序协调的问题也是难点之一，需综合增材和减材工艺，确保各阶段工艺的无缝衔接和协调。

随着以上技术难点的逐步解决，增减材复合制造技术在航空航天、能源和智能制造等高端领域的应用前景将更加广阔。这项技术不仅满足国家重大战略需求，还将推动制造业的持续创新和发展。

6.5 高端数控装备运维技术

高端数控装备作为一种技术密集型产品，一般指应用计算机数控技术的装备，如：数控机床、数控线切割、数控电火花加工、数控绘图仪、数控割字机及工业机器人等，其中，数控机床是计算机数控技术在机械制造领域中应用的典型产物。计算机数控技术是综合应用自动控制理论、电子技术、计算机技术、精密测量技术和机械结构知识等方面的最新成就，根据不同机械加工工艺的要求，应用计算机对整个加工过程进行信息处理与控制，实现生产过程自动化。数字控制（Numerical Control，NC）就是生产机械根据数字计算机输出的数字信号，按规定的工作顺序、运动轨迹、运动距离和运动速度等规律自动地完成工作的控制方式。

高端数控装备（以高端数控机床为例）具有高速、精密、智能、复合、多轴联动、网络通信等特点，是一个国家和地区装备制造业发展的重要标志，是航空航天、军工、汽车、电子信息等领域精密零部件赖以发展的制造母机。而与此带来的挑战便是，一种融合了机械、电气、数控等系统，各系统内、系统间又融合了诸多应用技术的复杂装备，如何保证其合理使用、高效运行，要对其精心维护和及时修理。因此，本节从高端数控装备的运维出发，在新一代信息技术和人工智能快速发展和应用的背景下，对智能运维及其技术基础、故障机理分析与建模、大数据和数字孪生在运维中的应用等进行介绍。

6.5.1 智能运维概述

基于复杂系统可靠性、安全性和经济性的考虑，以预测技术为核心的故障预测和健康管理（Prognostics and Health Management，PHM）技术始于20世纪70年代中期。PHM技术从外部测试、机内测试、状态监测和故障诊断发展而来，涉及故障预测和健康管理两方面内容。故障预测是根据系统历史和当前的监测数据诊断、预测其当前和将来的健康状态、性能衰退与故障发生的方法；健康管理是根据诊断、评估、预测的结果等信息，可用的维修资源和设备使用要求等知识，对任务、维修与保障等活动做出适当的规划、决策、计划与协调的能力。PHM技术代表了一种理念的转变，是装备管理从事后处置、被动维护，到定期检查、主动防护，再到事先预测、综合管理不断深入的结果，旨在实现从基于传感器的诊断向基于智能系统的预测转变，从忽略对象性能退化的控制调节向考虑对象性能退化的控制调节转变，从静态任务规划向动态任务规划转变，从定期维护到视情维护转变，从被动保障到自主保障转变。PHM技术作为实现装备视情维护、自主式保障等新思想、新方案的关键技术，受到学术界和工业界的高度重视，在机械、电子、航空航天、船舶、汽车、石化、冶金和电力等行业领域得到了广泛的应用。

智能运维是建立在PHM基础上的一种新的维护方式。它包含完善的自检和自诊断能力，包括对大型装备进行实时监督和故障报警，并能实施远程故障集中报警和维护信息的综合管理分析。借助智能运维，可以减少维护保障费用，提高设备的可靠性和安全性，降低失效事件发生的风险，进一步减少维护损失，延长设备使用寿命，在对安全性和可靠性要求较高的领域有着至关重要的作用。在智能运维策略下，管理人员可根据预测信息来判断失效何时发生，从而可以安排人员在系统失效发生前某个合适的时机，对系统实施维护以避免重大事故发生，同时还可以减少备件存储数量，降低存储费用。智能运维的最终目标是减少对人员因素的依赖，逐步信任机器，实现机器的自判、自断和自决。智能运维技术已成为新运维演化的一个开端，可以预见在更高效和更多的平台实践之后，智能运维还将为整个设备管理领域注入更多新鲜活力。

6.5.2 智能运维技术基础

1. 边缘计算

（1）概述　边缘计算是在靠近物或数据源头的网络边缘侧，融合网络、计算、存储、应用核心能力的分布式开放平台（架构），就近提供边缘智能服务，满足行业数字化在敏捷连接、实时业务、数据优化、应用智能、安全与隐私保护等方面的关键需求。它可以作为连接物理和数字世界的桥梁，使能智能资产、智能网关、智能系统和智能服务。相比于传统的云计算模型，边缘计算是指靠近物端设备的小型“云”处理中心，即在网络边缘进行计算处理和存储，边缘计算模型具有实时数据处理和分析、安全性高、可扩展性强以及低传输带宽的优势。

边缘计算平台在本地设备上处理更多数据而不是将其上传至云计算中心实时处理数据，减少与云计算平台的数据传输及延迟，降低云计算平台的计算负载；边缘计算平台在边缘设备和云计算平台之间协调服务、处理、存储，使其安全性提高；同时边缘计算提供更便捷的可扩展性路径，通过物联网设备和边缘计算平台的组合来扩展其计算能力，添加新设备对网络带宽需求的影响较小。接入网络内的物端设备接收信息，物端设备根据自己的实时位置把相关位置信息和数据交给边缘节点来进行处理，边缘计算平台以此信息发现设备的位置，物端设备收集的数据在本地设备进行数据的预处理和计算分析。

（2）边缘计算的基本特点和属性

1）连接性。连接性是边缘计算的基础。所连接物理对象的多样性及应用场景的多样性，需要边缘计算具备丰富的连接功能，如各种网络接口、网络协议、网络拓扑、网络部署与配置、网络管理与维护。连接性需充分借鉴吸收网络领域先进研究成果，如 TSN（时间敏感网络）、SDN（软件定义网络）、NFV（网络功能虚拟化）、Network as a Service（网络即服务）、WLAN、NB-IoT（窄带物联网）、5G 等，同时还考虑与现有各种工业总线的互联互通。

2）数据第一入口。边缘计算作为物理世界到数字世界的桥梁，是数据的第一入口，拥有大量、实时、完整的数据，可基于数据全生命周期进行管理与价值创造，将更好地支撑预测性维护、资产效率与管理等创新应用；同时，作为数据第一入口，边缘计算也面临数据实时性、确定性、多样性等挑战。

3）约束性。边缘计算产品需适配工业现场相对恶劣的工作条件与运行环境，如防电磁、防尘、防爆、抗振动、抗电流 / 电压波动等。在工业互联场景下，对边缘计算设备的功耗、成本、空间也有较高的要求。边缘计算产品需考虑通过软硬件集成与优化，以适配各种条件约束，支撑行业数字化多样性场景。

4）分布性。边缘计算天然具备分布式特征。这要求边缘计算支持分布式计算与存储、实现分布式资源的动态调度与统一管理、支撑分布式智能、具备分布式安全等能力。

5）融合性。运营技术（Operation Technology，OT）与信息通信技术（Information and Communication Technology，ICT）的融合是行业数字化转型的重要基础。边缘计算作为“OICT”（运营、信息和通信技术）融合与协同的关键承载，需要支持在连接、数据、管理、控制、应用、安全等方面的协同。

（3）边缘计算的参考架构　参考架构基于模型驱动的工程方法（Model-Driven Engineering，MDE）进行设计。基于模型可以将物理和数字世界的知识模型化，从而实现以下功能：

1）物理世界和数字世界的协作。对物理世界建立实时、系统的认知模型。在数字世界预测物理世界的状态、仿真物理世界的运行、简化物理世界的重构，再驱动物理世界优化运行。能够将物理世界的全生命周期数据与商业过程数据建立协同，实现商业过程和生产过程的协作。

2）跨产业的生态协作。基于模型化的方法，ICT 和各垂直行业可以建立和复用本领域的知识模型体系。ICT 行业是通过水平化的边缘计算领域模型和参考架构屏蔽 ICT 技术的复杂性，各垂直行业将行业 Know-How（专有技术）进行模型化封装，实现 ICT 行业与垂直行业的有效协作。

3）减少系统异构性，简化跨平台移植。系统与系统之间、子系统与子系统之间、服务与服务之间、新系统与旧系统之间等基于模型化的接口进行交互，简化集成。基于模型，可以实现软件接口与开发语言、平台、工具、协议等解耦，从而简化跨平台的移植。

4）有效支撑系统的全生命周期活动，包括应用开发服务的全生命周期、部署运营服务的全生命周期、数据处理服务的全生命周期、安全服务的全生命周期等。

基于上述理念，边缘计算产业联盟（Edge Computing Consortium，ECC）提出了图 6-28 所示的边缘计算参考架构 3.0。

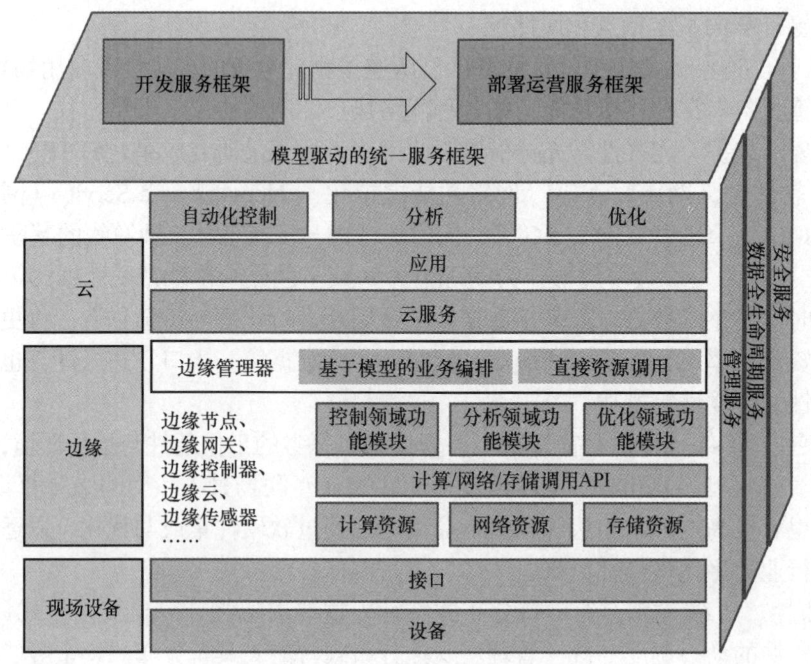

图 6-28　边缘计算参考架构 3.0

边缘计算参考架构 3.0 的主要内容包括：

1）整个系统分为云、边缘和现场三层，边缘计算位于云和现场层之间，边缘层向下支持各种现场设备的接入，向上可以与云端对接。

2）边缘层包括边缘节点和边缘管理器两个主要部分。边缘节点是硬件实体，是承载边缘计算业务的核心。根据业务侧重点和硬件特点的不同，边缘计算节点包括以网络协议处理和转换为重点的边缘网关、以支持实时闭环控制业务为重点的边缘控制器、以大规模数据处理为重点的边缘云、以低功耗信息采集和处理为重点的边缘传感器等。边缘管理器的呈现核心是软件，主要功能是对边缘节点进行统一的管理。

3）边缘计算节点一般具有计算、网络和存储资源，边缘计算系统对资源的使用有两种方式：一种方式是直接将计算、网络和存储资源进行封装，提供调用接口，边缘管理器以代码下载、网络策略配置和数据库操作等方式使用边缘节点资源；另一种方式是将边缘节点的资源按功能领域封装成功能模块，边缘管理器通过模型驱动业务编排的方式组合和调用功能模块，实现边缘计算业务的一体化开发和敏捷部署。

2. 工业云

（1）概述　云计算是一种通过网络将可伸缩、弹性的共享物理和虚拟资源池以按需自服务的方式供应和管理的模式，具有广泛的网络接入、可度量的服务、多租户、按需自服务、快速的弹性和可扩展性、资源池化六大特征。云能力类型包括应用能力类型、基础设施能力类型和平台能力类型三类，典型的服务类别包括通信即服务（CaaS）、计算即服务（ComaaS）、数据存储即服务（DSaaS）、基础设施即服务（IaaS）、平台即服务（PaaS）、软件即服务（SaaS）等。

工业云是传统 IT 云的创新与推广，是传统 IT 云针对行业的典型应用，继承了传统 IT

云的基本特征。但是，工业云面向工业领域，更侧重工业业务环节。基于工业领域资源和专业业务能力的支撑，通过工业云促进了工业资源和业务能力的共享和供需对接，从而获得面向工业领域的，围绕研发设计、生产制造、营销服务、经营管理等环节的专业性应用服务。此外，由于人、机、物、法、环等诸多工业要素与云计算的融合，也对工业云服务供应和管理过程中的网络连接、数据采集和处理、安全性等方面提出了更高的要求。

（2）工业云技术体系架构　工业云技术体系架构是构建工业云系统的总体功能视图，描述了支持工业云系统所必需的功能组件，还定义了功能之间的依赖关系以及这些功能对外发布的功能接口。工业云技术体系架构可分为用户层、访问层、服务层、资源层以及跨层功能 5 层，如图 6-29 所示。

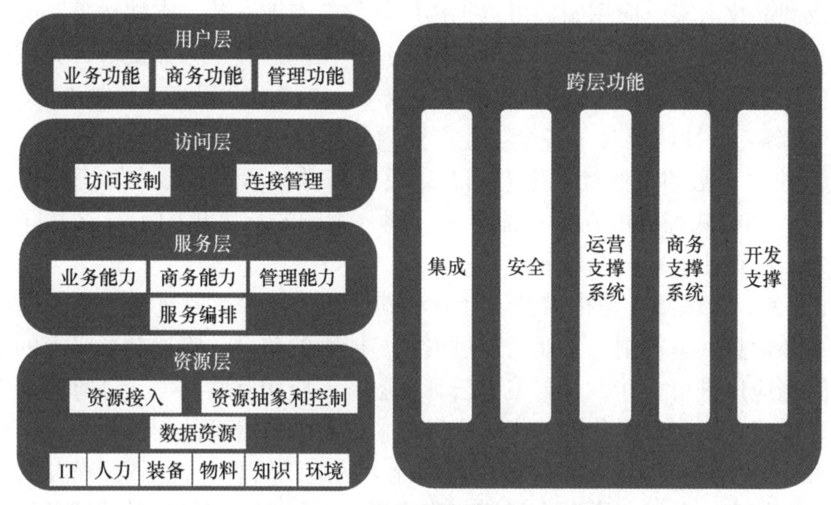

图 6-29　工业云技术体系架构图

1）用户层是用户接口，使工业云服务用户能够与工业云服务提供者及云服务交互，包括生产要素使用管理、工业流程协同的组织管理、个性化定制的服务等。

2）访问层为用户层提供手动或自动访问服务层的通用接口，通过接受来自用户层的访问请求，实现对用户访问的控制与连接管理。

3）服务层实现了工业云服务提供者所提供的服务，并管理实现服务所需的软件组件。通过服务编排功能实现工业云资源和能力共享，以满足来自访问层的用户需求，例如：研发设计、生产排程、质量检验和物流跟踪等。

4）资源层驻留各类资源，提供对工业云服务的底层支持。最底层实现对物理资源的池化管理和使用，物理资源包括 IT 资源（计算资源、网络资源、存储资源等）和工业生产要素资源（人力资源、装备资源、物料资源、知识资源、环境资源）。

5）跨层功能完成不同层级之间的组件交互，以实现用户服务及运营、商务、安全、集成、开发等功能。

（3）典型工业云服务　工业云以服务的形式对外展现。工业云服务是通过信息资源和业务能力整合，面向工业提供服务支持的一种云服务模式。通过云计算、物联网、大数据和工业软件等技术手段，将人、机、物、知识等有机结合，为工业构建一种特有的服务生态系统，向用户提供资源和能力共享服务，如存储服务、应用服务、社区服务、管理服务、研发设计服务和生产制造服务等。

1）存储服务。存储服务是指通过集群应用、网格技术或分布式文件系统等功能，将网络中大量各种不同类型的存储设备集合起来协同工作，共同为工业企业和工业智能系统提供数据存储和业务访问功能的一个体系。以专业、资源复用、按需供给、弹性伸缩的特点，为用户提供安全的数据存储及成本低廉的存储解决方案，是一种面向工业智能系统应用以及企业用户的高可靠、可控、可管的存取方案，是将工业产业生产、经营、管理各环节信息化管控实施有效集中存储的手段。

2）应用服务。工业云应用通过资源整合、能力池化，进一步实施产品化特征封装，从而提供集群化服务。在集成工业资源、工业能力过程中，应用服务面向工业企业的宽泛、个性需求，形成产品化落实。应用服务可以把传统软件“本地安装、本地运算”的使用方式变为“即取即用”的服务。通过互联网或局域网连接并操控远程服务器集群，完成业务逻辑或运算任务。应用服务不但可以帮助用户降低 IT 成本，更能大大提高工作效率。

3）社区服务。云社区集合了各个工业产业内外的应用厂商、用户、专家，通过知识汇集、在线交流建立丰富的工业社区生态圈，以灵活多样的形式，形成知识库收集、经验分享、专业化咨询和权威辅导的在线交流平台。同一主题的社区集中了具有共同需求的访问者，以便快速匹配行业专家智库服务。

4）管理服务。管理服务是指借助云计算和其他相关技术，通过集中式管理系统建立完善的数据体系和信息共享机制。工业云通过资源与能力的整合，将通常意义上的云服务资源管理与企业管理应用进行合并，并封装为云管理服务。应用互联网、云计算等新兴技术带来的创新型管理模式，以实现经营管理优化为目的，提升总体管理的信息化与自动化程度。工业云管理服务中，用户可实现对各种云资源和能力的运维管理，包括资源管理、服务管理、用户管理、权限管理、费用查询和支付管理等功能。同时，云管理打破传统的组织局限、突破时空局限和资源局限，进一步整合企业资源管理、客户关系管理、制造执行管理、财务管理、进销存管理、成本管理等应用软件，帮助企业构建云端管理新模式。

5）研发设计服务。研发设计是规模定制化制造的入口。利用工业云能有效推行时间、空间、设备不限的协作设计以及设计成品的验证机制。从工业企业协同设计以及同构化设计入手，包括不同企业之间和企业内部不同角色之间的协同设计，及时方便地针对产品设计文档进行沟通与协作，推进上下游产业链的交互。

6）生产制造服务。生产制造服务通过工业云为工业企业提供生产制造环节所需的信息技术手段，是工业云利用已整合的资源和能力，面向工业企业提供定制化生产制造支撑解决方案的综合型应用。生产制造服务覆盖计划、排程、制造、质量、能源、设备、库存等各个方面，以保证生产过程的高效、高质、低耗、灵活、准时。

3. 信息物理系统

（1）概述　信息物理系统（Cyber Physical System，CPS）通过集成先进的感知、计算、通信、控制等信息技术和自动控制技术，构建物理空间与信息空间中的人、机、物、环境、信息等要素相互映射、适时交互、高效协同的复杂系统，实现系统内资源配置和运行的按需响应、快速迭代和动态优化。

一般将 CPS 定位为支撑两化深度融合的一套综合技术体系，这套综合技术体系包含硬件、软件、网络、工业云等一系列信息通信和自动控制技术，这些技术的有机组合与应用，构建起一个能够将物理实体和环境精准映射到信息空间并实时反馈的智能系统，作用于生产制造全过程、全产业链、产品全生命周期，重构制造业范式。

基于硬件、软件、网络、工业云等一系列工业和信息技术构建起的智能系统，其最终目的是实现资源优化配置。实现这一目标的关键要靠数据的自动流动，在流动过程中数据经过不同的环节，在不同的环节以不同的形态（隐性数据、显性数据、信息、知识）展示出来，在形态不断变化的过程中逐渐向外部环境释放蕴藏在其背后的价值，为物理空间实体“赋予”实现一定范围内资源优化的“能力”。因此，CPS 的本质（图 6-30）就是构建一套信息空间与物理空间之间基于数据自动流动的状态感知、实时分析、科学决策、精准执行的闭环赋能体系，解决生产制造、应用服务过程中的复杂性和不确定性问题，提高资源配置效率，实现资源优化。

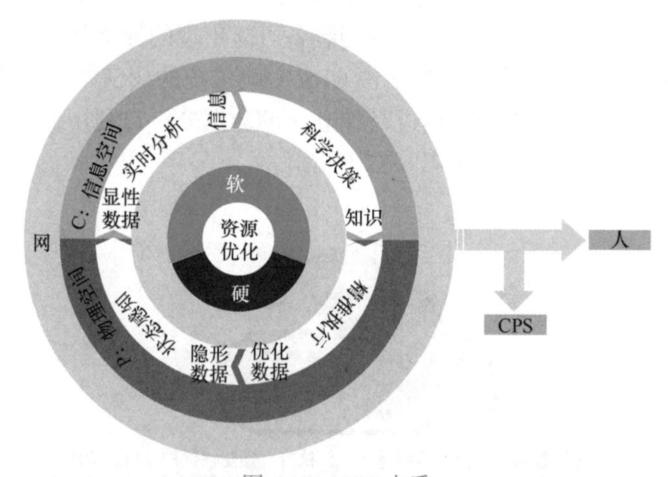

图 6-30　CPS 本质

（2）信息物理系统的体系架构　单元级 CPS 是具有不可分割性的 CPS 最小单元，本质是通过软件对物理实体及环境进行状态感知、计算分析，并最终控制物理实体，构建最基本的数据自动流动的闭环，形成物理世界和信息世界的融合交互。同时，为了与外界进行交互，单元级 CPS 应具有通信功能。单元级 CPS 是具备可感知、可计算、可交互、可延展、自决策功能的 CPS 最小单元，一个智能部件、一个工业机器人或一个智能机床都可能是一个 CPS 最小单元，体系架构如图 6-31 所示。

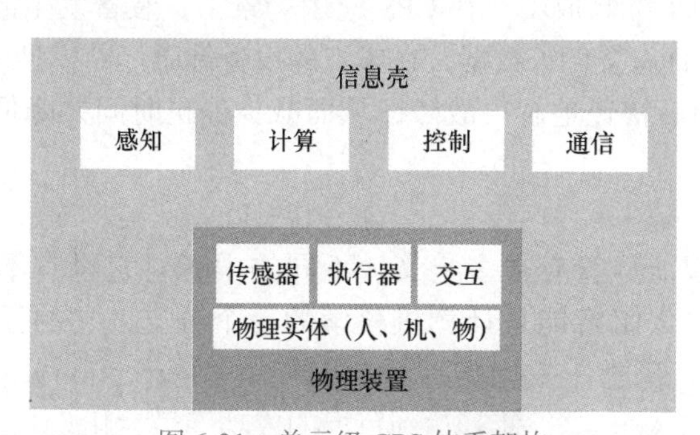

图 6-31　单元级 CPS 体系架构

1）物理装置。物理装置主要包括人、机、物等物理实体和传感器、执行器、与外界进行交互的装置等，是物理过程的实际操作部分。通过传感器物理装置能够监测、感知外界的信号、物理条件（如光、热）或化学组成（如烟雾）等，同时经过执行器能够接收控制指令并对物理实体施加控制作用。

2）信息壳。信息壳主要包括感知、计算、控制和通信等功能，是物理世界中物理装置与信息世界之间交互的接口。物理装置通过信息壳实现物理实体的"数字化"，信息世界可通过信息壳对物理实体"以虚控实"。信息壳是物理装置对外进行信息交互的桥梁，通过信息壳从而使物理装置与信息世界联系在一起，物理空间和信息空间走向融合。

（3）典型信息物理系统应用

1）智能维护。应用建模、仿真测试及验证等技术，基于装备虚拟健康的预测性智能维护模型，构建装备智能维护 CPS。通过采集装备的实时运行数据，将相关的多源信息融合，进行装备性能、安全、状态等特性分析，预测装备可能出现的异常状态，并提前对异常状态采取恰当的预测性维护措施。装备智能维护 CPS 突破传统的阈值报警和穷举式专家知识库模式，依据各装备实际活动产生的数据进行独立化的数据分析与利用，提前发现问题并处理问题，延长资产的正常运行时间，如图 6-32 所示。

图 6-32　CPS 在预防维护中的应用

2）远程征兆性诊断。在传统的装备售后服务模式下，发生故障时需等待服务人员到现场进行维修，将极大程度影响生产进度，特别是大型复杂制造系统的组件装备发生故障时，维修周期长，更是增加了维修成本。在 CPS 应用场景下，装备发生故障时，远程专家可以调取装备的报警信息、日志文件等数据，在虚拟的设备健康诊断模型中进行预演推测，实现远程的故障诊断并及时、快速地解决故障，从而减少停机时间并降低维修成本，如图 6-33 所示。

4. 人工智能

（1）概述　人工智能尽管有很多定义，不同的学者对它也有不同的理解，但是目前较普遍的一种认识是：人工智能是计算机科学的一个分支，它的任务是研究与设计智能体（Intelligent Agents）。智能体是指能感知周围环境（Perception），经理性思考（Rational Thinking）后采取行动（Action），使其达到目标的成功率最大化。

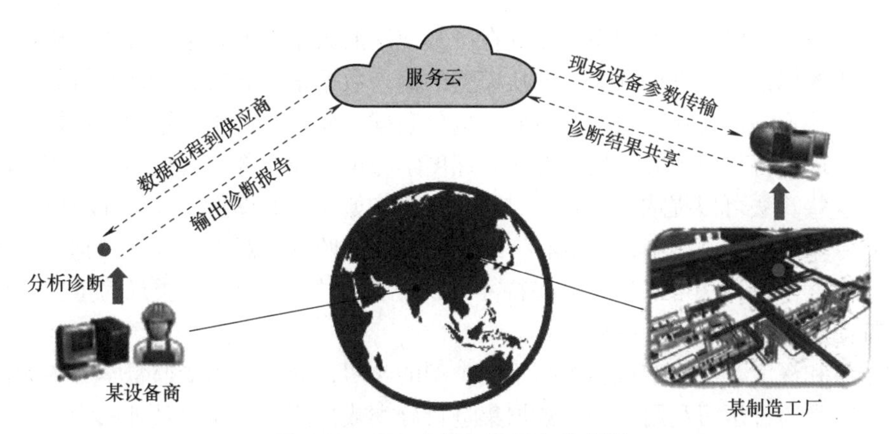

图 6-33　CPS 在远程诊断中的应用

从最简单的形式看，人工智能是一个结合计算机科学和强大数据集来解决问题的领域。它还包含机器学习和深度学习的子领域，这些领域经常与人工智能一起提及。这些学科由人工智能算法组成，旨在创建专家系统，根据输入数据进行预测或分类。

（2）弱人工智能与强人工智能　弱人工智能也称为狭义人工智能（ANI），是经过训练并专注于执行特定任务的人工智能。当前，人们周围的大部分人工智能都属于弱人工智能。“狭义”可能是对此类人工智能更准确地描述，因为弱人工智能一点也不弱，它支持一些非常健壮的应用程序，例如，苹果公司的 Siri、亚马逊公司的 Alexa、IBM 的 watson 和自动驾驶汽车等。

强人工智能由通用人工智能（AGI）和超人工智能（ASI）组成。AGI 或通用 AI 是人工智能的一种理论形式，它具有与人类相同的智能；它会有自我意识，有能力解决问题、学习和规划未来。ASI 也称为超智能，将超越人脑的智力和能力。目前，强人工智能仍然完全是理论性的，还没有强人工智能实际使用的例子，但这并不意味着人工智能研究人员没有在探索它的发展。

（3）深度学习与机器学习　由于深度学习和机器学习往往可以互换使用，因此，两者之间的细微差别值得注意。深度学习和机器学习都是人工智能的子领域，同时，深度学习也是机器学习的子领域。深度学习实际上由神经网络组成，深度学习中的“深度”是指由三层以上组成的神经网络（包含输入层、多层隐藏层和输出层），可以被视为深度学习算法，深度神经网络如图 6-34 所示。

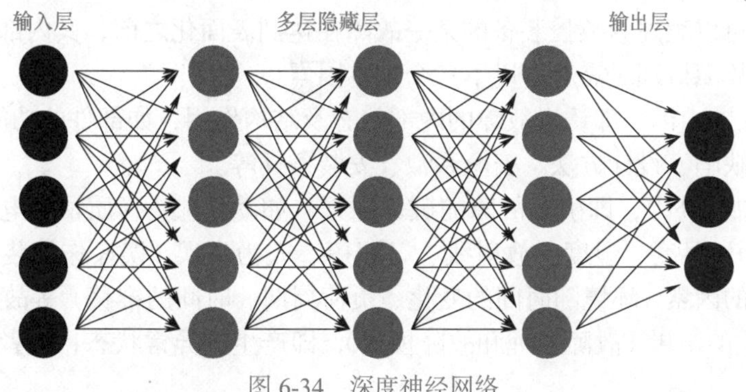

图 6-34　深度神经网络

深度学习与经典机器学习的不同之处在于其使用的数据类型和学习方法。机器学习算法是利用结构化的标记数据进行预测，即从模型的输入数据来定义特定特征并将其组织加入表格。当然，这并不一定意味着它不使用非结构化数据，而是在使用非结构化数据时，通常会经过一些预处理以将其组织成结构化形式。深度学习可消除一部分与机器学习相关的数据预处理过程，这些算法可以提取和处理非结构化数据（如文本和图像），还可以自动提取特征，消除一些对专家的依赖。例如，假设有一组不同宠物的照片，想按“猫”“狗”“仓鼠”等进行分类，深度学习算法可以确定哪些特征（如耳朵）对于区分其种类最为重要，机器学习中，这种特征层次结构由专家手动建立。

机器学习和深度学习模型也能进行不同类型的学习，通常分为受监督学习、无监督学习和强化学习。受监督学习利用标记的数据集进行分类或预测，这需要某种人为干预来正确标记输入数据。相比之下，无监督学习不需要标记数据集，而是检测数据中的模型，并按区分特征进行收集。在强化学习过程中，模型学习在基于反馈的环境中更准确地执行操作，以获得尽可能多的回报。

（4）生成式人工智能模型　生成式 AI，有时也称作 Gen AI，能够创建原创内容（如文本、图像、视频、音频或软件代码）以响应用户的提示或请求。生成式 AI 依赖于复杂的机器学习模型，称作深度学习模型，即模拟人脑学习和决策过程的算法。这些模型的工作原理是识别大量数据中的模式和关系并对其进行编码，然后使用这些信息来理解用户的自然语言请求或问题，并以相关的新内容进行响应。

生成式 AI 较为明显的整体优势是效率更高。生成式 AI 可以按需生成内容和答案，因此有可能加速或自动化劳动密集型任务、降低成本并让员工留出时间从事更高价值的工作。

6.5.3　故障机理分析与建模

1. 故障机理分析

对于数控装备的故障诊断，最根本的问题在于故障机理分析。所谓故障机理，就是通过理论或大量的试验分析得到反映设备故障状态信号与设备系统参数之间联系的表达式，据此改变系统的参数即可改变设备的状态信号。设备的异常或故障是在设备运行中通过其状态信号（二次效应）变化反映出的。因此，通过监测装备运行中出现的各种物理、化学现象，如振动、噪声、温升、压力变化、功耗、变形、磨损和气味等，可以快速、准确地提取设备运行时二次效应所反映的状态特征，并根据该状态特征找到故障的本质原因。

故障机理还可以表述为数控装备的某一故障在达到表面化之前，其内部的演变过程及其因果关系。分析故障机理时需考察以下三个基本因素：

1）故障对象的内因，即诱发故障的内部状态及结构作用，如部件的功能、特性、强度、内部应力、内部缺陷、设计方法、安全系数、安装条件等。

2）故障对象的外因，即引发故障的破坏因素，如动作应力（质量、电流、电压、辐射能等）、环境应力（温度、湿度、放射线、日照等、人为失误（误操作、装配错误、调整错误等）以及时间的因素（环境随时间的变化、负荷周期、时间的推移）等故障诱因。

3）故障产生的结果（故障机理和故障模式），即产生的异常状态，或者说外因作用内因的结果。

2. 动力学建模的一般过程

机械故障是风力发电设备、航空发动机、高档数控机床等大型机械装备安全可靠运行的“潜在杀手”，重大装备故障也往往由关键部件故障引起。在设备运行时，通常人们会根据传感器所采集的数据，来挖掘数据所展现的行为模式，以判断设备的健康状况并进行诊断。传感器数据反映了设备的整体运行状态，因此需深入分析设备内部的动力学结构，来合理解释这些整体性数据。

系统动力学分析是将设备内每个元件视为具有一定质量，在弹性极限内可发生连续弹性变形的弹性体。元件间或元件与机架以运动副形式连接。当一个零部件得到其他零部件或机台的搭扶与缓冲时，它自身与搭扶或约束条件共同形成一个独立的质量 - 弹簧 - 阻尼系统。一台复杂装置可被视为由多个独立的质量 - 弹簧 - 阻尼系统耦合而成。

系统动力学分析过程包括三个阶段。首先，对待分析的系统进行模型简化，建立一个适当的物理模型。需要明确定义具体分析的对象，而忽略次要部件。以轴承故障机理分析为例，建模过程中，鉴于轴承故障主要涉及内圈、外圈和滚子，相对于这些故障，保持架发生故障的概率较低，而保持架正常时也不会明显影响其他故障类型。因此，支架在建模中被视为次要元件，不被考虑。此外，连接和支承也会被简化，例如进行齿轮箱振动系统的动力学分析时，建立一个准确描述齿轮啮合过程的非线性振动模型十分困难，通常会简化齿轮传动为弹簧 - 阻尼关系。在充分考虑齿顶间隙和齿根间隙优良设计的基础上，这种简化可以与平稳啮合的实际情况相契合。接下来，进行整体系统的载荷分析和单一质量 - 弹簧 - 阻尼系统的载荷分析，属于理论力学范畴。需结合分析对象的具体形状和材料属性，确定模型中的参数，并进行质量等效、刚度等效等计算，求得等效质量和等效刚度，进入材料力学领域。最终根据特定故障模式，设定适当动态载荷，作为系统激励输入。利用达朗贝尔原理推导单一质量 - 弹簧 - 阻振系统和整体质量 - 弹簧 - 阻系统的动力学方程，进行求解与分析。

6.5.4　大数据驱动的智能故障诊断

1. 工业大数据概述

工业大数据通常指机械设备在工作状态中，实时产生并收集的涵盖操作情况、工况状态和环境参数等体现设备运行状态的数据，即机械设备产生的并且存在时间序列差异的大量数据，主要通过多种传感器、设备仪器仪表采集获得。随着人工智能的快速发展，机器学习技术尝试赋予计算机学习能力，使之能够分析数据、归纳规律、总结经验，最终代替人类学习或自身“经验”积累过程，将人类从纷繁复杂的数据海洋中解放出来，为大数据驱动的机械设备智能诊断提供重要的技术支持。

如图 6-35 所示，工业大数据驱动下的智能故障诊断框架主要由以下四部分构成：①数据获取。数据的采集是获得有效数据的重要途径，同时也是工业大数据分析和应用的基础。常用的数据获取技术以传感器为主，结合 RFID、条码扫描器、生产和监测设备等手段实现生产过程中的信息获取，并通过工业以太网或现场总线技术实现原始数据的实时准确传输。②数据预处理。工业大数据规模庞大、信号来源分散、采样形式多变且受复杂多变的工业环境干扰，因此，有必要对收集到的数据进行审核、筛选等必要的处理，将原始的低质量数据转化为方便分析的高质量数据，确保数据的完整性、一致性、唯一性和合理性。常用的数据预处理方法有数据清理、数据变换、数据归约、数据融合等。③数据分析。利用合适的统计学分析方法，如时间序列分析、聚类分析、神经网络、支持向量机等，并融合生产过程中的机理模型，构建“数据驱动 + 机理驱动”的双驱动模式，对预处理后的数据进行汇总、理解并消化，最大化开发数据的功能，挖掘数据深层的含义，形成直观的可视化图表。④智能诊断。根据数据分析得到的结果，与设备日常运行状态、故障类型、人工经验等进行校验、比对，形成与故障有关的诊断规则，能够提前对设备故障进行预警，准确定位设备的故障，并对设备进行预测性维护。

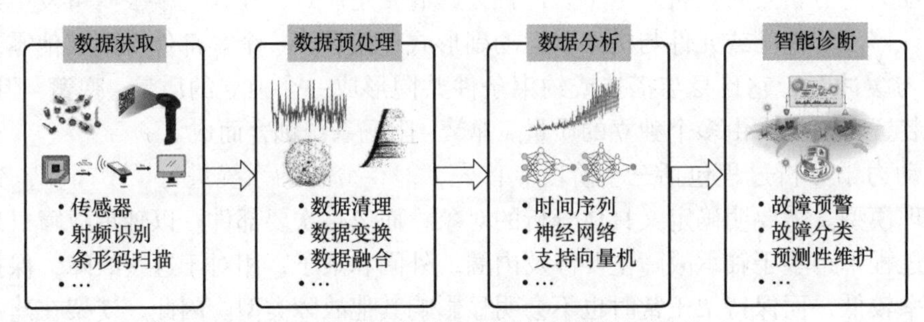

图 6-35　工业大数据驱动的智能故障诊断框架

2. 基于浅层模型的智能故障诊断

基于浅层模型的智能故障诊断是利用简单且易于理解的机器学习算法来识别和预测系统中的故障。对于采集并预处理后得到的数据，处理流程如图 6-36 所示，主要由四步组成：特征提取、特征优选、模型训练、目标输出。首先，从预处理后的数据中手动提取与故障相关的特征，这可能涉及统计特征、时域特征和频域特征等，通过特征提取，尽可能排除无关和冗余的特征；然后，对于提取到的特征，进行特征优选，采用如主成分分析（Principal Component Analysis，PCA）、奇异值分解（Singular Value Decomposition，SVD）、信息熵等自动特征提取技术，提取出最具信息量的特征，以提高后续模型训练的效率以及模型的性能；更进一步优选得到的故障敏感特征，结合浅层模型，如决策树（Decision Trees）、K 最近邻（K-Nearest Neighbors，KNN）、支持向量机（Support Vector Machines，SVM）和自适应模糊神经网络推理系统（Adaptive Neuron-based Fuzzy Inference System，ANFIS）等，建立敏感特征与装备故障之间的非线性映射关系；最后，输出目标结果，获得智能诊断模型。

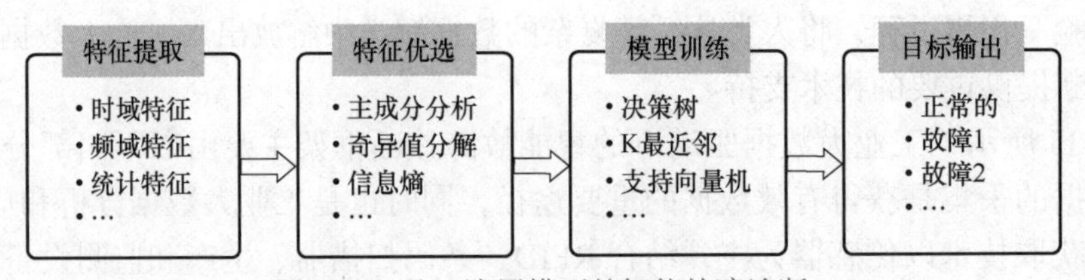

图 6-36　基于浅层模型的智能故障诊断

3. 基于深度学习的智能故障诊断

基于深度学习的智能故障诊断是利用深度神经网络等深度学习模型来实现对系统故障的自动检测、诊断和预测，常见的用于故障诊断的深度学习有：深度置信神经网络（Deep

Belief Network，DBN）、栈式自编码神经网络（Stacked Autoencoder，SAE）、卷积神经网络（Convolutional Neural Network，CNN）、循环神经网络（Recurrent Neural Network，RNN）等。相较于上述提到的浅层模型，深度学习模型能够从更大规模、更高维度的数据中学习到不同物理量之间的高阶复杂关联，具有更强大的表征学习能力。当然，在实际应用中，具体选择基于浅层模型还是基于深度学习进行智能故障诊断，应从多角度进行考量，如数据量和数据质量、任务复杂度、模型解释性需求、计算资源和实施成本等，所以，实际部署时应根据具体的应用场合和需求进行权衡。

6.5.5　数字孪生驱动的装备预测性维护

数字孪生是一种旨在精确反映物理对象的虚拟模型。会给研究对象（如数控机床、工业机器人）配备与重要功能方面相关的各种传感器。这些传感器产生与物理对象性能各个方面有关的数据（如位置、速度、压力、温度、应变等），然后将这些数据转发至处理系统并应用于数字虚拟模型。

数字孪生概念属于新一代智能制造概念的范畴，相较于传统制造，数字孪生集成了新一代通信和数据处理技术，大幅提高了制造过程效率。在生产过程中，首先通过先进传感技术将各设备的振动、转速、效率等状态信息以高速、低延迟的通信手段传输至云端服务器中，实现对分散设备的数据汇总；然后利用机器学习等新一代数据处理技术对数据进行大数据挖掘、智能化分析和决策；最后利用混合现实技术对数据统计和决策结果进行可视化显示，对潜在风险进行智能化预测维护。

骆伟超等人提出以一种基于数字孪生的数控机床预测性维护体系结构，如图 6-37 所示，物理空间为数控机床本体，包括自身的机械系统、电气系统和数控系统等；数字空间是对现实世界数控机床的全领域映射，其基础是对数控机床本体的数据采集。体系结构自下而上为设备层（感知控制层）、数据层、模型层。

1）为了实现预测性维护的目的，需分析数据采集需求。可以在机床上安装各类传感器，如振动、应变、温度、压力、声发射以及功率传感器，以便实现对物理空间机床复杂、耦合、时变数据的采集和传输。同时，还需确保不同传感器数据与控制数据之间的协议接口转换和兼容性。

2）收集机床数据后，开展场景感知模块的构建，实现场景感知数据的获取和储存，同时完成数据的预处理、特征提取、特征选择以及特征融合算法等。建立场景历史数据库和场景特征数据库，为上层应用，如数字孪生跨领域模型更新、数据驱动算法的训练和预测，以及融合型、预测性维护算法的解决，提供有效信息。

3）建立数控机床的几何模型及获取工况数据，进而构建机床的多领域模型，包括机械、电气、控制和液压模型，并实现这些模型的耦合，完成数控机床数字空间模型的构建，该模型可在实时工况下动态更新。

4）针对预测性维护算法，分别建立故障诊断和故障预测模型，包括 CNN 模型、LSTM 模型和随机森林模型，利用场景感知特征进行模型的训练和验证。根据不同应用场景，采用迁移学习算法和滤波算法实现数字孪生模型仿真并有效融合数据驱动算法，以提升预测性维护精度和可行性。

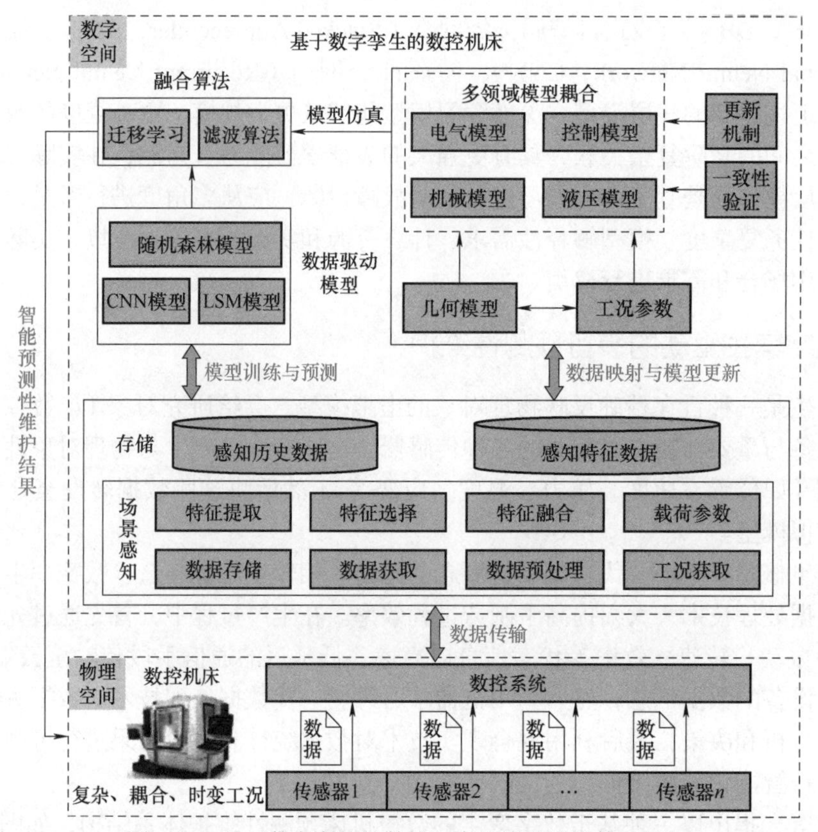

图 6-37　基于数字孪生的数控机床预测性维护体系结构

6.6 高端数控装备生产与运维一体化实例

6.6.1 高端数控装备生产与运维一体化概述

随着制造强国战略的提出，中国正从制造大国向制造强国转变，而现代制造业的竞争力强弱，主要表现在是否充分利用现有科学技术提升工业制造的智能化应用水平。目前，随着技术的进步以及机床消费市场的升级，机床智能化正成为机床企业的发展共识。我国机床行业长期徘徊于中低端消费市场，如何提高机床制造水平，在市场更有作为，已经成为机床企业乃至机床行业亟须解决的问题。智能化概念的出现，无疑给了中国机床发展的机遇。通过各种智能化的功能，企业可将产品设计、零件加工、产品装配和售后服务等环节串联，进行一体化管理，智能制造已成为制造业的主要发展趋势。传统的数控机床已经无法实现设备“自感知”“自适应”“自诊断”“自决策”等智能化功能，无法满足现有机械加工“高精度”“高效率”“高可控”等要求。因此，数控机床亟须进行功能和需求转变。

高端数控机床具备精度高、自动化程度高、生产率高等优良特性，其生产与运维一体化已经成为机床行业发展的主要趋势。通过在机床适当位置安装力、变形、振动、噪声、温度、位置、视觉、速度、加速度等多源传感器，收集数控机床基于指令域的电控实时数据及机床加工过程中的运行环境数据，形成高端数控机床智能化的大数据环境与大数据知识库，通过对大数据进行可视化处理、大数据分析、大数据深度学习和大数据理论建模仿真，形成智能控制策略。通过在数控机床上附加智能化功能模块，实现数控机床加工过程的自感知、自适应、自诊断、自决策等智能化功能，以提高设备质量、降低生产成本、提升效率和可靠性。整个过程注重技术创新和质量控制，能够满足复杂工艺要求，并支持定制化生产。

实现高端数控装备生产与运维一体化的意义在于提升制造业的现代化水平和竞争力，优势主要体现在生产过程可追溯、预防性维护、智能化生产。首先，高端数控装备生产与运维一体化能够实现生产过程的全程可追溯。通过在生产过程中融入运维的手段和技术，可实时监测和记录设备的各项参数、工艺和操作过程，确保生产过程的规范性和一致性。一旦设备出现了质量问题或故障，可通过追溯技术，快速定位和排查问题，并对相应的生产环节进行优化和改进。这样不仅能提高产品的质量和一致性，还可以减少因人为原因导致的质量问题，提高生产率和企业的竞争力。其次，高端数控装备生产与运维一体化可实现设备的预防性维护。通过在设备生产过程中内置传感器和智能诊断系统，可以实时监测设备的工作状态和健康状况，及时发现并预测设备潜在的故障和问题。在生产过程中，运营人员可根据设备的状态和预测，制订相应的维护计划，及时进行维护和修复，避免设备故障对生产造成不必要的停滞和损失。这种预防性维护不仅能延长设备的使用寿命，还能够减少维修成本并提高生产率。最后，高端数控装备生产与运维一体化能够实现智能化生产和灵活化制造。通过将运维的手段和技术应用到设备生产过程中，可以实现设备的智能化控制和自动化调整。在生产过程中，设备可根据实时数据和智能算法进行优化和调整，实现生产过程的灵活性和个性化定制。这样既可以提高生产的灵活性和适应性，还可以减少生产过程中的浪费和降低成本，提高资源的利用效率。复合化、自动化、数字化、可持续是高端数控装备生产与运维一体化的发展趋势，发展目标是提高工艺效率、资源管理效率和降低碳排放。下面通过几个实例进行简析。

6.6.2　实例一：智能数控加工中心——CTX beta 450 TC

五轴联动加工中心又称五轴加工中心，是一种科技含量高、精密度高专门用于加工复杂曲面的加工中心，这种加工中心系统对一个国家的航空航天、军事、科研、精密器械、高精医疗设备等行业有着举足轻重的影响力。五轴联动数控加工中心系统是解决叶轮、叶片、船用螺旋桨、重型发电机转子、汽轮机转子、大型柴油机曲轴等加工的唯一手段。与传统三轴加工相比，五轴加工可确保使用最佳刀具、最佳切削条件，一次装夹即可完成复杂零件加工，减少了操作者干预和装夹耗费的时间，利于提高零件加工精度，具有更短的加工时间、更低的加工成本和更高的加工质量及精度。接下来以 DMG MORI 在 2023 年推出的车铣复合加工中心 CTX beta 450 TC（见图 6-38）为例进行解析。

车铣复合加工中心 CTX beta 450 TC 标配为五轴联动加工，可用于生产更复杂的零件，并以更高精度实现更快速的加工，配备 compactMASTER 车削和铣削主轴，标配转速为 15000r/min，扭矩为 120N·m；左侧和右侧主轴最高转速达 5000r/min，最大功率为 36kW，最大扭矩为 720N·m，可使用同一主轴和右侧主轴进行 6 面完整加工，最大限度地提高了加工策略的灵活性，集车削、铣削和磨削、传动和测量多种工艺为一体。棒料直径为 76mm 或 102mm，加工工件最大为 ϕ500mm×1100mm，最多配有 200 个刀库位（标配为 60 个），刀具最大可达 ϕ140mm×400mm，可实现生产时的刀具装载。配备最新的 Sinumerik ONE 数控系统，可实现更高的性能和最新的技术功能。利用高达 50m/min 的快速进给速度以及标配为 15000r/min 的 compactMASTER，缩短了的加工和闲置时间。

图 6-38　车铣复合加工中心 CTX beta 450 TC

1. 复合化

复合化是指加工工艺的整合，通过将多台功能单一的机床集成为一台复合型高端数控机床，将多个加工工序整合在同一台机器上进行连续加工。车铣复合加工中心 CTX beta 450 TC 集车削、铣削、磨削、传动和测量为一体，一次装夹即可完成车削、铣削和磨削，通过主轴和副主轴轻松实现多角度切削，进行五轴插补加工自由曲面，完成多边形、椭圆等非圆工件的加工，结合温度补偿可确保高表面质量和平滑过渡。根据用户的 CAD/CAM 系统生成包含五轴运动的加工程序，同时具备智能预读功能，助力连续加工。对于每个加工工序，针对性地开发专门的加工方法和工艺参数，以优化加工过程和提高加工效率。

加工大型传动螺纹时，难以用改螺纹的方式进行加工，CTX beta 450 TC 开发的 Multi-threading 2.0 功能可进行定点 - 定向螺纹加工，用户可根据需求自定义齿廓与齿距，在机床上轻松编写梯形、锯齿和圆顶螺纹加工程序，还可加工带十字孔的滚珠丝杠螺母及任何齿廓几何的螺旋推进器。

CTX beta 450 TC 开发了相关齿轮加工功能模块，可用于加工直齿、斜齿、曲齿以及蜗轮，刀具可使用齿轮铣刀和盘铣刀，通过变换铣刀切削刃可提高刀具使用寿命，用户通过对话式输入齿轮参数既可生成数控程序，便于齿轮齿廓的修改，通过监测功能避免加工时产生不正确的轴交角等相关误差，加工精度优于 DIN 7。

在加工工艺整合中，CTX beta 450 TC 将测量仪器和机床一并集成，进行在线检测和工件修正。通过在加工过程中实时测量工件的尺寸和形状，可以及时发现偏差和不良品，并进行反馈控制和自动修正。这种在线检测和工件修正的方式可实现实时质量监控和误差修正，减少了人为因素的干扰，提高了加工的一致性和品质稳定性。

加工工艺的整合可以减少物料搬运和等待时间，提高加工效率和工序稳定性。通过精确的工件夹持和加工路径规划，整合加工工艺可以实现高精度和高速加工，提高加工质量和生产能力。专业化加工方法的开发可以使加工过程更稳定和可控，降低不良品率，提高生产率和量产能力。复合型高端数控机床的开发可以减少设备和设施的占用空间，降低运营成本，节约能源消耗，应用前景广阔，能够推动制造业向智能化和高效率方向发展，提高企业的竞争力和市场份额。

2. 自动化

自动化技术的引入可实现低人力或无人值守的夜班和 / 或周末班次。通过增加无人值守的班次，可以延长主轴的运行时间，在夜间和周末等非工作时间段保持生产持续进行。一台自动化机器通常可以取代 3 台或更多的传统单机，从而提高工作效率和生产产量。采用可持续发展的机器也至关重要，这意味着机器需持续工作以充分利用资源和利润潜能。相比之下，每周只工作几个小时的机器将会导致资源和利润潜能的浪费。

引入自动化和无人值守班次不仅可以提高生产率，还能减少地面空间占用、节约能源资源，并减少二氧化碳的排放量。此外，每个加工件的电力消耗也可以减少 30%~80%。因此，通过增加低人力或无人值守的夜班和 / 或周末班次，可以达到更高的生产率和更可持续的生产方式。

3. 数字化

通过机床的数字化，可以实现整个生产过程的整体解决方案，从而提高机器的利用率并避免机器停机。CTX beta 450 TC 采用 CELOS 系统，可以实现更高效的生产管理和控制，提高机器的生产率。利用 CAD/CAM 或后处理器解决方案或数字孪生模型来代替真实资源，可以更加精确地规划和优化生产过程，提高生产率并减少资源浪费。利用过程数据来优化加工过程，可以更好地监控生产状态和进行实时调整，从而提高加工效率和产品质量。通过 CAD-CAM 解决方案和后处理器，结合数字孪生和 DMG MORI 技术循环，可以缩短 60% 的编程时间，提高生产率和灵活性。整合数字化技术将为生产过程带来更高的效率和精准度。

（1）互通互联（Connectivity）　数字化的实现首先需要实现数据的互通互联。CTX beta 450 TC 使用所有通用协议在现场或通过云端进行访问，执行最高的安全和测试标准，获得用户的机床使用数据，可有针对性地改进机床，提高生产力并扩展数字解决方案，例如，基于机器数据的状态监测系统或规划应用程序，同时利用透明度来保护用户的投资和业务。用户只需通过安全和标准化的机器数据接口，将 CTX beta 450 TC 进行联网，访问云端数据。

（2）技术循环　CTX beta 450 TC 的技术循环是名副其实的面向车间的编程魔法师，可以提高生产力和安全性，并扩展机器的功能，可分为加工技术循环、操作技术循环、测量循环和监测循环。

1）加工技术循环可以整合新的加工工艺。例如，CTX beta 450 TC 可用于齿轮刮齿，刮齿技术循环是一种新的加工工艺，可用于特定的加工需求，为工件提供精密的表面质量和尺寸控制；CTX beta 450 TC 引入磨削技术，使机床可以进行更广泛地加工操作，提高工件加工精度和表面质量。通过加工技术循环，可以简化复杂的编程任务，比如多头螺杆 2.0 技术可以帮助简化多头螺杆加工的编程流程，提高工作效率和准确性。这些技术循环的引入可以帮助厂商更高效地实现特定加工需求，提升生产率和产品质量。

2）操作技术循环可以简化机床操作，降低操作者的使用难度，自动化的加工序列可通过提高安全性防止操作错误。

3）测量循环可在加工过程中进行测量，开发了新型测量探头，如L型，增加QC（质量控制）过程的透明度，可实时修正加工工件，提高加工精度。

4）CTX beta 450 TC开发了机器保护控制2.0、Easy Tool Monitoring 2.0、机器振动控制等监测循环功能，用于调整工艺、消除振动、增加工艺安全性和机器的安全性。

（3）CELOS动态后置处理器（Dynamic Post） CTX beta 450 TC车铣复合加工中心配备特殊后置处理程序，专门针对DMG MORI机床进行优化，能够生成最适合该机床的NC程序。这项定制化的后置处理程序不仅充分支持DMG MORI机床的特殊功能，还能针对不同加工需求进行精准调整，确保最佳的加工效果。在支持DMG MORI机床的特殊功能方面，CTX beta 450 TC的后置处理程序可以充分发挥机床的性能优势，实现高效、精准的加工操作。特别是ATC应用调校循环功能的应用，能够极大地减少粗加工时间，提高生产率和加工精度。通过优化自动工具更换流程，机床可以在最短时间内完成工具更换，减少等待时间，使生产过程更流畅。这些优秀的特性和功能使得CTX beta 450 TC车铣复合加工中心成为一款高度智能化、高效率的设备，能够满足不同行业的加工需求，提升企业的生产率和竞争力。整合了这些先进技术和功能，这款机床将帮助用户实现更高效、更精准的加工，为企业创造更大的价值和回报。

切削力优化功能在加工中起重要作用，通过对加工条件的完美控制，确保切削过程的稳定性和效率。通过切削力监测功能，可以实时监测刀具所受的切削力，从而及时发现并减少可能导致刀具破损的高切削力区域。这有助于降低刀具磨损和延长刀具寿命，提高加工质量和效率。另外，切削力模拟结果也可通过图形显示，并且易于检查。通过模拟分析切削力的分布情况，操作人员可以提前识别潜在的高切削力区域，及时调整加工参数，避免刀具失效和加工质量下降。这种提前预警可以帮助企业减少因切削力过大而导致的生产故障和停机时间，提高生产率和产品质量。通过整合切削力优化功能，企业能够实现更加智能化和精确的加工控制，减少加工时间和刀具破损，提升加工效率和产品质量。这些先进的功能将为企业带来更大的竞争优势和成本节约，助力企业在市场竞争中取得更好的业绩表现。

CTX beta 450 TC车铣复合加工中心配备了强大的加工模拟功能，可以对NC程序进行精确地模拟。这项功能能够模拟出实际加工时刀具的运动轨迹，并对加工过程进行全面的分析和验证。其中，碰撞检查功能是该模拟功能的重要组成部分，它能检查加工过程中的可能碰撞情况，并及时进行报警和处理。有问题的区域会在模拟界面中以红色标示，以提醒操作人员注意和避免潜在的碰撞风险，确保加工过程的安全性和稳定性。除了碰撞检查功能，时间研究功能也很重要，它可以精确预估加工周期时间。通过模拟分析加工过程中每个操作的时间消耗，可帮助企业进行生产计划和工时估算，提高生产率和准确性。此外，该车铣复合加工中心还具备CAD创建的3D模型与模拟的切削几何形状进行比较的功能。这个功能可以快速检查加工结果与设计要求之间的差异，并实时反馈给操作人员，从而及时调整加工参数，确保加工质量和精度。最后，CTX beta 450 TC车铣复合加工中心的模拟功能不仅支持CAD/CAM程序，还支持使用MAPPS纯文本编程功能进行的模拟。这使得用户在操作和编程过程中更加灵活，能根据实际需求进行加工模拟和优化，提高工作效率和质量。

（4）数字孪生 CTX beta 450 TC车铣复合加工中心具备数字孪生功能，这一功能能够带来多重好处。首先，数字孪生功能可以增加主轴的有效使用时间。通过在虚拟世界中进行磨合过程和编程，可以减少在实际生产过程中不必要的停机时间和空转时间，从而提高主轴的利用率和产能。其次，数字孪生功能可以将非生产性活动转移到虚拟世界中进行。例如，磨合过程和编程可以在数字孪生模型中进行模拟和优化，从而减少实际机床上的试错时间和操作风险，提高工作效率和操作安全性。数字孪生功能还可以防止因碰撞导致的机器故障。通过在虚拟环境下进行碰撞检测和模拟，可以及时发现并解决潜在的碰撞问题，避免机器故障和设备损坏，提高设备的可靠性和稳定性。此外，数字孪生功能还可以降低部件成本。通过工艺优化和成本驱动因素的透明化，可以减少加工周期时间和成本，提高生产率和经济效益。通过事先模拟和简化的缺陷检测，可以避免废品的产生，降低加工成本和资源浪费。数字孪生功能还可以通过早期培训和必要时的持续培训，降低错误率。通过在虚拟环境中进行培训和模拟操作，可以提高员工的技能和操作能力，减少操作失误和质量问题。最后，数字孪生通过提高透明度和简化复杂的工作任务，为员工赋予更多的权力和责任。员工可以更好地理解和掌控整个生产过程，从而提高工作效率、创造力和工作满意度。

以数字模拟代替真实机床进行试加工是一种高效、安全的做法。通过数字模拟可以快速获得加工结果，无需使用实际工件和刀具，从而节省成本，同时能够更快地进行周期时间的估算和优化。以自由曲面的五轴加工为例，假设真实加工需要 8h 完成，而数字模拟只需 10min 即可完成相同的加工过程，可以帮助企业提前了解加工效果和周期时间，从而做出更合理的生产计划和决策。通过数字模拟进行试加工，无需准备工件、材料、工具和设备，也无需使用实际机器，大大简化了加工过程，降低了操作风险和成本。企业可以在虚拟环境中尝试不同的加工方案和工艺参数，快速评估加工效果并进行优化，提高生产率和质量。总之，利用数字模拟代替真实机床进行试加工具有诸多优势，包括安全快速获得加工结果、节省成本、省力估算周期时间等。这种数字化的加工方式为企业提供了更灵活、高效的生产手段，有助于提升生产率、降低成本，推动制造业向智能化和数字化方向发展。

4. 绿色转型与可持续发展

（1）绿色模式　CTX beta 450 TC 车铣复合加工中心通过 13 个功能减少能源消耗：

1）制动能量回收。通过回收制动时产生的能量，减少能源浪费。

2）LED 照明灯。采用 LED 照明灯具有低能耗、长寿命等优点，有助于节能减排。

3）高效冷却器。采用高效冷却器可以降低冷却系统的能耗，提高工作效率。

4）高级自动关机（Advanced Auto Shutdown）。通过智能自动关机功能，避免不必要的能源消耗。

5）自适应进给控制（Adaptive Feed Control）。根据加工需求调节进给速度，提高能效。

6）高级能源监测（Advanced Energy Monitoring）。实时监测能源消耗情况，帮助节能优化。

7）空气泄漏监测。监测和修复空气泄漏，减少能源浪费。

8）变频泵。采用变频泵可以动态调整水泵的运行速度，实现节能效果。

9）无污泥冷却液（Zero Sludge Coolant）。采用无污泥冷却液，减少废液处理压力，降低环境污染。

10）自适应冷却液流量（Adaptive Coolant Flow）。根据加工需求自动调整冷却液流量，提高能效。

11）零雾除雾器（Zero Fog Defogger）。采用零雾除雾器可以减少加工过程中的雾化废气排放，保护环境和健康。

12）人工智能排屑/高级排屑（AI Chip Removal/Advanced Chip Removal）。采用人工智能技术进行智能排屑，提高生产率的同时节约能源。

13）企业效益优化器（Business Benefit Optimizer，BBO）。通过企业效益优化器，对生产过程进行优化。

（2）通过工艺整合、自动化、数字化提高可持续性　通过工艺整合，可提高单个加工中心的利用率，从而增加主轴的工作小时数。相比于使用几台简单的机器部分利用，完整加工可以充分利用一台机器的资源，实现更高效的生产。同时，增加生产加工时间也是一种节约能源的方式。重新加工时浪费能源是不必要的，通过增加加工时间，可以避免能源的浪费而获得更多的零件产出。

自动化是另一个重要的手段，可以提高主轴的利用率。通过增加无人值守的班次，例如在夜间和周末，一台自动化机器可以取代多台单机，实现更高的生产率。在追求可持续发展的目标下，提高主轴利用率也是至关重要的。一台持续运行的机器会节约地面空间、能源资源，并减少二氧化碳的排放。每个加工件的电力消耗可以节省30%～80%。

数字化技术在工艺整合中起关键作用。通过整体解决方案，可以提高机器的利用率，检测和避免机器的停机时间。例如，使用CELOS可以优化机器的利用率。借助CAD/CAM或后处理器的解决方案，或者使用数字孪生模拟代替实际资源，都可以提升加工效率。最后，利用过程数据优化加工过程也是数字化的重要应用。通过分析和利用过程数据，可以实现加工过程的优化，进一步提高生产率和质量。

6.6.3　实例二：智能增材制造——禅月3D打印云制造平台

3D打印分布式制造工业云平台（云制造网）是禅月工业智能科技（上海）有限公司（以下简称“禅月工业”）建设运营的增材制造（3D打印）战略新兴行业的公共服务平台，基于CPS架构，具备协同设计、分布式制造、工业级3D打印设备接入能力。平台开放连接数万个制造服务终端，通过云制造服务，为模具制造、汽车工业、航空航天、文化创意、创新教育、定制医疗、消费电子领域专业用户提供工业级3D打印“一站式”解决方案。云制造网是实现大规模、小批量、个性化定制的网络服务体系，是承载数字化制造公共资源的一项先进制造基础设施。

1. 建设背景

3D打印技术在当代制造业中具有深远的意义。它不仅彻底颠覆了传统制造方式，还为创新和生产带来了巨大的可能性。作为一项革命性的制造技术，3D打印使得快速原型制作、定制化生产、复杂结构制造等变得更容易和经济有效。这种技术使设计师和制造商可以更灵活地实现他们的创意，推动了创新产品的涌现。同时，3D打印还能减少材料浪费、降低生产成本、缩短生产周期，为可持续发展和绿色制造提供了新的可能性。在医疗、航空航天、汽车、建筑等领域，3D打印正发挥着越来越重要的作用，为行业带来革命性的变革和发展机遇。其意义远不止于简单的制造技术，更是引领着未来制造业的发展方向和潜力。

但是，由于技术成本高昂、打印速度慢、材料选择有限、制造规模受限、打印精度和表面质量有待提高等因素，导致3D打印仍处于产业初级发展阶段。高昂的设备和材料成本限制了广泛应用，尤其对中小型企业，其成本压力较大。打印速度缓慢，无法满足大规模生产需求，限制了其在工业制造领域的应用。材料选择受限也制约了其适用范围。随着技术不断进步，这些限制正逐渐被克服，但仍需进一步的研究和创新来推动 3D 打印技术的发展与普及。

2. 建设方案

3D 打印云智造平台工业互联网总体架构旨在满足 3D 打印数字化、网络化、智能化的需求，建立在海量数据采集、整合和分析的服务体系之上，是为支持 3D 打印制造资源普遍连接、供给灵活、配置高效而构建的工业云平台。该平台的总体框架结构如图 6-39 所示，它包含四个核心层级，从底层向上依次为边缘层、基础网络层、平台层、应用层。通过该系统架构，实现数字化生产环境下的资源整合与优化，为制造业提供高水平的智能化支持，促进产品生产的智能化和高效化发展，推动制造业向数字化转型迈进，从而提升整体生产率和质量，积极应对市场挑战。

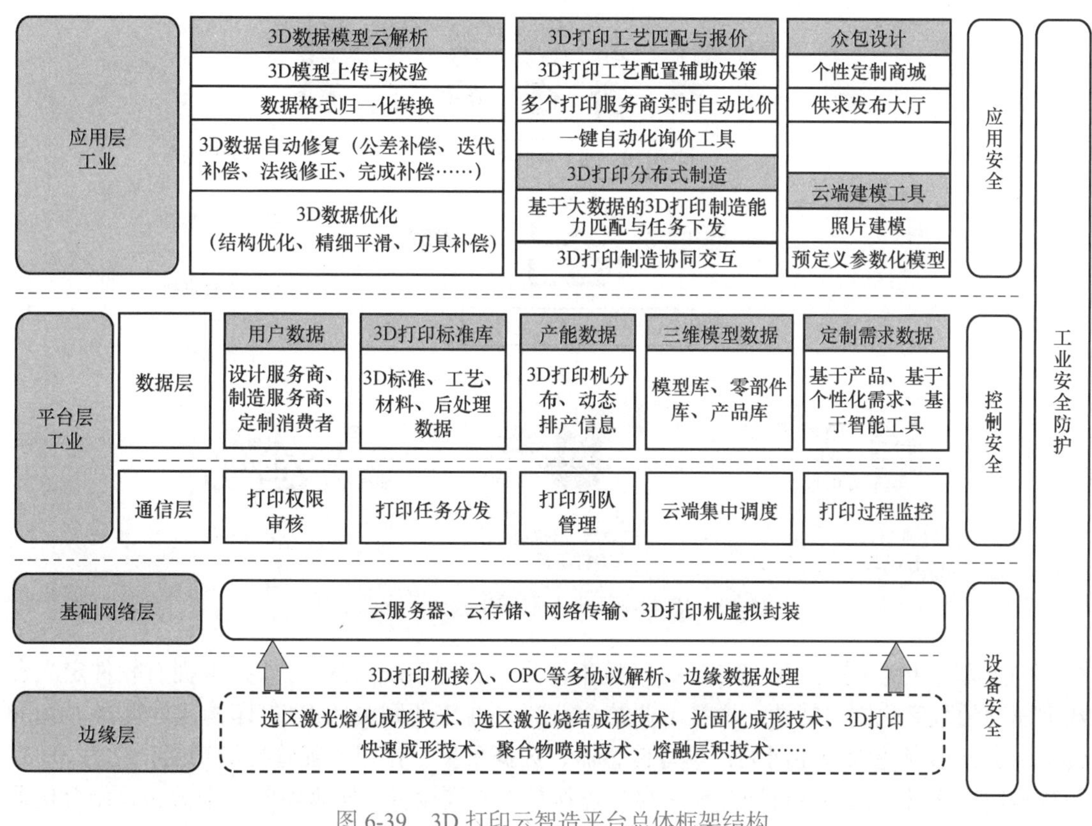

图 6-39 3D 打印云智造平台总体框架结构

1）边缘层。实现 3D 打印机接入，工业协议解析，3D 打印生产环节数据的采集、交换和边缘数据处理。

2）基础网络层。即工业 IaaS 层，为云平台的网络基础设施，提供云服务器、云存储、网络传输、3D 打印机虚拟化封装功能。

3）平台层。即工业 PaaS 层，包括通信层和数据层。通信层负责打印权限审核、任务分发、列队管理、云端打印机调度以及打印过程监控。数据层建立用户、产品和生产线的数据模型，利用数据分析提供工业大数据可视化服务，支持需求匹配和协同生产。该系统将 3D 打印在装备、汽车、模具和原型等行业中的工业知识和经验模块化，形成行业机理模型。

4）应用层。即工业 SaaS 层，由面向 3D 数据模型云解析、3D 打印工艺匹配与报价、云端建模智能工具等应用场景的工业 APP 组成。

云平台下端连接底层设备实时数据，为用户提供工业服务，构建了覆盖增材制造全生命周期的分布式制造应用和服务型制造网络生态系统。业务框架包括智能化生产、网络化协同、个性化定制、服务化延伸四大模式，如图 6-40 所示，云平台的工业互联网业务围绕这些模式展开，促进生产智能化，加强网络协同，实现个性化定制和服务化延伸。这一生态系统整合了数字化技术，提高了生产率和产品质量，推动了制造业向智能化、定制化方向发展，能够更好地满足市场需求，促进制造业创新与转型升级。

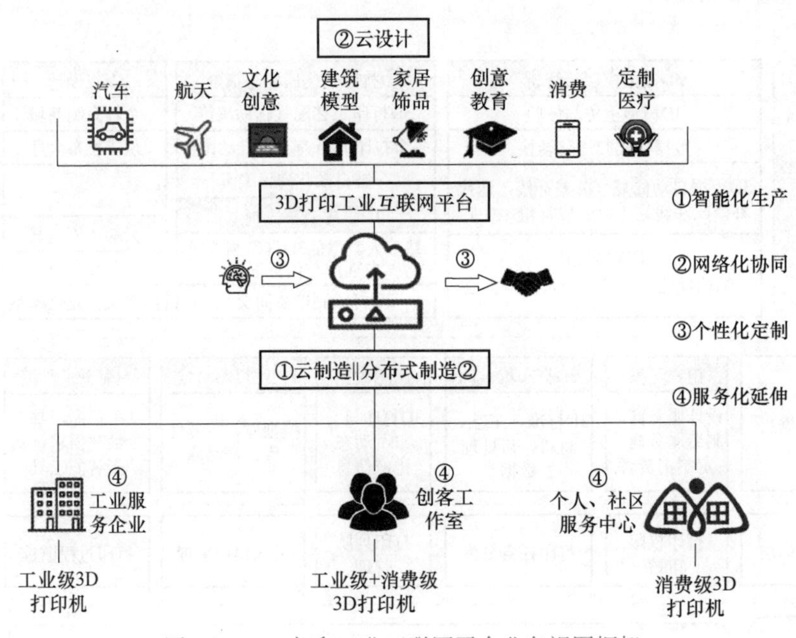

图 6-40　3D 打印工业互联网平台业务视图框架

（1）基于物联网的工业级 3D 打印机集群集中控制系统　3D 打印技术拥有软件定义和数据驱动的数字化制造特性。禅月工业结合 eLTE-IoT 工业网关和 3D 打印构建处理器（Build Processor）形成边缘智能网关，具备传感器、数据采集、打印过程管控等功能，称为 3D 打印智能制造终端。该终端可通过统一接口连接控制不同设备，实现实时本地分析，结合机器学习和物理建模，利用制造数据与数字化模型比对，寻找加工差异并改进加工工艺，结合自动监测技术，实现自动纠错，进而提高质量控制水平。3D 打印智能制造终端将边缘计算和云计算相结合，可实现以下功能：

1）工业级 3D 打印机集群的云端控制。包括集中控制、智能规划打印队列、打印过程追踪、生产数据采集与可视化分析。

2）设备全生命周期的维护服务。包括故障预警提示、预测性维护及派工、备品备件管理、远程诊断调试、融资租赁管控、能耗分析优化。

（2）基于工业大数据和人工智能的网络化、分布式制造　利用众多 3D 打印离散生产节点构建分布式制造系统，结合云端工业大数据和人工智能，通过核心算法实现自动协调产能、智能构建生产集合，形成“云制造资源池”，提供无限产能。这优化了资源使用，满足制造服务需求。“云制造”功能页面整合 3D 打印工艺知识、模型解析、多服务商比价系统，提供模型修复、体积计算、模型切片、打印规划和实时精准报价服务，以工业 APP 替代本地软件。

（3）C2B/C2M 模式的小批量、个性化、精细化按需定制　该云平台聚集了设计和制造服务提供商，以需求为引导，连接设计与生产，为服务商提供了大规模且小批量的制造需求，为最终用户提供精细化和个性化的定制服务。该平台整合了建模、设计、仿真管理等各种工业云服务能力和资源，通过云平台上的设计众包和协同制造，实现了设计和制造资源在一个项目管理中心的统一。结合云端个性化定制数据和人工智能，通过聚类分析和推荐算法，实现了智能需求发现、智能需求匹配和精准营销服务。

3. 建设成效

（1）经济效益　云制造网具有 SLM（选区激光熔化）、LENS（激光融覆成形）、SLA（光固化成形）、DLP（数字光处理成形）、SLS（选择激光烧结）、FDM（熔融堆积成形）等主要 3D 打印技术领域的原始设备制造商（Original Equipment Manufacturer，OEM）和制造服务商合作伙伴。

云制造网在关键产业链环节提供的生产服务提升了质量和效率。对于装备制造商，设备上云提升了设备性能，实现了服务型运维增值，设备生产率增长 30%，使用寿命延长 20%，出货量提升 30% 以上。对于制造企业，SaaS 服务优化了作业流程，订单量增加 30%，减少人力需求 10%，产品合格率提高 5%，运营成本下降 20%。对于行业用户，设计制造协同服务快速便捷，产品价格降低 10%，研发周期缩短 30%。

（2）社会效益　通过整合软件商、材料商、3D 打印设备制造商、设备代理商、打印服务商和终端用户，该平台建立了覆盖整个产业链的生态系统，推动了 3D 打印在“政产学研用”各领域的深度融合，促进了科技成果转化、三维数字版权交易和装备制造技术转让等关键领域的产业链协同发展。作为标准推广平台，云制造网致力于制定数据格式、接口标准、通信协议以及虚拟封装等技术标准，促进工业互联网平台标准体系与垂直行业融合标准体系之间的协同发展。

4. 特征总结

（1）技术的创新性和先进性　专用于工业级 3D 打印机的智能网关巧妙地将工业物联网技术应用于设备中，优化了打印流程并实现了全生命周期维护。云制造网结合人工智能、工业物联网和工业大数据技术，与增材制造有机融合。这一融合创造了智能装备、边缘智能和云端智能等人工智能应用场景。通过对工业大数据的深度分析，提升了平台服务商在研发、生产和营销方面的效率和效益。

（2）新产业、新模式、新业态　以智能制造核心领域 3D 打印为起点，云制造网以需求驱动生产和制造与设计的无缝连接为核心，以服务为导向。连接行业用户、设计师、打印服务商和装备制造商，实现用户个性化定制，颠覆传统大规模流水线制造模式，满足个性化、精细化需求。该平台实现了个性化定制、众包创新、共同设计、协同制造、灵活生产和供应链协同等新模式，推动制造业智能化变革，促进制造组织和模式的智能化发展。

（3）可复制和可推广性　云制造网提供多租户管理、统一认证管理、计费和订单管理等通用业务功能组件，提供建模、仿真分析、可视化展示、知识管理等多个工具类业务功能组件；面向工业场景，提供设计、管理、生产、服务等业务功能组件，并将核心组件进行了微服务化。

云制造网在装备、汽车、模具、原型等工业应用领域集中精力，结合设计服务与制造知识，形成行业机理模型，为企业提供全面的增材制造解决方案，实现了 3D 打印与传统制造系统的紧密结合。

总结与展望

智能装备设计生产与运维是提升制造业竞争力的关键环节。通过融合先进技术与智能化管理，显著提升生产效率与产品质量，推动制造业向数字化、智能化转型。

智能装备，指具有感知、分析、推理、决策、控制功能的制造装备，它是先进制造技术、信息技术和智能技术的集成和深度融合。高端智能装备处于价值链高端和产业链核心环节，决定着整个产业链综合竞争力的战略性新兴产业，是推动工业转型升级的引擎。为了优化生产流程、提升生产效率、降低生产和维护成本、提高产品质量、实现资源的最优配置，从而实现制造业的数字化转型，促进新材料、新技术的应用与创新，需要从设计、生产和运维的角度，全面构建智能装备生产系统，为设计及制造智能装备提供可靠的方法和工具。本书系统介绍了智能装备设计、制造、使用和运维等全生命周期所需的基础理论和方法，涵盖了智能装备各个方面的内容，展示了机械、信息、材料等多学科交叉融合与前沿技术创新的特点，系统地探讨了智能装备从理论到实践的整个过程，围绕智能装备的设计理论与技术、生产技术、运维技术、设计生产与运维实例等内容进行了详细的分析。

为了培养具备综合素质的应用型人才，使其在智能制造领域能游刃有余地解决实际问题，推动技术创新和产业进步，实现个人职业发展与国家产业升级的双重目标，本书通过系统化的内容安排，深入探讨了智能装备的各个关键环节。首先对智能装备的设计理论、生产技术和运维技术进行了详细讲解，让读者能够理解智能化设计所需的基本原理与方法，重点介绍如何在实际生产中应用先进的智能制造技术，强调智能化运维如何提高设备的可靠性、降低故障率。同时，为了帮助读者更直观地理解这些理论与技术，本书以智能机器人和高端数控装备为典型案例，通过具体的设计生产与运维过程展示了智能化技术在装备中的实际应用效果。通过理论与实例相结合的方式，让学生深入认识智能装备的技术难点和关键环节的同时，增强对智能装备设计、生产与运维的综合理解，促进理论与实践的有效结合。

智能装备设计、生产与运维正成为智能制造的重要组成部分。随着数字化、网络化、智能化技术的广泛应用，智能装备具备了更高的自主性和灵活性，极大地提升了制造系统的效能。数据成为智能装备设计和运维的核心要素。通过对设备运行数据的全面采集和分析，能够实现设备状态的实时感知，基于精确的数据分析进行预测性维护，从而减少设备的停机时间，延长使用寿命。

数字孪生是提升智能装备系统优化的重要技术。数字孪生是一种旨在精确反映物理对象的虚拟模型，相较于传统制造，数字孪生集成了新一代通信和数据处理技术，大幅提高了制造过程的效率。在生产过程中，通过先进传感技术将各设备的振动、转速、效率等状态信息以高速低延迟的通信手段传输至云端服务器，实现对分散设备的数据汇总，然后利用机器学习等新一代数据处理技术对数据进行大数据挖掘、智能化分析和决策，最后利用混合现实技术对数据统计和决策结果进行可视化显示，对潜在风险进行智能化预测维护。通过数字孪生技术对智能装备进行设计、测试和优化，可以避免物理生产中的试错过程，不仅加速了产品的研发周期，还显著提升了设计的精度和可靠性。

协同制造成为智能装备生产的关键模式。智能装备的生产往往涉及多个环节和利益相关者，包括设计团队、制造部门、供应链合作伙伴、市场营销等。协同制造强调这些不同角色之间的紧密合作，以确保信息流动顺畅和资源的高效利用。通过数字化网络平台，建立有效的信息共享机制，有效整合各方资源，合理配置生产要素，优化生产流程，提升整体产能和响应速度。通过深度协作，企业能够更快地调整生产计划和策略，响应客户需求的变化和市场动态，同时有助于多方共同创新，通过跨部门的知识共享与合作，激发新的创意和解决方案，以提升灵活性及创新能力。协同制造作为智能装备生产的关键模式，强调了生产过程中各个环节之间的紧密合作和信息流动，提升整体生产效率。

物联网与云计算重新定义了装备的运维模式。通过物联网技术将各种物理设备、传感器和系统连接起来，实现数据的采集、传输和处理，对设备的运行状态进行实时监测和分析，同时通过大数据和机器学习技术，对设备的运行数据进行深入挖掘，优化设备的维护策略。云计算技术改变了传统的计算模式，通过互联网提供灵活的计算资源，提高处理和分析运维数据的效率，使运维人员可随时随地访问云端存储和处理数据，实时监控设备状态及时发现并解决问题。物联网与云计算的应用构建了智能化的运维体系，为设备的维护和保养提供科学依据，确保远程运维系统在处理大量数据时的高效稳定运行，减少了设备故障和停机时间，延长设备的使用寿命，降低运维成本。

智能化、网络化、集成化和绿色化构成了智能装备发展的四大基石。智能化是指通过先进的计算机技术、人工智能算法及机器学习等手段，赋予装备一定的认知能力，使其能够进行自主学习、推理判断和决策执行。网络化是指通过互联网、物联网等通信技术实现装备的相互连接和数据交换，使得智能装备能够在更广阔的网络空间中实时共享信息和资源。集成化关注于多技术、多功能的融合与优化，通过系统化的设计和整合，实现装备功能的多样化和服务的全面化。这一趋势要求智能装备在保持高度专业化的同时，也能与其他装备或系统协同工作，形成功能更强大、应用更广泛的智能系统。绿色化强调智能装备在促进可持续发展、节能减排和环境保护方面的作用。通过精确控制和智能管理，智能装备能够在确保性能和效率的同时，最大限度地减少对环境的影响。智能化、网络化、集成化和绿色化代表了智能装备技术革命的方向，也预示着未来智能社会的形态，随着相关技术的持续演进和创新，智能装备将在智能化、网络化、集成化和绿色化的道路上迈出更加坚实的步伐，为人类社会带来更加深刻的变革和广泛的福祉。

随着数字化、网络化和智能化的深入推进，智能装备的设计与生产愈发依赖于数据驱动和技术平台的支持。这一转型不仅为行业带来巨大的潜力，也引发了在安全性和可靠性方面的诸多隐忧。当前，智能装备的设计生产与运维已展现出“智能化设计、柔性生产、数据分析与维护优化”的发展趋势。在此背景下，我们不仅要借鉴行业内外的先进经验与创新技术，更需不断提升自身的研发能力和创新意识，推动数字化转型与智能升级，努力在全球竞争中实现高质量发展，通过构建高效的协作机制和生态系统，使智能装备的设计生产与运维迈向更智能、绿色与可持续的未来。对此，有很多问题值得我们进一步深入思考。

1. 智能装备设计的创新理念

智能装备设计的创新理念主要体现在以用户需求为导向，结合智能技术、数字化工具和网络化协作，推进设计过程的智能化与高效化。设计理念的核心是通过虚拟仿真、数字孪生技术等手段，将设计和制造环节紧密结合，实现产品的快速迭代和定制化。在此过程中，强调设计与生产的闭环反馈，以数据驱动优化设计，提高产品的可靠性和适应性。同时，设计的创新理念还涵盖了可持续性和资源节约性，通过绿色设计和模块化设计理念，使智能装备能够更加灵活，以适应多种应用场景、降低生产成本与能耗。如何确保智能装备在开放网络环境中的安全性和数据隐私，避免潜在的网络攻击？在智能装备的设计中，如何平衡高性能与资源节约之间的关系，以实现绿色设计制造？在未来的设计生产场景中，如何更有效地整合人工智能与物联网技术，以实现设备间设计的智能协同？人类在智能化设计系统中的新职责是什么？这些都需要我们不断地探索和认知，为将来的技术创新奠定思维基础。

2. 智能装备生产的智能化技术

智能化技术贯穿于智能装备生产的各个环节，推动了生产过程的自动化、数字化和柔性化。首先，基于物联网、云计算、人工智能等技术，智能装备能够实现对生产数据的实时采集与分析，优化生产调度和工艺控制。其次，智能机器人、自动化生产线和智能制造系统的广泛应用，使得生产效率大幅提高，设备与工艺的自适应性和柔性生产能力得到增强。此外，智能化技术还体现在对生产过程的全面监控和预测性维护，通过数据分析与机器学习模型，提前发现设备的潜在故障，从而减少停机时间和维护成本。在智能化生产中，如何有效整合大数据分析与实时监控技术，以实现生产决策的快速响应？面对智能化生产设备的普遍应用，企业应如何重新定义供应链管理，实现动态优化？随着智能化技术的发展，生产环境中的人机协作将如何演变？人类操作员的新角色是什么？在智能装备生产中，如何推进工业互联网的应用，以实现设备间的全面互联？这些都需要将来在实践中不断验证和改进。

3. 智能装备运维的数据驱动

智能装备运维依赖于海量数据的采集和分析，通过建立数据驱动的运维体系，实现设备的预测性维护和自我修复能力。数据驱动的运维模式强调通过物联网和传感器技术，对设备运行状态进行实时监测，收集关键性能数据，如温度、振动、能耗等。通过分析这些数据，可以发现设备的异常模式，预测可能出现的故障，并提出针对性的维护方案。这不仅提高了设备的稳定性和使用寿命，显著降低了运维成本。同时，数据驱动的运维还可以为未来的设备设计和改进提供参考依据，使得智能装备更加适应复杂的工作环境。面对海量的运维数据，如何确保数据的准确性和安全性，以支撑智能决策？如何利用机器学习算法挖掘运维数据中的隐含规律，提升故障预测的准确性？在智能装备运维中，如何实现数据驱动的知识管理，以便于技术的传承和经验的积累？随着物联网技术的发展，如何提升设备间的数据共享和协同，优化整体运维效率？如何使用数据驱动的方法实现智能装备的个性化运维，以满足不同客户的特定需求？这些都需要我们不断地研究与探索。

4. 智能装备设计生产与运维的创新发展

随着数字化、网络化和智能化技术的不断进步，智能装备的设计、生产与运维模式也在不断地创新与发展。设计阶段引入智能仿真和协同设计工具，使设计效率和精度大幅提升。生产环节中，智能制造技术的应用使得生产线具备高度的柔性化和自适应能力，能够应对多品种、小批量的生产需求。运维方面，数据驱动的预测性维护和远程诊断技术进一步提升了设备的可靠性和可维护性。未来，随着 5G、边缘计算和人工智能的深入应用，智能装备设计生产与运维将向更加自动化、智能化和个性化的方向发展，为制造业的创新升级提供新动力。必须深刻理解当前市场需求变化趋势对智能装备设计理念和生产流程的影响，面对日益复杂的生产环境，什么样的资源组织形式能够有效提升智能装备的协作效率？制造资源的广泛参与如何能够促进智能装备的创新发展，具体需要哪些协作机制？同时如何整合各类数据资源，使其成为智能装备设计与生产优化的重要驱动力，从而推动行业的整体发展？这些都激励我们持续探索与理解，为未来的发展提供坚实的根基。

参考文献

[1] 王立平 . 智能制造装备及系统 [M] . 北京：清华大学出版社，2020.
[2] 王德生 . 世界智能制造装备产业发展动态 [J] . 竞争情报，2015，11（4）：51-57.
[3] 张洁，秦威，高亮 . 大数据驱动的智能车间运行分析与决策方法 [M] . 武汉：华中科技大学出版社，2020.
[4] 张相木 . 智能制造的内涵和核心环节 [J] . 电气时代，2024（1）：28-30.
[5] 吴玉厚，陈关龙，张珂，等 . 智能制造装备基础 [M] . 北京：清华大学出版社，2022.
[6] 赵春江，李瑾，冯献，等 . 关于我国智能农机装备发展的几点思考 [J] . 农业经济问题，2023（10）：4-12.
[7] 张珂 . 浅析机电一体化在智能装备领域中的应用 [J] . 冶金设备，2023（S1）：112-113.
[8] 陈天启 . 基于智能制造装备数字化的典型应用 [J] . 一重技术，2023（6）：69-72.
[9] 黄小雷 . 我国智能装备行业发展现状及对策 [J] . 农业工程与装备，2023，50（3）：62-63.
[10] 王鹤，陈浩 . 智能装备行业现状及发展建议 [J] . 南方农机，2022，53（5）：117-119；126.
[11] 张卫，丁金福，纪杨建，等 . 工业大数据环境下的智能服务模块化设计 [J] . 中国机械工程，2019，30（2）：167-173；182.
[12] 张洁，汪俊亮，吕佑龙，等 . 大数据驱动的智能制造 [J] . 中国机械工程，2019，30（2）：127-133；158.
[13] 千琛 . 机械装备设计制造及自动化技术研究 [J] . 工程管理与技术探讨，2024，6（7）：131-133.
[14] 梁海东 . 基于智能化的机械设备设计 [J] . 装备制造技术，2014（8）：272-273.
[15] 关慧贞 . 机械制造装备设计 [M] .4 版 . 北京：机械工业出版社，2015.
[16] 邓朝晖，万林林，邓辉，等 . 智能制造技术基础 [M] .2 版 . 武汉：华中科技大学出版社，2021.
[17] 周济 . 智能制造：“中国制造 2025”的主攻方向 [J] . 中国机械工程，2015，26（17）：2273-2284.
[18] 孟凡生，徐野，赵刚 . 高端装备制造企业向智能制造转型过程研究：基于数字化赋能视角 [J] . 科学决策，2019，26（11）：1-24.
[19] 傅建中 . 智能制造装备的发展现状与趋势 [J] . 机电工程，2014，31（8）：959-962.
[20] 范君艳，樊江玲 . 智能制造技术概论 [M] .2 版 . 武汉：华中科技大学出版社，2019.
[21] 钟诗胜，张永健，付旭云 . 智能运维技术及应用 [M] . 北京：清华大学出版社，2022.
[22] 王涛 . 基于知识图谱的车身焊接设备预测性维护方法研究及应用 [D] . 合肥：合肥工业大学，2022.
[23] 牛冲丽 . 知识数据双驱动的智能装备可靠运维研究 [J] . 华东科技，2022（10）：72-74.
[24] 许岩 . 基于云制造平台的智能装备故障诊断方法与租赁定价模型研究 [D] . 广州：华南理工大学，2020.
[25] 许德章，刘有余 . 机床数控技术 [M] . 合肥：中国科学技术大学出版社，2011.
[26] 刘强 . 数控机床发展历程及未来趋势 [J] . 中国机械工程，2021，32（7）：757-770.
[27] 周济 . 走向新一代智能制造 [J] . 中国科技产业，2018（6）：20-23.
[28] ZHOU J，LI P，ZHOU Y，et al.Toward new-generation intelligent manufacturing [J] .Engineering，2018，4（1）：11-20.
[29] 侯晋珊 . 透过工业 4.0 解析“中国制造 2025” [D] . 北京：北京工业大学，2017.
[30] 李贝利 . 工业 4.0 时代的中国制造业竞争力研究 [D] . 北京：北京邮电大学，2016.
[31] 徐明刚，张从鹏 . 智能机电装备系统设计与实例 [M] . 北京：化学工业出版社，2022.
[32] 黄培，许之颖，张荷芳 . 智能制造实践 [M] . 北京：清华大学出版社，2021.
[33] 胡峥 . 智能制造概论 [M] . 北京：机械工业出版社，2022.
[34] 孟新宇，郝长中 . 现代机械设计手册：智能装备系统设计 [M] .2 版 . 北京：化学工业出版社，2020.
[35] 濮良贵，陈国定，吴立言 . 机械设计 [M] .10 版 . 北京：高等教育出版社，2019.

[36] 陈龙灿，彭全，张钰柱，等.智能制造加工技术 [M].北京：机械工业出版社，2021.
[37] 芮延年.自动化装备与生产线设计 [M].北京：科学出版社，2021.
[38] 卢秉恒.机械制造技术基础 [M].4版.北京：机械工业出版社，2018.
[39] 朱光宇，贺利军，居学尉.云制造研究及应用综述 [J].机械设计与制造工程，2015，44 (11)：1-6.
[40] 肖乾浩.基于机器学习理论的机械故障诊断方法综述 [J].现代制造工程，2021 (7)：148-161.
[41] MUKHOPADHYAY S C.智能感知、无线传感器及测量 [M].梁伟，译.北京：机械工业出版社，2016.
[42] 贾石峰.传感器原理与传感器技术 [M].北京：机械工业出版社，2009.
[43] 王雪.人工智能与信息感知 [M].北京：清华大学出版社，2018.
[44] 周洪发.基于云平台的电机设备远程运维系统设计 [J].电机与控制应用，2018，45 (10)：96-99.
[45] 何方，郑浩，张永江，等.基于物联网技术的智能变电站在线监测系统的设计 [J].仪表技术与传感器，2013 (12)：61-63.
[46] 王成城，王金江，张来斌，等.智能仪表预测性维护关键技术 [J].仪表技术与传感器，2024 (4)：29-37.
[47] 王涛.基于知识图谱的车身焊接设备预测性维护方法研究及应用 [D].合肥：合肥工业大学，2022.
[48] 刘强，朱建新，崔瑜源.基于数据驱动的液压马达预测性维护研究 [J].工程设计学报，2024 (4)：1-10.
[49] MITCHELL T M.Machine learning [J].Burr Ridge，IL：McGraw Hill，1997，45 (37)：870-877.
[50] 张根保，李浩，冉琰，等.一种用于轴承故障诊断的迁移学习模型 [J].吉林大学学报 (工学版)，2020，50 (5)：1617-1626.
[51] DAGA A P，FASANA A，MARCHESIELLO S，et al.The politecnico di torino rolling bearing test rig：description and analysis of open access data [J].Mechanical Systems and Signal Processing，2019，120：252-273.
[52] XU J，SHI Y，YUAN X，et al.Cross-category mechanical fault diagnosis based on deep fewshot learning [J].IEEE Sensors Journal，2021，21 (24)：27698-27709.
[53] 杨超.机床刀具全生命周期管理系统研究 [D].上海：上海交通大学，2016.